普通高等教育"十一五"系列教材

U0658034

QILUNJI YUANLI

汽轮机原理

编写　黄树红　孙奉仲　盛德仁
　　　刘华堂　屠　珊　杨建明
　　　李树春
主审　杨勇平

中国电力出版社
CHINA ELECTRIC POWER PRESS

内 容 提 要

本书阐述汽轮机的工作原理、基本结构和计算方法。主要内容包括：蒸汽在汽轮机级中的流动与能量转换过程，多级汽轮机的设计计算，凝汽设备工作原理，汽轮机变工况运行的特点和计算，供热汽轮机、大型汽轮机与特种汽轮机，汽轮机零部件强度与振动，汽轮机自动控制原理与系统等。

本书适应现代专业教学的要求，引入了汽轮机技术发展的新内容，力求反映现代科学技术在汽轮机技术领域的应用与发展，为学生运用现代理论与方法解决实际工程问题提供了基本知识。

本书可作为普通高等院校能源动力类专业汽轮机课程的教材，也可供相关专业师生和工程技术人员参考。

图书在版编目（CIP）数据

汽轮机原理/黄树红主编 .—北京：中国电力出版社，2008.8（2025.7 重印）

普通高等教育"十一五"规划教材

ISBN 978 - 7 - 5083 - 7269 - 3

Ⅰ. 汽… Ⅱ. 黄… Ⅲ. 蒸汽透平－高等学校－教材

Ⅳ. TK26

中国版本图书馆 CIP 数据核字（2008）第 086905 号

中国电力出版社出版、发行

（北京市东城区北京站西街 19 号 100005 http://www.cepp.sgcc.com.cn）

三河市航远印刷有限公司印刷

各地新华书店经售

*

2008 年 8 月第一版 2025 年 7 月北京第二十三次印刷

787 毫米×1092 毫米 16 开本 23.25 印张 567 千字

定价 **59.00** 元

前　言

为贯彻落实教育部《关于进一步加强高等学校本科教学工作的若干意见》和《教育部关于以就业为导向深化高等职业教育改革的若干意见》的精神，加强教材建设，确保教材质量，中国电力教育协会组织制订了普通高等教育"十一五"系列规划。该规划强调适应不同层次、不同类型院校，满足学科发展和人才培养的需求，坚持专业基础课教材与教学急需的专业教材并重、新编与修订相结合。本书为新编教材。

本书为适应现代专业教学的要求，根据"汽轮机原理"多年的教学实践以及学生学习和应用相关专业知识的情况，引入了汽轮机技术发展的新内容，保留了最基本的理论部分，适当删减了基于一维理论的计算公式及较繁琐的论述。本书努力从理论、方法、计算、结构等方面反映现代科学技术在汽轮机技术领域的应用与发展。增加的新内容主要反映在汽轮机通流部分做功原理、超临界压力汽轮机、汽轮机转子寿命、汽轮机扭转振动、数字电液调节、汽轮机运行原理等方面，为学生在此基础上运用现代理论与方法解决实际工程问题提供基本知识。因此，本书与国内已经出版的《汽轮机原理》教科书相比有一些变化，可能也会出现不妥当的地方，敬请读者批评指正。

本书由华中科技大学黄树红教授主编并负责统稿，其中第一章、第八章、第九章的第五节～第八节由黄树红教授编写，第二章由山东大学孙奉仲教授编写，第三章、第四章和第十章的第五节由浙江大学盛德仁教授编写，第五章由华中科技大学刘华堂副教授和黄树红教授编写，第六章和第七章由西安交通大学屠珊副教授编写，第九章的第一节～第四节由东南大学杨建明教授编写，第十章的第一节～第四节由重庆大学李树春副教授编写。华中科技大学韩守木教授对全书的图表、公式以及书稿的整理做出了重要贡献。全书由华北电力大学杨勇平教授主审，付忠广教授仔细审阅了书稿，非常感谢他们为本书提出的宝贵意见。

本书的编写得到了教育部热能动力学科教学指导委员会热能与动力工程专业教学指导分委员会的大力支持，得到了编者所在学校的关心和帮助，得到了国内同行及本学科专家的爱护，在此表示衷心感谢！

谨向本书所引用文献的全体作者致以诚挚的谢意！

编　者

2008 年 7 月

目　　录

第一章 概　　论

第一节 汽 轮 机 的 发 展

人类用水力驱动机械做功远早于用热力来驱动机械做功。如果说阿拉伯人 Taqial-Din 1551 年第一个描述了类似蒸汽轮机旋转的物理过程，那么 1629 年意大利物理学家 Giovanni Brance 用喷射的蒸汽推动一个改型的水轮机械旋转，就是最早的关于汽轮机的试验了。

1884 年，英国发明家 Thomas Parsons 获得了可实用的反动式透平机专利，这是世界上第一个有关汽轮机的专利，它比瓦特发明的蒸汽机晚了近 120 年。1895 年以后，Westinghouse 公司和 Allis-Chalmers 公司先后购买了 Parsons 的专利，开始生产汽轮机。1897 年，Westinghouse 公司生产出了一台 120kW 汽轮机，1900 年生产出转速为 1200r/min 的 1500kW 汽轮机，之后 Westinghouse 公司一直是世界上著名的汽轮机生产商。1998 年，Westinghouse 公司将汽轮机制造等业务卖给了 Siemens。Allis-Chalmers 公司生产汽轮机的历程并不顺利，但是在 1908 年它生产出了当时 1800r/min 转速下容量最大的汽轮机（3250kW），到 20 世纪 60 年代被 Siemens 公司兼并。

图 1 - 1　BBC 公司 1901 年生产的欧洲第一台汽轮机

BBC（Brown Boveri Co.）公司也在 Parsons 专利的基础上从 1900 年开始制造汽轮机，并于 1901 年生产出了 250kW、3000r/min 的高转速汽轮机，这是在欧洲生产的第一台汽轮机（见图 1 - 1）。1988 年，BBC 公司与 Asea 公司合并，成立 ABB 公司。20 世纪 90 年代 ABB 公司将汽轮机制造业务卖给 Alstom。

图 1 - 2　1922 年 Thomas A. Edison 等在 GE-5000kW 汽轮机前

1900 年，美国人 Charles Curtis 在 GE 公司的支持下获得了冲动式透平机专利。GE 公司的工程师 William LeRoy Emmett 改进了 Curtis 的汽轮机，并于 1900 年 8 月 24 日完成了与往复式蒸汽机的效率对比试验，证明汽轮机的效率高于蒸汽机。1901 年 11 月，GE 公司的第一台汽轮机投入运行，这台汽轮机水平轴布置，500kW，1800r/min，由两个汽缸组成，每个汽缸中有一个多排叶片的转子。之后，GE 公司开始生产立式汽轮机（见图 1 - 2），最大容量曾达到 20MW。1913 年以后，GE 公司没有再生产过立式汽轮机。从 1903 年到 1907 年，GE 公司共获得 49 项与汽轮机相关的专利，其中三分之一对现代汽轮机的发展起到了重要作用。

随着材料工业的发展，特别是 20 世纪 20 年代铬

图 1-3　20 世纪 40 年代
美国 Dresser-Rand 汽轮机厂

不锈钢的应用，汽轮机进口参数大幅度提高，单机容量也随之提高，结构设计水平不断进步。20 世纪 30 年代是汽轮机结构变化最快的时期，双流排汽缸设计、双轴设计、低压缸顶置高压缸设计、三机组串联轴设计、再热结构设计等，都出自该时期。

20 世纪 40 年代以后，汽轮机的参数进一步提高，结构形式逐步固定，多缸单轴形式成为主流（见图 1-3）。1945 年，美国的主流汽轮机容量为 100MW，1967 年主流容量为 700MW。今天，汽轮机的主流容量仍然在 600~1000MW，但是蒸汽参数已经达到超临界或超超临界参数，最高蒸汽压力达到 31MPa 以上，最高蒸汽温度达到 620℃。下一个十年，汽轮机进口蒸汽温度有望达到 700℃。20 世纪 60 年代以来，核电汽轮机也得到长足发展，目前的主流容量也为 1000MW 等级。

经过 100 多年的发展，现在世界上著名的汽轮机生产商有 GE、Siemens、Alstom、Hitachi、Toshiba、Mitsubishi、俄罗斯的列宁格勒金属工厂（Leningradsky Metallichesky Zavod，以下简称 LMZ）等。世界上 3000r/min 全速单轴燃煤发电汽轮机的最大容量已经超过 1200MW（LMZ）；3600r/min 全速单轴汽轮机的最大容量已经超过 1000MW（Toshiba）；用于核电的湿蒸汽半速汽轮机的最大容量已达到 1550MW（1500r/min，Alstom）和 1380MW（1800r/min，Hitachi）。对于 3000r/min 的全速汽轮机，长度为 1220mm 的钢制（LMZ）和 1415mm 的钛合金末级动叶片（Siemens）已经成功应用；1400~1500mm 末级叶片为设计单机容量达到 1800MW 的高参数汽轮机和 1200MW 的湿蒸汽汽轮机奠定了基础。而针对核电半速汽轮机，Alstom 和 Siemens 正在开发长度为 1675~1830mm 的叶片，将制造出容量超过 1700MW 的先进汽轮机。

中国使用汽轮机的历史可以追溯到 20 世纪 20 年代。图 1-4 是 1927 年上海江边电站中运行的 Alstom 公司生产的汽轮机。但是，中国制造汽轮机的历史是从 1953 年开始，上海汽轮机厂 1955 年制造出了第一台 6MW 汽轮机。之后中国逐渐建立了比较完整的汽轮机制造工业，包括上海汽轮机厂、哈尔滨汽轮机厂、东方汽轮机厂、北京重型电机厂、武汉汽轮发电机厂、杭州汽轮机厂、南京汽轮机厂、青岛汽轮机厂、

图 1-4　上海的江边电站

广州汽轮机厂、中州汽轮机厂等，并建立了上海汽轮机锅炉研究所（现上海发电设备成套设计研究院）、哈尔滨汽轮机锅炉研究所等制造行业的归口研究机构。20 世纪 60~70 年代，中国依靠自己的力量设计制造了 100、125、200、300MW 汽轮机，蒸汽参数从中压中温到高压高温、从超高压到亚临界，为中国制造业的发展和中国电力工业的发展做出了巨大的贡献。

20 世纪 80 年代，中国开始从发达国家引进先进的汽轮机制造技术。经过 20 多年的消

化和提高，中国已经能够制造 600～1000MW 的超超临界参数汽轮机和 1000MW 的核电汽轮机，也能制造先进的工业用和舰船驱动汽轮机。长度为 1200mm 的钢制末级叶片已经由哈尔滨汽轮机厂在国内首先制造，上海汽轮机厂和 Simens 公司合作生产的 900MW（见图 1-5）和 1000MW 超临界参数汽轮机也在国内投入运行。

图 1-5 上海汽轮机厂与 Siemens 公司合作生产的 900MW 超临界压力汽轮机

目前，中国电力工业现在主要依靠国内制造厂商提供设备，总装机容量接近 8 亿千瓦，规模达到世界第二。其中，由汽轮机驱动发电的燃煤和核电机组占 77%。在长期的运行实践中，中国的发电企业和西安热工研究所（现西安热工研究院）等电力行业的归口研究机构，为国内汽轮机的完善、改进提供了重要的数据和试验环境，为中国汽轮机技术的发展做出了重要贡献。

第二节 采用汽轮机的热力发电方式

电能是应用最广泛的一种高品位的能量，通过升压设备和传输线路可将电能送至数千公里外的用户。电能在工业、农业、交通、国防等国民经济各部门以及社会生活的各方面处于重要的地位。世界经济发展史证明，电力工业的发展是国民经济迅速发展的必要保障。

目前，热力发电是最主要的发电方式。采用煤、石油、天然气或其他燃料生产蒸汽，利用蒸汽轮机驱动发电机，又是热力发电的主要方式。

一、燃煤发电

在世界范围内，燃煤发电是最主要的发电方式之一。在我国，电力总装机容量已经处于世界第二位，目前燃煤发电装机容量占 75% 以上。

图 1-6 是典型燃煤电厂生产过程示意图。煤通过磨煤机制成煤粉后送往炉膛燃烧，在燃烧过程中，燃料的化学能转变为热能，这些热量通过锅炉的换热器件（省煤器、水冷壁、过热器、再热器等）传给循环工质（水及其蒸汽）。由锅炉生产的过热、再热蒸汽，在汽轮机中膨胀做功，驱动发电机发电。在这一过程中，化学能转化为热能，热能转化为机械能，机械能转化为电能。现代先进燃煤发电装置的热效率可达到 42% 以上。随着科技的不断发展，未来新蒸汽压力达到 35MPa，新蒸汽和再热蒸汽温度达到 700/720℃ 的汽轮机会有更高的效率。

二、蒸汽—燃气联合循环发电

燃气轮机是一种结构紧凑、质量轻、启动快的热力原动机，不需要或仅需要少量冷却水。除航空燃气轮机外，世界上数千万千瓦燃气轮机的总量中，有 70% 是供发电用的。燃气轮机的进气温度很高，但排气温度也高达 300～400℃，将高温排气送入余热锅炉生产水蒸气，驱动汽轮发电机组发电。这种发电装置称为蒸汽—燃气联合循环发电。理论和实践证明，联合循环发电可大幅提高发电热经济性，现代蒸汽—燃气联合循环发电装置的热效率可超过 60%。

三、核能发电

重核分裂和轻核聚合时，都能释放出巨大的能量，这种能量统称为核能，也称原子能，

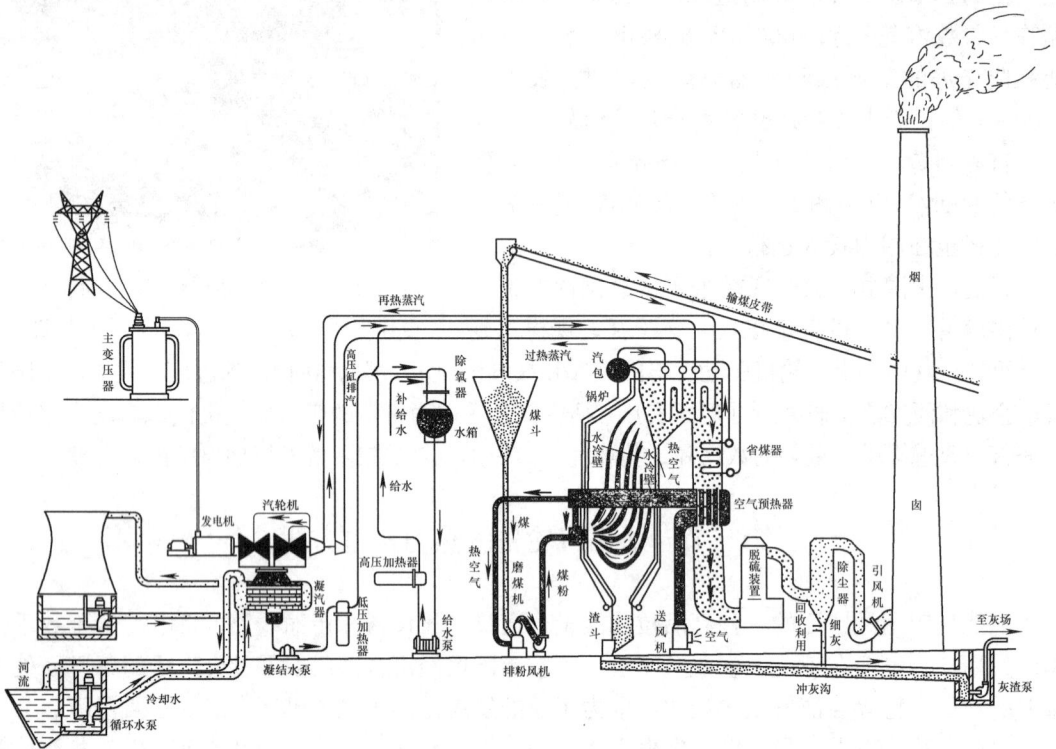

图 1-6 典型燃煤电厂生产过程示意图

核电站即原子能发电厂。

目前投入商业化发电的核电站都是利用铀裂变放出的能量作为热源的。1kg 铀裂变释放出的能量，相当于 2700t 标准煤完全燃烧所放出的热能。反应堆是核电站的主要部分，它相当于普通火电厂中的锅炉设备，由蒸汽发生器生产的蒸汽，通过汽轮机转换为机械能再发电。

轻核聚合所释放出的能量是十分巨大的。如聚合成 1kg 的氦所释放的能量就相当于 10000t 标准煤完全燃烧所放出的热能。地球上能用来作为聚变的物质极为丰富，仅在海水中含有的氘就达 25 万亿 t，使氘核聚变所放出的能量能供人类应用几十亿年之久。热核聚变反应实验堆国际合作项目已经启动，但离商业发电还有很长的距离。

四、地热发电

地球是一个巨大的椭球体，从赤道到地心的半径约为 6000km。由地心算起半径约为 3500km 的部分称"地核"，最外层 30～40km 的部分称"地壳"。目前，人们能直接测量的地温，仅限于地下 10km 以内的范围，地核的温度据推测约为 5000℃。因此，地球是一个巨大的热源。据估计，如把全世界煤的总储量折算为热能作为基数，石油的总能量仅为煤的 3%，目前能够利用的核燃料仅为煤的 15%，然而地下热能却为煤的 1.7 亿倍。仅在地面以下 3km 之内可开发的热能，就相当于 2.9 万亿 t 标准煤的能量。

现在，世界上已经建成了不少利用地热产生蒸汽，驱动汽轮发电机组发电的地热电站。由于只利用了浅层地热，地热发电的蒸汽参数还不高。

五、太阳能集热发电

太阳表面温度 6000℃左右，内部温度高达摄氏 2000 万℃。利用太阳辐射能发电，有光伏电池发电、太阳能集热发电等方式。

太阳能集热发电，接收或聚集太阳的辐射能，使之转换为热能，将工质加热蒸发，生产蒸汽去驱动汽轮发电机组发电。目前，大规模太阳能集热发电可采用这种模式，但是，由于技术上的原因，现在的发电成本还远高于常规能源发电和核能发电。

由于太阳能能量十分巨大，且可实现无污染转化和利用，随着世界性的能源供需日趋紧张和现代科学技术水平的迅速提高，大规模利用太阳能是必然的趋势。预计在不远的将来，太阳能发电将成为一种重要的发电方式。

第三节 汽 轮 机 系 统

除了发电，汽轮机还被用作大型舰船动力装备，并广泛作为工业动力源，用于驱动鼓风机、泵、压缩机等设备。

大多数情况下，汽轮机与蒸汽发生设备以及冷凝设备构成循环做功系统。

一、蒸汽动力循环和汽轮机做功过程

（一）蒸汽动力循环

1. 朗肯循环

最简单的蒸汽动力装置理想循环是朗肯循环。朗肯循环系统由锅炉、汽轮机、凝汽器和给水泵组成，图 1-7 所示为朗肯循环示意图。燃料在锅炉 1 中燃烧，放出热量，水在锅炉中定压吸热，汽化为饱和蒸汽；饱和蒸汽在锅炉过热器 2 中吸热成为过热蒸汽；蒸汽通过汽轮机 3 膨胀做功，并有一定热损失，在汽轮机排汽口，蒸汽呈低压湿蒸气状态；在汽轮机中膨胀做功后的乏汽进入凝汽器 5 并凝结成水，放出潜热；给水泵 6 将凝结水提高压力并重新泵入锅炉，完成一个循环。这种简单蒸汽动力循环热效率不高，因为蒸汽在锅炉中的吸热量只有一小部分转化为汽轮机的功，而大部分热量（潜热）作为冷源损失在凝汽器中被循环冷却水所带走。

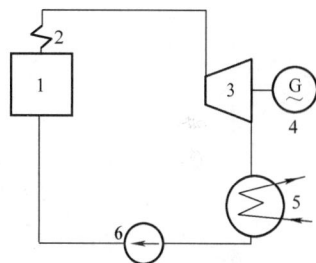

图 1-7 朗肯循环
1—锅炉；2—过热器；3—汽轮机；
4—发电机；5—凝汽器；
6—给水泵

2. 回热循环

朗肯循环热效率低的主要原因在于工质平均吸热温度不高。为了提高平均吸热温度，可以提高蒸汽初参数，同时，采用给水回热也是有效途径。把多级汽轮机中做过功的部分蒸汽，逐级抽出来加热给水，减少冷源损失，提高锅炉给水温度，从而提高蒸汽平均吸热温度，循环热效率得到改善。这种循环称为给水回热循环（见图 1-8）。

3. 中间再热循环

提高蒸汽的初压，可以提高朗肯循环的热效率。但是，蒸汽初压的提高，会引起乏汽的湿度增加，对汽轮机不利。如果同时提高蒸汽的初压和初温，又受到金属材料性能的限制。为了解决这一问题，采用了蒸汽中间再热的办法（见图 1-9）。先让新蒸汽进入汽轮机高压部分膨胀做功，将做功后的蒸汽引到锅炉的再热器中再加热（通常是将汽温提高到与新蒸汽

相当的温度），然后再送到汽轮机的中、低压部分继续膨胀做功。经过再过热之后，乏汽的干度明显增大，避免了由于提高初压而带来的困难。所以，现代大型火电机组都采用中间再热循环。

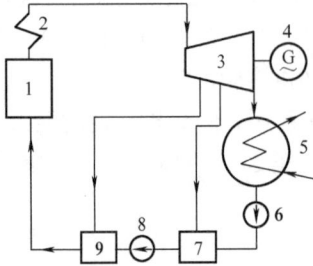

图 1-8　实际蒸汽动力装置回热循环

1—锅炉；2—过热器；3—汽轮机；4—发电机；
5—凝汽器；6—凝结水泵；7—低压加热器；
8—给水泵；9—高压加热器

图 1-9　中间再热循环

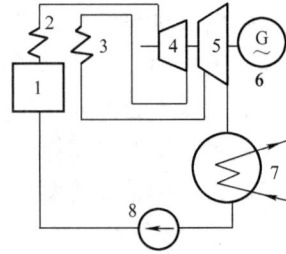

1—锅炉；2—过热器；3—再热器；4—汽轮
机高压部分；5—汽轮机中低压部分；
6—发电机；7—凝汽器；8—给水泵

（二）汽轮机做功过程

蒸汽在汽轮机中要从高参数膨胀到凝汽器的真空环境，比焓降很大，不可能一次转化成机械能，所以需要多次逐级转化。图 1-10 是某 300MW 汽轮机的结构图，可以看到，汽轮机由许多级串联组成，其总输出功率是各级输出功率之和。

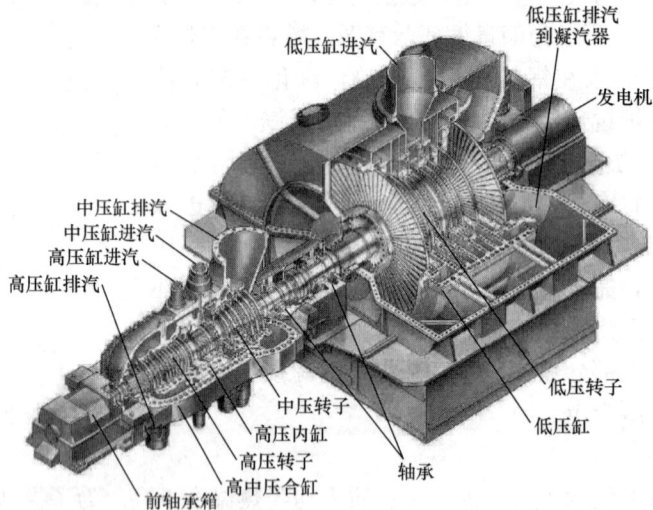

图 1-10　某 300MW 汽轮机本体

汽轮机运行时，从锅炉来的过热蒸汽通过控制阀门进入高压缸，逐级做功后排出，送入锅炉再热器；再热蒸汽通过中压控制阀门进入中压缸继续膨胀做功，然后从中压缸排出；中压缸排汽由连通管送到低压缸继续做功，最后一级的排汽进入凝汽器。蒸汽流过汽轮机级时，首先在喷嘴叶栅中将部分蒸汽的热能转变成为动能，然后在动叶栅中将其动能和热能转变为机械能，使得叶轮和轴转动，从而完成将蒸汽热能转换为汽轮机转子旋转机械能的任务。

二、汽轮机设备及其系统

汽轮机设备及系统包括汽轮机本体、控制保安系统、辅助设备及系统等。汽轮机本体由转动部分和固定部分组成；控制保安系统包括主汽阀、调节汽阀、控制执行机构、信号变送器、控制油系统、计算机控制系统、安全保护装置等；辅助设备包括凝汽器、抽气器（或水环真空泵）、高压和低压加热器、除氧器、给水泵、凝结水泵、凝升泵、循环水泵等。汽轮机的重要系统包括主蒸汽系统、再热蒸汽系统、凝汽系统、给水回热系统、润滑油系统等。

第四节 汽轮机基本组成

汽轮机本体由转动部分（转子）和固定部分（静子）组成，见图 1-10。转动部分包括动叶栅、叶轮（或转鼓）、主轴、联轴器等；固定部分包括汽缸、蒸汽室、喷嘴室、隔板、隔板套（或静叶持环）、汽封、轴承、轴承座、机座、滑销系统等。

一、汽轮机级

汽轮机的级由喷嘴叶栅（或静叶栅）和与它相配合的动叶栅组成。

喷嘴的作用是把蒸汽的热能转变成动能，也就是使蒸汽膨胀降压增加流速，按一定的方向喷射出去，进入动叶栅中做功。喷嘴直接安装在喷嘴室和隔板中，见图 1-11。

叶片按用途可分为动叶片和静叶片（又称喷嘴叶片）两种。动叶片安装在转子叶轮（冲动式汽轮机）或转鼓（反动式汽轮机）上。静叶片安装在隔板或汽缸上，起喷嘴作用；在双列速度调节级中，第二列静叶作导向叶片，使汽流改变方向，引导蒸汽进入动叶片。

图 1-11 汽轮机通流部分

二、汽轮机转子

汽轮机中所有转动部件的组合体叫做转子，它是汽轮机最重要的部件之一，担负着工质能量转换及扭矩传递的重任。转子由主轴、轴套、叶轮、叶片、联轴器、轴封套（汽封套）等部件组成，有些转子还包括带动主油泵和调速器的附加轴。

三、汽轮机汽缸与隔板

汽缸的主要作用是将汽轮机的通流部分与外界隔开，保证蒸汽在汽轮机内完成做功过程。此外，它还要支承汽轮机的一些静止部件（隔板、喷嘴室、汽封套等）。汽缸通常制成具有水平接合面的对分形式，上半部叫上汽缸，下半部叫下汽缸。上、下汽缸之间用法兰螺栓连接在一起。为了减小汽缸应力，现代汽轮机也有采用无水平接合面汽缸的。

多级汽轮机调节级后的各压力级是在不同的压力下工作的。为了保持各级前后的压力差、安装静叶片和阻止级间漏汽，汽缸上装设有多个隔板，它可以直接安装在汽缸内壁的隔板槽中，也可以借助隔板套安装在汽缸上。隔板通常做成水平对分形式，其内圆孔处安装有隔板汽封。反动式汽轮机没有隔板，但会在汽缸上安装支承静叶的持环。

四、汽封

汽轮机运转时，转子高速旋转，汽缸、隔板（或静叶环）等静止不动。因此转子和静止部件之间需留有适当的间隙，防止相互碰摩。然而间隙的存在会导致蒸汽泄漏，这不仅会降低机组效率，还会影响机组安全运行。为了减少蒸汽泄漏和防止空气漏入，采用了汽封装置。汽封按其安装位置的不同，可分为叶顶汽封、隔板（或静叶环）汽封、轴端汽封以及径向汽封等。反动式汽轮机还装有平衡活塞汽封。汽封主要形式有梳齿、蜂窝、刷式等。

为了防止和减少漏汽以及回收漏汽，很多汽轮机设有由轴端汽封加上与之相连接的管道、阀门及附属设备组成的轴封蒸汽调整系统，并配置自动调节装置。

五、汽轮机轴承

汽轮机轴承包括径向支持轴承和推力轴承，主要采用滑动轴承。径向支持轴承承担转子的质量和旋转动反力，并保证转子的径向位置。推力轴承承受蒸汽作用在转子上的部分轴向推力，保持转子工作时的轴向位置，以保证通流部分动静轴向间隙。推力轴承的工作面是转子相对于汽缸的定位点，称为汽轮机转子对静子的相对死点。

六、联轴器

联轴器是汽轮机各转子间、汽轮机转子和发电机转子间的连接件。通过联轴器把汽轮机转子的转动力矩传递给发电机。汽轮发电机组主要联轴器多采用刚性联轴器。

七、盘车装置

汽轮机冲转前和停机后，要使转子连续转动一段时间，以保证转子均匀受热和冷却。带动转子转动的装置称为盘车装置，它可以自动投入和切除。汽轮机的盘车分为低速盘车（3～5r/min）和高速盘车（40～70r/min）两种。汽轮机启动时，为减小盘车电动机功率，采用高压油顶轴装置，在盘车装置投入前用压力油将转子顶起以减小启动转矩。

八、汽轮机控制与保护系统

汽轮机控制系统的主要作用是：当发电机负载变化时，使主汽阀和调节汽阀改变进汽量，调节汽轮机的输出功率，使其与外界负荷相适应，维持汽轮机转速在规定范围内，保证电能质量。供热汽轮机还具备供热蒸汽压力自动调节系统。

此外，为保证运行安全，汽轮机还设有各种保护装置，如超速保护、轴向位移保护及低油压保护等。当这些参数超出安全范围时，保护系统自动切断汽轮机进汽，停止设备运转，避免事故发生与扩大。

第五节　汽轮机的分类和型号表示

一、汽轮机的分类

根据做功原理、热力过程特性、参数水平的差异等可以将汽轮机进行以下分类。

1. 按做功原理分类

（1）冲动式汽轮机。按冲动原理做功的级构成的汽轮机叫冲动式汽轮机。为了提高效率，冲动式汽轮机级均带有一定反动度，习惯上仍称为冲动式汽轮机。

（2）反动式汽轮机。按反动原理做功的级构成的汽轮机叫反动式汽轮机。现代反动式汽轮机常以冲动级（单列级或复速级）作调节级，但习惯上仍称为反动式汽轮机。

2. 按热力过程特性分类

（1）凝汽式汽轮机。进入汽轮机的蒸汽在流经汽轮机各级后，除少量漏汽外全部进入凝汽器，这种汽轮机叫做凝汽式汽轮机。现代汽轮机为提高循环热效率，一般都采用若干段回热抽汽加热给水，这类汽轮机习惯上仍称为凝汽式汽轮机。

（2）背压式汽轮机。进入汽轮机的蒸汽流经各级做功后，在高于大气压力的情况下排出，以供工业或生活之用，这种汽轮机称为背压式汽轮机。

（3）调整抽汽式汽轮机。从汽轮机中间某几级后抽出一定参数、一定质量流量❶的蒸汽，供给工业或生活之用，其余的蒸汽流入凝汽器，这种汽轮机称为调整抽汽式汽轮机。调整抽汽式汽轮机和背压式汽轮机统称为供热式汽轮机。

（4）中间再热式汽轮机。将在汽轮机若干级中做过功的蒸汽（如高压汽缸的排汽）引入锅炉再次加热，然后又回到汽轮机后面的一些级（如中低压汽缸）内继续膨胀做功，乏汽进入凝汽器，这种汽轮机叫中间再热式汽轮机。

3. 按蒸汽压力分类

（1）低压汽轮机。新汽压力为 1.2～2.0MPa（例如新汽压力为 1.3MPa，温度为 340℃）。

（2）中压汽轮机。新汽压力为 2.1～4.0MPa（例如新汽压力为 3.43MPa，温度为 435℃）。

（3）高压汽轮机。新汽压力为 8.1～12.5MPa（例如新汽压力为 9.0MPa，温度为 535℃）。

（4）超高压汽轮机。新汽压力为 12.6～15.0MPa（例如新汽压力为 13.0MPa 或 13.5MPa、温度为 535℃或 550℃，再热温度为 535℃或 550℃）。

（5）亚临界压力汽轮机。新汽压力为 15.1～22.5MPa（例如新汽压力为 16.5MPa、温度 535℃，再热温度为 535℃）。

（6）超临界压力汽轮机。新汽压力大于 22.1MPa。例如国内某 600MW 超临界压力汽轮机参数为：新汽压力 23.8MPa，温度 566℃，再热温度 566℃。

（7）超超临界压力汽轮机。新汽压力在 27MPa 以上或蒸汽温度达到 600/620℃以上的汽轮机。例如国内某 900MW 超超临界压力汽轮机参数为：新汽压力 26.25MPa，温度 600℃，再热温度 600℃。

此外，按汽缸数可以分为单缸汽轮机和多缸汽轮机；按机组转轴数可以分为单轴汽轮机和双轴汽轮机；按工作状况可以分为固定式汽轮机和移动式汽轮机等。

二、汽轮机的型号表示

汽轮机型号虽然随制造商的习惯不同而不同，但是一般都包含了汽轮机的形式、容量、新蒸汽参数和再热蒸汽参数等信息，供热汽轮机型号还包括供热蒸汽参数。因此，从汽轮机的型号可以基本判断出汽轮机的主要特征。

我国制造的汽轮机的型号大多包含三部分信息。第一部分信息由汉语拼音字母表示汽轮机的形式（见表 1-1）；由数字表示汽轮机的容量，即额定功率（MW）；第二部分信息用几组由斜线分隔的数字分别表示新蒸汽参数、再热蒸汽参数、供热蒸汽参数等（见表 1-2）。功率单位为 MW，蒸汽压力参数的单位为 MPa，温度参数的单位为℃，第三部分为厂家设计序号。

---

❶ 本书提及的流量，如无特别说明，均为质量流量。

表 1-1   汉 语 拼 音 代 号

代号	N	B	C	CC	CB	H	Y
型式	凝汽式	背压式	一次调整抽汽式	二次调整抽汽式	抽汽背压式	船用	移动式

表 1-2   型号中蒸汽参数表示法

汽轮机型式	参数表示方法	示　例
凝汽式	主蒸汽压力/主蒸汽温度	N100-8.83/535
中间再热式	主蒸汽压力/主蒸汽温度/中间再热温度	N300-16.7/538/538
抽汽式	主蒸汽压力/高压抽汽压力/低压抽汽压力	C50-8.83/0.98/0.118
背压式	主蒸汽压力/背压	B50-8.83/0.98
抽汽背压式	主蒸汽压力/抽汽压力/背压	CB25-8.83/0.98/0.118

　　例如：N100-8.38/535 表示凝汽式汽轮机，额定功率为 100MW，新蒸汽压力为 8.83MPa、温度为 535℃；CC25-8.38/0.98/0.118 表示二次调整抽汽式汽轮机，功率为 25MW，新蒸汽压力为 8.83MPa，第一次调整抽汽压力为 0.98MPa，第二次调整抽汽压力为 0.118MPa；N300-16.7/538/538，表示凝汽式汽轮机，额定功率为 300MW，新蒸汽压力为 16.7MPa，新蒸汽及再热汽温度均为 538℃。

　　国外汽轮机制造商的型号表示有所不同，有些还采用英制单位。例如：日本三菱（Mitsubishi）TC2F-33.5 型汽轮机型号中：T 表示单轴；C 表示双缸；2F 表示双排汽；33.5 表示末级叶片长度是 33.5 英寸（851mm）；法国阿尔斯通（Alstom）T2A330-30-2F1044 型号中：T 表示汽轮机，2 表示二次过热，A 表示对称布置，330 是额定功率为 330MW，30 表示转速为 3000r/min，2F 表示双排汽，1044 表示末级叶片长度，实际上该型号的部分机组末级叶片长度为 1080mm，但型号中仍然标注 1044。

第二章 汽轮机级内能量转换过程

第一节 汽轮机级的基本概念

一、汽轮机的级

汽轮机的级是最基本的做功单元。这些级中供蒸汽流动的通道构成了汽轮机的通流部分。一台汽轮机可由单级组成，也可以由多级组成。现代大型汽轮机均由多级串联组成，例如 600MW 汽轮机的总级数可达 40 多级。汽轮机的总输出功率是汽轮机各级输出功率之和。汽轮机组的经济性和安全性很大程度上取决于每一个单级的经济性和可靠性。所以研究级内的能量转换过程是研究整个汽轮机组工作过程的基础。

汽轮机的级由喷嘴叶栅和与它相配合的动叶栅组成，如图 2-1 所示。喷嘴叶栅是由一系列安装在隔板体上的喷嘴叶片构成，又称静叶栅。动叶栅是由一系列安装在叶轮外缘上的动叶片构成。为了分析方便，选取三个特征截面：喷嘴叶栅前截面 0—0，即级的进口截面；喷嘴叶栅和动叶栅之间的截面 1—1，即喷嘴的出口截面；动叶栅后截面 2—2，即级的出口截面。各截面上的汽流参数分别注以下标 0、1 和 2，下标 n 表示喷嘴、b 表示动叶。

当蒸汽通过汽轮机级时，首先在喷嘴叶栅中将热能转变成为动能，然后在动叶栅中将其动能转变为机械能，

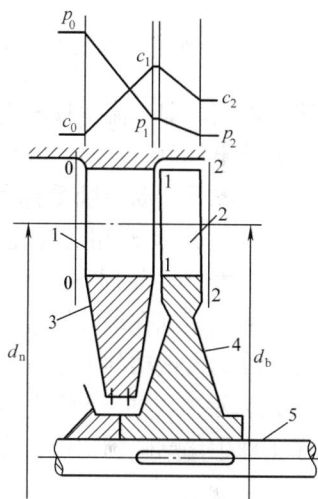

图 2-1 汽轮机级的示意图
1—喷嘴；2—动叶片；3—隔板；
4—叶轮；5—轴

使得叶轮和轴转动，从而完成汽轮机利用蒸汽热能做功的任务。蒸汽在汽轮机级内进行能量转换，必须具备相应的条件。首先，蒸汽应具有一定品位的热能，即蒸汽需具有足够高的温度和压力，而且喷嘴进出口应具有一定的蒸汽压差。其次，进行能量转换的叶栅也需具备有一定的结构条件，如叶栅流道截面积的变化应满足连续流动方程，叶片的截面应为流线型，流道应具有良好的几何形状，流道的壁面应光滑等。同时，动叶栅结构形式应满足汽流产生冲动力和反动力的要求，即动叶栅必须是有合理的曲面流道，且可以绕轴心线运动。此外，喷嘴叶栅喷出的高速汽流应能顺利地进入动叶栅流道，故喷嘴叶栅也应为弯曲的流道。

汽轮机级的做功过程是蒸汽不断膨胀，压力逐渐降低的过程。图 2-2 为蒸汽在级中做功时的热力过程线。0 点是级前的蒸汽状态点，0^* 点是汽流被等熵地滞止到初速等于零的状态点。蒸汽从滞止状态 0^* 在级内等熵膨胀到 p_2 时的比焓降 Δh_t^* 称为级的滞止理想比焓降。蒸汽从 0 点在级内等熵膨胀到 p_2 时的比焓降 Δh_t 称为级的理想比焓降。按同样定义，Δh_n^* 为喷嘴的滞止理想比焓降，而 Δh_b 为动叶的理想比焓降。实质上，级的滞止理想比焓降表示了在理想情况下单位质量的蒸汽流过一个级时能够做功的大小。根据热力学原理，蒸汽在

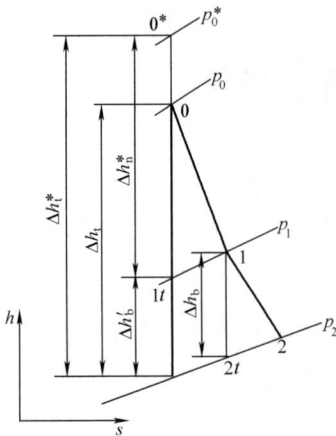

图 2-2 蒸汽在级中做功的热力过程线

级中做功的过程是不可逆过程，过程的熵是增加的。所以 2 点为级的实际出口状态点。因为等压线向着熵增方向有扩张趋势，所以图 2-2 中的 $\Delta h_b'$ 并不等于 Δh_b，这一特点将对多级汽轮机产生影响。在研究某一单级时可以认为 $\Delta h_b' \approx \Delta h_b$。

二、级的反动度

蒸汽流过汽轮机级时，有两种力对动叶栅做功，冲动力和反动力，如图 2-3 所示。在喷嘴中膨胀加速后的蒸汽，给动叶以冲动力。若汽流在动叶汽道内不继续膨胀加速，而只随汽道形状改变其流向时，由此产生的作用在动叶汽道上的离心力，称冲动力。这时蒸汽所做的机械功等于它在动叶栅中动能的变化量。

蒸汽在动叶汽道内随汽道改变流动方向的同时仍继续膨胀、加速，即汽流不仅改变方向，而且有比焓下降并膨胀，其速度也有较大的增加。加速的汽流流出汽道时，对动叶栅将施加一个与汽流流出方向相反的反作用力，称反动力。

一般情况下，动叶既受到蒸汽的冲动作用力 F_i，也受到蒸汽的反动作用力 F_r。推动动叶转动的力，是它们的合力 F 在轮周方向的分力 F_u。

为了衡量蒸汽在动叶栅中的膨胀程度，区分级中冲动力、反动力做功的大小，引入无量纲量——反动度，用 Ω 表示。级的反动度等于动叶的理想比焓降与级的滞止理想比焓降的比值，即

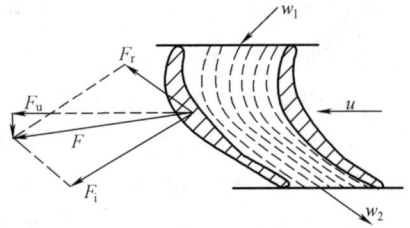

图 2-3 蒸汽对于动叶栅的作用力

$$\Omega = \frac{\Delta h_b}{\Delta h_t^*} \tag{2-1}$$

或

$$\Omega \approx \frac{\Delta h_b}{\Delta h_n^* + \Delta h_b} \tag{2-2}$$

如已知级的反动度和滞止理想比焓降，则可以求出动叶的理想比焓降和喷嘴的滞止理想比焓降，即

$$\Delta h_b = \Omega \Delta h_t^* \tag{2-3}$$

$$\Delta h_n^* = (1 - \Omega) \Delta h_t^* \tag{2-4}$$

必须指出，蒸汽参数沿着叶片高度方向是变化的，即蒸汽的比焓降也是沿叶高变化的，因此级的反动度不是常数，而是随着叶片高度而变化。为了研究方便，在叶片高度方向上，取叶片根部截面、叶片平均截面、叶片的顶部截面为特征截面，对应三个特征截面，相应的反动度分别表示为 Ω_r、Ω_m 和 Ω_t。实际上，级的反动度沿叶高是逐渐增大的，即 $\Omega_r < \Omega_m < \Omega_t$。对于短叶片，如不特别指明，给出的反动度为级的平均反动度。

作为级内动叶中蒸汽膨胀程度的度量，反动度是一个很重要的特征参数。不仅影响到叶片的形状，还影响到级的经济性和安全性。

三、级的分类

根据级的反动度的大小，可以将汽轮机的级分成两类：冲动级和反动级。

（一）冲动级

冲动级的反动度介于 0 和 0.5 之间。作为一种特例，当 $\Omega=0$ 时，为纯冲动级。一般情况下，反动度 $\Omega=0.05\sim0.20$，称为带反动度的冲动级。

蒸汽在冲动级内流动做功时，蒸汽的膨胀大部分发生在喷嘴叶栅中，只有少部分发生在动叶栅中。

对于纯冲动级，蒸汽只在喷嘴中膨胀，在动叶栅中不膨胀而只改变流动方向，故动叶栅中蒸汽进出口压力相等，即 $p_1=p_2$，$\Delta h_b=0$，$\Delta h_t^*=\Delta h_n^*$，见图 2-4。蒸汽流过纯冲动级的动叶时，会产生较厚的附面层，因而效率较低，损失较大，故已很少采用。

冲动式汽轮机的结构特点：因为汽流在动叶栅内膨胀量较少，所以动叶栅的截面形状是近似对称的。因为动叶栅前后压力相差较小，没有太大的轴向力作用在转子上，所以冲动式汽轮机可以采用质量轻，结构紧凑的轮盘式转子；同时可以采用较大的径向间隙，从而提高汽轮机运行的灵活性。但是喷嘴叶栅前后存在较大的压力差，为了减少喷嘴叶栅与轴之间间隙的漏汽量，要尽量减小间隙的直径，所以设计为隔板结构，把喷嘴装在隔板的外环上，在隔板的内孔装有汽封片。

（二）反动级

反动级的反动度 $\Omega=0.5$。反动级的做功如图 2-5 所示。蒸汽在反动级中的膨胀，一半在喷嘴叶栅中进行，另一半在动叶栅中进行。在反动级中，$p_1>p_2$，$\Delta h_b=\Delta h_n^*=0.5\Delta h_t^*$。反动级的效率比冲动级高，但做功能力比较小。

根据反动级的做功原理，级的比焓降在喷嘴叶栅和动叶栅中是平均分配的，则喷嘴叶栅和动叶栅可以采用相同的叶型，构成相似的喷嘴叶栅和动叶栅通道，因而可以降低汽轮机的制

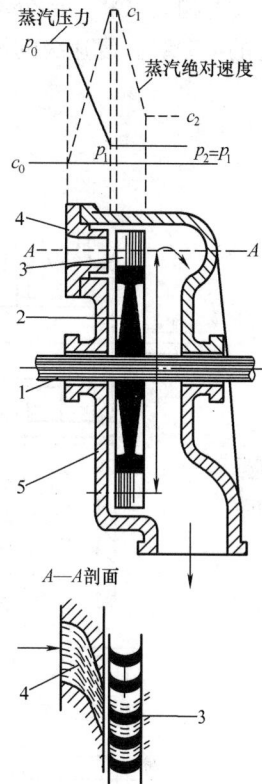

图 2-4　冲动级的做功
1—主轴；2—叶轮；3—动叶；
4—喷嘴；5—汽缸

造成本。而反动级所采用的叶型本身是不对称的，构成喷嘴和动叶栅的收缩形蒸汽通道。因为在动叶片前后存在较大的压力差，为了减小汽流对转子作用的轴向力，反动式汽轮机采用转鼓式结构，没有叶轮。喷嘴叶片直接安装在汽缸内壁，使级的轴向尺寸减小。但粗大的转鼓式转子质量大，启动时热惯性大，增加了暖机时间而影响到汽轮机运行的机动性。为了减少蒸汽泄漏量应尽量减小径向间隙。为了平衡轴向推力，还设置了平衡活塞。反动级因动叶片前后存在压力差，为了避免过大的级内损失，一般不采用部分进汽，而采用全周进汽。

汽轮机的级有调节级和非调节级之分。通过改变进汽面积控制其进汽量，调节汽轮机功率的级称调节级。进汽面积不能改变的级称为非调节级或压力级。调节级总是部分进汽的，而非调节级既可以全周进汽，亦可以部分进汽。

蒸汽流过一个级的动叶栅时，动能转化为机械功的过程可以在一列或多列叶栅中完成。只在一列动叶栅中完成的级称为单列级。压力级一般是单列级，可以是冲动级，亦可以是反动级。

蒸汽的动能转为机械功的过程在一级内多列叶栅中进行的级称为速度级。目前一般在一

级内装有两列动叶栅，称双列级或复速级。复速级都是冲动式的，与单列冲动级不同的是它由一列喷嘴叶栅、一列导向叶栅和两列动叶栅组成，如图 2-6 所示。从喷嘴叶栅出来的高速汽流，先在第一列动叶栅中将一部分动能转变为机械功，然后经导向叶栅转向后，进入第二列动叶栅，又将一部分动能转变为机械功。为了提高复速级的效率，可以设计成带一定反动度的冲动级。复速级的做功能力比单列冲动级要大。

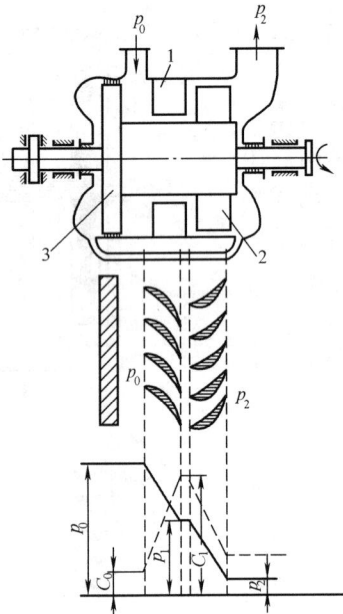

图 2-5　反动级的做功

1—喷嘴；2—动叶；3—平衡活塞

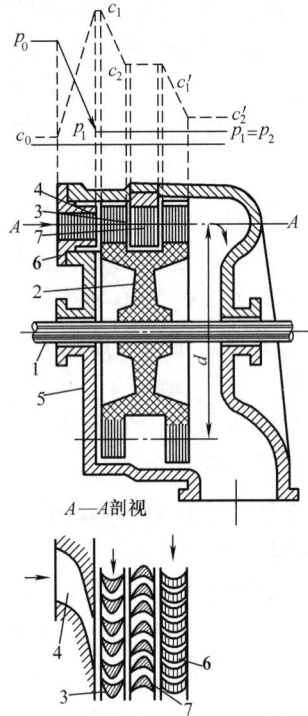

图 2-6　复速级示意图

1—轴；2—叶轮；3—第一列动叶栅；
4—喷嘴；5—汽缸；6—第二列
动叶栅；7—导向叶栅

应当指出，蒸汽在级的叶栅通道中的流动是黏性可压缩流体在弯曲通道内的三元不稳定流动，流动情况异常复杂。为了研究方便，通常做如下简化假设。

（1）流动是稳定的，即通过叶栅三个特征截面的流量和蒸汽参数均不随时间变化。

（2）流动是绝热的，即在叶栅中蒸汽与外界没有热交换。在研究短叶片时，认为叶栅中汽流参数只沿流动方向变化，而在与流动方向相垂直的截面上不变，即一元流动。

第二节　蒸汽在级内的流动过程

一、蒸汽在喷嘴中的流动过程

（一）汽流参数与喷嘴形状的关系

蒸汽经过喷嘴时能够发生能量转换，是因为喷嘴具有特殊的几何形状。

蒸汽流经图 2-7 所示的喷嘴时，根据基本假设，可以写出其连续性方程式，即

$$G = \rho c A$$

其微分形式为

$$\frac{dA}{A} + \frac{dc}{c} + \frac{d\rho}{\rho} = 0 \qquad (2-5)$$

式中：G 为汽流质量流量，kg/s；c 为汽流速度，m/s；A 为通道截面积，m^2；ρ 为蒸汽的质量密度，kg/m^3。

适用于一维稳定等熵流动的动量方程为

$$\frac{dp}{\rho} + cdc = 0 \qquad (2-6)$$

根据式（2-5）和式（2-6）有

$$\frac{dA}{A} = \frac{dc}{c}\left[\frac{c^2}{dp/d\rho} - 1\right] \qquad (2-7)$$

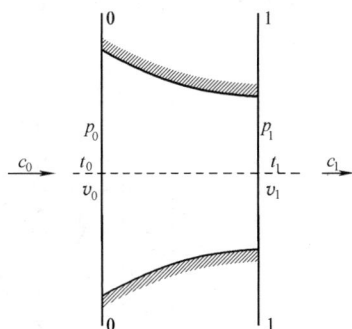

图 2-7　蒸汽在喷嘴中的流动

因为声速是弱压力扰动波的传播速度，故有 $a^2 = dp/d\rho$，代入式（2-7），令 $Ma = c/a$，可以得到

$$\frac{dA}{A} = \frac{dc}{c}(Ma^2 - 1) \qquad (2-8)$$

式中：Ma 为马赫数；dA/A 为喷嘴截面积变化率；dc/c 为汽流速度的变化率。

由式（2-8）可知，喷嘴汽道横截面积变化不仅取决于速度的变化，也与汽流的马赫数 Ma 有关。

当 $Ma < 1$ 时，即汽流为亚声速时，因为 $Ma^2 - 1 < 0$，所以汽道横截面积的变化同汽流速度变化符号相反，就是说亚声速汽流在汽道中膨胀加速时，通道的横截面积应随汽流加速而逐渐减小，这样的喷嘴称为渐缩喷嘴。

当 $Ma > 1$ 时，即汽流为超声速流时，因为 $Ma^2 - 1 > 0$，所以汽道横截面积的变化同汽流速度变化符号相同。与亚声速汽流相反，超声速汽流的汽道横截面积应随汽流加速而逐渐增大，这样的喷嘴称为渐扩喷嘴。

当 $Ma = 1$ 时，即汽流速度等于当地声速，此时汽道横截面积的变化等于零，即 $dA = 0$，喷嘴的横截面积达到最小值。

当汽流由亚声速变到超声速时，汽道截面沿汽流方向的变化应由渐缩变为渐扩，呈缩放形。这种喷嘴称为缩放喷嘴或拉伐尔喷嘴。缩放喷嘴是由渐缩喷嘴和渐扩喷嘴组合而成，其交界处就是缩放喷嘴的喉部。因此汽流在缩放喷嘴中流动时，先以亚声速在渐缩部分内加速，在喉部处达到声速，然后在渐扩部分继续加速，在出口截面达到超声速。

当渐缩喷嘴出口压力降低时，汽流出口质量密度减小，汽流在喷嘴中加速；当喷嘴出口压力降到所谓临界压力时，流速达到声速。此时，即使出口压力继续降低，流速也不能达到超声速。要在喷嘴出口处获得超声速汽流，不仅喷嘴出口压力要小于临界压力，而且还应采用缩放喷嘴。在现代大型汽轮机中，绝大多数喷嘴是渐缩喷嘴，对于在出口处带有斜切部分的渐缩喷嘴，汽流可在斜切部分达到超声速。

在 $Ma > 1$ 或 $Ma < 1$ 的情况下，汽流在喷嘴内的加速过程中之所以表现出完全不同的特性，主要在于蒸汽的质量密度 ρ 和速度 c 沿喷嘴的流动方向有着不同的变化规律，这是蒸汽的物理特性所决定的。汽流在喷嘴内流动时，在各截面上必须满足连续方程式。当 $Ma < 1$ 时，因速度 c 增加较比体积 v 快，因此，截面积要相应的减小才能保持每个截面流量 G 不变；当 $Ma > 1$ 时，比体积 v 的增大要比速度 c 的增加快，则截面积 A 必须增大才能使不断加速膨胀的汽流顺利通过。蒸汽在喷嘴中流动时各项参数沿汽道的变化规律见图 2-8。

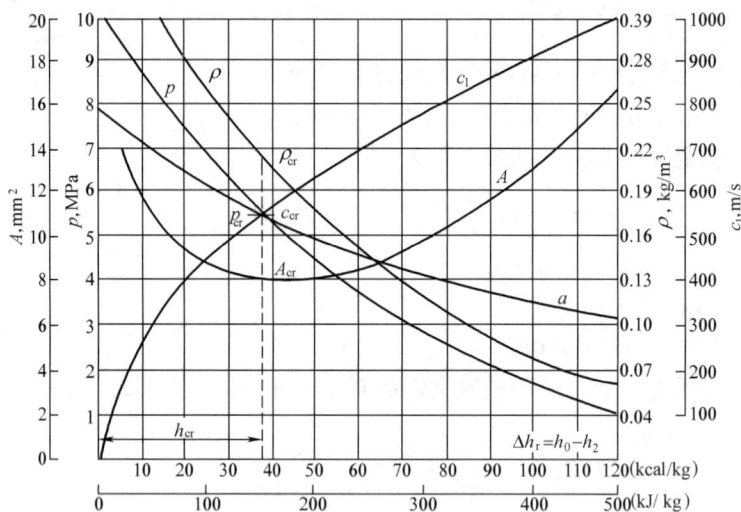

图 2-8 蒸汽在喷嘴中流动时各项参数沿汽道的变化规律

由图 2-8 可见，蒸汽在喷嘴内膨胀时，汽流速度 c_1 逐渐增大，汽流的压力 p 和比焓 h 逐渐下降，对应声速 a 亦相应减小。蒸汽在膨胀流动过程中，一定会在汽道某一截面上达到当地声速。与当地声速相等的汽流速度称为临界速度，用 c_{cr} 表示。该截面称为临界截面，即前述的 $Ma=1$ 的截面。这时汽流所处的状态称为临界状态，汽流的参数称为临界参数，用下角标 cr 表示。临界速度的表达式为

$$c_{cr} = \sqrt{\kappa \frac{p_{cr}}{\rho_{cr}}} = \sqrt{\frac{2\kappa}{\kappa+1} \frac{p_0^*}{\rho_0^*}} \qquad (2-9)$$

可见，临界速度的大小仅取决于蒸汽的初始参数，而与过程无关。

根据式（2-9），临界压力 p_{cr} 表示为

$$\frac{p_{cr}}{\rho_{cr}} = \frac{2}{\kappa+1} \frac{p_0^*}{\rho_0^*}$$

对于等熵流动过程，喷嘴的临界压力比 ε_{cr} 可表示为

$$\varepsilon_{cr} = \frac{p_{cr}}{p_0^*} = \left(\frac{2}{\kappa+1}\right)^{\frac{\kappa}{\kappa-1}} \qquad (2-10)$$

在等熵过程中临界压力比 ε_{cr} 只与蒸汽的等熵指数 κ 有关。因此，对过热蒸汽（$\kappa=1.3$），$\varepsilon_{cr}=0.546$；对于干饱和蒸汽（$\kappa=1.135$），$\varepsilon_{cr}=0.577$。湿蒸汽的 $\kappa=1.035+0.1x$，所以其 ε_{cr} 将随干度 x 的变化而改变。

（二）喷嘴出口的汽流速度

1. 喷嘴出口的理想速度

蒸汽流过喷嘴叶栅时的能量方程为（对应图 2-2 中的 0 状态点和 1t 状态点）

$$h_0 + \frac{c_0^2}{2} = h_{1t} + \frac{c_{1t}^2}{2} \qquad (2-11)$$

式中：c_{1t} 为喷嘴出口的汽流理想速度，m/s；c_0 为喷嘴进口的汽流速度，m/s；h_0 为喷嘴进口的汽流比焓值，J/kg；h_{1t} 为喷嘴出口的汽流比焓值，J/kg。

由式（2-11）可得

$$c_{1t} = \sqrt{2(h_0 - h_{1t}) + c_0^2} = \sqrt{2\Delta h_n + c_0^2} = \sqrt{2\Delta h_n^*} \qquad (2-12)$$

式中：Δh_n 为喷嘴的理想比焓降，$\Delta h_n = h_0 - h_{1t}$；$\Delta h_n^*$ 为喷嘴中的滞止理想比焓降。

喷嘴出口的理想速度还可以通过理想气体的相关公式得到，即

$$c_{1t} = \sqrt{\frac{2\kappa}{\kappa - 1} \frac{p_0^*}{\rho_0^*} \left[1 - \left(\frac{p_1}{p_0^*} \right)^{(\kappa-1)/\kappa} \right]} = \sqrt{\frac{2\kappa}{\kappa - 1} \frac{p_0^*}{\rho_0^*} \left[1 - \varepsilon_n^{(\kappa-1)/\kappa} \right]} \qquad (2-13)$$

式中：ε_n 为喷嘴出口压力与进口滞止压力的比值，$\varepsilon_n = p_1 / p_0^*$，简称为喷嘴前后的压力比。

根据式（2-12）和式（2-13），蒸汽在喷嘴出口处的速度是由喷嘴进口和出口的蒸汽参数决定的，并和喷嘴进口的蒸汽速度有关。

2. 喷嘴出口的实际速度

蒸汽在喷嘴内的实际膨胀流动过程中，因分子间相互作用而存在内摩擦损失、外摩擦损失和涡流损失，消耗了流体的一部分动能，产生不可逆损失，使系统的比熵增加。在 h-s 图上可明显地看出，汽流实际的出口状态点不是 1t 点，而是 1 点。由于流动损失，使得汽流在喷嘴中实际比焓降减少，导致喷嘴出口的实际汽流速度比理想速度减小。一般用速度系数 φ 来衡量理想速度和实际速度的差别，φ 定义为实际速度 c_1 与理想速度 c_{1t} 的比值，即

$$\varphi = \frac{c_1}{c_{1t}} \qquad (2-14)$$

故

$$c_1 = \varphi c_{1t} = \varphi \sqrt{2\Delta h_n^*} \qquad (2-15)$$

蒸汽在喷嘴中流动时的动能损失称为喷嘴损失，用 δh_n 表示，即

$$\delta h_n = \frac{c_{1t}^2}{2} - \frac{c_1^2}{2} = (1 - \varphi^2) \frac{c_{1t}^2}{2} = (1 - \varphi^2) \Delta h_n^* \qquad (2-16)$$

可以用喷嘴损失 δh_n 与喷嘴滞止理想比焓降 Δh_n^* 的比来描述喷嘴的能量损失：

$$\frac{\delta h_n}{\Delta h_n^*} = 1 - \varphi^2 \qquad (2-17)$$

速度系数 φ 的大小与很多因素有关，例如喷嘴的高度、表面粗糙度、叶片型线、前后压力比、冲角、汽流速度等。速度系数 φ 很难用理论计算精确确定，通常由试验方法确定。图 2-9 是根据试验数据整理的渐缩喷嘴的速度系数 φ 与喷嘴高度 l_n 的关系曲线。由图可见，φ 随喷嘴高度的减小而减小。图 2-9 中的上限边界对应喷嘴叶栅的宽度为 55mm，

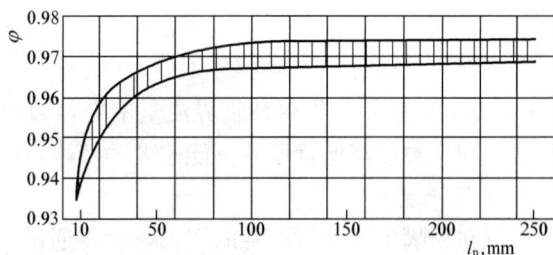

图 2-9　喷嘴的速度系数与喷嘴高度的关系曲线

下限边界对应喷嘴叶栅的宽度为 80mm。当喷嘴高度小于 12~15mm 时，φ 急剧下降。因此，为了减少喷嘴损失，喷嘴高度应不小于 15mm。此外，在相同的喷嘴高度下，喷嘴的宽度 B_n 越小，则速度系数 φ 越高。所以在强度允许的条件下，尽量采用宽度小的喷嘴。

通常，渐缩喷嘴中的流动损失不大，为计算方便一般取 $\varphi = 0.97$，而将其中与高度有关的损失另用经验公式计算。

由于假定流动过程是绝热的，损失的动能转变为热量重又加热了蒸汽本身，所以喷嘴出

口汽流实际比焓值 h_1 将大于理想比焓值 h_{1t}，如图 2 - 2 所示。实际过程是沿着有损失的绝热过程 0—1 膨胀的，即实际过程是一个多变过程而不是等熵过程。

（三）通过喷嘴的流量

1. 理想流量

对于等熵流动，流过喷嘴的流量就是理想流量，用 G_t （kg/s） 表示，即

$$G_t = A_n \rho_{1t} c_{1t} \qquad (2 - 18)$$

利用式 （2 - 13） 和等熵过程的状态参数之间的关系，式 （2 - 18） 可变为

$$G_t = A_n \rho_{1t} \sqrt{\frac{2\kappa}{\kappa - 1} \frac{p_0^*}{\rho_0^*} \left[1 - \left(\frac{p_1}{p_0^*} \right)^{(\kappa - 1)/\kappa} \right]} \qquad (2 - 19)$$

或者

$$G_t = A_n \sqrt{\frac{2\kappa}{\kappa - 1} p_0^* \rho_0^* \left[\varepsilon_n^{2/\kappa} - \varepsilon_n^{(\kappa + 1)/\kappa} \right]} \qquad (2 - 20)$$

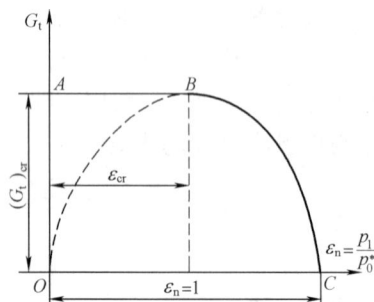

图 2 - 10　渐缩喷嘴的流量变化曲线

上述两式表明，当喷嘴前的参数 p_0^*、ρ_0^* 以及出口面积 A_n 一定时，理想流量 G_t 只取决于喷嘴前后的压力比 ε_n，或者与喷嘴的背压 p_1 有关系。根据式 （2 - 20） 可以作出理想流量 G_t 与压力比 ε_n 的关系曲线，如图 2 - 10 所示，由图 2 - 10 可以得出以下结论。

（1） 当 $\varepsilon_n = 1$，即 $p_1 = p_0^*$ 时，喷嘴前后的压力相等，无汽流流动，故 $G_t = 0$，就是图中的 C 点；

（2） 随着 ε_n 的减小，喷嘴前后的压力差增大，通过喷嘴的流量 G_t 增加。当 $\varepsilon_n = \varepsilon_{cr}$ 时，喷嘴出口达到临界状态，此时的流量最大，称为临界流量，用 $(G_t)_{cr}$ 表示。对于过热蒸汽

$$(G_t)_{cr} = 0.667 A_n \sqrt{p_0^* \rho_0^*} \qquad (2 - 21)$$

对于饱和蒸汽

$$(G_t)_{cr} = 0.635 A_n \sqrt{p_0^* \rho_0^*} \qquad (2 - 22)$$

（3） 当 $\varepsilon_n < \varepsilon_{cr}$ 时，按照公式 （2 - 20），流量应按图中的 OB 段（虚线）变化。但试验证明，$\varepsilon_n < \varepsilon_{cr}$ 时，流量始终保持临界流量不变，如图中的 AB 段。因为，当 $\varepsilon_n = \varepsilon_{cr}$ 时，出口流速已达声速，继续降低背压并不能改变喷嘴出口断面的临界状态。

2. 实际流量

蒸汽在喷嘴中流动时产生的损失，使得通过喷嘴的理想流量和实际流量产生差别，可用流量系数 μ_n 来表示这一差别。因此，通过喷嘴的实际流量为

$$G = \mu_n G_t \qquad (2 - 23)$$

针对喷嘴出口的状态点，可以得到实际流量的另外一种表达式，即

$$G = A_n \rho_1 c_1 = A_n \rho_1 \varphi c_{1t} = \varphi \frac{\rho_1}{\rho_{1t}} G_t = \mu_n G_t \qquad (2 - 24)$$

由式 （2 - 24） 可以看出，喷嘴的流量系数 $\mu_n = \varphi \dfrac{\rho_1}{\rho_{1t}}$。

影响流量系数的因素极为复杂，不同的蒸汽进口压力和压力比、级的反动度、进口蒸汽的过热度和湿度以及速度系数等因素都会影响 ρ_1 / ρ_{1t} 的数值。流量系数很难用理论方法准确

计算，通常用试验方法确定，图 2-11 是试验得到的流量系数。对于一般的绝热过程，由于流动损失加热了蒸汽，使蒸汽的排汽比焓增加，使实际质量密度 ρ_1 小于理想质量密度 ρ_{1t}，即 $\rho_1/\rho_{1t}<1$，所以有 $\mu_n<\varphi$。当喷嘴在过热蒸汽区域工作时，由于喷嘴损失所引起的质量密度变化较小，即 $\rho_1\approx\rho_{1t}$，因而流量系数近似等于速度系数，即 $\mu_n\approx\varphi=0.97$。

如果喷嘴中的汽流是湿蒸汽，或是过热度不大的蒸汽，膨胀过程的终点是在饱和线以内的湿蒸汽区域，湿蒸汽区的流量系数将大于 1，如图 2-11 所示，这将导致实际流量比理想流量还要大。例如，对于喷嘴可取 $\mu_n=1.02$。

考虑了过热蒸汽和湿蒸汽的流量系数之后，无论是过热蒸汽，还是饱和蒸汽，均可采用以下临界流量计算式，即

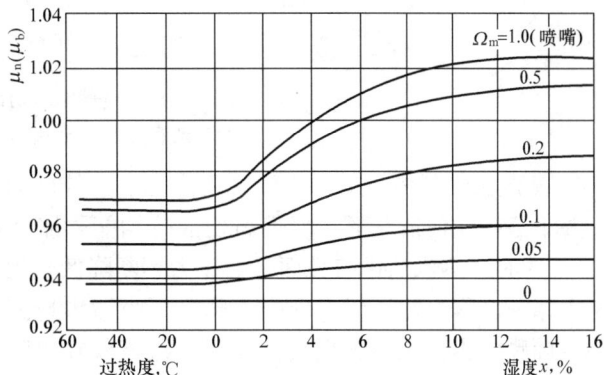

图 2-11　喷嘴和动叶的流量系数

$$G_{cr} = 0.648A_n\sqrt{p_0^*\rho_0^*} \tag{2-25}$$

3. 彭台门系数

前面介绍了喷嘴流量的各种计算表达式，具体使用哪一个，要根据蒸汽的流动状态，区分开亚临界状态、临界状态或者超临界状态。为了使用上的方便，引入彭台门系数的概念。通过喷嘴的流量与同一初始状态下的临界流量之比，称为彭台门系数，用 β 表示。

$$\beta = \frac{G}{G_{cr}} = \frac{\mu_n A_n\sqrt{\dfrac{2\kappa}{\kappa-1}p_0^*\rho_0^*\left[\varepsilon_n^{2/\kappa}-\varepsilon_n^{(\kappa+1)/\kappa}\right]}}{\mu_n A_n\sqrt{\kappa\left(\dfrac{2}{\kappa+1}\right)^{(\kappa+1)/(\kappa-1)}p_0^*\rho_0^*}} = \frac{\sqrt{\dfrac{2}{\kappa-1}\left[\varepsilon_n^{2/\kappa}-\varepsilon_n^{(\kappa+1)/\kappa}\right]}}{\sqrt{\left(\dfrac{2}{\kappa+1}\right)^{(\kappa+1)/(\kappa-1)}}} \tag{2-26}$$

利用彭台门系数，可以不必事先判别流动状态，而直接计算喷嘴流量。根据式（2-26）可知，β 值只与喷嘴压力比和工质的绝热指数 κ 有关。如果蒸汽的状态一定，则在亚临界的条件下，β 值仅与 ε_n 有关，此时 $\beta<1$。而在临界和超临界的条件下，流量都达到最大值，$\beta=1$，它与 ε_n 无关，见图 2-12。

计算时，根据 ε_n 值在图 2-12 中查得 β 值，然后利用式（2-27）计算喷嘴流量，即

$$G = 0.648\beta A_n\sqrt{p_0^*\rho_0^*} \tag{2-27}$$

（四）蒸汽在喷嘴斜切部分的流动

在汽轮机中，为了保证由喷嘴流出的汽流以正确的方向流入动叶栅，喷嘴叶栅出口角度是精心设计的，由此在喷嘴出口部分形成一个三角形区域，称为斜切部分，如图 2-13 中的 ABC 部分所示。喷嘴的斜切部分有两个作用，其一可以保证汽流顺畅地进入动叶，即导流作用；第二在满足一定的条件下，可以使蒸汽膨胀加速。

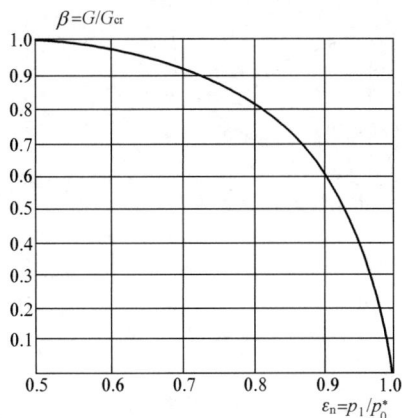

（过热蒸汽 $\kappa=1.3$）

图 2-12　渐缩喷嘴的彭台门系数

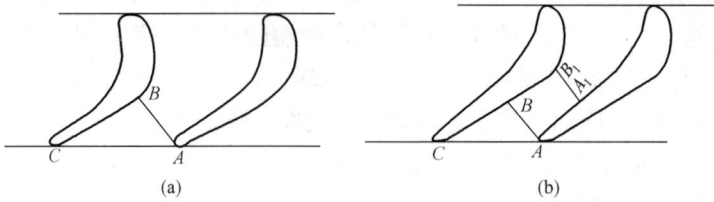

图 2 - 13　喷嘴的斜切部分
(a) 渐缩喷嘴；(b) 缩放喷嘴

1. 蒸汽在喷嘴斜切部分的膨胀条件

并不是在任何情况下，喷嘴斜切部分均能膨胀加速。当喷嘴的压力比大于临界压力比（$\varepsilon_n > \varepsilon_{cr}$）时，蒸汽从进口截面开始压力不断降低，到最小截面时压力已降至 p_1，与出口截面压力相等，蒸汽在斜切部分内不膨胀，喷嘴出口速度 $c_1 < c_{cr}$，蒸汽以角度 α_1 流出喷嘴，α_1 称为喷嘴的出口汽流方向角。这时，汽流仅在喷嘴的渐缩部分中膨胀，斜切部分仅只起到导流作用。当喷嘴压力比等于临界压力比（$\varepsilon_n = \varepsilon_{cr}$）时，情况与上相同，但此时最小截面的压力达临界压力 p_{cr}，且 $c_1 = c_{cr}$。

当喷嘴压力比小于临界压力比（$\varepsilon_n < \varepsilon_{cr}$）时，在最小截面上保持临界压力，而出口截面上的压力为 p_1，且 $p_1 < p_{cr}$。故在斜切部分内蒸汽要继续膨胀，从而 $c_1 > c_{cr}$，获得超声速汽流。喷嘴喉部的 A 点，既是喷嘴出口断面上的点（见图 2 - 14），又是喷嘴斜切部分的点。A 点汽流的压力将从 p_{cr} 突然降到 p_1，因而产生汽流的扰动，成为扰动中心。根据普朗特外绕钝角理论，从该点会发出一系列扰动波以声速在汽流中传播，斜切部分形成以 A 为中心的膨胀波区。通过 A 点引射出一束特性线，即等压线。汽流每流过一根特性线，压力都会有一定程度的降低，速度增加，同时汽流方向有一定程度的偏转。汽流的偏转角为 δ_1，汽流以 $\alpha_1 + \delta_1$ 的角度流出喷嘴。随汽流的压力降低，汽流的速度增加，从而获得超声速汽流。随着汽流出口压力的不断降低，斜切部分的膨胀程度不断增大。当喷嘴背压 p_1 继续降低时，在极限情况下斜切部分最后一根特性线将与出口边 AC 重合，斜切部分的膨胀能力利用完毕，即喷嘴的膨胀到了极限。此时的工况为喷嘴的极限工况，相应地，喷嘴出口压力为极限

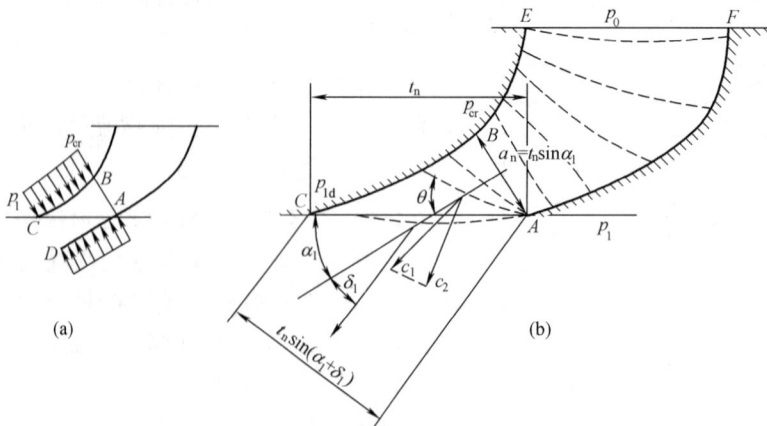

图 2 - 14　蒸汽在斜切部分的膨胀
(a) 斜切部分两侧压力的分布；(b) 斜切部分汽流的偏转

压力 p_{1d}，压力比为极限压力比 ε_{1d}。由于喷嘴有斜切部分，使汽流偏转，汽流流出截面扩大，形成一个扩散汽流，符合了超音速汽流膨胀加速需要扩大通流面积的要求。

因此，只有在 $\varepsilon_n < \varepsilon_{cr}$ 的情况下，汽流在喷嘴的斜切部分中才可以膨胀加速。也就是说，即使是渐缩喷嘴，利用其斜切部分，也可以获得超声速汽流。这一点对于汽轮机的设计是有利的。利用渐缩喷嘴的斜切部分，在一定范围内可以替代缩放喷嘴，从而避免缩放喷嘴在变动工况下效率降低和制造工艺复杂带来的弊端。

2. 汽流偏转角的近似计算

在理想情况下，喷嘴斜切部分的流动为稳定的等熵流动。根据连续性方程，汽流通过最小截面 AB 和出口截面 AC 的流量应该是相等的。

通过最小截面 AB 的流量为：$G_t = A_{cr} c_{cr} \rho_{cr} = l_n c_{cr} \rho_{cr} t_n \sin\alpha_1$

通过出口截面 AC 的流量为：$G_t = A_n c_{1t} \rho_{1t} = l'_n c_{1t} \rho_{1t} t_n \sin(\alpha_1 + \delta_1)$

式中：l_n 为喷嘴最小截面处的高度，m；l'_n 为喷嘴出口截面处的高度，m。

对于某些实际情况，$l_n \approx l'_n$，于是有

$$\sin(\alpha_1 + \delta_1) \approx \frac{\rho_{cr} c_{cr}}{\rho_{1t} c_{1t}} \sin\alpha_1 \tag{2-28}$$

式（2-28）就是计算汽流偏转角的近似公式，又称为贝尔公式。

利用等熵流动的过程方程，还可以推出计算汽流偏转角的另一公式，即

$$\frac{\sin(\alpha_1 + \delta_1)}{\sin\alpha_1} \approx \frac{\left(\dfrac{2}{\kappa+1}\right)^{1/(\kappa-1)} \sqrt{\dfrac{\kappa-1}{\kappa+1}}}{\varepsilon_n^{1/\kappa} \sqrt{1 - \varepsilon_n^{(\kappa-1)/\kappa}}} \tag{2-29}$$

如果已知喷嘴压力比 ε_n、蒸汽等熵指数 κ 和喷嘴出汽角 α_1，就可以算出汽流在喷嘴斜切部分的偏转角 δ_1。

3. 喷嘴斜切部分极限压力的确定

喷嘴的极限压力 p_{1d} 是斜切部分内超声速流动时所产生的特性线达到出口边 AC 时的出口压力，也就是汽流在斜切部分内进行膨胀的极限压力。研究这一极限压力，可以充分利用喷嘴的膨胀潜力，避免过分膨胀。若喷嘴出口从极限压力继续下降，汽流就要在斜切部分之外膨胀，由于没有壁面的限制，并不能加速，因而会产生膨胀不足损失。极限压力可表示为

$$p_{1d} = \varepsilon_{cr} (\sin\alpha_1)^{2\kappa/(\kappa+1)} p_0^* \tag{2-30}$$

可见，斜切部分的膨胀能力与 α_1 有关，当 α_1 增大时其膨胀能力降低。一般情况下 p_1 要比 p_{1d} 大些，也就是说不希望汽流偏转角 δ_1 太大，一般在 $2° \sim 4°$ 为宜。

以上讨论的内容，对动叶栅的斜切部分也是适用的。

二、蒸汽在动叶栅中的流动过程

动叶通道的形状与喷嘴相似，前面讨论的蒸汽在喷嘴中流动的一些方法和结论，例如滞止参数、临界参数、斜切部分的膨胀与汽流偏转、流量系数等均适用于蒸汽在动叶汽道中的流动。动叶栅研究的重点在于从蒸汽的动能到叶轮机械能的转换问题。通常用动叶栅的速度三角形来分析这一能量转换情况。

（一）蒸汽流过动叶栅的速度及速度三角形

蒸汽微团在动叶栅流道中流动，同时随转子转动。建立两个坐标系，静坐标系建立在静止空间内，动坐标系建立在转子的转动体系上。蒸汽质点相对于动坐标系的运动速度，称为

相对速度，一般用 w 表示，蒸汽质点相对于静坐标系的运动速度，称为绝对速度，用 c 表示。汽轮机的转速 n 可换算为圆周线速度 u，是动坐标系相对于静坐标系的运动速度，即牵连速度。研究汽轮机的一维流动，一般以级的平均轮径 d_m 沿圆周方向截取的展开截面为讨论的特征截面，其圆周速度 u 为

$$u = \frac{\pi d_m n}{60} \tag{2-31}$$

1. 动叶进口速度三角形

喷嘴出口速度 c_1 的大小和方向角 α_1 可由喷嘴的计算求出。其中 α_1 由叶栅数据和所需要的通流面积决定，很多情况下 α_1 可先根据实验或经验取初值。蒸汽进入动叶栅的速度是相对速度 w_1，w_1 与叶轮旋转平面的夹角 β_1 称为动叶进口汽流方向角。当已知 c_1、α_1 和 u 后，就可以画出动叶进口的速度三角形，如图 2-15 所示。

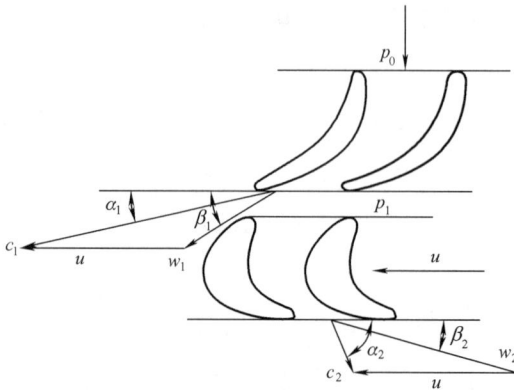

图 2-15　动叶栅的进口和出口速度三角形

根据正弦定理或余弦定理，可以确定动叶进口的相对速度和方向，即

$$w_1 = \sqrt{c_1^2 + u^2 - 2c_1 u \cos\alpha_1} \tag{2-32}$$

$$\beta_1 = \sin^{-1}\left(\frac{c_1 \sin\alpha_1}{w_1}\right)$$
$$= \tan^{-1}\left(\frac{c_1 \sin\alpha_1}{c_1 \cos\alpha_1 - u}\right) \tag{2-33}$$

2. 蒸汽流过动叶的出口速度

汽流在动叶通道内改变方向后，在离开动叶时，其相对速度用 w_2 表示，它的方向与叶轮旋转平面的夹角用 β_2 表示，为动叶汽流出口角。根据级内反动度的大小，w_2 的数值可以比 w_1 大，也可以比它小。

将能量方程式应用到动叶的进口状态点 1 和出口状态点 2t，如图 2-2 所示，有

$$h_1 + \frac{w_1^2}{2} = h_{2t} + \frac{w_{2t}^2}{2}$$

可以得出动叶出口的理想速度

$$w_{2t} = \sqrt{2(h_1 - h_{2t}) + w_1^2} = \sqrt{2\Delta h_b + w_1^2} = \sqrt{2\Delta h_b^*} \tag{2-34}$$

式中：Δh_b^* 为动叶的滞止理想比焓降，$\Delta h_b^* = \Delta h_b + \dfrac{w_1^2}{2}$。

由于实际流动过程存在摩擦等原因，使得动叶通道出口汽流的实际相对速度低于理想值。与喷嘴类似，可以用动叶速度系数 ψ 表示其降低的程度，即

$$\psi = \frac{w_2}{w_{2t}} < 1 \tag{2-35}$$

因此动叶出口的实际速度为

$$w_2 = \psi w_{2t} \tag{2-36}$$

动叶栅中的能量损失 δh_b，可用相对速度的动能损失表示，即

$$\delta h_b = \frac{w_{2t}^2}{2} - \frac{w_2^2}{2} = \frac{w_{2t}^2}{2}(1 - \psi^2) = \frac{w_2^2}{2}\left(\frac{1}{\psi^2} - 1\right) \tag{2-37}$$

与喷嘴一样，也可以用动叶栅的能量损 δh_b 与动叶栅滞止理想比焓降 Δh_b^* 的比来描述动叶栅的能量损失：

$$\frac{\delta h_b}{\Delta h_b^*} = 1 - \psi^2 \qquad (2-38)$$

汽轮机设计过程中速度系数 ψ 的确定是非常重要的，其值直接影响汽流在工作叶栅通道中流动损失的大小和级的效率。动叶速度系数 ψ 与动叶高度、级的反动度、叶型、动叶片的表面粗糙度等因素有关。对动叶高度和反动度的影响尤甚。由于影响因素多，一般通过试验得到 ψ，通常取 ψ $=0.85\sim0.95$。图 2-16 为动叶速度系数与反动度的关系曲线。图 2-16 仅考虑了不同的反动度对于速度系数的影响。随着反动度的增大，速度系数增加。使用图 2-16 进行热力计算时，需单独计算动叶高度变化引起的损失。

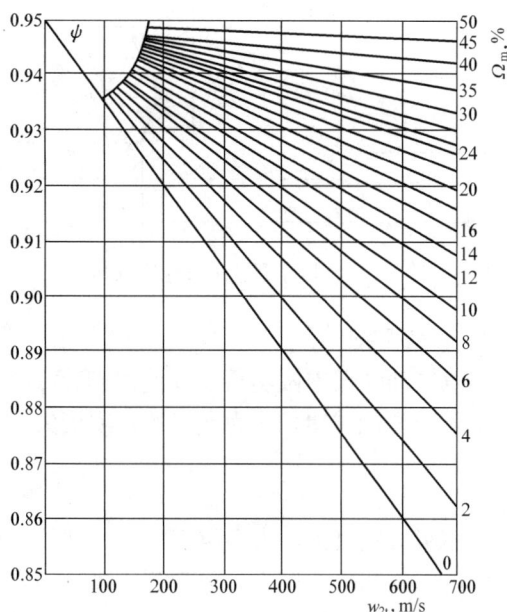

图 2-16 动叶速度系数 ψ 与反动度 Ω_m 的关系

图 2-17 表示冲动级的动叶速度系数 ψ 与动叶高度 l_b 及进出口几何角 β_{1g}/β_{2g} 的关系曲线。由图 2-17 可见，当 l_b、β_{1g}/β_{2g} 增加时，ψ 增大。使用图 2-17 计算时，由于已考虑了叶片高度的影响，所以不必再计算叶高损失。

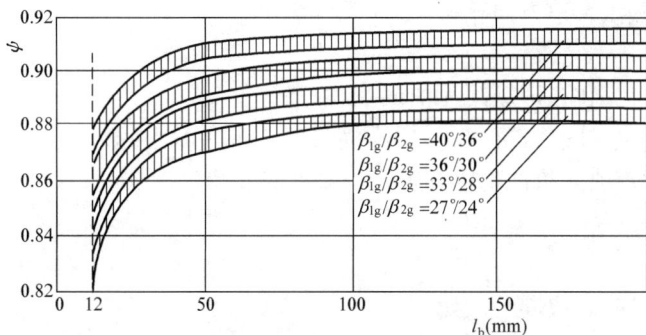

图 2-17 动叶速度系数 ψ 与叶高的关系

3. 动叶出口速度三角形

一般情况下，已知动叶出口的相对速度 w_2 及其方向 β_2，根据绝对速度、相对速度以及牵连速度之间的矢量关系，可以作出动叶出口速度三角形，如图 2-18 所示。

根据正弦定理或余弦定理，可以确定动叶出口的绝对速度 c_2 和出汽方向角 α_2，即

$$c_2 = \sqrt{w_2^2 + u^2 - 2w_2 u\cos\beta_2} \qquad (2-39)$$

$$\alpha_2 = \sin^{-1}\left(\frac{w_2\sin\beta_2}{c_2}\right) = \tan^{-1}\left(\frac{w_2\sin\beta_2}{w\cos\beta_2 - u}\right) \qquad (2-40)$$

为了方便分析和应用，在汽轮机级的计算时，经常把图 2-15 中的动叶进、出口速度三角形的顶点移到同一点上，如图 2-18 所示。

在反动度 $\Omega=0$ 的纯冲动级中，$\Delta h_b=0$，$w_2<w_1$，其速度三角形是不对称的；在反动度 $\Omega=0.5$ 的反动级中，$\Delta h_n\approx\Delta h_b$，且静叶片和动叶片形状对称，工作条件相似，所以进出口速度三角形可以完全对称，即 $c_1=w_2$，$c_2=w_1$，$\alpha_1=\beta_2$，$\beta_1=\alpha_2$。对带反动度的冲动级，

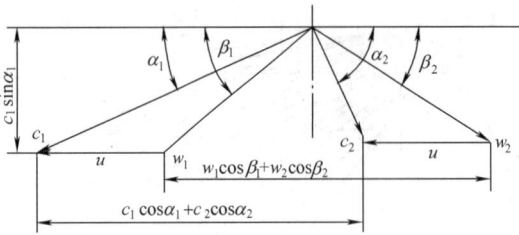

图 2-18 动叶栅进出口速度三角形

其速度三角形的形式介于纯冲动级和反动级之间。

动叶栅的进出口速度三角形可以用于汽轮机的热力过程分析。在绘制速度三角形时，应注意使用的速度一般为实际速度，在有斜切部分膨胀的时候，相应的动叶进汽方向角 α_1 应为 $\alpha_1 + \delta_1$，动叶出口汽流角 β_2 应为 $\beta_2 + \delta_2$。

4. 余速损失

蒸汽在动叶栅中做功后，以绝对速度 c_2 离开动叶栅。显然，这部分动能 $c_2^2/2$ 在动叶栅中未能转变为机械功，成为本级的一项损失，称为余速损失，用 δh_{c2} 表示，即

$$\delta h_{c2} = \frac{c_2^2}{2} \tag{2-41}$$

在多级汽轮机中，大多数级的余速动能可以被下级部分或全部利用。凡余速能被下级利用的级称为中间级，反之，称为孤立级。通常用余速利用系数 μ 来表示余速动能被利用的程度。显然，$\mu = 0 \sim 1$。用 μ_0 表示本级利用上级余速动能的系数，则 $\mu_0 c_0^2/2$ 就是本级利用上级的余速动能。用 μ_1 表示本级的余速动能被下级利用的系数，则 $\mu_1 c_2^2/2$ 就是本级的余速动能被下级利用的份额，而 $(1 - \mu_1) c_2^2/2$ 为本级余速动能未被下级利用的部分，这部分损失转为热量加热蒸汽，使级后蒸汽的比焓值升高。

余速利用的一般条件如下：

(1) 相邻两个级的平均直径接近相等，蒸汽通过两级之间的空间时在半径方向上流动不大；

(2) 喷嘴进口的方向与上一级蒸汽余速方向相符；

(3) 相邻两级都是全周进汽；

(4) 相邻两个级的蒸汽流量没有变化，即级间无抽汽。

当上述情况都能满足时，可取 $\mu_1 = 1$；当第 (3) 项不满足时，$\mu_1 = 0$；当第 (4) 项不满足时，$\mu_1 = 0.5$；如果第 (1)、(2) 项的条件难以判定，一般可取 $\mu_1 = 0.3 \sim 0.8$。

（二）轮周功率

1. 蒸汽作用在动叶上的力

图 2-19 是在级的某一圆周上沿叶高取同一微元高度的环形动叶通道的展开图。在平面 ac 和 bd 上，汽流参数是均匀分布的。设在 δt 时间内，有质量为 δm 的蒸汽以相对速度 w_1 流入动叶通道，在稳定的情况下，同样的蒸汽质量 δm 以相对速度 w_2 流出动叶汽道。在这个过程中，蒸汽的动量发生变化。如果忽略质量力和黏性力，作用在蒸汽上的力有动叶的反作用力和汽道前后的压力差，而在轮周方向仅有动叶的反作用力。设 F'_u 表示动叶片作用于汽流上的周向力，F'_z 为动叶片作用于汽流的轴向分力，并以 A_z 表示动叶汽道的轴向投影面积，则汽流在周向

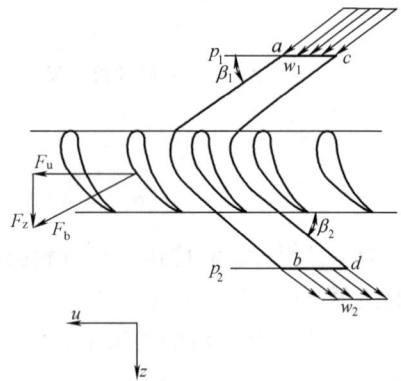

图 2-19 汽流作用在动叶栅上的力

上和轴向上的动量方程分别为

$$\delta t F'_u = \delta m (-w_{2u} - w_{1u})$$
$$= \delta m (-w_2 \cos\beta_2 - w_1 \cos\beta_1)$$
$$[F'_z + A_z (p_1 - p_2)] \delta t = \delta m (w_{2z} - w_{1z}) = \delta m (w_2 \sin\beta_2 - w_1 \sin\beta_1)$$

若令单位时间内通过动叶栅的蒸汽质量流量 $G = \dfrac{\delta m}{\delta t}$，蒸汽对于叶片的周向作用力 F_u 为

$$F_u = G (w_1 \cos\beta_1 + w_2 \cos\beta_2)$$
$$= G (c_1 \cos\alpha_1 + c_2 \cos\alpha_2) \tag{2-42}$$

蒸汽对于动叶片的轴向作用力 F_z 为

$$F_z = G (w_1 \sin\beta_1 - w_2 \sin\beta_2) + A_z (p_1 - p_2)$$
$$= G (c_1 \sin\alpha_1 - c_2 \sin\alpha_2) + A_z (p_1 - p_2) \tag{2-43}$$

汽流对动叶片作用力的合力 F_b 为

$$F_b = \sqrt{F_u^2 + F_z^2} \tag{2-44}$$

2. 轮周功率

单位时间内汽流对动叶片所做的有效功称为轮周功率。因为动叶只能随叶轮沿圆周方向运动，所以只有周向力 F_u 对转子做功。周向力 F_u 和圆周速度 u 的乘积就是轮周功率，用 P_u 表示，即

$$P_u = F_u u = G u (c_1 \cos\alpha_1 + c_2 \cos\alpha_2) \tag{2-45}$$

或者

$$P_u = G u (w_1 \cos\beta_1 + w_2 \cos\beta_2)$$

当 $G=1$ kg/s 时所做的有效功，又称为级的做功能力，用 P_{u1} 表示，即

$$P_{u1} = u (c_1 \cos\alpha_1 + c_2 \cos\alpha_2) \tag{2-46}$$

或者

$$P_{u1} = u (w_1 \cos\beta_1 + w_2 \cos\beta_2)$$

因此，P_{u1} 与动叶的进、出汽角 β_1 和 β_2 有关。冲动级动叶片的进、出汽角 β_1 和 β_2 的值均较小所以做功能力较大，而反动级动叶片的 β_1 和 β_2 值均较冲动级大，所以它的做功能力较小。

根据动叶的进出口速度三角形，可以得到轮周功率和做功能力的另一种表达式，即

$$P_u = \frac{G}{2} \left[(c_1^2 - c_2^2) + (w_2^2 - w_1^2) \right] \tag{2-47}$$

$$P_{u1} = \frac{1}{2} \left[(c_1^2 - c_2^2) + (w_2^2 - w_1^2) \right] \tag{2-48}$$

第三节　级的轮周效率与最佳速度比

一、轮周效率

蒸汽流过某级时单位质量蒸汽所做的轮周功 P_{u1}（做功能力）与蒸汽在该级所具有的理想能量 E_0 之比称为级的轮周效率，用 η_u 表示，即

$$\eta_u = \frac{P_{u1}}{E_0} \tag{2-49}$$

某级的理想能量 E_0 是该级滞止理想比焓降减去被下一级利用的余速动能 $\mu_1 \delta h_{c2}$。

$$E_0 = \mu_0 \frac{c_0^2}{2} + \Delta h_t - \mu_1 \delta h_{c2} = \Delta h_t^* - \mu_1 \delta h_{c2} = \frac{c_a^2}{2} - \mu_1 \frac{c_2^2}{2} \tag{2-50}$$

式中：c_a 为该级当量喷嘴出口理想速度，$c_a = \sqrt{2\Delta h_t^*}$。

把式（2-46）和式（2-50）代入式（2-49），得到

$$\eta_u = \frac{u(c_1\cos\alpha_1 + c_2\cos\alpha_2)}{\Delta h_t^* - \mu_1\delta h_{c2}} = \frac{2u(c_1\cos\alpha_1 + c_2\cos\alpha_2)}{c_a^2 - \mu_1 c_2^2} \qquad (2-51)$$

也可以得到以能量平衡的形式表示的轮周效率，即

$$\eta_u = \frac{\Delta h_t^* - \delta h_n - \delta h_b - \delta h_{c2}}{E_0} = 1 - \xi_n - \xi_b - (1-\mu_1)\xi_{c2} \qquad (2-52)$$

式中：ξ_n、ξ_b、ξ_{c2} 分别为喷嘴损失、动叶损失和余速损失与理想能量 E_0 之比，称为喷嘴、动叶和余速能量损失系数。

轮周效率是衡量汽轮机级的工作经济性的一个重要指标，说明了蒸汽在汽轮机级内所具有的理想能量转变为级的轮周功的份额。根据式（2-52）可知，轮周效率主要取决于 ξ_n、ξ_b、ξ_{c2} 三项能量损失系数。减小这三项损失系数，就能使轮周效率提高。其中喷嘴与动叶能量损失系数 ξ_n 和 ξ_b 的大小，与其速度系数 φ 和 ψ 值的大小有关，也与汽流速度 c_1 与 w_1 的大小有关。如果选定喷嘴和动叶的叶型后，φ 和 ψ 值就基本上确定了。余速能量损失系数 ξ_{c2} 决定于动叶出口的绝对速度 c_2。

通常把圆周速度 u 与喷嘴出口速度 c_1 的比值称为列速度比，记为 x_1，即 $x_1 = u/c_1$，把圆周速度 u 与当量喷嘴出口理想速度 c_a 的比值称为级速度比，即 $x_a = u/c_a$。在设计和试验研究中，因喷嘴与动叶之间间隙很小，c_1 值不易测得，故实用中往往采用 x_a 代替 x_1。两个速度比之间的关系可以由式（2-53）确定，即

$$x_a = \frac{u}{c_a} = \frac{u}{\sqrt{2\Delta h_t^*}} = \frac{u\varphi\sqrt{1-\Omega_m}}{\varphi\sqrt{1-\Omega_m}\sqrt{2\Delta h_t^*}}$$

$$= \frac{u\varphi\sqrt{1-\Omega_m}}{c_1} = x_1\varphi\sqrt{1-\Omega_m} \qquad (2-53)$$

由此可见，当级结构一定时，速度系数与反动度是一定的，在任何不同的情况下，x_a 和 x_1 成比例关系，两个参数描述的物理规律是一致的，故在实际使用中，往往统称为速度比。

在叶型选定的情况下，欲获得级的最大的轮周效率，则应使得余速损失降到最小，也就是排汽的绝对速度 c_2 最小。由速度三角形知道，只有在 $\alpha_2 = 90°$（轴向排汽）的时候，c_2 才能最小，此时轮周效率最高。对应于轮周效率最高的速度比称为最佳速度比，用 $(x_1)_{op}$ 和 $(x_a)_{op}$ 表示。所以设计一个汽轮机的级时，应尽量使得 α_2 接近 $90°$，从而可以获得较高的轮周效率。必须指出，这是孤立级的情况。如果是多级汽轮机余速可以得到利用，则没有必要追求 α_2 等于 $90°$。

二、最佳速度比

速度比是一个很重要的特征参数。从获得最高轮周效率出发，在选择速度比时，应使其处于最佳范围之内。对于不同类型的级，有不同的最佳速度比。

（一）反动度 $\Omega = 0$（纯冲动级）时单列孤立级的最佳速度比

由于 $\Omega = 0$，$\mu_0 = 0$，$\mu_1 = 0$，所以 $\Delta h_b = 0$，$E_0 = \Delta h_t = \Delta h_n$，$c_a = c_{1t}$，$w_1 = w_{2t}$，轮周效率的公式（2-51）成为

$$\eta_u = \frac{2u(c_1\cos\alpha_1 + c_2\cos\alpha_2)}{c_{1t}^2}$$

$$= \frac{2u(w_1\cos\beta_1 + w_2\cos\beta_2)}{c_{1t}^2}$$

$$= \frac{2u}{c_{1t}^2}w_1\cos\beta_1\left(1 + \psi\frac{\cos\beta_2}{\cos\beta_1}\right)$$

$$= 2\varphi^2 x_1(\cos\alpha_1 - x_1)\left(1 + \psi\frac{\cos\beta_2}{\cos\beta_1}\right) \qquad (2\text{-}54)$$

根据上式可以分析反动度 $\Omega=0$（纯冲动级）时单列孤立级的轮周效率的影响因素。

1. 流动损失

速度系数 φ 和 ψ 越高，轮周效率越高。而且 φ 以平方关系出现在公式中，对 η_u 的影响更大。故要提高轮周效率，首先应改善喷嘴和动叶的气动特性，提高 φ 和 ψ 的值。

2. 喷嘴出汽角 α_1

减小 α_1 可以提高 η_u。当 α_1 较小时，蒸汽进入动叶的轮周方向分速增大，所做的功增加；同时当 α_1 较小时，轴向分速减小，因而余速损失变小。但 α_1 值不能过小，否则将因喷嘴流动损失增大使轮周效率降低。特别在反动级中，因为 $\beta_2=\alpha_1$，若 α_1 过小，将使 β_2 减小，则动叶出口边缘过薄，易于损坏，故反动级的 α_1 多采用 $18°\sim20°$，比冲动级所取的数值（$11°\sim14°$）大。另外，当 α_1 较小时，在一定的流量条件下，由连续性方程可知，将使叶高增大，有利于效率的提高。

3. 动叶出口角 β_2

根据式（2-54）可知，减小 β_2 值可以使冲动级的轮周效率增大。因为 β_2 减小后，蒸汽通过动叶做出的轮周功增大，但考虑到当叶片出口面积为定值时，过分减小 β_2 值，将使动叶出口高度增加过大，而与动叶进口高度相差过多，以致汽流在叶根和叶顶处发生脱离现象，增大损失。同时，当 β_2 过小时，使汽流在动叶内出现过大的转向，动叶损失也将增大。对冲动级，通常 $\beta_2=\beta_1-(3°\sim5°)$。因此冲动级有适当的反动度是有利的，既可提高叶片的速度系数，又可使 w_2 增大，β_2 变小，从而提高了轮周效率。

4. 动叶进口角 β_1

通常 β_1 的选定应使得汽流进入动叶时不发生碰撞，使叶片的速度系数较高。

5. 速度比

一旦喷嘴及动叶型线以及有关尺寸确定之后，α_1、β_2、φ 和 ψ 等值也就随之而定。唯有速度比 x_1 可以选择。在式（2-54）中，速度比 x_1 对于轮周效率的影响是平方且非线性的关系，影响最大。根据式（2-54）作出的轮周效率与速度比的关系曲线示于图 2-20，由图 2-20 可以得出下列结论。

（1）当 $x_1=0$ 时，$\eta_u=0$。因为 $x_1=0$ 即 $u=0$，表明叶轮不动，不对外做功。

（2）当 $x_1=\cos\alpha_1$ 时，$\eta_u=0$。此时 $u=c_1\cos\alpha_1=c_{1u}$，即汽流周向分速等于叶

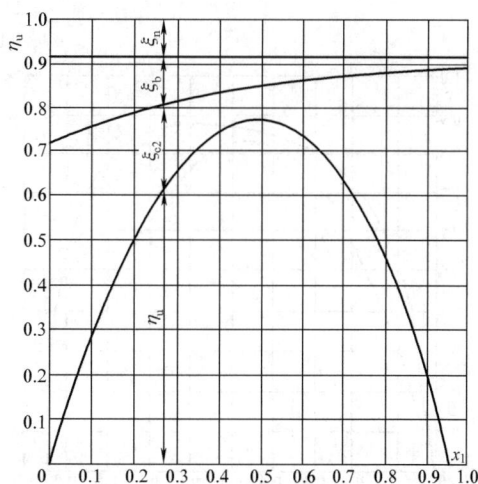

图 2-20　$\Omega=0$（纯冲动级）轮周效率与速比的关系

轮圆周速度，汽流对动叶没有作用力，轮周效率也为 0。实际上，此时 $\beta_1 = 90°$，而当 $\Omega = 0$ 时，$\beta_1 = \beta_2$，因此 $\beta_2 = 90°$，这表明相对速度 w_1 与 w_2 在轮周方向的分速度为零，所以圆周力为 0。

（3）x_1 在由 $x_1 = 0$ 连续改变到 $x_1 = \cos\alpha_1$ 的过程中，应该存在一个轮周效率达到最大值的速度比，即最佳速度比 $(x_1)_{op}$，如图 2-20 所示。利用对函数求极值的方法，将式 (2-54) 对 x_1 求导数并令其等于 0，则

$$\frac{\partial \eta_u}{\partial x_1} = 2\varphi^2 \left(1 + \psi\frac{\cos\beta_2}{\cos\beta_1}\right)(\cos\alpha_1 - 2x_1) = 0$$

由于 $2\varphi^2\left(1 + \psi\dfrac{\cos\beta_2}{\cos\beta_1}\right) \neq 0$，所以只有可能 $(\cos\alpha_1 - 2x_1) = 0$。于是最佳速度比为

$$(x_1)_{op} = \frac{\cos\alpha_1}{2} \tag{2-55}$$

汽轮机中一般 $\alpha_1 = 12° \sim 16°$，最后几级的 α_1 角可能增大到 $20°$，因此反动度 $\Omega = 0$（纯冲动级）时单列孤立级的最佳速度比 $(x_1)_{op} = 0.46 \sim 0.49$。如果 φ 取 0.97，相应的 $(x_a)_{op} = 0.45 \sim 0.48$。

（二）余速利用对最佳速度比的影响

在有余速利用的情况下，$\mu_0 \neq 0$，$\mu_1 \neq 0$。仍然考虑反动度 $\Omega = 0$ 的情形。根据速度三角形各速度之间的关系，并代入式 (2-51) 得到

$$\eta_u = \frac{2x_a(\varphi\cos\alpha_1 - x_a)\left(1 + \psi\dfrac{\cos\beta_2}{\cos\beta_1}\right)}{1 - \mu_1\left(\dfrac{c_2}{c_a}\right)^2} \tag{2-56}$$

或

$$\eta_u = \frac{2x_a(\varphi\cos\alpha_1 - x_a)(1 + \psi)}{1 - \mu_1\left[\varphi^2\psi^2 + x_a^2(1+\psi)^2 - 2x_a\varphi\psi(1+\psi)\cos\alpha_1\right]} \tag{2-57}$$

将式 (2-57) 对 x_a 求导数，并令 $\dfrac{d\eta_u}{dx_a} = 0$，则得到最佳速度比的表达式

$$(x_a)_{op} = K - \sqrt{K(K - \varphi\cos\alpha_1)} \tag{2-58}$$

其中

$$K = \frac{1 - \mu_1\varphi^2\psi^2}{\mu_1\varphi(1 - \psi^2)\cos\alpha_1}$$

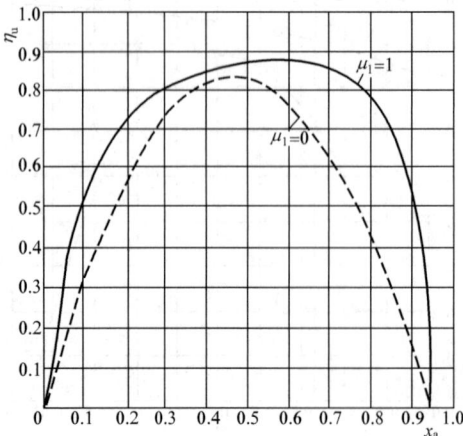

图 2-21　有余速利用时轮周效率与速度比的关系图

根据式 (2-57)，不失一般性，取 α_1、φ 和 ψ 为常用数值，$\alpha_1 = 14°$，$\varphi = 0.96$，$\psi = 0.90$，可以绘出 $\mu_1 = 0$ 和 $\mu_1 = 1$ 时的轮周效率与速度比的关系曲线，如图 2-21 所示。根据图中的两条曲线，可以得出以下几条重要结论。

（1）余速利用可以提高级的轮周效率。因此，在多级汽轮机设计时，应尽量充分利用各级余速。

（2）余速利用使速度比 x_a 在较大范围对轮周效率的影响显著减弱，如图 2-21 中的曲线，实线顶部呈现一个较大的平坦

区域。x_a 偏离最佳值时，余速损失增加，本来轮周效率应该下降，但余速动能已被利用，故对轮周效率的影响很小。所以在有余速利用时，并不要求 α_2 接近 90°。相反，当 α_2 偏离 90°方向时，可以增加级的有效功。

根据有余速利用时轮周效率曲线顶部比较平坦的特点，在汽轮机的设计中，可以把级的最佳速度比选择得低一些，这样并不会使轮周效率下降多少；同时由于最佳速度比的减小，在级的直径一定的情况下，将使级承担的理想比焓降增大，从而使得级的做功能力增加。

（3）余速利用使最佳速度比增大。在余速利用后，余速损失已经不再是一项损失，而影响轮周效率的另外两项损失中，喷嘴损失系数 ζ_n 不随 x_a 改变，动叶损失随着速度比的增加而逐渐减小（见图 2-20），因此轮周效率随着 x_a 的增加而逐渐提高。在图 2-21 中，对应于 $\mu_1 = 0$，$(x_a)_{op} = 0.466$；对应于 $\mu_1 = 1$，$(x_a)_{op} = 0.585$。

（三）反动度对最佳速度比的影响

1. $0 < \Omega < 0.5$（冲动级）

仍然考察孤立级的情况，即 $\mu_0 = 0$，$\mu_1 = 0$。当 $0 < \Omega < 0.5$ 时，考虑到 $c_{1t}^2 = (1 - \Omega)c_a^2$，即 $c_{1t} = c_a\sqrt{1 - \Omega}$，则轮周效率为

$$\eta_u = \frac{2u(c_1\cos\alpha_1 + c_2\cos\alpha_2)}{c_a^2}$$

反动度不等于零时单列孤立级轮周效率的表达式为

$$\eta_u = 2x_a(\varphi\cos\alpha_1\sqrt{1 - \Omega_m} + \psi\Phi\cos\beta_2 - x_a) \tag{2-59}$$

由式（2-59）可知，轮周效率与速度比的关系为高次非线性关系，不宜用求极值的方法获得最佳速度比。为了求得反动度不等于零时单列孤立级的最佳速度比，可以直接利用排汽绝对速度 c_2 最小的方法，即 $\alpha_2 = 90°$时的速度比作为对应的最佳速度比。经推导可得

$$(x_a)_{op} = \frac{-B + \sqrt{B^2 - 4AC}}{2A} \tag{2-60}$$

其中，$A = 1 - \psi^2\cos^2\beta_2$，$B = 2\varphi\psi^2\cos^2\beta_2\cos\alpha_1\sqrt{1 - \Omega_m}$，$C = \varphi^2\psi^2\cos^2\beta_2(1 - \Omega_m) + \Omega_m\psi^2\cos^2\beta_2$。

式（2-60）就是反动度不等于零时单列孤立级的最佳速度比的表达式。显然，Ω、α_1、β_2、φ 和 ψ 等值对于最佳速度比 $(x_a)_{op}$ 有较大影响。当级的叶型选定后，α_1、β_2、φ 和 ψ 基本可以确定。若取 $\varphi = 0.96$、$\psi = 0.9$、$\alpha_1 = 14°$ 及 $\beta_2 = 18°$，根据式（2-60）可以作出反动度 Ω_m-$(x_a)_{op}$ 关系曲线（见图 2-22）。由图 2-22 可见，单列孤立级的最佳速度比是随 Ω 的增大而增加的。在汽轮机设计中，一般 $\Omega = 0.05 \sim 0.20$ 之间，此时最佳速度比 $(x_a)_{op}$ 在 0.48~0.52 之间选取。

图 2-22　单列孤立级的最佳速度比与反动度的关系

2. $\Omega = 0.5$（反动级）

$\Omega = 0.5$ 时，$\alpha_1 = \beta_2$，$w_2 = c_1$，$w_1 = c_2$，$\varphi = \psi$。根据式（2-51），考虑余速全部被利用的情况，$\mu_1 = 1$，并根据速度三角形各速度之间的关系，可以得到用速度比 $x_1 = u/c_1$ 表示的轮周效率表达式，即

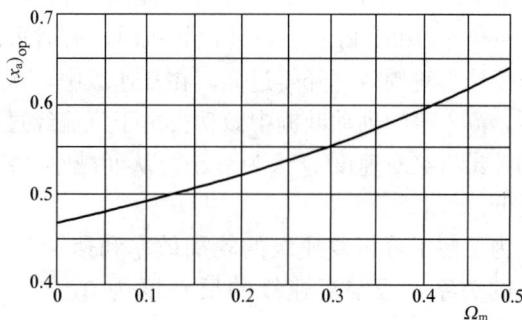

$$\eta_{\mathrm{u}} = \cfrac{1}{\cfrac{\cfrac{1}{\varphi^2} - \cfrac{1}{2}}{(2\cos\alpha_1 - x_1)x_1} + \cfrac{1}{2}} \qquad (2\text{-}61)$$

因此，为了得到最大轮周效率 η_{u}，必须使 $(2\cos\alpha_1 x_1 - x_1^2)$ 最大。现令

$$\frac{\mathrm{d}(2\cos\alpha_1 x_1 - x_1^2)}{\mathrm{d}x_1} = 0$$

得到 $\qquad\qquad (x_1)_{\mathrm{op}} = \cos\alpha_1 \qquad\qquad (2\text{-}62)$

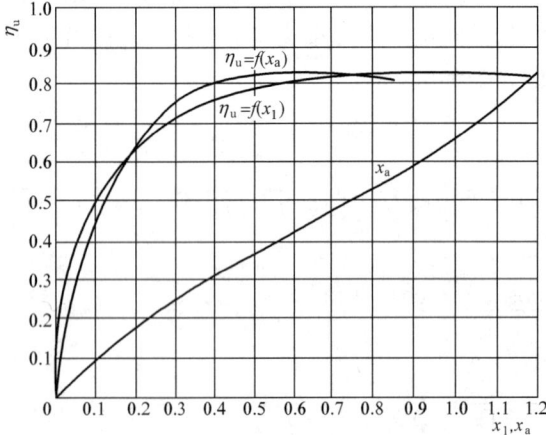

图 2-23　反动级的轮周效率与速度比的关系曲线

比较式（2-55）和式（2-62）可以发现，反动级的最佳速度比是纯冲动级（反动度为 0）最佳速度比的两倍。

反动级的轮周效率与速度比的关系曲线如图 2-23 所示。由图 2-23 可见，反动级的轮周效率曲线在最大值附近也存在一个平坦的区域。因此，速度比在一定的范围内变化时即使偏离了最佳速度比也不会引起轮周效率的明显下降。由于反动级的最佳速度比比冲动级大，所以在相同圆周速度下，反动级承担的比焓降小，其做功能力也小。所以，在相同的初终参数和圆周速度下，反动式汽轮机的级数比冲动式要多。

三、复速级的轮周效率和最佳速度比

动叶栅的圆周速度 u 受到叶片和叶轮材料强度的限制，不能太大，一般允许的最大圆周速度约为 $180\sim300\mathrm{m/s}$。为了保证最佳速度比，以获得最高的轮周效率，喷嘴出口理想速度 $c_{1\mathrm{t}}$ 或级的理想比焓降 Δh_{t}^* 也就不能选得过大。与上述最大速度相对应的最佳速度比的 $\Delta h_{\mathrm{t}}^* = 80\sim170\mathrm{kJ/kg}$。在设计汽轮机时，有时采用复速级，既可以承担比较大的比焓降，又不至于使得轮周效率降得过低。在复速级中，从第一列动叶栅流出的汽流，经过导向叶栅转向后，流入第二列动叶栅中做功。由于汽流经过两列动叶栅将其动能转变为机械能，使第二列动叶出口绝对速度 c_2 大为减小，从而减小了级的余速损失，保证了复速级的轮周效率不致过低。

为了便于分析复速级的轮周效率和速度比的关系，假定复速级的反动度为 0，此时 $\beta_1 = \beta_2$，$\alpha_2 = \alpha_1'$，$\beta_1' = \beta_2'$，$w_1 = w_2$，$w_1' = w_2'$，$c_2 = c_1'$。同时复速级一般用于调节级，余速利用系数 $\mu_1 = 0$。在这些简化条件下，复速级的速度三角形如图2-24所示。

复速级的轮周功为两列动叶栅轮周功之和，即

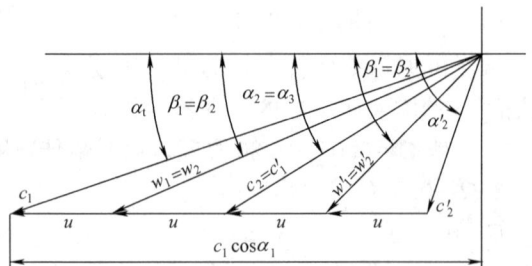

图 2-24　简化条件下复速级的速度三角形

$$P_{\mathrm{u1}} = P_{\mathrm{u1}}^{\mathrm{I}} + P_{\mathrm{u1}}^{\mathrm{II}}$$

根据图 2-24 有

$$P_{\mathrm{u1}} = 4u(c_1\cos\alpha_1 - 2u)$$

将此式代入式（2-49），得复速级的轮周效率的表达式为

$$\eta_{\mathrm{u}} = \frac{P_{\mathrm{u1}}}{E_0} = \frac{8u(c_1\cos\alpha_1 - 2u)}{c_{1\mathrm{t}}^2} = 8\varphi^2 x_1(\cos\alpha_1 - x_1) \qquad (2\text{-}63)$$

对式（2-63）求极值，可以得到最佳速度比

$$(x_1)_{\mathrm{op}} = \frac{1}{4}\cos\alpha_1 \qquad (2\text{-}64)$$

$$(x_{\mathrm{a}})_{\mathrm{op}} = \frac{1}{4}\varphi\cos\alpha_1 \qquad (2\text{-}65)$$

将反动级、反动度为 0 的冲动级和复速级的轮周效率和速度比的关系画在同一图上，如图 2-25 所示。复速级的最佳速度比最小，因此在相同的圆周速度下它可以承担最大的理想比焓降。应当指出，尽管可以维持复速级在其最佳速度比的范围内，但是其轮周效率还是比单列级低。因为毕竟在复速级内增加了一列导叶和一列动叶，从而增加了导叶损失和第二列动叶损失，总损失要比单列级大。复速级一般用于中小型汽轮机的调节级。

图 2-26 表示了在不同反动度下轮周效率与速度比的关系，图上三个数字表示第一列动叶、导叶、第二列动叶的反动度（％）。由图 2-26 可知，适当地采用反动度可以提高复速级的轮周效率。

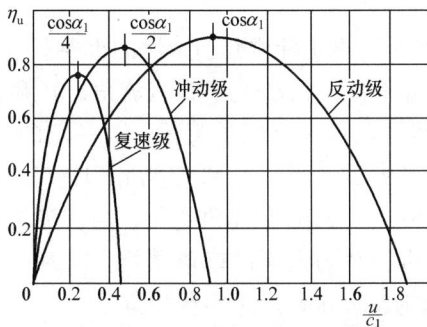

图 2-25　三种级的轮周效率曲线

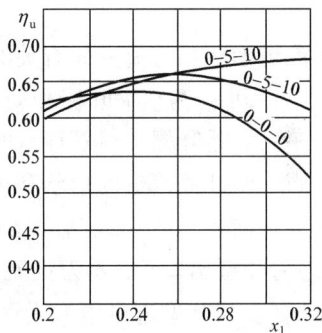

图 2-26　不同反动度下复速级的轮周效率

第四节　叶栅几何尺寸的确定

一、叶栅的几何特性

无论是静叶栅还是动叶栅，都是把叶片按照相同的节距和角度分别安装在汽轮机的隔板和叶轮上。由相同叶片构成汽流流道的组合体称为叶栅。根据叶片的排列形式，叶栅可分为环形叶栅和直列叶栅，如图 2-27（a）和（b）所示。汽轮机所采用的叶栅都是环形叶栅。汽流参数在叶栅流道中是三维分布的，但当级的径高比较大（$d_{\mathrm{m}}/l > 10$）时，为研究方便，可将其视为直列叶栅。展开在一个平面内的叶栅称为平面叶栅，如图 2-27（c）所示。

在冲动式动叶栅汽道中，汽流基本不加速，只改变方向，但在实际中，为了减小流动损

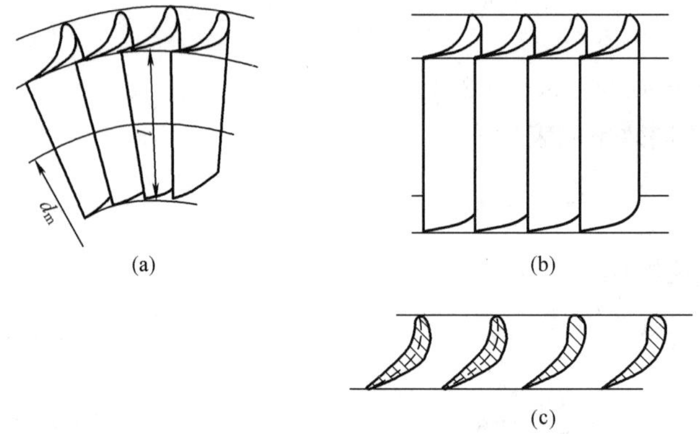

图 2-27　叶栅示意图

(a) 环形叶栅；(b) 直列叶栅；(c) 平面叶栅

失，汽道断面都略有收缩，即有一定的反动度。反动式叶栅是加速叶栅，其汽道断面由进口到出口逐渐收缩，称为亚声速或近声速叶栅。当汽流马赫数 Ma 足够大时，汽道呈缩放形，称为超声速叶栅。

叶片的横断面形状称为叶型，其周线称为型线。良好的叶片型线应全部由圆滑曲线组成。叶型沿叶高不变，称为等截面叶片，而叶型沿叶高变化，则称为变截面叶片。

反映叶栅几何特性的主要参数见图 2-28，有环形叶栅的平均直径 d_m、叶片高度 l、叶栅节距 t（叶栅中两相邻叶型相应点间的距离）、叶栅宽度 B、叶型弦长 b（中弧线两端点间的距离）、出口边厚度 Δ_{out}、进口边宽度 a 和出口边宽度 a_1、a_2、喉部宽度 a_m 等。

叶型的中弧线是叶型诸内切圆圆心的连线，叶型中弧线的前端点和后端点分别称为叶栅的前缘点和后缘点。在研究汽轮机叶栅以及整理叶栅试验数据时，对于汽流特性相同的几何相似叶栅，引用下列无因次量：相对节距 $\bar{t}=t/b$，相对高度 $\bar{l}=l/b$，相对长度（径高比）$\theta=d/l$ 等。

与叶栅汽道形状和汽流方向有关的汽流角和叶型角，也是叶栅几何特性的重要参数。在图 2-28 中，α_1 和 β_2 为喷嘴叶栅和动叶栅的出口汽流角，α_0 和 β_1 为进口汽流角。α_s 和 β_s 是叶栅的安装角，它是叶栅出口额线（叶片出口边连线）与弦长之间的夹角。对一定的叶型，安装角直接影响到叶栅汽道的形状和出口汽流角 α_1 和 β_2 的大小。α_{0g} 和 β_{1g} 为叶型进口角，它是叶型中弧线在前缘点的切线与叶栅前额线之间的夹角，只随安装角变化，与汽流流动无关。α_{1g} 和 β_{2g} 为叶型出口角。δ 为汽流冲角，即叶型进口角与汽流进口角之差。即 $\delta_n=\alpha_{0g}-\alpha_0$，$\delta_b=\beta_{1g}-\beta_1$。当叶型进口角大于汽流角时的冲角为正冲角，反之为负冲角。

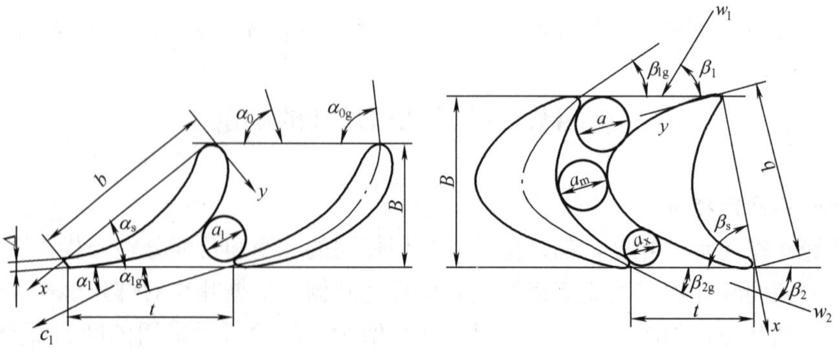

图 2-28　汽轮机叶栅几何参数

(a) 喷嘴叶栅；(b) 动叶栅

二、叶栅及叶型参数的选择

(一)叶栅类型的选择

按照相应汽流工作的马赫数 Ma（喷嘴按出口马赫数，动叶按进口马赫数）大小，喷嘴叶栅和动叶栅的类型可分为亚声速叶栅（$Ma<0.8$）、跨声速叶栅（$0.8\leqslant Ma\leqslant 1.4$）和超声速叶栅（$Ma>1.4$），其叶片型线如图 2-29 所示。

单列级的工作马赫数大多在亚声速范围，一般都选用亚声速叶栅。双列复速级的工作马赫数较高，但是，由于超声速叶栅的工艺性能和变工况性能较差，且亚声速叶栅可利用其斜切部分的继续膨胀实现超声速流动，仍可采用亚声速叶栅。当喷嘴叶栅的压比 $\varepsilon_n = p_1/p_0 \leqslant 0.3\sim0.4$、出口马赫数 $Ma>1.5$ 时，则须采用跨声速或超声速叶栅。表 2-1 和表 2-2 为常用的喷嘴和动叶栅系列及基

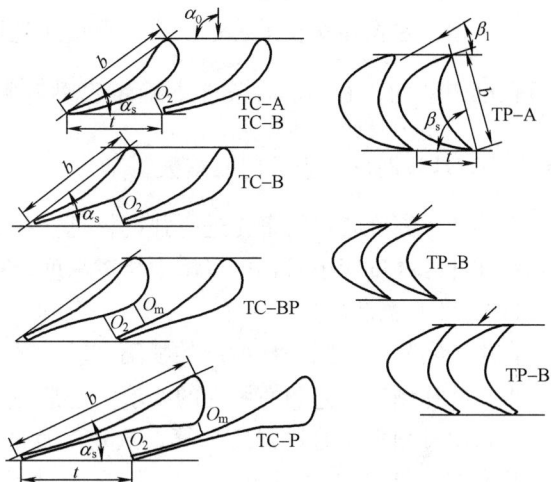

图 2-29　同马赫数时冲动式叶栅和反动式叶栅的叶型

本几何特性。其中 HQ-1 和 HQ-2 两种叶型为我国早期自行设计研制的红旗 1 号和红旗 2 号叶型，其气动特性良好，在单列级中采用这样的叶型，可以达到较高的效率。

表 2-1　　　　　　　　　　　常用喷嘴叶栅系列及其基本几何特性

项目	叶型编号	相对节距 $\bar{t}_n$	进汽角 α_0	出汽角 α_1	备注
喷嘴	HQ-2	0.74~0.90	70°~100°	11°~13°	A：亚声速
	TC-1A	0.74~0.90	70°~100°	10°~14°	B：近声速
	TC-2A	0.70~0.90	70°~100°	13°~17°	T：汽轮机
	TC-3A	0.65~0.85	70°~100°	16°~22°	C：喷嘴

表 2-2　　　　　　　　　　　常用动叶栅系列及其基本几何特性

项　目	叶型编号	进汽角 β_1	出汽角 β_2^*	安装角 β_x	相对节距 $\bar{t}_b$
动　叶	HQ-1	22°~23°	19°~21°	76°~79°	0.60~0.80
	TP-OA	14°~25°	13°~15°	76°~79°	0.60~0.75
	TP-1A（B）	18°~33°	16°~19°	76°~79°	0.60~0.70
	TP-2A（B）	25°~40°	19°~22°	76°~79°	0.60~0.80
	TP-3A	28°~45°	24°~28°	77°~80°	0.56~0.64
	TP-4A	35°~50°	28°~32°	74°~78°	0.55~0.64
	TP-5A	40°~55°	32°~36°	76°~79°	0.52~0.60

注　P—动叶片；T、A、B—意义与表 1-1 同。

(二)汽流出口角 α_1 和 β_2 的选择

在高压级中，由于体积流量较小，为了不使叶片高度太小，减少端部损失，一般选取出

口角较小的叶型，通常冲动级的 $\alpha_1 = 11° \sim 14°$，反动级的 $\alpha_1 = 14° \sim 20°$；反之，在中、低压部分，由于体积流量较大，为了控制叶片高度的急剧增长，往往选用出口角较大的叶型，通常 $\alpha_1 = 13° \sim 17°$。动叶栅的出汽角 β_2 可以按以下关系选取：$\beta_2 = \beta_1 - (3° \sim 5°)$。

（三）叶片个数和高度的选择

当叶型、弦长和安装角选定以后，根据所选叶栅的气动特性曲线查出相对节距 $\bar{t}_n$ 和 $\bar{t}_b$，便可在已知平均直径 d_m 的条件下确定喷嘴叶栅和动叶栅叶片的个数 z_n、z_b，$z_n = \dfrac{\pi d_m}{t_n}$，$z_b = \dfrac{\pi d_m}{t_b}$，计算时叶片个数应取整数。

选取叶片高度时，需事先进行强度核算，在满足强度要求的条件下，尽量选择窄叶片，特别是在叶片高度较小时，可以增大相对高度，有利于减少端部损失。

（四）叶片宽度的选择

在生产实际中，同一种型线的喷嘴和动叶宽度（B_n 和 B_b）、安装角（α_s、β_s）并不是任意的。根据叶片制造工艺和通用性的要求，通常一种叶型只生产几种宽度的叶片供设计选用。为此，选用时须事先通过强度估算，选定叶片的某一档宽度，以满足气动、强度方面的要求；叶宽如果选得过大或过小，将会造成材料浪费或者发生叶片断裂事故。例如国产 125MW 机组的第 1~5 压力级动叶为 25TP-1A（1）叶型，第 6~12 压力级的动叶为 30TP-1A（1）叶型，它们的型线相同，但前者的叶宽为 25mm、后者为 30mm，即同一种叶型采用二档叶宽，已可满足全部压力级动叶的需要。

三、反动度的选择

当级的反动度增大时，动叶内存在较大的负压力梯度，使得附面层减薄，从而可以提高动叶的蒸汽速度和流动效率。反动度不同，会影响到动、静叶栅的面积比，影响到动静叶栅前后的压力差，从而影响到汽轮机的轴向推力以及隔板和动叶的受力状况。

前面已经分析了在一个级内，反动度沿着叶片高度是变化的，而根部反动度 Ω_r 又至关重要。下面将分析不同的根部反动度 Ω_r 对于动叶根部气动性能的影响。图 2 - 30 示出了根部反动度不同时蒸汽在级内的三种流动情况。

（1）根部反动度较大时，动叶根部进口压力明显大于出口压力。这时喷嘴流出的汽流，将有一部分从动叶进口根部的轴向间隙处向下漏出，与隔板汽封的漏汽一起，通过叶轮上的平衡孔流到级后，减少了动叶中的做功蒸汽量，见图 2 - 30（a）。

（2）根部反动度很小甚至为负值时，动叶根部进口压力略大于或低于出口压力，部分或全部隔板漏汽有可能不再经过平衡孔流到级后，而是通过动叶根部轴向间隙被吸入动叶汽道，如图 2 - 30（b）所示。由间隙中吸入动叶汽道内的汽流，不但不能做功，反而扰乱主汽流，增大损失。试验证明，吸汽对损失的影响比漏汽更严重。在这种情况下，虽然叶顶漏汽量有所减少，但仍不足以抵消吸汽产生的损失的增加。

（3）适当的根部反动度，使得动叶根部进口压力略高于出口压力是合理的。动叶根部发生吸汽和漏汽有以下两种现象：

1）当叶轮高速旋转时，会带动靠近叶轮壁面的蒸汽一齐随动，并像离心泵作用一样，使蒸汽沿轮壁向外流向动叶根部，这种作用称为泵浦效应。

2）从喷嘴流出的高速汽流进入动叶时，高速汽流的射流作用，使得叶轮与隔板之间汽

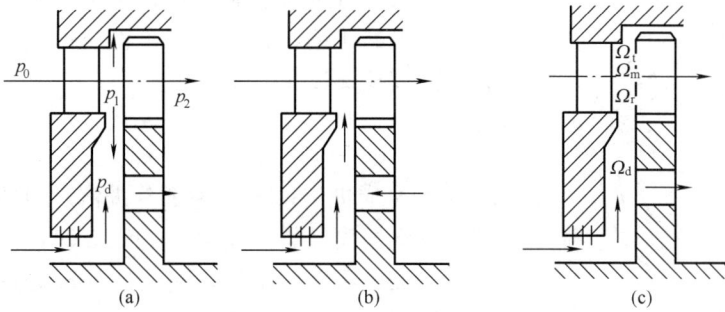

图 2 - 30　根部反动度不同时蒸汽在级内的流动情况

(a) 根部漏汽；(b) 根部吸汽；(c) 根部不吸不漏

室内的蒸汽被抽吸入动叶汽道内。这一股蒸汽与做功的蒸汽主流方向不一致，从而产生干扰，这种作用称为射汽抽汽效应。

要使动叶根部不发生吸汽和漏汽现象，必须抑制泵浦效应和射汽抽汽效应产生的流动，并使隔板的漏汽全部通过平衡孔流入级后。

根据经验，要实现上述目的，可以选取根部反动度 $\Omega_r = 0.03 \sim 0.05$。

四、喷嘴叶栅尺寸的确定

在确定了级前蒸汽参数 p_0、t_0 和初速度 c_0，级后压力 p_2 及反动度后，便可得到喷嘴后的压力 p_1。根据通过本级的蒸汽流量 G_n 求出喷嘴的通流面积和叶片高度。由喷嘴叶栅前后压力比 $\varepsilon_n = p_1/p_0^*$ 的大小来确定流动状态，继而确定喷嘴的型式。注意到在喷嘴的斜切部分蒸汽仍可以继续膨胀，因此当 $\varepsilon_n > 0.3$ 时一般选用渐缩喷嘴，当 $\varepsilon_n < 0.3$ 时选用缩放喷嘴。由于缩放喷嘴加工比较困难，且工况变化时效率较低，所以应尽量避免采用缩放喷嘴。

（一）渐缩喷嘴

1. 亚临界流动（$\varepsilon_n > \varepsilon_{cr}$）

由于蒸汽在喷嘴中的流动为亚声速状态，在斜切部分无膨胀，喷嘴出口截面的汽流参数和最小截面的汽流参数相同，根据连续性方程可以计算垂直于出口汽流速度方向的喷嘴叶栅出口的截面积

$$A_n = \frac{G_n}{\mu_n \rho_{1t} c_{1t}} \tag{2 - 66}$$

式中：A_n 为整级叶栅的出口截面积，m^2；G_n 为通过喷嘴的蒸汽流量，kg/s；ρ_{1t} 为喷嘴出口蒸汽理想密度，kg/m^3。

根据图 2 - 31，对于一个喷嘴流道来说，出口截面积为

$$A = a_n l_n = l_n t_n \sin\alpha_1 \tag{2 - 67}$$

式中：a_n 为喷嘴喉部宽度，m；t_n 为喷嘴叶栅节距，m；l_n 为喷嘴出口高度，m。

在整个喷嘴环形叶栅上，可以全周布置喷嘴，也可以把喷嘴分成若干组均匀布置于圆周上，如图 2 - 32 所示。调节级设计为可部分进汽，即 $e<1$。对于汽轮机高压级，采用部分进汽可以提高喷嘴高度（一般要求 l_n 大于 15mm），减少损失。但是反动级一般都采用全周进汽。

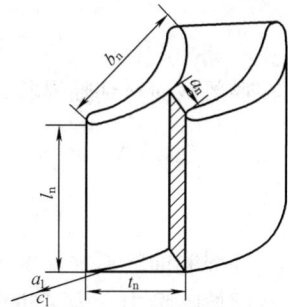

图 2 - 31　喷嘴流道示意图

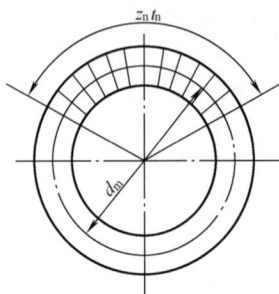

图 2 - 32 喷嘴在叶栅圆周上的分布

引入部分进汽度 e 来确定整个喷嘴环形叶栅上布置喷嘴通道的比例，它定义为布置喷嘴弧段的长度 $z_n t_n$ 与整个圆周长 πd_m 的比值，即

$$e = \frac{z_n t_n}{\pi d_m} \qquad (2-68)$$

$e=1$ 为全周进汽；$e<1$ 为部分进汽。当然，$e<1$ 会带来部分进汽损失。特别是当 $e<0.15$ 时，部分进汽损失会剧烈增加。所以，需要合理地选择部分进汽度和喷嘴高度，使二者引起的总损失最小。

如果喷嘴弧上有 z_n 个喷嘴流道，则总面积有

$$A_n = z_n A = z_n l_n t_n \sin\alpha_1 = e\pi d_m l_n \sin\alpha_1 \qquad (2-69)$$

所以，喷嘴出口的叶片高度为

$$l_n = \frac{A_n}{e\pi d_m \sin\alpha_1} \qquad (2-70)$$

2. 超临界流动（$0.3 < \varepsilon_n < \varepsilon_{cr}$）

当蒸汽流过渐缩喷嘴，处于 $0.3 < \varepsilon_n < \varepsilon_{cr}$ 状态时，喷嘴的斜切部分被利用，可以获得超临界流动。达到临界状态时，喷嘴喉部的截面积 $(A_n)_{cr}$ 和相应的高度 $(l_n)_{cr}$ 分别为

$$(A_n)_{cr} = \frac{G_n}{0.648 \sqrt{p_0^* \rho_0^*}} \qquad (2-71)$$

$$(l_n)_{cr} = \frac{(A_n)_{cr}}{e\pi d_m \sin\alpha_1} \qquad (2-72)$$

斜切部分的偏转角 δ_1 为

$$\sin(\alpha_1 + \delta_1) \approx \sin\alpha_1 \frac{\rho_{cr} c_{cr}}{\rho_{1t} c_{1t}} \qquad (2-73)$$

式中：ρ_{cr} 为喷嘴的临界截面处的蒸汽密度，kg/m^3；c_{cr} 为喷嘴的临界速度，$c_{cr} = \sqrt{2\Delta h_{cr}^*}$，$m/s$；$\Delta h_{cr}$ 为喷嘴的等熵滞止临界比焓降，kJ/kg。

（二）缩放喷嘴

当 $\varepsilon_n < 0.3$ 时，采用缩放喷嘴，如图 2 - 33 所示。喷嘴的出口截面积 A_n 和出口高度 l_n 仍然可以利用式（2 - 69）和式（2 - 70）计算。在出口截面积 A_n 确定后，根据 $A_n = z_n l_n a_n$ 的关系可以确定喷嘴出口的宽度

$$a_n = \frac{A_n}{z_n l_n}$$

在喉部截面达到临界状态时，喉部截面积为

$$(A_n)_{cr} = \frac{G_n}{0.648 \sqrt{p_0^* \rho_0^*}}$$
$$= z_n (l_n)_{cr} a_{min} \qquad (2-74)$$

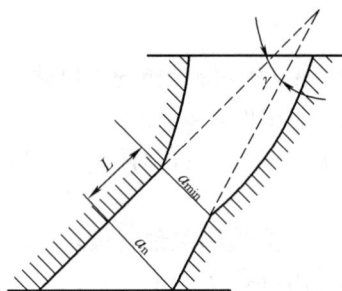

图 2 - 33 缩放喷嘴示意图

而喉部截面的喷嘴高度 $(l_n)_{cr}$ 可以近似认为与出口高度 l_n 相等。

在缩放喷嘴中，为了防止汽流从汽道壁面脱落引起过大的涡流损失，要求扩张角 γ 不能过大，见图 2 - 33，一般取扩张角 $\gamma = 6° \sim 12°$。而扩张部分的长度 L 为

$$L = \frac{a_{\mathrm{n}} - a_{\min}}{2\tan\dfrac{\gamma}{2}} \qquad (2 - 75)$$

五、动叶栅尺寸的确定

蒸汽在动叶栅中流动时，多半是亚临界流动，汽流通道一般都是渐缩形。在斜切部分是否有膨胀，要通过动叶前后的压力比 $\varepsilon_{\mathrm{b}} = p_2/p_1^*$ 来判别，当 $\varepsilon_{\mathrm{b}} < \varepsilon_{\mathrm{cr}}$ 时，则斜切部分中有汽流膨胀，需要计算出口汽流偏转角 δ_{b}。

类似于喷嘴叶栅的尺寸计算，动叶栅出口面积 A_{b} 和出口高度 l_{b} 的计算公式为

$$A_{\mathrm{b}} = \frac{G_{\mathrm{b}}}{\mu_{\mathrm{b}}\rho_{2\mathrm{t}}w_{2\mathrm{t}}} = e\pi d_{\mathrm{b}}l_{\mathrm{b}}\sin\beta_2 \qquad (2 - 76)$$

$$l_{\mathrm{b}} = \frac{A_{\mathrm{b}}}{e\pi d_{\mathrm{b}}\sin\beta_2} \qquad (2 - 77)$$

式中：$\rho_{2\mathrm{t}}$ 为动叶理想出口状态点的蒸汽质量密度，$\mathrm{kg/m^3}$；d_{b} 为动叶栅的平均直径，m。一般在高压级，可取 $d_{\mathrm{b}} = d_{\mathrm{n}}$；在中、低压级，由于蒸汽的比体积变化很大，一般 $d_{\mathrm{b}} > d_{\mathrm{n}}$；$G_{\mathrm{b}}$ 为流过动叶栅的蒸汽流量，$\mathrm{kg/s}$。由于一部分蒸汽总要从叶顶或者隔板处漏走，所以 G_{b} 和 G_{n} 是不相等的，但由于泄漏流量较小，在计算时一般可以取 $G_{\mathrm{b}} = G_{\mathrm{n}}$。

为了适应汽流的膨胀流动，动叶栅一般做成扩张形的，如图 2 - 34 所示，即动叶栅的进口高度和出口高度是不同。同样为了适应膨胀流动，喷嘴出口到动叶进口也是扩张形，动叶的进口高度比喷嘴的出口高度大，两者之差称为盖度，用 Δ 表示，即

$$\Delta = l'_{\mathrm{b}} - l_{\mathrm{n}} = \Delta_{\mathrm{t}} + \Delta_{\mathrm{r}}$$

式中：Δ_{t} 和 Δ_{r} 分别为动叶栅的顶部盖度和根部盖度。一般顶部盖度要比根部盖度大，所以动叶进口的高度为

$$l'_{\mathrm{b}} = l_{\mathrm{n}} + \Delta \qquad (2 - 78)$$

必须指出，盖度的大小会影响到级的效率。汽流从喷嘴出口进入动叶时，有向围带和叶根两端扩散的趋向，盖度的存在能满足汽流的这种径向扩散的要求，同时适当的顶部盖度还能减少动叶顶部的漏汽。此外，叶片制造和装配上的误差，会造成一部分汽流冲击到汽道之外的叶根或围带上，形成不必要的附加损失。所以，动叶保持一定的盖度，对减少流动损失是有利的。但是，盖度不能过大，过大了反而助长了汽流在径向的突然膨胀，使汽流在动叶顶部和根部产生较大的径向分速，形

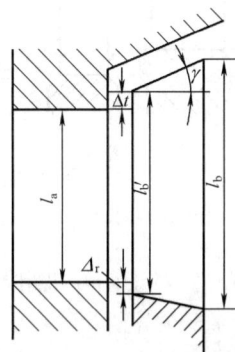

图 2 - 34　动叶的盖度

成旋涡，这种来流状态会对动叶的端壁附面层带来非常不利的影响，造成较强的流动损失（二次流），反而降低级效率。故应按产生的损失（叶顶漏汽损失和端部损失之和）为最小的原则选定动叶盖度，称为最佳盖度。在进行级的热力设计时，叶顶和叶根盖度可按表 2 - 3 推荐的数据选取。

表 2 - 3　　　　　　　　　　　叶片高度与盖度之间的关系　　　　　　　　　　（mm）

喷嘴高度 l_{n}	≤50	51～90	91～150	>150
顶部盖度 Δ_{t}	1.5	2	2～2.5	2.5～3.5
根部盖度 Δ_{r}	0.5	1	1～1.5	1.5
直径之差 $d_{\mathrm{s}} - d_{\mathrm{a}}$	1	1	1	1～2

六、其他结构因素的确定

（一）级的动、静叶栅的面积比

级的反动度必须有一定的叶栅面积比与之相对应。由式（2-66）和式（2-76）可得

$$f = \frac{A_b}{A_n} = \frac{c_1 \rho_1}{w_2 \rho_2} \tag{2-79}$$

经换算可得动、静叶栅面积比的表达式为

$$f = \frac{\left[1 + \Omega_m (\varepsilon^{\frac{1-\kappa}{\kappa}} - 1)\right]^{\frac{1}{\kappa-1} + (1-\psi^2)}}{\frac{\psi}{\varphi} \sqrt{\varphi^2 + \frac{x_a^2}{1-\Omega_m} - \frac{2\varphi x_a \cos\alpha_1}{\sqrt{1-\Omega_m}} + \frac{\Omega_m}{1-\Omega_m}}} \tag{2-80}$$

常用级的反动度及其面积比的范围为：

对于直叶片级 $\Omega_m = 5\% \sim 20\%$，$f = 1.85 \sim 1.65$；

对于扭叶片级 $\Omega_m = 20\% \sim 40\%$，$f = 1.7 \sim 1.41$；

对于复速级 $\Omega_m = 3\% \sim 8\%$。

$$A_n : A_b : A_{gb} : A_b' = 1 : (1.6 \sim 1.45) : (2.6 \sim 2.35) : (4 \sim 3.2) \tag{2-81}$$

（二）级内间隙

如图 2-35 所示，汽轮机动静部分之间必须留有间隙，包括轴向间隙 δ 和径向间隙 δ_r。而轴向间隙又包括开式轴向间隙 δ_z 和闭式轴向间隙 δ_1 和 δ_2。

1. 轴向间隙

为了减少叶顶漏汽损失和缩短机组轴向长度，开式轴向间隙 δ_z 越小越好；但从机组的运行角度来看，应根据启动、停机、变工况等机组的膨胀情况来确定 δ_z。假如 δ_z 取得过小，运行时可能发生动静部分之间的碰撞摩擦。因此，必须从安全、经济两方面来确定开式轴向间隙的大小，一般取 $\delta_z = 1.5 \sim$

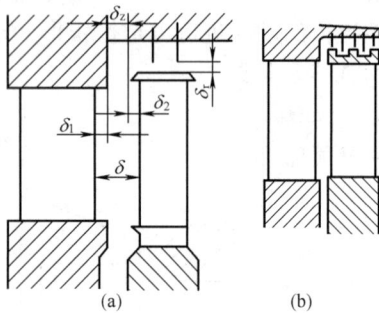

图 2-35　汽轮机级内间隙
（a）级内间隙；（b）叶顶曲径式汽封

2.0mm。对于调峰机组及差胀较大的机组，δ_z 需适当取得大些，有些机组低压缸中的 δ_z 甚至达 $7 \sim 8$mm。

开式轴向间隙 δ_z 的大小还会影响到级的效率。图 2-35 给出了不装叶顶汽封和设有叶顶汽封时开式轴向间隙的结构情况。显然，随着开式轴向间隙的增大，围带上部的漏汽将迅速增加，级效率随之降低。研究表明，当开式轴向间隙从 0.25mm 增加到 2.65mm 时，级效率将下降 7.2%。对于围带上部装设径向汽封的汽轮机级，开式轴向间隙的大小对顶部漏汽的影响相应较小。

闭式轴向间隙 δ_1 和 δ_2 对级效率有着作用相反的两种影响：当 δ_1 和 δ_2 增大时，喷嘴出汽边到动叶进汽边之间的轴向距离增大了，减少了喷嘴出口尾迹的影响，使动叶进口的汽流趋于均匀，有利于级效率的改善；但是，δ_1 和 δ_2 增大后，汽流运动的路程增长了，增加了汽流与上、下端壁间的摩擦，减少了动叶进口汽流的动能，不利于级效率的提高。因此 δ_1 和 δ_2 有一个较佳范围，可参考表 2-4 的数据选取。

表 2 - 4		级内间隙与叶片高度的关系		(mm)	
喷嘴高度 l_n	≤50	50～90	90～150	＞150	
喷嘴闭式间隙 δ_1	1～2	2～3	3～4	4～6	
动叶闭式间隙 δ_2	2.5	2.5	2.5	2.5	$\delta_z = 1.5$
总轴向间隙 δ	5～6	6～7	7～8	8～10	

2. 径向间隙

为了减少动叶顶部漏汽，一般在动叶顶部设置径向汽封。试验表明，在 $\delta_z=1.5\text{mm}$、$\Omega_r=0.03$、径高比 $\theta=40$ 的条件下，装设径向平齿汽封（汽封齿数为 2，$\delta_r=1\text{mm}$）后，可提高级的效率 2%，故大功率汽轮机的高压部分普遍采用叶顶径向汽封。有些汽轮机，还在叶顶围带上沿圆周方向开槽，制成高低齿汽封。径向间隙 δ_r 的大小应综合考虑机组经济性和安全性。一般设计时可取 $\delta_r=0.5\sim1.5\text{mm}$。当叶高较大时，取较大值。对于隔板汽封，为了减少漏汽（特别是高压级隔板较厚时），应将其齿数增多，并采用高低齿汽封，密封效果更好。

第五节 叶栅气动特性及叶栅损失

一、叶栅气动特性

叶栅的气动特性可采用理论和实验的两种方法进行研究。近几年来，无论理论研究还是实验研究均取得了显著的成果。

叶栅的气动特性研究主要着力于叶栅的能量损失，可以用速度系数 φ 和 ψ 表示喷嘴和动叶汽流速度的损失份额，也可以用能量损失系数 ξ_n 和 ξ_b 来衡量蒸汽在汽道中能量损失的份额，还可以用喷嘴或动叶的总压力损失系数 $\bar{\omega}_n$ 和 $\bar{\omega}_b$ 来表示叶栅的能量损失。

二、叶栅损失

（一）叶型损失

当蒸汽流经汽轮机叶栅时，由于流体黏性的作用，紧贴在叶片的固体壁面上会形成一层极薄的附面层。附面层的流态性质、厚度分布以及附面层的分离等决定了叶型损失的大小。叶型损失包括几部分。

1. 附面层中的摩擦损失

反动式叶栅叶型壁面附面层的分布如图 2 - 36 所示。当蒸汽流向反动式叶栅时，从叶型的前缘点起，沿着壁面附面层厚度从零开始逐渐增厚。开始，在内弧的前段，附面层厚度增加得比较缓慢，属于层流附面层。在层流附面层中，流体质点的速度，从壁面上的零值，沿着法向迅速地增至层外的主流速度，由于附面层厚度较小，因此，层内的法向速度梯度很大，在黏性的作用下，叶型壁面的附面层中就产生了流层之间的黏性切应力，这就是引起摩擦损失的原因之一。随着流动的进行，到了叶型的内弧中段，根据图 2 - 36 (a)，压力降落比较平缓，速度增加缓慢，这时附面层厚度增加较大，附面层的性质将由层流转变为紊流。在紊流附面层中，由于流体质点之间进行着混杂的动量交换，从而产生了比黏性切应力大得多的附加应力，使摩擦损失迅速增加。当汽流流至通道的内弧后段时，此处的压力迅速下降，速度增加，附面层的厚度由于汽流骤然加速而减薄，到出汽边的汽流汇合点处，附面层厚度减至最薄，因而，这一段的摩擦损失也就相应减小。

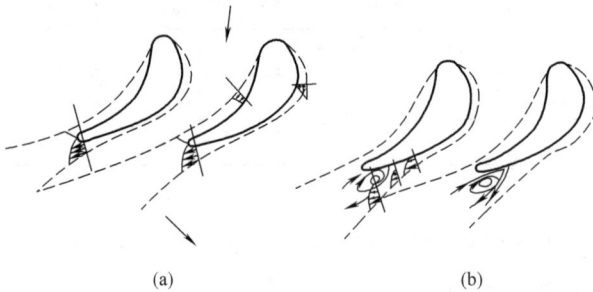

图 2 - 36　动式叶栅叶型壁面附面层的分布规律
(a) 无涡流；(b) 有涡流

在叶型的背弧上，从前缘点起，附面层的厚度同样由零开始，沿着背弧进口段逐渐增厚；当汽流流经中段，向着通道喉部截面流动时，由于通道收敛较大，背弧上的压力分布迅速下降，速度剧增，附面层的厚度因为汽流获得加速而减薄，一直到喉部截面和背弧最大曲率点附近，附面层的厚度减至最小。此后，汽流便进入出口斜切部分，汽流不再受内弧壁面的约束，特别在背弧出口段的后面又存在着一个明显的扩压区，使附面层的厚度沿着出口边不断增厚，一直到出口边的汽流汇合点处，附面层厚度增至最厚。显然，背弧上的气动性能比内弧要差，所以背弧上的摩擦损失要比内弧大。

在冲动级内，为了减少附面层中的摩擦损失，一般采用一定的反动度用以提高流道内的汽流速度，使得附面层的厚度减薄。为了减少摩擦阻力，减少汽流流经的表面积也是有利的，因此应减少叶栅中的叶片数并相应地增大相对节距 $\bar{t}$。

2. 附面层分离引起的涡流损失

如图 2 - 36 (b) 所示，附面层的分离主要发生在扩压段。在扩压段前面的附面层内，流体质点已经被黏性力所滞缓，而且越是接近叶型壁面，滞缓的程度也就越厉害。当这部分汽流质点向着扩压区流动的时候，由于动能已经很小，不足以克服正压力的阻挡，致使在反方向压差的作用下，汽流质点获得了与主流方向相反的加速度，即在附面层内产生了倒流现象，此倒流流体将来流附面层从叶片的壁面上挤开，这就是附面层的分离。附面层分离使得附面层厚度增大，并形成强烈的旋涡，然后在黏性力的影响下被主流带走。这就是壁面附面层分离所产生的涡流损失，显然，这种损失比附面层的摩擦损失要大得多。这种涡流损失在扩压作用特别强烈的叶栅出口段的背弧上更为严重。叶型的弯曲程度越大，正冲角越大，越易造成在叶片背弧的附面层分离。

3. 出口边的尾迹损失

根据叶片强度和工艺的要求，汽轮机叶片的出口边有一定的厚度。当汽流沿着内弧或背弧向出口边后缘绕流时，由于后缘局部曲率很大，要使汽流在极短时间内发生极大的转向必定在后缘处产生一个极大的加速、降压过程，随后又急剧减速、扩压。这样一种绕流条件，对于有黏性的实际流体来说，必然导致附面层分离，在尾缘后面形成旋涡区，称为尾迹。尾迹区的汽流速度比主流小得多，通过黏性与主流进行动量交换，在叶栅后一段距离内达到均匀化，这样就损耗了主流的动能，这就是出口边后面的尾迹损失，如图 2 - 37 所示。尾迹损失与喷嘴出口边的厚度有关，显然厚度越小，产生的尾迹区越

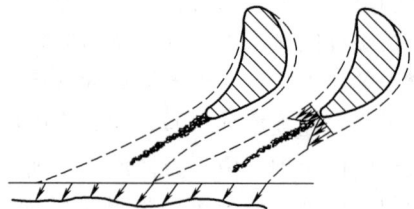

图 2 - 37　叶栅后的尾迹

小，损失越小。

4. 冲波损失

在冲动叶栅的进出口处、反动叶栅的出口处和汽道背弧的某些地方，有时会出现超声速汽流，因而会产生冲波，此时压力会突然升高，流速显著下降。有时，产生冲波段的区域还会出现扩压段，引起附面层加厚而发生附面层分离，使叶型损失增加，这些由冲波所引起的损失，称为冲波损失。

显然叶型损失是由附面层中的摩擦损失、附面层分离引起的涡流损失、出口边的尾迹损失和冲波损失组成的。

（二）端部损失

端部损失由两部分组成。

1. 端部的附面层摩擦损失

当汽流流经叶栅通道时，不仅在叶片表面，而且在通道上、下两端的壁面上，也会由于流体黏性的作用，形成附面层。在附面层内汽流动能被黏性摩擦力所损耗，构成了端壁附面层中的摩擦损失。

2. 二次流损失

在叶栅通道的内弧面和背弧面，压力是不相等的，内弧面上的压力总是大于背弧面上的压力，所以，沿着通道的横向存在着压力梯度。此压力梯度对于端部壁面附面层外的主流来说，正好被主流在弯曲通道中所产生的离心惯性力所平衡，不会引起主流的横向运动；但是，对于位于端部壁面附面层内的流体来说，由于附面层内流体质点的动能较小，特别是靠近壁面的那部分流体的动能，已被黏性摩擦力滞缓得相当微弱，没有能力平衡横向压差的作用，结果就在端壁附面层内造成了质点的横向流动，从内弧面流向背弧面，如图 2-38 所示，为区别于主流，通常称这种端部的横向流动为二次流。在靠近端部壁面的背弧上，二次流与主流在背弧上形成的附面层相互作用，使上、下两端面上的附面层增厚，大多数情况下，会发生局部分离。加上因端面附近二次流使得主汽流产生横向的补偿流动，在叶片背面与端壁面的交界处形成了两个方向相反的旋涡区，从而引起了较大的能量损失，这就是二次流损失。

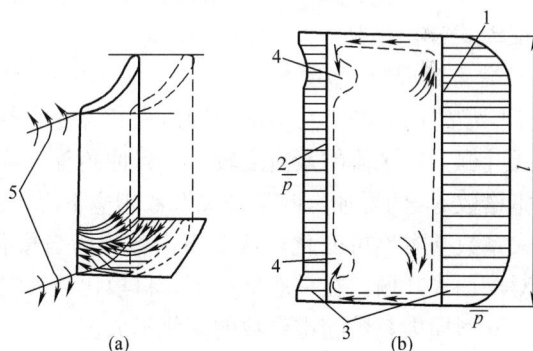

（a）　　　　（b）

图 2-38　汽道内的二次流

（a）上、下部的双旋涡；（b）端部附面层和压力分布

1—内弧；2—背弧；3—压力分布；

4—附面层增厚区；5—双旋涡

三、影响叶栅损失的因素

（一）影响叶型损失的因素

1. 相对节距 $\bar{t}$ 的影响

相对节距的变化将改变叶片通道的形状，影响叶型壁面的摩擦损失和出口边后面的尾迹损失。研究表明：

（1）冲动式叶栅或者反动式叶栅，均有一个最佳的相对节距，一般情况下，冲动式动叶栅的最佳节距 $(\bar{t})_{op} = 0.55 \sim 0.72$，而反动式叶栅的 $(\bar{t})_{op} = 0.65 \sim 1.0$；

（2）冲动式叶栅对相对节距 $\bar{t}$ 的变化比反动式叶栅敏感；

（3）相对节距偏小所带来的损失大于相对节距偏大时带来的损失。

2. 安装角 α_s 的影响

叶栅汽道的形状决定于安装角，安装角过大或过小都会使叶栅的气动性能下降，叶型损失增大。对于一定的叶栅，存在一个最佳的安装角。一般冲动式叶栅的安装角 $\alpha_s = 65^\circ \sim 80^\circ$，反动式叶栅的安装角 $\alpha_s = 30^\circ \sim 50^\circ$。

3. 汽流角和冲角的影响

当汽流进口角小于叶型进口角，即发生正冲角时，叶型背面的进口段将出现显著的扩压段，使背面上的附面层加厚，产生附面层分离，叶型损失增加。当汽流进口角大于叶型进口角，即发生负冲角时，叶型凹面将出现扩压段，但由于叶型凹面的其他部分在一般情况下均为加速段，不致产生附面层分离，所以叶型损失增加得较缓慢。显然，正冲角引起的叶型损失比负冲角严重。冲动式叶栅相对于反动式叶栅来说对冲角的影响更敏感，而反动式叶栅则允许有较大的冲角变化。

4. 马赫数的影响

在亚声速叶栅中，当马赫数较小时，压缩性的影响不明显，当马赫数从 $Ma \geqslant 0.5$ 开始增长时，压缩性对叶栅气动性能的影响才表现出来。随着汽流出口马赫数的增加，亚声速叶栅的叶型损失减小。

当出口马赫数 Ma 大于叶栅的临界马赫数 Ma_{cr} 时，在背弧的出口段上将发生局部的超声速流动，并同时产生冲波，使附面层剧烈增厚分离，造成叶型损失急剧增加。所以随着马赫数的提高，叶栅中的能量损失相应增大。但当马赫数提高到一定数值时，经过冲波后的压力将高于叶栅出口边后的压力，这时可大大改善背面靠近出口边附近的流动，使尾迹损失减小，总的叶型损失也随之减小。事实上，无论对于冲动式叶栅还是反动式叶栅，存在一个使得叶型损失最小的最佳马赫数。冲动式叶栅对汽流出口马赫数的敏感性比反动式叶栅强烈。

5. 雷诺数 Re 的影响

不同型式的叶栅，在不同的冲角和紊流度的条件下，雷诺数对叶型损失的影响不同。对反动式叶栅，在来流的紊流度较小，且冲角等于零的条件下，雷诺数越小，叶型损失越大。随着雷诺数 Re 的增加，叶型损失系数相应下降。当雷诺数达到某一数值后继续增大时，叶型损失系数基本不再变化，这个雷诺数称为自模化流动雷诺数，说明流动已经处于自模化区。对反动式叶栅，在一般情况下，自模化流动雷诺数 $Re = (5 \sim 7) \times 10^5$。而对于冲动式叶栅，叶型损失系数随雷诺数的变化不大。

6. 叶型几何参数的影响

叶型的型线影响着速度分布和压力分布，尤其是对背弧曲面曲率的影响更为显著。对于叶型型线的要求为：曲率应保持连续均匀的变化，不发生突然的增大或减小。根据这个原则，汽轮机叶栅的内弧一般可用等曲率的圆弧相连，而背弧的曲率，采用进口段逐渐减小，中间部分逐渐增大，出口段又逐渐减小的曲率。叶栅的前缘形状和半径、后缘形状和半径也对叶型损失产生不同程度的影响。叶型后缘应该圆整，只要强度、工艺允许，后缘的相对半径应尽量减小，以尽可能地缩小尾迹区，减少尾迹损失。

经过三维流场优化的型线，一般很难再用圆弧分段表达，而直接采用空间坐标数据表达。

（二）影响端部损失的因素

1. 相对叶高 $\bar{l}$ 的影响

试验表明，相对叶高 $\bar{l}$ 对于端部损失的影响最大。存在一个极限相对叶高，当相对叶高大于极限相对叶高时，端部二次流的结构不会发生改变，端部损失的绝对值保持不变。叶栅的总损失系数沿叶高的变化几乎相同。此时端部损失在总损失中占的比例随着 $\bar{l}$ 的增大而变小。当相对叶高小于极限相对叶高时，叶栅上、下两端面的旋涡互相重叠、干扰、强化，使整个通道充满了旋涡流动，端部损失非线性地随着相对叶高的减小而急剧地增加。因此在设计时叶栅高度不能小于极限高度，并且在强度允许的条件下，尽量采用窄叶栅，以增大 $\bar{l}$。

2. 叶栅型式的影响

冲动式叶栅和反动式叶栅的压力分布曲线不一样。冲动式叶栅的转折角和厚度较大，内弧的压力要比背弧大得多，其横向压力梯度比反动式叶栅大，使端壁附面层内的流体质点从内弧向背弧的横向流动趋势增强。同时，由于冲动式叶栅的背弧出口部分，存在着较大的扩压区，使背弧附面层的增厚、分离较为严重，它和横向流来的端部附面层相汇合后形成比较强烈的双旋涡，造成较大的能量损失。另外，冲动式叶栅的通道收敛度较小，汽流的加速性较差，不仅增加了端壁附面层的摩擦损失，同时也强化了二次流。因此冲动式叶栅的端部损失比反动式叶栅大。

3. 汽流进口角的影响

随着汽流进口角 $\beta_1(\alpha_0)$ 的减小，叶片背弧进口段的压力将陡然下降，一方面使叶片背弧对应点上的横向压力梯度显著增加，加剧了端壁附面层内的横向流动；另一方面在背弧中段造成了较严重的扩压现象，加速背弧附面层的分离。这样将导致端部涡流的强度增大，端部损失增加。冲动式叶栅对此尤为敏感。

4. 相对节距的影响

在最佳相对节距时，端部损失最小，反动式叶栅的最佳相对节距 $\bar{t}_{op} = 0.74 \sim 0.76$。当相对节距较小时，反动式叶栅的通道收敛度随之减小，汽流的加速性减弱，使叶型表面和端壁的附面层增厚，促使二次流的发展，所以端部损失随相对栅距的减小而增大。

5. 马赫数的影响

随着亚声速叶栅出口马赫数 Ma 的增大，叶片背弧面和内弧面之间的横向压力梯度将逐渐减小，从而使端壁附面层内的横向流动减缓。同时，叶片背弧面和端壁上的附面层厚度相应减薄，减少了端壁附面层内的摩擦损失。所以马赫数 Ma 增大将使端部损失减小。但当出口马赫数大于该叶栅的临界马赫数后，背弧出口部分将发生局部超声速流动，并伴随着冲波的产生，从而加速了附面层的分离，使端部涡流强化，增加端部损失。

6. 盖度的影响

盖度可以减少漏汽损失，但是却增加端部损失。当盖度增大时，在叶片内弧的进口段出现局部扩压，中段汽流收敛度减弱。在背弧的进口段、中段以及出口段均出现较大的扩压，且通道中内弧与背弧对应点的横向压力梯度随之增大。压力分布的这种变化必将促使背弧附面层的分离以及端部二次流的增强。此外，由于盖度的存在，使汽流从喷嘴流进动叶时，加剧了端部汽流突然膨胀的程度，促使内壁附面层的发展以及二次流的形成，因此端部损失随着盖度的增大而增大。

四、环形叶栅的特性

前述许多结论是根据平面叶栅实验获得的。在汽轮机中，实际采用的是环形叶栅，其气动特性与平面叶栅有所区别。

（一）流动特性

对于等截面直叶片的环形叶栅，其相对节距沿着叶高是逐渐增大的，流道截面的形状也沿叶高变化。蒸汽在这样的流道中的流动特征为：①在叶栅后面和通道内部不仅存在着轴向和周向的压力梯度，而且还存在着径向的压力梯度；②汽流速度和其他参数沿轴向、周向及径向均发生明显的变化。

（二）损失特性

在环形叶栅中，压力场空间的不均匀性，造成了通道壁面附面层中复杂的二次流现象，即不仅在通道的上、下端壁附面层中存在着因为内弧与背弧之间的压力差所引起的周向二次流，而且在通道两侧的内弧面和背弧面附面层中，也存在由于径向压力梯度所产生的从叶顶向叶根的径向二次流。此外，在环形叶栅的出口流场中，由于存在着径向压力梯度，即压力从叶顶向叶根方向逐渐减小，结果造成根部截面汽流的过度膨胀，引起根部出口附面层的严重分离。在径高比较小的环形叶栅中，不仅根部气动性能恶化，而且顶部相对节距偏离中径处的最佳节距更远，引起顶部截面的气动性能下降，损失增加。由此带来的损失称为扇形损失，用 δh_θ 表示，即

$$\delta h_\theta = 0.7\left(\frac{l_{\mathrm{b}}}{d_{\mathrm{b}}}\right)^2 E_0 = \xi_\theta E_0 \qquad (2\text{-}82)$$

式中：ξ_θ 为能量损失系数，$\xi_\theta = 0.7\left(\dfrac{l_{\mathrm{b}}}{d_{\mathrm{b}}}\right)^2 = 0.7\left(\dfrac{1}{\theta}\right)^2$。

在汽轮机的低压部分，由于蒸汽比体积迅速增长，子午面通道形状逐渐扩张。随着扩张角的增加，环形叶栅中损失沿叶高的分布将发生变化：扩张角 $\gamma = 30°$ 时，顶部的二次流损失突然增大；$\gamma = 45°$ 时，不仅顶部二次流的强度和范围扩大，而且叶片中部和根部也都受到影响，损失显著增长。随着扩张角 γ 的增大，流体将发生严重的脱流，增强了顶部的二次流，损失急剧增长。

在环形叶栅中，由于径向压力梯度的存在，使得叶栅后的出口压力从叶顶向叶根逐渐减小，因此叶栅前后的压差在根部达到最大。这就是说，当平均截面处的压降尚不大，流动还处于亚临界情况时，其根部截面有可能出现超临界流动，超声速流动所产生的冲波将加剧根部附面层的分离，迫使流线上移，引起根部阻塞，使原来较差的根部气动性能变得更恶劣，损失剧增。

五、减少叶栅损失的方法

（一）采用后加载叶型

图 2-39 所示为传统叶型和后加载叶型的示意图。传统的汽轮机叶栅速度分布规律为"均匀加载"型或"前部加载"型，而后加载叶型（又称为"鱼头"叶型）的最大气动负荷位置明显地向下游方向移动。图 2-39 中圆圈所示的三个区域最能体现这种叶型的特征。

（1）叶型前缘对汽流角变化不敏感，具有较大的冲角适应性；

（2）吸力面（背弧面）上沿流向大范围内具有顺流压力梯度，扩压区仅在靠近尾缘处才开始，控制并减弱了附面层的增长与堆积；

（3）后部加载叶型具有比较薄的尾缘，这对于降低叶型损失是有利的。

实验表明，采用后部加载叶型，可以使级效率提高 1.5% 左右。

（二）采用弯扭叶片

20 世纪 60 年代以前，汽轮机叶片的设计多采用直叶片和自由旋涡思想，这类叶片亦称第一代叶片。1968 年提出了控制旋涡型的叶片设计思想，利用流线的反曲率改善反动度沿叶高的分布，使级效率提高约 1.5%，这类叶片已广泛地用于大型机组的制造中，这是第二代叶片。近年来，又提出了弯扭叶片的思想，实验结果表明，采用弯扭静叶片可提高级效率 1.0%～1.2%，这就是第三代叶片，俗称马刀形叶片。图 2-40 给出了第三代叶片的结构形式。以全三维设计弯扭叶片为代表的先进气动技术已成为当代汽轮机行业的顶尖技术。

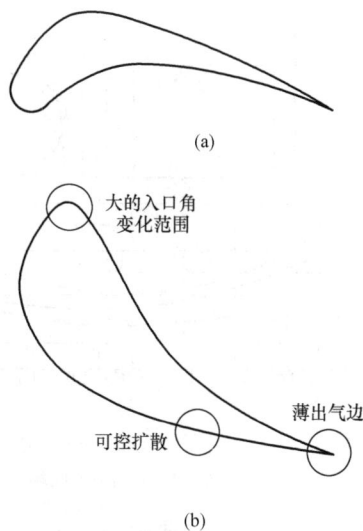

图 2-39　统叶型和后加载叶型
（a）传统叶型；（b）后加载叶型

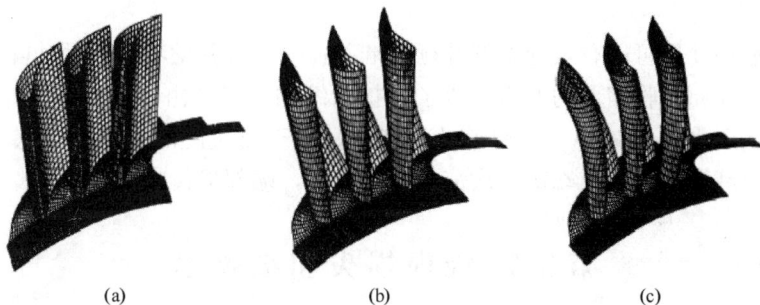

(a)　　　　　　　(b)　　　　　　　(c)

图 2-40　三代叶片的结构形式
（a）直叶片；（b）扭曲叶片；（c）弯扭叶片

（三）采用子午面型线喷嘴

图 2-41 为子午面型线喷嘴的结构和损失曲线。子午面型线喷嘴与普通喷嘴叶栅（型线 1）的区别只是通道上端壁子午剖面的形状有所不同。根据图 2-41 可知，型线 4 对应的端部损失最小。比较普通喷嘴和子午面型线喷嘴发现，后者的横向压力梯度较小，减少端壁附面层的横向流动，扩大了背弧收敛段的范围，有利于背弧汽流加速，使附面层减薄，最小压力点向出口边移动，减小了背弧出口段的扩压程度，有助于减轻出口附面层的增厚和分离。因此这种型线的喷嘴端部损失较小。

（四）降低叶片表面的粗糙度

当超高压部分汽流雷诺数达到一定值时，叶型的边界层很薄，粗糙度稍有增大就会使损失明显增加。临界的表面粗糙度大约为 0.3μm。若叶片表面品质达到 0.2μm 时，可使高压缸效率提高 0.5%。

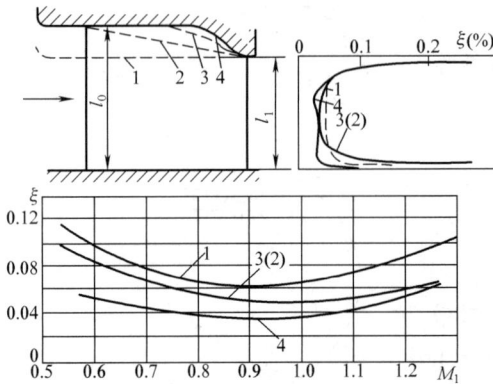

图 2-41　子午面型线喷嘴的结构和损失曲线
1—普通叶栅型线；2、3、4—不同端壁子午面型线

（五）减少端部二次流的方法

综合国内外的研究结果，减少叶栅端部二次流的方法可以归纳如下：

（1）把端壁附面层吸去，或者当压比足够大时，可简单地通过打孔或开缝的办法把它们向外吹掉或引到后面的低压级中；

（2）在叶片端部铣出喷管状的槽，使端壁处的压力面同吸力面沟通，并改变汽流喷入的方向，以改变端部横向压力梯度场，减小二次流损失；

（3）在叶栅汽道的内外端壁上设置一个或几个障碍物或把这些障碍物装在靠近端壁的叶片体上，做成附面层隔片形式的障碍物，以抑制端壁附面层里的横向流动；

（4）采用子午面收缩的方法；

（5）采用倾斜或弯曲叶片；

（6）采用窄叶片。

采用扩缩型动叶也可以有效地降低叶栅的端部损失。这种动叶与普通动叶相比，仅改变叶型的内弧线，使原来收缩形的通道变成了先扩后缩的通道。由于通道的前半段呈渐扩形，因此通道的横向压力梯度减小。在通道的后半段，由于收敛度的增加，使汽流加速性能改善，出口附面层减薄，可以使端部二次流的强度减弱，端部损失减小。

第六节　级内损失和级效率

一、级内损失

（一）流动损失

蒸汽在汽轮机级内流动时产生的喷嘴损失 δh_{n} 和动叶损失 δh_{b} 可表示为

$$\delta h_{n} = (1-\varphi^{2})\Delta h_{n}^{*}$$

$$\delta h_{b} = (1-\psi^{2})\Delta h_{b}^{*}$$

相应的能量损失系数为 ξ_{n} 和 ξ_{b}。喷嘴速度系数 φ 可以由详细三维计算或通过试验数据得到。在初步计算时，可查图 2-9 得到，也可以直接取 $\varphi=0.97$。同样地，动叶速度系数 ψ 可以查图 2-17 得到。必须指出，计算时，如果喷嘴速度系数 φ 查图 2-9 得到，而动叶速度系数 ψ 查图 2-17 得到，则不需要另外考虑叶片高度对于损失的影响。如果喷嘴速度系数取 $\varphi=0.97$，而动叶速度系数 ψ 由图 2-17 查得，则必须考虑叶高损失 δh_{l}，即

$$\delta h_{l} = \frac{a}{l}\Delta h_{u} \qquad\qquad (2-83)$$

式中：a 为系数，由实验确定，它与级的型式有关，对单列级 $a=1.2$（未包括扇形损失）或 $a=1.6$（包括扇形损失），对双列级 $a=2$；Δh_{u} 为不包括叶高损失的轮周有效比焓降；l 为叶栅高度，mm。

蒸汽在环形叶栅中流动时，当径高比 $\theta < 8 \sim 12$ 时，若仍然采用等截面直叶片，则会出现额外的扇形损失 δh_θ，可用式（2-82）计算。如果采用扭叶片，则不需要计算此项损失。

蒸汽流出动叶栅时会产生余速损失 δh_{c2}

$$\delta h_{c2} = \frac{c_2^2}{2}$$

（二）叶轮摩擦损失 δh_f

叶轮摩擦损失 δh_f 由两部分组成。

（1）如图 2-42 所示，汽轮机内充满了具有一定黏性的蒸汽，当叶轮旋转时，靠近叶轮两侧面和外缘表面上的蒸汽微团的圆周速度与叶轮表面上相应部分的圆周速度大致相等，而靠近静止部分（汽缸表面和隔板表面）的蒸汽微团的圆周速度，则接近于零。这样自汽缸壁和隔板表面至叶轮表面的一段距离内，气体的圆周速度是不同的，存在速度梯度。由于蒸汽黏性的作用，形成了摩擦力。要克服这部分摩擦力必须消耗相应的轮周功。

（2）紧靠叶轮表面的蒸汽微团随叶轮一起转动，受到离心力的作用，产生由内向外的径向流动。而靠近汽缸壁或隔板表面的蒸汽微团由于速度小，受到的离心力也小，自然地向中心移动以填补叶轮处径向外流的蒸汽，于是叶轮两侧的子午面内便形成了蒸汽的涡流运动（见图 2-42）。涡流除使摩擦力增加外，本身要消耗一部分轮周功，使摩擦阻力增加。叶轮摩擦损失通常由试验确定。目前广泛采用斯托多拉（Stodola）经验公式进行计算。叶轮摩擦所消耗的轮周功率为

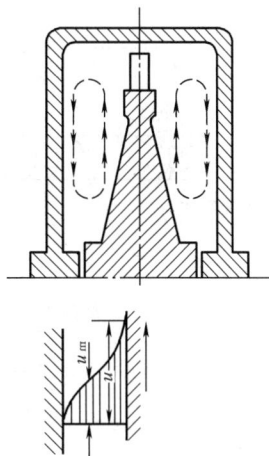

图 2-42 叶轮周围的蒸汽流动

$$\Delta P_f = K_1 \left(\frac{u}{100}\right)^3 d_m^2 \frac{1}{v}$$

式中：ΔP_f 为叶轮摩擦损失所消耗的功率，kW；K_1 为经验系数，一般取 $K_1 = 1.0 \sim 1.3$；d_m 为级的平均直径，m；v 为汽室中蒸汽的平均比体积，m^3/kg。

若级的进汽量为 $G(kg/s)$，则叶轮摩擦损失为

$$\delta h_f = \frac{\Delta P_f}{G} \tag{2-84}$$

叶轮摩擦损失也可以用能量损失系数 ξ_f 来表示。级的理想功率 P_t 的近似计算式为

$$P_t = G \Delta h_t^* = \mu_n e \pi d_m l_n \sin\alpha_1 c_a \sqrt{1 - \Omega_m} \Delta h_t^* / v_{1t}$$

则

$$\xi_f = \frac{\Delta P_f}{P_t} \approx K \frac{d_m x_a^3}{e l_n \sin\alpha_1 \mu_n \sqrt{1 - \Omega_m}} \tag{2-85}$$

式中：K 为经验系数。在叶轮外缘雷诺数 $Re > 10^7$ 时，$K = 10^{-3}$。

根据式（2-84）和式（2-85），叶轮摩擦损失 δh_f 与级的体积流量 Gv 成反比。因此汽轮机高压段的叶轮摩擦损失较大，低压级的较小，甚至可以忽略不计。另外 δh_f 与速比 x_a 的三次方成正比，当速比 x_a 增加时，叶轮摩擦损失急剧增大。减小叶轮周围的蒸汽空间，提高叶轮表面的粗糙度也是降低叶轮损失的有效方法。

（三）部分进汽损失 δh_e

部分进汽损失仅存在于部分进汽的级，它由鼓风损失和斥汽损失组成。

1. 鼓风损失 δh_w

图 2-43 为蒸汽流过部分进汽的级时的示意图。对于部分进汽的级，在环形叶栅上，有些弧段布置有喷嘴，有些弧段没有布置喷嘴。有工作喷嘴的弧段才有蒸汽流过，而没有工作喷嘴的弧段所对应的动叶栅中和喷嘴与动叶之间的轴向间隙中充满停滞的蒸汽。当动叶栅进入到没有喷嘴的弧段时，旋转的动叶两侧就与间隙中停滞的蒸汽发生摩擦，产生摩擦损失，这是鼓风损失的主要部分；另外，转动的叶轮产生鼓风作用，将间隙中停滞的蒸汽（非工作蒸汽）从叶轮一侧鼓到另一侧，会消耗一部分轮周功，也构成了鼓风损失。

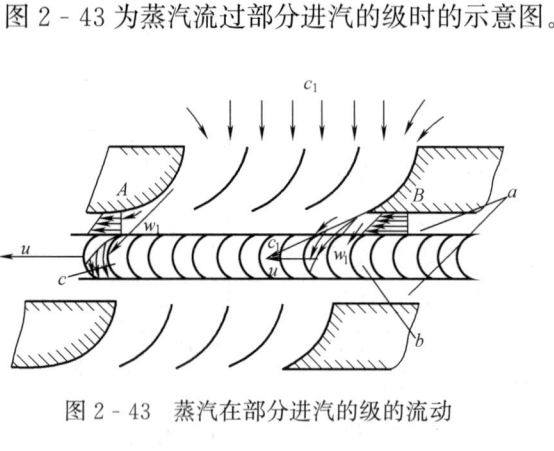

图 2-43 蒸汽在部分进汽的级的流动

鼓风损失系数 ξ_w 的计算式为

$$\xi_w = B_e \frac{1}{e}\left(1 - e - \frac{e_c}{2}\right) x_a^3 \qquad (2-86)$$

式中：B_e 为系数，对于单列级 $B_e = 0.1 \sim 0.2$，一般计算时取 $B_e = 0.15$；对于复速级，$B_e = 0.4 \sim 0.7$，一般计算时，取 $B_e = 0.55$；e 为部分进汽度；e_c 为装有护套的弧段长度与整个圆周长之比。

则鼓风损失 δh_w 为

$$\delta h_w = \xi_w E_0 \qquad (2-87)$$

部分进汽度越小，鼓风损失越大。为了减小鼓风损失，应选择合理的部分进汽度。另外为了减小鼓风损失，通常在没有布置喷嘴的弧段所对应的动叶栅两侧用护套罩起来，如图 2-44 所示，这样可以减少间隙，使动叶只在护套内的少量蒸汽中转动，从而可以使鼓风损失大为减小。

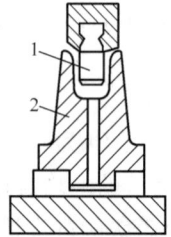

图 2-44 部分进汽级的护套
1—叶片；2—护套

试验证明，鼓风损失主要是动叶两侧的摩擦损失所引起的，所以其计算公式也可以采用与叶轮摩擦损失的公式相似的形式，即

$$\Delta P_w = k_2 (1-e) dl^{1.5} \left(\frac{u}{100}\right)^3 \frac{1}{v}$$

式中：k_2 为经验系数，一般取 $k_2 = 0.4$；ΔP_w 为鼓风损失所消耗的轮周功率，kW。

若级的进汽量为 $G(kg/s)$，则鼓风损失 δh_w 为

$$\delta h_w = \frac{\Delta P_w}{G} \qquad (2-88)$$

实际上，还可以把叶轮摩擦损失和鼓风损失消耗的轮周功率 $\Delta P_{f,w}$ 写在一起，即

$$\Delta P_{f,w} = k_3 \left[Ad^2 + B(1 - e - 0.5e_c) dl^{1.5}\right] \left(\frac{u}{100}\right)^3 \frac{1}{v}$$

式中：k_3 为考虑工质性质时的系数，对过热蒸汽，$k_3 = 1.0$，对饱和蒸汽，$k_3 = 1.2 \sim 1.3$；

A、B 为经验系数，$A=1.0$，$B=1.4$。

对于双列复速级，上式中的 $l^{1.5}=l_2^{1.5}+l_2'^{1.5}$。则叶轮摩擦损失和鼓风损失 $\delta h_{f,w}$ 为

$$\delta h_{f,w} = \frac{\Delta P_{f,w}}{G} \tag{2-89}$$

2. 斥汽损失 δh_s

斥汽损失发生在布置工作喷嘴的弧段内。动叶栅经过没有工作喷嘴的弧段时，汽道内已充满停滞的蒸汽。当动叶栅从没有工作喷嘴的弧段进入工作喷嘴的弧段时，喷嘴中流出的高速汽流要排斥并加速停滞在汽道中的蒸汽，从而消耗了工作蒸汽的一部分动能，这是构成斥汽损失的主要原因。此外，由于叶轮高速旋转的作用，在动叶旋转离开喷嘴弧段 A 处发生间隙漏汽，见图 2-43，而在动叶转动进入喷嘴弧段 B 处，将一部分停滞蒸汽吸入汽道，也形成了损失，这也是斥汽损失的一部分。

斥汽损失 δh_s 的计算公式为

$$\delta h_s = 0.11 \frac{B_2 l_2}{A_n} x_a \eta_u m \Delta h_t^* \tag{2-90}$$

式中：B_2、l_2 为动叶片宽度和高度，m；m 为喷嘴组数，当 $e=1$ 时，$m=0$。

相应于斥汽损失的能量损失系数 ξ_s 为

$$\xi_s = \frac{\delta h_s}{E_0} \tag{2-91}$$

动叶栅每经过一喷嘴组时就要发生一次斥汽损失，所以，在相同的部分进汽度下，在叶栅圆周上喷嘴组数越多，斥汽损失越大，为了减少斥汽损失，应尽量减少喷嘴组数。另外，还应尽可能使得两组喷嘴之间的间隙不大于喷嘴叶栅的节距。实践证明，这样可以有效地减小部分进汽损失，计算时可以作为一个喷嘴组来处理。

总的部分进汽损失 δh_e 应为鼓风损失 δh_w 和斥汽损失 δh_s 之和，即

$$\delta h_e = \delta h_w + \delta h_s \tag{2-92}$$

（四）漏汽损失 δh_δ

由于隔板与转子之间的间隙和隔板前后的压力差，一部分蒸汽通过隔板汽封漏到隔板与叶轮的间隙中。动叶栅顶部的前后压力差以及与汽缸之间的径向间隙，也使一部分蒸汽漏到级后。这些漏汽均没有通过级的做功通道，所以漏汽的存在减少了做功的蒸汽量，这项损失称为漏汽损失。另外，漏出的蒸汽还有可能经过叶轮和隔板之间的间隙汇入主汽流，但是由于流入的方向不对，不仅不能对做功有利，反而还对主汽流产生扰动。下面就隔板漏汽损失和叶顶漏汽损失分别进行讨论。

1. 隔板漏汽损失 δh_p

如图 2-45 所示，隔板的漏汽量 ΔG_p 可用式（2-93）计算，即

$$\Delta G_p = \frac{\mu_p A_p c_{1p}}{v_{1t}} = \mu_p A_p \frac{\sqrt{2\Delta h_n^*}}{v_{1t}\sqrt{z_p}} \tag{2-93}$$

式中：z_p 为高低齿汽封的齿数，若为平齿且齿数为 z，则 $z_p = \frac{z+1}{2}$；μ_p 为汽封流量系数，一般取 $\mu_p = 0.7 \sim 0.8$；A_p 为汽封间隙面积，$A_p = \pi d_p \delta_p$，其中 δ_p 为汽封间隙，d_p 为汽封齿的平均直径，mm；c_{1p} 为汽封齿出口的汽流速度，m/s。

如果级的流量为 $G(\mathrm{kg/s})$，则隔板漏汽损失 δh_p 为

$$\delta h_\mathrm{p} = \frac{\Delta G_\mathrm{p}}{G} \Delta h_\mathrm{i}' \qquad (2\text{-}94)$$

式中：$\Delta h_\mathrm{i}'$ 为级的有效比焓降，$\Delta h_\mathrm{i}' = \Delta h_\mathrm{t}^* - \delta h_\mathrm{n} - \delta h_\mathrm{b} - \delta h_l - \delta h_\theta - \delta h_e - \delta h_{c2}$。

减少隔板漏汽损失的措施包括以下几个。

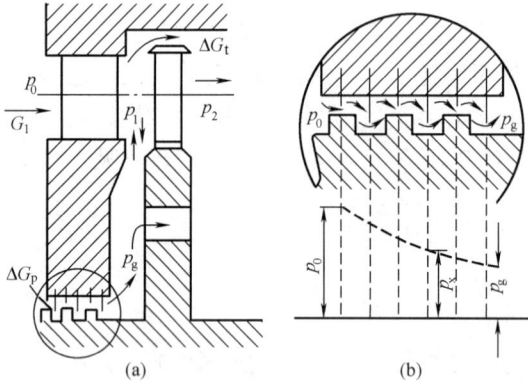

图 2-45　级内漏汽示意图
(a) 隔板漏汽和叶顶漏汽；(b) 高低齿汽封

（1）在隔板与主轴之间采用高低齿式汽封，如图 2-45 所示。这种汽封的间隙可以做得很小。汽流每通过一个齿就产生一次节流作用，所以每个齿只承担整个压差的一部分，与不设汽封相比，压差和漏汽面积都减小，从而减小漏汽损失。

（2）在喷嘴和动叶根部设置轴向汽封，减少漏汽进入动叶通道。

（3）在叶轮上开平衡孔，并使动叶根部有适当的反动度，使隔板漏汽全部通过平衡孔流到级后，避免漏汽进入动叶干扰主流。

2. 叶顶漏汽损失 δh_t

动叶顶部漏汽量 ΔG_t 的计算公式为

$$\Delta G_\mathrm{t} = \frac{\mu_\mathrm{t} A_\mathrm{t} c_\mathrm{t}}{v_{2\mathrm{t}}} = \frac{e\mu_\mathrm{t}\pi(d_\mathrm{b}+l_\mathrm{t})\delta_\mathrm{t}\sqrt{2\Omega\Delta h_\mathrm{t}^*}}{v_{2\mathrm{t}}} \qquad (2\text{-}95)$$

式中：μ_t 为动叶顶部间隙的流量系数，一般取 $\mu_\mathrm{t}/\mu_\mathrm{n} = 0.6$；$e$ 为部分进汽度，对于全周进汽的级，$e=1$；δ_t 为动叶顶部当量间隙，当动叶顶部既设置轴向汽封又设置径向汽封时，若轴向间隙为 δ_z，径向间隙为 δ_r，径向汽封齿数为 z_r，则 $\delta_\mathrm{t} = \delta_z \big/ \sqrt{1 + z_\mathrm{r}\left(\dfrac{\delta_z}{\delta_\mathrm{r}}\right)^2}$。因此叶顶漏汽损失 δh_t 为

$$\delta h_\mathrm{t} = \frac{\Delta G_\mathrm{t}}{G} \Delta h_\mathrm{i}' \qquad (2\text{-}96)$$

对于采用转鼓结构的反动级，如图 2-46 所示，$\delta_1 = \delta_2 = \delta_\mathrm{r}$，叶顶漏汽损失 δh_t 可用式 (2-97) 计算，即

$$\delta h_\mathrm{t} = 1.72 \frac{\delta_\mathrm{r}^{1.4}}{l_\mathrm{b}} E_0 \qquad (2\text{-}97)$$

减小叶顶漏汽损失的措施是在围带上加装径向汽封和轴向汽封，对于无围带的长叶片，常把动叶顶部削薄以达到叶顶汽封的作用，另外应尽量减小叶片顶部的反动度。

总的漏汽损失 δh_δ 为隔板漏汽损失 δh_p 与叶顶漏汽损失 δh_t 之和，即

$$\delta h_\delta = \delta h_\mathrm{p} + \delta h_\mathrm{t} \qquad (2\text{-}98)$$

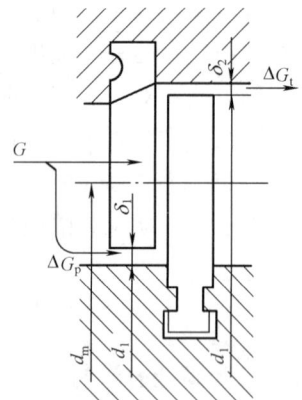

图 2-46　反动级的漏汽

（五）湿汽损失 δh_x

1. 湿蒸汽在叶栅中的流动

火电厂汽轮机的末几级和核电站汽轮机的全部或大部分级都工作在湿蒸汽区域内，此时汽轮机的工质是由微小液滴和蒸汽组成的两相流。这种包含汽液两相的饱和蒸汽在级中工作时，造成的能量损失称为湿汽损失。

在汽轮机中，湿蒸汽所携带的水滴一般分为两类，第一类为饱和蒸汽在整个通流部分内不断生成和凝结长大的小水滴，直径 $d_w = 0.1 \sim 2.0 \mu m$，称为一次水滴。这部分水滴质量小，产生的摩擦损失及侵蚀作用很小。第二类水滴是喷嘴叶片表面上的水膜在高速汽流携带作用下，从出口边撕裂而成的水滴，水滴的直径在 $5 \sim 500 \mu m$ 的范围内。这部分大水滴速度大大低于蒸汽速度，不仅消耗机械功，也会对叶片金属材料造成侵蚀。随着湿蒸汽在汽轮机内膨胀做功，压力逐渐降低，这种大水滴生成的数量增多，直径加大，对级效率造成的影响也加大，特别是对低压级工作叶片的侵蚀加大。

湿汽损失的大小主要与级前后的平均干度 x_m 有关，$x_m = \dfrac{x_0 + x_2}{2}$。

湿汽损失 δh_x 和湿汽损失系数 ξ_x 常用经验公式计算，即

$$\delta h_x = (1 - x_m) \Delta h_i' \tag{2-99}$$

$$\xi_x = \frac{\delta h_x}{E_0} \tag{2-100}$$

式中：$\Delta h_i'$ 为未计湿汽损失的有效比焓降，kJ/kg。

湿汽损失系数 ξ_x 还可以根据图 2-47 所示的鲍威尔曲线查得。湿汽损失 δh_x 为

$$\delta h_x = \xi_x \Delta h_i' \tag{2-101}$$

在图 2-47 中，曲线 A 表示湿度对于冲动式级损失系数的影响，而曲线 B 则代表湿度对于反动式级损失系数的影响。显然，在湿度相同的情况下，在冲动式级中产生的损失要比反动式级产生的损失大。所以在湿蒸汽区域工作的级，宜选用反动级。

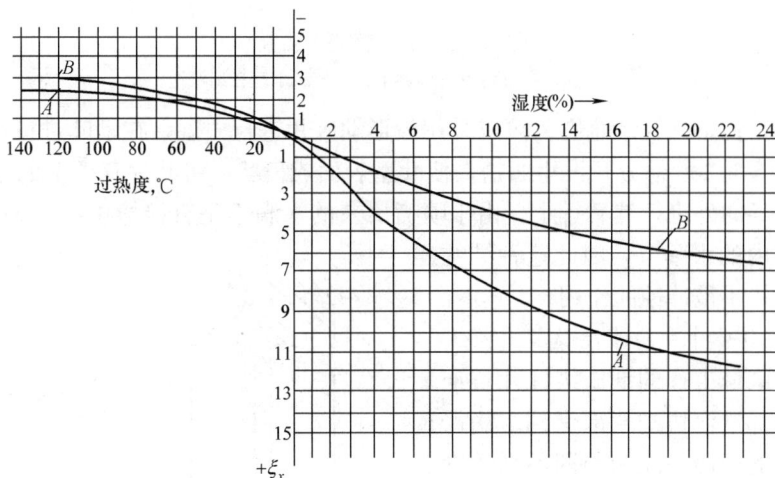

图 2-47　鲍威尔曲线

2. 减少湿汽损失的措施

为了减少湿汽损失,一方面可以采取去湿措施,另一方面,设计时对于末级的湿度进行限制,比如现在大型凝汽式汽轮机末级最大可见湿度(在 $h\text{-}s$ 图上可以查得的湿

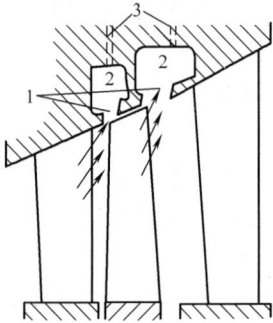

图 2-48 捕水装置示意图

度)限制在 $12\%\sim14\%$。设计中,限制末级湿度的方法还有提高蒸汽初温,采用再热等。对于核动力汽轮机,采用中间加设汽水分离器和再热器等措施。图 2-48 所示为级内捕水装置示意图。水珠在离心力作用下被甩出外缘,经过捕水槽道 1 进入由隔板和汽缸组成的捕水室 2,然后通过疏水管道 3 引入凝汽器或者加热器中。这种捕水装置广泛应用于汽轮机中,其捕水效率可达湿蒸汽所含水分的 $20\%\sim30\%$。

图 2-49 为具有吸水缝的空心喷嘴示意图。这种去湿装置是将空心喷嘴与压力较低的低压加热器或凝汽器相连通而形成负压,通过喷嘴上开的吸水缝将喷嘴表面上的凝结水膜吸走。吸水缝布置在喷嘴顶部附近。采用吸水缝的缺点是,有相当一部分蒸汽被同时吸走,减少了做功的工质,而且由于结构复杂,给制造带来一定的困难。

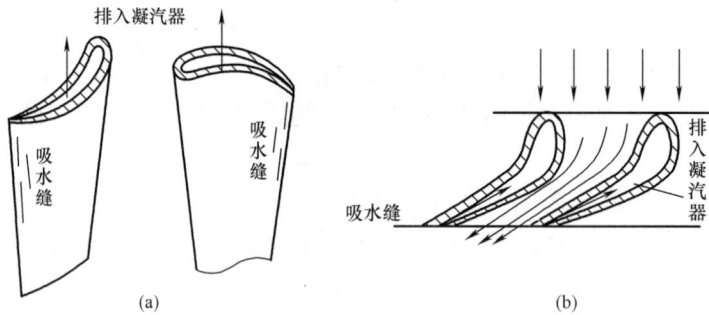

图 2-49 吸水缝捕水装置
(a) 吸水缝在静叶片弧面上;(b) 吸水缝在出汽边

图 2-50 为齿形叶片示意图。可以采用齿形动叶片进行去湿,在动叶进口边的背弧上相对高度 $\bar{l}=1/4\sim1/3$ 的地方开设小凹槽,使叶型表面成齿状,将叶片背弧上的水分借离心力的作用由凹槽导向外缘,然后排走。由于喷嘴出来的水滴不是直接撞击在叶型金属表面上,而是撞击在槽内的水膜上,因此这种结构还起到了保护叶片不被冲蚀的作用。

3. 湿蒸汽对于叶片的冲蚀及其对策

在湿蒸汽区域工作的低压级叶片长期运行后,其上半部进汽边的背部受到水滴严重的侵蚀,叶片的表面呈现为凸凹不平的细小蜂窝状。工作叶片受到冲蚀后,将会改变叶片的自振频率和强度特性,可能造成汽轮机发生叶片折断的恶性事故。而且,叶片型线

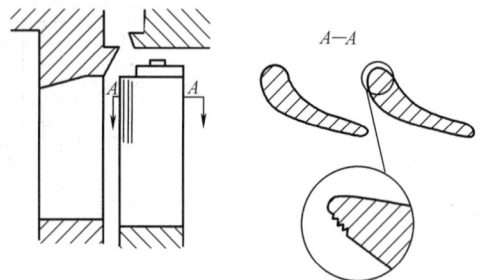

图 2-50 齿形叶片示意图

的改变会降低汽轮机级的效率。

水滴的体积虽小，但质量密度较大。高速水滴撞击到工作叶片表面时，会产生局部瞬时高压，压力消失后，又有汽蚀现象发生。叶片的金属表面在反复的、长期的超高压力和低压交变作用下，产生疲劳破坏。由喷嘴叶栅通道流出的高速两相流，因水滴流速低于蒸汽速度，水滴便以更大的负冲角进入工作叶栅通道。汽流中的大水滴在离心力的作用下集中在通流部分的外缘区域，所以工作叶片进口边上部1/3的背弧受到水滴侵蚀破坏最严重。

为了减少湿蒸汽对叶片的冲蚀，在设计时除了限制低压级叶片的湿度，采取有效的去湿措施外，可以增大喷嘴出口到工作叶栅的轴向间隙，减少对于叶片背弧的冲击作用。还可以采用叶片自身的防护方法。

（1）工作叶片采用耐侵蚀的材料。奥氏体钢具有较好的抗侵蚀能力。淬火的铬镍不锈钢和锰钢都具有非常好的抗侵蚀耐久性。而钛合金更是优良的抗侵蚀材料。

（2）在工作叶片进口边顶部背弧处易受水滴侵蚀的部位镶嵌耐侵蚀能力非常好的司太立硬质合金块，特别是真空冶炼的司太立合金，具有非常好的抗侵蚀性能。

（3）对工作叶片易受侵蚀的部位采用局部表面处理，在工作叶片进口边背弧顶部进行局部高频淬火、局部电火花硬化、叶片表面喷涂等。

二、级的相对内效率

考虑了级内各项损失后，汽轮机级的热力过程线如图2-51所示。图2-51中的 $\sum \delta h$ 表示除了喷嘴损失 δh_n、动叶损失 δh_b 和余速损失 δh_{c2} 之外的其他级内各项损失之和。由于级内为绝热过程，因此所有的能量损失都将重新转变为热能，并加热蒸汽本身，使得动叶栅的出口比焓值升高。图中的 Δh_i 为级的有效比焓降，它表示1kg蒸汽所具有的理想能量中最后转变为有效功的那部分能量。级的相对内效率 η_{ri} 定义为级的有效比焓降 Δh_i 与级的理想能量 E_0 的比值，即

图 2-51　级的热力过程线

$$\eta_{ri} = \frac{\Delta h_i}{E_0} = \frac{\Delta h_t^* - \delta h_n - \delta h_b - \delta h_l - \delta h_\theta - \delta h_e - \delta h_f - \delta h_\delta - \delta h_x - \delta h_{c2}}{\Delta h_t^* - \mu_1 \delta h_{c2}}$$

$$(2-102)$$

或者

$$\eta_{ri} = 1 - \xi_n - \xi_b - \xi_l - \xi_\theta - \xi_e - \xi_f - \xi_\delta - \xi_x - (1-\mu_1)\xi_{c2} \qquad (2-103)$$

当余速未被利用时，$\mu_1 = 0$，于是

$$\eta_{ri} = 1 - \xi_n - \xi_b - \xi_l - \xi_\theta - \xi_e - \xi_f - \xi_\delta - \xi_x - \xi_{c2} \qquad (2-104)$$

级的相对内效率是衡量汽轮机级的重要经济指标，它与所选用的叶型、反动度、速度比和叶高等密切相关，也与蒸汽的性质和级的结构有关，是衡量设计一个级时是否合理的重要

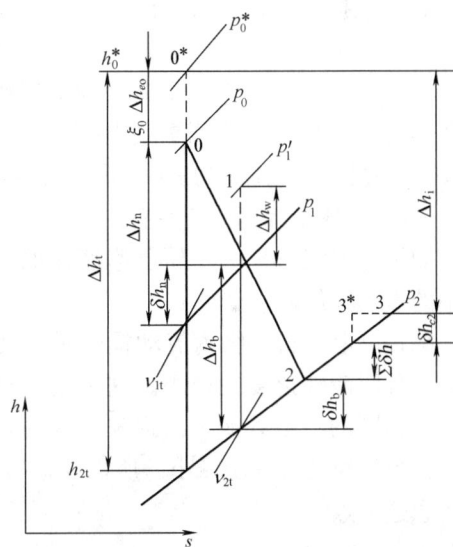

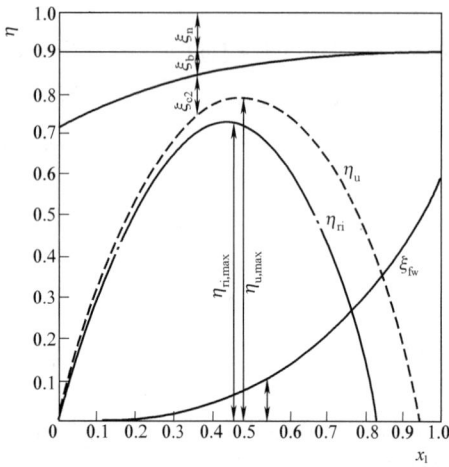

图 2 - 52 考虑叶轮摩擦损失和鼓风损
失后级效率与速度比的关系

准则之一，也是级的能量转换完善程度的最终
指标。

如果通过级的流量为 $G(kg/s)$，则级的内功
率 P_i 的计算式为

$$P_i = G\Delta h_i$$

三、级内损失对最佳速度比的影响

第三节讨论了考虑喷嘴损失 δh_n、动叶损失
δh_b 和余速损失 δh_{c2} 后轮周效率和速度比的关
系，从获得轮周效率出发推出了级的最佳速度
比。考虑了级内其他损失之后，级的最佳速度
比就是要保证级的相对内效率最高。根据式
(2 - 85)，叶轮摩擦损失 δh_f 与速比 x_a 的三次方
成正比。同样，级的鼓风损失 δh_w 也与速比 x_a
的三次方成正比。当速比 x_a 增加时，叶轮摩擦
损失和鼓风损失急剧增大。图 2 - 52 给出了考虑叶轮摩擦损失和鼓风损失 ξ_{fw} 后级效率与
速度比的关系。

图 2 - 53 给出了考虑了漏汽损失后级效率与速度比的
关系曲线。一般情况下，漏汽损失随着速度比 x_1 的增大而
增加。根据图 2 - 53，考虑了漏汽损失后，级的最佳速度比
由原来的 0.94 下降到 0.5 左右。

如果考虑湿汽损失，随着速度比的增大，蒸汽湿度对
效率的影响会加剧。

综合以上分析，级内流动损失不仅使级的轮周效率降
低，而且使最佳速度比减小。这个基本规律对孤立级与中
间级是相同的。当其他级内损失存在时，将使效率进一步
降低，最佳速比进一步减小。所以在进行级的热力计算时，
要注意这一点。

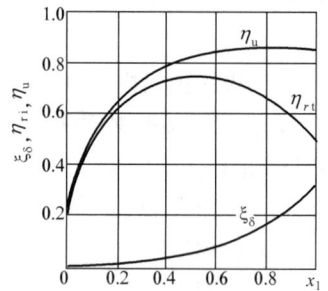

图 2 - 53 考虑了漏汽损失后级
效率与速度比的关系

第七节 级的二维和三维热力设计

一、汽轮机级热力设计面临的问题

由汽轮机级热力设计的一元设计理论，对等截面直叶片级，认为汽流参数沿叶高和周向
都不变，从而建立了级内蒸汽热能转换为机械功的基本理论。对于径高比 $\theta > 8 \sim 12$ 的短叶
片级，这种一元流设计理论可以获得比较满意的工程效果，而且计算简便，物理概念清晰。

随着汽轮机单级功率的增大，蒸汽体积流量增大，特别是凝汽式汽轮机的末几级，需要
更大的通流面积，因此，径高比较小，叶片很长。这种情况下若仍以一元流理论为基础，以
平均直径处的参数来计算，不考虑汽流参数沿叶高的变化，仍设计成直叶片，必将产生多种
附加损失，使级的效率明显下降。为了追求更高的级效率，即使是径高比较大的叶片，现代
汽轮机也不按一维流动规律来设计了。

对于径高比较小的叶片采用一维设计带来的主要损失有三个。

1. 沿叶高圆周速度不同引起的损失

当径高比较小（$\theta < 8 \sim 12$），叶片较长时，从叶根到叶顶，半径的变化使圆周速度相差很大。例如，某 300MW 汽轮机，末级平均直径 $d_m = 2520$mm，末级叶片高度 $l_b = 851$mm，$\theta = 2.96$，叶顶圆周速度 $u_t = 529.5$m/s，叶根圆周速度 $u_r = 263$m/s，两者相差一倍。

图 2-54 给出了叶片圆周速度沿叶高的变化规律。假定汽流的 c_1 和 α_1 沿叶高不变，由于圆周速度沿叶高逐渐增加，汽流进入动叶的进汽角 β_1 沿叶高逐渐增大，这时，如果动叶仍按平均直径处的速度三角形进行设计，并采用等截面直叶片，则其他各直径处的汽流在进入动叶时，都将产生不同程度的撞击现象。当 $d > d_m$ 时，撞击在叶片的背弧上；当 $d < d_m$ 时，撞击在叶片的内弧上，从而造成能量损失。同时，

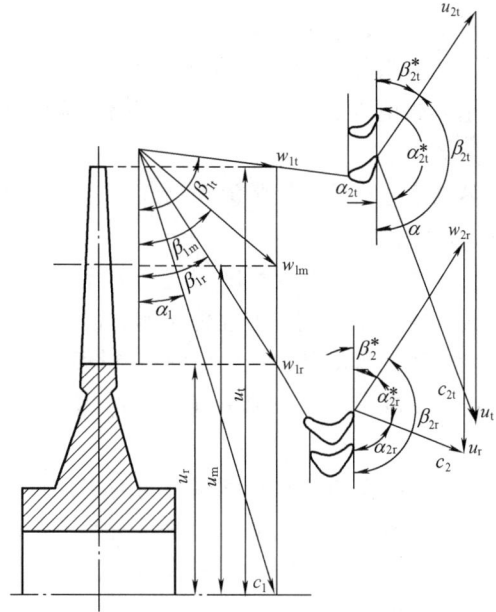

图 2-54　叶片圆周速度沿叶高的变化规律

动叶汽流出口绝对速度 c_2 及其方向角 α_2 沿叶高也将发生很大的变化，造成级后汽流扭曲，使下一级汽流进口条件恶化，产生附加能量损失。

2. 沿叶高节距不同引起的损失

汽轮机叶栅是具有一定半径的环形叶栅。在 θ 较小时，从叶根到叶顶，叶栅节距相差较大。例如某 200MW 汽轮机的末级动叶栅，叶根节距 $t_r = 37.44$mm，叶顶节距 $t_t = 74.75$mm，两者亦相差一倍。如果仍采用直叶片，在平均直径处取最佳节距，那么在其他直径处因偏离最佳节距所造成的损失将随 θ 的减小而迅速增加。

3. 轴向间隙中径向流动所引起的损失

当蒸汽从静叶和动叶中流出时，由于有圆周方向的分速 c_{1u} 和 c_{2u}，蒸汽在静动叶栅出口的轴向间隙中将受到离心力作用，产生径向流动，造成能量损失。

沿叶高不同直径上的汽流状态与平均直径处的差别，随着径高比的减小而更显著。为了获得较高的级效率，必须把这样的级设计成型线沿叶高变化的扭叶片。实践证明，采用扭叶片级与直叶片级相比，当 $\theta = 8$ 时，级效率可以提高 $1\% \sim 1.5\%$；当 $\theta = 6$ 时，级效率提高 $3\% \sim 4\%$；当 $\theta = 4$ 时，级效率提高可达 $7\% \sim 8\%$。可见，θ 越小，效率的提高越显著。现代汽轮机中采用的弯扭联合叶片，更能体现叶型与气动参数相结合的原则，级的效率更高。随着扭叶片加工工艺水平的提高和制造成本的下降，它的使用范围也越来越广。最初扭叶片只用在 $\theta < 5$ 的末几级，目前在大功率汽轮机的高中压部分也普遍采用扭叶片，有些机组已经全部采用弯扭联合叶片。

二、级的蒸汽流动方程式

为了便于分析，引入基元级的概念。在级的某一直径上截取一个叶高为 dr 的微元，

称为基元级。在平均直径处的基元级称为中径基元级，在根径处的称为根径基元级。实际上，前面几节所讨论的内容就是中径基元级的工作原理和计算方法。根据直叶片的理论，只要合理地选择 Ω_m、速度比 x_a、喷嘴和动叶的出口角 α_2 和 β_2，并选择具有高效率的叶型，那么根据级前后参数 p_0、t_0、p_2，就可以确定一个效率较高的中径基元级，再根据中径基元级的参数来确定沿叶高其他基元级的各项参数，以确保整个叶片长度上都具有较高的效率。

蒸汽流过汽轮机级的流动为黏性、可压缩、不稳定的复杂三元流动，为了建立蒸汽流动方程式，作如下假定：

（1）由于黏性主要反映在流动边界层（附面层）里，所以研究边界层外的蒸汽流动时不考虑其黏性，将蒸汽作为理想流体对待；

（2）蒸汽流动是稳定的，汽流参数不随时间改变；

（3）动静叶轴向间隙中汽流参数沿轴向不变，因为轴向间隙与叶高比要小得多，可忽略参数变化；

（4）忽略蒸汽参数沿圆周方向的变化，将级内流动视为空间轴对称问题，因此只需要求取子午面上汽流参数的分布情况。所谓子午面，是通过汽轮机中心轴线的平面。

对流过汽轮机级的一个蒸汽微元，分析其径向力平衡条件，可得到蒸汽流动方程式，即蒸汽微元体的完全径向平衡方程式，即

$$\frac{1}{\rho}\frac{\partial p}{\partial r} = \frac{c_u^2}{r} - c_l^2\left(\frac{\cos\varphi_l}{R_l} + \frac{\sin\varphi_l}{c_l}\frac{\partial c_l}{\partial l}\right) \tag{2-105}$$

式中：$\dfrac{\sin\varphi_l}{c_l}\dfrac{\partial c_l}{\partial l}$ 为单位质量流体由于子午流线方向加速度所产生的惯性力的径向分量；$\dfrac{\cos\varphi_l}{R_l}$ 为单位质量流体因子午流线弯曲所引起的离心力的径向分量；$\dfrac{c_u^2}{r}$ 为单位质量流体圆周方向分速 c_u 所产生的离心力。

完全径向平衡方程式是流体在运动过程中径向静压差与各项离心力、惯性力的径向分量保持平衡的关系式。它表明流体压力沿叶高的变化规律与切向分速度沿叶高的分布和流线的形状（即流线的曲率和斜率）有关。

扭叶片设计中普遍采用的径向平衡法有简单径向平衡法和完全径向平衡法两种。

三、简单径向平衡法

简单径向平衡法就是假定汽流在轴向间隙中作轴对称的圆柱面流动，即其径向分速 c_r 为零，或流线的倾角 φ_l 为零，曲率半径 R_l 为无穷大。由于轴向间隙中汽流参数沿轴向不变，压力只在径向才有变化，$\dfrac{\partial p}{\partial r} = \dfrac{\mathrm{d}p}{\mathrm{d}r}$。这样，根据式（2-105）可以得到简单径向平衡方程式

$$\frac{1}{\rho}\frac{\mathrm{d}p}{\mathrm{d}r} = \frac{c_u^2}{r} \tag{2-106}$$

此式表明了轴向间隙中汽流切向分速 c_u 所产生的离心力完全被径向静压差所平衡，亦即压力 p 沿叶高的变化仅仅与汽流切向分速 c_u 沿叶高的分布有关。而且不论切向分速沿叶高如何分布，轴向间隙中的压力总是沿叶高增加的。

简单径向平衡方程说明了轴向间隙中汽流作同轴圆柱面流动时，参数沿径向变化的一般规律。只要给定了轴向间隙中 c_u 的变化规律，就可以得出参数沿叶高变化的规律，即扭曲

规律，称之为流型。不同的 c_u 的变化规律，有不同的流型。实际中经常应用的是少数几种流型，如理想等环量流型、等 α_1 角流型和等密流流型等。

（一）理想等环量流型

1. 流型特性

理想等环量流型的特定条件是汽流为无旋流动，见图 2 - 55，且在 1—1 截面汽流的轴向分速度沿叶高保持不变，即 c_{1z} ＝常数；还有一个条件是汽轮机级的滞止比焓降沿叶高不变。现用能量方程分析等熵流动的某一流线从 0—0 截面到 1—1 截面沿汽流方向的压力差与速度变化的关系为

$$c_1 \mathrm{d}c_1 = -\frac{\mathrm{d}p_1}{\rho_1}$$

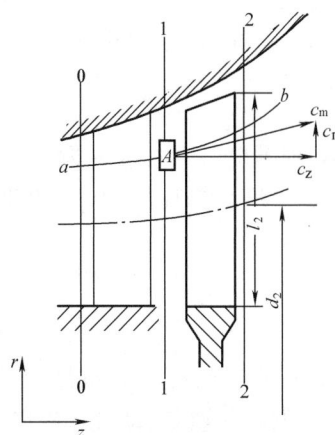

图 2 - 55　叶片通道的三个特征截面

根据式（2 - 106），上式可以写成

$$\frac{\mathrm{d}c_{1u}}{c_{1u}} + \frac{\mathrm{d}r}{r} = 0$$

对上式积分，得

$$c_{1u}r = 常数 \tag{2 - 107}$$

同样可以分析 2—2 截面上的参数变化规律。根据等环量级的第二个条件，级后的滞止比焓沿叶高不变。仍然可以推出：c_{2z} ＝常数，以及

$$c_{2u}r = 常数 \tag{2 - 108}$$

根据式（2 - 107）和式（2 - 108），$2\pi c_{1u}r$ ＝常数，$2\pi c_{2u}r$ ＝常数，前者就是动叶的进口环量，而后者则是动叶的出口环量。即沿叶高动叶进出口的速度环量是不变的，所以按照式（2 - 107）和式（2 - 108）设计的扭叶片称为等环量流型。

理想等环量流型的特点有以下几个。

（1）等环量流型的汽流速度沿叶高的变化规律为 c_{1z} ＝常数，$c_{1u}r$ ＝常数，c_{2z} ＝常数，$c_{2u}r$ ＝常数，这决定了静叶栅出口轴向间隙中汽流参数和速度三角形沿叶高的变化规律。

（2）为了使轴向间隙中的汽流保持径向平衡且 c_{1z} ＝常数，喷嘴出口汽流的周向分速 c_{1u} 必须随半径的增加而减小。轴向间隙中保持径向平衡，可以避免汽流径向流动产生的附加损失。

（3）在级前参数均匀的条件下，$\mathrm{d}p_0/\mathrm{d}r = 0$，等环量流型的级后参数也是均匀的，即 $\mathrm{d}p_2/\mathrm{d}r = 0$。这意味着可以避免级后汽流扭曲带来的能量损失，同时也使下一级进口条件改善。

（4）根据二元流理论，$c_{1u}r$ ＝常数的流动是一种无涡等位流流动，因为喷嘴出口的环量沿叶高相等，各流层之间的环量差等于零，流动是无涡的。因此又把这种没有涡流的流型称之为"自由涡流流型"。由于这种流型没有旋涡产生，所以能量转换时效率较高。

2. 参数沿径向的变化规律

这里的参数是指与汽轮机级的能量转换有关的汽流角（如 α_1、β_1、β_2 和 α_2）以及反动度 Ω 等，这些参数的相互配合才能实现所设计的流型。假定根部基元级的相应参数是已知的，

可以得到如下结果。

（1）喷嘴出口汽流角 α_1 的变化规律

$$\tan\alpha_1 = \frac{r}{r_r}\tan\alpha_{1r} \qquad (2\text{-}109)$$

可见，喷嘴出口汽流角 α_1 随着半径 r 的增加而增大。

（2）动叶进口汽流角 β_1 的变化规律

$$\tan\beta_1 = \tan\alpha_{1r} \frac{\dfrac{r}{r_r}}{1 - \dfrac{u_r}{c_{1ur}}\left(\dfrac{r}{r_r}\right)^2} \qquad (2\text{-}110)$$

动叶进口汽流角 β_1 也是随半径增加而增大的，但是要比喷嘴出口汽流角 α_1 随着半径 r 的增加要快，这说明动叶片进口边比静叶片出口边扭曲得更强烈。

（3）动叶出口汽流角 β_2 的变化规律

$$\tan\beta_2 = \tan\beta_{2r} \frac{1}{\dfrac{u_r}{w_{2ur}}\left(\dfrac{r}{r_r} - \dfrac{r_r}{r}\right) + \dfrac{r_r}{r}} \qquad (2\text{-}111)$$

动叶出口汽流角 β_2 随半径增大而减小。

（4）动叶出口方向角 α_2 的变化规律

$$\tan\alpha_2 = \frac{c_{2z}}{c_{2u}} = \frac{c_{2z}/c_{2ur}}{c_{2u}/c_{2ur}} = \frac{r}{r_r}\tan\alpha_{2r} \qquad (2\text{-}112)$$

动叶出口绝对速度方向角 α_2 随半径增大而增大。比较式（2-109）和式（2-112），两式形式相同，但 α_{1r} 较小，α_{2r} 接近 $90°$，故 α_2 随半径增大的程度比 α_1 小得多。

（5）反动度 Ω 的变化规律

$$\Omega = 1 - (1 - \Omega_r)\left[\left(\frac{r_r}{r}\right)^2\cos^2\alpha_{1r} + \sin^2\alpha_{1r}\right] \qquad (2\text{-}113)$$

如果 α_{1r} 很小，则有 $\cos^2\alpha_{1r}\approx1$，$\sin^2\alpha_{1r}\approx0$，则上式可以简化成

$$\Omega = 1 - (1 - \Omega_r)\left(\frac{r_r}{r}\right)^2 \qquad (2\text{-}114)$$

反动度沿叶高逐渐增大，而且变化剧烈。如果已知根部截面的反动度就可以求得任意一个截面的反动度。

3. 等环量级的特点

根据以上分析，由于等环量级在轴向间隙中保持了汽流的径向平衡，避免了汽流由于径向流动所产生的附加损失；由于扭叶片各截面型线与各相应的汽流速度三角形相适应，汽流角沿叶高的变化规律和动叶几何角沿叶高的变化规律相适应，且各基元级的气动特性与相对节距都处于较佳的范围内，从而避免了动叶进口的撞击损失和相对节距变化较大的损失；此外，由于等环量级后汽流参数分布均匀，还避免了级后汽流弯曲所引起的损失。由于这些原因，所以等环量级的效率较高。

但是，等环量级也有以下缺点。

（1）反动度沿叶高变化太大，易引起额外损失。当 $\theta<5$ 时，这个缺点较为突出。

（2）等环量流型要求 β_1 随半径的增大而增大，而 β_2 随半径的增大而减小，这样，动叶的扭曲就比较厉害，使叶片加工较为复杂，制造成本较高。

（3）等环量级的轮周功沿叶高是不变的。在级的几何尺寸和根径处轮周功相同的条件下，等环量级的轮周功率比其他流型的小。

一般认为，等环量流型用于叶片不太长的中间扭叶片级较为适宜，在 $\theta < 5$ 时，采用其他流型更合适。

（二）等 α_1 角流型

为了避免等环量流型叶片扭曲过大，特别是喷嘴的扭曲过大的问题，提出了等 α_1 角流型，喷嘴出口的汽流角度 α_1 沿叶片高度不变化，$\partial \alpha_1 / \partial r = 0$。根据式（2 - 106）和能量方程得

$$\frac{dc_1}{c_1} + \frac{c_{1u}^2}{c_1^2} \frac{dr}{r} = 0$$

而由于 $\alpha_1 =$ 常数，$c_{1u}^2 / c_1^2 = \cos^2 \alpha_1$ 成为常数，则上式积分后有

$$c_1 r^{\cos^2 \alpha_1} = 常数 \tag{2-115}$$

式（2 - 115）是决定等 α_1 角流型特征的计算公式。由于 $c_{1u} = c_1 \cos\alpha_1$ 和 $c_{1z} = c_1 \sin\alpha_1$，所以式（2 - 115）可以化为下列两式

$$c_{1u} r^{\cos^2 \alpha_1} = 常数 \tag{2-116}$$

$$c_{1z} r^{\cos^2 \alpha_1} = 常数 \tag{2-117}$$

显然，采用这种流型的汽轮机，级中轴向间隙里的汽流具有按幂指数 $n < 1$ 的扭曲特性，其中沿叶高的流速 c_{1u} 比理想等环量级的大，而 c_{1z} 是沿叶高减小的。等 α_1 角流型的轮周功沿叶高是增加的。在级的尺寸、叶片高度和叶根轮周功相同的情况下，等 α_1 角流型的轮周功比理想等环量流型级大，但它的级效率却较理想等环量级低。当 α_1 数值很小时，$\cos^2 \alpha_1$ 接近于 1，因而与 $c_{1u} r =$ 常数的扭曲规律相差不大。实际上，等 α_1 角流型由于扇形关系，α_1 角沿叶高还是略有增加的。

同理可以推出等 α_1 角流型的反动度沿叶高的变化规律

$$\Omega = 1 - (1 - \Omega_r) \left(\frac{r_r}{r} \right)^{2\cos^2 \alpha} \tag{2-118}$$

（三）等密流流型

在汽轮机级中，蒸汽密度 ρ 与轴向分速度 c_z 的乘积 ρc_z 称为密流，表示通过单位面积的蒸汽流量。等密流流型就是级的密流 ρc_z 沿径向不变。对于等密流流型，可以实现最小的径向流动。等环量流型和等 α_1 流型均不能保证汽轮机级通流部分各横截面上的密流沿径向不变。

等密流流型的特定条件是 $\rho_1 c_{1z} =$ 常数，即 $\dfrac{\partial (\rho_1 c_{1z})}{\partial r} = 0$。第二个条件是 $c_{2z} =$ 常数，根据级后简单径向平衡的条件，有 $\rho_2 c_{2z} =$ 常数，或者 $\dfrac{\partial (\rho_2 c_{2z})}{\partial r} = 0$。在等密流的特定条件下，汽流在喷嘴和动叶的轴向间隙中可以保持同轴的圆柱面流动，即各条子午线都是平行于轴线的；同时也保证了同一截面上喷嘴和动叶的流量相等，因而汽道内的流动损失较小。但汽流沿叶高的出口速度 c_{1z} 不是常数，由根部向顶部逐渐减小，从而使喷嘴出口速度场不均匀，会在轴向间隙中引起流动损失。

四、完全径向平衡法

（一）问题的提出

实践证明，对于 $\theta>8\sim12$ 的短叶片，一元流设计理论基本上是有效的。对于 $\theta>5$ 的较长叶片级，用简单径向平衡方程计算能较好地克服一元流理论的缺陷，使级效率有显著的提高，所以简单径向平衡法在设计中得到了广泛的应用。

近代电站汽轮机的单机容量不断增大，末级叶片的高度越来越大，有时甚至 $\theta<2.42$。这时子午面扩张非常迅速，汽流径向分速相当大，所以，对 $\theta\leqslant3$ 的长叶片级，轴向间隙中汽流流面不能再认为是轴对称的圆柱面，而应假定为轴对称的任意回转面。若再按简单径向平衡法来确定这种长叶片的扭曲规律，就难以符合汽流的实际情况，使级效率降低。此时应考虑汽流流线弯曲的影响，采用完全径向平衡方程式（2-105）设计，这时该式中的流线曲率半径 R_l 为一有限值，而不同于简单径向平衡中的假设 $R_l \to \infty$。

根据简单径向平衡法所得出的几种流型有一个共同缺点，就是反动度或动静叶片间轴向间隙内的汽流压力沿叶高增大，而且变化较剧烈。当叶片的 $\theta<3$ 时，根部会出现负反动度，有时甚至达到 $\Omega_r=-0.2$。因而使汽流在根部流道中形成扩压段，引起附面层脱离而形成倒旋涡，使损失显著增大；同时、由于喷嘴出口速度增大使动叶进口的根部马赫数 Ma_r 增加，易于产生冲波，加剧了根部附面层的脱离，致使动叶根部汽流阻塞，流线向上偏移，影响级的通流能力和做功能力。根部发生负反动度也会使隔板汽封的漏汽量增大，动叶根部产生吸汽现象，扰乱主流而使流动损失增大。在负反动度区域内，汽流的热力过程不再是膨胀做功的过程，而是扩压耗功的过程，这将消耗部分叶轮有用功。

当动叶根部反动度为正值时，顶部反动度就会过大，有的甚至达到 $\Omega_t=0.8$ 以上，使动叶顶部前后压差增大，漏汽损失增加。同时，也使动叶顶部某些截面的弯曲应力升高，影响安全性。此外，级的平均反动度增大，使级的平均滞止比焓降减小，最佳速度比增大，级的做功能力也因此降低。

综上所述，造成这些问题的根本原因在于二元流流型具有一定的局限性，它首先假定汽流是与轴对称的圆柱面流动，所以在简单径向平衡方程的范围内难以用改变汽流周向分速沿叶高的分布规律来控制级的反动度沿叶高的变化，因而无法改善动叶顶部和根部的气动特性。因此，必须采用三元流流型或完全径向平衡法来设计 $\theta<3$ 的长叶片。

（二）完全径向平衡的设计方法

进行完全径向平衡设计时，已知的参数包括级前蒸汽参数 p_0^* 和 h_0^*、级后参数 p_2、流量 G、转速 n 以及根部反动度 Ω_r 等。用 i 表示每一级的计算截面，又称为计算站，一般取 $i=0,1,2,3$ 共 4 个计算站，即为静叶的进口、出口、动叶的出口以及在级后相距 $1.5\sim2$ 倍以上的叶宽处，此处认为汽流已经均匀，便于给出流线方程的边界条件。用 j 表示沿叶高所取的等分数，即流线的个数，$j=0,1,2,\cdots,m$，通常 $m\geqslant10$。一般根据计算机的容量和速度以及计算的要求，选取 m 的数值。对应于每一

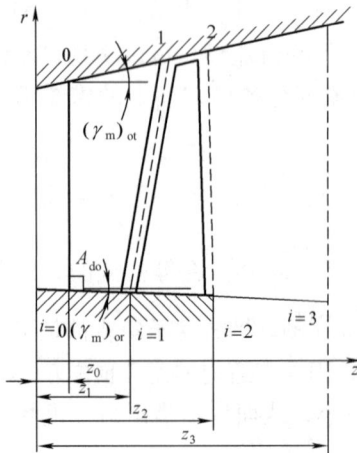

图 2-56 子午面通流部分

条流线，给出相应的速度系数 φ_j、ψ_j 和流量系数 μ_{nj}、μ_{bj}。参见图 2 - 56 和图 2 - 57。

1. 流线计算

（1）根据一元或二元估算所得的根径、叶高、宽度等几何尺寸，画出子午面通道简图，如图 2 - 56 所示，并选取适当的流线数 j。

（2）给出控制面上流线的边界条件

$$r_{ij} = \sqrt{r_i^2 r + j\frac{r_{it}^2 - r_{ir}^2}{m}} \qquad (2 - 119)$$

$$(\tan\gamma_l)_{ij} = (\tan\gamma_l)_{ir} + \frac{r_{ij} - r_i r}{r_{it} - r_{ir}}\left[(\tan\gamma_l)_{it} - (\tan\gamma_l)_{ir}\right] \qquad (2 - 120)$$

（3）定出流线方程的具体形式。

（4）按所得的流线方程算出各流线节点的偏转角 $(\gamma_l)_{ij}$ 和曲率半径 $(R_l)_{ij}$，$(\partial\gamma_l/\partial r)_{ij}$ 和 $(\partial R_l/\partial r)_{ij}$。

2. 径向平衡计算

（1）首先按给定的根部边界条件，应用完全径向平衡方程式（2 - 105）、考虑出口边流线倾斜的连续方程、能量方程、考虑空间流动关系的速度关系式等公式，对根部流线进行热力计算，求出静、动叶出口根部节点上的各项气动热力参数。

（2）应用上述基本方程，在满足压力误差要求的基础上，逐根流线向上迭代，进行流型计算，以确定静、动叶出口 $i = 1$、2 控制面上各节点的全部气动热力参数。

3. 逐次逼近计算

（1）根据上述计算所得的静、动叶出口分流量与总流量和给定的分流量、总流量进行比较，如不满足流量的误差要求，则需重新计算流线。

（2）按照计算流量所得的流量曲线，由计算机按等分流量的原则重新确定新的流线径向位置 r_{1j}、r_{2j}，并由此求得新的流线方程和 $i = 1$、2 控制面上各节点的 $(\gamma_l)_{ij}$ 和 $(R_l)_{ij}$ 以及 $(\partial\gamma_l/\partial r)_{ij}$ 和 $(\partial R_l/\partial r)_{ij}$。

（3）按计算流量误差的方向修改静、动叶出口角，比焓降（进、出口参数），叶高等。重复原来计算过程，一直进行到相继两次所得的流线位置，其误差 $|r_{ij}^{(n)} - r_{ij}^{(n-1)}|$ 在某一个精度范围内为止。

（4）最后根据所逼近的真实流线，再作径向平衡计算，由此所得控制面上的全部气动热力参数，满足设计精度的要求。

4. 级后参数计算

（1）计算流动损失之外的其他各项内部损失，如漏汽损失、叶轮摩擦损失和湿汽损失等。有时为了简化计算程序，可从一元估算中直接获得 $\sum\Delta h$，而不必再进行这方面的计算。

（2）将各条流线的热力参数按流量加以平均，以此作为级的热力参数。

（3）最后算出级的内效率和内功率。

（三）可控涡流型

由简单径向平衡方程所确定的流型，其压力和反动度沿叶高迅速增大的趋势是不可改变的。由完全径向平衡方程所确定的流型，其压力和反动度沿叶高的变化规律不仅与周向分速（或环量）沿叶高的分布有关，而且还与径向分速 c_r 沿叶高分布即流线的弯曲情况等有关。通过改变周向分速（或环量）沿叶高的分布和改变流线曲率和斜率来达到改变压力和反动度沿叶高的变化规律的流型就是可控涡流型。

1. 子午流线形状对于反动度的影响

可控涡流型是通过控制子午流线的形状来控制反动度的。子午流线的形状一般有如图 2 - 57所示的三种情况,当流线在子午面上的形状向下凹且弯曲适度时,如图 2 - 57 (b) 所示,就能达到减缓反动度沿叶高迅速增加的作用,可有效控制反动度沿叶高的变化。

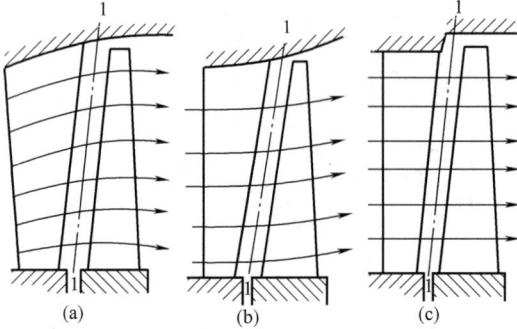

图 2 - 57   不同流线形状对反动度的影响

(a) 子午流线向上凸;(b) 子午流线向下凹;(c) 子午流线平直

2. 可控涡流型的特点

采用可控涡流型的汽轮机级,其流型根据完全径向平衡的规律合理组织了汽流的流动,使汽流的实际流动和叶片的几何角度基本吻合,保证叶片能在较佳的绕流条件下工作,可以避免过度的冲角损失。另外采用可控涡流型能适当提高根部反动度和降低顶部反动度,改善动叶根部的气动性能,并使叶根吸汽和叶顶漏汽减少,提高了级的效率。在适当提高根部反动度和降低顶部反动度的同时,可控涡流型能使级的平均反动度保持较小值,最佳速比较小,从而使级的做功能力提高。此外,可控涡流型喷嘴顶部的比焓降较大,使动叶顶部前后压差减小,动叶顶部受力减小,而且动叶顶部的进口角也明显减小,叶型的转折角增大,增加了刚性及抗弯截面系数,改善了顶部的抗弯强度和抗振性能,这一点对于自由叶片是很有价值的。

但是可控涡流型也存在一些缺点,主要是增大了余速损失和级后流场不均匀,可控涡流型动叶出口流线上翘比较严重,出口压力 p_2 和出口速度 c_2 沿叶高分布不均匀,对下一级的进口条件和余速利用不太有利,特别是对于多级汽轮机,这种不均匀性的逐级积累更加严重,从而限制了可控涡流型的广泛应用。目前可控涡流型仅在大功率汽轮机的末级和次末级上用得较多。此外,可控涡流型的喷嘴出口角 α_1 是沿叶高逐渐减小的,这样,必须使喷嘴扭曲,从而增大了喷嘴制造的难度。

五、叶栅的全三维设计

从气体动力学的角度看,汽轮机内部的流动是一个三维、可压缩、有黏、亚声速(或跨声速)、单相(或多相)气体的流动。要得到一个气动热力性能优良的汽轮机,最完善的方法是对这样复杂的流动作最优化命题解。但是这样的方法至少在目前或在可见的将来还不可能。当前,三维、有黏、跨声速气体流动的正命题程序尚在发展中,反命题及最优化命题还仅限于二维无黏或有黏流动。

近代汽轮机热力设计技术发展大体可分为三阶段。1980 年以前,以实验气动力学为基础,汽轮机设计以平均截面上一维流动的计算为主,广泛采用直叶片和简单扭转叶片。20 世纪 80 年代,计算气动力学逐步代替实验气动力学,出现了以可控涡概念为代表的二维设计理论,叶片按较为复杂的造型规律扭转。20 世纪 90 年代,以计算气动力学为主,全三维设计概念开始应用,其突出代表是弯扭联合成型叶片。

随着科学技术的发展,特别是近几年来数值计算方法和计算机软硬件技术的进步,计算流体力学在三维计算上有了实质性的突破，三维黏性数值模拟技术在汽轮机设计和试验研究中得到了日益广泛的应用。目前，以一维/准三维/全三维气动热力分析计算为核心的汽轮机通流部分设计方法已用于工程设计和实践，其效率比可控涡设计提高约 1.5％，不仅以弯扭联合成型全三维叶片为代表的通流部分设计已进入工业化实用阶段，叶片的设计、制造也已发展到全三维阶段，使用先进的三维 CAD 软件进行三维曲面、实体造型，3～5 轴数控加工，大大提高了产品质量，缩短设计和制造周期。

第三章 多 级 汽 轮 机

多级汽轮机是由若干个级按工作压力高低顺序排列而成,每一级承担蒸汽总比焓降的一部分,蒸汽逐级依次通过各级,将热能转化为汽轮机转子旋转机械功。

第一节 多级汽轮机的工作过程

一、多级汽轮机的特点和工作过程

(一) 多级汽轮机的特点

为了提高循环热效率和汽轮机单机功率,最有效的办法是提高循环初参数和降低终参数,因而蒸汽的比焓降 Δh_t 要增大。若在单一级中利用这样大的比焓降 Δh_t,则喷嘴出口汽流速度 c_1 会很大。为了确保级有高的轮周效率,级应该在最佳速度比 $(x_1)_{op} = (u/c_1)_{op}$ 附近工作,则圆周速度 u 势必也应很大。当汽轮机转速一定时,就要增大级的平均直径 d_m。由此,当汽轮机运行时,叶片与叶轮的离心力剧增,会达到金属材料强度所不允许的程度。显然,受金属材料强度的限制,级的平均直径 d_m 不能太大,即圆周速度 u 不能太大。因此,要保证最佳速度比 $(x_1)_{op}$,喷嘴出口汽流速度 c_1 不可能太大,故汽轮机整机的比焓降只能采用多级来分别承担。一般来说,高压级比焓降为 $30 \sim 60 \mathrm{kJ/kg}$,低压级比焓降在 $120 \sim 160 \mathrm{kJ/kg}$ 之间。所以应用多级汽轮机,既保证整机有较大的做功能力和每一级都处在最佳速度比附近工作,又能满足金属材料的强度要求。

下面介绍多级汽轮机的特点。

1. 循环热效率提高

从热力学角度分析,采用多级汽轮机以后,可以更大程度地提高蒸汽初参数,降低终参数。同时,也只有采用多级汽轮机,才能实现回热循环和中间再热循环。由此,提高热力循环的平均吸热温度,降低平均放热温度,使循环热效率提高。

2. 相对内效率提高

(1) 在整机总比焓降一定时,多级汽轮机更容易在设计工况下,保证每一级都在最佳速度比附近工作。

(2) 可以使每级分配的比焓降,以及每一级的平均直径 d_m 和喷嘴出口高度 l_n 都比较合理,减小叶高损失。

(3) 由于重热现象的存在,多级汽轮机前面级的损失可以部分地为后面各级利用,使整机效率有所提高。

(4) 在满足一定条件下,多级汽轮机的余速动能可以全部或部分被下一级利用,使多级汽轮机的相对内效率高于单级汽轮机的相对内效率。

3. 单位功率的投资以及运行成本明显降低

当采用多级汽轮机后,随着机组容量增大,汽轮机的制造、安装和调试成本,占用的土地成本,运行成本等相对投入减少。机组容量越大,单位功率的投资和运行成本降低越显著。

4. 其他方面的优势

采用多级汽轮机的大功率发电机组，便于应用先进的控制技术和环保技术等。

多级汽轮机也带来一些问题，如出现附加能量损失、增加机组长度和质量、提高对零部件材料的要求、结构更为复杂、整机制造成本高等。但这些并不是多级汽轮机的缺点，只是采用多级汽轮机必然相伴而生的问题，需要在设计和制造过程中进行解决。

总之，多级汽轮机优于单级汽轮机，具有效率高、功率大、性能稳定、单位功率投资小等特点，因此得到广泛的应用。

（二）多级汽轮机的工作过程

常用的多级汽轮机形式有两种，一种是冲动式汽轮机，由冲动式级排列而成，如图3-1所示。从图中可以看出，冲动式汽轮机由调节级和若干个压力级组成，每两个叶轮之间被隔板分开。在隔板上装有喷嘴（静叶），在隔板内圆上装有汽封片，以减少级内漏汽。蒸汽依次通过各级做功，直至最后由末级动叶排出。整个汽轮机功率就是各级功率之和。另一种是反动式汽轮机，由反动式级排列而成，如图3-2所示，反动式汽轮机的转子一般为转鼓形，可以减小轴向推力。图3-1和图3-2是两种形式汽轮机的原理结构图，现代大型汽轮机的结构设计技术已经得到了长足的发展，具体结构可参见本书第七章。

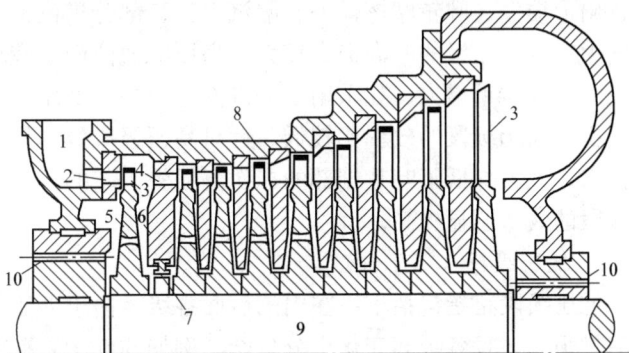

图 3-1 多级冲动式汽轮机示意图

1—调节级喷嘴室；2—喷嘴；3—动叶；4—静叶；5—叶轮；6—隔板；
7—隔板汽封；8—汽缸；9—转轴；10—轴端汽封

沿着蒸汽在汽轮机通流部分中的流动方向，可把多级汽轮机分为高压级段、中压级段和低压级段三个部分，对于多缸的大型汽轮机则分高压缸、中压缸和低压缸。蒸汽经过调节阀门进入喷嘴室，通过喷嘴，在调节级内做功；在调节级后充分混合均匀的蒸汽继续在各压力级中做功直到汽轮机排汽口。

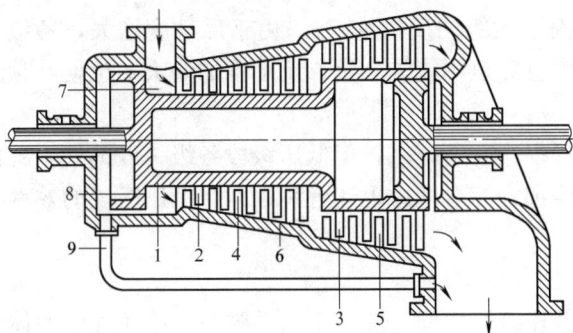

图 3-2 多级反动式汽轮机示意图

1—转鼓；2、3—动叶；4、5—静叶；6—汽缸；
7—调节级喷嘴室；8—平衡活塞；9—连通管

1. 高压级段（高压缸）

高压级段中的各级相对于后面的级而言，其蒸汽压力 p、温度 t 很高，比体积 v 较小，所以通过这些级的蒸汽体积流量较小，所需要的通流面积相应也较小。尤其当汽轮机功率较小时，如何保证处于高压级段的各级叶片有一定的高度，成为高压级段通流部分设计时要解决的重要问题之一。在第二章已经提及，当级的叶高较小时，叶栅的端部损失会较大，其级效率较低，需要采用部分进汽的方法来增加叶片的高度。但伴随产生与部分进汽有关的部分进汽损失（鼓风损失和斥汽损失）。部分进汽度 e 越小，部分进汽损失越大。因此高压级段通流部分设计时，在选取叶片高度和部分进汽度这两个参数时，需要综合优化，以获得最高的级效率。

在高压级段适当减小喷嘴出口汽流角 α_1，也能提高叶片的高度，但 α_1 减小后，会增加叶型损失和端部损失，应在最佳喷嘴出口汽流角范围内选择，对于冲动式汽轮机 $\alpha_1 = 11° \sim 14°$，反动式汽轮机 $\alpha_1 = 14° \sim 20°$。

在冲动式汽轮机高压级段中引入一定的反动度 Ω_m，以改善蒸汽在通流部分的流动特性，但反动度 Ω_m 不能太大，以保证叶片根部反动度在 $0.03 \sim 0.05$ 左右为妥。过大的反动度会引起叶片顶部的漏汽量增大。

处在高压级的蒸汽比体积较小，各级间比体积的变化也不大，使得各级的平均直径相应较小，变化平缓。为了保证各级在最佳速比附近工作，各级的比焓降也不大。

高压级段的各级，可能存在的级内损失有：喷嘴损失、动叶损失、余速损失、叶高损失、扇形损失、叶轮摩擦损失、漏汽损失、部分进汽损失等。因叶高较小，端部损失所占比重增大，故高压级的叶高损失较大。高压级通流面积较小，其动静间隙相对较大，使得漏汽损失所占的比重增大。如采用部分进汽，与中、低压级段相比额外增加了部分进汽损失。综上分析，高压级段的效率比较低。针对高压级段效率较低的原因，目前采用的全三维弯扭叶片技术，大大降低了叶片端部的二次流损失。新的汽封形式，也有效减少漏汽，从而使得高压级段的效率明显提高。

2. 低压级段（低压缸）

低压级段是指包括末级在内的后面各级。由于处于低压级段的蒸汽比体积 v 大，蒸汽体积流量很大，且各级间变化十分急剧。例如 600MW 汽轮机中流经最末级的蒸汽体积流量约为流经第 1 级的 800 倍，而在低压缸最后 5 级中的体积流量就增大 50 倍左右。因此，低压各级间平均直径变化急剧，叶片很长。在低压级段设计时应力求把叶高控制在合理范围内，并使通流部分子午面轮廓线变化保持光滑，逐级加大喷嘴和动叶的出汽角。低压级段各级径高比 θ 较小，故都采用扭曲叶片。

随着机组容量增大和级平均直径增加，为了保证各级在最佳速比附近工作，低压级的理想比焓降增加较多。低压级段中各级的反动度 Ω_m 也明显增大，一方面是因为当叶片高度很大时，避免叶根处产生负反动度；另一方面当级的比焓降增大以后，为了防止喷嘴出口汽流速度超过临界速度，过多采用缩放喷嘴，而增大级的反动度 Ω_m。由于反动度增大，各级余速损失也较大，尤其是末级的余速损失很大且完全不能被利用。反动度的增大，也使叶顶处的漏汽量有所增大。

尽管采用扭曲长叶片，叶高损失和扇形损失有所减小，但低压级段各级一般都处于湿蒸汽区，随着湿度的增大，湿汽损失也随之增加。综合考虑上述各种因素，低压级段的效率也是较低的。

3. 中压级段（中压缸）

中压级段的工作特点介于高压级段和低压级段之间。随着蒸汽的膨胀，中压级段的体积流量已达到相当大的数值，但尚未达到急剧变化的程度。各级的平均直径变化也介于高、低压级段，虽增长较快但仍平缓。中压级段的叶高损失、漏汽损失、叶轮摩擦损失等较小，通常为全周进汽，也没有部分进汽损失。中压级段一般尚处于过热蒸汽区，无湿汽损失。因此，中压级段的效率明显较高、低压级段的效率高。

二、多级汽轮机的重热现象

为了讨论方便，略去汽轮机进汽和排汽损失。以有4个级的多级汽轮机为例，其热力过程线如图 3-3 所示，从图中可以看出，若各级都没有损失，整机的理想比焓降 ΔH_t 为

$$\Delta H_t = \Delta h'_{t1} + \Delta h'_{t2} + \Delta h'_{t3} + \Delta h'_{t4} \qquad (3-1)$$

但汽轮机级中实际存在着级内损失，各级的累计理想比焓降为

$$\sum \Delta h_t = \Delta h_{t1} + \Delta h_{t2} + \Delta h_{t3} + \Delta h_{t4} \qquad (3-2)$$

式中：$\Delta h_{t1} = \Delta h'_{t1}$。

由热力学理论可知，蒸汽 $h\text{-}s$ 图上的等压线沿着比熵增大的方向是逐渐扩散的，也就是说，等压线之间的理想比焓降随着比熵的增大而略有增大。可见，各级累计理想比焓降 $\sum \Delta h_t$ 大于整机理想比焓降 ΔH_t，这种现

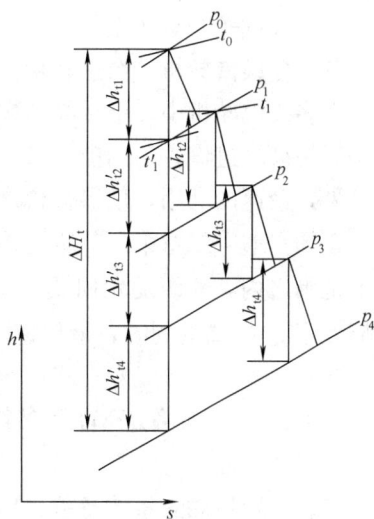

图 3-3　四级汽轮机重热现象分析

象称重热现象。增大的那部分比焓降与没有损失时整机总的理想比焓降之比，称为多级汽轮机的重热系数，用 α 表示，即

$$\alpha = \frac{\sum \Delta h_t - \Delta H_t}{\Delta H_t} > 0 \qquad (3-3)$$

$$\sum \Delta h_t = \Delta H_t(1 + \alpha) \qquad (3-4)$$

若图 3-3 中的多级汽轮机各级具有相同的相对内效率 η^s_{ri}，则各级的有效比焓降为

$$\Delta h_{i1} = \eta^s_{ri} \Delta h_{t1}$$

$$\Delta h_{i2} = \eta^s_{ri} \Delta h_{t2}$$

$$\cdots\cdots$$

$$\Delta h_{i4} = \eta^s_{ri} \Delta h_{t4}$$

则整机的有效比焓降之和为

$$\Delta H_i = \Delta h_{i1} + \Delta h_{i2} + \Delta h_{i3} + \Delta h_{i4} = \eta^s_{ri}(\Delta h_{t1} + \Delta h_{t2} + \Delta h_{t3} + \Delta h_{t4}) = \eta^s_{ri} \Delta H_t(1 + \alpha)$$

$$(3-5)$$

即整台汽轮机的相对内效率为

$$\eta_{ri} = \frac{\Delta H_i}{\Delta H_t} = \eta^s_{ri}(1 + \alpha) \qquad (3-6)$$

由式（3-6）可知，前面级的能量损失，被后面级利用，使得整台汽轮机的相对内效率大于各级的平均相对内效率。但必须指出，式（3-6）并不表明多级汽轮机的重热系数 α 越大，多级汽轮机的相对内效率就越高。事实上，重热系数 α 的增大，是以汽轮机各级的级内损失增大为前提的，而重热现象只能回收利用总损失的很小一部分。重热系数 α 越大，表明各级的级内损失越大，各级的相对内效率越低，整台汽轮机的相对内效率越低。

重热系数 α 的大小除了与汽轮机各级的相对内效率有关之外，还与多级汽轮机的级数有关。通常而言，多级汽轮机的级数越多，上一级的能量损失被后面各级利用的可能性越大，利用的份额也越大，重热系数 α 就越大。另外，α 还与各级蒸汽初参数状态有关，由于过热

蒸汽区等压线扩散程度比湿蒸汽区大，所以，过热蒸汽区的重热系数 α 要比湿蒸汽区的大一些。凝汽式汽轮机重热系数一般为 $0.03\sim0.08$ 左右。

三、多级汽轮机的余速利用

在多级汽轮机中，上一级的实际膨胀终止状态点是下一级的初始状态点，前一级的排汽就是后一级的进汽，因而前一级的余速可以被后一级部分或全部利用。多级汽轮机级（除末级之外）余速的利用，使得整台汽轮机的相对内效率提高。

正如本书第二章第三节所论述的多级汽轮机的余速利用，使得各级速度比 x_a 在实用变工况范围之内，对级的轮周效率 η_u 的影响有所减弱，如图 2-21 所示。余速利用使得级的轮周效率 η_u 提高的同时，最佳速比 $(x_a)_{op}$ 也有所增大。

第二节 多级汽轮机的损失及汽轮机装置效率

一、汽轮机轴封系统及前、后轴封的漏气损失

在汽轮机汽缸两端，转子引出汽缸处，为确保转子转动时不发生动、静间摩擦，两者之间需留有一定的间隙。在高、中压缸两端，蒸汽会通过这一间隙往外泄漏，从而减少汽轮机做功的蒸汽量，泄漏的蒸汽还会污染运行厂房及设备、仪器等。而在低压缸两端，因汽缸内的压力低于大气压力，外界空气会通过这一间隙漏入低压缸内，破坏凝汽器真空，增大抽气设备的负担。这些都将使汽轮机的功率和效率降低。为此，在汽轮机各轴端需要设置轴端汽封（简称轴封）。轴封和相连的管道、附属设备组成汽轮机的轴封系统。一个合理的汽轮机轴封系统，应使高、中压端向外漏汽量和低压缸漏入的空气量尽可能小，同时实现轴封漏汽的有效分级利用，提高汽轮机组的热经济性。

（一）轴封系统

轴封系统的功能是确保汽轮机轴端和汽轮机进汽阀（主汽阀、调节阀）阀杆端部处的严密性，收集利用汽轮机轴封、进汽阀杆的漏汽，防止蒸汽向外泄漏以及空气漏入低压汽缸内。图 3-4 所示为 600MW 凝汽式汽轮机轴封系统流程图。轴封系统主要包括轴封、轴封冷却器及轴封风机、轴封蒸汽压力和温度调节器、压力调节阀、减温器以及相连的管道、阀门等。轴封系统根据其功能又可分为轴封供汽、轴封漏汽和轴封回汽三大部分。

1. 轴封供汽

当汽轮机在启动或低负荷运行时，轴封系统的蒸汽汽源来自辅助蒸汽母管或再热蒸汽冷段蒸汽母管。轴封蒸汽经过蒸汽隔离阀、进汽调节阀后进入轴封蒸汽母管。轴封蒸汽压力调节器控制补给调节阀的开度，确保轴封蒸汽母管压力略高于大气压力，并关闭出口调节阀。随着汽轮机负荷的增加，高、中压缸轴封漏汽量和高、中压进汽阀阀杆漏汽量也相应地增加，致使轴封蒸汽压力升高。于是，轴封蒸汽压力调节器逐渐关小进汽阀的开度，以维持轴封蒸汽母管的正常压力。

当进汽调节阀全关时，轴封蒸汽的汽源为高、中压缸轴封漏汽。此时，轴封蒸汽的压力改由出口调节器来控制，多余的轴封蒸汽经出口调节阀排至 7、8 号低压加热器的疏水箱。如果去低压缸轴封的轴封蒸汽温度太高，则通过温度控制器控制温度调节器的开度，使凝结水通过温度调节阀向减温器喷水，以维持轴封蒸汽的正常温度为 150℃。

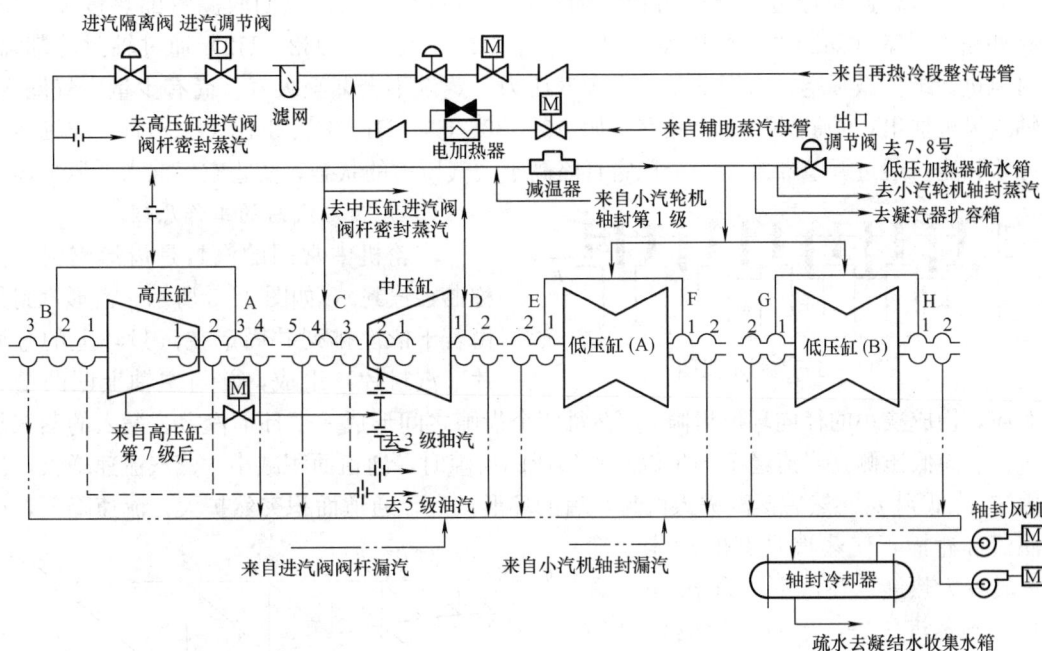

图 3-4 600MW 凝汽式汽轮机轴封系统流程图

2. 轴封漏汽

高、中、低压缸轴封均由若干个轴封段组成，相邻两个轴封段之间形成 1 个腔室，并经过各自的管道接至轴封系统。高压缸前轴端因与外界大气的压差最大，前轴封 A 设置成 5 段 4 个腔室的轴封结构，其中内缸前轴封有 1 段，外缸前轴封有 4 段。高压缸后轴封 B 设置成 4 段 3 个腔室的结构。中压缸前轴封为 6 段 5 腔室结构，其中内缸前轴封有 2 段，外缸前轴封有 4 段。中压缸后轴封 D 为 3 段 2 腔室结构。两个低压缸前后轴封 E、F、G、H 均为 3 段 2 腔室结构。

高压缸前轴封中的 A1 腔室布置在高压缸内缸里，直接与高压缸内、外缸之间的夹层相通，使高压缸内缸前轴封的大部分漏汽排入高压内、外缸夹层。A2、B1 和 C3 腔室的漏汽，则分别经过各自的节流孔板后，去中压缸排汽管道，即至 5 号加热器。A3、B2、C4 和 D1 腔室的漏汽，均接至低压缸前、后轴封的轴封蒸汽管道。C1 腔室的漏汽与中压缸内、外夹层相通，以使大部分中压缸前轴封的漏汽量排入中压内、外缸夹层。C2 腔室的漏汽与高压缸第 7 级后的出汽管道相连，去 3 号加热器。

3. 轴封回汽

汽轮机最外一侧轴封段的回汽，即轴封漏汽和空气的混合物，以及进汽阀的阀杆漏汽，均通过各自的管道，汇集到回汽母管，排入轴封冷却器。该轴封冷却器上配有 2 台轴封风机，可互换备用，以保持轴封冷却器内的微真空。轴封冷却器的冷却水来凝结水系统，其疏水排入凝结水收集水箱。

不同的机组会设置不同的轴封系统，但设置轴封系统的思路是相似的，归纳为四点：①由于高压侧与外界的压差大，设置的汽封齿多，所以轴封分段较多，每段的轴径可不同，两段之间设腔室；②采用轴封后，总有少量蒸汽由高压处向低压处漏出，各个腔室中蒸汽压力不同，通过相连的管道引至压力相当的加热器或汽缸夹层，以回收漏汽的热量和工质；③最外侧的腔室（如图 3 - 4 中 A4、B3、C5、D2、E2、F2、G2、H2）通过轴封冷却器、轴封风机，维持微真空，由于低于 1 个大气压力，蒸汽不会漏至大气。尚有少量空气漏入，经轴封风机抽出；④最外第 2 层腔室（如 A3、B2、C4、D1、E1、F1、G1、H1）与轴封蒸汽母管相连，通过调节器维持一个稳定且略高于大气压力的状态，防止空气漏入低压缸内。

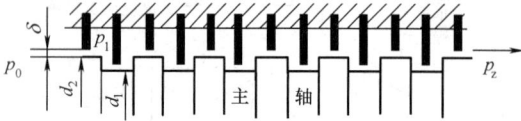

图 3 - 5　汽封示意图

（二）齿形汽封的工作原理

汽轮机中常用的汽封是齿形汽封（又称曲径汽封），如图 3 - 5 所示。齿形汽封是由若干依次排列并固定在汽封环上的金属片（汽封片）组成，并与主轴上凹凸槽相错对应，构成狭小的径向环形齿隙 δ，在每两个齿隙之间形成一个环形汽室。漏入的蒸汽从高压侧流向低压侧，当流经第一个汽封片形成的齿隙时，通道面积减小，蒸汽流速增大，压力由 p_0 降低到 p_1。然后蒸汽进入汽封片后的环形汽室，通道面积突然扩大，流速降低，产生涡流和碰撞，使蒸汽具有的动能全部损失转变为热能。在汽室压力 p_1 下，重新加热到蒸汽中去，蒸汽的比焓恢复到原来的比焓值。如果忽略蒸汽在汽封中的散热损失，则蒸汽通过汽封片（齿隙）的热力过程是一个典型的等比焓节流过程。依次类推，每经过一个汽封片，压力下降一次，直至降到汽封后压力 p_z，如图 3 - 6 所示。

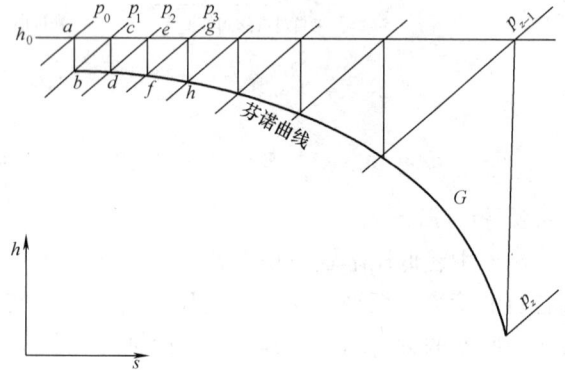

图 3 - 6　芬诺曲线

在同一段汽封中，可以近似认为各齿隙面积 A_l 相等，而通过各齿隙的漏汽量 ΔG_l 完全相同，即

$$\Delta G_1 = \mu_1 A_1 c_1 \rho_1 = \mu_1 A_1 c_2 \rho_2 = \cdots = \mu_1 A_1 c_z \rho_z \tag{3-7}$$

$$\frac{\Delta G_1}{\mu_1 A_1} = c_1 \rho_1 = c_2 \rho_2 = 常数 \tag{3-8}$$

式中：A_l 为汽封齿隙面积 $\left(A_1 = \pi d_1 \delta, d_1 = \dfrac{d_1 + d_2}{2}\right)$，$m^2$；$c_1$ 为第 1 个齿隙出口速度，m/s；ρ_1 为第 1 个齿隙后环形汽室中蒸汽质量密度，kg/m^3；μ_1 为汽封齿隙漏汽流量系数。

当蒸汽依次流过各齿隙时，随着压力逐齿下降，蒸汽质量密度相应减小，所以齿隙出口处的蒸汽速度逐齿增加，其比焓降也逐齿增大，即：$ab < cd < \cdots$，曲线 $bd\,fh\cdots$ 称为芬诺曲线。当汽封中最后一个齿隙的压比小于临界压比时，通过齿隙出口处的蒸汽速度可以达到临界速度，这时汽封的漏汽量达到最大值。由于汽封齿隙可以看成没有斜切部分的渐缩喷嘴，即使齿隙的压比小于临界压比，最后一个齿隙出口处蒸汽速度仍不可能超过临界速度，其他齿隙出口处的蒸汽速度只能小于临界速度。也就是说，对轴封而言，临界速度只能发生在最后一个齿隙处，这是因为芬诺曲线上逆蒸汽流动方向各点对应的蒸汽温度越来越高，而各齿隙出口蒸汽速度越来越低。因此当最后一个齿隙处为临界速度时，前面各齿隙处的出口蒸汽

速度必然都小于临界速度。

（三）汽封漏汽量计算

如果已知某段汽封的齿隙 δ，汽封齿数 z，高、低齿隙直径 d_1 和 d_2，可以取其平均值为汽封齿隙直径 $d_1 = \dfrac{d_1 + d_2}{2}$，这样就可以知道汽封齿隙面积 $A_1 = \pi d_1 \delta$。当给定这段汽封前后的蒸汽参数（p_0，ρ_0，p_z），就可以计算通过这段汽封的漏汽量。下面就蒸汽通过汽封时，最后一个齿隙出口速度未达到临界速度和已经达到临界速度两种情况，讨论漏汽量的计算方法。

1. 最后一个齿隙出口速度低于临界速度

若把任意一个环形齿隙当作一个渐缩喷嘴，先取第一个齿隙，其齿隙前后的压力为 p_0、p_1，压差为 $\Delta p_1 = p_0 - p_1$，如图 3 - 5 所示。当汽封中齿数 z 较多时，每个齿隙前后的压差 Δp 就很小，蒸汽通过齿隙时的质量密度变化不大，其流动过程可以近似看成不可压缩的流动过程。这样第 1 个齿隙出口速度为

$$c_1 = \sqrt{\frac{2(p_0 - p_1)}{\rho_1}} \tag{3 - 9}$$

式中：ρ_1 为第 1 个齿隙后环形汽室中蒸汽质量密度，kg/m^3。

通过齿隙的流量为

$$\Delta G_1 = \mu_1 A_1 c_1 \rho_1 = \mu_1 A_1 \rho_1 \sqrt{\frac{2(p_0 - p_1)}{\rho_1}} = \mu_1 A_1 \sqrt{2(p_0 - p_1)\rho_1} \tag{3 - 10}$$

得

$$\left(\frac{\Delta G_1}{\mu_1 A_1}\right)^2 = 2(p_0 - p_1)\rho_1 \tag{3 - 11}$$

式中：μ_1 为汽封齿隙漏汽流量系数；A_1 为汽封齿隙面积（$A_1 = \pi d_1 \delta$），m^2。

蒸汽在汽封内的流动过程为等比焓的节流过程，在比定压热容保持不变的条件下，温度也保持不变，故 $\dfrac{p}{\rho} = RT_0 = $ 常数，于是

$$\rho_1 \approx \frac{\rho_0 + \rho_1}{2} = \frac{p_0 + p_1}{2RT_0} \tag{3 - 12}$$

代入式（3 - 11），得

$$\left(\frac{\Delta G_1}{\mu_1 A_1}\right)^2 = 2(p_0 - p_1)\frac{p_0 + p_1}{2RT_0} = \frac{p_0^2 - p_1^2}{RT_0} \tag{3 - 13}$$

式中：R 为蒸汽气体常数，$R = 461.76 J/(kg \cdot K)$；$T_0$ 为汽封前蒸汽热力学温度，K。

考虑到蒸汽通过某段汽封中每个齿隙的漏汽量相等，环形齿隙面积相等，依此类推，得到第 1、第 2、…、第 z 个齿隙的漏汽量相应关系式为

第 1 个齿隙 $\qquad \left(\dfrac{\Delta G_1}{\mu_1 A_1}\right)^2 = \dfrac{p_0^2 - p_1^2}{RT_0}$

第 2 个齿隙 $\qquad \left(\dfrac{\Delta G_1}{\mu_1 A_1}\right)^2 = \dfrac{p_1^2 - p_2^2}{RT_0}$

$\qquad\qquad\qquad\qquad\vdots$

第 z 个齿隙 $\qquad \left(\dfrac{\Delta G_1}{\mu_1 A_1}\right)^2 = \dfrac{p_{z-1}^2 - p_z^2}{RT_0}$

以上等式两边各相加，得

$$z\left(\frac{\Delta G_1}{\mu_1 A_1}\right)^2 = \frac{p_0^2 - p_z^2}{RT_0} \tag{3-14}$$

即

$$\Delta G_1 = \mu_1 A_1 \sqrt{\frac{p_0^2 - p_z^2}{zRT_0}} = \mu_1 A_1 \sqrt{\frac{\rho_0(p_0^2 - p_z^2)}{zp_0}} \tag{3-15}$$

式（3-15）适合于最后一个齿隙出口速度低于临界速度时漏汽量的计算，也就是适合所有齿隙出口速度低于临界速度时漏汽量的计算。

2. 最后一个齿隙出口速度达到临界速度

当某段汽封最后一个齿隙前后的压比小于临界压比时，通过最后一个齿隙的出口蒸汽速度达到临界速度。由于汽封中的汽封片没有渐扩段，所以最后一个齿隙的出口蒸汽速度不会大于临界速度。根据前面分析知道，除最后一个齿隙外的其他齿隙的出口蒸汽速度都小于临界速度。这样，对于通过 $(z-1)$ 个齿隙的漏汽量计算仍按式（3-15）计算，只是把齿数把 z 改为 $(z-1)$，即

$$\Delta G_1 = \mu_1 A_1 \sqrt{\frac{p_0^2 - p_{z-1}^2}{(z-1)RT_0}} \tag{3-16}$$

而最后一个齿隙出口速度达到临界速度，按临界流量公式计算，并考虑到等比熔节流过程，流过最后一个齿隙的流量为

$$\Delta G_{1,cr} = \mu_1 A_1 \sqrt{k\left(\frac{2}{k+1}\right)^{(\kappa+1)/(\kappa-1)}} \frac{p_{z-1}}{\sqrt{RT_0}} \tag{3-17}$$

因为蒸汽流过汽封各齿隙的流量不变，$\Delta G = \Delta G_{1,cr}$，即

$$\frac{p_0^2 - p_{z-1}^2}{z-1} = \kappa\left(\frac{2}{\kappa+1}\right)^{(\kappa+1)/(\kappa-1)} p_{z-1}^2 \tag{3-18}$$

得

$$p_{z-1} = \sqrt{\frac{p_0^2}{1 + \kappa(z-1)\left(\frac{2}{\kappa+1}\right)^{(\kappa+1)/(\kappa-1)}}} \tag{3-19}$$

由于蒸汽在汽封中的等比熔节流作用，不管是过热蒸汽还是饱和蒸汽，在汽封出口处，通常都成为过热蒸汽。将过热蒸汽的绝热指数 $\kappa = 1.3$ 代入式（3-19），得

$$p_{z-1} = \sqrt{\frac{p_0^2}{1 + 0.445(z-1)}} \tag{3-20}$$

当最后一个齿隙出口蒸汽速度达到临界速度时，最后一个齿隙前后压比应满足

$$\frac{p_z}{p_{z-1}} \leqslant \varepsilon_{cr} = 0.546(过热蒸汽) \tag{3-21}$$

把式（3-20）代入

$$\frac{p_z}{\sqrt{\dfrac{p_0^2}{1 + 0.445(z-1)}}} \leqslant 0.546 \tag{3-22}$$

得到

$$\frac{p_z}{p_0} \leqslant \frac{0.82}{\sqrt{z+1.25}} \tag{3-23}$$

当某段汽封前后压比满足式（3-23）时，该汽封的最后一个齿隙出口蒸汽速度达到临界速度，把式（3-20）代入式（3-16），得

$$\Delta G_1 = \mu_1 A_1 \sqrt{\frac{1}{z+1.25}} \frac{p_0}{\sqrt{RT_0}} = \mu_1 A_1 \sqrt{\frac{p_0 \rho_0}{z+1.25}} \tag{3-24}$$

式（3-23）是判断一段汽封最后一个齿隙是否达到临界速度的判别式。当汽封齿数 z 一定时，若汽封前后压比满足式（3-23），则该汽封的最后一个齿隙出口速度达到临界速度，漏汽量按式（3-24）计算；若汽封前后压比不满足式（3-23），则汽封中所有齿隙出口速度都未达到临界速度，漏汽量按式（3-15）计算。

从式（3-15）和式（3-24）可以看出，减小汽封漏汽量的最有效的方法是减小汽封齿间隙 δ，从而减小汽封齿隙面积 A_1，但汽封齿间隙又不能太小，以免汽封片与转子发生碰摩，造成转子局部发热和变形。汽封齿间隙 δ 一般取 $0.3\sim 0.6\text{mm}$。增加齿数 z 也是减小汽封漏汽的有效方法，汽封段前后压差越大，齿数应越多。

汽封齿隙漏汽流量系数 μ_1 是与齿隙中的流动阻力、汽封齿几何形状、相邻齿隙之间的相互影响程度等有关的综合系数，通常需要通过试验得出。图3-7所示为不同形式、结构汽封的漏汽流量系数 μ_1。由图可知，汽封齿在进汽侧不应该做成圆弧或斜边形状，否则，流动情况会接近渐缩喷嘴，而使漏汽流量系数增大，漏汽量增大，汽封效果减弱。

考虑汽轮机从冷态到热态，会产生较大的轴向膨胀，也考虑到主轴加工、安装的方便性，在汽轮机低压缸汽封中常采用光轴汽封（平齿汽封），如图3-8（a）所示。对于这种光轴汽封，蒸汽通过某一齿隙时其流动动能没有在齿隙后汽室中全部损失掉，而是保留着一部分动能（初速）进入下一个齿隙。因此，在汽封前、后参数和齿数、齿隙面积

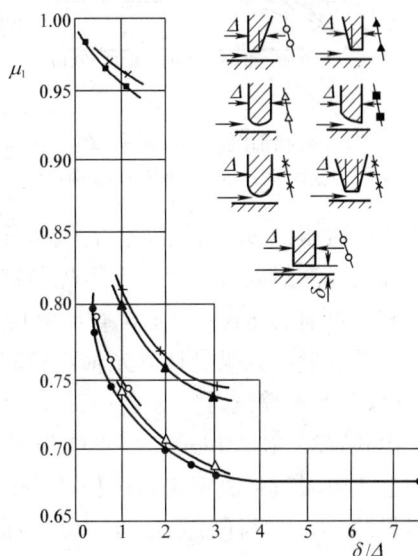

图3-7　齿形汽封的漏汽流量系数

不变的情况下，其漏汽量会比高低齿曲径汽封有所增加。在光轴汽封漏汽量计算中，要在按上述公式计算的结果进行修正。其修正系数 K_1 可根据光轴汽封的相对齿隙 δ/s 和齿数 z，在图3-8（b）中查得。

3. 计算汽封漏汽量单一表达式

类似于喷嘴流量计算时引入一个无因子流量比（彭台门系数）一样，在汽封漏汽量计算时，引入一个无因子漏汽量比 β_1，得出汽封漏汽量计算的单一表达式

$$\Delta G_1 = 0.667 \mu_1 \beta_1 A_1 \frac{p_0}{\sqrt{RT_0}} \tag{3-25}$$

无因子漏汽量比 β_1 定义为汽封漏汽量 ΔG_1 与假定该段汽封只有1个齿隙（即 $z=1$）时的临界漏汽量 $(\Delta G_{1,\text{cr}})_\text{m}$ 之比。即

$$\beta_1 = \frac{\Delta G_1}{(\Delta G_{1,\text{cr}})_\text{m}} \tag{3-26}$$

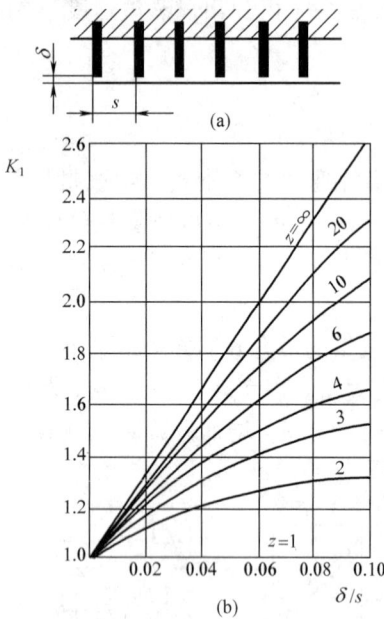

图 3 - 8　光轴汽封的修正系数

(a) 光轴汽封示意图；(b) 光轴汽封修正曲线

当汽封中最后一个齿隙未达到临界速度时

$$\beta_1 = \frac{\mu_1 A_1 \sqrt{\dfrac{p_0^2 - p_z^2}{zRT_0}}}{0.667\mu_1 A_1 \dfrac{p_0}{\sqrt{RT_0}}} = \frac{1}{0.667}\sqrt{\frac{1}{z}\left[1 - \left(\frac{p_z}{p_0}\right)^2\right]}$$

$$(3 - 27)$$

当汽封中最后一个齿隙达到临界速度时

$$\beta_1 = \frac{\mu_1 A_1 \sqrt{\dfrac{1}{z + 1.25}}\dfrac{p_0}{\sqrt{RT_0}}}{0.667\mu_1 A_1 \dfrac{p_0}{\sqrt{RT_0}}} = \frac{1}{0.667}\sqrt{\frac{1}{z + 1.25}}$$

$$(3 - 28)$$

根据式（3 - 27）和式（3 - 28），可以绘制汽封无因子漏汽量比 β_1 与汽封齿数 z 和汽封前后压比 p_z/p_0 之间的关系图，如图3 - 9所示。图中 OA 辐射线是不同汽封齿数 z 下，最后一个齿隙达到临界流量的临界点的连线。OA 线左侧水平线段为最后一个齿隙达到临界流量的情况，说明最后一个齿隙达到临界后，其漏汽量与汽封前后压比 p_z/p_0 无关；右侧椭圆线段为最后一个齿隙未达到临界流量的情况。这样，在计算曲径汽封漏汽量时，无需先判别最后一个齿隙是否达到临界状态，而只需根据汽封齿数 z 和汽封前后压比 p_z/p_0，查出汽封无因子漏汽量比 β_1 后，直接应用式（3 - 25），即可计算汽封漏汽量。如果是计算光轴汽封的漏汽量，则还需乘上一个修正系数 K_1。

（四）布莱登汽封

由式（3 - 15）和式（3 - 24）知道，若给定某段汽封前、后的蒸汽参数和汽封齿数，则可通过汽封漏汽量决定齿隙面积 $A_1 = \pi d_1\delta$。从减少漏汽量，提高汽轮机经济性的要求出发，应尽量减小汽封齿间隙 δ。但汽封齿间隙太小，对汽轮机的运行安全不利，特别在汽轮机启、停过程中，由于汽缸内外不均匀受热而产生的变形，或机组升速过程中通过转子临界转速时，转子振幅较大等原因，均可能导致转子与汽封齿发生局部摩擦，这种摩擦使转子局部发热和瞬时弯曲变形，更进一步加剧汽轮机动、静部分摩擦。当汽轮机启动后正常运行时，就不一定能保持原来设计并在安装时已调整好的汽封齿间隙，导致过大的齿隙面积，增加漏汽量。因此，汽封齿间隙调整存在着安全性与经济性的矛盾。

典型的传统汽封结构如图 3 - 10 所示。

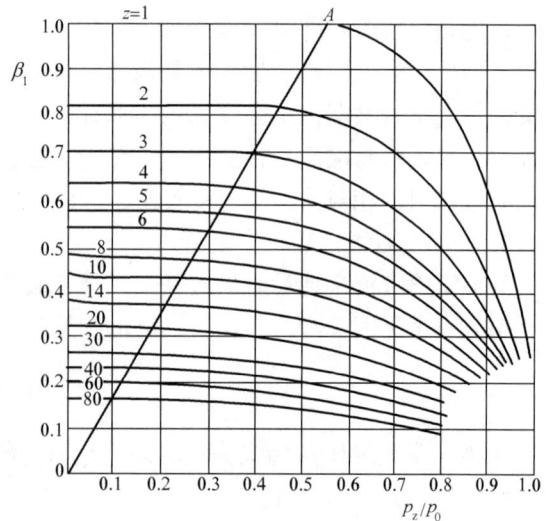

图 3 - 9　汽封无因子漏汽量比曲线

转子表面加工为凸凹槽，对应高、低汽封齿片，汽封环背部是片状弹簧，将汽封环顶向转子。当汽轮机运行时一旦发生转子与汽封片摩擦，汽封环可以退让，不致造成过度的刚性摩擦。但实际上，由于作用在汽封环上的片状弹簧的刚度和预紧力较大，虽然名为弹性汽封，但在动、静部分碰摩时退让作用是有限的。

布莱登汽封又称可调式汽封，结构与传统汽封基本相同，只是取消了位于汽封环外径处的片状弹簧，在不同汽封环弧段之间，沿圆周方向装有 4 根螺旋弹簧，在汽封环进汽侧（高压侧）开一条通汽槽，供进汽侧蒸汽流入汽封环背部（外径处），如图 3 - 11 所示。汽轮机启动时，汽封环进出汽两侧压差不大，由通汽槽引入到汽封体内的蒸汽压力不大，在周向螺旋弹簧力作用下，汽封环沿圆周向张开，使动、静部分达到最大间隙，其最大汽封齿间隙可达到 3mm 以上，避免了启动过程中由于振动及变形而导致的碰摩。随着汽轮机升速并逐渐加载负荷，汽封环进出汽两侧压差也逐渐增大，高压侧蒸汽进入汽封体，汽封环外径处受到进汽侧压力作用，与内径处的压力差也逐渐增大，最后这一压差足以克服弹簧力，将所有汽封环顶向转子侧，达到设计的汽封齿间隙，其设计最小汽封齿间隙可达 0.32mm。

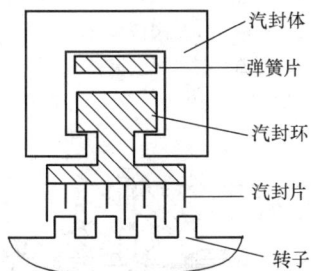

图 3 - 10　典型的传统汽封结构　　　　图 3 - 11　布莱登汽封结构示意图

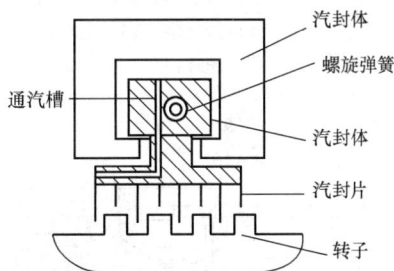

布莱登汽封可以使用在高、中压缸轴端汽封和隔板汽封中，但汽封环前后的设计压差要足够大才能应用布莱登汽封。一般地，轴端汽封最外三段不能使用布莱登汽封，这主要是要保证汽轮机在启动过程中能正常建立起真空。

布莱登汽封综合考虑了机组的安全性与经济性，能保证汽轮机在启、停过程中汽封与转子有较大的间隙，动、静部分不发生摩擦，而在机组正常运行时，汽轮机能够保持合理而且较小的动、静间隙，减少汽封漏汽损失，从而达到提高汽轮机效率的目的。

但是，布莱登汽封是否能够达到设计要求，螺旋弹簧的质量和工作性能是关键。同时，由于需要工作蒸汽来保证汽封的准确位移，蒸汽中如果有杂质，会堵塞通道，导致汽封不能到位。而且，在启动初期由于汽封间隙较大，蒸汽与转子换热加强，会使转子相对膨胀变化，影响启动过程。因此，是否采用布莱登汽封，应在综合评价的基础上决策。

二、汽轮机进、排汽机构的损失

（一）压力损失

汽轮机在启动、停机和负荷变化时，通过控制调节汽阀的开度来改变进入汽轮机的蒸汽流量或蒸汽参数，也可以同时改变蒸汽流量和蒸汽参数。而当汽轮机发生异常情况，危及机组设备和人员的安全时，则通过主汽阀和调节汽阀迅速切断进入汽轮机的蒸汽汽源，实现紧急停机，防止事故的进一步扩展。图 3 - 12 是 600MW 汽轮机高压主汽阀剖面图，图 3 - 13 是 600MW 汽轮机高压调节阀剖面图。

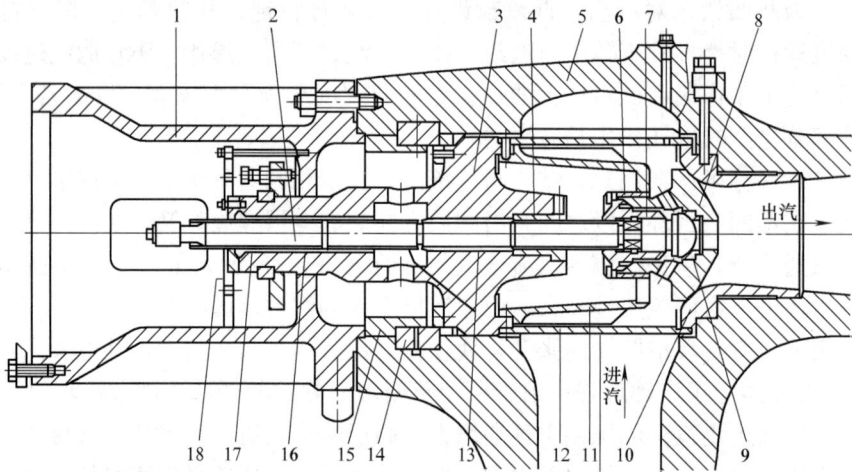

图 3-12 600MW 汽轮机高压主汽阀剖面图

1—支架；2—阀杆（预启阀芯）；3—阀盖；4—套筒；5—阀壳；6—螺母；7—套筒；8—主汽阀芯；
9—预启阀阀座；10—主汽阀阀座；11—防护套；12—滤网；13—阀杆套筒；
14—压环；15—压环套；16—阀杆导向套筒；17—套筒；18—挡汽板

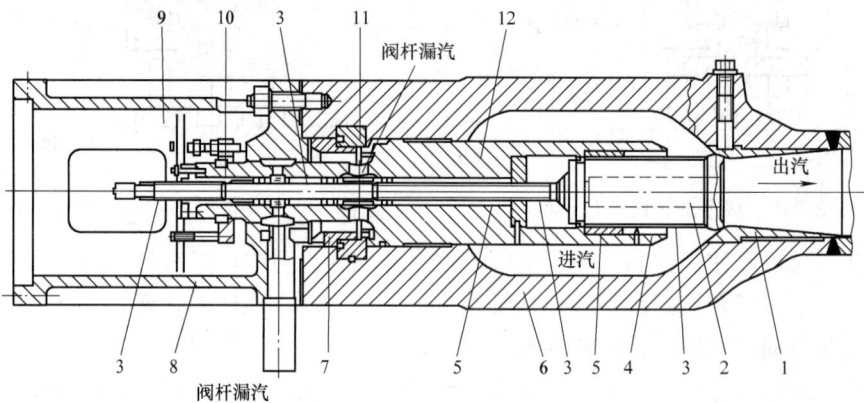

图 3-13 600MW 汽轮机高压调节阀剖面图

1—阀座；2—阀杆（阀芯）；3—阀杆导向套筒；4—内套筒；5—阻汽片；6—阀壳；
7—压环套；8—支架；9—挡汽板；10—顶部套筒；11—压环；12—阀盖

　　蒸汽在进入汽轮机工作级之前，必须先通过主汽阀和调节汽阀、主蒸汽管道、蒸汽室等。由于蒸汽流动中存在着沿程阻力和局部阻力等原因，将产生压力损耗。汽轮机的排汽从末级动叶出口，经排汽缸流至凝汽器，为克服汽流的摩擦和涡流，必须要有合理的压力降。这些压力损失称为进汽、排汽机构中的压力损失。若忽略蒸汽流动时的散热损失，这些压力损失的热力过程均可以近似为一个等比焓的节流过程，即压力有所下降，但比焓值不变。

　　图 3-14 为典型一次中间再热汽轮机的热力过程线，可以分成高压缸和中、低压缸两部分。如果没有进汽、排汽机构中的压力损失，整台汽轮机的理想比焓降为高压缸中的理想比焓降 Δh_{t1} 和中、低压缸中的理想比焓降 Δh_{t2} 之和。对于中间再热汽轮机而言，进汽机构的压力损失主要影响高压缸的理想比焓降，其理想比焓降损失值为 $\delta h_{t1} = \Delta h_{t1} - \Delta h'_{t1}$。进汽机

构的压力损失大小与流经阀门类型、汽阀型线、汽流速度、蒸汽室形状和管道长度及弯曲程度等因素有关。在设计时，应选取阀门全开工况下蒸汽速度不大于 $40 \sim 60 \mathrm{m/s}$。这样其进汽机构的压力损失为

$$\Delta p_0 = p_0 - p'_0 = (0.03 \sim 0.05)p_0 \tag{3-29}$$

式中：p'_0 为汽轮机工作喷嘴前压力，MPa。

中间再热管道压力损失划分为两部分，一部分是再热蒸汽流过再热器和再热冷、热管道时的压力损失，再热蒸汽吸收再热热量提高汽温的同时，降低了压力。压力损失为

$$\Delta p_r = p_r - p'_r = 0.1 p_r \tag{3-30}$$

式中：p_r 为汽轮机高压缸排汽压力，MPa。

另一部分是蒸汽流经中压联合进汽阀（中压主汽阀与中压调节汽阀）的压力损失，造成中、低压缸的理想比焓降损失 $\delta h_{t2} = \Delta h_{t2} - \Delta h'_{t2}$，其压力损失为

$$\Delta p'_r = p'_r - p''_r = 0.02 p_r \tag{3-31}$$

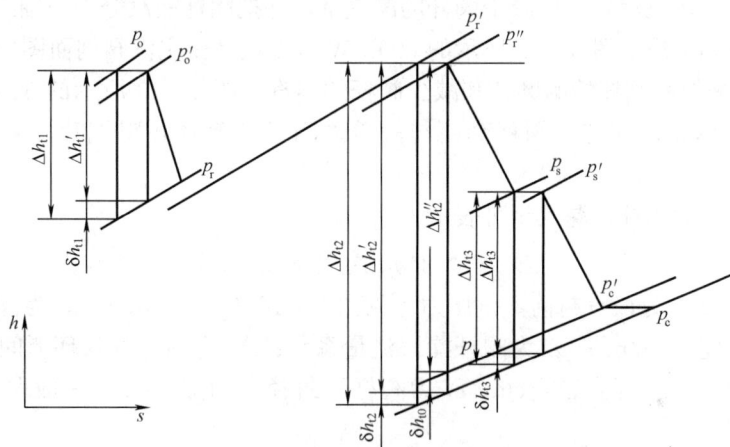

图 3-14 一次中间再热汽轮机热力过程线

在汽轮机正常运行时，中压联合进汽阀处于全开状态，当负荷小于 30% 额定负荷时，才参与调节，所以，中压主汽阀与中压调节汽阀的压力损失要比高压主汽阀和调节汽阀的压力损失小。

在采用分缸结构时，蒸汽经过两个汽缸之间连通管时，其流动阻力引起压力损失，其理想比焓降损失值为 $\delta h_{t3} = \Delta h_{t3} - \Delta h'_{t3}$，其压力损失为

$$\Delta p_s = p_s - p'_s = (0.02 \sim 0.03)p_s \tag{3-32}$$

式中：p_s 为连通管压力，MPa。

汽轮机的排汽从末级动叶出口，经排汽缸流至凝汽器，为克服汽流的摩擦阻力和涡流，造成其压力降低，这部分压力损失称为汽轮机排汽阻力损失。凝汽器喉部压力 p_c 是由凝汽器以及循环水系统的运行工况确定的，由于排汽阻力损失的存在，使末级动叶出口的蒸汽压力 p'_c 高于凝汽器喉部压力 p_c。对于中间再热汽轮机而言，排汽阻力损失主要影响中、低压缸的理想比焓降，其理想比焓降损失值为 $\delta h_{tc} = \Delta h'_{t2} - \Delta h''_{t2}$。排汽压力损失的大小取决于排汽通道中汽流的速度和排汽管的结构和型线，其估算公式为

$$\Delta p_c = p'_c - p_c = \lambda \left(\frac{c_{ex}}{100}\right)^2 p_c \quad \mathrm{kPa} \tag{3-33}$$

式中：λ 为排汽管的流动阻力系数；c_{ex} 为排汽管中的汽流速度，m/s；p_c 为凝汽器喉部压力，kPa。

凝汽式汽轮机组，通常可取排汽管的流动阻力系数 $\lambda = 0.05 \sim 0.1$。对于大型凝汽式汽轮机组，由于末级排汽余速动能较大，为了减少损失，提高机组热经济性，通常将排汽段设计成效率较高的扩压段，使排汽的动能转变成静压，以补偿排汽管中的压力损失，力求 p'_c 尽可能接近 p_c。另外也可采用限制流速、设置导流环、导流板等减少流动阻力的措施。设计良好的排汽段，流动阻力系数 λ 可以取得小些。

一般的，对于凝汽式汽轮机组，排汽管中的汽流速度 $c_{ex} < 80 \sim 100$m/s；对于背压式汽轮机组，排汽管中的汽流速度 $c_{ex} < 40 \sim 60$m/s。

（二）阀杆漏汽损失

进汽阀包括主汽阀和调节汽阀，为了防止阀杆卡涩，阀杆与套筒之间留有一定的径向间隙。通过阀杆间隙泄漏的蒸汽损失称为阀杆漏汽损失。通常阀杆套筒设计成锯齿形，将阀杆间隙分成若干段，构成汽封，以减少阀杆的漏汽量，并把阀杆漏汽分别与轴封系统相连，回收其漏汽的热量和工质。图 3-12 所示的 600MW 汽轮机高压主汽阀剖面图中，阀杆上装有 4 段阀杆套筒，来提高阀杆的耐磨性和减少阀杆的漏汽。图 3-13 所示的 600MW 汽轮机高压调节汽阀剖面图中，阀芯、阀杆套筒与阀盖之间设有叠片式阻汽片，来减少阀杆的漏汽量。

对于间隙分段的阀杆，漏汽量可表示为

$$\Delta D_v = 0.240\mu_v A_v \sqrt{p_0 \rho_0} \quad \text{t/h} \tag{3-34}$$

式中：p_0 为阀杆每一分段汽封前蒸汽压力 [见图 3-16（a）]，MPa；ρ_0 为阀杆每一分段汽封前蒸汽质量密度，kg/m³；μ_v 为阀杆漏汽流量系数；A_v 为阀杆汽封环形间隙面积，cm²，$A_v = \pi d \delta_r$，其中 d 为阀杆直径，cm；δ_r 为阀杆汽封径向间隙，cm，一般取 $\delta_r = (0.04 \sim 0.05)d$。

阀杆漏汽流量系数 μ_v 与阀杆分段汽封前后压力比以及蒸汽流动状况（层流或者紊流）有关。通常可按以下步骤确定。

1. 确定雷诺数 Re^*

$$Re^* = \frac{3350\delta_r \sqrt{p_0 \rho_0}}{\eta_0 \times 10^6} \tag{3-35}$$

式中：η_0 为阀杆分段汽封前蒸汽的动力黏度，Pa·s，可以根据阀杆分段汽封前蒸汽参数 p_0，t_0 查水蒸气热力性质表得出。

2. 查紊流流量系数 μ_{tu}

先计算系数 $K_1 = \dfrac{l}{\delta_r \sqrt[4]{Re^*}}$，$l$ 为阀杆中一段汽封的长度，cm。查图 3-16（b），其中 p_2 是所计算汽封腔向漏汽方向的下一个汽封腔的压力，得 μ_{tu}。

3. 确定流量系数 μ_v

当 $\mu_{tu} Re^* > 1$ 时，说明阀杆汽封间隙中漏汽流动为紊流状态，$\mu_v = \mu_{tu}$；

当 $\mu_{tu} Re^* < 1$ 时，说明阀杆汽封间隙中漏汽流动为层流状态，$\mu_v = \mu_{la}$，其中，μ_{la} 可根据 $K_2 = \dfrac{l}{\delta_r \cdot Re^*}$ 查图 3-15（a）得到。

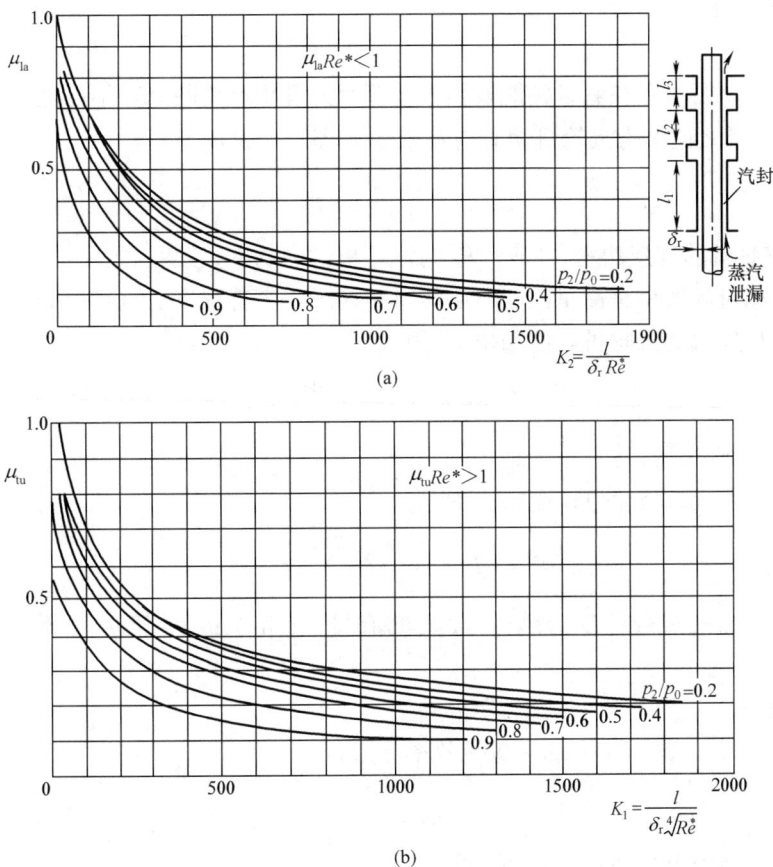

图 3 - 15　阀杆漏汽流量系数曲线

(a) 层流流量系数 μ_{la}；(b) 紊流流量系数 μ_{tu}

三、机械损失

汽轮机在运行时，用于克服径向轴承、推力轴承摩擦阻力和带动主油泵、调节系统等所损耗的功率 δP_m，叫机械损失。汽轮机内功率 P_i 减去机械损失 δP_m 即为汽轮机主轴输出的轴端功率 P_m。机械损失的大小更多以机械效率 η_m 形式来表示，即

$$\eta_m = \frac{P_i - \delta P_m}{P_i} = \frac{P_m}{P_i} \tag{3-36}$$

对于同一台汽轮机组，在一定的转速下，汽轮机的机械损失 δP_m 在不同负荷下近似为一个常数，因而，汽轮机的机械效率是随着负荷增加而增加的。对于不同容量的汽轮机组，机械损失并不与机组容量成正比，大容量汽轮机组的机械效率大于小容量机组的机械效率。

四、汽轮机装置的效率及热经济性指标

汽轮发电机组在能量转换的实际过程中，由于存在着各种能量损失，蒸汽的理想能量不可能全部转变为发电机发出的电能。因此在汽轮机组中，通常用各种效率来评价能量转换过程的完善程度。在汽轮发电机组的效率概念中分相对效率、绝对效率两类。相对效率不考虑循环热效率，而绝对效率是以每千克蒸汽在锅炉中的吸热量为理想输入能量的，即考虑循环热效率。

（一）相对效率

1. 汽轮机相对内效率

在汽轮机中，由于存在着各种能量损失，蒸汽的理想比焓降 Δh_t 不可能全部转变为有效比焓降 Δh_i，两者之比称为汽轮机相对内效率 η_{ri}，即

$$\eta_{ri} = \frac{\Delta h_i}{\Delta h_t} = \frac{P_i}{P_t} \qquad (3-37)$$

式中：P_t 为汽轮机的理想功率，kW；P_i 为汽轮机的内功率，kW。

汽轮机的相对内效率是衡量汽轮机中能量转换过程完善程度的重要指标之一。

对于无回热抽汽的汽轮机，内功率 P_i 为

$$P_i = P_t \eta_{ri} = \frac{D_0 \Delta h_t \eta_{ri}}{3.6} \qquad (3-38)$$

式中：D_0 为主蒸汽流量，t/h。

对于有回热抽汽的汽轮机，内功率 P_i 为

$$P_i = P_t \eta_{ri} = \frac{1}{3.6} \sum_{j=1}^{n} D_j \Delta h_{ij} \qquad (3-39)$$

式中：n 为回热抽汽级数；D_j 为第 j 段蒸汽流量，t/h；Δh_{ij} 为第 j 段蒸汽有效比焓降，kJ/kg。

2. 机械效率

正如前面式（3-36）定义的，机械效率 η_m 为

$$\eta_m = \frac{P_m}{P_i} \qquad (3-40)$$

故汽轮机主轴输出的轴端功率 P_m 为

$$P_m = P_i - \delta P_m = P_i \eta_m = \frac{D_0 \Delta h_t \eta_{ri} \eta_m}{3.6} \qquad (3-41)$$

3. 发电机效率

发电机中的损失包含铁损、铜损及其机械损失，发电机出线功率 P_{el} 要小于汽轮机主轴输出的轴端功率 P_m，两者之比称为发电机效率 η_{el}，即

$$\eta_{el} = \frac{P_{el}}{P_m} \qquad (3-42)$$

其中铁损、机械损失近似为常数，而铜损随电功率增加而增大，所以在进行热力性能试验时，要按电功率来计算发电机效率 η_{el}，一般分析时常取 $\eta_{el} = 0.98 \sim 0.99$。

发电机出线功率 P_{el} 为

$$P_{el} = P_m \eta_{el} = \frac{D_0 \Delta h_t \eta_{ri} \eta_m \eta_{el}}{3.6} \qquad (3-43)$$

4. 汽轮发电机组的相对电效率

汽轮机相对内效率、机械效率和发电机效率三者的乘积称为汽轮发电机组的相对电效率 $\eta_{r,el}$，即

$$\eta_{r,el} = \eta_{ri} \eta_m \eta_{el} \qquad (3-44)$$

汽轮发电机组的相对电效率表示 1kg 蒸汽具有的理想比焓降中最终转换为电能的份额，是评价汽轮发电机组工作完善程度的一个综合指标。则式（3-43）可以写成

$$P_{\mathrm{el}} = \frac{D_0 \Delta H_{\mathrm{t}} \eta_{\mathrm{r,el}}}{3.6} \tag{3-45}$$

（二）绝对效率

1. 循环热效率

循环热效率定义为 1kg 蒸汽具有的理想比焓降 Δh_{t} 与 1kg 蒸汽在锅炉中吸收的热量 Q_0 的比值。即

$$\eta_{\mathrm{t}} = \frac{\Delta h_{\mathrm{t}}}{Q_0} = \frac{\Delta h_{\mathrm{t}}}{h_0 - h_{\mathrm{fw}}} \tag{3-46}$$

式中：ΔH_{t} 为蒸汽动力循环中 1kg 蒸汽具有的理想比焓降，kJ/kg；Q_0 为 1kg 蒸汽在锅炉中吸收的热量，kJ/kg；h_0 为汽轮机新蒸汽的比焓值，kJ/kg；h_{fw} 为末级高压加热器出口的给水比焓值，如无回热抽汽则为凝结水比焓值，kJ/kg。

2. 绝对电效率

绝对电效率是评价汽轮发电机组的另一个重要指标。其定义为 1kg 蒸汽具有的理想比焓降 ΔH_{t} 转换为电能的份额与 1kg 蒸汽在锅炉中吸收的热量 Q_0 之比，即

$$\eta_{\mathrm{a,el}} = \frac{\Delta h_{\mathrm{t}} \eta_{\mathrm{ri}} \eta_{\mathrm{m}} \eta_{\mathrm{el}}}{Q_0} = \frac{\Delta h_{\mathrm{t}} \eta_{\mathrm{ri}} \eta_{\mathrm{m}} \eta_{\mathrm{el}}}{h_0 - h_{\mathrm{fw}}} = \eta_{\mathrm{ri}} \eta_{\mathrm{m}} \eta_{\mathrm{el}} \eta_{\mathrm{t}} \tag{3-47}$$

3. 电厂热效率

电厂热效率是在上述绝对电效率的基础上，再考虑锅炉效率、管道效率以及厂用电率等形成的效率值，即

$$\eta_{\mathrm{s,el}} = C_{\mathrm{s}} \eta_{\mathrm{a,el}} \tag{3-48}$$

式中：C_{s} 为电厂热效率系数，一般 $C_{\mathrm{s}} = 0.80 \sim 0.85$ 左右。现代大型汽轮发电机组的电厂热效率在 45% 左右。

（三）其他重要热经济性指标

除了用上述的各种效率来表示火力发电厂中汽轮发电机组的经济性以外，还常用每产生 1kW·h 电能所消耗的蒸汽量和热量来反映汽轮发电机组的经济性。

1. 汽耗率

汽耗率定义为每生产 1kW·h 电能所消耗的蒸汽量，用 d[kg/(kW·h)] 来表示

$$d = \frac{1000 D_0}{P_{\mathrm{el}}} = \frac{3600}{\Delta h_{\mathrm{t}} \eta_{\mathrm{r,el}}} \tag{3-49}$$

汽耗率作为经济性评价指标适合于相同功率、相同参数的同类型机组之间，或同一机组运行在不同工况之间的比较，而不适合于评价不同功率、不同参数、不同型式机组间的经济性好坏。这是因为蒸汽参数不同，每千克蒸汽占有的比焓降不一样，特别是凝汽式汽轮机组与供热式汽轮机组之间差别更大。供热式汽轮机组生产 1kW·h 电能所需要的蒸汽量可能大于凝汽式汽轮机组，但经济性不一定比凝汽式汽轮机组差，因为供热式机组有一部分热量被热用户利用。

2. 热耗率

热耗率定义为每生产 1kW·h 电能所消耗的热量，用 q[kJ/(kW·h)] 来表示。对于无中间再热汽轮机组，热耗率为

$$q = d(h_0 - h'_{\mathrm{fw}}) = \frac{3600(h_0 - h'_{\mathrm{fw}})}{\Delta h_{\mathrm{t}} \eta_{\mathrm{r,el}}} = \frac{3600}{\eta_{\mathrm{a,el}}} \tag{3-50}$$

对于中间再热汽轮机组，热耗率为

$$q = d\left[(h_0 - h'_{fw}) + \frac{D_r}{D_0}(h_r - h'_r)\right] \tag{3-51}$$

式中：D_0 为汽轮机主蒸汽流量，t/h；D_r 为再热蒸汽流量，t/h；h_0 为主蒸汽比焓值，kJ/kg；h_r 为再热蒸汽进汽比焓值，kJ/kg；h'_r 为高压缸排汽比焓值，kJ/kg；h'_{fw} 为锅炉给水比焓值，kJ/kg。

热耗率可以作为不同机组之间经济性评价的指标，消耗多少热量间接表示将消耗多少燃料量。表 3-1 列出了汽轮发电机组的各种效率以及热经济性指标的大致范围。

表 3-1 汽轮发电机组效率以及热经济性指标一览表

额定功率 （MW）	相对内效率 η_{ri}	机械效率 η_m	发电机效率 η_{el}	绝对电效率 $\eta_{a,el}$	汽耗率 d [kg/(kW·h)]	热耗率 q [kJ/(kW·h)]
12～25	0.82～0.85	0.985～0.99	0.965～0.975	0.30～0.33	4.7～4.1	12140～10890
50～100	0.85～0.87	～0.99	0.98～0.985	0.37～0.39	3.7～3.5	9630～9210
125～200	0.87～0.88	＞0.99	0.985～0.99	0.42～0.43	3.2～3.0	8500～8370
300～600	0.885～0.90	＞0.99	0.985～0.99	0.44～0.46	3.2～2.9	8100～7810
＞600	＞0.90	＞0.99	0.985～0.99	＞0.46	＜3.2	＜7800

五、汽轮机极限功率和提高单机功率的主要措施

由式（3-45）所知，当汽轮机总的比焓降不变，$\eta_{r,el}$ 接近常数时，汽轮机的功率 P_{el} 取决于流量 D_0，而流量又取决于通流面积。在一定的初、终参数和转速下，限制凝汽式汽轮机的单机功率的主要因素是末级动叶的体积流量。如某些亚临界、中间再热凝汽式汽轮机的末级比体积要比新蒸汽比体积增大 1000 多倍，使得末级通流面积和动叶高度大大增加。但是，受到材料强度的限制，末级叶片的长度是有限的，不可能无限增长。传统上，在一定的蒸汽初终参数和转速下，单排汽口凝汽式汽轮机所能发出的最大功率称为汽轮机的极限功率。目前，末级叶片最大长度可达 1000～1300mm，叶片顶端最大允许圆周速度为 550～700m/s，故单排汽口极限功率约为 110～150MW。

汽轮机单机功率的提高，可大大降低单位功率的造价和运行成本。提高汽轮机单机功率的主要措施有以下几种。

（一）提高新蒸汽参数

提高新蒸汽参数是提高汽轮机单机功率最有效的措施之一，由此可以提高汽轮机整机总理想比焓降，提高循环热效率。目前新蒸汽参数已普遍采用超临界参数。降低终参数，也是提高整机理想比焓降的措施。采用超临界、超超临界蒸汽参数，需要在综合技术经济分析的基础上实施。

（二）采用高强度、低质量密度的合金材料

汽轮机动叶，尤其是末几级动叶，采用高强度、低质量密度的合金材料后，可以增加叶片高度和通流面积，从而提高汽轮机单机功率。例如采用钛合金材料等。

（三）采用多排汽口

将汽轮机设计为多排汽缸形式，以保证能通过更大的流量，这也是目前普遍采用的增大汽轮机单机功率的最有效措施之一。例如 600MW 机组低压缸采用 4 排汽口结构。

（四）采用低转速

在给定初、终参数情况下，汽轮机功率与通流面积成正比。而当叶片材料所能承受的离心力一定时，通流面积与转速的平方成反比。所以降低转速能大幅度提高通流面积，而显著增大汽轮机单机功率。但是，如果各级的平均直径不变，考虑到最佳速比，降低转速会使各级的比焓降减小，势必造成汽轮机级数增加，因此在火电厂中通常不采用降低汽轮机转速的措施来提高单机功率。只有在核电站汽轮机中，因为新蒸汽为饱和蒸汽，蒸汽的体积流量很大，为了解决末级叶片排汽的困难，才采用半速汽轮机。

（五）提高机组的相对内效率

采用全三维弯扭叶片和新型轴封装置，提高机组的相对内效率，使得各级级内损失降低，从而提高汽轮机单机功率和机组的热经济性。

（六）采用给水回热循环

采用逐级回热抽汽加热给水，会产生两个方向的作用，一是提高汽轮机组的循环热效率，二是减少了通过末级的蒸汽流量，在排入凝汽器流量相同的前提下，可以增加汽轮机的进汽量，促使汽轮机组功率增加。

（七）采用中间再热循环

通过中间再热循环，可以增加汽轮机总的理想比焓降，另外可以减少低压级的蒸汽湿度，降低低压级的湿汽损失，从而提高单机功率。

第三节　多级汽轮机的轴向推力

一、多级汽轮机的轴向推力

对于轴流式汽轮机，在蒸汽沿轴向从高压端膨胀做功流向低压端的同时，蒸汽压差在转子上凸出的部件（叶片、叶轮等）两侧引起从高压端指向低压端的轴向力，这个力就称为转子的轴向推力。对于多级汽轮机，轴向推力是各级轴向推力的叠加，其数值相当可观，是汽轮机组安全运行必须解决的问题之一。随着机组容量的增大，轴向推力也随之增大。在大型冲动式汽轮机中，轴向推力可达数兆牛顿（MN），而在反动式汽轮机中可能更大。

多级汽轮机中的轴向推力主要是在动叶片、叶轮和轴的凸肩三个部位产生，如图 3-16 所示。在具体计算整个汽轮机轴向推力时，其思路可以归纳为以下几点：①整个汽轮机主轴是受到轴向推力作用的部件；②从部件结构上确定其受力面积；③从蒸汽流动方向上确定部件前后的压力差；④受力面积与前后压力差相乘，得到一个部件的轴向推力；⑤将整个汽轮机主轴上所有部位的轴向力进行叠加，得到总轴向推力。

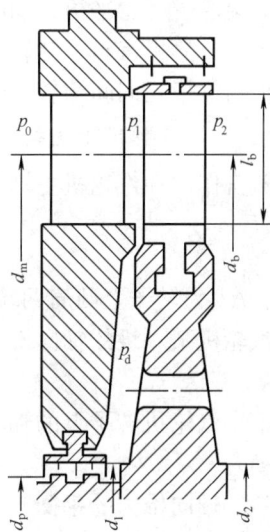

图 3-16　冲动式汽轮机级的结构

（一）蒸汽作用于动叶片上的轴向推力 F_{z1}

根据第二章的讨论可知，蒸汽作用在动叶片上的轴向推力 F_{z1} 为

$$F_{z1} = G(c_1 \sin\alpha_1 - c_2 \sin\alpha_2) + \pi d_b l_b (p_1 - p_2) \approx \pi d_b l_b (p_1 - p_2) \tag{3-52}$$

在冲动级中，一般轴向分速相差不大，即 $c_1 \sin\alpha_1 \approx c_2 \sin\alpha_2$，所以式（3-52）中由轴向分速产生的轴向推力可以忽略不计。为了计算方便，当级内的比焓降反动度都不大时，可以用级的压力反动度 Ω_p 来近似替代级的平均比焓降反动度 Ω_m。即

$$\Omega_m = \frac{\Delta h_b}{\Delta h_t^*} \approx \Omega_p = \frac{p_1 - p_2}{p_0 - p_2} \tag{3-53}$$

这样，式（3-52）可以近似为

$$F_{z1} \approx \pi d_b l_b \Omega_m (p_0 - p_2) \tag{3-54}$$

一般来说各级的压力反动度 Ω_p 都小于级的平均比焓降反动度 Ω_m，用 Ω_m 替代 Ω_p 所计算得到的轴向推力会偏大，偏于安全。如果是采用部分进汽的级，则在计算时应乘以级的部分进汽度 e。

（二）蒸汽作用于叶轮轮面上的轴向推力 F_{z2}

图 3-17 所示的冲动式多级汽轮机中间级中，叶轮轮面上的轴向推力 F_{z2} 为

$$F_{z2} = \frac{\pi}{4} \big[(d_b - l_b)^2 - d_1^2 \big] p_d - \frac{\pi}{4} \big[(d_b - l_b)^2 - d_2^2 \big] p_2 \tag{3-55}$$

当叶轮轮面两侧轮毂直径相等（ $d_1 = d_2 = d$ ）时，式（3-55）可以简化为

$$F_{z2} = \frac{\pi}{4} \big[(d_b - l_b)^2 - d^2 \big] (p_d - p_2) \tag{3-56}$$

式中： p_d 为隔板与叶轮轮面间汽室的压力，Pa； d 为叶轮轮毂直径，m。

隔板与叶轮轮面间汽室的压力 p_d 在一般情况下并不等于动叶前压力 p_1，需要根据具体情况而定。当级的平均反动度 Ω_m 过小，且通过隔板汽封处的漏汽量过大，则漏汽在流过叶轮上平衡孔的同时，还有部分会通过动叶叶根与隔板之间间隙处吸入并扰动主蒸汽流，此时 $p_d > p_1$。相反，若级的平均反动度 Ω_m 较大，且通过隔板汽封处的漏汽量较小，动叶叶根处的汽流会通过叶轮平衡孔漏到级后，则 $p_d < p_1$。因此，隔板与叶轮轮面间汽室的压力 p_d 值取决于通过隔板汽封、叶轮上的平衡孔和叶根与隔板之间间隙的漏汽量三者平衡条件。只有当叶根与隔板之间间隙较大时，才可以认为 $p_d = p_1$。

（三）蒸汽作用于主轴凸肩上的轴向力 F_{z3}

蒸汽作用在汽轮机主轴两端汽封和隔板汽封的凸肩上的轴向推力 F_{z3} 为

$$F_{z3} = \frac{\pi}{4} (d_1^2 - d_2^2) \Delta p \tag{3-57}$$

式中： Δp 为转子上凸肩两端的压差，Pa； d_1、d_2 分别为转子上凸肩两端的直径，m。

汽轮机某一级的轴向推力为

$$F_z' = F_{z1} + F_{z2} + F_{z3} \tag{3-58}$$

整个汽轮机转子上的轴向推力等于各级轴向推力的总和，即

$$F_z = \sum F_z' \tag{3-59}$$

二、轴向推力的平衡

多级汽轮机在结构设计时，总是要根据汽轮机组的形式、参数、功率等特点，采取措施来减小或平衡轴向推力，常用的平衡方法有以下几种。

（一）平衡活塞法

在汽轮机转子高压轴封端加大第一段汽封套的直径，以产生与主蒸汽在轴流方向相反的

轴向推力，这种方法为平衡活塞法，如图 3-17 所示套装在汽轮机转子上的外径为 d_x 的平衡活塞。

随着汽轮机容量的增大，轴向推力也越来越大，要求平衡活塞的外径也增大，随之而来的是轴封漏汽面积也增大，轴封漏汽量增加，汽轮机组的效率降低。因此，平衡活塞法在高参数、大容量的汽轮机组中使用并不多。

（二）转子设计成转鼓形式

对于反动式汽轮机，由于各级的反动度较大，动叶片两侧的压差很大，所以把转子设计成转鼓形式，来减小在每级叶轮上产生的轴向力。这种方法适用于反动式汽轮机。

（三）叶轮上开平衡孔

通过在叶轮上开 5～7 个平衡孔，减少叶轮前后蒸汽压力差，以减小轴向推力。适用于冲动式汽轮机。

图 3-17　平衡活塞示意图

（四）汽缸对称布置法

汽缸对称布置是大型多缸汽轮机平衡轴向推力的最有效办法。如图 3-18 所示，当汽轮机由高压缸、中压缸、两个低压缸组成时，把高压缸与中压缸对称布置，蒸汽轴向流动方向相反，大部分轴向推力被相互抵消。两个低压缸对称布置，且由于蒸汽参数相同，轴向流动方向相反，低压缸的轴向推力几乎全部抵消。

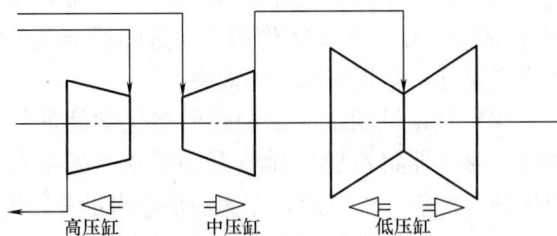

（五）推力轴承的采用

为了维持在不同运行工况下，汽轮发电机组转子轴向位置的稳定性，防止发生轴向窜动，在采取措施减小与平衡掉大部分轴向推力以后，将剩余的轴向推力，由推力轴承来承担。转子上的推力盘压在推力轴承的瓦块上，还可以起到转子轴向定位的作用，因此推力轴承是每台汽轮机都必须采用的轴向推力平衡措施。

图 3-18　汽轮机汽缸对称布置示意图
（空心箭头所示为轴向推力方向）

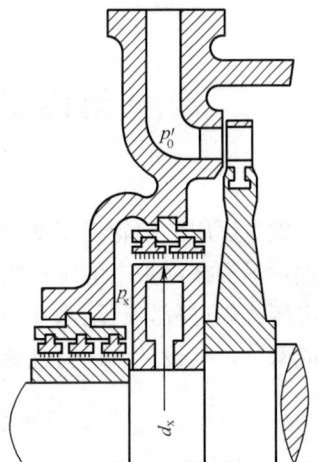

高压缸　　中压缸　　低压缸

第四章　汽轮机的凝汽系统及设备

发电厂用的汽轮机组绝大部分是凝汽式汽轮机。在火电厂中，蒸汽循环做功主要有四大过程：蒸汽在锅炉中的定压吸热过程，蒸汽在汽轮机中膨胀做功过程，汽轮机排汽在凝汽器中定压放热过程，凝结水在给水泵中的升压过程。可见，凝汽系统及设备是汽轮机组的重要组成部分，其设计、运行性能将直接影响到整个汽轮机组的经济性和安全性。

第一节　凝汽系统的工作原理

图 4-1 是汽轮机凝汽系统示意图，系统由凝汽器 3、抽气设备 4、循环水泵 5、凝结水泵 6 以及相连的管道、阀门等组成。

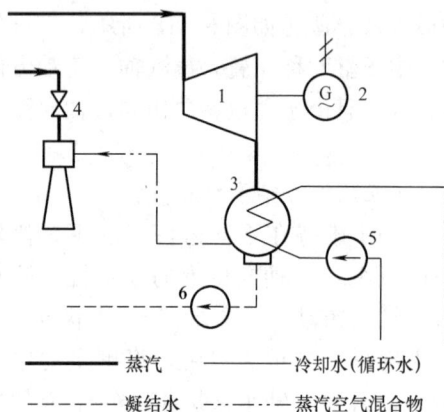

图 4-1　汽轮机凝汽系统示意图
1—汽轮机；2—发电机；3—凝汽器；4—抽气
设备；5—循环水泵；6—凝结水泵

在凝汽式汽轮机组整个热力循环中，凝汽系统的任务可以归纳为以下四点。

（1）在汽轮机末级排汽口建立并维持规定的真空。从热力学第二定律的观点，完整的动力循环必须要有一个冷源，凝汽系统在蒸汽动力循环（朗肯循环）中起着冷源作用，通过降低排汽压力和排汽温度，来提高循环热效率。

（2）汽轮机的工质是经过严格化学处理的水蒸气，凝汽器将汽轮机排汽凝结成水，凝结水经回热抽汽加热、除氧后，作为锅炉给水重复使用。

（3）起到真空除氧作用，利用热力除氧原理除去凝结水中的溶解气体（主要为氧气），从而提高凝结水品质，防止热力系统低压回路管道、阀门等腐蚀。

（4）起到热力系统蓄水作用，凝汽器既是汇集和储存凝结水、热力系统中的各种疏水、排汽和化学补充水的场所，又是缓解运行中机组流量的急剧变化，从而起到热力系统稳定调节作用的缓冲器。

为了完成上述任务，仅有凝汽器是不够的。要保证凝汽器的正常工作，必须随时维持 3 个平衡：①热量平衡，汽轮机排汽放出的热量等于冷却水（又称循环水）带走的热量，故在凝汽系统中必须设置循环水泵。②质量平衡，汽轮机排汽流量等于抽出的凝结水流量，所以在凝汽系统中必须设置凝结水泵。③空气平衡，在凝汽器和汽轮机低压部分漏入的空气量等于抽出的空气量，因此必须设置抽气设备。

凝汽器内的真空是通过蒸汽凝结过程形成的。当汽轮机末级排汽进入凝汽器后，受到冷却水的冷却而凝结成凝结水，放出汽化潜热。由于蒸汽凝结成水的过程中，体积骤然缩小，（在 0.0049MPa 的压力下，水的体积约为干蒸汽的 1/28000 倍，这样就在凝汽器容积内形成了高度真空。其压力为凝汽器内温度对应的蒸汽饱和压力，温度越低，真空越高。为了保持所形成的真空，通过抽气设备把漏入凝汽器内的不凝结气体抽出，以免其在凝汽器内逐渐积累，恶化凝汽器真空。

第二节 凝 汽 系 统

目前，发电厂使用的凝汽系统主要以水为冷却介质，在严重缺水的发电厂也可用空气为冷却介质。

一、水冷凝汽系统

水的传热系数比较大，因此，发电厂大多采用水冷凝汽系统（见图4-1）。水冷凝汽系统的冷却方式又可以分为直流供水方式（也称开式循环水系统）和循环供水方式（也称闭式循环水系统）两种。直流供水方式是以江、河、湖、海的天然水源作为冷却水源。通常，凝汽系统的取水口布置在江河的上游，排水口则选在下游。直流供水方式凝汽系统广泛应用于建在大江、大海附近的发电厂。循环供水方式则需要专用的冷却塔，冷却水吸收凝汽器中排汽的热量后，送入冷却塔中进行冷却，冷却后的冷却水重新进入凝汽器中工作，如此往复循环。一般只需要补充少量冷却水来弥补循环中的水损失，因此，闭式供水方式适合于水源不足的地区采用。

二、空冷凝汽系统

空冷凝汽系统是指利用空气来带走汽轮机排汽热量的凝汽系统。采用空冷凝汽系统，不需要冷却水，所以在发电厂厂址选择上就不会受到冷却水源的限制，特别是厂址选在煤炭产地的坑口电厂，采用空冷凝汽系统，更有现实意义。

空冷凝汽系统可以分为直接空冷和间接空冷两种方式。

（一）直接空冷凝汽系统

图4-2所示为直接空冷凝汽系统的示意图，汽轮机排汽送到空冷凝汽器的翅片管束中，冷空气通过风机的输送，在翅片管外流动，将管内流动的汽轮机排汽冷却、凝结，凝结水由凝结水泵送至回热系统后，作为锅炉给水重复使用。

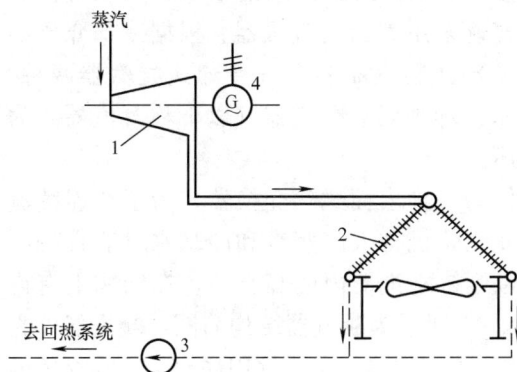

图4-2 直接空冷凝汽系统的示意图
1—汽轮机；2—空冷凝汽器；3—凝结水泵；4—发电机

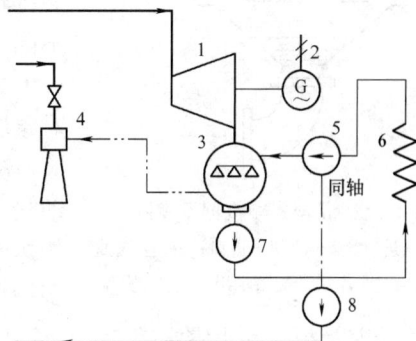

图4-3 间接空冷凝汽系统示意图
1—汽轮机；2—发电机；3—混合式凝汽器；4—抽气设备；5—水轮机；6—空气冷却器；7—循环水泵；8—给水泵

　　直接空冷凝汽系统的优点是：①不需要冷却水等中间冷却介质，适合于严重缺水区域使用；②传热温差较大，可获得较低的排汽压力。缺点是：①由于空气的传热系数低于水的传热系数，导致空冷凝汽器体积比水冷凝汽器的体积要大很多，所以对凝汽器的安装场地有更多的要求，也更容易泄漏；②直接空冷凝汽系统大多采用强制通风方式，增加了发电厂的厂用电量，也增加了环境噪声。

　　（二）间接空冷凝汽系统

　　间接空冷凝汽系统如图 4 - 3 所示，汽轮机排汽进入混合式凝汽器后，与从空气冷却器来的冷却水混合凝结为凝结水。凝汽器出来的凝结水与冷却水的混合水流，一小部分（约 3%）作为锅炉的给水，其余大部分经循环水泵打入空气冷却器，构成一个封闭型间接空冷凝汽系统。水轮机用于调节混合凝汽器喷水压力，同时回收部分能量，比如同轴驱动水泵。这种间接空冷凝汽系统克服了直接空冷凝汽系统的缺点，具有凝汽器体积小、设备投资省等优点。缺点是整个凝汽系统复杂、设备多、布置也比较困难。

第三节　凝　汽　器

一、混合式凝汽器

　　在混合式凝汽器中，汽轮机排汽与冷却水直接混合接触而使蒸汽凝结，如图 4 - 4 所示。冷却水经淋水盘分散成水滴或用喷嘴雾化成水珠与蒸汽直接接触而使其凝结成水。凝结水与冷却水混合在一起用水泵抽走，不凝结的空气用抽气设备除去。这种混合式凝汽器的优点是结构简单、制造成本低廉、冷却效果好，但其最大的缺点是凝结水与不清洁的冷却水混合后，不能作为锅炉给水，因此，现代汽轮机组中一般很少直接采用混合式凝汽器。在图 4 - 3 所示的间接空冷凝汽系统中，采用闭式混合式凝汽器，克服上述混合式凝汽器的缺点。

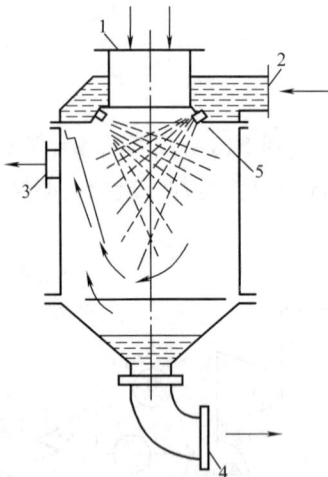

图 4 - 4　混合式凝汽器示意图

1—排汽进口；2—冷却水进口；3—空气抽气口；4—冷却水和凝结水出口；5—喷嘴

二、表面式凝汽器

　　在表面式凝汽器中，冷却介质与蒸汽被冷却表面隔开而互不接触，能保持凝结水的洁净，所以现代大型汽轮机组普遍采用表面式凝汽器。根据冷却介质的不同，有水冷却式凝汽器和空气冷却式凝汽器两种。以下主要以水冷却表面式凝汽器（以下称凝汽器）为对象展开论述。

　　凝汽器作为一种表面式热交换器，为了在连续流动状态下，使汽轮机排入的蒸汽和冷却水具有良好的传热效果，以维持凝汽器内的高真空，在结构上有许多特点。图 4 - 5 所示为凝汽器结构简图，凝汽器外壳 2 两端连接着管板 3 和水室端盖 5、6，管板上安装大量的冷却水管 4（用淡水为冷却介质的凝汽器，一般多用铜管或不锈钢管；若用海水为冷却水，则多用钛合金管），使两端水室相通。冷却水从进口 11 进入水室 8，流经另一端水室 9 再回到水室 10，从冷却水出口 12 流出。汽轮机排汽从排汽进口 1 进入凝汽器冷却水管外侧空间，并在冷却水管外表面凝结成凝结水，汇集到热井 16，由凝结水泵抽出。凝结水经过各级低压加热器、除氧器、给水泵、各级高压加热器后，作为给水进入锅炉。

根据流动介质的不同，凝汽器内可分为蒸汽侧（汽侧）和冷却水侧（水侧）两个空间。汽侧由冷却水管外表面、管板汽侧、外壳内侧、热井等组成。水侧由冷却水管内表面、管板水侧、水室、进出水口等组成。冷却水在凝汽器中依次流过冷却水管的次

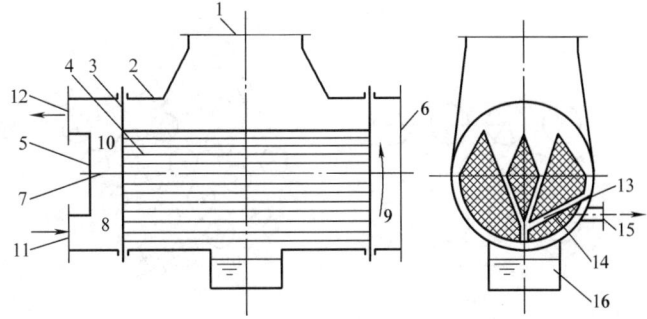

图 4 - 5 表面式凝汽器结构简图
1—排汽进口；2—凝汽器外壳；3—管板；4—冷却水管；5、6—水室端盖；
7—水室隔板；8、9、10—水室；11—冷却水进口；12—冷却水出口；
13—挡板；14—空气冷却区；15—空气抽气口；16—热井

数称为冷却水流程，图 4 - 5 中所示的凝汽器为双流程的凝汽器。

凝汽器的传热面分为主凝结区和空气冷却区 14 两部分，用挡板隔开，空气冷却区的面积约占总传热面积的 5%～10%。漏入凝汽器内的不凝结空气，经过空气冷却区进一步冷却后，由抽气设备从抽气口 15 抽出。设置空气冷却区的目的是让尚未凝结的蒸汽凝结，并冷却空气，使其体积流量减小，从而减少蒸汽工质的损失，减轻抽气设备的负荷，提高抽气效果。

三、凝汽器内蒸汽的凝结过程

蒸汽在凝汽器内的凝结过程是一种汽态向液态转变的复杂物理现象。当蒸汽被冷却到低于其饱和温度时，产生液态核化，形成均匀悬浮细微水滴，并逐渐成长。当这些悬浮水滴遇到冷却壁面，会产生珠状凝结和膜状凝结两种凝结过程。

在珠状凝结过程中，冷却水管的所有表面没有完全被凝结液膜所覆盖，在管壁的某些部分，蒸汽能直接与管壁表面接触，所以，珠状凝结过程的传热系数较大，传热效果较好。但珠状凝结过程很难发生，只有对传热表面进行特殊的处理，如对表面磨光或涂以某种油品时，才能暂时获得。

在膜状凝结过程中，冷却水管表面完全被凝结液覆盖，形成一层液膜，蒸汽与管壁热交换时需要通过这层液膜才能进行，所以其传热系数要比珠状凝结过程的传热系数低。在凝汽器内的凝结过程以膜状凝结为主。

迄今为止，人们对蒸汽凝结放热时的热交换过程进行了大量的研究工作，但因其复杂性，尤其是在凝汽器内部的蒸汽凝结过程，无法给出一个纯理论计算公式。这是因为影响凝汽器内蒸汽凝结过程的因素很多，归纳起来主要有以下几点。

（1）凝汽器内冷却水管的布置排列方式。凝汽器内冷却水管束的排列方式有很多种，如三角形排列，正方形排列，辐向排列等，如图 4 - 6 所示。冷却水管束的不同排列方式，影响凝汽器内蒸汽的流动情况。另外，上面各排管子的凝结液会降落到下面的管子上，使得下面管子的液膜更容易增厚。所以管束的传热系数要比单根管子的传热系数低。

（2）凝汽器内蒸汽的流动速度。蒸汽的流动速度增高时，会使管壁上的凝结液膜减薄，并有可能出现局部紊流，使蒸汽的凝结传热系数增大。

（3）凝汽器内的空气含量。在汽轮机排汽进口处，蒸汽所占份额极大，空气所占的份额

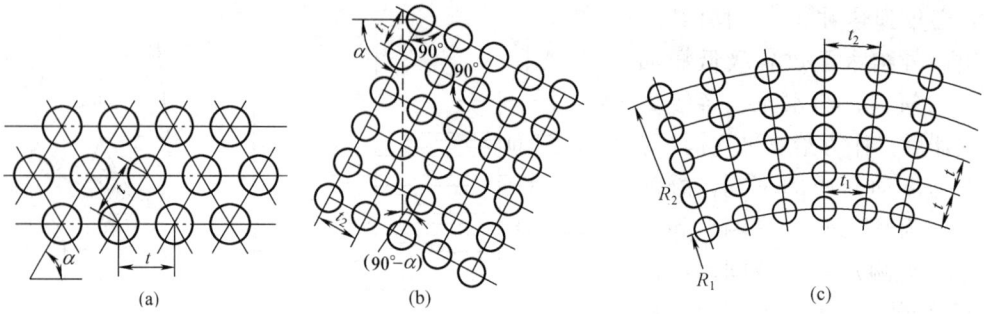

图 4-6 冷却水管束排列方法

(a) 三角形排列法；(b) 正方形错列；(c) 辐向排列法

很小（不超过 0.01%）。随着蒸汽的大量凝结，空气的份额会有所增加。在冷却水管壁面处，由于蒸汽凝结，靠近壁面处的蒸汽分压将减少，空气分压增加，形成一层空气膜。远处的蒸汽必须穿过这一层空气膜才能到达液膜处凝结，即增加了传热热阻，使传热系数下降。

考虑到上述原因，一般以整台凝汽器为研究对象，在蒸汽凝结理论指导下，通过试验得出总体平均传热系数 k 的经验公式。各国凝汽器制造厂家的总体传热系数 k 的计算公式虽然各不相同，但都考虑到冷却水管壁的清洁程度、冷却水流速、冷却水进口水温、蒸汽负荷率、管径及管材等。

下面对有代表性的、应用较广的计算公式进行介绍。

1. 美国传热学会公式

美国传热学会颁布的《表面式凝汽器标准》中规定的凝汽器总体传热系数 k 的计算公式为

$$k = k_0 \beta_3 \beta_t \beta_m \quad kJ/(m^2 \cdot h \cdot K) \tag{4-1}$$

$$k_0 = 3.6 C_d \sqrt{v_w} \tag{4-2}$$

式中：k_0 为管壁厚 1.24mm，锡黄铜的新管子，在冷却水进水温度 $t_{w1} = 21℃$ 条件下的基本平均传热系数，$kJ/(m^2 \cdot h \cdot K)$；C_d 为管径修正系数，可根据管子外径查表 4-1；β_3 为管子内壁清洁系数，可查表 4-2；β_m 为管材和壁厚修正系数，可查图 4-7；β_t 为冷却水进水温度修正系数，可查图 4-8。

表 4-1 管 径 修 正 系 数

d (mm)	16～19	22～25	28～32	35～38	41～45	48～51
C_d	2747	2705	2664	2623	2582	2541

表 4-2 管 子 内 壁 清 洁 系 数

项目	β_3	项目	β_3
直流供水和清洁水	0.80～0.85	新管	0.80～0.85
循环供水和化学处理（氯化、二氧化碳）的水	0.75～0.80	具有自动高效清洗的凝汽器管	0.85
污脏水和可能形成矿物沉淀的水	0.65～0.75	钛冷却管	0.90

单位时间内单位冷却面积上凝结的蒸汽量定义为凝汽器蒸汽负荷率 d_c，即 $d_c = D_c/A_c$。当式 (4-1) 应用于蒸汽负荷率在 40kg/(m² · h) 以上的凝汽器时，应对蒸汽负荷率的影响进行修正。

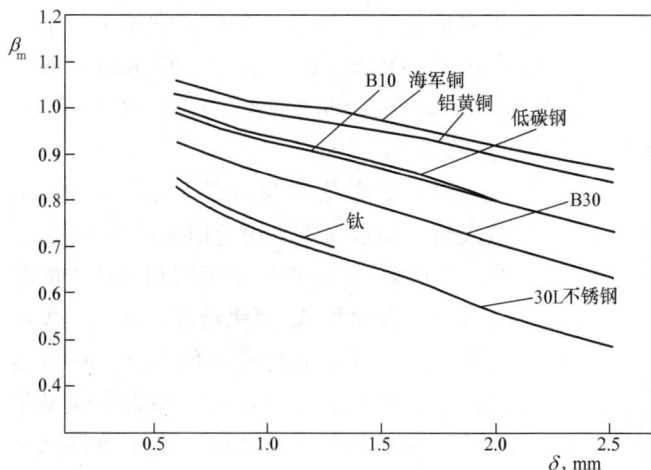

图 4 - 7 管材和壁厚修正系数 β_m

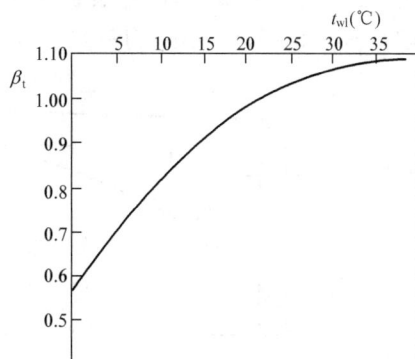

图 4 - 8 冷却水进水温度修正系数 β_t

2. 全苏热工研究院公式

前苏联全苏热工研究院提出的总体传热系数 k 的计算公式为

$$k = 14650\phi \cdot \phi_w \phi_t \phi_z \phi_d \quad kJ/(m^2 \cdot h \cdot K) \tag{4-3}$$

式中：ϕ 为冷却表面清洁程度修正系数，对直流供水方式，$\phi = 0.80 \sim 0.85$；对循环供水方式，$\phi = 0.75 \sim 0.80$；冷却水较脏时，$\phi = 0.65 \sim 0.75$；ϕ_w 为冷却水流速和管径修正系数，是冷却水流速 c_w(m/s) 、水管内径 d_1(mm) 、进口水温 t_{w1}(℃) 和冷却表面清洁程度修正系数 ϕ 的函数，即

$$\phi_w = \left(\frac{1.1c_w}{\sqrt[4]{d_1}}\right)^{0.12\phi(1+0.15t_{w1})} \tag{4-4}$$

ϕ_t 为冷却水进口水温修正系数，是进口水温 t_{w1} （℃）和冷却表面清洁程度修正系数 ϕ 的函数，即

$$\phi_t = 1 - \frac{0.42\sqrt{\phi}}{1000}(35 - t_{w1})^2 \tag{4-5}$$

ϕ_z 为冷却水流程修正系数，是冷却水流程数 z 和进口水温 t_{w1} （℃）的函数，即

$$\phi_z = 1 + \frac{z-2}{10}\left(1 - \frac{t_{w1}}{35}\right) \tag{4-6}$$

ϕ_d 为蒸汽负荷率修正系数。当蒸汽负荷率 $d_c\left(d_c = \dfrac{D_c}{A_c}\right)$ 在设计值 $(d_c)_n$ 到临界值 $(d_c)_{cr}$ 之间变化时，$\phi_d = 1$；新设计凝汽器时，$\phi_d = 1$；运行时若 $d_c < (d_c)_{cr}$，则 $\phi_d = \delta_0(2 - \delta_0)$。其中，蒸汽负荷率临界值为 $(d_c)_{cr} = (0.9 - 0.012t_{w1})(d_c)_n$，$\delta_0 = \dfrac{d_c}{(d_c)_{cr}}$。

四、凝汽器内压力的确定

汽轮机排汽进入凝汽器后，蒸汽的汽化潜热传给冷却水。就凝汽器内热量平衡而言，蒸汽凝结放出的热量等于冷却水温度升高带走的热量。而从传热过程讲，这部分蒸汽的热量等于在蒸汽与冷却水温差作用下，通过冷却水管总的传热表面传递的热量，即

$$1000D_c(h_c - h'_c) = 1000D_w c_p(t_{w2} - t_{w1}) = A_c k\Delta t_m \tag{4-7}$$

式中：D_c 为进入凝汽器的凝汽量，t/h；h_c 为蒸汽的比焓值，kJ/kg；h'_c 为凝结水的比焓

值，kJ/kg；D_w 为凝汽器的冷却水流量，t/h；c_p 为水的比定压热容，在常温常压下，水的比定压热容 $c_p = 4.187$kJ/(kg·℃)；t_{w1} 为冷却水进口的温度，℃；t_{w2} 为冷却水出口的温度，℃；A_c 为冷却水管外表面总面积，m^2；k 为从蒸汽向冷却水传热的总体传热系数，kJ/(m^2·h·K)；Δt_m 为蒸汽至冷却水的平均传热温差，℃。

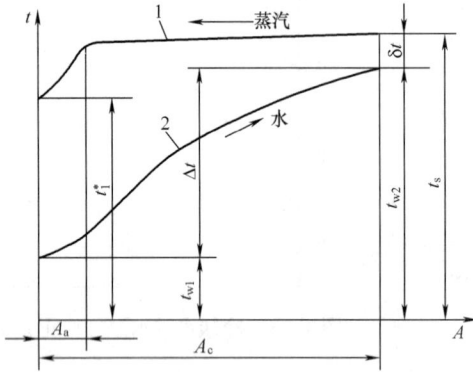

图 4-9 凝汽器蒸汽和冷却水温度
沿冷却表面积的分布
A_c—凝汽器总传热面积；A_a—空气冷却区面积

为了提高蒸汽与冷却水的换热效果，蒸汽与冷却水通常采用近似逆流传热形式。图 4-9 表示了凝汽器中蒸汽和冷却水的温度沿冷却表面积 A_c 变化情况。曲线 1 表示凝汽器内蒸汽凝结温度 t_s 的变化，可以看出，t_s 在主凝结区内沿着冷却表面积基本不变，只有在空气冷却区，由于蒸汽已经大量凝结，空气的相对含量增加，使蒸汽分压 p_s 明显低于凝汽器压力 p_c，p_s 相对应的饱和温度 t_s 明显下降。曲线 2 表示冷却水沿着冷却表面积从进口温度 t_{w1} 逐渐吸热到出口温度 t_{w2} 的变化过程，其温升 $\Delta t = t_{w2} - t_{w1}$。蒸汽凝结温度 t_s 与冷却水出口温度 t_{w2} 之差称为凝汽器的传热端差，$\delta t = t_s - t_{w2}$。

在一定的冷却表面积条件下，主凝结区蒸汽的凝结温度为

$$t_s = t_{w1} + \Delta t + \delta t \tag{4-8}$$

式中：t_{w1} 为冷却水进口温度，℃；Δt 为冷却水温升，$\Delta t = t_{w2} - t_{w1}$，℃；$\delta t$ 为凝汽器传热端差，$\delta t = t_s - t_{w2}$，℃。

在凝汽器内，由于空气分压的存在，各处的蒸汽压力并不完全相等。但只要抽气设备运行正常，在主凝结区域内，空气所占的比例很小，其分压力影响很小，所以蒸汽在凝汽器内的凝结过程可以认为是蒸汽等压放热过程。蒸汽分压力 p_s 可认为等于凝汽器压力 p_c。这样，由式（4-8）计算出蒸汽温度计算值 t_s 后，求出相应的饱和蒸汽压力 p_s，也就确定了凝汽器压力 p_c。

影响凝汽器压力 p_c 的主要因素有以下几个。

1. 冷却水进口温度 t_{w1}

由式（4-8）可知，在其他条件不变的情况下，冷却水进口温度 t_{w1} 越低，凝汽器压力 p_c 越低，也就是说凝汽器内的真空度越高。冷却水进口温度 t_{w1} 取决于供水方式和当地环境温度。在直流供水方式系统中，冷却水进口温度 t_{w1} 完全取决当地环境温度。如冬季，江河或海水的温度较低，冷却水进口温度 t_{w1} 相应就低，凝汽器压力 p_c 就低；在夏季，冷却水进口温度 t_{w1} 较高，凝汽器压力 p_c 就高，也就是真空度低。对于采用循环供水方式的系统，冷却水在冷却塔中的散热效果，直接影响冷却水进口温度 t_{w1}，而环境温度也同样会影响冷却水进口温度 t_{w1}，但其影响程度有所减弱。

2. 冷却水温升 Δt

根据凝汽器内传热的热平衡方程式（4-7），冷却水温升为

$$\Delta t = \frac{h_c - h'_c}{4.187 \dfrac{D_w}{D_c}} = \frac{h_c - h'_c}{4.187m} \tag{4-9}$$

式中：m 为冷却倍率，$m = \dfrac{D_w}{D_c}$，即凝结 1kg 蒸汽所需要的冷却水量；$h_c - h'_c$ 为蒸汽和凝结水的比焓差值，kJ/kg，即 1kg 蒸汽凝结时放出的汽化潜热。

在凝汽式汽轮机通常的排汽压力范围内，比焓差值 $h_c - h'_c$ 的变动很小，约在 2180kJ/kg 左右。于是式（4-9）可改写为

$$\Delta t = \frac{2180}{4.187m} = \frac{520}{m} \tag{4-10}$$

从式（4-10）可以看出，冷却水温升 Δt 与冷却倍率成反比，冷却倍率 m 增大，冷却水温升 Δt 就减小，凝汽器压力就降低。在汽轮机运行时，排入凝汽器的凝汽量是由汽轮机负荷决定的，所以要增大冷却倍率 m，主要依靠冷却水量 D_w 增加来实现。当冷却水量 D_w 增大时，循环水泵的耗功也会相应增大。所以在选取冷却倍率 m 时，应综合考虑。

现代大型凝汽式汽轮机组中，凝汽器的冷却倍率在 50～120 范围内。一般直流供水方式的单流程凝汽器，m 值可取大一些，$m = 80\sim120$；双流程凝汽器，$m = 50\sim80$；而循环供水方式的双流程凝汽器，m 值应取小一些，$m = 50\sim60$。

3. 凝汽器传热端差 δt

为了提高蒸汽与冷却水的传热效果，蒸汽与冷却水通常采用近似逆流传热形式，于是，蒸汽与冷却水平均传热温差 Δt_m 可表示为

$$\Delta t_m = \frac{\Delta t}{\ln \dfrac{\Delta t + \delta t}{\delta t}} \tag{4-11}$$

将式（4-11）代入式（4-7），得

$$\delta t = \frac{\Delta t}{e^{\frac{kA_c}{4187D_w}} - 1} \tag{4-12}$$

从式（4-12）可以看出，对于某台凝汽器，正常运行时冷却水管外表面总面积 A_c 是一定的，在排入凝汽量 D_c 和总体传热系数 k 不变的前提下，传热端差 δt 随着冷却水量 D_w 的减小而减小。当冷却水量 D_w 减少时，式（4-12）分子将明显增大，而分母由于冷却水量 D_w 的减小，数值增大得更快，所以传热端差 δt 随冷却水量 D_w 的减小是有所减少的，但是，冷却水温升和传热端差之和（$\Delta t + \delta t$）将是增大的。

当凝汽器运行时间较长、冷却水较脏时，凝汽器冷却表面结垢、变污，或者当真空系统不严密、抽气设备工作不正常时，凝汽器内积存空气，都会妨碍冷却表面的传热效果，使得总体传热系数 k 降低，引起传热端差 δt 升高。这将使凝汽器内温度 t_s 增大，凝汽器压力 p_c 升高，真空降低。

五、多压凝汽器

随着汽轮机单机容量的增加，流经末级至凝汽器的凝汽量相应增大，使汽轮机的低压排汽口也相应增加。在大型汽轮机组具有两个及以上低压排汽口时，对应着低压排汽口，将凝汽器汽侧按冷却水流向分成几个独立的汽室，冷却水依次流过各汽室，每个汽室相当于一个

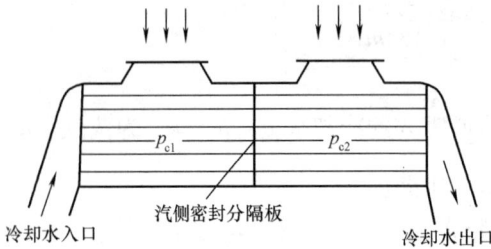

冷却水入口　　汽侧密封分隔板　　冷却水出口

图 4 - 10　多压凝汽器示意图

独立的凝汽器，成为多压凝汽器。图 4 - 10 表示了一个两汽室的多压凝汽器，由于汽室 1 比汽室 2 的冷却水进口温度要低，所以汽室 1 比汽室 2 达到的凝汽压力要低。两个汽室凝汽器也称双压凝汽器。

图 4 - 11 表示了双压凝汽器（实线所示）与单压凝汽器（虚线所示）的传热过程。双压凝汽器与单压凝汽器相比，效率有否提高，需根据具体条件分析。在凝汽器的热负荷 Q、冷却面积 A_c、冷却水量 D_w 及冷却水进口温度 t_{w1} 相同的前提下，应比较双压凝汽器平均蒸汽凝结温度是否比单压凝汽器低，或比较双压凝汽器的折合压力是否低于单压凝汽器压力。

假设对于单压凝汽器，在热负荷 Q、冷却表面积 A_c、冷却水流量 D_w 及冷却水进口温度 t_{w1} 条件下，其冷却水出口温度为 t_{w2}，传热端差 δt，蒸汽凝结温度 t_s，相对应蒸汽饱和压力为 p_s。

对于双压凝汽器，设两个汽室的冷却面积相等，即 $A_{c1} = A_{c2} = \dfrac{A_c}{2}$，进入两汽室的凝汽量相等，即 $Q_1 = Q_2 = \dfrac{Q}{2}$，并维持冷却水量和冷却水流速不变。根据上述假定的条件，当冷却水在每一个汽室中吸收相同的热量 $\left(\dfrac{Q}{2}\right)$ 时，经过双压凝汽器各汽室的冷却水温升 Δt_1 和 Δt_2 是相同的，即

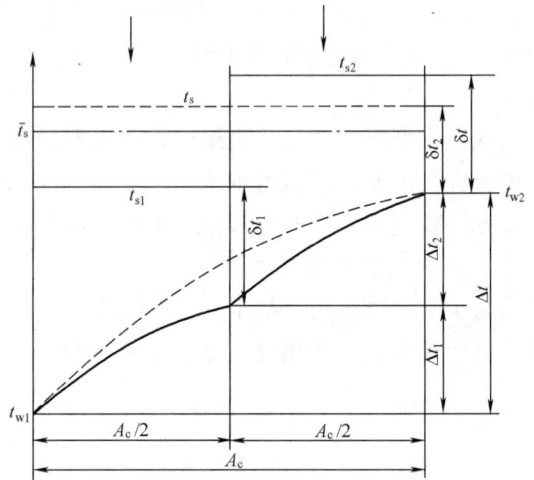

图 4 - 11　双压凝汽器与单压凝汽器的传热过程
实线：双压凝汽器；虚线：单压凝汽器

$$\Delta t_1 = \Delta t_2 = \frac{h_c - h'_c}{4.187\left(\dfrac{D_w}{D_c/2}\right)} = \frac{h_c - h'_c}{4.187 \times 2m} = \frac{\Delta t}{2} \tag{4 - 13}$$

双压凝汽器两汽室的平均传热端差 δt_1 和 δt_2 分别为

$$\delta t_1 = \frac{\Delta t_1}{e^{\left(\frac{k_1 A_c}{2 \times 4.187 D_w}\right)} - 1} = \frac{\Delta t}{2 \times \left[e^{\left(\frac{k_1 A_c}{2 \times 4.187 D_w}\right)} - 1\right]} \tag{4 - 14}$$

$$\delta t_2 = \frac{\Delta t_2}{e^{\left(\frac{k_2 A_c}{2 \times 4.187 D_w}\right)} - 1} = \frac{\Delta t}{2 \times \left[e^{\left(\frac{k_2 A_c}{2 \times 4.187 D_w}\right)} - 1\right]} \tag{4 - 15}$$

两汽室蒸汽凝结温度 t_{s1} 和 t_{s2} 分别为

$$t_{s1} = t_{w1} + \Delta t_1 + \delta t_1 = t_{w1} + \frac{\Delta t}{2} + \delta t_1 \tag{4 - 16}$$

$$t_{s2} = (t_{w1} + \Delta t_1) + \Delta t_2 + \delta t_2 = \left(t_{w1} + \frac{\Delta t}{2}\right) + \frac{\Delta t}{2} + \delta t_2 \tag{4 - 17}$$

由 t_{s1}、t_{s2} 分别确定两个汽室的压力 p_{s1}、p_{s2}，而 t_{s1} 和 t_{s2} 的平均值 $t_{s,m}$ 来确定双压凝汽器的折合压力 $p_{s,m}$。双压凝汽器的平均凝结温度为

$$t_{s,m} = \frac{t_{s1} + t_{s2}}{2} = t_{w1} + \frac{3}{4}\Delta t + \frac{\delta t_1 + \delta t_2}{2} \tag{4-18}$$

而单压凝汽器的蒸汽凝结温度是由式（4-8）来确定的，这样单压凝汽器的蒸汽凝结温度与双压凝汽器的平均凝结温度之差为

$$\Delta t_s = t_s - t_{s,m} = \frac{1}{4}\Delta t + \delta t - \frac{\delta t_1 + \delta t_2}{2} \tag{4-19}$$

式中，δt、δt_1、δt_2 均与总体传热系数有关，而总体传热系数又与冷却水进口温度 t_{w1} 有关，所以在一定的冷却水温升 Δt 下，当冷却水进口温度 t_{w1} 超过某一分界温度时，其温度差值 Δt_s 为正值，这说明多压凝汽器的折合压力低于单压凝汽器压力，循环热效率得以改善。

从式（4-19）还可以知道，两者的温差值 Δt_s 与冷却水温升 Δt 有关，冷却水倍率 m 越小，Δt_s 也越大。图4-12为某750MW汽轮机在额定功率下，采用三压凝汽器比采用单压凝汽器多发的电功率与冷却水进口温度之间的关系曲线。从图中可以看出：在其他条件相同情况下，冷却水进口温度 t_{w1} 越高，采用多压凝汽器获得的效益就越大。

在其他条件相同情况下，多压凝汽器的汽室数目越多，其折合压力也越低。图4-13为采用多压凝汽器使机组热效率提高的百分数与冷却水进口温度、汽室数目、冷却倍率的关系曲线。由图可见，冷却倍率 m 越小，汽室越多，采用多压凝汽器的效益越大。所以在缺少冷却水和气温较高地区采用多压凝汽器更有利。

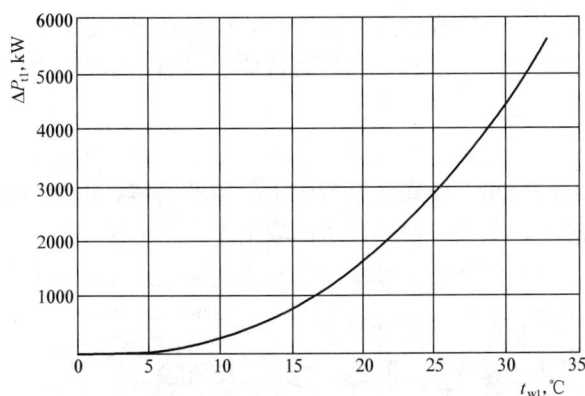

图4-12 采用三压凝汽器与单压凝汽器机组多发功率比较

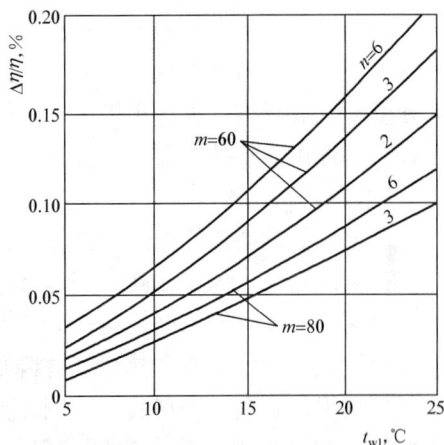

图4-13 采用多压凝汽器的效率曲线

第四节 抽 气 设 备

抽气设备的任务有两个，一是在汽轮机组正常运行时，抽除凝汽器内不能凝结的气体，以维持凝汽器真空，改善传热效果，从而提高机组的热经济性；二是当机组启动时，抽除凝汽器、汽轮机和管路中的空气，在凝汽器内建立真空，加快机组的启动速度。

抽气设备的型式很多，应用较广的有射汽式抽气器、射水式抽气器和水环式真空泵三种。

一、射汽式抽气器
射汽式抽气器是以蒸汽为工质的抽气器，根据其用途不同又可分为启动抽气器和主抽气

器两种。

（一）启动抽气器

启动抽气器用于机组启动时，快速抽除汽轮机、凝汽器系统和管路中的空气，建立起必要的真空。启动抽气器要求功率大、启动快、结构简单，通常是单级的。如图 4 - 14 所示，射汽式抽气器由工作喷嘴 A、混合室 B 和扩压管 C 三部分组成。由主蒸汽管道来的工作蒸汽节流至 1.2～1.5MPa 压力后，进入工作喷嘴 A，该工作喷嘴采用缩放喷嘴。蒸汽在工作喷嘴中膨胀加速，以很高的流速（通常达到 1000m/s 以上）射入混合室 B，使混合室内形成高度真空。混合室与凝汽器抽气口相连，由凝汽器来的气、汽混合物在混合室中混合后，被高速工作蒸汽带动一起进入扩压管 C。在扩压管中，混合物的动能逐渐转变为压力能，最后混合气体扩压至略高于大气压力情况下排入大气。

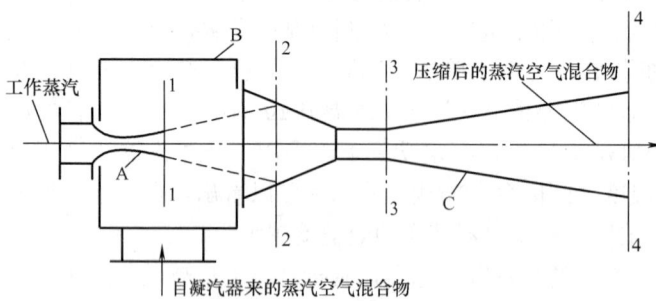

图 4 - 14　射汽式抽气器工作原理图
A—工作喷嘴；B—混合室；C—扩压管

由于气、汽混合物中工作蒸汽的热量和凝结水都不能回收，所以启动抽气器长时间运行是很不经济的。通常在设计选型时，把启动抽气器的容量选得大一些，以便在机组启动时快速建立凝汽器真空，缩短机组启动时间，因此当凝汽器真空达到运行要求以后，就将主抽气器投入，停用启动抽气器。

（二）主抽气器

主抽气器的主要任务是在汽轮机正常运行期间，抽除凝汽器中不凝结的气体，以维持凝汽器正常的真空。为了提高长期运行的经济性，主抽气器采取了两项措施：①分级压缩，一般分为两级，以降低压缩耗功；②在扩压管的出口处设置冷却器，利用主凝结水来冷却扩压管出口汽流，回收工质和热量，并降低下一级抽气器负担，有利于提高真空。图 4 - 15 所示为两级主抽气器的工作原理图。凝汽器的气、汽混合物由第一级抽气器 2 抽出并压缩到低于大气压力的某个中间压力，然后进入中间冷却器 1，使其中大部分蒸汽凝结成水，其余的气、汽混合物又被第二级抽气器 3 抽出。混合物在第二级抽气器中被压缩到高于大气压力，再经过冷却器 4 将大部分蒸汽凝结成水，最后将空气和少量未凝结的蒸汽排入大气。

抽气器的冷却器通常是表面式换热器。其冷却介质是来自凝结水泵出口的主凝结水，这样可以回收一部分抽气器工作蒸汽的热量，以提高整个系统的热经济性。

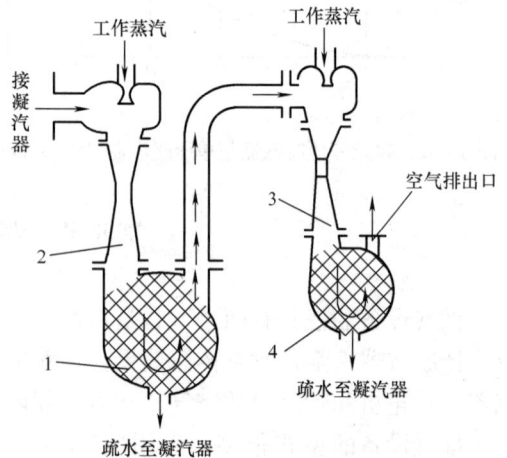

图 4 - 15　两级主抽气器的工作原理图
1—中间冷却器；2—第一级抽气器；
3—第二级抽气器；4—后冷却器

（三）射汽式抽气器的工作特性

射汽式抽气器的工作特性是指当工作蒸汽压力一定时，抽气口的压力与抽出空气量之间相应的变化关系。图 4-16 所示为一台两级抽气器的特性曲线。从图中可以看出，每条特性曲线均由较平坦和较陡两部分组成。较平坦部分称为工作段，在工作段区间，即使被抽的空气量增大，抽气口的压力升高不多，可以维持凝汽器正常运行。较陡部分称为过负荷段，在过负荷段区间，随着被抽出空气量的增大，抽气口压力迅速上升，这将破坏凝汽器真空。所以为了保证抽气器始终

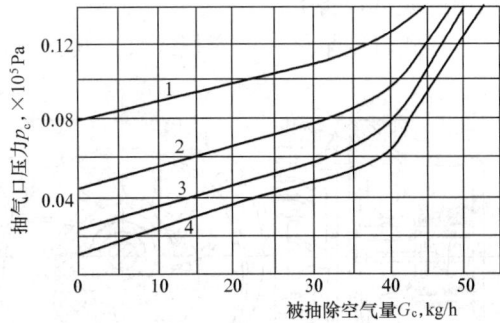

图 4-16　射汽式抽气器的工作特性曲线
1—蒸汽—空气混合物温度 $t''_s=40℃$；2—$t''_s=30℃$；3—$t''_s=20℃$；4—抽除干空气

能在工作段区间运行，在设计选型时宁可把抽气器的设计抽气量选得大一些，一般比正常运行时的漏气量大 3～4 倍。当机组运行时，如果漏气量增大，也不会落入抽气器的过负荷段区间。

二、射水式抽气器

射水式抽气器的工作原理与射汽式抽气器相同，只是把工作介质换成压力水，并且需配置一套独立的供水系统。

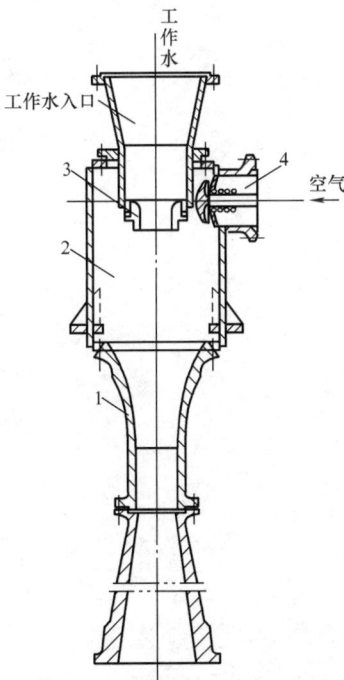

图 4-17　射水式抽气器工作原理图
1—扩压管；2—混合室；3—喷嘴；4—止回阀

图 4-17 所示为射水式抽气器工作原理图。由射水泵来的压力水，经喷嘴 3 将压力能转换为速度能，在混合室 2 内形成高度真空，将凝汽器内的气、汽混合物吸入，与高速水流混合后进入扩压管 1，在扩压管中将其动能逐渐转变为压力能，最后扩压至略高于大气压力情况下排入大气。当射水泵发生故障时，逆止阀 4 自动关闭，以防止水和空气倒流入凝汽器，破坏凝汽器真空。

在高参数大、中型机组中采用射水式抽气器的原因主要有以下两点：①当汽轮机组采用高参数时，若仍采用射汽式抽气器，则工作蒸汽需节流使用，导致节流损失增加，从热效率考虑是不经济的；②大容量机组往往设计成单元制形式，启动时，此时本机组无合适汽源供射汽式抽气器使用，但凝汽器真空系统必须先期投运，这样就产生矛盾。若另设辅助汽源，导致系统复杂，可靠性降低。采用射水式抽气器则可以随时启动，给机组运行带来方便。但射水式抽气器需要配备专用的射水泵，一次性投资较多，且不能回收被抽出蒸汽的凝结水及其热量，增加了凝结水的损耗。

三、水环式真空泵

水环式真空泵具有性能稳定、效率高、操作简单、结构紧凑等优点，广泛应用于大型汽

轮机组的凝汽设备上。

　　水环式真空泵是一种容积式泵,其工作原理和射汽式抽气器、射水式抽气器不同。

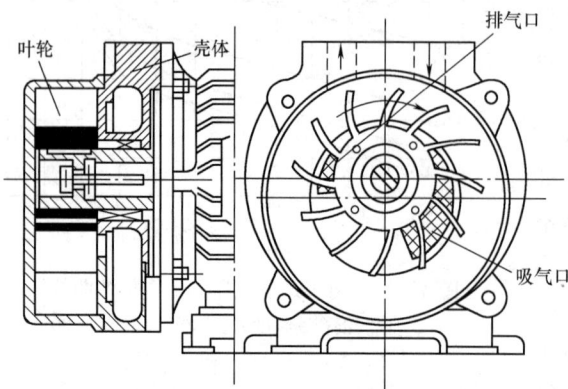

图 4 - 18　水环式真空泵工作原理示意图

　　图 4 - 18 所示为水环式真空泵示意图,叶轮偏心地安装在圆形泵壳内,其叶片常为前弯式(向叶轮旋转方向弯曲),随着叶轮的旋转,水在离心力作用下在泵壳内形成运动着的水环,两叶片间、水环与叶轮两端的侧板构成若干个小的密闭空腔。侧板上有吸入气体和压出气体的槽,所以侧板又称为分配器。由于水环与叶轮偏心,因此处于不同位置的小空腔内的容积是不相同的。对于某一指定小空腔,随着叶轮的旋转,其容积是不断变化的。如果在小空腔的容积由小变大的过程中,与分配器中的吸气口相通,就会不断地吸气。而当这个小空腔的容积开始由大变小时,使之封闭,这样已经吸入的气体就会随着空间容积的减小而被压缩。气体被压缩到一定程度后,与分配器中的排气口相通,即可以排出已被压缩的气体。这样,随着叶轮的均匀旋转,每两片叶片之间的容积变化中,使得吸气、压缩、排气过程不断地进行下去。

第五章　汽轮机的变工况特性

汽轮机热力设计是根据预先给定的蒸汽初终参数、转速和功率进行的，这些参数值称为设计值。汽轮机在运行过程中，各种参数如果都能保持设计值，这种运行工况称为设计工况。汽轮机在设计工况下运行，其效率最高，所以，设计工况又称经济工况。但是，在实际运行过程中，由于各种因素的影响，从锅炉来的蒸汽参数（压力、温度）、外界负荷及机组转速等不可能总是保持设计值不变。这种运行参数偏离设计值的工况，称为汽轮机的变动工况。汽轮机在变工况下运行，其效率和各零部件的受力、热膨胀、热变形等情况都会发生变化，影响机组的经济性和安全性。研究变动工况的目的在于：分析汽轮机在各种不同工况下效率的变化规律和主要零部件受力、热膨胀、热变形的变化规律，以保证汽轮机在这些工况下能安全、经济运行。

汽轮机的变工况特性非常复杂，其影响因素很多。本章主要研究发电用汽轮机在稳态下的变工况特性，即讨论汽轮机负荷变化、蒸汽初终参数及不同的功率控制方式对汽轮机经济性和安全性的影响。

第一节　变工况下级的压力与流量的关系

讨论汽轮机的变工况特性，首先还是从汽轮机的基本做功单元"级"开始。而喷嘴的变工况特性是分析级、级组和整机的变工况特性的基础。

一、渐缩喷嘴压力与流量的关系

讨论喷嘴的变工况，主要是讨论喷嘴前后压力与流量的变化关系。由第二章已知，不管喷嘴中是否出现临界状态，通过喷嘴的流量和喷嘴前后参数的关系都可以写成下面的关系式

$$G = 0.648\beta A_n \sqrt{\frac{p_0^*}{v_0^*}}$$

工况变动以后
$$G_1 = 0.648\beta_1 A_n \sqrt{\frac{p_{01}^*}{v_{01}^*}}$$

根据上两式可得：

$$\frac{G_1}{G} = \frac{\beta_1}{\beta} \sqrt{\frac{p_{01}^* v_0^*}{p_0^* v_{01}^*}} \tag{5-1}$$

如果将蒸汽视作理想气体，利用气体状态方程 $pv = RT$，则上式可写成

$$\frac{G_1}{G} = \frac{\beta_1}{\beta} \frac{p_{01}^*}{p_0^*} \sqrt{\frac{T_0^*}{T_{01}^*}} \tag{5-2}$$

当不考虑变工况时温度的影响，则上式可简化为

$$\frac{G_1}{G} = \frac{\beta_1}{\beta} \frac{p_{01}^*}{p_0^*} \tag{5-3}$$

上两式中，G、p_0^*、T_0^*、β 为工况变动前通过喷嘴的流量、喷嘴前蒸汽压力、温度和流量

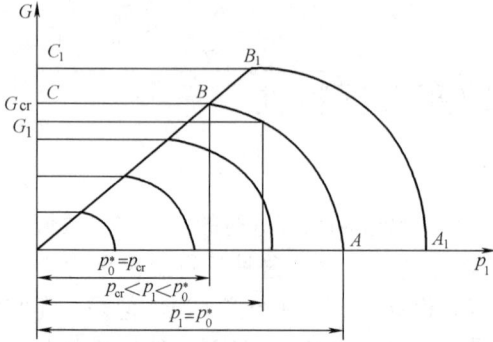

图 5-1　渐缩喷嘴流量与压力的关系曲线

比（彭台门系数 $\beta = G_1/G_{cr}$）；G_1、p_{01}^*、T_{01}^*、β_1 为工况变动后通过喷嘴的流量、喷嘴前蒸汽压力、温度和彭台门系数，其中 $\beta_1 = G_{11}/G_{cr}$。

如果工况变动前后均为临界工况，即 $\beta_1 = \beta = 1$，则有

$$\frac{G_{cr1}}{G_{cr}} = \frac{p_{01}^*}{p_0^*} \sqrt{\frac{T_0^*}{T_{01}^*}} \qquad (5\text{-}4a)$$

当不考虑温度影响时，上式可变为

$$\frac{G_{cr1}}{G_{cr}} = \frac{p_{01}^*}{p_0^*} \qquad (5\text{-}4b)$$

式（5-2）、式（5-4）说明：①当前后两种工况均为非临界工况（$\beta_1 < 1$，$\beta < 1$）时，通过喷嘴的流量和喷嘴前、后的参数变化都有关系；②当前后两种工况均为临界工况（$\beta_1 = \beta = 1$）时，通过喷嘴的流量只和喷嘴前的参数变化有关。

第二章已述，当喷嘴前的参数（p_0^*、v_0^*）和喷嘴出口面积（A_n）一定时，通过喷嘴的流量曲线如图 5-1 中的 ABC 所示。当喷嘴前的参数为另一值（p_{01}^*、v_{01}^*）时，其流量曲线为 $A_1 B_1 C_1$，如此类推。即针对每一不同的工况，就有一根相应的流量曲线与之对应。为了使用方便，常采用相对值坐标作图，见图 5-2。

设在最大临界工况（$\beta = 1$）

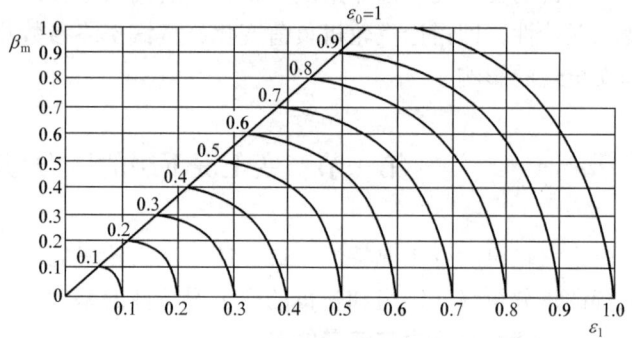

图 5-2　渐缩喷嘴的流量压力曲线
（适用于过热蒸汽）

下：喷嘴前最大初压为 p_{0m}^*，其相应最大临界流量为 G_{0m}^*；彭台门系数 β_m 定义为任一流量 G 与最大临界流量 G_{0m}^* 之比（未考虑温度影响）；ε_0 定义为喷嘴前压力和喷嘴前最大初压之比，$\varepsilon_0 = p_{01}^*/p_{0m}^*$；$\varepsilon_1$ 定义为喷嘴后压力和喷嘴前最大初压之比，$\varepsilon_1 = p_1/p_{0m}^*$。图 5-2 也适用于动叶栅。

二、级的变工况

（一）级前后压力与流量的关系

1. 级在临界工况下工作

喷嘴流量和压力的关系式（5-4a）和式（5-4b）也适用于处于临界状态下的动叶。即对汽轮机级而言

$$\frac{G_{cr1}}{G_{cr}} = \frac{p_{01}^*}{p_0^*} \qquad (5\text{-}5)$$

式（5-5）表明：如果动叶各工况都处于临界状态，通过级的流量与级前滞止压力成正比。进而得出结论：只要级在临界状态下工作，不论临界状态发生在喷嘴中还是发生在动叶中，

通过该级的流量均与级前压力成正比，而与级后压力无关。当级前温度变化的影响不可忽略时，则应采用式（5-4a）进行计算。

2. 级在亚临界工况下工作

蒸汽在喷嘴和动叶中的流动均未达临界状态的条件下，任意一级喷嘴出口截面上的流量方程为

$$G = 0.648 A_\text{n} \sqrt{\frac{p_0}{v_0}} \sqrt{1 - \left(\frac{p_2 - p_\text{cr}}{p_0 - p_\text{cr}}\right)^2 \frac{v_{2t}}{v_{1t}}} \sqrt{1 - \Omega_\text{m}} \qquad (5\text{-}6\text{a})$$

同理，喷嘴在另一工况的流量方程可写成

$$G_1 = 0.648 A_\text{n} \sqrt{\frac{p_{01}}{v_{01}}} \sqrt{1 - \left(\frac{p_{21} - p_\text{cr1}}{p_{01} - p_\text{cr1}}\right)^2 \frac{v_{2t1}}{v_{1t1}}} \sqrt{1 - \Omega_\text{m1}} \qquad (5\text{-}6\text{b})$$

两式相比得

$$\frac{G_1}{G} = \sqrt{\frac{p_{01} v_0}{p_0 v_{01}}} \sqrt{\frac{(p_{01} - p_\text{cr1})^2 - (p_{21} - p_\text{cr1})^2}{(p_0 - p_\text{cr})^2 - (p_2 - p_\text{cr})^2}} \times \sqrt{\frac{(p_0 - p_\text{cr})^2}{(p_{01} - p_\text{cr1})^2}} \sqrt{1 - \frac{\Delta \Omega_\text{m}}{1 - \Omega_\text{m}} \frac{v_{2t1}/v_{1t1}}{v_{2t}/v_{1t}}}$$

式中，$\Delta \Omega_\text{m} = \Omega_\text{m1} - \Omega_\text{m}$ 为反动度的变化。一般情况下，认为 $v_{2t1}/v_{1t1} = v_{2t}/v_{1t}$，所引起的误差不大。另外，当级的径向和轴向间隙较大时，反动度变化可忽略 $\Delta \Omega_\text{m} = 0$。这样，上式经简化和代换，变为

$$\frac{G_1}{G} = \sqrt{\frac{(p_{01}^2 - p_{21}^2) - \dfrac{\varepsilon_\text{cr}}{1 - \varepsilon_\text{cr}} (p_{01} - p_{21})^2}{(p_0^2 - p_2^2) - \dfrac{\varepsilon_\text{cr}}{1 - \varepsilon_\text{cr}} (p_0 - p_2)^2}} \times \sqrt{\frac{T_0}{T_{01}}} \qquad (5\text{-}7)$$

对于亚临界级，通常 $p_0^2 - p_2^2$ 远大于 $(p_0 - p_2)^2$。式（5-7）就可进一步简化为

$$\frac{G_1}{G} = \sqrt{\frac{(p_{01}^2 - p_{21}^2)}{(p_0^2 - p_2^2)}} \sqrt{\frac{T_0}{T_{01}}} \qquad (5\text{-}8\text{a})$$

或

$$\frac{G_1}{G} = \sqrt{\frac{(p_{01}^2 - p_{21}^2)}{(p_0^2 - p_2^2)}} \qquad (5\text{-}8\text{b})$$

式（5-8b）表明：当级内流动未达临界状态时，通过该级的流量不仅与级前压力有关，而且与级后压力有关。

3. 在一种工况下，级处于临界状态，而在另一种工况下，级处于亚临界状态

这种情况，无法给出通过级的流量与蒸汽参数之间的具体关系式。这种情况一般只发生在凝汽式汽轮机最后一级和调节级中，这就得进行变工况的详细核算。

（二）级组前后压力与流量的关系

级组由流量相同的若干个连续排列的级所组成，它可以是汽轮机中的某几个流量相同的连续级，也可以是整个汽轮机。讨论级组的变工况，主要是讨论级组前后压力与流量之间的关系。为了方便，假定级组中各级的通流面积在工况变动时不变化。

由于流动状态不同，通过级组的流量与级组前后蒸汽参数之间的变化规律不一样。所以要分别加以讨论。

1. 级组内各级均未达临界状态

级组中的流动是否达临界状态，取决于它的末级是否处于临界状态。当末级处于临界状态时，级组就处于临界状态，否则就处于亚临界状态。

假设级组内共有 z 级，根据式（5-8a），级组内第 i 级的流量与压力的关系为

$$\left(\frac{G_1}{G}\right)_i^2 \left(\frac{T_{01}}{T_0}\right)_i (p_0^2 - p_2^2)_i = (p_{01}^2 - p_{21}^2)_i$$

将各级的上述式子相加得

$$\left(\frac{G_1}{G}\right)^2 \sum_{i=1}^{z} \left(\frac{T_{01}}{T_0}\right)_i (p_0^2 - p_2^2)_i = \sum_{i=1}^{z} (p_{01}^2 - p_{21}^2)_i \qquad (5-9)$$

一般来说，工况变动时各级级前热力学温度之比值的变化几乎相同，这样就可以用级组前的热力学温度比值来表示，即 $(T_{01}/T_0)_i = T_{01}/T_0$。对于级组来说，某一级的级前压力就是前一级的级后压力，即 $(p_2)_1 = (p_0)_2$，$(p_2)_2 = (p_0)_3$，…，因此有

$$\sum_{i=1}^{z} (p_0^2 - p_2^2)_i = p_0^2 - p_z^2$$

$$\sum_{i=1}^{z} (p_{01}^2 - p_{21}^2)_i = p_{01}^2 - p_{z1}^2$$

将上两式的关系代入式（5-9），有

$$\frac{G_1}{G} = \sqrt{\frac{(p_{01}^2 - p_{z1}^2)}{(p_0^2 - p_z^2)}} \sqrt{\frac{T_0}{T_{01}}} \qquad (5-10a)$$

如果忽略温度变化的影响，则

$$\frac{G_1}{G} = \sqrt{\frac{(p_{01}^2 - p_{z1}^2)}{(p_0^2 - p_z^2)}} \qquad (5-10b)$$

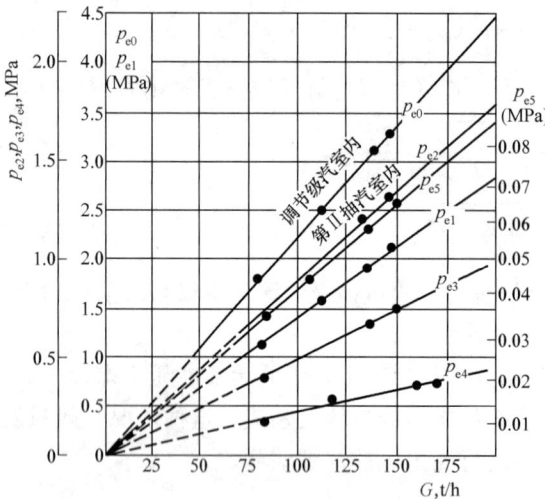

图 5-3 凝汽式汽轮机各级级组前压力
与流量的关系

式（5-10a）和式（5-10b）为级组未达临界状态时，级组前后蒸汽参数与流量之间的关系式，称为弗留格尔公式。其中，级组内级数可依据级组定义而取不同的整数。

对于凝汽式汽轮机，若级组的级数取得较多时，则 $\left(\frac{p_z}{p_0}\right)^2$ 和 $\left(\frac{p_{z1}}{p_{01}}\right)^2$ 趋近于零。这样，弗留格尔公式可简化为

$$\frac{G_1}{G} = \frac{p_{01}}{p_0} \sqrt{\frac{T_0}{T_{01}}} \qquad (5-11a)$$

和

$$\frac{G_1}{G} = \frac{p_{01}}{p_0} \qquad (5-11b)$$

式（5-11b）说明，除最后一、二级外，凝汽式汽轮机各级级组前压力与流量成正比（直线关系），如图5-3所示。

2. 级组内达到临界状态

在进行汽轮机热力设计时，各压力级的比焓降是从高压向低压逐级增加的。因此，如果级组内达到临界流动，首先是末级达临界流动。如图5-4所示，现假定是第3级达到临界状态。根据上面的结论，则通过该级组第3级的流量与级前压力成正比（未考虑温度影响）为

$$\left(\frac{G_1}{G}\right)_3 = \frac{p_{41}}{p_4}$$

因级组内其余级未达临界，则倒数第二级流量与蒸汽参数的关系应为

$$\left(\frac{G_1}{G}\right)_2 = \sqrt{\frac{(p_{21}^2 - p_{41}^2)}{(p_2^2 - p_4^2)}}$$

因为通过同一级组内各级的流量相同，经转换后有

$$\frac{G_1}{G} = \frac{p_{41}}{p_4} = \frac{p_{21}}{p_2}$$

图 5-4　级组示意图

由此可见，倒数第二级流量也与级前压力成正比。如此类推，最后可求得级组前压力与通过该级组的流量成正比，即

$$\frac{G_1}{G} = \frac{p_{01}}{p_0} \tag{5-12a}$$

由此可得出结论：在工况发生变动时，如果级组的最后一级始终在临界状态下工作，则通过该级组的流量与级组中所有各级的初压成正比。当需要考虑温度影响时，则

$$\frac{G_1}{G} = \frac{p_{01}}{p_0}\sqrt{\frac{T_0}{T_{01}}} \tag{5-12b}$$

（三）压力与流量关系式（弗留格尔公式）的应用

1. 弗留格尔公式的应用条件

由于压力与流量关系式是在某些假定条件下推导出来的，因此，使用时必须满足这些假定条件。

（1）假定变工况时，级组内各级的通流面积不变。显然，汽轮机的调节级不能满足这一条件。但喷嘴调节汽轮机，在第一调节阀开度控制范围内，其通流面积不变。

如果因结垢等原因使级组内各级通流面积有所改变时，则应予以修正

$$\frac{G_1}{G} = \frac{A_1}{A}\sqrt{\frac{(p_{01}^2 - p_{z1}^2)}{(p_0^2 - p_z^2)}} \tag{5-13a}$$

或

$$\frac{G_1}{G} = \frac{A_1}{A}\frac{p_{01}}{p_0} \tag{5-13b}$$

式中：A、A_1 分别为原通流面积、结垢（工况发生变动）后的通流面积。

（2）通过级组内各级的流量应相同。对于凝汽式汽轮机来说，任意两级回热抽汽口之间的几级，其流量相同，可以看作一个级组。对于整机来说，由于回热抽汽一般只是用于加热本机给水，各段抽汽量与总进汽量之间（在大部分负荷变化范围内）存在着正比关系，可不考虑回热抽汽的影响，而把除调节级之外的所有级作为一个级组看待。

（3）严格地讲，弗留格尔公式仅适用于具有"无穷多级"的级组。但一般来说，只要级数多于4～5级，其计算结果就基本能满足工程精度的需要。

2. 弗留格尔公式的应用

弗留格尔公式形式简单，使用方便。除了用作级组（整机）的变工况计算之外，还可用来分析机组运行问题。

（1）监视汽轮机通流部分运行是否正常。在已知机组功率（流量）的条件下，根据机组运行时各级（级组）前压力与流量的关系，可以判断级组内通流面积是否因结垢或腐蚀而发生改变。

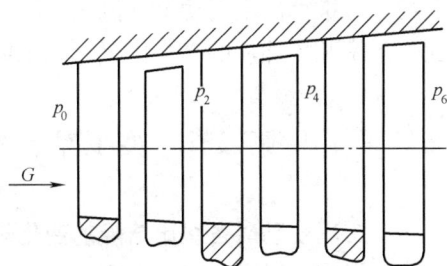

（2）可推算出不同功率（流量）时，各级的压差和比焓降，从而计算出相应的功率、速度比、效率及零部件的受力情况（如轴向推力等）。

第二节 变工况下级的比焓降和反动度的变化规律

一、工况变动时各级比焓降的变化规律

汽轮机在工况变动时，会引起级的比焓降发生变化。但一般情况下，级前温度变化不大。所以，级的理想比焓降 Δh_t 的变化主要取决于级的前后压力比（p_2/p_1）的变化。由于各级在汽轮机内所处的位置不同，其比焓降的变化规律有所不同。

（一）凝汽式汽轮机各中间级比焓降的变化规律

根据前面的讨论知道，凝汽式汽轮机的中间级，不管末级内是否发生临界状态，其流量与级前压力成正比（不计温度的影响），即

$$\frac{G_1}{G} = \frac{p_{01}}{p_0}$$

对于该级后面的一级，同样有

$$\frac{G_1}{G} = \frac{p_{21}}{p_2}$$

由上两式显然可得

$$\frac{p_2}{p_0} = \frac{p_{21}}{p_{01}} \tag{5-14}$$

式（5-14）表明，凝汽式汽轮机在工况变动时，中间级前后压力比不变。即各中间级比焓降不变，或者变化不大。对于发电汽轮机来说，转速近乎常数，即圆周速度（u）不变；当级比焓降不变时，级的理想速度（$c_a = \sqrt{2\Delta h_t^*}$）不变。因此，级的速度比（$x_a = u/c_a$）也不变。工况变动时级的摩擦损失、漏汽损失、叶高损失等变化不大，因而级效率将不变。这样，级的内功率为

$$P_i = G\Delta h_t \eta_i = BG \tag{5-15}$$

式中：$\Delta h_t \eta_i = B$（常数）。可见，工况变动时各中间级的内功率与流量成正比。

对于喷嘴调节凝汽式汽轮机，在工况变动时，其调节级级后温度变化较大，即整个压力级级组前的温度变化较大。因此，各中间压力级的流量和级前压力的关系（p-G 曲线）不能严格遵守正比（图 5-5 中的虚线所示）关系，而必须考虑温度变化的影响，用温度修正 $\left(\dfrac{G_1}{G} = \dfrac{p_{01}}{p_0}\sqrt{\dfrac{T_0}{T_{01}}}\right)$ 后的 p-G 曲线如图 5-5 中的实线所示。当工况变动后的流量 G_1 小于原流量 G 时，则 $\sqrt{\dfrac{T_0}{T_{01}}} > 1$，使实际压力值（$p_{01}$）下降；相反，使实际压力值（$p_{01}$）增加。但

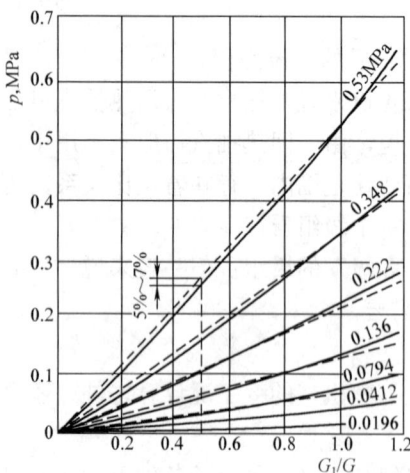

图 5-5 调节级后温度对中间级组
p-G 曲线的影响

是，各中间级的实际 p-G 曲线偏离相应虚线的程度基本相同。所以各中间级前后压力比、比焓降也基本上是常数，不随流量的变化而变化。因此，在对凝汽式汽轮机各中间级进行变工况计算时，不必逐级进行详细计算，只需利用弗留格尔公式（5-16）和式（5-17b）求得不同工况下相应的各级级前压力，再根据原设计工况下的热力过程曲线，逐级平移过程线，即可得到工况变动后的热力过程曲线。

（二）背压式汽轮机中间级的变工况

对于背压式汽轮机，工况变动时，末级在一般情况下均不会达到临界状态。背压式汽轮机的排汽压力较高，必须考虑背压的影响。若将某一中间级至末级取为一个级组，当不考虑温度变化的影响时，其流量与压力的关系应该用下式进行计算，即

$$\frac{G_1}{G} = \sqrt{\frac{(p_{01}^2 - p_{z1}^2)}{(p_0^2 - p_z^2)}} \tag{5-16}$$

当背压不变时，上式可改写成

$$p_{01}^2 = \left(\frac{G_1}{G}\right)^2 (p_0^2 - p_z^2) + p_z^2 \tag{5-17a}$$

该级级后压力即为下一级级前压力，同理有

$$p_{21}^2 = \left(\frac{G_1}{G}\right)^2 (p_2^2 - p_z^2) + p_z^2 \tag{5-17b}$$

上两式表明，背压式汽轮机各中间级级前压力与流量的关系是按双曲线规律变化，如图5-6所示。图5-7为某台背压式汽轮机在工况变动时，各级级前压力与流量关系的试验曲线。从图中可以看出，试验点基本上都落在理论计算的双曲线附近。

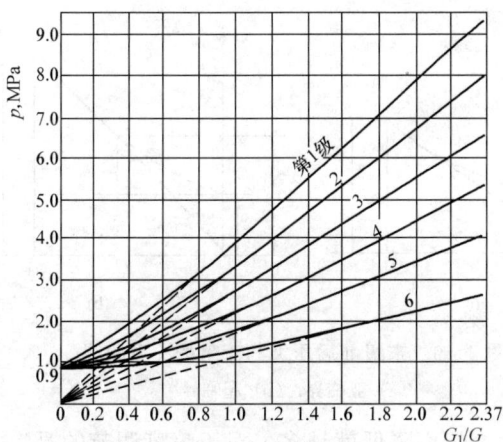

图5-6　背压式汽轮机各级
　　　　 p-G 关系曲线

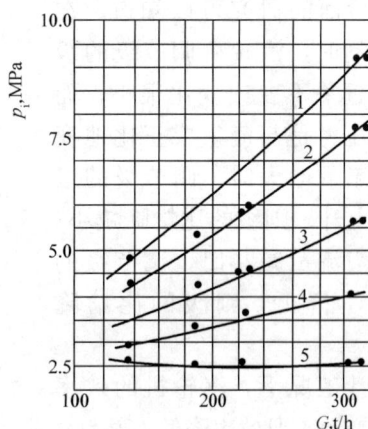

图5-7　背压式汽轮机各级级前压力
　　　　与流量的关系曲线
1、2、3、4、5—级的代号

分析式（5-17a）可知，当 p_z 很小时，即某级级前压力 p_0 很大，或者离末级很远的级，该式可近似写成

$$p_{01}^2 \approx p_0^2 \left(\frac{G_1}{G}\right)^2 \tag{5-18}$$

上式表明，此时级前压力近乎按直线规律变化。

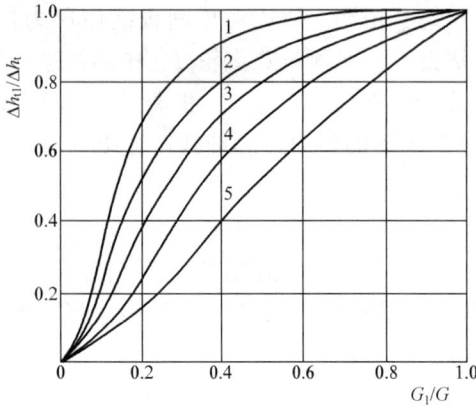

图 5 - 8 背压式汽轮机在工况变动时
各级焓降与流量的关系曲线
1、2、3、4、5—级的代号

背压汽轮机级的比焓降随流量的变化而变化。当流量 G_1 减小时，级的比焓降 Δh_{t1} 减小；相反，当流量 G_1 增大时，级的比焓降 Δh_{t1} 增大。级前压力 p_0 越高的级，流量的变化对该级比焓降的影响越小。所以，当级组流量变化时，级的比焓降的变化是从高压到低压方向是逐级增大的，末级的比焓降变化最大。越靠近前面的级，其比焓降的变化越小。图 5 - 8 所示为一背压式汽轮机各级的比焓降的变化曲线。在设计工况下，这些级的理想比焓降相等。当流量 G_1 减小时，末级比焓降减小最明显，第四级次之；而第一、二级的比焓降减小较少。但当流量 G_1 减小到 40% 以下时，第一、二级的比焓降才急剧下降。

（三）末级比焓降的变化特性

图 5 - 9 所示为当级后压力（p_z）为常数时，发生超临界和亚临界两种工况下，末级前的压力与流量的关系曲线。通常，背压式汽轮机的末级情况如图中（a）所示，而凝汽式汽轮机的末级情况如图中（b）所示。从图可知，在不同流量下，不管末级是否达临界状态，级的前后压力比（p_z/p_{z-1}）不会是常数，而是随流量的变化而变化的。因此，在工况变动时，汽轮机的末级的比焓降、速度比、级效率等都会产生变化。

从后面的研究可以知道，在工况变动时，汽轮机调节级的级前压力近乎不变或变化很小，而其级后压力是与流量成正比地变化。当流量增大时，调节级的级后压力上升，则级的比焓降减小；相反，当流量减小时，调节级的级后压力降低，则级的比焓降增大。

设计工况下，汽轮机的效率

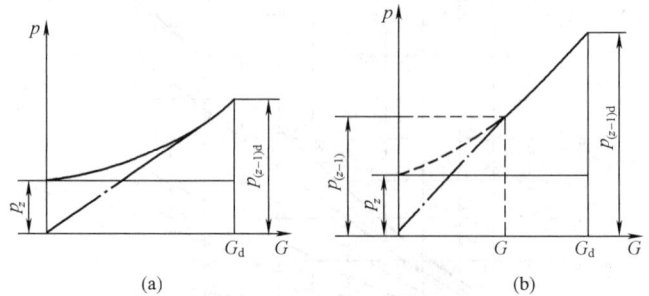

图 5 - 9 末级前后压力与流量的关系曲线
（a）亚临界；（b）超临界

最高，变动工况效率降低，并且负荷变化越大，效率降低就越多。对于喷嘴调节的凝汽式汽轮机，其效率的降低，主要发生在调节级和末级；背压式汽轮机，调节级和最后的几级的效率都要降低。节流调节的凝汽式汽轮机，没有调节级，变动工况时其效率的降低主要是由于节流损失的增加和末级效率的降低而引起。

二、工况变动时级的反动度的变化

（一）工况变动所引起动叶进口处的汽流撞击损失

每一种叶栅都有特定的几何进汽角 β_{1g}、α_{0g}，设计工况下，汽流进入动叶的进汽角 β_1 与动叶的几何进汽角 β_{1g} 相匹配，汽流能平滑地进入动叶通道，叶型损失最小。对于定转速的发电汽轮机，其结构尺寸已确定，故圆周速度是不会变化的。在工况变动时，汽轮机级的理想比焓降会发生变化，引起动叶进口处速度三角形发生变化，相应的汽流相对速度（w_1）的大小和方向角（β_1）也会产生变化。这样，汽流将对动叶的进汽边的内弧或背弧产生撞击。级的动叶进口速度三角形如图 5 - 10（a）中虚线所示，图中实线为设计工况下的动叶进口速度三角形。若级的理想比焓降增大，喷嘴出口汽流速度增大（$c_{11} > c_1$），圆周速度（u）不变（假定为亚临界流动），则 $w_{11} > w_1$，使汽流角发生变化，$\beta_{11} < \beta_1$，汽流会冲击在动叶的内弧上，在这种情况下冲角为正值。图 5 - 10（b）为级的理想比焓降减小的情况。这时，有 $c_{11} < c_1$，$w_{11} < w_1$，$\beta_{11} > \beta_1$，汽流就冲击在动叶的背弧上，这时冲角为负值。无论冲角为负值还是正值，都会引起动叶栅的附加损失（撞击损失），使级的效率降低。叶栅试验表明：正冲角所造成的叶栅损失比负冲角大。因为出现正冲角时，从叶片背弧的前缘到中间段会形成严重的扩压段。因此，在设计选用叶栅时应尽量避免或减少正冲角的出现。为了减小进汽角变化引起的撞击损失，动叶的进汽边通常做成圆弧形。

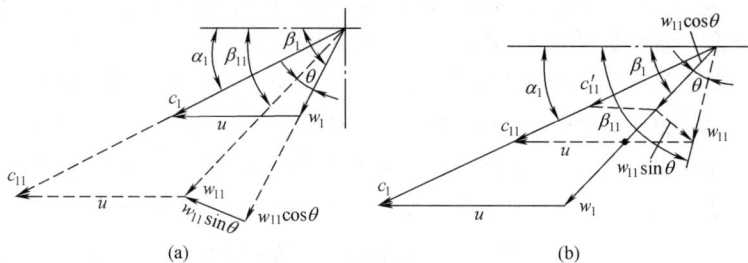

图 5 - 10　变动工况的速度三角形
(a) 级比焓降增大时动叶进口速度三角形；(b) 级比焓降减小时动叶进口速度三角形

从图 5 - 10 可以看出，工况变动时，进入动叶通道的汽流有效速度 w_{11} 在进汽角 β_1 方向的分量为 $w_{11}\cos\theta$，而与之相垂直的分量 $w_{11}\sin\theta$ 所具有的动能则全部损失掉。因此，工况变动时所引起撞击损失可用下式计算

$$\delta h_{\beta 1} = \frac{(w_{11}\sin\theta)^2}{2} \tag{5 - 19}$$

（二）工况变动所引起级内反动度的变化

在工况发生变动时，也会引起汽轮机级的反动度的变化。假定在工况变动前后，级都处于亚临界状态，不考虑级内间隙漏汽或者吸汽，为了保证汽流通道的连续性，就有

$$\frac{A_{\mathrm{b}}}{A_{\mathrm{n}}} = \frac{c_1}{w_2} \tag{5 - 20}$$

$$\frac{c_{11}}{c_1} = \frac{w_{21}}{w_2} = 常数 \tag{5 - 21}$$

式（5 - 21）表明：流量保持连续条件下，工况变动时，喷嘴出口汽流速度 c_1 及动叶出口汽流速度 w_2 前后之比是不变的。即 c_1 与 w_2 按同一比例变化。

（1）工况变动后，若级的理想比焓降减小，即 $\Delta h_{\mathrm{t1}} = m\Delta h_{\mathrm{t}}$（$m < 1$）。因转速不变，即 u 不变，级的速度比增大。则喷嘴出口汽流速度由 c_1 减小为 c_{11}

$$c_{11} = \sqrt{m}\,c_1$$

而动叶出口速度 w_2 变为 w_{21}

$$w_{21} = \sqrt{m}\,w_2$$

这样汽流进入动叶通道的有效分速应是 $w_{11}\cos\theta = \sqrt{m}w_1$

但分析图 5-10 (b) 可知，当级的理想比焓降减小时，必定是

$$w_{11}\cos\theta < \sqrt{m}w_1$$

这时有 $(w_{21}/w_2 < \sqrt{m})$，不能满足式 (5-21)。即动叶通道出口的流量小于动叶通道进口的流量，显然，蒸汽在动叶通道中流动是不可能不连续的。因此，汽流进入动叶通道后必然自动膨胀加速，使动叶出口速度 w_{21} 增大，以满足式 $w_{21}/w_2 = \sqrt{m}$。蒸汽在动叶通道中"自动膨胀加速"，说明动叶中比焓降增加了，即级的反动度增加了 $(\Omega_{m1} > \Omega_m)$。

(2) 工况变动后，若级的理想比焓降增大，即有 $\Delta h_{t1} = m\Delta h_t(m > 1)$，则级的速度比减小。其速度三角形如图 5-10 (a) 所示。在这种情况下，从动叶通道出口的流量大于动叶通道进口的流量，也不满足动叶通道中流动的连续性。为了满足蒸汽在动叶通道中的连续性 $(w_{21}/w_2 = \sqrt{m})$，则一定是动叶出口速度 w_{21} 相应地有所减小。通过和上面类似的讨论，也就可以得出结论，就是级的反动度减小了 $(\Omega_{m1} < \Omega_m)$。

综上所述，当工况变动级的理想比焓降减小（或速度比增大）时，级的反动度增大；相反，工况变动级的理想比焓降增大时，则级的反动度减小。另外，级的反动度的变化大小和级的原设计反动度的大小有关，原设计反动度小的级，比焓降变化时反动度变化较大；反之，原设计反动度大的级，比焓降变化时反动度变化较小。故工况变动时，速度比（比焓降）变化引起的反动度变化主要发生在反动度不大的冲动级。而反动级的设计反动度大，工况变动时，其反动度基本不变。

当级的速度比变化不大时 $(-0.1 < \Delta x_a / x_a < 0.2)$，冲动级反动度变化用下式计算

$$\Delta\Omega_m / (1-\Omega_m) = (0.5-\Omega_m)(\Delta x_a / x_a) \qquad (5-22)$$

其中，$\Delta\Omega_m = \Omega_{m1} - \Omega_m$，$\Delta x_a = x_{a1} - x_a$。

图 5-11 所示为反动度（设计值）与速度比之间的关系曲线。从曲线也清楚看出，若级的原设计反动度小，反动度变化大。

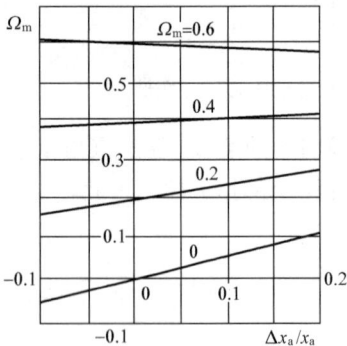

图 5-11 反动度与速度比的关系

如果考虑级内间隙漏汽与吸汽的影响，反动度实际变化值比式 (5-22) 所计算的值小。

三、级的经济性和安全性

汽轮机在设计工况下效率最高。偏离设计工况，效率就会降低，并且负荷变化越大，效率降低就越多。调峰机组负荷变化幅度相当大，其效率（经济性）降低也特别大。

喷嘴调节的凝汽式汽轮机，在工况变动引起流量（功率）变化时，比焓降的变化主要发生在调节级和末级，各中间级的比焓降（速度比）几乎不变。由于各中间级的速度比不变，故级效率不变。而调节级和末级的比焓降变化了，其速度比偏离了最佳速度比，级的内效率（经济性）降低。从而导致整个机组的经济性降低。

另一方面，在工况变动引起流量（功率）变化时，喷嘴调节的凝汽式汽轮机调节级和末级除比焓降的变化外，其受力情况也要发生变化。当流量减小时，调节级的级前压力仍为新汽压力，而级后压力降低，则级的比焓降增大，级前后压力差增大。调节级动、静叶片所受

的汽流力增大。相反，当流量增大时，末级级前压力升高，而末级级后压力受凝汽器控制近乎不变，则级的比焓降增大，级前后压力差增大。末级动、静叶片所受的汽流作用力增大。因此，在工况变动时，必须要对调节级和末级动、静叶片所受的汽流力进行认真核算，以保证机组的安全性。

第三节　配汽方式及调节级的变工况特性

一、滑参数运行与定参数运行

电网的负荷是不断变化的，对网内的各汽轮机组的功率必须随时加以调节，使之与外界负荷相适应。由式（3-43）可得汽轮机的功率表达式

$$P_{el} = G\Delta H_t \eta_{ri} \eta_m \eta_{el}$$

在工况变动时，上式中三个效率 η_{ri}、η_m、η_{el} 变化不大，因此，改变汽轮机功率的办法就是改变机组的流量 G 或者改变整机的理想比焓降 ΔH_t，或者两者同时改变。改变整机理想比焓降，可采用滑参数运行方式，这是目前大型单元火电机组运行的主要方式。但是在低负荷和额定负荷附近，通过改变流量来调节机组的功率更经济，这种运行方式称为定参数运行。

为了实现功率调节，汽轮机配置了控制进汽量的调节机构，也称为配汽机构。调节机构一般由多个可控制的调节阀门组成，每一个阀门控制一组喷嘴。配汽方式不同，阀门的控制方式和对汽轮机的调节作用也不同，汽轮机的热力过程和变工况特性也不相同。汽轮机的配汽方式有节流配汽和喷嘴配汽两种，可与滑参数和定压运行方式相互匹配。

滑参数运行时，汽轮机的功率调节由改变进口蒸汽参数来实现，即改变整机的理想比焓降 ΔH_t 来适应工况的变化。在燃煤电厂中，蒸汽参数的改变由锅炉和整个热力系统根据变工况要求协调控制。运行时，汽轮机的各调节阀门可同步保持全开或较大开度，以减少阀门节流损失。但是，由于锅炉热惯性大，滑参数运行对变工况的响应速度有限。

定参数运行时，汽轮机进口蒸汽参数保持不变（比如保持在额定参数），汽轮机的功率调节由改变进口蒸汽流量 G 来实现。由于汽轮机调节阀门的动态响应很快，可以快速满足工况变化的需要。在这种情况下，为了减少节流损失，汽轮机各调节阀门一般顺序开启，只有部分蒸汽被节流，以减少损失。

二、功率调节方式

由于采用计算机控制，现代汽轮机既可按节流调节（节流配汽）运行也可以按喷嘴调节（喷嘴配汽）运行，在运行中两种方式可以方便地切换。但为了适应喷嘴调节，大部分汽轮机都设计有调节级。

（一）节流调节

采用节流调节的汽轮机，进入机内的全部蒸汽都要通过同步启闭的调节阀，再进入第一级喷嘴叶栅。汽轮机的多个调节阀门同步开大和关小，本质上与用一个阀门控制全部进汽是一样的，故在运行中称为单阀调节方式。

节流调节的汽轮机可以不要调节级，第一级通常为全周进汽（见图 5-12）。汽轮机在额定功率下工作时，节流调节阀全开，并认为无节流损失，机组的理想比焓降为 $\Delta H'_t$，蒸汽在汽轮机通流部分中的膨胀做功过程如图 5-13 之 ab 曲线所示。而汽轮机在低于额定功率下工作时，节流调节阀部分开启，进入汽轮机的全部流量都受到节流作用，使调节阀后的

压力 p''_0 低于新蒸汽压力 p'_0，但背压 p_c 保持不变，从而使汽轮机通流部分的理想比焓降由 $\Delta H'_t$ 减小到 $\Delta H''_t$，蒸汽在通流部分中的膨胀做功过程如图 5-13 中 cd 曲线所示。

蒸汽的节流过程可近似认为是等焓过程。如果不考虑调节阀全开时的压力损失，则汽轮机在部分功率下的相对内效率为

$$\eta_{ri} = \frac{\Delta H''_i}{\Delta H_t} = \frac{\Delta H''_i}{\Delta H''_t}\frac{\Delta H''_t}{\Delta H_t} = \eta'_{ri}\eta_{th} \tag{5-23}$$

式中：η'_{ri} 为汽轮机通流部分的相对内效率；η_{th} 为节流调节阀的节流效率，$\eta_{th} = \Delta H''_t / \Delta H_t$。

节流调节的汽轮机，第一级的变工况特性与中间级相同，可用弗留格尔公式对凝汽机组进行计算。由此，可作出节流效率 η_{th} 与流量 G 的关系曲线（见图 5-14）。

从图 5-14 可见，背压越高，部分功率下的节流效率越低。根据这个道理，背压式汽轮机不宜采用节流配汽方式。对于凝汽式汽轮机，其流量在很大范围内变动时，整机的理想比焓降 $\Delta H''_t$ 的减小不大，即节流效率下降并不多。

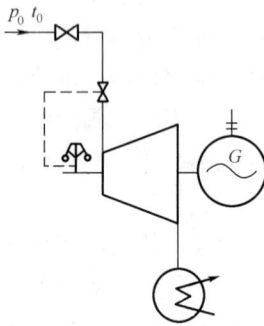

图 5-12 节流调节汽轮机　　图 5-13 节流调节汽轮机的　　图 5-14 节流效率曲线
热力过程曲线

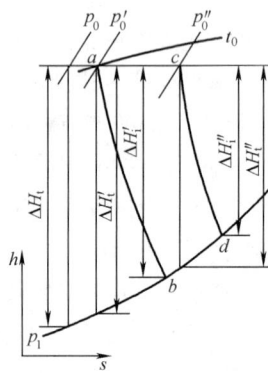

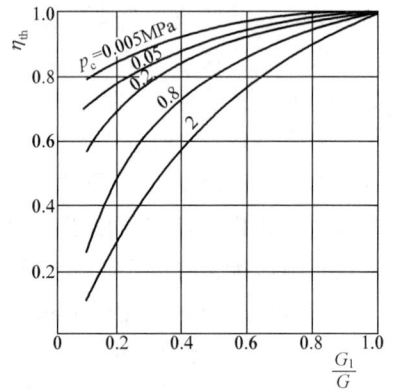

节流调节的汽轮机，在工况变动时，各级（除最末一、二级）的理想比焓降变化不大，其热力过程曲线可在 h-s 图上平移，故各级前的温度变化很小。同时，由于是全周进汽，对汽轮机加热均匀，从而减小了热变形及热应力，而且全周进汽使蒸汽对转子的径向作用力相互平衡，提高了机组运行的可靠性和对负荷变化的适应性。但这种机组在部分负荷下由于全部进汽受到节流作用，节流损失大，经济性差。因此，节流配汽一般只适用于带基本负荷的大型汽轮发电机组。

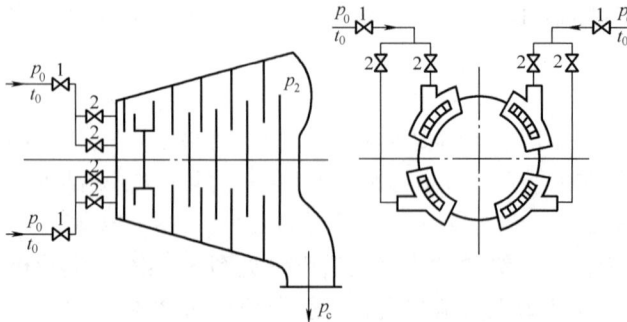

（二）喷嘴调节

喷嘴调节是目前采用最多的一种汽轮机配汽方式。中小型汽轮机的进汽机构中，通常配有一个主汽阀并在其后配备 4～8 个调节阀；而大型汽轮机则分别在机组高压缸的两侧各对称布置一个主汽阀和 2～3 个调节阀。图 5-15 所示为具有 2 个主汽阀和 4

图 5-15 喷嘴调节汽轮机示意图
1—主汽阀；2—调节阀

个调节阀的汽轮机示意图。该机的第一级为调节级，调节级的喷嘴叶片分成四个独立的喷嘴组，安装在汽缸的相应位置，分别对应 4 个调节阀，即每一个调节阀控制一组喷嘴组。

机组带负荷时，汽轮机控制系统先开第一个调节阀（有些汽轮机，第一、二调节阀通常设计成同步开启和关闭），然后随负荷的增加，依次开启其余各调节阀。在调节阀依次开启过程中，只有在前一个阀完全开启或接近完全开启时，下一个阀才开启。而在减负荷时，各调节阀依次关闭。所以，在任何负荷下，只有一个调节阀处于部分开启状态，有节流损失。这种调节方式在运行中也称顺序阀调节。

显然，在低负荷或额定负荷时，喷嘴调节汽轮机的效率要比节流调节汽轮机高。可以看到，随着机组负荷的变化，调节阀开启个数是变化的，喷嘴调节方式主要是靠改变调节级的通流面积来控制进汽量。

三、调节级的变工况特性

为了便于分析调节级的变工况特性，先假定调节级的反动度 $\Omega_m=0$，并且在工况变动时保持不变，因此有动叶前后压力相等 $p_1=p_2$；各调节阀的重叠度为零，即前一个调节阀完全开启后，下一个阀才能开启；全开阀后调节级前的压力 p'_0 在工况变动时保持不变；调节级后的压力 p_2 与蒸汽流量成正比，并且不受调节级后温度的影响。

（一）调节级的内效率

设有一个具有四个调节阀的喷嘴调节汽轮机组，前三阀可控制汽轮机达到额定负荷，最后一阀为过负荷阀，也用于在低参数下使机组发额定负荷。其调节级的热力过程曲线如图 5-16 所示。新蒸汽压力为 p_0，经过主汽阀后，压力为 p'_0。设前两个调节阀已全开，第三个调节阀部分开启，第一、二调节阀后的压力为 $p_{0\mathrm{I}}=p_{0\mathrm{II}}=p'_0$，第三调节阀后的压力为 $p_{0\mathrm{III}}=p''_0$。由于第三调节阀是部分开启，存在有节流损失，故 $p_{0\mathrm{III}}<p'_0$。调节级后的压力 p_2 与蒸汽流量成正比。在这种工况下，进入汽轮机的蒸汽分成两股：一股通过全开阀门（第

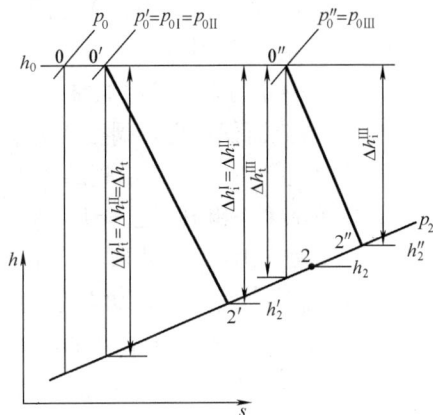

图 5-16 调节级的热力过程曲线

一、二阀），其过程曲线为 $0'2'$，理想比焓降为 $\Delta h_\mathrm{t}^\mathrm{I}=\Delta h_\mathrm{t}^\mathrm{II}=\Delta h_\mathrm{t}$，有效比焓降为 $\Delta h_\mathrm{i}^\mathrm{I}=\Delta h_\mathrm{i}^\mathrm{II}$，终态比焓值为 h'_2；另一股蒸汽通过部分开启阀门（第三阀），过程曲线为 $0''2''$，理想比焓降为 $\Delta h_\mathrm{t}^\mathrm{III}$，有效比焓降为 $\Delta h_\mathrm{i}^\mathrm{III}$，终态比焓值为 h''_2。这两股蒸汽都膨胀到压力 p_2，并在级后的汽室中混合，然后再进入第一压力级工作。为了使这两股蒸汽混合均匀，通常调节级后的汽室设计得较大。混合后蒸汽比焓值 h_2 可通过热平衡方程求得，即

$$(D_\mathrm{I}+D_\mathrm{II})h'_2+D_\mathrm{III}h''_2=(D_\mathrm{I}+D_\mathrm{II}+D_\mathrm{III})h_2=Dh_2$$

$$h_2=h_0-\left(\frac{D_\mathrm{I}+D_\mathrm{II}}{D}\Delta h_\mathrm{i}^\mathrm{I}+\frac{D_\mathrm{III}}{D}\Delta h_\mathrm{i}^\mathrm{III}\right) \tag{5-24}$$

调节级的相对内效率为

$$\eta_\mathrm{ri}=\frac{h_0-h_2}{\Delta h_\mathrm{t}}=\frac{D_\mathrm{I}+D_\mathrm{II}}{D}\frac{\Delta h_\mathrm{i}^\mathrm{I}}{\Delta h_\mathrm{t}}+\frac{D_\mathrm{III}}{D}\frac{\Delta h_\mathrm{i}^\mathrm{III}}{\Delta h_\mathrm{t}}$$

即

$$\eta_\mathrm{ri}=\frac{D_\mathrm{I}+D_\mathrm{II}}{D}\eta_\mathrm{ri}^\mathrm{I}+\frac{D_\mathrm{III}}{D}\eta_\mathrm{ri}^\mathrm{III} \tag{5-25}$$

以上几式中：D_I、D_{II}、D_{III} 分别为通过各阀的流量；D 为汽轮机总的进汽量，$D=D_I+$ $D_{II}+D_{III}$，在前面各节中用符号 G 表示该进汽量（流量），本节为了避免混淆采用符号 D；h'_2、Δh_i^I、η_n^I 为通过全开调节阀的汽流在调节级中的终态比焓、有效比焓降、相对内效率；h''_2、Δh_i^{III}、η_n^{III} 为通过部分开启调节阀的汽流在调节级中的终态比焓、有效比焓降、相对内效率。

式（5-25）表明，为了求得变工况下调节级的内效率，必须先求出通过各调节阀的流量、各阀后压力、调节级后的压力及每股汽流的相对内效率。

（二）调节级前后压力与流量的关系

对于凝汽式汽轮机，调节级后压力 p_2 与流量成正比。根据假定条件反动度 $\Omega_m=0$，又从结构可知，各阀调节级后压力相同，即 $p_1=p_2$，所以，$p_{11}=(D_1/D)p_1$，D_1 为变工况后的流量。任一工况下通过任一组喷嘴的流量为

$$D_i=0.648A_{ni}\beta_1\sqrt{\frac{p_{0i}}{v_{0i}}} \tag{5-26}$$

式中：β_1 为流量比，渐缩喷嘴 $\beta_1=\sqrt{1-\left(\dfrac{\varepsilon_n-\varepsilon_{cr}}{1-\varepsilon_{cr}}\right)^2}$，缩放喷嘴 $\beta_1=\sqrt{1-\left(\dfrac{\varepsilon_n-\varepsilon_{1s}}{1-\varepsilon_{1s}}\right)^2}$；$p_{0i}$、$v_{0i}$ 为喷嘴前的压力、比体积；A_{ni} 为第 i 组喷嘴的出口（喉部）面积。

变工况下各调节阀后的压力与流量的关系曲线及各阀之间的流量分配曲线如图 5-17 所示。p_{cr}^I、p_{cr}^{II}…分别为喷嘴组的临界压力。由图 5-17（a）可见：第一调节阀在开闭过程中，调节级通流面积不变，阀后压力 p_{0I} 与通过的流量成正比。这时，可把汽轮机所有的级看成一个级组。0-3 直线表示阀后压力 p_{0I} 的变化规律（p_{0I} 与通过第一调节阀的流量成正比），点 3 表示第一组阀门已全开，p_{0I} 达到最大值 p'_0。此后在其余各阀开启过程中 p_{0I} 保持 p'_0 不变，如图中 3-6 线所示。求得了第一组喷嘴前压力 p_{0I} 的变化规律之后，按 $p_{cr}^I=$ $\varepsilon_{cr}p_{0I}$ 即可求得 p_{cr}^I 的变化，如图中的 0-a-d 线所示。从图中可知，在第一调节阀开启过程中，级后压力 p_2 一直小于临界压力 p_{cr}^I，这就说明该组喷嘴中汽流流动一直处于临界状态，流量与喷嘴前压力 p_{0I} 成正比变化，如图 5-17（b）的 AB 所示。只有在图 5-17（a）中的 k 点之后，p_2 开始大于 p_{cr}^I，通过第一调节阀的流量 D_1 才开始按椭圆曲线规律 cg 下降。

随着负荷的增加，第二调节阀要投入工作。此时第二喷嘴组前、后压力都是点 2 处的压

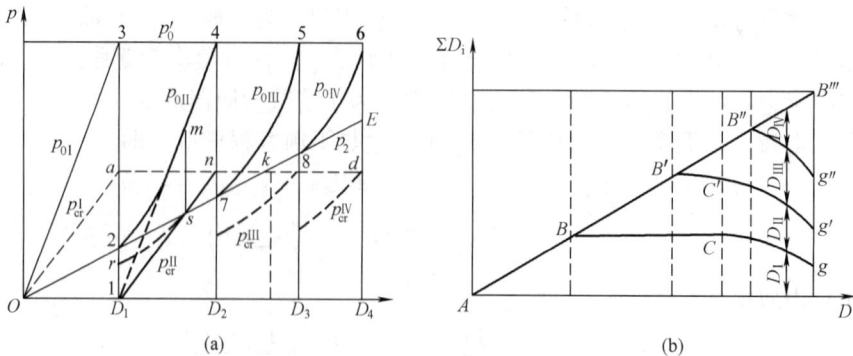

图 5-17　调节级变工况曲线

（a）各级喷嘴组前压力与流量的关系曲线；（b）各级喷嘴组流量与总流量的关系曲线

力 p_2，即 $p_{0\text{II}}=p_2$，用 $2m46$ 线表示该喷嘴组前压力 $p_{0\text{II}}$ 的变化情况。对应的临界压力 $p_{\text{cr}}^{\text{II}}$ 的变化则用 rnd 表示。由图可见，在第二调节阀开启的初始阶段，由于调节汽室压力 $p_2>p_{\text{cr}}^{\text{II}}$，第二喷嘴组处于亚临界状态，喷嘴前压力 $p_{0\text{II}}$ 与流量 D_{II} 的关系按双曲线规律变化，如图 5 - 17（a）中的 2-m 曲线所示。m 点以后，因为 p_2 开始小于 $p_{\text{cr}}^{\text{II}}$，第二组喷嘴由亚临界转为临界状态，压力 $p_{0\text{II}}$ 与流量成直线关系，如图 5 - 17（a）中的 m-4 线所示。当第二调节阀全开时，$p_{0\text{II}}=p_0'$，并保持不变，即图 5 - 17（a）中的 4-6 线。这时总的流量为 $D_2=D_{\text{I}}+D_{\text{II}}$。$D_{\text{II}}$ 的变化规律如图 5 - 17（b）中的曲线 $BB'c'g'$ 所示。

第三调节阀投入工作时，级后压力 p_2 已经相当高了，如图所示第三组喷嘴始终处于亚临界状态。第一、第二喷嘴也在 k 点开始向亚临界转化。当第三调节阀全开时，总的流量为 $D_3=D_{\text{I}}+D_{\text{II}}+D_{\text{III}}$，$D_3$ 为设计额定流量。机组需要超负荷运行时，第四调节阀投入工作，这时候，四组调节阀全处于亚临界状态下工作。

从上述讨论可知，调节级的比焓降（级前后压差）是随着工况的变动而变化的。当汽轮机的流量从零开始增加时，调节级的比焓降先是增加而然后又是减小的。在第一调节阀全开而第二调节阀即将开启之前，这时喷嘴前的压力保持不变（$p_0=p_0'$），级前后压力比仍保持最小，级前后压差最大，调节级的比焓降达到最大值。其后，随着流量进一步增加，由于级前压力保持 p_0' 不变，而级后压力 p_2 在上升，所以级的比焓降逐渐减小，级前后压差也逐渐减小。这就说明，调节级的最危险工况是"在第一调节阀全开而第二调节阀即将开启之前"这一工况。因此，必须以该工况作为调节级强度核算工况。

在工况变动时，调节级的比焓降会发生变化，其反动度、速度比和级效率都将发生变化，调节级后的温度也要变化，并且温度变化幅度很大。所以，在使用压力与流量关系式时，必须用温度系数 $\sqrt{T_0/T_{01}}$ 进行修正。

（三）调节级效率曲线

根据图 5 - 17 所示压力与流量关系曲线，可方便地进行调节级变工况计算。首先从图 5 - 17 上求得任一总流量下通过各阀的流量、各阀后压力及调节级后压力，然后在 h-s 图上由已知压力值求得相应的比焓降，并按一般方法计算效率 $\eta_{\text{ri}}^{\text{I}}$ 和 $\eta_{\text{ri}}^{\text{III}}$。最后按式（5 - 25）计算调节级的相对内效率 η_{ri}。

图 5 - 18 是根据计算结果绘制的调节级效率曲线，η_i 是调节级效率，D_1 是变工况流量。调节级效率曲线呈波折状。调节阀全开时，节流损失小，效率较高（如图中 a、b、c、d 点）。而在其他工况下，通过部分开启阀的那股流量要受到节流作用，使效率下降。图中点 c 相当于设计工况，这时三阀全开，效率达最高值。

实际上，为了改善调节系统的调节特性，各调节阀均有一定的重叠度。也就是说，在前一个阀还未全开之时，后一个阀已经开始开启了。以第一、二两组喷嘴为例，由于第一调节阀全部开启以前，

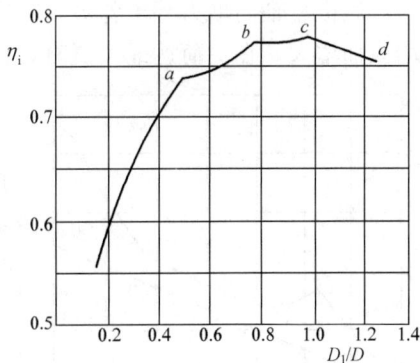

图 5 - 18　调节级效率曲线

第二调节阀已经在开启，通过第一调节阀的流量略小于机组总的流量，因此使图 5 - 17（b）流量 D_{I} 曲线的对应段向下弯曲。这时第一组喷嘴为临界状态，第一组喷嘴前的压力 $p_{0\text{I}}$ 与

流量成正比，但现在流量减小了，故压力 p_{0I} 也减小了一些，p_{0I} 线在这一弧段中应变成弯曲形状。

实际上调节级的反动度不等于零，并且，反动度随着工况变动是变化的。$\Omega_m > 0$，使喷嘴后的压力大于级后压力，$p_1 > p_2$。但压力 p_1 较难确定，故在实际调节级的计算时，仍用级的压力比（$\varepsilon = p_2 / p'_0$）代替喷嘴前后压力比（$\varepsilon = p_1 / p'_0$）。

四、轴向推力的变化情况

引起轴向推力变化的原因很多，如：汽轮机的负荷和初终参数变化、各级间间隙的变化、通流部分结垢及水冲击等。轴向推力变化有时会达到很大值，严重时使机组轴向位移超过允许值、推力瓦块烧坏，动静间隙消失，从而造成重大事故。以下只讨论工况变化时汽轮机轴向推力的一般变化规律。

（一）冲动式汽轮机轴向推力的变化

轴向推力的大小主要决定于级前后压力差和级的反动度的大小。因此，工况变化时，级轴向推力的变化可用下式表达

$$\frac{F_{z1}}{F_z} \approx \frac{\Omega_{m1} \Delta p_{s1}}{\Omega_m \Delta p_s}$$

式中：Δp_s 为级前后压力差，$\Delta p_s = p_0 - p_2$。

1. 凝汽式汽轮机轴向推力的变化

（1）节流配汽方式

采用节流配汽方式的凝汽式汽轮机，当负荷变化时，除最后一、二级之外，其余各级由于比焓降不变，反动度也不变。而汽轮机最后一、二级的设计反动度一般都很大（接近 0.5 左右）。根据本节关于反动度变化的讨论知道，原设计反动度大的级，在工况变化时，反动度变化很小。而各级前、后压力差和流量成正比，则有

$$\frac{\Delta p_{s1}}{\Delta p_s} = \frac{p_{01} - p_{21}}{p_0 - p_2} = \frac{D_1}{D}$$

因此，汽轮机级的轴向推力和流量成正比变化，即

$$\frac{F_{z1}}{F_z} \approx \frac{\Omega_{m1} \Delta p_{s1}}{\Omega_m \Delta p_s} = \frac{D_1}{D} \tag{5-27}$$

汽轮机总轴向推力等于各级轴向推力之和。因此，节流配汽的汽轮机的轴向推力随负荷的增大而增大，在负荷达最大值时，轴向推力达最大值，如图 5-19 的曲线 1 所示。

（2）喷嘴配汽方式

对于喷嘴配汽方式的凝汽式汽轮机，当负荷变化时，除调节级之外，其余各级轴向推力的变化规律与节流配汽方式的凝汽式汽轮机相同，也可用图 5-19 的曲线 1 表示。

调节级轴向推力的变化复杂，它与反动度、部分进汽度、级前后压力差等有关。在设计时，使调节级叶轮两侧有较大的通道，使叶轮两侧压力平衡，故可不计叶轮面上的轴向推力。因此，调节级的轴向推力主要是动叶片上的轴向推力，其值 $F_2 \approx e \cdot \Omega_m \Delta p_s$。并且，调节级动叶片上的最大轴向推力发生在最大负荷时（如图

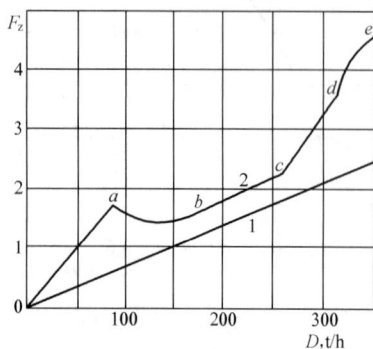

图 5-19　汽轮机轴向推力变化曲线
1—节流配汽；2—调节级

5-19中的 e 点）。此时，调节级比焓降最小、压力差最小，但级的部分进汽度（e）和反动度（Ω_m）都最大。随着流量减小，压差（Δp_s）增大，但反动度（Ω_m）减小，部分进汽度（e）也随着调节阀依次关闭而减小，故轴向推力也随之减小。但当流量减小到第一调节阀全开第二调节阀部分开启时，这时调节级级后压力也相当低，致使动叶达临界状态，如图5-19中的 b 点。其后，再降低流量，反动度却反而增大，轴向推力也随之增大如图5-19中的 b-a 线。从第一调节阀开始关闭起，汽轮机转入节流配汽。所以调节级的轴向推力随流量成正比地减小。因此，在变工况下，调节级的轴向推力呈折线变化，如图5-19中的曲线2所示，其中 a-c-d-e 点对应各调节阀全开的工况。从图5-19可以看出，喷嘴配汽凝汽式汽轮机的最大轴向推力发生在最大负荷工况。

　　2. 背压式汽轮机轴向推力的变化

　　背压式汽轮机调节级的轴向推力的变化规律与凝汽式汽轮机的相同。而非调节级由于级前后压力不与流量成正比，其级的比焓降、反动度随流量的变化是变化的。因此非调节级的轴向推力也将随流量改变而变化，但不是成正比地变化。例如，随着流量减少，各级压差减小，但由于其比焓降是减小的，使反动度增大，从式 $F_2 \approx e \cdot \Omega_m \Delta p_s$ 分析，各级的轴向推力并不一定减小；而当流量增大时，各级压差增大，但由于其比焓降是增大的，反动度却减小，所以，各级的轴向推力并不一定增大。由此可见，背压式汽轮机总的最大轴向推力不一定发生在最大负荷时，而是在某一中间负荷时，如图5-20所示。图中

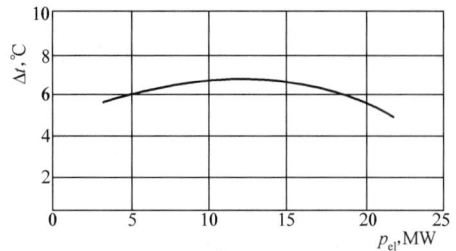

图5-20　背压式汽轮机推力
瓦块温度变化曲线

Δt 表示推力瓦块的温度，间接反映了机组轴向推力的大小。

　　（二）反动式汽轮机轴向推力的变化

　　反动式汽轮机由于各级设计反动度（Ω_m）大，故在工况变动时，即使级的比焓降变化大，反动度变化却减小，故反动级的轴向推力与级内压差成正比地变化，最大轴向推力发生在最大负荷工况时。

　　现代大型反动式汽轮机由于设计成多缸多排汽口反向对置形式，又在结构上采用了平衡活塞等措施，由推力轴承所承担的净推力并不大。故在运行时，当工况改变时，推力轴承所承担的净推力的大小和方向可能会发生改变。

　　在工况变动时，轴向推力的计算非常复杂，其准确性也难保证。在实际运行中，通过测量推力轴承工作瓦块的温度，对轴向推力的变化情况进行间接监视。当轴向推力增大时，推力瓦块的摩擦大，使工作油膜温度升高，则工作瓦块温度也升高。故在汽轮机运行中，推力轴承工作瓦块的温度和轴向位移是重点监视的运行参数之一。

第四节　凝汽式汽轮机的工况图

　　汽轮发电机组功率与流量之间的关系称为汽轮机的汽耗特性。表示这种关系的数学表达式称为汽耗特性方程，而表示这种关系的曲线就是汽轮机的工况图。汽轮机的汽耗特性随配

汽方式不同而不同。

一、节流配汽凝汽式汽轮机的工况图

蒸汽在汽轮机内所产生的内功率包括两部分:一部分为考虑了发电机损失的对外输出的有效电功率 P_{el},另一部分为用来克服机械损失 ΔP_m 的功率。为了讨论方便,把进入汽轮机的流量也分为两部分 $D_0 = D'_0 + D_{nl}$,D'_0 为发出有效电功率 P_{el} 所需的流量,D_{nl} 为克服机械损失 ΔP_m 维持机组空载(额定转速)运行所需的流量。因此,汽轮发电机组功率与汽耗量之间的关系为

$$D_0 = D'_0 + D_{nl} = \frac{3600}{\Delta H_t \eta'_{ri} \eta_{th}}\left(\frac{P_{el}}{\eta_g} + \Delta P_m\right) \tag{5-28}$$

式(5-28)中,因发电汽轮机转速基本是常数,故机械损失 ΔP_m 一般不变。另外,当机组负荷变化不大时,三个效率(η'_{ri}、η_{th}、η_g)的变化也不大,可近似认为不变。这样,汽轮机的汽耗特性方程可写成

$$D_0 = d_1 P_{el} + D_{nl} \tag{5-29}$$

式中:d_1 为汽耗微增率,每增加单位电功率所需增加的汽耗量,$d_1 = \frac{3600}{\Delta H_t \eta'_{ri} \eta_{th} \eta_g}$;$D_{nl}$ 为空载汽耗量,$D_{nl} = \frac{3600}{\Delta H_t \eta'_{ri} \eta_{th}} \Delta P_m$。由于 ΔP_m、η'_{ri}、η_{th} 变化不大,故空载汽耗量 D_{nl} 也可近似认为是一个常数,其大小主要与整机理想比焓降 ΔH_t 和配汽方式有关,一般为设计流量的 $5\% \sim 10\%$。

通过变工况计算后,可以绘制出节流配汽凝汽式汽轮机汽耗量 D_0、汽耗率 $d(D_0 / P_{el})$、相对电效率 $\eta_{r,el}(\eta_{ri} \eta_m \eta_g)$ 与电功率 P_{el} 之间的关系曲线,如图 5-21 所示。由图可以看到节流配汽凝汽式汽轮机汽耗量 D_0 与电功率 P_{el} 之间的关系曲线(工况图或汽耗特性曲线)近似成直线关系,但不通过坐标系的原点。

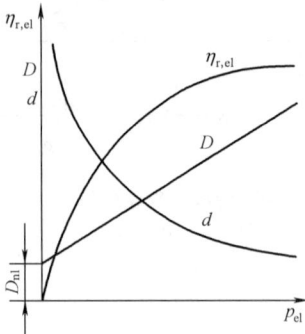

图 5-21 节流调节汽轮机 D、d、$\eta_{r,el}$ 与 P_{el} 关系曲线

二、喷嘴配汽凝汽式汽轮机的工况图

用上述办法,同样可以绘制出喷嘴配汽凝汽式汽轮机汽耗量 D_0、汽耗率 $d(D_0 / P_{el})$、相对电效率 $\eta_{r,el}(\eta_{ri} \eta_m \eta_g)$ 与电功率 P_{el} 之间的关系曲线,如图 5-22 所示。由于调节级的内效率随负荷的变化呈波折形,所以汽耗率 d 及相对电效率 $\eta_{r,el}$ 曲线亦呈波折形,同时汽耗量 D_0 与电功率 P_{el} 之间的关系曲线也不是一条直线,也呈波折形。

试验证明,喷嘴配汽凝汽式汽轮机汽耗线近似为一折线(图 5-23 中的 ABC 折线所示),因此,机组的汽耗特性方程式如下:

当功率小于设计功率时,即 $P_{el} < (P_{el})_e$ 时

$$D_0 = D_{nl} + d_1 P_{el} \tag{5-30}$$

当功率大于设计功率时,即 $P_{el} > (P_{el})_e$ 时

$$D_0 = D_{nl} + d_1 (P_{el})_e + d'_1 [P_{el} - (P_{el})_e] \tag{5-31}$$

式(5-31)中的 $d'_1 [P_{el} - (P_{el})_e] = \Delta D_0$ 表示功率大于设计(经济)功率时汽轮机汽耗量的增加值。其中 d'_1 为 $P_{el} > (P_{el})_e$ 时的汽耗微增率,即汽耗线在过负荷段的斜率。很明显,$d'_1 > d_1$。因此,图 5-23 中的 ABC 线有一转折点 B,B 点所对应的功率为汽轮机的设

计（经济）功率（P_{el}）$_e$。

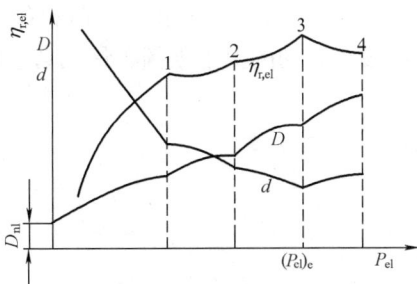

图 5 - 22 喷嘴调节汽轮机 D、d、
$\eta_{r,el}$ 与 P_{el} 关系曲线

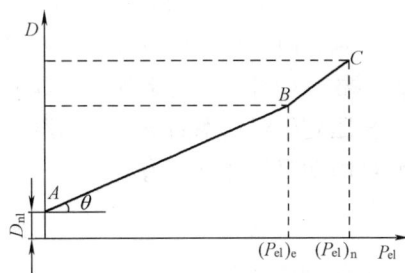

图 5 - 23 喷嘴调节汽轮机的
近似汽耗特性曲线

三、蒸汽量调节方式的选择

图 5 - 24 绘制了节流配汽和喷嘴配汽两种汽轮机的汽耗特性曲线，从图可以看出，节流配汽方式在最大工况下具有最好的经济性。这时候，节流调节阀全开，基本上无节流损失。但在设计负荷或部分负荷下，由于节流损失存在，其经济性较差。

喷嘴配汽方式在设计功率下的经济性比节流配汽好，在大于设计负荷或在部分负荷下，其经济性有所降低，但降低程度比较平缓。

喷嘴配汽的经济性还和调节阀的数目有关，如图 5 - 25 所示。其中 AB 线为节流配汽的汽耗线，AC 为采用理想喷嘴（即假定有无穷多个调节阀，并且在任何工况下无节流损失，$\eta_{th}=1$）配汽的汽耗线，曲线 LEA 及 $HGEFA$ 分别为采用两只及四只调节阀的汽耗特性曲线。由图可见，喷嘴组（调节阀的数目）数越多，调节阀的节流损失越小，其经济性越高。但调节阀的数目增多，使汽轮机结构复杂，制造成本增加。故现代大型汽轮机一般采用 4～6 个调节阀。

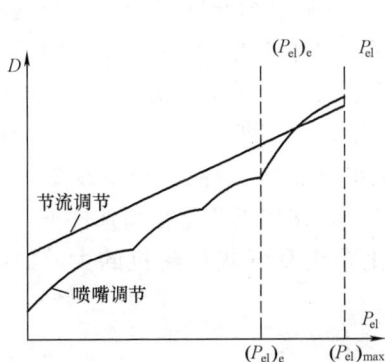

图 5 - 24 采用喷嘴和节流调节方式
的汽轮机的特性曲线

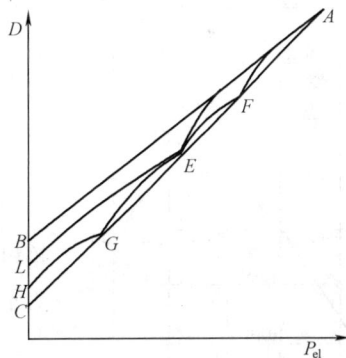

图 5 - 25 采用不同数目调节阀的喷嘴调节
与节流调节时的汽耗率比较

可见，电网中带基本负荷的机组，可以采用喷嘴配汽方式也可以采用节流配汽方式；电网中的调峰机组，应该采用喷嘴配汽方式。前者是为了充分发挥机组的经济性，后者是使机组对电网负荷变化有较好适应性，但又不致使效率有较大的降低。

第五节 蒸汽初终参数变化对汽轮机工作的影响

汽轮机在运行过程中，除了蒸汽的流量变化之外，初终参数也会变化。蒸汽参数在一定范围内波动是难以避免的，但其波动范围超过允许值时，不但会引起机组功率及各项经济指标（如效率、汽耗率等）的变化，还会使机组某些零部件受力状况恶化，影响机组安全运行。因此，制造商对每台机组按设计值规定出新蒸汽参数波动的上下限额、最低真空限定值以及在低参数运行时限制机组的出力等。

一、初压变化对功率的影响（初温、背压不变）

汽轮机内功率的计算式为

$$P_i = \frac{G \Delta H_t \eta_{ri}}{3600}$$

进入汽轮机新蒸汽初压变化，将引起整机理想比焓降 ΔH_t、进汽量 G 和机组相对内效率 η_{ri} 的变化。因此，机组功率变化应是这三方面变化而引起功率变化的总和。当初压偏离额定值不大时，功率的变化量为

$$\Delta P_t = \frac{\partial (G \Delta H_t \eta_{ri})}{3600 \, \partial \, p_0} = \frac{\Delta H_t \eta_{ri}}{3600} \frac{\partial \, G}{\partial \, p_0} \Delta p_0 + \frac{G \eta_{ri}}{3600} \frac{\partial \, (\Delta H_t)}{\partial \, p_0} \Delta p_0 + \frac{G \Delta H_t}{3600} \frac{\partial \, \eta_{ri}}{\partial \, p_0} \Delta p_0$$

（一）调节阀开度不变

当初压改变而汽轮机的调节阀开度不变时，流量要发生变化。考虑理想比焓降 ΔH_t、进汽量 G 和机组相对内效率 η_{ri} 的变化后可得

$$\Delta P_i = \frac{G \Delta H_t \eta_{ri}}{3600} \frac{\Delta p_0}{p_0} + \frac{G \eta_{ri}}{3600} p_0 v_0 \left(\frac{p_2}{p_0} \right)^{\frac{k-1}{k}} \frac{\Delta p_0}{p_0} \qquad (5 - 32)$$

或者

$$\frac{\Delta P_i}{P_i} = \left[1 + \frac{p_0 v_0}{\Delta H_t} \left(\frac{p_2}{p_0} \right)^{\frac{k-1}{k}} \right] \frac{\Delta p_0}{p_0} \qquad (5 - 33)$$

式中：Δp_0 为初压改变量。若初压降低，则 Δp_0 为负值，其他参数均为额定值。

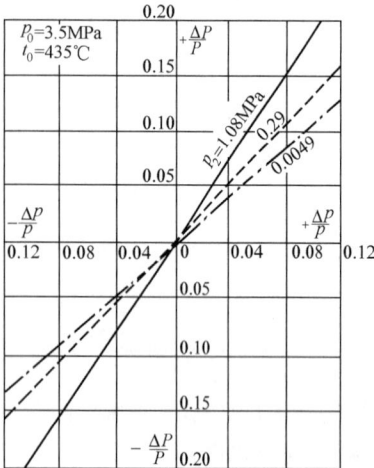

图 5 - 26　不同背压下汽轮机功率
增量与初压相对变化值的关系

式（5 - 32）为调节阀开度不变时，初压改变 Δp_0 引起机组功率变化的计算式。对于非调节抽汽的汽轮机（包括再热式汽轮机）均适用。由式（5 - 32）可以看出，在一定背压下，功率变化 ΔP_i 的大小与初压改变量 Δp_0 成正比；机组背压 p_2 越高，初压改变对机组功率的影响越大。显然，在初压变化相同条件下，背压式汽轮机的功率变化要比凝汽式汽轮机的大，如图 5 - 26 所示。

（二）流量保持不变

如果初压改变要求进入机组的流量保持不变，则必须改变调节阀的开度。对于节流配汽的汽轮机，由于流量不变，则第一级前的压力不变。初压改变使调节阀的开度相应变化引起节流损失的变化被机组理想比焓降的变化所补偿，故功率不会改变。

对于喷嘴配汽的汽轮机，初压改变要求流量保持不变，则必须改变最后一个调节阀的开度。这样整机理想比焓降发生变化，由于整机理想比焓降的变化而引起机组功率的改变。对于中间再热机组，初压改变只会引起高压缸理想比焓降的变化（流量不变时），由于高压缸功率只占整机功率的 $1/3 \sim 1/4$，因此，对整机功率的影响不大。

　　蒸汽初压变化较大时，对汽轮机的安全性有一定影响。当新蒸汽初压升高而初温不变时，其在 h-s 图上的热力过程曲线会向左移，左移的结果是机内湿蒸汽区前移，在湿蒸汽区工作的级的湿度增加，对机组最末几级的工作不利。调节级的最危险工况是第一调节阀全开而第二阀未开时，这时调节级的理想比焓降最大，级前后压差最大。当初压升高时，即使级的理想比焓降不变，但由于流量增加会使叶片所受汽流作用力增大。因此，汽轮机在蒸汽初压增加较大的工况下运行时，应校核调节级叶片的强度。如果初压降低较多但又没相应地限制机组的负荷，汽轮机的流量可能超过额定参数下的最大流量。这时，末级叶片所受汽流作用力增大较多，叶片弯曲应力大为增加，可能导致末级叶片因强度不够而损坏。因此，在机组初压降低较多时，应该限制其出力。

二、初温变化对功率的影响（初压、背压不变）

　　新蒸汽温度 t_0（或蒸汽初比焓 h_0）在允许范围内变动时，会影响工质在锅炉的吸热量和机组功率。锅炉吸热量 Q 的计算式为

$$Q = G(h_0 - h_{fw})$$

式中：h_{fw} 为锅炉给水比焓值。

　　（一）工质在锅炉内的吸热量保持不变

　　当新蒸汽温度 t_0 在允许范围内变动，而工质在锅炉的总吸热量保持不变时，汽轮机的功率可用下式表示，即

$$P_i = \frac{G \Delta H_t \eta_{ri}}{3600} = \frac{Q}{3600} \frac{\Delta H_t \eta_{ri}}{(h_0 - h_{fw})} \tag{5-34}$$

式中：h_0、h_{fw} 分别为新蒸汽初比焓、锅炉给水比焓值。新蒸汽初温改变会引起 h_0、ΔH_t 和 η_{ri} 的变化。所以，初温改变引起功率的变化为

$$\frac{\Delta P_i}{P_i} = \left[\frac{1}{\Delta H_t} \frac{\partial (\Delta H_t)}{\partial t_0} - \frac{1}{h_0 - h_{fw}} \frac{\partial h_0}{\partial t_0} + \frac{1}{\eta_{ri}} \frac{\partial \eta_{ri}}{\partial t_0} \right] \Delta t_0 \tag{5-35}$$

　　式（5-35）右边括号内第一项表示初温升高使整机理想比焓降 ΔH_t 增大所引起功率的变化，右边括号内第二项表示初温（初比焓）升高后，蒸汽流量减少所引起功率的变化，右边括号内第三项表示初温变化使汽轮机相对内效率改变所引起功率的变化。当初温升高时，低压段各级的蒸汽湿度减小，使湿汽损失减小。根据经验，可近似认为，初温每升高 30～50℃，汽轮机内效率约升高 1%。

　　（二）调节阀开度不变

　　当蒸汽初温改变而要求调节阀开度不变时，所引起功率的变化为

$$\frac{\Delta P_i}{P_i} = \left[\frac{1}{\Delta H_t} \frac{\partial (\Delta H_t)}{\partial t_0} + \frac{1}{G} \frac{\partial G}{\partial t_0} + \frac{1}{\eta_{ri}} \frac{\partial \eta_{ri}}{\partial t_0} \right] \Delta t_0 \tag{5-36}$$

式中：$\left(\frac{1}{G} \frac{\partial G}{\partial t_0} \right) \approx -\frac{1}{2T_0}$，为初温改变 1℃ 引起流量变化对功率的修正系数；T_0 为额定温度，K。

　　（三）流量保持不变

　　当蒸汽初温改变而要求流量保持不变，这时机组功率的变化是由于整机理想比焓降 ΔH_t 和机组相对内效率 η_{ri} 产生变化而引起的，即

$$\frac{\Delta P_i}{P_i} = \left[\frac{1}{\Delta H_t} \frac{\partial (\Delta H_t)}{\partial t_0} + \frac{1}{\eta_{ri}} \frac{\partial \eta_{ri}}{\partial t_0} \right] \Delta t_0 \tag{5-37}$$

新蒸汽温度 t_0 变化，除了影响汽轮机功率和工质在锅炉的吸热量变化之外，对汽轮机运行安全性的影响也很大。汽轮机的进汽部分（主汽阀、调节汽阀、进汽管等零部件）和调节级是在高温、高压条件下工作的，对这部分金属材料高温工作性能要求很高。金属材料在高温下会产生高温蠕变，其机械强度明显下降。因此，对汽轮机新蒸汽温度的限制是很严格的。例如，国产汽轮机组的功率从中压 50MW 逐渐上升到亚临界参数 300、600MW 机组，新蒸汽的压力从 3.43MPa 上升到 16.0～17.9MPa，压力升高了很多倍，而新蒸汽温度才从 435℃ 上升到 538℃，上升量不大。直到现在，大型 450～1000MW 超临界、超超临界参数汽轮机组，其新蒸汽压力已达 24～31MPa，而新蒸汽温度只达 566～625℃。

当新蒸汽温度降低时，会使各级蒸汽温度降低，使各级理想比焓降减小，从而使级的反动度增大，致使转子轴向推力增大。如果新蒸汽温度降低而流量增大时，最末几级的理想比焓降增大，相应动、静叶片所受汽流作用力增大，影响安全。因此，在初温降低情况下，应该限制进入汽轮机的流量，减小出力，保证转子轴向推力和最末几级动、静叶片的应力不超过允许值。

三、背压变化对功率的影响（初温、初压不变）

背压变化引起汽轮机功率的变化，主要与末级的工况有关。这里，按末级动叶中汽流速度未达临界和达超临界速度两种情况来讨论。假定在原工况下，末级级后压力正好为临界压力 p_{2cr}，则动叶出口汽流速度刚好等于声速（临界速度）。当背压升高（$p_2 > p_{2cr}$）时属于第一种情况，而背压降低（$p_2 < p_{2cr}$）时属于第二种情况。

在原工况（临界工况）下末级级后压力和比体积为 p_{2cr}、v_{2cr}，动叶出口汽流速度为临界速度（声速）w_s，则根据声速公式有

$$w_s = \sqrt{\kappa R T} = \sqrt{\kappa p v} = \sqrt{\kappa p_{2cr} v_{2cr}} = \sqrt{\kappa p_2 v_2} = 常数$$

从式（5-38）可得到

$$p_{2cr} v_{2cr} = \frac{w_s^2}{\kappa} \tag{5-38}$$

此时，在动叶出口截面 A_b 上的连续方程式为

$$\left(\frac{G}{A_b}\right)_{cr} = \frac{w_s}{v_{2cr}}$$

与式（5-38）共同求解，可求得临界压力为

$$p_{2cr} = \left(\frac{G}{A_b}\right)_{cr} \frac{w_s}{\kappa} \tag{5-39}$$

凝汽式汽轮机末级的临界速度 w_s 的变化范围不大，一般取 $w_s \approx 370\text{m/s}$，则

$$p_{2cr} \approx 328(G/A_b) \tag{5-40}$$

式中各变量的单位为 G—kg/s；A_b—m^2；p_{2cr}—Pa。

（一）背压自临界压力升高（$p_2 > p_{2cr}$）情况

在流量 G 不变的情况下，背压从临界压力 p_{2cr} 升高到 p_2 时（见图 5-27），汽轮机内功率变化主要是由以下几个原因引起的：整机理想比焓降 ΔH_t 减小，末级余速损失变化，机组最后几级内效率变化，背压升高使凝结水温度升高从而使末级回热抽汽量变化。

汽轮机内功率可写成

背压改变前 $\qquad P_i = G(\Delta H_t \eta'_{ri} - \delta h_{c2}) x_m \chi$

背压改变后 $\qquad P_{i1} = G(\Delta H_{t1} \eta'_{ri} - \delta h_{c2}) x_m \chi$

内功率的变化为：

$$\Delta P_i = P_{i1} - P_i = G[\delta(\Delta H_t)\eta'_{ri} - \Delta(\delta h_{c2})]x_m \chi$$

$$(5-41)$$

式中：G 为低压缸的流量 kg/s；$\delta(\Delta H_t)$ 为整机理想比焓降的改变量；η'_{ri} 为未考虑湿汽损失、末级余速损失时汽轮机的内效率，一般取 $\eta'_{ri} \approx 0.9$；x_m 为级的平均干度，一般取 $x_m \approx 0.94$；χ 为由于最后一级回热抽汽使做功蒸汽量减小对功率的修正系数，一般取 $\chi \approx 0.93$；$\Delta(\delta h_{c2})$ 为末级余速损失的改变量。

（二）背压自临界压力下降（$p_2 < p_{2cr}$）情况

当进入凝汽器的凝汽量 G 不变，背压从临界压力 p_{2cr} 下降到 p_2 时，蒸汽在末级动叶斜切部分的膨胀，使动叶出口汽流方向发生偏转，出汽角由 β_2 变为（$\beta_2 + \delta_2$）。并不影响末级动叶喉部截面以前部分及以前各级的参数，故末级以前各级的功率都不变。汽轮机内功率变化只发生在末级。而末级内功率变化是由于动叶出口汽流相对速度 w_2 大小和方向的变化而引起的，即

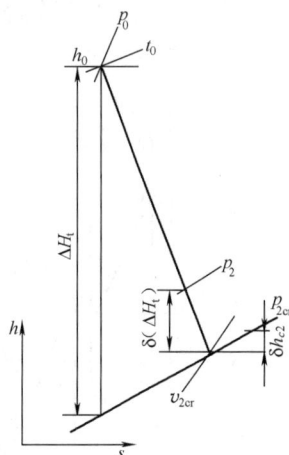

图 5-27 背压由 p_{2cr} 升高时的热力过程曲线

$$\Delta P_i = Gu[w_2\cos(\beta_2 + \delta_2) - w_{2cr}\cos\beta_2]x_m \chi \qquad (5-42)$$

或

$$\frac{\Delta P_i}{G} = u[\sqrt{w_2^2 - w_2^2\sin^2(\beta_2 + \delta_2)} - w_{2cr}\cos\beta_2]x_m \chi \qquad (5-43)$$

显然，背压从临界压力 p_{2cr} 下降到 p_2 时，汽轮机单位蒸汽流量的内功率变化 $\Delta P_i/G$ 也与 p_2/p_{2cr} 有关。又根据 $p_{2cr} \approx 328(G/A_b)$，故 $\Delta P_i/G$ 只与 p_2/G 有关。

汽轮机背压改变，除了引起汽轮机功率发生变化之外，还会影响机组的安全性。当背压升高而负荷不变时，则必须要求蒸汽流量增大。这就可能使机组某些零部件所受汽流弯曲应力增大而超过允许值，轴向推力也会增大。另外，排汽温度也会升高，引起汽轮机低压缸排汽端热膨胀、热变形增大，排汽缸上抬，使汽轮机动静间隙变小，转子轴心线与汽缸中心线不重合，引起机组振动。因此，汽轮机运行时，凝汽器的真空度（汽轮机背压）是重点监视的运行参数之一。

当凝汽器的真空度过高而功率又为最大时，则末级处于最危险工况，则必须对末级动静部件的强度予以校核。

第六节　汽轮机变工况热力核算

在进行汽轮机热力设计时，除了按设计工况（经济工况）对机组通流部分进行热力计算外，还需对额定工况、最大工况及几个部分负荷工况进行热力核算，以取得这些工况下机组的经济指标，并为机组主要零部件强度计算和运行提供数据，以保证机组安全、经济运行。汽轮机变工况核算有逐级详细核算和近似核算两种主要方法。

一、汽轮机级的详细核算

汽轮机级的变工况核算通常有顺算法（已知级前参数依次向后计算，从而求得喷嘴后和动叶后的参数）和倒推核算法（已知级后参数倒推计算依次求得动叶前、喷嘴前的参数）两种。在计算时，汽轮机通流部分几何尺寸、级的蒸汽量通常是已知的。具体采用哪一种算

法，要根据所给定的已知条件而定。无论采用哪一种核算方法，都是以喷嘴出口和动叶出口的连续方程为计算基础。

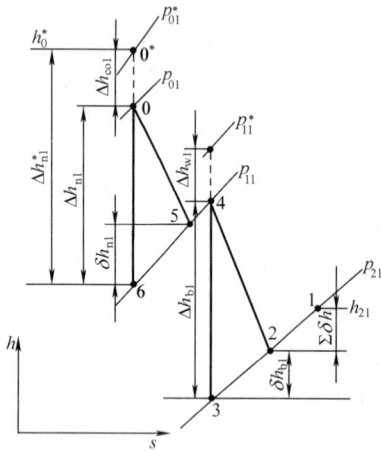

图 5-28　变工况下级的热力过程曲线

$h_{21} = h'_c + (2273 \pm 30)\mathrm{kJ/kg}$。

（一）已知级后压力的倒推核算法

倒推核算法一般是从汽轮机的末级开始，在计算过程中需要借助 h-s 函数计算（或 h-s 图）。已知条件通常是已知蒸汽流量 G_1（或功率 P_{el}）和汽轮机排汽压力 p_{21}（或凝汽器压力 p_{c1}）。

1. 确定汽轮机排汽状态点 1

已知汽轮机的排汽压力 p_{21}，是不能确定末级后排汽状态点的。为此，需要根据同类机组的设计效率预估整机相对内效率 η_{ri}，在 h-s 图中等压线（p_{21}）上找到汽轮机排汽状态点"1"，得到对应排汽比焓 h_{21}，如图5-28所示。有时，也可以通过排汽压力 p_{21} 所对应的凝结水比焓值 h'_c 进行预估：对凝汽式汽轮机，$h_{21} = h'_c + (2198 \pm 63)\mathrm{kJ/kg}$；对中间再热式汽轮机，

2. 确定动叶出口蒸汽状态点 2

为了确定动叶出口蒸汽状态点 2，必须先估计末级损失：摩擦损失 δh_f，湿汽损失 δh_x，漏汽损失 δh_p，余速损失 δh_{c2}。变工况下，这些损失可按下列近似公式估算，即

$$\delta h_{f1} = \delta h_f \frac{G}{G_1} \frac{p_{21}}{p_2}, \quad \delta h_{x1} = \delta h_x \frac{\Delta h_{t1}}{\Delta h_t} \frac{1-x_{21}}{1-x_2}, \quad \delta h_{p1} = \delta h_p \frac{\Delta h_{t1}}{\Delta h_t}, \quad \delta h_{c21} = \delta h_{c2}\left(\frac{G_1 v_{21}}{G v_2}\right)^2$$

上几式中：G、p_2、v_2、Δh_t、x_2 为流量、排汽压力、排汽比体积、理想比焓降、级后干度。求得这些损失之和 $\sum \delta h$ 后，在等压线（p_{21}）上找到末级动叶出口蒸汽状态点"2"。

3. 动叶通道最小截面临界压力 $(p_{21})_{cr}$ 的确定

当流量从 G 变为 G_1 时，要判断蒸汽在动叶栅中的流动是否超临界状态，因此，要确定在流量 G_1 下动叶通道最小截面达临界时的压力 $(p_{21})_{cr}$。如上所述，汽轮机变工况时，在通流部分各汽流截面上的声速 w_s 是近似不变的。则由式（5-39）可得临界压力

$$(p_{21})_{cr} = \left(\frac{G_1}{A_b}\right)_{cr} \frac{w_s}{\kappa} \tag{5-44}$$

式中：A_b 为已知的动叶出口截面积。

4. 计算动叶出口汽流速度 w_{21}

（1）在新流量 G_1 下，$p_{21} > (p_{21})_{cr}$，则为亚临界流动，动叶出口汽流速度 w_{21} 为

$$w_{21} = \frac{G_1 v_{21}}{A_b} \tag{5-45}$$

（2）在新流量 G_1 下，$p_{21} < (p_{21})_{cr}$，则为超临界流动，在动叶通道最小截面上蒸汽达到临界压力 $(p_{21})_{cr}$，汽流在斜切部分继续膨胀加速，发生偏转，压力从 $(p_{21})_{cr}$ 下降为出口压力 p_{21}。汽流偏转角 δ_2 可用式（2-28）计算。这时动叶出口汽流速度 w'_{21} 为

$$w'_{21} = \frac{G_1 v_{21}}{A_b \dfrac{\sin(\beta_2 + \delta_2)}{\sin\beta_2}} \tag{5-46}$$

当求出 w_{21} （或 w'_{21} 和 δ_2）之后，便可作出动叶出口速度三角形，以求得动叶出口速度和出气角 c_{21}、α_{21}。并按 c_{21} 来校核前面估计的余速损失 δh_{c21}，若二者相差较大，则按 c_{21} 计算新的余速损失 δh_{c21}，如此反复几次，直到二者误差可以被接受，再在 h-s 图上移动点"2"到新的点"2"。

5. 确定汽流状态点 3 和点 4

计算动叶损失 δh_{b1} 和动叶理想比焓降 Δh_{b1}

$$\delta h_{b1} = \frac{1}{2} w_{21}^2 \left(\frac{1}{\psi^2} - 1 \right) \tag{5-47}$$

$$\Delta h_{b1} = \Delta h_{b1}^* - \frac{1}{2} w_{11}^2 = \frac{1}{2} \left(\frac{w_{21}^2}{\psi^2} - w_{11}^2 \right) = \frac{w_{21}^2}{2} \left[\frac{1}{\psi^2} \left(\frac{w_{11}}{w_{21}} \right)^2 \right] \tag{5-48}$$

这里，假定动叶速度系数 ψ 和 w_{11}/w_{21} 与原设计工况相同。在求得 δh_{b1} 和 Δh_{b1} 之后，则可以在 h-s 图上的等压线 p_{21} 截取 δh_{b1} 得到点"3"，从点 3 和 Δh_{b1} 垂直向上可求得动叶进口汽流状态点"4"及等压线 p_{11} 及比焓 h_{11}。

6. 确定汽流状态点 5

估计一个撞击损失 $\delta h_{\beta1}$ $\left[\delta h_{\beta1} = \frac{1}{2} (w_{11} \sin\theta)^2 \right]$，从点 4 沿等压线 p_{11} 向下截取 $\delta h_{\beta1}$ 以得到喷嘴出口实际状态点"5"，可得比体积 v_{11}。

7. 喷嘴通道最小截面临界压力 $(p_{11})_{cr}$ 的确定

和上述讨论蒸汽在动叶栅中的流动一样，当流量从 G 变为 G_1 时，也要判断蒸汽在喷嘴叶栅中的流动是否为超临界状态。因此，首先要确定在新流量下喷嘴叶栅通道最小截面上达临界时的压力 $(p_{11})_{cr}$，计算式为

$$(p_{11})_{cr} = \left(\frac{G_1}{A_n} \right)_{cr} \frac{c_s}{\kappa} \tag{5-49}$$

式中：A_n 为喷嘴出口截面积，c_s 为原工况下的声速（由最小截面上原 p_1、v_1 确定）。

8. 计算喷嘴出口汽流速度 c_{11}

（1）当喷嘴出口压力 $p_{11} > (p_{11})_{cr}$ 时，为亚临界流动。则在截面 A_n 上的压力就是 p_{11}，喷嘴出口汽流速度 c_{11} 为

$$c_{11} = \frac{G_1 v_{11}}{A_n} \tag{5-50}$$

（2）如果喷嘴出口压力 $p_{11} < (p_{11})_{cr}$，则为超临界流动，喷嘴通道最小截面上的蒸汽压力为临界压力 $(p_{11})_{cr}$，汽流进入喷嘴斜切部分时要继续膨胀加速，压力从 $(p_{11})_{cr}$ 下降为出口压力 p_{11}，汽流发生偏转。汽流偏转角 δ_1 也用式（2-28）计算。则喷嘴出口汽流速度 c'_{11} 为

$$c'_{11} = \frac{G_1 v_{11}}{A_n \dfrac{\sin(\alpha_1 + \delta_1)}{\sin\alpha_1}} \tag{5-51}$$

根据 c_{11}、α_1 或 c'_{21}、$(\alpha_1 + \delta_1)$ 可作出动叶进口速度三角形，以求得相对速度 w_{11} 和 $w_{11}\cos\theta$。若求得的 $\left(\dfrac{w_{11}\cos\theta}{w_{21}} \right)$ 与原假定值 $\left(\dfrac{w_{11}}{w_{21}} \right)$ 不符，应由式（5-48）以 $\left(\dfrac{w_{11}\cos\theta}{w_{21}} \right)$ 重新计算动叶理想比焓降 Δh_{b1}，经过反复计算达到要求。同时用 $\delta h_{\beta11} = \dfrac{1}{2} (w_{11}\sin\theta)^2$ 校核原估计

的撞击损失。若二者相差较大，应将新计算值代入，重复上述计算过程。

9. 确定喷嘴出口理想状态点 6 和喷嘴进口滞止状态点 0*

由喷嘴出口汽流速度 c_{11}，就可以计算喷嘴的理想比焓降 Δh_{n1}^* 和喷嘴损失 δh_{n1}，即

$$\Delta h_{n1}^* = \frac{c_{11}^2}{2\varphi^2}$$

$$\delta h_{n1} = \Delta h_{n1}^*(1 - \varphi^2)$$

其中，喷嘴速度系数 φ 可取原设计值。当求得了 Δh_{n1}^* 和 δh_{n1} 之后，就可以在 h-s 图等压线 p_{11} 上自点 5 向下找到喷嘴出口理想状态点 "6"，从点 6 垂直向上可求得喷嘴进口滞止状态点 0*，得到压力 p_0^*。当需要求取喷嘴进口实际状态点 0 时，可先估计喷嘴进口初速度 c_{01}，则 $\Delta h_{c01} = c_{01}^2/2$。这样，由点 0* 和 Δh_{c01} 便可以在 h-s 图上定出喷嘴进口实际状态点 0 及压力 p_{01}。初速度 c_{01} 的估计值正确与否用前一级的余速损失来校核。

10. 计算新工况下的反动度 Ω_{m1}

$$\Omega_{m1} = \frac{\Delta h_{b1}}{\Delta h_{n1}^* + \Delta h_{b1}}$$

11. 校核计算

通过上述一系列的计算，就可以求出新工况下级内的各项参数。但在计算过程中，有很多数值是估计的，因此，对其正确性应加以校验。校验时应从级前向级后逐步进行。如果发现有些数据与原倒推计算估计数据不同，从而使计算所得的热力过程曲线终点与原来所选取的点 "1" 不重合时，则要按上述倒推计算法重新进行计算，直到二者相符为止。在进行二次计算时，可以利用校验计算所得的数值（主要是各项损失）。这样，第二次倒推计算的结果就比较正确。

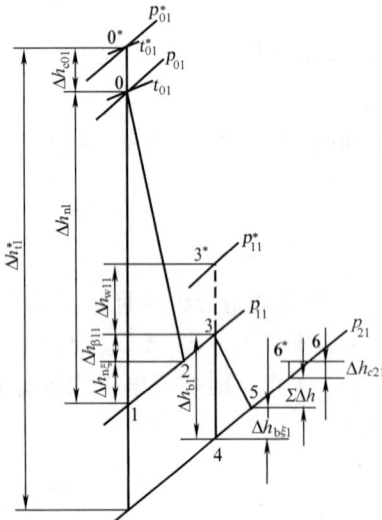

图 5-29　已知初参数时级的计算

(二) 已知级前参数 $(p_{01}、t_{01})$ 的顺算法

如果已知机组工况变动后某级级前参数 $(p_{01}、t_{01})$ 和流量 (G_1)，则可以从级前按顺序逐步向级后进行变工况计算。顺算法只适用于亚临界工况，故以亚临界流动进行讨论（见图 5-29）。

1. 确定新工况下级前状态点 0 (0^*)

新工况下级前状态点 0 由给定的初参数 $(p_{01}、t_{01})$ 确定，利用上一级核算得到的余速损失 δh_{c01} 便可以确定级前滞止状态点 0*。

2. 确定喷嘴出口状态点 1 和 2

要确定喷嘴出口状态点 1，必须计算新工况下喷嘴后的压力 (p_{11})。对于喷嘴和动叶出口汽流速度均小于临界速度的级，则可根据原设计工况下喷嘴数据 $(p_0、t_0、p_1)$ 和流量 (G) 及变工况下的数据 $(p_{01}、t_{01}、G_1)$，利用喷嘴流量曲线来计算喷嘴后的压力 (p_{11})。当求得 p_{11} 之后，则可以在 h-s 图上由级前状态点 0（或 0*）向等压线 p_{11} 作垂线得到喷嘴理想出口状态点 "1"，得到喷嘴的理想比焓降 Δh_{n1}（或 Δh_{n1}^*），则喷嘴出口理想速度和实际速度为

$$c_{11t} = \sqrt{2\Delta h_{n1}} \text{ 和 } c_{11} = \varphi c_{11t} \tag{5-52}$$

喷嘴损失
$$\delta h_{n1} = \frac{1}{2} c_{11t}(1-\varphi^2) \tag{5-53}$$

式中，速度系数 φ 取原设计值。这样，便可以在 $h\text{-}s$ 图上等压线 p_{11} 之点"1"向上截取 δh_{n1} 而得到喷嘴实际出口状态点"2"。

3. 确定动叶进口状态点 3（3*）

由 c_{11} 和已知的参数 u、α_1 作动叶进口速度三角形，求得相对速度 w_{11} 及冲角 θ，估计动叶进口撞击损失，即

$$\delta h_{\beta 11} = (w_{11}\sin\theta)^2/2 \tag{5-54}$$

动叶进口动能
$$\delta h_{w11} = (w_{11}\cos\theta)^2/2 \tag{5-55}$$

在 $h\text{-}s$ 图 p_{11} 等压线上 2 点向上截取 $\delta h_{\beta 11}$ 以得到动叶进口状态点 3。由 3 和 δh_{w11} 便可以确定对应的滞止状态点 3*。

4. 确定动叶出口状态点 4（5）

动叶出口压力（p_{21}）与喷嘴出口压力（p_{11}）的计算方法相同。当确定了 p_{21} 之后，便可以由状态点"3"向 p_{21} 作垂线得到动叶出口理想状态点"4"和动叶理想比焓降 Δh_{b1}，则动叶出口速度为

$$w_{21t} = \sqrt{2(\Delta h_{b1} + \delta h_{w11})} \text{ 和 } w_{21} = \psi w_{21t} \tag{5-56}$$

动叶损失
$$\delta h_{b1} = \frac{1}{2} w_{21t}^2(1-\psi^2)$$

式中，速度系数 ψ 取原设计值。在 $h\text{-}s$ 图中，p_{21} 等压线状态点 4 向上截取 δh_{b1} 得到动叶出口实际状态点"5"。

5. 计算级的反动度

$$\Omega_{m1} = \frac{\Delta h_{b1}}{\Delta h_{n1}^* + \Delta h_{b1}}$$

6. 确定级后状态点 6

由 w_{21} 和已知的参数 u、β_2 作动叶出口速度三角形，求得动叶出口绝对速度 c_{21}，计算余速损失 $\delta h_{c21} = c_{21}^2/2$。新工况下的轮周效率为

$$\eta_{u1} = [\Delta h_{t1} - (\delta h_{n1} + \delta h_{b1} + \delta h_{c21})]/\Delta h_{t1} \tag{5-57}$$

级的叶轮摩擦损失、漏汽损失、湿汽损失可按下列公式估算

$$\delta h_{f1} = \delta h_f \frac{G v_2}{G_1 v_{21}} \approx \delta h_f \frac{p_{21}}{p_2} \frac{G}{G_1}, \quad \delta h_{\delta 1} = \delta h_\delta \frac{\Delta h_{t1}}{\Delta h_t} \frac{\eta_{u1}}{\eta_u}, \quad \delta h_{x1} = \delta h_x \frac{1-x_{21}}{1-x_2} \frac{\Delta h_{t1}}{\Delta h_t} \frac{\eta_{u1}}{\eta_u}$$

求得以上各损失之后，即在 $h\text{-}s$ 图 p_{21} 等压线状态点 5 向上截取 $\sum\delta h$ 得到级的终态点"6"。

7. 级的内效率、内功率

级的可用比焓降 Δh_{i1} 为

$$\Delta h_{i1} = \Delta h_{t1} - (\delta h_{n1} + \delta h_{b1} + \delta h_{f1} + \delta h_{\delta 1} + \delta h_{x1} + \delta h_{c21}) \tag{5-58}$$

则新工况下的级效率为

$$\eta_{i1} = \Delta h_{i1}/\Delta h_{t1}$$

内功率为
$$P_{i1} = G_1 \eta_{i1} \Delta h_{t1}$$

其余各级便可以按上述办法逐级进行计算。

二、汽轮机整机的变工况核算

多级汽轮机整机的变工况核算可按上述方法逐级进行，一般多从最后一级逐级向前进行核算。根据上述倒推计算程序逐级进行计算，最终得到第一级蒸汽状态点。变工况计算后必须进行校核。

（一）节流配汽汽轮机

对于节流配汽汽轮机，采用倒推计算法，从最后一级逐步进行计算，最终得到第一级前的蒸汽比焓值应该等于该工况下新蒸汽的实际比焓值。

（1）若计算得到的第一级前蒸汽比焓值高于新蒸汽的实际比焓值，说明在计算开始时所假定的变工况下汽轮机的效率偏低，因新汽参数（p_{01}、t_{01}）已知，机组在新工况下整机有效比焓降 ΔH_{i1} 偏小，从而使得机组排汽比焓（即排汽状态点）偏高。相反，则说明在计算开始时所假定的汽轮机效率偏高。

若比焓值相差不大，且计算精度要求不高时，不必进行第二次详细计算，则可将第一次计算确定的热力过程线进行平移，使过程线的蒸汽初状态点与变工况后的实际新蒸汽状态点重合，就可以得到变工况以后的热力过程线。

如果需要得到较精确的结果，则利用第一次计算得到的整机有效比焓降 ΔH_{i1}，计算机组的相对内效率 $\eta_{ri1} = \Delta H_{i1} / \Delta H_{t1}$，根据新汽初参数重新确定机组的排汽状态点，进行第二次详细计算。重复以上计算，直到得到满意结果。一般说来，第二次详细计算的结果就相当精确。

（2）若计算得到的第一级级前压力低于新汽压力（$p_{01} < p_0$），说明新蒸汽应在调节阀中节流到此压力；若得到的第一级级前压力高于新汽压力（$p_{01} > p_0$），则说明在此新蒸汽参数下，即使调节阀全开，也不可能达到核算时的流量。

（二）喷嘴配汽汽轮机

对于喷嘴配汽定压运行的汽轮机，在进行变工况核算时，计算得的第一压力级级前蒸汽参数（状态点）应该和调节级后的蒸汽参数（状态点）相同。如果两个点不重合，则可采用与节流配汽相同的方法进行计算，或者平移热力过程曲线，或者重新进行第二次计算，直到满足要求。

对于喷嘴配汽汽轮机，当工况（流量）变动时，级的理想比焓降变化主要发生在调节级和最末级，而中间各压力级的理想比焓降近乎不变。因此，当工况变化不大时，中间各压力级不需要进行详细核算，只需用弗留格尔公式确定各级级前压力，然后根据设计工况热力过程曲线进行平移，从而使核算过程大为简化。

第六章 供 热 式 汽 轮 机

第一节 供热式汽轮机的经济性

一、供热式汽轮机的经济性

供热式汽轮机的生产是热电联合能量生产，简称热电联产或热化，是将燃料的化学能转化为高品位的热能用来发电，同时将已在汽轮机中做功后的低品位热能用以对外供热，提高了热利用率，节约了能源。

与热电联产相对应的是热电分产。热电分产是分别进行热能和电能的生产，即用凝汽式发电机组对外供电，用工业锅炉或热水锅炉等对外供热。分产发电不可避免地要放热给冷源，这部分低位热能完全得不到利用。而分产供热的低品位热能却是从高品位热能大幅度贬值转换而来的，因此浪费了能源。

图 6-1 所示为热电联产和分产的热力系统图。

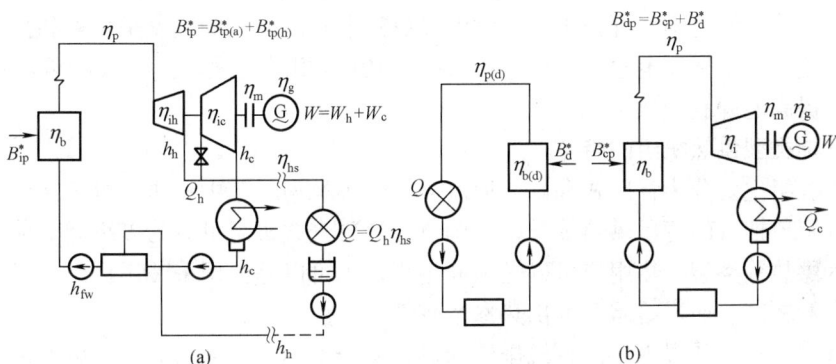

图 6-1 热电联产和分产的热力系统图
(a) 热电联产的热力系统图；(b) 热电分产的热力系统图

凝汽式汽轮机装置的内效率为

$$\eta_i = \frac{P_i}{D_0(h_0 - h_{fw})} \tag{6-1}$$

式中：P_i 为汽轮机的内功率；D_0 为汽轮机的进汽量；h_0 为汽轮机的进汽比焓值；h_{fw} 为从最后一级高压加热器出口进入锅炉的给水比焓值。

考虑生产蒸汽的锅炉后，整个装置的理论热效率为

$$\eta_{el} = \frac{P_{el}}{Q_1} \tag{6-2}$$

式中：P_{el} 为汽轮发电机组的电功率；Q_1 为单位时间内锅炉燃料所供给的总热量。

而在供热式汽轮机中，不但生产电能 P_{el}，还生产热能 Q，整个装置的理论效率为

$$\eta_{el,th} = \frac{P_{el} + Q}{Q_1} = \eta_{el}\left(1 + \frac{Q}{P_{el}}\right) \tag{6-3}$$

式中：Q/P_{el} 为供热式机组的热电比，即以同样单位表示的供热量与供电量之比。

评价热电联产技术完善程度的质量指标是热化发电率 ω，即

$$\omega = \frac{P_h}{Q} \tag{6-4}$$

式中：P_h 为热电联产部分的热化发电量。

热电比和热化发电率只能用来比较供热参数相同的供热式机组的热经济性。

比较式（6-2）和式（6-3）可知，由于利用了低品位能量 Q，装置的热效率可以大大超过凝汽式机组的热效率。

从燃料的化学能利用角度看，供热式机组热电联产的经济性体现在两个方面：一是与单独生产热能相比，蒸汽要先发电做功后再供热，需要锅炉将燃料的化学能转换成高参数蒸汽的高位热能，这与分别生产热能只要求燃料在锅炉中转换成低参数蒸汽的低位热能相比，锅炉中的换热温差和相应的损失较小；二是与单独生产电能相比，热电联产因利用已做功的低位热能对外供热，从而避免了冷源损失。

热电联产的主要优点有：①通过综合用能、按质用能，使燃料化学能得到合理利用，节约能源；②减轻大气污染，改善环境；③提高供热质量，改善劳动条件；④获得其他效益，如煤场和灰场面积减小，煤和灰的运输量减少等。

在热电联产的基础上，还可以发展热电冷三联产、热电冷气四联产等。对于热电联产的综合效益，世界各发达国家都很重视。欧洲发展热电联产领先的国家是丹麦和荷兰，热电联产发电均已超过其全国发电总量的 30％。我国的资源相对短缺，污染较严重，更要努力利用热电联产提高能源利用效率。

二、各种类型供热机组的特点

供热式机组主要分为背压式和调节抽汽凝气式等类型。其中背压式机组又可分为单独背压供热、带调节抽汽的背压供热等类型。调节抽汽凝汽式机组可分为多级调节抽汽供热和单级调节抽汽供热等类型。热用户可以是工业用户，也可以是民用采暖用户。一般工业用户需要的供热参数较高，而采暖需要的供热参数较低。

在凝汽式汽轮机装置中，汽轮机排汽的热量完全不利用，成为废热。虽然装置的发电量很大，但热电比为零，即不生产热能，发电厂的热效率约为 30％～46％。

在背压式汽轮机中，汽轮机排汽的热量完全作为低温热源供热，基本上全部被利用。装置的热效率可达到 80％～85％。

调整抽汽式汽轮机仍然有凝汽器，但排汽流量小，废热较少，而大部分具有一定热能的蒸汽在调整抽汽点被抽出用于供热。由于抽汽量的大小可以调整，当抽汽量最大时，凝汽流量只用来维持低压缸的排汽温度不过分升高，并不能使低压缸发出多少有效功，这时供热机组的工作十分接近背压机，机组热效率接近背压机的热效率。当调整抽汽量为零时，抽汽式供热汽轮机就相当于一台凝汽式汽轮机，它们的热效率也基本相同。在这两种极端工况之间，抽汽机组的热电比和热效率发生相应的变动。抽汽背压式机组则兼有调整抽汽式机组和背压式机组的特点，其热电比和热效率的变化幅度介于两者之间。

供热机组的经济性不仅涉及热负荷、供热设备及其系统，而且还与热网、热用户的设备及其系统，地区能量供应系统，热电厂的厂址选择以及市政建设、环境保护等条件有关。

三、热电厂的热负荷与对外供热系统

由发电厂通过热网向热用户供应的不同用途的热量称为热负荷。因其用途的不同，所需

载热工质（蒸汽或热水）及其数量（单位时间供应的热量或流量）、质量（压力、温度），以及它们随时间变化的规律（即热负荷特性）也各不相同。

供热式机组供应的热负荷主要有：生产热负荷（包括工艺热负荷、动力热负荷）、热水供应热负荷、采暖及通风热负荷等。前两项为非季节性热负荷，采暖及通风热负荷统称为季节性热负荷。生产热负荷所用蒸汽压力稍高，约为 $1.4\sim4.0$ MPa，生活用热多数压力为 0.1MPa，温度为 150℃左右。

工艺热负荷用汽，特别是动力用汽，有高可靠性要求，故一般应有备用汽源。工艺热负荷用汽质量（压力、温度）各异，应根据热用户需要按质供汽，尽可能充分利用低压蒸汽和余热。

一般情况下，热电厂可能的供汽方案如图 6-2 所示。

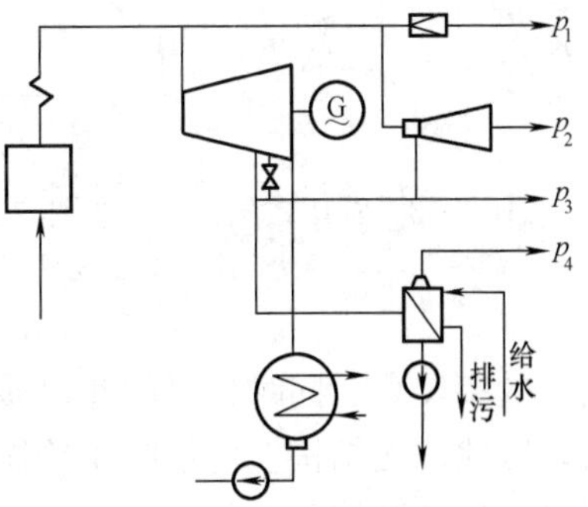

（1）由锅炉来的蒸汽经减压减温后直接供汽，如图中 p_1 所示。

（2）由背压式机组的排汽或抽汽凝汽式供热机组的调节抽汽对外直接供汽，如图中 p_3 所示，直接供汽简单，投资省，采用较多。

图 6-2 热电厂不同供汽方案示意图

（3）如供热式汽轮机的排汽或调节抽汽压力略低于热用户的要求，而所需蒸汽量又不大，不宜多选一台供热式机组时，即可采用蒸汽喷射泵，其工作原理与构造特征，与凝汽器系统用的射汽抽气器类似。通过蒸汽喷射泵，将供热机组的压力为 p_3 的蒸汽增压至 p_2 后再对外直接供汽。

（4）利用供热机组的调节抽汽为蒸汽发生器的加热（一次）蒸汽，生产压力稍低的二次蒸汽（p_4）对外间接供汽。

蒸汽发生器是表面式换热器的一种，体积庞大，金属耗量大、投资大，因其端差一般为 $15\sim25$℃，使热化发电比减小，煤耗增加约 3%，降低了热经济性，但间接供汽无外部工质损失。

需要注意的是，用锅炉的新汽经减压减温后供汽的部分属分产供热，多在供热机组排汽或抽汽数量略为不足时作为补充，或在汽轮机停用时，保障热用户的需要。

对直接供汽的热用户，在技术经济上合理时，应设回水管和回水收集设备，回收凝结水。由热用户返回的凝结水，应经检验合格后才能循环使用。

在提供区域供暖和通风的热电厂中，一般是用汽轮机排汽或抽汽的热量先将水加热，然后以热水供应热用户。这样，可以用较低压力的蒸汽加热水，使蒸汽在汽轮机中多做一些功，并全部回收蒸汽工质。另外，用水作为载热工质还有其他优点，例如热水网路中的热损失比蒸汽网路中的少，热水易于集中调节，便于控制水加热器出口温度等。所以，目前在实现区域供热时，几乎全都采用热水供热。

第二节　背压式汽轮机

一、背压式汽轮机的特点

背压式汽轮机如图 6-3 所示，其排汽全部供热用户使用，完全没有冷源损失，系统比较简单，没有凝汽器，因而投资小。但是它要求有稳定可靠的热负荷，其额定功率宜按全年基本热负荷来确定，并最好与抽汽凝汽式供热机组配合使用。

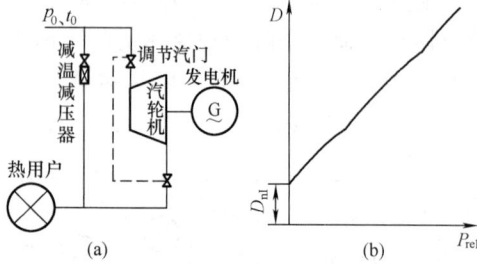

图 6-3　背压式汽轮机示意图与工况图
(a) 示意图；(b) 工况图

背压式汽轮机一般由一级调节级和多级压力级组成。由于背压式汽轮机排汽压力与初压之比较大，比焓降较小，而且为了满足热用户的需求，有时蒸汽流量变化范围也很大，所以常采用喷嘴配汽调节方式以减少节流损失。为保证调节级在变工况时效率变化不大，调节级一般采用复速级。

背压式汽轮机的理想比焓降虽然较小，但流量较大，所以与相同功率和平均直径的凝汽式汽轮机相比，叶片长度与部分进汽度均较大，效率较高。同时各级的蒸汽质量密度变化不大，通流部分的平均直径及叶高的变化也不大，因此，在结构上可使叶轮轮缘外径相等，非调节级各级可选择相同的叶型。这与凝汽式汽轮机的高压部分相似。

一般情况下，背压式汽轮机的排汽状态和供热量是根据用户的需要确定的，机组的进汽量也随之确定。机组的电功率取决于热负荷。背压式汽轮机的排汽作为工业用汽，压力一般为 $0.4\sim0.8$MPa，有时达到 $1.3\sim1.5$MPa；作为供暖使用，压力为 $0.12\sim0.25$MPa。

带调节抽汽的背压式汽轮机，称为抽汽背压式机组。在背压排汽供热的同时，还有一级较排汽压力高的调节抽汽可用于供热，即机组可同时供电、供工业用汽和供暖。

背压式汽轮机的特点可归结如下。

(1) 相同初参数下蒸汽的理想比焓降小，约是凝汽式机组的 $1/8\sim1/3$。因此，背压式汽轮机的级数较少，功率不大时可能由 1 个双列速度级组成，级的平均直径也不大，机组的尺寸、质量均较小，结构也较简单。

(2) 没有低压区的级组，通流部分大多工作于过热蒸汽区，蒸汽的体积流量变化不大，一般不会遇到低压部分设计和制造方面的困难。除调节级外，各压力级均可设计成具有相同叶型的等根径叶轮，通流部分的尺寸变化比较平缓。

(3) 与凝汽式汽轮机相比，背压式汽轮机的背压高，理想比焓降较小，进汽流量较大，同等功率下背压式汽轮机的进汽量是凝汽式汽轮机的 $3\sim8$ 倍，加上各级直径又不大，即使功率不大的背压式汽轮机，也可能设计成全周进汽，一般也不存在高压部分前几级叶片高度过小的问题。

(4) 由于排汽压力与初压之比较大，而且汽轮机的理想比焓降较小，为满足热用户需求，蒸汽流量的变化范围很大，所以需要采用喷嘴配汽方式，而不宜采用节流调节。只有功率很小的背压式汽轮机，为简化结构、降低成本，或者在热负荷很稳定的情况下，才采用节流调节。并且调节级比焓降设计值应取得大一些，一般采用复速级作为调节级，以保持背压式汽轮机在较大工况范围内效率的变化不大。

二、背压式汽轮机热、电负荷间的关系

蒸汽进入背压式汽轮机膨胀做功后，排汽全部供热用户使用，没有冷源损失，热效率高。小功率背压式汽轮机多数没有回热或回热级数很少，汽轮机的进汽量与排汽量接近相等，显然，当外界热负荷增大时，机组的进汽量以及电功率必须相应增大，反之亦然。显然，背压式汽轮机难以同时满足电、热负荷的需求，这种热、电负荷之间的对应关系称为强制工况。

一般情况下，背压式汽轮机采用以热定电的运行方式，运行时为自由热负荷，强迫电负荷，因此，适合在热负荷基本不变的场合下应用。背压式汽轮机的调节汽阀开度主要由排汽管上的蒸汽压力信号控制，以维持排汽压力基本不变，保证供热质量。可见，背压式汽轮机发电量完全取决于热负荷，多余或者不足的电力由电网调节。在没有电网供电的地区，背压式汽轮机不宜单独运行，而必须与凝汽式汽轮机并列运行。这时背压式汽轮机完全按照热负荷的大小工作，同时提供一部分电能，凝汽式汽轮机则用于发电。

背压式汽轮机和凝汽式汽轮机并列运行，可以同时满足热和电的需求。在这种并列运行装置中（见图6-4）背压式汽轮机完全按照热负荷的大小来工作，同时供应一部分电能，电能不足部分则由凝汽式汽轮机供应。从汽轮机本身的工作条件来看，图6-4所示方案并不很好，因为凝汽式汽轮机的高压级组与背压式汽轮机的级组分担了全部流量，结果是二者的蒸汽流量都小，因而效率都不高。所以这种方案只有在扩大和改进已有的简单背压式汽轮机装置时才采用。在考虑新的并列运行热电汽轮机装置时，应该采用低压凝汽式汽轮机，即背压式汽轮机的排汽一部分引到低压凝汽式汽轮机发电，如图6-5所示。这样，背压式汽轮机可以承担较大的电负荷，汽轮机效率可以提高，而低压凝汽式汽轮机由于去掉了高压级组，成本既可以降低，效率又不受影响。

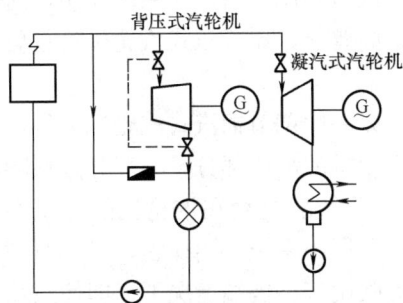

图6-4　背压式和凝汽式汽轮机并列运行　　　　图6-5　背压式和低压凝汽式汽轮机并列运行

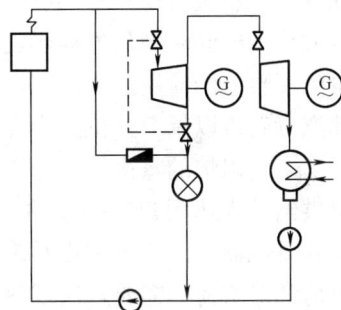

在有些应用中，背压式汽轮机的排汽供给一台或多台进汽压力较低的汽轮机使用，这种背压式汽轮机称为前置式汽轮机，如图6-6所示。这时它的发电量主要由低压机组所需总蒸汽量决定，并根据此汽量利用调压器来控制背压式汽轮机的进汽量，以保持低压机组前压力稳定不变。低压机组则根据电负荷的需求来调节其进汽量，从而改变前置汽轮机的排汽量，但不能由前置汽轮机直接根据电负荷大小控制其进汽量。

三、背压式汽轮机的工况图

背压式汽轮机的功率和汽耗量的关系曲线称为背压式汽轮机的工况图，如图6-7中曲线 b 所示。为便于比较，在图中也绘出了功率和初参数相同的凝汽式汽轮机的汽耗线，如图6-7中曲线 c 所示。由图可知，背压式汽轮机的汽耗微增率比凝汽式汽轮机的大，因为背压式汽轮机的背压较高，用于转变为机械功的比焓降较小，所以发出同样功率所需的蒸汽量较大。背压式汽轮机的空载汽耗量 $(D_{nl})_b$ 也较大，并且在其他条件相同的情况下，背压越高，空载汽耗量越大。

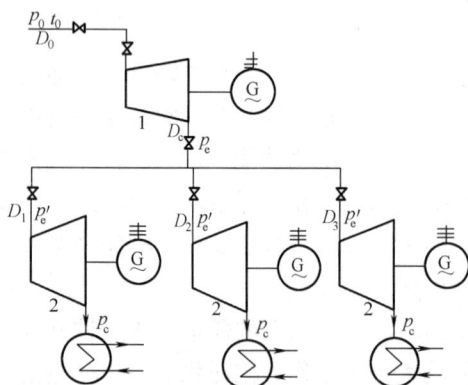

图 6-6　前置式背压式汽轮机的热力系统图
1—前置式汽轮机；2—凝汽式汽轮机

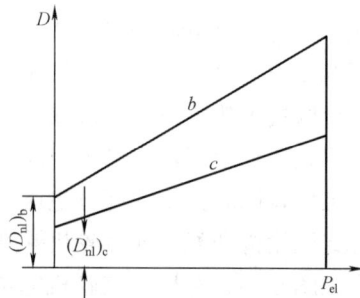

图 6-7　同功率和同初参数的背压式
和凝汽式汽轮机的工况图

第三节　调节抽汽式汽轮机

一、调节抽汽式汽轮机的特点

调节抽汽式汽轮机可向外界供应 1 或 2 种参数的蒸汽，其压力由调压系统控制，这种汽轮机能在较大范围内同时满足外界热负荷和电负荷的不同要求，比背压式汽轮机运行更为灵活，因而得到了普遍的应用。

调节抽汽汽轮机以调节抽汽点为界分成不同级组。以一次调节抽汽式汽轮机为例，其工作原理如下：来自锅炉的蒸汽经过高压配汽系统进入汽轮机的高压部分，一部分蒸汽膨胀做功后被抽出供给外界热用户，剩余的蒸汽经过低压配汽系统后继续在汽轮机的低压部分做功，直至排入凝汽器。这两个配汽系统分别由调速系统和调压系统共同操纵，以同时满足外界不同电负荷和热负荷的需要，实现热、电负荷的不关联调节。极端情况下，即使热负荷为零，只要停止抽汽，使进入汽轮机高压部分的流量全部流入低压部分，机组仍能继续运行，这是抽汽机组的凝汽运行工况；反之，热负荷需求很大时，理论上可以关闭低压配气系统，使进入汽轮机的蒸汽经高压部分膨胀做功后全部抽出供外界使用，这时抽汽机组在背压工况下运行。对于两次调节抽汽式汽轮机，工作原理是相同的，只是供热抽汽共有两次。可见，调节抽汽式汽轮机在同时满足外界热、电负荷的运行灵活性方面，比背压式汽轮机好得多。

由于两个相邻级组之间有大量抽汽，所以各级组的流量和功率相差很多，而且在工况变化时彼此之间的关系要比普通多级汽轮机中复杂。因此，要保证机组在长期运行中均能有较高的经济性，必须在设计时，详细了解该机组的主要运行条件，合理地确定各汽缸的设计流量。如某一调节抽汽式机组在凝汽工况下的电功率不大，且电功率又随热负荷增加而增大，则其低压缸的设计流量就可以选得低些，这样不仅可提高机组运行的经济性，还可减小低压部分的尺寸，降低机组的造价。若调节抽汽机组的抽汽量不大，则低压缸的设计流量应略低于凝汽工况下额定功率时的蒸汽量，而高压缸则略高于上述蒸汽量。在大多数情况下，低压缸的设计流量比高压缸的低很多，因此低压缸的通流部分尺寸往往并不大，要比同等功率的凝汽式机组的小得多。

调节抽汽式汽轮机的工作原理，可以用工况图表示。工况图是汽轮机的功率、流量和调节抽汽量三者之间在各种运行条件下的关系曲线。

二、一次调节抽汽式汽轮机

（一）一次调节抽汽式汽轮机功率与流量的关系

将并列运行的背压式汽轮机与凝汽式汽轮机合并就成了一次调节抽汽式汽轮机，如图 6-8 所示。汽轮机由高压部分 1 和低压部分 2 组成。蒸汽量 D_0 在机组的高压部分膨胀做功后，分成两股，一股 D_e 通过截止阀和逆止阀供给热用户，另一股 D_c 经过中压调节阀进入汽轮机低压部分继续膨胀做功，最后排入凝汽器。由于有了调节抽汽，使流经高压缸和低压缸的流量相差较大，而且工况变化范围也较大，所以这种汽轮机的发电效率一般较低，只有在高、低压缸的流量接近其设计值时，才具有较高的发电经济性。

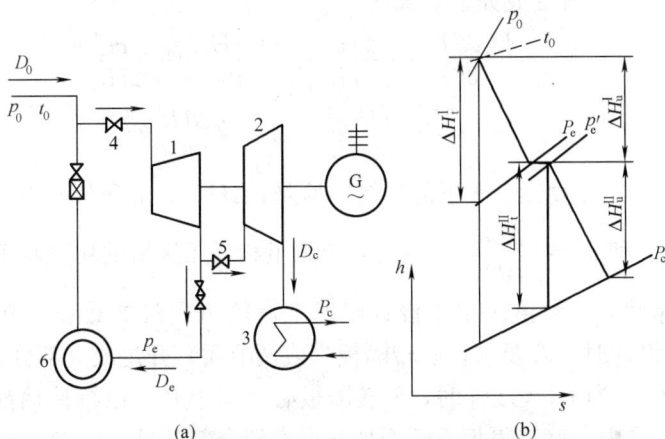

图 6-8 一次调节抽汽式汽轮机的热力系统示意图

（a）热力系统图；（b）热力过程图

1—高压部分；2—低压部分；3—凝汽器；4—调节阀；5—中压调节阀；6—热用户

如果 P_i^{I} 和 P_i^{II} 分别表示一次调节抽汽汽轮机的高压级组和低压级组所发出的内功率（kW），D_0、D_c 和 D_e 分别代表高压级组流量、低压级组流量和调节抽汽量（均为 kg/h），则在任何情况下，下面两个公式都成立

$$P_i = P_i^{\mathrm{I}} + P_i^{\mathrm{II}} \tag{6-5}$$

$$D_0 = D_c + D_e \tag{6-6}$$

式（6-5）中的 P_i 代表汽轮机的内功率，kW。

按照汽轮机内功率的基本表达式，可将 P_i^{I} 和 P_i^{II} 表达为下面形式

$$P_i^{\mathrm{I}} = \frac{D_0 \Delta H_t^{\mathrm{I}} \eta_{ri}^{\mathrm{I}}}{3600}$$

$$P_i^{\mathrm{II}} = \frac{D_c \Delta H_t^{\mathrm{II}} \eta_{ri}^{\mathrm{II}}}{3600}$$

于是式（6-5）就变为

$$P_i = \frac{D_0 \Delta H_t^{\mathrm{I}} \eta_{ri}^{\mathrm{I}}}{3600} + \frac{D_c \Delta H_t^{\mathrm{II}} \eta_{ri}^{\mathrm{II}}}{3600} \tag{6-7}$$

式中：ΔH_t^I 为高压级组绝热比焓降，kJ/kg；ΔH_t^{II} 为低压级组绝热比焓降，kJ/kg；η_{ri}^I 为高压级组相对内效率；η_{ri}^{II} 为低压级组相对内效率。

式（6-7）相当于纯凝汽式汽轮机的功率公式

$$P_i = \frac{D_0 \Delta H_t \eta_{ri}}{3600}$$

对于凝汽式汽轮机，可以直接利用上式将不同流量下的功率计算出来，并绘成曲线，则可得到图 6-7 中曲线 c 所示的功率流量关系曲线，也就是凝汽式汽轮机的工况图。

在理论上也可以利用式（6-7）计算并绘制调节抽汽汽轮机的工况图，即与不同的 D_0 和 D_c（或 D_e）数值相对应的 P_i 曲线图。但是式（6-7）中的 ΔH_t^I，η_{ri}^I，ΔH_t^{II}，η_{ri}^{II} 等都是要随 D_0 和 D_c 的变动而变的，而且变化的范围比凝汽式汽轮机中的相应变化范围还大，变化规律也更复杂。因此在利用式（6-7）之前必须先找到这四个参数随流量 D_0 和 D_c 而变的规律。为此，将式（6-7）改变成如下形式

$$P_i = \frac{D_0 \Delta H_{td}^I \eta_{ri}^I}{3600} \frac{\Delta H_t^I}{\Delta H_{td}^I} + \frac{D_c \Delta H_{td}^{II} \eta_{ri}^{II}}{3600} \frac{\Delta H_t^{II}}{\Delta H_{td}^{II}}$$

或

$$P_i = a^I \frac{D_0 \Delta H_{td}^I \eta_{ri}^I}{3600} + a^{II} \frac{D_c \Delta H_{td}^{II} \eta_{ri}^{II}}{3600} \tag{6-8}$$

式中：ΔH_{td}^I 为高压级组在设计工况下的绝热比焓降；ΔH_{td}^{II} 为低压级组在设计工况下的绝热比焓降；$a^I = \dfrac{\Delta H_t^I}{\Delta H_{td}^I}$ 和 $a^{II} = \dfrac{\Delta H_t^{II}}{\Delta H_{td}^{II}}$ 分别为高压级组和低压级组的功率修正系数。

ΔH_{td}^I 是一个常数，其数值决定于设计工况下汽轮机进汽参数和抽汽压力名义值 p_{ed}。调节抽汽汽轮机在设计时一般要求在旋转隔板（或调节阀）开足或大部分开足时能通过低压级组的设计流量 D_{cd}。当 $D_c < D_{cd}$ 时，旋转隔板必须减小开度以维持抽汽压力 $p_e = p_{ed}$ 不变；在 $D_c > D_{cd}$ 范围内，旋转隔板不断增加开度直到全部开足。但 D_c 的最大值一般超过旋转隔板开足时在 p_{ed} 压力下所能通过的流量，因此从旋转隔板开足时起，p_e 就随 D_c 的增加而升高，$p_e > p_{ed}$。当 $D_c \leqslant D_{cd}$ 时，ΔH_t^I 不变；$a^I = \Delta H_t^I / \Delta H_{td}^I = 1$；而在 $D_c > D_{cd}$ 时，由于 p_e 的升高而 ΔH_t^I 减小，a^I 由 1 下降。当 $D_0 = D_{0d}$ 时，$a^{II} = 1$；在 $D_0 < D_{0d}$ 的范围内，D_0 变化越大，η_{ri}^I 下降越多，ΔH_t^{II} 增加也越多，所以 a^{II} 明显地大于 1；在 $D_0 > D_{0d}$ 的范围内，η_{ri}^I 可能略有升高或基本不变，所以 a^{II} 也基本上保持为 1，因此 a^{II} 应该是 D_0 的函数。

因为 ΔH_{td}^I 是常数，ΔH_{td}^{II} 也基本上是常数，所以只要先确定 a^I 和 a^{II} 的变化规律就可以利用式（6-8）计算 P_i。η_{ri}^I 随 D_0 而变，η_{ri}^{II} 随 D_c 而变，其规律也是可以确定的。η_{ri}^I 和 η_{ri}^{II} 的变化规律大致如图 6-9 中的曲线所示。图中的 P_{id}^I 和 P_{id}^{II} 曲线分别是高压级组与 ΔH_{td}^I 相对

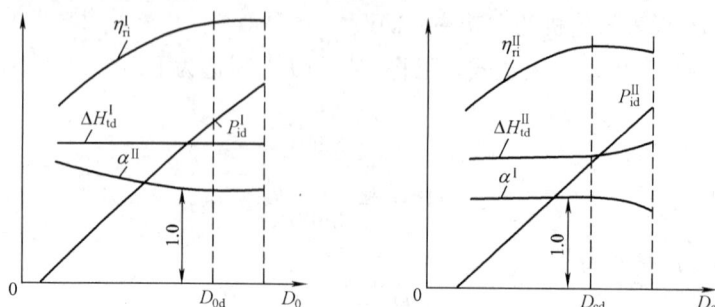

图 6-9　调节抽汽式汽轮机参数变化规律示意图

应的功率曲线和低压级组与 ΔH_{td}^{II} 相对应的功率曲线。

（二）一次调节抽汽式汽轮机的工况图

一次调节抽汽式汽轮机的进汽量，调节抽汽量和功率三者之间，在各种运行工况下的关系曲线称为一次调节抽汽式汽机的工况图。为了讨论方便及使图形简化，假定高、低压缸的理想比焓降和内效率都不随流量而变，于是其功率与流量之间成直线关系，如图 6 - 10 所示。这样的近似没有改变问题的实质，却有助于了解真实的工况图的特性。

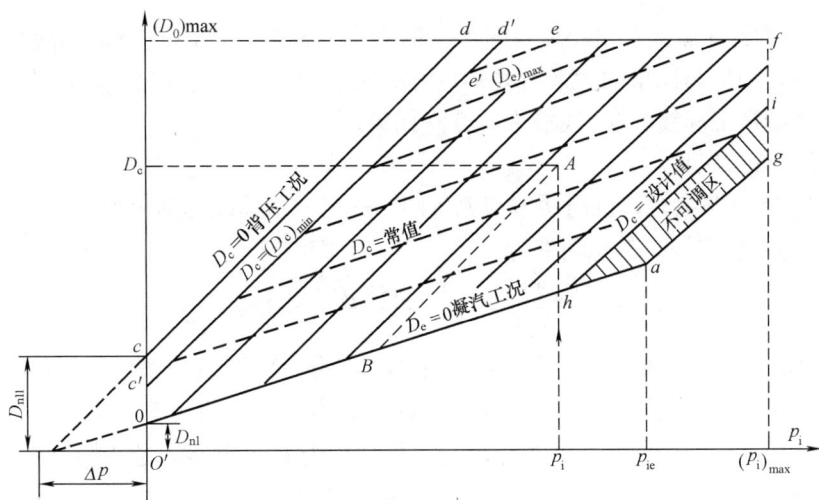

图 6 - 10 一次调节抽汽式汽轮机的工况图

1. 凝汽工况线

当机组抽汽量 $D_e = 0$ 时，机组功率与流量的关系曲线称为凝汽工况线，如图 6 - 10 中的 $0a$ 线，这时，汽轮机的总功率为

$$P_i = \frac{D_0 \Delta H_t \eta_{ri}}{3600} = B_c D_0 \qquad (6 - 9)$$

式中：B_c 根据假定条件应为一常数，即 P_i 与 D_0 之间呈直线关系，其斜率 $d_1 = \frac{3600}{\Delta H_t \eta_{ri}}$。图中 $0'0$ 线段表示有效功率为零时，通过汽轮机的空载汽耗量 D_{nl}。a 点所对应的功率为额定功率。

2. 背压工况线

当低压缸流量 $D_c = 0$ 时，机组功率与流量的关系曲线称为背压工况线，如图 6 - 10 中 cd 线。这时高压缸的蒸汽全部被抽出供给热用户，机组相当于一台背压式汽轮机，其总功率为

$$P_i = \frac{D_0 \Delta H_t^I \eta_{ri}^I}{3600} = B_b D_0 \qquad (6 - 10)$$

根据假定条件，式中 B_b 也应是一常数，不过 $B_b < B_c$，这时 P_i 与 D_0 之间也呈直线关系，其斜率 $d_1' = \frac{3600}{\Delta H_t^I \eta_{ri}^I}$。显然 $d_1' > d_1$。$0'c$ 线段为空载汽耗量，也比凝汽工况的 $0'0$ 线段大。这是因为高压缸的理想比焓降 ΔH_t^I 小于全机的理想比焓降 ΔH_t 的缘故。

在实际运行中，为了冷却，必须要有一定量的蒸汽流过低压缸以带走由于摩擦鼓风所产生的热量，所以这个 $D_c = 0$ 的极限工况实际上是不可能实现的。一般低压缸最小通风流量 $(D_c)_{min}$ 为低压缸设计流量的 5‰～10‰。所以低压缸调节阀或旋转隔板关到最小位置时，应仍有通风流量流入低压缸。这时，若机组进汽量仍保持为 D_0，则汽轮机的实际功率将增大为

$$P_i = \frac{D_0 \Delta H_t^{I} \eta_{ri}^{I}}{3600} + (P_i^{II})_{min} \qquad (6 - 11)$$

式中：$(P_i^{II})_{min}$ 为低压缸流过最小流量时产生的功率。根据假定，$(P_i^{II})_{min}$ 也应为常数。所以在这一工况下，功率与流量的关系曲线必须为从 cd 直线平移一个 $(P_i^{II})_{min}$ 值的直线，即 $c'd'$ 线，称为最小凝汽工况线。$0'c'$ 线段为空载汽耗量。

3. 等抽汽量工况线

当抽汽量 $D_e =$ 常数时，机组功率与流量间的一组关系曲线称为等抽汽量线，如图 6 - 10 中平行于 $0a$ 的一组直线。其总功率为

$$P_i = \frac{D_0 \Delta H_t \eta_{ri}}{3600} - \frac{D_e \Delta H_t^{II} \eta_{ri}^{II}}{3600} = B_c D_0 - p_{ie}^{II} \qquad (6 - 12)$$

式 (6 - 12) 表示机组总功率等于在不同的总流量 D_0 下的功率即 $0a$ 线上的功率减去 P_{ie}^{II}，而 P_{ie}^{II} 是由于有了抽汽量 D_e 而使机组在低压缸中少发出的功率，所以它总是比同一流量 D_0 下的凝汽工况功率少发 P_{ie}^{II}。根据假定条件，因为 $D_e =$ 常数，故 P_{ie}^{II} 也是一常数，因此在工况图中等抽汽量线是一组平行于 $0a$ 的直线。当 $P_{ie}^{II} = 0$ 时，式 (6 - 12) 简化为 $P_i = B_c D_0$，就是凝汽工况线。图中 d' 点是最大抽汽工况点，它是最小凝汽工况线与最大进汽量工况线的交点，所以 d' 点的抽汽量 $(D_e)_{d'} = (D_0)_{max} - (D_c)_{min}$。$(D_e)_{d'}$ 是理论上的最大抽汽量，一般设计时选取的最大抽汽量均小于 d' 点的抽汽量 $(D_e)_{d'}$。这是为了使机组在保证最大抽汽量和低压缸最小流量的条件下，还能在一定范围内增减机组的总功率，便于调节以满足电负荷变动的要求。$D_e = (D_e)_{max}$ 的 ee' 线段称为最大抽汽量工况线。

4. 等凝汽工况线

当低压缸的流量 $D_c =$ 常数时，机组总功率与流量间的一组关系曲线为等凝汽工况线，其总功率为

$$P_i = \frac{D_0 \Delta H_t^{I} \eta_{ri}^{I}}{3600} + \frac{D_c \Delta H_t^{II} \eta_{ri}^{II}}{3600} = B_b D_0 + P_i^{II} \qquad (6 - 13)$$

式 (6 - 13) 表明机组总功率等于总流量在高压缸中发出的功率 $B_b D_0$ 与流量 D_c 在低压缸中发出的功率 P_i^{II} 之和，或相当于在变工况下工作的背压式汽轮机和在稳定工况下工作的凝汽式汽轮机的并列运行。根据假定条件 P_i^{II} 应为一常数。当 $D_c = 0$ 时，$P_i = B_b D_0$ 就是背压工况线 cd。当 D_c 为不同数值时，等凝汽工况线是一组平行于背压工况线 cd 的一组直线。图中 hi 线段表示通过低压缸流量为设计流量 $(D_c)_d$ 时的工况线。此时低压调节阀全开，抽汽汽室压力 p_e 维持为设计值。ag 线段表示低压缸通过最大设计流量时的工况线。阴影面积部分 $higa$ 称为抽汽压力不可调区域，在这个区域内，增加低压缸流量将使抽汽汽室压力升高。如在凝汽工况下，低压缸流量增大到最大值 $(D_c)_{max}$ 时，其功率就增大到额定值，即 a 点的工况，抽汽压力将由 h 点的设计值升高到 $(p_e)_a$。

图中 df 线表示通过高压缸的流量为最大流量 $(D_0)_{max}$ 时的工况线。此时高压缸前调节

阀全开，进入汽轮机的流量为一常数，所以它是一条平行于横坐标的直线。对同样的 $(D_0)_{max}$ 可以通过改变调节抽汽量来改变进入低压缸的蒸汽量，从而使汽轮机发出不同的功率。如减小 D_e 时，D_c 将增大，机组功率也随之增大。但汽轮机的最大功率是受发电机允许的最大功率限制的，它也就是一次调节抽汽式汽轮机功率的最大极限。在工况图上 $a0c'd'efga$ 面积上的任何一点，代表着汽轮机任一种特定的运行工况，它的纵坐标给出机组的进汽量，横坐标给出机组功率，而点的 $D_e=$ 常数线给出抽汽量。因此只要知道机组运行工况 D_0、P_i、D_e、D_c 4 个量中的任何两个量，就可以通过工况图求得另外的两个量。例如已知汽轮机功率 P_i 和进汽量 D_0，则在图中可找到其交点 A，通过 A 点引一条凝汽量为常数的线，使之与凝汽工况线相交于 B 点，此点纵坐标就代表了低压缸汽量 D_c，其抽汽量则为 $D_e=D_0-D_c$。

在实际计算时，还应该考虑不可调整回热抽汽量的影响，这就需要对整个回热系统进行热平衡计算。虽然在不同工况下，各级回热抽汽量的具体数值并不在工况图上表示，但调节抽汽点以上的高压回热抽汽总量可以由图上的有关数值间接求得，它应该等于 $D_0-(D_e+D_c)$。而在调节抽汽点以下的低压回热抽汽的影响，没有在工况图上用数字直接反映出来，它将使汽轮机的末级排汽量小于低压级组的进汽量 D_c。但在计算汽轮机的功率时，已将其值考虑在内，特别是在计算末级余速损失和汽轮机效率时，更应注意这一差别。一次调节抽汽式汽轮机实际的工况图如图 6-11 所示。图中由于考虑了进汽阀的节流作用，各曲线呈波浪形，所有波浪形的节点都分布在三条 $D_e=$ 常数的线上，因为在这三个进汽量下没有部分开启的调节阀在工作，所以机组的效率较高，汽耗率较低。图 6-11 中 D_d^i 为汽轮机设计进汽量。

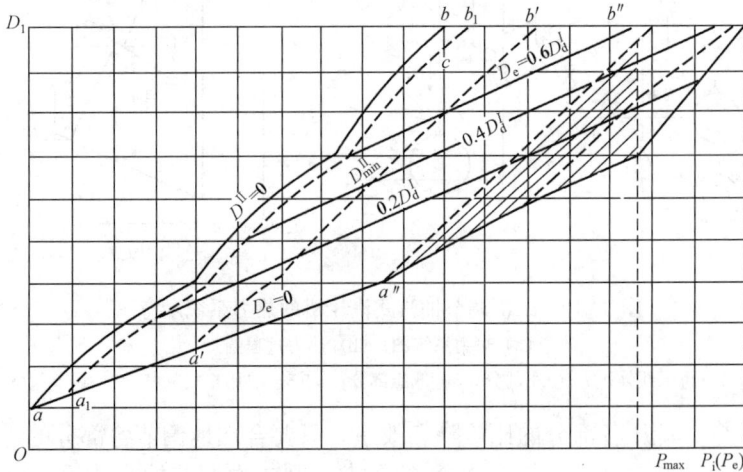

图 6-11 一次调节抽汽式汽轮机实际工况图

三、二次调节抽汽式汽轮机

（一）二次调节抽汽式汽轮机功率与流量的关系

图 6-12 表示了二次调节抽汽汽轮机的热力系统，汽轮机被分成三个独立部分，即高压部分、中压部分及低压部分。流量 D_0 在 p_0、t_0 下自锅炉引入高压部分膨胀至压力 p_{e1}（图中 $p_{e1}=0.98MPa$）在这个压力之下，一部分蒸汽 D_{e1} 供给工业热能消费者；另一部分蒸汽量 (D_0-D_{e1}) 经过调节阀进入中压部分并在其中膨胀至压力 p_{e2}（图中 $p_{e2}=0.118MPa$）。在此

压力下另一部分流量 D_{e2} 被抽出，一般作供暖之用，而余下的蒸汽量 $(D_0-D_{e1}-D_{e2})$ 在汽轮机低压部分继续做功然后排入凝汽器。二次调节抽汽式汽轮机可以看作是由两部背压式汽轮机和一部凝汽式汽轮机彼此串联而成的。三部分各有不同流量并发出不同的功率，所以表示汽轮机总功率和进汽量的两个基本关系式为

$$P_i = P_i^{\mathrm{I}} + P_i^{\mathrm{II}} + P_i^{\mathrm{III}} \tag{6-14}$$

$$D_0 = D_{e1} + D_{e2} + D_c \tag{6-15}$$

由此得到

$$P_i = \frac{D_0 \Delta H_t^{\mathrm{I}} \eta_{ri}^{\mathrm{I}}}{3600} + \frac{(D_0 - D_{e1})\Delta H_t^{\mathrm{II}} \eta_{ri}^{\mathrm{II}}}{3600} + \frac{(D_0 - D_{e1} - D_{e2})\Delta H_t^{\mathrm{III}} \eta_{ri}^{\mathrm{III}}}{3600} \tag{6-16}$$

或

$$P_i = \frac{D_0 \Delta H_t \eta_{ri}}{3600} - \frac{D_{e1}(\Delta H_t^{\mathrm{II}} \eta_{ri}^{\mathrm{II}} + \Delta H_t^{\mathrm{III}} \eta_{ri}^{\mathrm{III}})}{3600} - \frac{D_{e2} \Delta H_t^{\mathrm{III}} \eta_{ri}^{\mathrm{III}}}{3600} \tag{6-17}$$

即

$$P_i = P'_i - \Delta P_{e2}$$

式中：P'_i 为没有抽汽 D_{e2} 时机组所发出的内功率，kW；ΔP_{e2} 为机组有抽汽 D_{e2} 时在低压部分少发的内功率，kW。

则

$$\Delta P_{e2} = \frac{D_{e2} \Delta H_t^{\mathrm{III}} \eta_{ri}^{\mathrm{III}}}{3600} \tag{6-18}$$

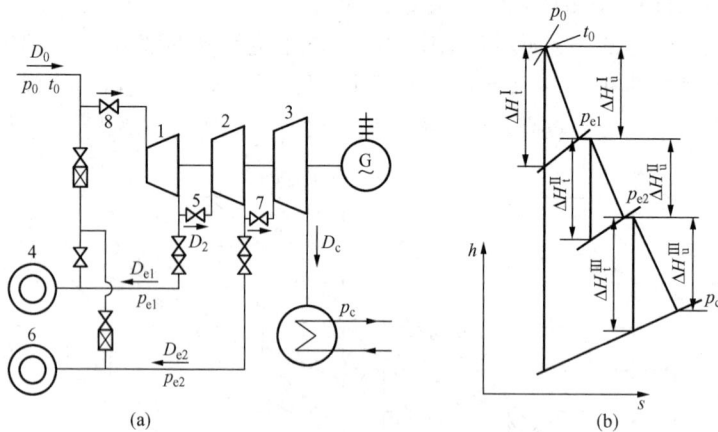

图 6-12　二次调节抽汽式汽轮机的热力系统示意图

(a) 热力系统图；(b) 热力过程图

1—高压部分；2—中压部分；3—低压部分；4、6—热用户；5、7、8—调节阀

若已知高、中、低压各部分的比焓降和效率，只要合理地调节各部分的进汽量，或总进汽量和各段抽汽量，使之满足式 (6-16) 的要求，则二次调节抽汽式汽轮机是可以同时满足热、电负荷的要求的。

解出 D_0，得

$$D_0 = \frac{3600 P_i}{\Delta H_t \eta_{ri}} + D_{e1} \frac{\Delta H_t^{\mathrm{II}} \eta_{ri}^{\mathrm{II}} + \Delta H_t^{\mathrm{III}} \eta_{ri}^{\mathrm{III}}}{\Delta H_t \eta_{ri}} + D_{e2} \frac{\Delta H_t^{\mathrm{III}} \eta_{ri}^{\mathrm{III}}}{\Delta H_t \eta_{ri}} \tag{6-19}$$

如果汽轮机各部分的功率、抽汽量及效率已知，就可按上式求得两次调节抽汽汽轮机的总蒸汽流量。

(二) 二次调节抽汽式汽轮机的工况图

二次调节抽汽式汽轮机的工况图是式 (6-17) 所表达的 P_i、D_0、D_{e1} 和 D_{e2} 共 4 个变量之

间关系的图形。为了讨论和作图简便起见，与一次调节抽汽式汽轮机一样，假定流量与功率之间为直线关系。首先令机组的供暖抽汽量 $D_{e2} = 0$，于是 D_{e2} 将随 D_0 一起进入低压部分，并排入凝汽器。由式（6-17）可知，因为 $\Delta P_{e2} = 0$，则 $P_i = P'_i$。而 P'_i 的表达式与一次调节抽汽式汽轮机功率和流量的关系式（6-11）一样，亦可写成

$$P_i = \frac{D_0 \Delta H_t^I \eta_{ri}^I}{3600} + \frac{(D_0 - D_{e1})(\Delta H_t^{II} \eta_{ri}^{II} + \Delta H_t^{III} \eta_{ri}^{III})}{3600} \tag{6-20}$$

于是可以先画出一个只有一次调节抽汽 D_{e1} 的汽轮机工况图，如图 6-13 的上半部分。根据假定，D_{e2} 和 ΔP_{e2} 之间也是直线关系，于是将这个关系画在图 6-13 的下半部分，如 $0a_0$ 线段所示。当 D_{e2} 等于某一定值时，机组实际发出的功率将比 $D_{e2} = 0$ 时的功率小一定数值。为了便于查找在不同的 D_{e2} 时机组应减小的功率值，图中作出了一组与 $0a_0$ 平行的直线。同时为了保证机组低压部分具有最小通风流量 $(D_c)_{min}$［为$(5\% \sim 7\%)D_0$］，当机组总进汽量和工业抽汽量给定时，供暖抽汽量将受到限制，不能随意增大，其最大值为

$$(D_{e2})_{max} = D_0 - D_{e1} - (D_c)_{min} \tag{6-21}$$

在工况图中 $a_1 a'_1$、$b_1 b'_1$、$\cdots$、$e_1 e'_1$ 就是表示在给定的总进汽量和工业抽汽量的条件下，最大可能的供暖抽汽量线段。因此在 4 个变量 D_0、D_{e1}、D_{e2} 及 P_i 中，若已知其中 3 个，就可以从工况图中求得其余的 1 个。例如，当已知机组运行时的 D_0、D_{e1}、D_{e2}，可求得 P_i，方法是根据给定的 D_0 及 D_{e1} 在工况图上半部查得 P_i，再由 P_i 垂直向下与工况图下半部分供暖抽汽量 D_{e2} 之值交于 A 点，然后通过 A 点作 $0a_0$ 的平行线，交横坐标于 B 点，此即所求的机组功率 P_i。又如已知 P'_i、D'_{e1} 及 D'_{e2}，也可求得 D'_0，方法是由给定的 P'_i 引一平行于 $0a_0$ 的直线，与给定的 D'_{e2} 相交于 C，然后由 C 垂直向上与给定的 D'_{e1} 线相交于 D，再由 D 点引一水平线与纵坐标相交于 F，此即所求的流量 D'_0。此外，图 6-13 上半部分中的不可调区是根据流经中压调节抽汽汽室的蒸汽量 $D_{e2} + D_2$ 绘制的。当 D_2 大于设计值时，中压抽汽汽室压力 p_{e1} 将随 D_2 增加而升高，称为工业抽汽压力的不可调区。同样，当进入低压缸的流量大于

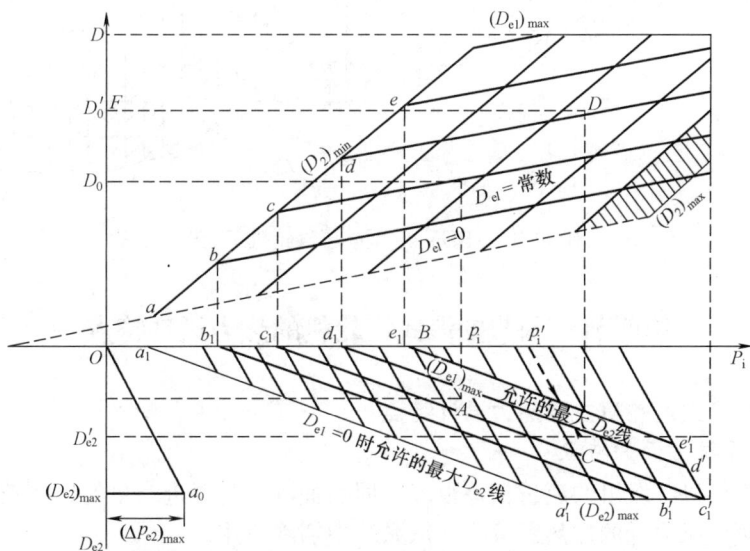

图 6-13 二次调节抽汽式汽轮机工况图

设计流量时，低压抽汽压力也将随其流量的增加而升高，所以也同样存在供暖抽汽压力不可调区。不过这个区域没有在工况图中绘出。

由于二次调节抽汽式汽轮机有 4 个变量，而普通的曲线图只能表示 3 个变量，所以为了表达 4 个变量之间的关系，工况图采用了先给出低压抽汽口完全关闭即 $D_{e2}=0$ 时的一次调节抽汽式汽轮机工况图，然后在此基础上再用辅助曲线考虑低压抽汽量 $D_{e2}\neq0$ 时对机组功率的影响和修正。

汽轮机的工况图都是按照机组的典型系统和额定参数通过热力计算或实测数据绘制的。在使用工况图时，如果汽轮机的运行条件与绘制工况图的条件不同，应根据制造厂提供的校正曲线进行修正。

图 6-14 为前苏联 BПT-25 型高压汽轮机在 $p_{e1}=0.98$ MPa，$p_{e2}=0.118$ MPa 时的工况图。汽轮机进汽参数 $p_0=9.0$ MPa，$t_0=500$℃。在 $p_{e1}=0.98$ MPa 时，抽汽量 $D_{e1}=80$ t/h；$p_{e2}=0.118\sim0.25$ MPa 时，抽汽量 $D_{e2}=60$ t/h。在图中点划线 $ABCD$（$a-a$）所示工况下，电功率为 22.5MW（A 点），供暖抽汽 $D_{e2}=38$ t/h（B 点），工业供汽 $D_{e1}=38$ t/h50t/h（C 点），进汽量为 137t/h（D 点）。图中点划线 $b-b$ 表示纯凝汽工况，$D_{e1}=D_{e2}=0$，此时电功率为 25.5MW，进汽量为 100t/h。

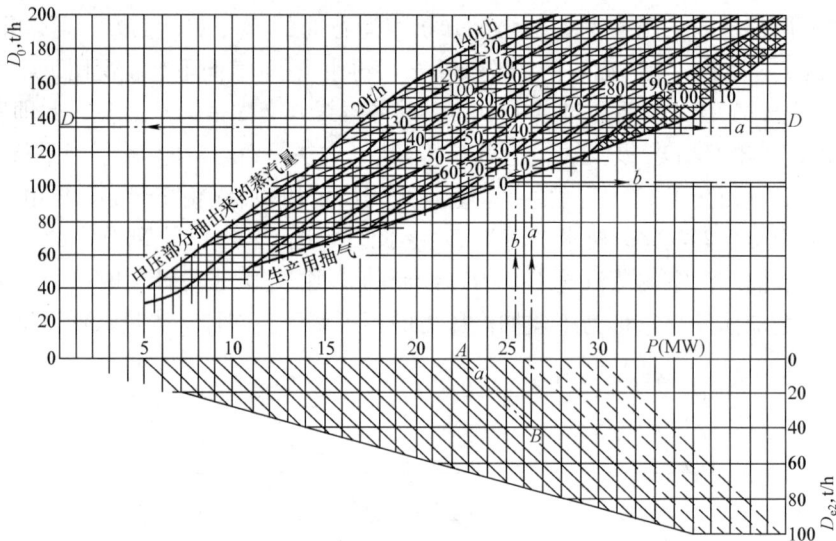

图 6-14 BПT-25 型高压汽轮机工况图

第四节 调节抽汽式汽轮机的热力设计特点

一、调节抽汽式汽轮机主要热力设计特点

（一）热力系统方面的特点

调节抽汽汽轮机各级组的流量相差很多。回热抽汽量与总进汽量的比例较小。当调节抽汽量很大时，蒸汽压力低的加热器可能要从系统中切除不用。

（二）通流部分热力设计特点

调节抽汽汽轮机不能仅仅按照发出电功率的大小来区别各种工况，而是必须同时考虑很多有关因素,如最大工业抽汽量,最大供暖抽汽量,汽轮机各个级组的最大通流量等。不能用一种工况作为汽轮机装置的设计工况。

对于带给水回热系统的二次调节抽汽汽轮机,宜采用从汽轮机到热力系统这样一种热力设计程序。但是不能以一个纯凝汽工况下的汽轮机进汽量作为整个汽轮机的计算流量,而是必须先确定某几个主要工况下的有关参数,如流量及某几点的压力等作为汽轮机各级组的设计依据,将汽轮机通流部分分段初步计算出来,然后计算各种工况下的热力系统并绘制工况图。

尽管调节抽汽式汽轮机能在较大范围内同时适应外界热、电负荷的不同需求,但它在某些工况下的经济性是不高的,只有当高、低压各部分流量均接近于设计值时,才具有较高的经济性。由于调节抽汽式汽轮机低压部分的设计流量通常比高压部分低许多,即使是功率较大的抽汽机组,其低压部分的通流尺寸也要比同等功率下的凝汽机组小。

(三)设计流量的选择和中、低压部分的配汽方式

设计一次调节抽汽式汽轮机时,高压缸的设计流量可选为额定功率和额定抽汽量时总进汽量的 1.2 倍,中压缸(对二次调节抽汽式汽轮机而言)的设计流量可选为额定功率、工业抽汽量为零而供暖抽汽量为最大时的总进汽量的 $70\%\sim90\%$。低压缸的设计流量是机组在额定功率、调节抽汽为零时通过低压缸的流量的 $60\%\sim80\%$,因为这种工况不常遇到,故其设计流量应选得较小些,以免在经常的运行工况下,通流面积过大,使效率降低。但是为了带走因摩擦鼓风损失所产生的热量,低压缸最小流量应为低压缸设计流量的 $5\%\sim10\%$。

蒸汽进入调节抽汽式汽轮机的高压缸或中、低压缸时,都分别有调节机构控制其进汽量。为了适应机组工况变动范围大的特点,高压缸均毫无例外地采用喷嘴调节,调节级多数为双列级。中、低压缸可采用喷嘴调节或节流调节。一般工业抽汽因工况变化较大,多采用喷嘴调节,而供暖抽汽多用节流调节。

抽汽量和抽汽压力的调节有调节阀和旋转隔板两种调节方式。调节阀与一般汽轮机的调节阀没有差别,但由于蒸汽体积流量很大,需要采用较大的阀门直径或多个阀门,因此大多作为高压抽汽调节阀使用。旋转隔板由旋转圈(或称转动盖板、转动环)和固定隔板两部分组成。旋转圈由油动机操纵,其上有大小及间距不同的窗口,旋转圈位置不同时,可使隔板上的喷嘴得到先后和不同程度的开启,以控制进入中压或低压部分的蒸汽量。虽然旋转隔板的结构较复杂,但能简化汽缸结构,减少机组的轴向尺寸,可以把一次调节或二次调节的抽汽式汽轮机设计成单缸结构,因而广泛应用于抽汽式汽轮机中。高压旋转隔板的结构如图 6-15 所示,为了减少所需的转动力矩,在旋转部分外面设有一个环形的压力平衡室,因此结构更加复杂。所以有些机组宁愿采用一般的调节阀而不用旋转隔板。

(四)轴向推力的变化特点

调节抽汽式汽轮机轴向推力的变化规律很复杂,最大轴向推力不在最大负荷下出现。除蒸汽量外,抽汽室中抽汽压力的波动和变化也会引起高、低压部分轴向推力的变化(由于级的反动度变化所致),而且抽汽压力的这种变化有时是在高、低压部分蒸汽量均保持不变的情况下出现的。因此,轴向推力的变化有时不能被汽轮机前端轴封处的轴向力平衡装置所抵消,致使推力轴承过载。抽汽压力的变动还使位于抽汽口前一级(或前几级)的结构应力状况发生剧烈变动,为此必须对上述部件进行详细的变工况下的应力校核。

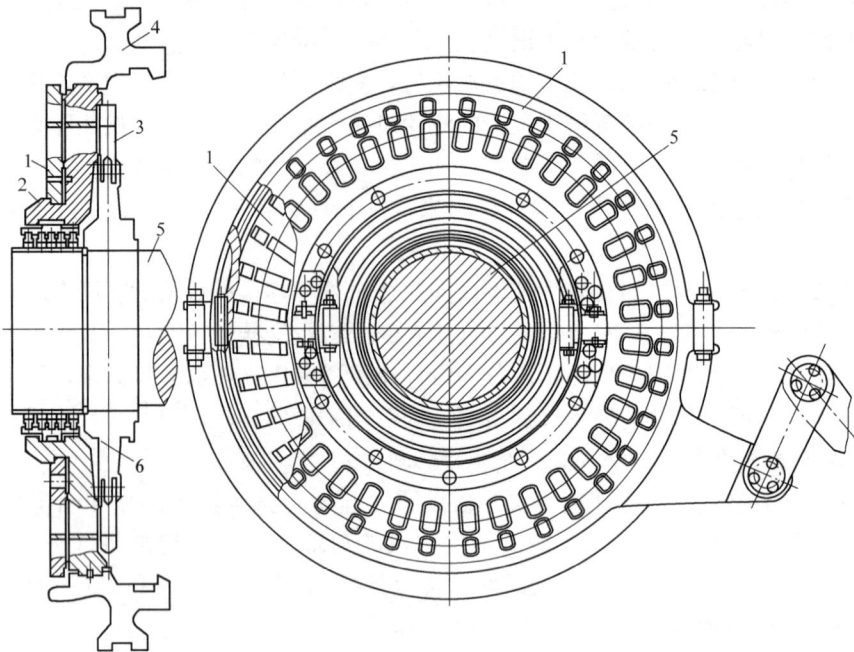

图 6-15　低压旋转隔板结构图

1—旋转圈；2—隔板；3—双层动叶片；4—持环；5—主轴；6—隔板轴封

（五）调节抽汽压力的选择

一次调节抽汽压力应在满足外界热用户的要求下，尽量降低其设计值，这样，抽汽份额在汽轮机内的理想比焓降较大，可以提高机组的发电量，改善其经济性。计算指出，将工业抽汽压力由 1MPa 下降到 0.7MPa 时，机组的经济性收益相当于将新汽参数由 9MPa/500℃提高到 13MPa/565℃的效果。供暖抽汽也是如此。有些机组甚至采用两次供暖抽汽，高压供暖范围为 0.06~0.25MPa，低压供暖为 0.03~0.2MPa。这种根据不同需要分别供暖抽汽与一次供暖抽汽相比可降低燃料消耗量 3%~4%。

二、几种调节抽汽式汽轮机及其主要热力设计特点

（一）C25-8.83/0.49 型高压抽汽凝汽式汽轮机

国产 C25-8.83/0.49 型抽汽凝汽式汽轮机是高压单抽式汽轮机，如图 6-16 所示。其辅机设备主要有 2 台高压加热器，3 台低压加热器，1 台汽封加热器，1 台凝汽器（N-2000-1 型 2000m²）。

C25-8.83/0.49 型单抽汽凝汽式汽轮机是按照机组在正常的新蒸汽、工业抽汽参数下运行的情况进行设计的，机组可同时满足电负荷与热负荷的调节要求。汽轮机设计为单汽缸，调节抽汽的配汽机构采用旋转隔板。汽轮机的调节系统是由全工况无铰链弹性调速器，调速器滑阀，抽汽调压器，综合滑阀，高、中压油动机等机械和液压部件组成。

（二）C300/220-16.7/0.3/537/537 亚临界调节抽汽型汽轮机

国产的 C300/220-16.7/0.3/537/537 型汽轮机如图 6-17 所示。该型汽轮机是引进和吸收国外技术并结合国内技术设计制造的亚临界 300MW 优化机型之一，是中间再热两缸两排汽抽汽凝汽式汽轮机。

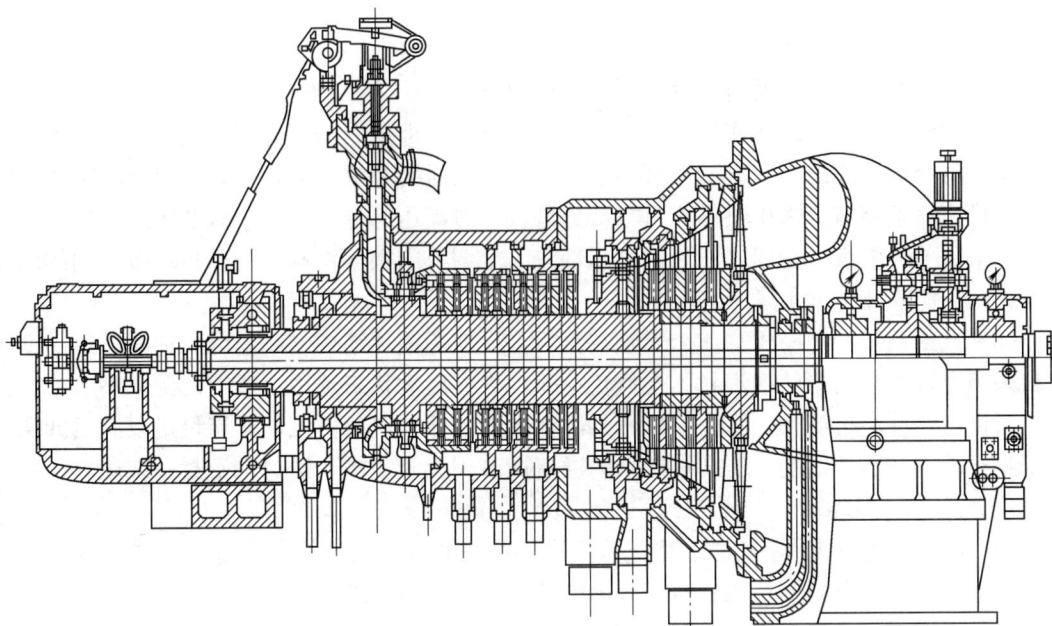

图 6-16　C25-8.83/0.49 型高压抽汽凝汽式汽轮机纵剖面图

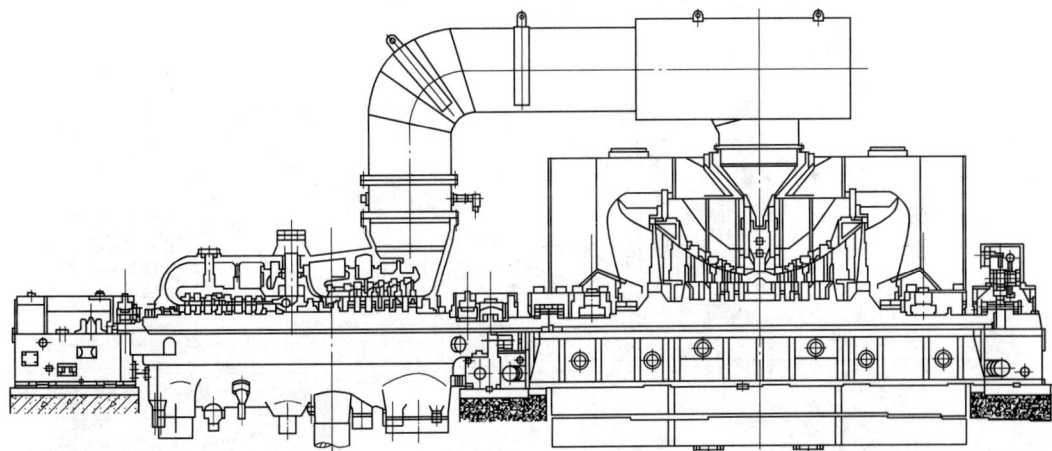

图 6-17　C300/220-16.7/0.3/537/537 型汽轮机纵剖面图

1. 机组主要技术规范和技术经济指标

机组额定功率 300MW，所有调节阀全开的最大功率为 334MW，高压主汽阀前新蒸汽参数为 16.7MPa/537℃，再热蒸汽参数为 3.121MPa/537℃，设计背压 5.2kPa（设计冷却水温 22.5℃），额定新汽流量 894.43t/h，最大新汽流量 1025t/h。机组的额定采暖抽汽压力和抽汽量为 0.3MPa/550t/h，抽汽压力为 0.2～0.55MPa。通流级数总共 27 级，其中高压缸为 1 个调节级+8 个压力级，中压缸 6 个压力级，低压缸 2×6 个压力级。汽轮机在额定工况下计算热耗为 7858kJ/kW·h。

机组的给水回热系统由 3 个高压加热器、1 个除氧器（除氧器采用滑压运行）和 4 个低压加热器组成。

2. 机组主要热力设计特点

（1）单元制。主蒸汽及再热蒸汽系统采用单元制。

（2）配汽方式。机组能实现两种不同的进汽方式，即全周进汽和部分进汽。通过电液控制系统对每个调节阀的配汽方式实现灵活控制，启动时为节流调节，在某一负荷稳定运行时可以切换为喷嘴调节。采用喷嘴配汽（部分进汽）时高压部分共有 4 个调节阀，对应于 4 组喷嘴；采用节流配汽（全周进汽）时高压部分 4 个调节阀根据控制系统的指令按相同的阀位开启，4 组喷嘴同时进汽。

（3）汽封系统。高中压缸前、后轴端汽封采用软态镶片结构的高、低齿迷宫汽封；低压汽封采用光轴尖齿结构的铜汽封。在低负荷时，根据启动状态选用合适的汽源向高、中、低压汽封供汽。在高负荷时，高、中压汽封漏汽提供给低压汽封供汽，其流量足以满足低压汽封密封要求，在这种情况，压力控制站的溢流调节阀投入工作，维持自密封系统压力。系统正常压力是 0.13MPa。

（4）电液控制系统（DEH）。机组采用高压抗燃油数字电液控制系统，具备汽轮机自动启动功能、汽轮机自同期功能、转子应力监控功能、阀门管理功能、转速调节功能、负荷控制功能、超速保护功能、CCS接口功能等。

（三）CC50-8.83/3.82/0.9 高压单缸、冲动、双抽汽凝汽式汽轮机

国产 CC50-8.83/3.82/0.9 汽轮机为高压单缸、冲动式、双抽汽凝汽式汽轮机，如图 6-18 所示。

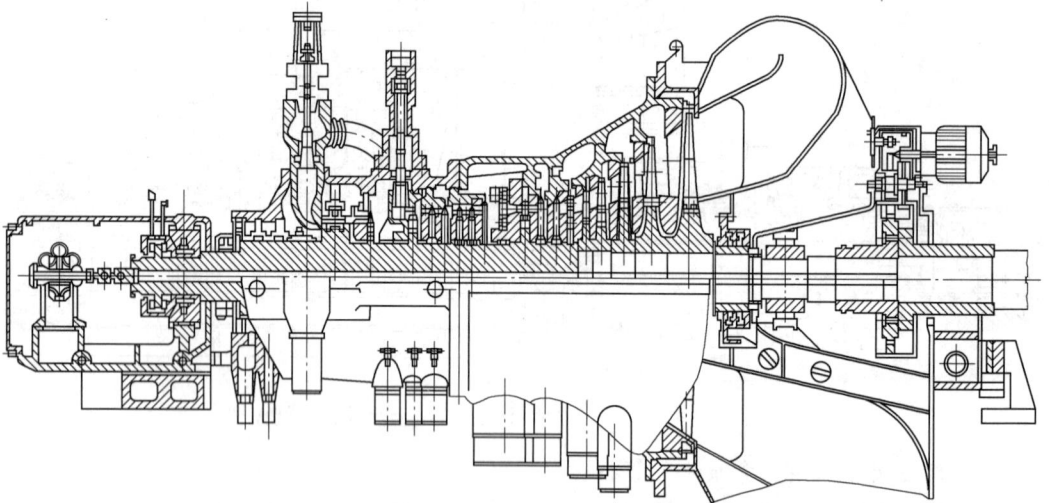

图 6-18 CC50-8.83/3.82/0.9 高压单缸、冲动、双抽汽凝汽式汽轮机纵剖面图

1. 机组主要技术规范与经济性指标

（1）汽轮机功率　　　　额定抽汽工况　　　　60000kW

　　　　　　　　　　　最大抽汽工况　　　　50000kW

　　　　　　　　　　　纯凝汽工况　　　　　50000kW

（2）蒸汽初参数　　　8.83MPa/535℃

（3）抽汽压力	额定中压抽汽压力	3.82（±0.196）MPa
	额定低压抽汽压力	0.9（+0.294/-0.196）MPa
（4）抽汽流量	中压额定/最大抽汽量	150/200t/h
	低压额定/最大抽汽量	150/200t/h
（5）进汽流量	额定（最大）抽汽工况	466t/h
	纯凝汽工况	184t/h
（6）排汽压力	额定（最大）抽汽工况	0.0044MPa
	纯凝汽工况	0.0065MPa

2. 汽轮机的结构与热力设计特点

（1）CC50-8.83/3.82/0.9 型汽轮机为高压单缸、冲动、双抽汽凝汽式汽轮机，具有两级调节抽汽，通过刚性联轴器直接带动发电机。汽轮机高压部分由高压调节级和 1 个压力级组成，低压部分由中压调节级和 14 个压力级组成，共 17 级。

（2）新蒸汽通过两根 $\phi273\times22$ 的进汽管进入主汽阀后，再由四根 $\phi219\times18$ 的主汽管分别引入四个 $\phi125$ 的调节阀进入汽轮机。每个调节阀由单独的油动机控制，油动机采用高压抗燃油，其控制信号由电液转换器输入，按其运行的要求，得到阀门不同的开度，以控制进汽量，达到改变功率的目的。

（3）机组有七段抽汽口，抽汽口的位置分别在 2、3、5、8、10、12、15 级后。除第 2、8 级后的抽汽口为工业抽汽外，其余抽汽口均为回热抽汽。工业中压调整抽汽压力为 3.82MPa，在第 2 压力级后抽出，由中压提板式喷嘴组调节。中压喷嘴组装在中间蒸汽室中，由中压油动机控制。中压油动机的控制信号由电液转换器输入。工业低压调整抽汽压力为 0.9MPa，在第 8 压力级后抽出，由低压喷嘴组调节，由旋转隔板控制。

（4）汽缸由前汽缸、中汽缸、后汽缸三部分组成，并用垂直法兰连接而成。

（5）调节级采用子午面收缩静叶栅，压力级隔板静叶全三维设计，采用"后加载"新叶型，高压部分第 2 级隔板采用新型的分流静叶栅。低压末级、次末级采用弯扭静叶片。在隔板上全部镶有径向汽封齿，以减少各级的漏汽损失。

（6）所有动叶片均采用全三维设计的新型叶型，自带围带整圈连接。在动叶围带处设有径向和轴向汽封。末级叶片高 665m。除 13~17 级外，其余叶片的叶根处均设有轴向汽封，以减少级间漏汽，提高内效率。为防水蚀，末级叶片加焊司太立合金并带有一根松拉金。

（7）转子为整锻加套装轮盘结构，后 5 级套装轮盘。轮盘通过端面径向键和轴向键与转子相接以减小轮孔部分的应力集中。

第七章　大型汽轮机及特种汽轮机

第一节　大型汽轮机简介

大型汽轮机指单机功率较大的汽轮机。从 20 世纪 60 年代至 21 世纪初，电站汽轮机在单机功率和蒸汽参数方面都在不断发展，同时其可靠性、机动性、控制水平和经济性都有了巨大进步。目前，最大功率的单轴全速汽轮机是俄罗斯科斯特罗姆电站的 1200MW 机组（23.5MPa、540/540℃），双轴汽轮机是美国阿摩斯电站的 1300MW 机组（24.7MPa、538/538℃）。

近 20 年以来，我国电力工业以发展亚临界压力、超临界压力 300MW 和 600MW 机组为主。目前，国产超临界与超超临界压力机组已经进入了快速发展和提高的阶段。1000MW 容量等级的超临界压力国产机组也开始投入商业运行，这标志着我国火力发电机组的发展跨上一个新台阶。

国内主要汽轮机制造厂商设计制造的 600MW 超临界汽轮机，保证热耗已达到了 7600kJ/(kW·h) 以下，汽轮发电机组的绝对电效率达到 46％以上，均达到国际先进水平。

一、300MW 汽轮机

我国曾经自主设计和制造过 300MW 汽轮机。上海汽轮机厂生产的 300MW 汽轮机为亚临界、一次中间再热、单轴、四缸四排汽冲动凝汽式汽轮机。汽轮机有高压缸、中压缸和两个双流式低压缸，且都是双层缸，中压缸采用分缸反向布置。高压缸由一个单列调节级和 8 个压力级组成。中压缸有 11 个压力级，低压缸共有 6×4 个压力级，全机共有 44 级，汽轮机总长约为 23.8m，低压缸的横向宽度 7.34m，本体总质量为 612t。高压缸有 2 段抽汽，中压缸有 4 段抽汽，低压缸有 2 段抽汽。驱动给水泵的小汽轮机用汽由第 5 段抽汽供给，排汽进入小汽轮机凝汽器，凝结水由泵打入主凝结水管路中。在额定工况下，机组热耗率计算值为 8189kJ/(kW·h)，热耗率的保证值为 8331kJ/(kW·h)。

东方汽轮机厂从 1975 年开始自主开发、研制高中压合缸、两缸、两排汽 300MW 汽轮机，该机采用 1m 长的末级叶片，1987 年 11 月，第一台机组在山东黄台电厂投运成功。1984 年，又开发了三缸两排汽 300MW 凝汽式和供热抽汽凝汽式汽轮机，这两种机型均采用"851mm"末级叶片。第一批机组分别于 1991 年 7 月和 8 月在山西太原第一热电厂和河北沙岭子电厂投入商业运行，如图 7-1 所示。

20 世纪 80 年代，我国引进 N300-16.67/537/537 型汽轮机的设计和制造技术。该型号汽轮机为亚临界、一次中间再热、单轴、双缸双排汽、高中压缸合缸、低压缸双流程的反动式凝汽汽轮机。该机通流部分由高、中、低压三部分组成，共有 34 级，除高压调节级为冲动级外，其余 33 级均为反动级，如图 7-2 所示。机组有 2 个主汽阀—调节汽阀组合部套，每一组件有 1 个主汽阀和 3 个调节汽阀；2 个再热联合汽阀组装件。全机共有 8 段非调整抽汽。驱动给水泵汽轮机汽源为中压缸排汽即第 4 段抽汽，机组低负荷运行时，自动切换为新蒸汽。驱动给水泵汽轮机的排汽进入主机凝汽器。机组配有 30％额定容量的高、低压两级

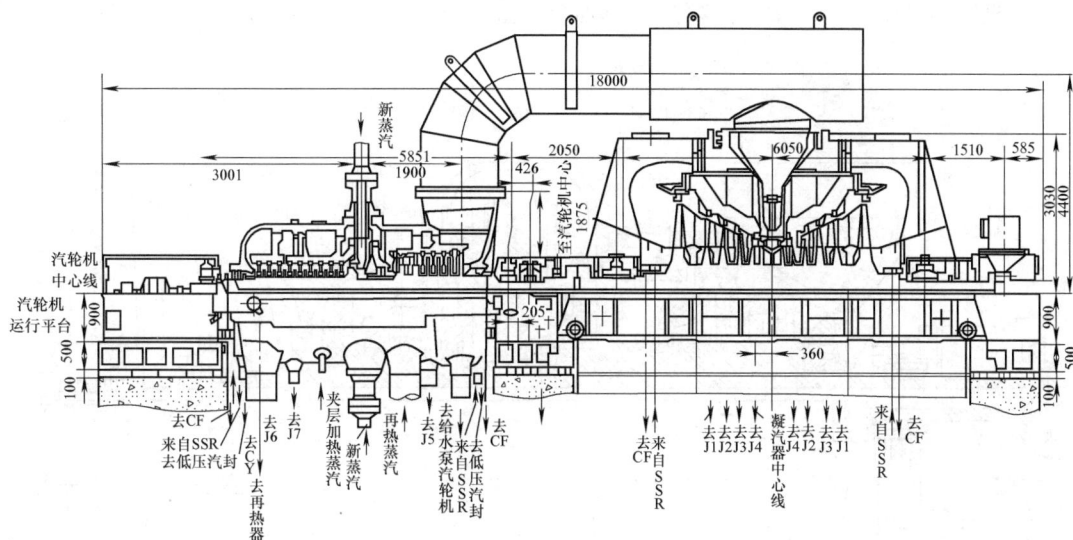

图 7-1　国产 300MW 汽轮机纵剖面图

旁路系统。引进机组国产化后，经过了优化设计和改型。该机组采用 DEH 数字式电液调节系统。DEH 能对机组的转速（包括启动、升速、甩负荷）和功率进行连续调节，并能满足机组协调控制系统对汽轮机调节的要求。机组具有较好的适应调峰、变工况运行的性能，可以作定压或变压运行。变压运行的负荷范围约为 20%～85% 额定负荷；调峰运行时，在50%～100% 额定负荷范围内能满足快速负荷变化的要求。随着设计和制造工艺水平的进步，该型号汽轮机在额定工况下，机组的保证热耗率可达到 7950kJ/(kW·h)。

除此之外，我国还直接引进了多个国家的 300MW 等级的汽轮机。比如，法国 CEM 生产的 D3YTT2X54 型 300MW 汽轮机为单轴、三缸、双排汽、中间再热反动式汽轮机。配用瑞士苏尔寿 947t/h 低倍率强制循环锅炉。该机共有 7 段调整抽汽，配 8 级回热加热器，即 3台高压加热器、1 台除氧器、4 台低压加热。机组在额定工况下热耗率为 7938kJ/(kW·h)。

表 7-1 列出了我国主要在役 300MW 容量等级汽轮机的基本情况。

二、600MW 汽轮机

20 世纪 90 年代以后，600MW 火电机组已经成为我国新建电厂的首选机型。华北、东北和山东电网先后装备 600MW 级火电机组，主要是引进国外设备或技术的机组。我国自 20世纪 80 年代起开始投入运行的 600MW 等级汽轮发电机组的基本特征和主要参数见表 7-2和表 7-3。图 7-3、图 7-4 分别为典型 600MW 汽轮机组的总体结构图。

华东电网是较早布设 600MW 汽轮发电机组的区域电网之一。其中平圩电厂 1、2 号机组是引进原美国西屋公司（Westinghouse）技术、哈尔滨汽轮厂制造，分别于 1989 年 11 月4 日和 1992 年 12 月 25 日投运；北仑电厂 1 号机组是从日本东芝公司（TOSHIBA）引进的，2 号机组是从法国 ALSTOM 公司引进的，1、2 号机组分别于 1991 年 10 月 30 日和1994 年 10 月 20 日投运；石洞口第二电厂 1、2 号机组是从瑞士 ABB 公司引进的，分别于1992 年 6 月 11 日和 1992 年 12 月 23 日投产。平圩电厂 1、2 号汽轮机组为亚临界、一次中间再热、单轴、四缸四排汽、反动式、双背压、凝汽式，北仑电厂 1、2 号汽轮机组为亚临界、一次中间再热、单轴、四缸四排汽、冲动式、双背压、凝汽式，石洞口第二电厂 1、2

号汽轮机组为超临界、一次中间再热、单轴、四缸四排汽、反动式、单背压、凝汽式。

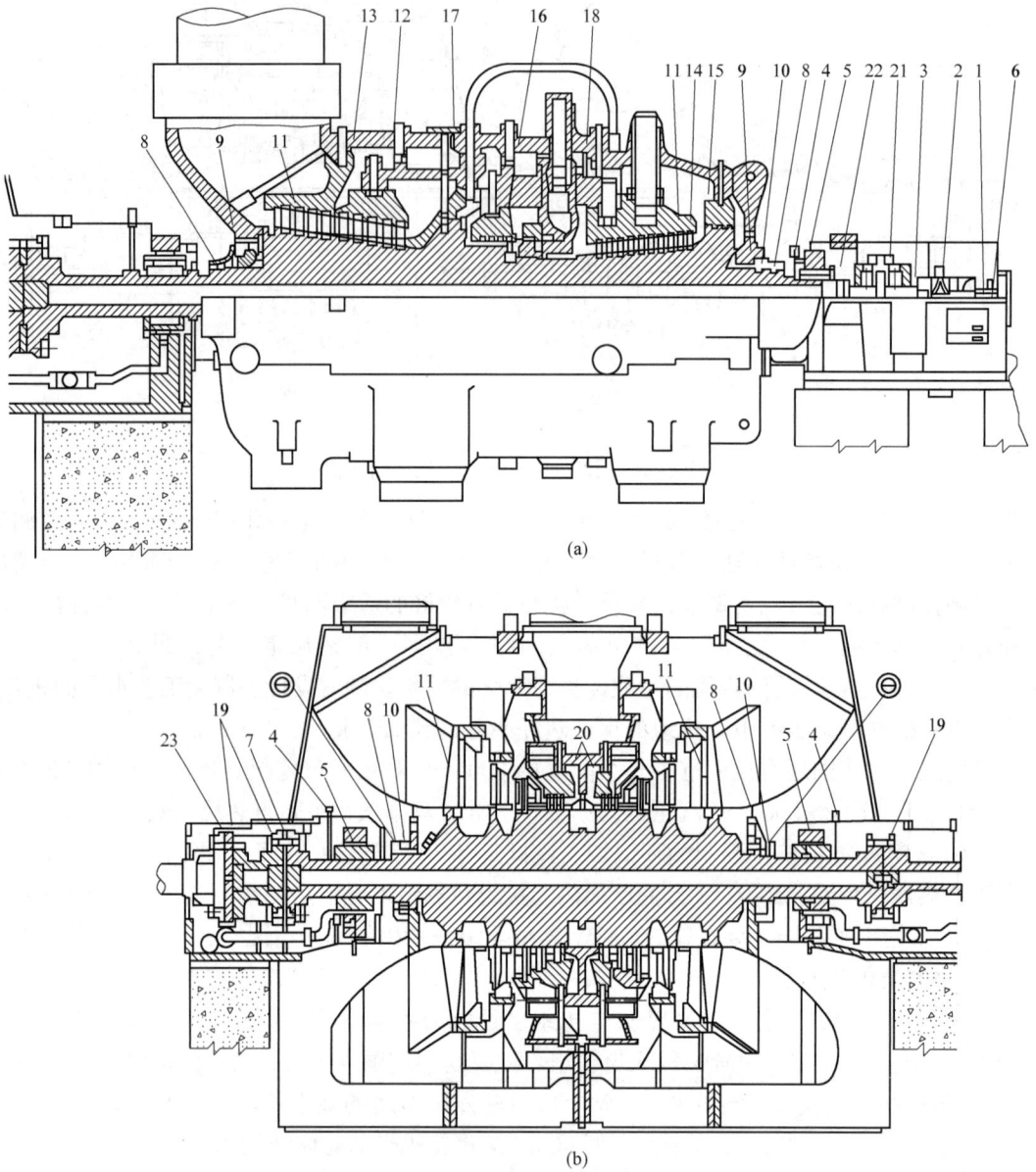

(a)

(b)

图 7 - 2　国产 300MW 汽轮机（引进型）纵剖面图

（a）高中压部分；（b）低压部分

1—超速脱扣装置；2—主轴泵；3—转速传感器＋零转速检测器；4—振动检测器；5—轴承；
6—偏心＋鉴相器；7—差胀检测器；8—外轴封；9—内轴封；10—汽封；11—叶片；
12—中压 1 号持环；13—中压 2 号持环；14—高压 1 号持环；15—低压平衡持环；
16—高压平衡持环；17—中压平衡持环；18—内上缸；19—联轴器；
20—低压持环；21—推力轴承；22—轴向位置＋推力轴承脱扣
检测器；23—测速装置（危急脱扣系统）

表 7-1　国产和引进 300MW 等级汽轮机的主要技术参数

汽轮机型号 参 数	单位	N300-16.2/550/550 亚临界一次中间再热单轴四缸四排汽，冲动凝汽式 上海汽轮机厂	N300-16.17/535/535 亚临界一次中间再热单轴双缸双排汽，冲动凝汽式 东方汽轮机厂	N300-16.7/537/537 亚临界一次中间再热单轴双缸双排汽，冲动凝汽式 东方汽轮机厂	N300-16.7/537/537 亚临界一次中间再热单轴双缸双排汽，反动凝汽式 上海汽轮机厂 引进型	N300-16.7/538/538 亚临界一次中间再热单轴双缸双排汽，反动凝汽式 上海汽轮机厂 优化引进型	N300-16.7/537/537 亚临界一次中间再热单轴双缸双排汽，反动凝汽式 哈尔滨汽轮机厂 优化引进型
额定功率	MW	300	300	300	300	300	300
最大连续工况功率	MW	—	318	330	326	—	—
调节阀全开工况功率	MW	—	—	—	—	315	—
调节阀全开+5%超压功率	MW	—	—	—	—	329	—
主汽压力/再热汽压力	MPa	16.2/3.12	16.17/3.19	16.7/3.14	16.67/3.29	16.7/3.14	16.7/—
主汽温度/再热汽温度	℃	550/550	535/535	537/537	537/537	538/538	537/537
额定主蒸汽流量	t/h	945	1025	935	922.355	918.438	918
额定再热蒸汽流量	t/h	—	864	783	754	756	—
额定排汽压力	MPa	0.0051(0.0517)	0.00539(0.055)	0.00539(0.055)	0.0054(0.055)	0.0049(0.05)	0.00539
额定冷却水温度	℃	20	20	20	20	20	20
排汽流量	t/h	568.1	577	531	—	—	—
给水温度	℃	263	266.5	271	272.4	274.7	273
回热抽汽段数	段	8	8	8	8	8	8
汽轮机级数(高/中/低)	级	1+8/11/(4×6)=44	10/6/(2×5)=26	10/6/(2×5)=26	1+10/9/(2×7)=35	1+11/9/(2×7)=35	1+11/9/(2×7)=35
末级叶片长度	mm	700	851	851	869	869	900
保证净热耗率	kJ/(kW·h) kcal/(kW·h)	8331(1990)	8042(1921)	8005(1912)	8080(1930)	7993(1909)	7955(1906)
汽轮机总长	m	23.828	—	—	17.269	17.269	17.269

续表

汽轮机型号 参　数		T2A300 - 2F1044	D₃YTT2×54	T2A330 - 30 - 2F1044	T2A360 - 30 - 2F1044	TC2F - 33.5	TC4F
型式及生产/引进厂家		亚临界一次中间再热单轴三缸双排汽，冲动凝汽式 法国阿尔斯通(Alstom)公司	亚临界一次中间再热单轴三缸双排汽，反动凝汽式 法国CEM	亚临界一次中间再热热单轴三缸双排汽，冲动凝汽式 法国A-A公司	亚临界一次中间再热单轴三缸双排汽，冲动凝汽式 法国阿尔斯通(Alstom)公司	亚临界一次中间再热单轴双缸双排汽，反动凝汽式 日本三菱(Mitsubishi)	亚临界一次中间再热单轴三缸四排汽，冲动凝汽式 日本东芝(Toshiba)
额定功率	MW	300	300	330	360	350	350
最大连续工况功率	MW	—	—	350	375	—	364.3
调节阀全开工况功率	MW	—	—	—	—	—	369.1
调节阀全开+5%超压功率	MW	329	—	—	—	—	374
主汽压力/再热汽压力	MPa	17.75/3.91	17.76/3.78	17.7(181)/3.77(38.4)	17.9(182.5)/3.79(38.6)	16.6/3.53	16.6/3.49
主汽温度/再热汽温度	℃	540/540	540/540	540/540	538/538	538/538	538/538
额定主蒸汽流量	t/h	923.742	921	936.4	1017.5	—	1061.9
额定再热蒸汽流量	t/h	—	—	—	919.85	—	887.378
额定排汽压力	MPa	0.0053(0.054)	0.00558(0.057)	0.0049(0.0458)	—	0.0058	0.0049(0.05)
额定冷却水温度	℃	20	20	20	20	20	20.5
排汽流量	t/h	—	—	—	673.9	—	674.48
给水温度	℃	257	258	254	255.7	274	274.7
回热抽汽段数	段	7	7	7	7	8	8
汽轮机级数(高/中/低)	级	1+10/12/(2×50)=33	1+17/14/(2×5)=42	1+10/12/(2×5)=33	1+10/12/(2×5)=33	1+7/6/(4×6)=38	1+11/10/(2×6)=34
末级叶片长度	mm	1080	867	1080	1080	660.4	851
保证净热耗率	kJ/(kW·h) kcal/(kW·h)	7846(1874)(毛)	7938(1896)	7749.7(1851)	7701.2(1839)	7754(1852)(毛)	7884
汽轮机总长	m	29.13	15.44	18.79	24.732		16.31

续表

参　数 汽轮机型号	单位	AD-5型(TC2F-33.5)	N362-16.85/540/540	TCDF-328.5	K-300-240-1	K-310-240-3
型式及生产/引进厂家		亚临界一次中间再热单轴双缸双排汽，冲动凝汽式	亚临界一次中间再热单轴三缸两排汽，冲动凝汽式	亚临界一次中间再热单轴双缸双排汽，冲动凝汽式	超临界一次中间再热单轴双缸双排汽，冲动凝汽式	超临界一次中间再热单轴双缸双排汽，冲动凝汽式
		美国 GE 公司	法国 GEC 公司	意大利 GIE	前苏联 AM3	前苏联 XTT3
额定功率	MW	352	362.5	328.5	300	310
最大连续工况功率	MW	364	376.24	334.6	—	—
调节阀全开工况功率	MW	378	386.447	—	—	—
调节阀全开+5%超压功率	MW	—	—	—	—	—
主汽压力/再热汽压力	MPa	17.5/3.11	16.85/3.77	16.67/3.276	23.54/3.53	23.54/3.6
主汽温度/再热汽温度	℃	537.8/537.8	540/540	538/538	560/565	540/540
额定主蒸汽流量	t/h	1085.078	1124.032(T-MCR)	1025	930	1000
额定再热蒸汽流量	t/h	879.789	965.102(T-MCR)	—	—	—
额定排汽压力	MPa	0.0049	0.0049(T-MCR)	0.0049	0.0035	0.0037
额定冷却水温度	℃	28.86	20	—	—	—
排汽流量	t/h	641.563(含给水泵汽轮机)	708.222(T-MCR)	—	—	—
给水温度	℃	282	273.2(T-MCR)	290.5	265	276
回热抽汽段数	段	8	8	8	8	9
汽轮机级数(高/中/低)	级	1+8/7/(2×5)=26	9/10/(2×5)=29	1+9/6/(2×6)=28	1+11/(12+5)/(5+2×5)=44	9/11/(2×4)=28
末级叶片长度	mm	851	945	851	960	1030
保证净热耗率	kJ/(kW·h) kcal/(kW·h)	7980(1906)	8017.7(1915)(T-MCR)	7874(1880.7)	—	7700
汽轮机总长	m	—	18.47	18.79	—	22.1

注　1. 日本三菱 TC2F-33.5 型汽轮机型号中：T 表示单轴；C 表示双缸；2F 表示双排汽；33.5 表示末级叶片度是 33.5 英寸 (851mm)。

2. 法国阿尔斯通 T2A330-30-2F1044 型号中：T 表示汽轮机；2 表示二次过热；A 表示对称布置；330 是额定功率为 330MW；30 表示转速为 3000r/min；2F 表示双排汽；1044 表示末级叶片长度为 1080mm，但仍称 1044 叶片。该机组末级叶片长度为 1080mm，但仍称 1044 叶片。

表 7 - 2　　　　　　我国电站典型 600MW 等级汽轮发电机组的基本特点

电厂名称	平圩电厂	石洞口二厂	北仑电厂1号	北仑电厂2号	托克托电厂
制造厂	哈尔滨汽轮机厂（西屋技术）	瑞士 ABB 公司	日本东芝公司	法国 ALSTOM 公司	东方汽轮机厂（日立技术）
型号	N600-16.7/537/537	D4Y454	TC4F-33.5	T.2.A.650.30.4.46	N600-16.7/538/538
型式	亚临界压力、一次中间再热、四缸四排汽，反动凝汽式	超临界压力、一次中间再热、四缸四排汽，反动凝汽式	亚临界压力、一次中间再热、四缸四排汽，冲动凝汽式	亚临界压力、一次中间再热、四缸四排汽，冲动凝汽式	亚临界压力、一次中间再热、三缸四排汽，冲动凝汽式
额定功率（MW）	600	600	600	600	600
最大连续功率（MW）	618	645	656.6	661.0	647.05
主蒸汽 流量（t/h）	1815	1844.2	1794.5	1747.1	1763.2
主蒸汽 压力（MPa）	16.57	24.2	16.56	16.66	16.7
主蒸汽 温度（℃）	537	538	537	537	538
再热汽 流量（t/h）	1496	1568.9	1517.3	1525.5	1506.375
再热汽 压力（MPa）	3.36	4.34	3.6	3.62	3.287
再热汽 温度（℃）	537	566	537	537	538
排汽压力（kPa）	4.1/5.7	4.9	4.57/5.69	4.04/5.25	4.9
冷却水温（℃）	20	20	20	20	20
给水温度（℃）	273	285.5	272.5	269.1	273.2
回热抽汽级数	8	8	8	8	8
保证热耗〔kJ/(kW·h)〕	8005	7647.6	7871.6	7790	7745
汽轮机内效率（%） 高压缸	88.78	88.46	87.10	89.39	—
汽轮机内效率（%） 中压缸	92.52	93.55	95.64	94.34	
汽轮机内效率（%） 低压缸 A	87.91	85.36	85.35	85.92	
汽轮机内效率（%） 低压缸 B	90.33	90.46	89.32	87.85	
启动方式	高压缸（可中压缸）	高压缸	高压缸	中压缸	中压缸（可高中压缸）
汽轮机级数 高压缸	单列调节级+10级反动级	单列调节级+21级反动级	单列调节级+7级反动级	单列调节级+8级反动级	单列调节级+8级压力级
汽轮机级数 中压缸	2×9级反动级	2×17级反动级	2×6级压力级	9级压力级	5级压力级
汽轮机级数 低压缸	2×2×7级反动级	2×2×5级反动级	2×2×7级压力级	2×2×5级压力级	2×2×7级压力级
汽轮机级数 合计	57级	76级	48级	38级	42级

续表

电厂名称	平圩电厂	石洞口二厂	北仑电厂1号	北仑电厂2号	托克托电厂
末级叶片	869mm，焊有硬质合金，防水蚀	851mm，进口背部顶端局部高频淬火，防水蚀	867mm，进口背部顶端焊有硬质合金，防水蚀	1055mm，进口顶端用高频淬火，防水蚀	1016mm
转子结构	高、中、低压转子均为整锻转子，有中心孔	高、中、低压转子均为组焊转子，无中心孔	高、中、低压转子均为整锻转子，无中心孔	高、中、低压转子均为整锻转子，无中心孔	高、中、低压转子均为整锻转子，无中心孔
汽轮机总长（m）	31.592	25.0	29.27	28.91	27.82
汽轮发电机总长度(m)	49.246	40.50	44.935	42.71	

表7-3　　　　　典型亚临界、超临界600MW汽轮机主要参数

项　目		亚临界600MW		超临界600MW	
制造厂		哈汽/西屋	东汽/日立	上汽/ABB	日立
电厂		平圩	邹县	石洞口	苫东厚贞
初压（ata）		170	170	247	247
初温/再热温度（℃）		538/538	538/538	538/566	538/566
流量（t/h）		1832	1810	1900	—
背压（ata）		0.055	0.05	0.05	0.0517
第一级叶高（mm）		114.9	62.4	69.6	39.4
级数	高压缸	调节级+10	调节级+6	调节级+21	调节级+7
	中压缸	2×9	5	2×17	6
	低压缸	4×7	4×7	4×5	4×7

　　西屋引进型汽轮机组所配锅炉为从美国 CE 公司引进技术、由哈尔滨锅炉厂制造的亚临界控制循环汽包炉，蒸汽流量为 2008t/h（MCR），主蒸汽压力为 18.3MPa，主蒸汽温度为 540.6℃，再热蒸汽压力和温度分别为 3.64MPa、540.6℃；燃烧方式为燃烧器四角切圆布置，水冷壁装有内螺纹管；热控装置为 FOXBORO 的 SPEC-200 系统，锅炉可定压运行，也可滑压运行，滑压运行范围为额定负荷的 20%～88%；所配发电机也为引进西屋公司技术由哈尔滨电机厂制造的 QFSN-600 型水氢氢发电机。

　　东芝引进型汽轮机组所配锅炉为直接从美国 CE 公司引进的亚临界控制循环汽包炉，其主要特性和结构同上述引进技术锅炉相似。热控装置为美国 CE 公司的 MOD-300，所配发电机为东芝制造的 TAKS 型、额定出力为 659.34MW 的水氢氢发电机。

　　与阿尔斯通公司 600MW 汽轮机配套的锅炉是加拿大 B&W 公司设计制造的亚临界、自然循环、最大连续蒸发量为 2027t/h 的汽包炉，水冷壁管径较粗，为内光管；锅炉配有美国 CE 公司生产的 MOD-300 型分散式微机控制系统，与汽轮机的 MICROREC 系统组成协调控制系统；配套发电机为 ALSTOM 制造的水氢氢冷却发电机。

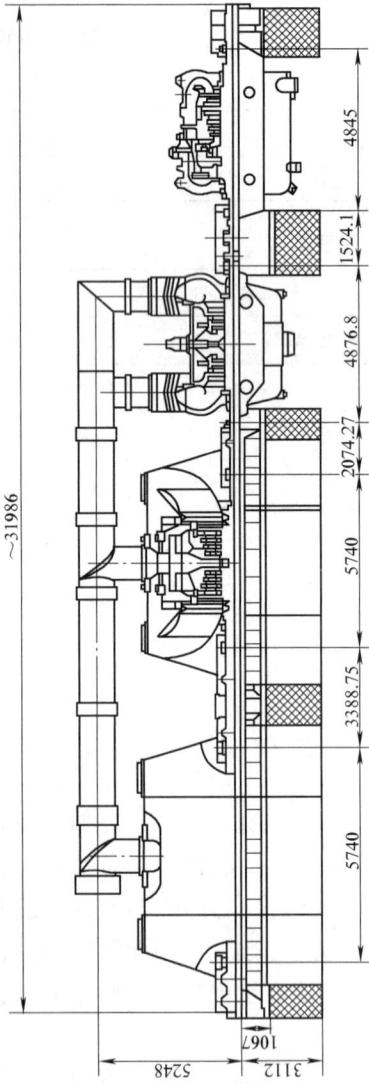

图 7 - 3　哈尔滨第三电厂 600MW 汽轮机（哈尔滨汽轮机厂制造）

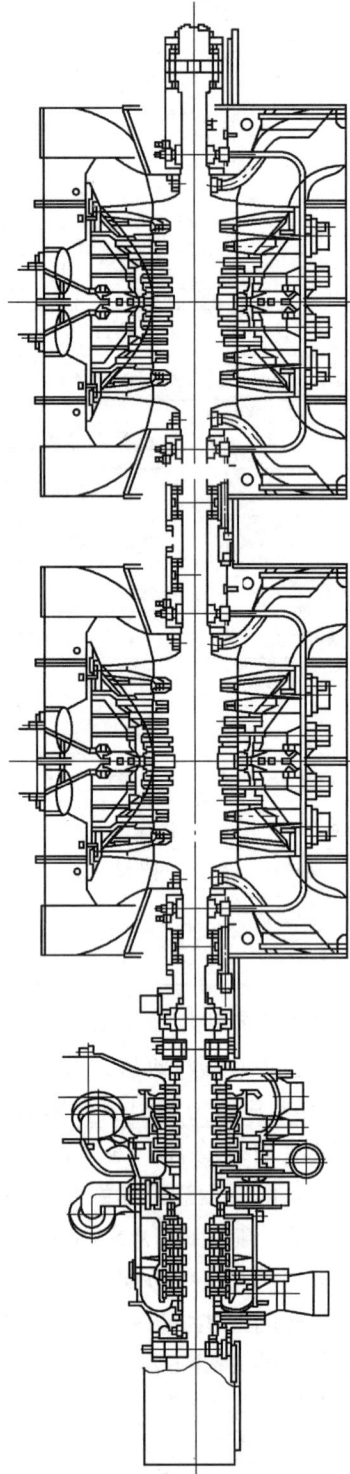

图 7 - 4　内蒙托克托电厂 600MW 汽轮机（东方汽轮机厂制造）

　　ABB引进型汽轮机组所配锅炉为由苏尔寿公司设计、CE公司和苏尔寿公司联合制造的超临界螺旋管圈直流炉，设计蒸汽流量为1900t/h，过热蒸汽压力为25.4MPa；热控装置为加拿大Bailey公司的N-90；螺旋管圈直流锅炉，在36%～90%MCR范围内可以变压直流运行；所配发电机也为ABB设计制造的50WT23E-123600-2型水氢氢发电机。

　　ABB公司、西屋公司、东芝公司（GE公司设计）、GEC-ALSTOM公司等制造厂制造的600MW汽轮机组，共同的特点是采用了通用化、系列化和标准化设计原则。在主机设计方面均采用了积木块式的设计方法，给制造带来了很大的方便。以上四种机型的另一共同特点是：整体结构是一次中间再热、单轴、四缸四排汽、凝汽式，喷嘴调节。它们之间的差别主要为：WH、ABB机组为反动式，东芝、G/A机组为冲动式；ABB机组为超临界参数，WH、东芝、G/A机组为亚临界参数；ABB机组的凝汽器为单背压，WH、东芝、G/A机组为双背压等。

　　东方—日立合作生产应用于山东邹县电厂的600MW汽轮机是亚临界、一次中间再热、末级叶片为40英寸（1016mm）的凝汽式汽轮机，机组型号为DH-600-40-T，参数为16.7MPa/538℃/538℃。汽轮机为单轴、三缸、四排汽型式，高压和中压通流部分采用反向合缸布置。主蒸汽从高、中压外缸中部上下对称布置的4个进汽口进入汽轮机，通过高压7级做功后去锅炉再热器。再热蒸汽由高、中压外缸中部下半的2个进汽口进入汽轮机的中压部分，通过中压5级做功后的蒸汽经一根连通管分别进入两个双流7级的低压缸，做功后的乏汽排入两个不同背压的凝汽器。汽轮机热力系统中有8级非调整抽汽，分别供给3台高压加热器，1台除氧器，4台低压加热器。其中第7、8号低压加热器为单壳体组合式加热器，布置在凝汽器喉部。各加热器疏水逐级回流。真空抽气系统采用水环式真空泵从低压凝汽器抽出。润滑油系统采用汽轮机主轴驱动的主油泵油涡轮系统。汽轮机控制、保护系统采用硬件一体化，实现分层管理、分散控制的HIACS-3000集散控制系统。该系统由S-DEHG（高压抗燃油数字电液控制器）、HITASS-200E（自动启动）、TSI（监视仪表）、TRP（跳闸保护）、DAS（数据采集）系统组成。

　　在邹县电厂亚临界汽轮机基础上改进后的机组应用于内蒙古左托克托电厂，参数如表7-2所示，机组纵剖面如图7-4所示。

第二节　超临界压力汽轮机

一、超临界压力汽轮机

（一）超临界压力汽轮机的特点

　　当蒸汽压力增加至22.12MPa时，相应的饱和温度为374.15℃，此时不再有等温汽化过程，在这一状态点，水立刻全部汽化，再加热就成为过热蒸汽。这个状态点是水被等压加热变成蒸汽的临界点，其压力称为临界压力。进汽压力超过临界压力值22.12MPa的汽轮机称为超临界压力汽轮机，简称超临界汽轮机，其效率比亚临界机组有大幅度提高，具有节能和环保双重效益。事实表明，提高蒸汽参数与发展大容量机组相结合是提高常规火电厂效率及降低单位容量造价最有效的途径。与同容量亚临界火电机组的热效率相比，采用超临界参数理论上可提高效率2%～2.5%。目前，世界上先进的超临界机组热效率已达到45%以上，当蒸汽温度达到700℃时，热效率可达到48%～50%。

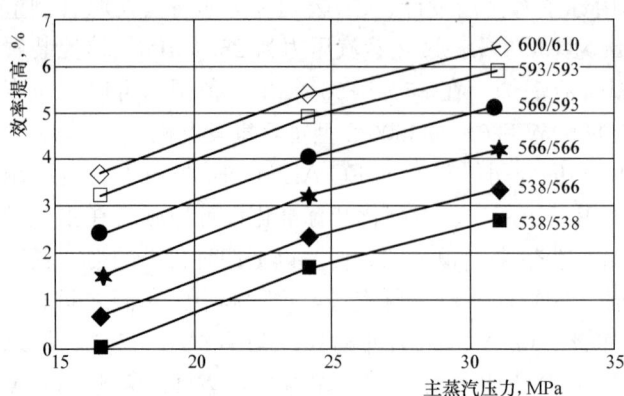

图 7-5 蒸汽参数与机组效率的关系

图 7-5 所示为蒸汽参数与机组效率的关系。研究表明，主蒸汽压力每提高 1MPa，机组的热耗率可下降 0.13%～0.15%；主蒸汽温度每提高 10℃，机组的热耗率可下降 0.25%～0.30%；再热汽温度每提高 10℃，机组的热耗率可下降 0.15%～0.20%。

超临界汽轮机的特点如下所述。

1. 热效率高

（1）朗肯循环在提高蒸汽温度、压力后可以提高效率。当压力从 16.7MPa 和 12.8MPa 提高到 23.5MPa 时，经济性相应提高 2.2% 和 5%。汽轮机功率越大，实际收益也越大。

（2）由于初压增高，水的沸点也增高，增加了凝结水加热到饱和状态所需热量，从而扩大了使用回热的范围，进一步改善了循环热效率。一般超临界汽轮机的回热级数为 8～9 级。

2. 蒸汽体积流量降低

高压时蒸汽比体积显著减小，从而可以减小装置的尺寸和质量，特别是管道、阀门等部件的尺寸和质量。

3. 承压件壁厚增大

由于超临界而引起的承压件壁厚增大是不可回避的问题，需要合理解决。

（二）国外超临界压力机组技术概况

美国是世界上发展超临界压力机组最早的国家。1959 年 4 月在美国投运了世界上首台超临界压力汽轮机组，即俄亥俄电力公司弗勒电厂 6 号机组，某蒸汽参数为 31MPa、621℃，两次中间再热温度分别为 566℃ 和 538℃。汽轮机和发电机由 GE 公司制造，功率为 125MW，采用单轴双排汽结构，工作转速 3600r/min。

1959 年美国在埃迪斯通电厂投运了世界上最高参数的超临界压力机组，由 WH（Westinghouse）公司制造。蒸汽参数为 34.32MPa、649/566/566℃，两次中间再热，机组功率 325MW。双轴，高压轴 3600r/min，低压轴 1800r/min，末级叶片长度 1118mm，排汽压力 3.43kPa，8 级抽汽回热。

目前，超临界机组数量较多的是美国、日本、俄罗斯等。发展超临界压力机组较快的是日本，从 1974 年以后日本新投运的火电机组中绝大部分是超临界机组。

1. 美国

1967 年～1976 年是超临界压力机组投运的鼎盛时期，全部新增容量的一半以上是超临界压力机组，共有 118 台总容量达 78000MW 以上的汽轮机投入运行，这期间机组初参数已降为 25MPa 上下。到 1980 年共有使用各种燃料的超临界压力机组 172 套。

世界上目前最大的双轴超临界压力机组功率是 1300MW，首台于 1972 年在美国坎伯兰电厂投运。主要技术参数见表 7-4。双轴转速都是 3600r/min，一根轴带动一个双流高压缸和两个双排汽低压缸，另一根轴带动一个双流中压缸和两个双排汽低压缸。汽轮机全部采用焊接转子，是反动式机组。由于机组承担基本负荷，因此采用节流配汽调节方式。高压内缸采用水平剖分无法兰结构，用红套环保证其汽密性。

表 7 - 4　　　　　　　　　双轴 1300MW 超临界压力机组技术参数

新汽压力	MPa	24	凝汽器压力	kPa	6.77
新汽温度	℃	538	转速	r/min	3600/3600
再热温度	℃	538	末级叶片长度	mm	760
蒸汽流量	t/h	4158	功率因数	—	0.9
额定功率	MW	1300	给水泵小汽机功率	MW	2×21

2. 前苏联

前苏联第一台超临界压力机组于 1963 年投产，蒸汽参数为 25MPa/545℃/545℃。采用容量为 800MW 的双轴汽轮机和单轴汽轮机的超临界压力机组分别于 1968 和 1971 年投产。到 1985 年共投产超临界压力机组 187 台。由于超临界压力机组的使用范围扩大，供热机组较多，所以前苏联是当时世界上发电煤耗率最低的国家。

世界上目前最大的单轴超临界压力机组是前苏联列宁格勒金属工厂（LMZ）生产的 1200MW 机组，1968 年开始设计，1977 年试制完成，1980 年 12 月在科斯特罗姆电厂投运。主要技术参数见表 7 - 5。高压缸采用双层回流式结构，中部进汽。新蒸汽先经过调节级和三级压力级，排汽经过内、外缸夹层反向流入高压缸的另外四级压力级。高、中压转子为整锻式，低压转子采用焊接结构。机组采用节流配汽。

表 7 - 5　　　　　　　　　单轴 1200MW 超临界机组技术参数

新汽压力/温度	MPa/℃	23.54/540	汽轮机长度	m	47.9
再热压力/温度	MPa/℃	3.90/540	汽轮发电机组长度	m	71.8
蒸汽流量	t/h	3660	高压缸	—	调节级+7
凝汽器压力	kPa	3.33	通流级数 中压缸	—	2×8
给水温度	℃	274	低压缸	—	6×5
冷却水温度	℃	12	设计热耗率	kJ/(kW·h)	7620
冷却水流量	m³/h	1.05×10⁵			

3. 原联邦德国

世界上第一台试验性超临界压力锅炉是西门子公司根据捷克人 1919 年的专利方案建造的，但是超临界机组在德国的发展并不快，据 1983 年统计，在原联邦德国只有 21 套超临界机组，大都容量在 100～470MW 之间，最大的是 740MW。

4. 瑞士

美国 1300MW 超临界汽轮机是由瑞士 BBC 公司制造的。

5. 丹麦

丹麦 1998 年投运一台 400MW 超临界压力机组，初参数为 29MPa，580℃，两次再热温度为 580/580℃，凝汽器压力为 2.1kPa，机组效率高达 47%。2001 年投运的一台超临界压力机组效率高达 49%，这是目前世界上超临界压力机组中运行效率最高的机组。

6. 日本

1967 年投运了从美国 GE 和 BW 公司进口的第一台 600MW 超临界压力机组，24.1MPa/538℃/566℃，安装在东京电力公司姊崎电厂（1 号机）。目前，日本生产超临界压力机组的公司有日立、东芝和三菱等，日立和东芝采用 GE 技术，生产冲动式汽轮机；三菱采用 WH（Westinghouse）技术，生产反动式汽轮机。日本现在生产投运的超临界压力机组共有四个容量等级。500MW 机组，首台于 1968 年投运；600MW 机组，首台于 1967 年投运；700MW 和 1000MW 机组，首台均于 1974 年投运。日本的超临界压力机组有单轴和双轴，蒸汽参数大都采用 24.1MPa/538℃/566℃，一次再热。

（三）我国发展超临界机组概况

自 20 世纪 80 年代初引进亚临界压力 300MW 和 600MW 机组制造技术后，大大缩短了我国大型火电机组与国际先进水平的差距。目前，我国已具有设计、制造和运行大型亚临界和超临界压力火电机组的经验。

截止到 2005 年 12 月底，国内已有 29 台超临界压力机组投产，总装机容量达到 16880MW。其中，320MW 机组 4 台、500MW 机组 4 台、600MW 机组 17 台、800MW 机组 2 台、900MW 机组 2 台。进口机组 20 台，引进技术国内制造 9 台（占已投运超临界压力机组装机容量的 32%）。

我国引进的超临界压力火电机组及其主要参数如表 7-6 所示。

表 7-6　　　　　　　　我国引进的超临界火电机组及其主要参数

电　　厂	制造厂	台数	功率（MW）	参数（MPa/℃/℃）
石洞口二厂	ABB/CE-Sulzer	2	600	24.2/538/538
盘山电厂	前苏联	2	500	23.54/540/540
华能南京电厂	前苏联	2	320	23.54/540/540
外高桥电厂二期	西门子	2	900	24.19/538/566
营口电厂	前苏联	2	300	25.01/545/545
伊敏电厂	前苏联	2	500	25.0/545/545
绥中发电厂	前苏联	2	800	25.0/545/545
漳州厚石	三菱	6	600	25.4/542/569

安装在石洞口第二电厂的两台 600MW 超临界压力汽轮机，是 ABB 公司生产的反动式汽轮机，1992 年投运。该汽轮机的级数多，共有 76 级，末级叶片长 867mm，是自由叶片，用高频淬火以防水蚀。采用焊接转子，无中心孔，调节级叶片的叶根与叶轮焊接成一体。除调节级和末级外，所有中间级叶片均为自带冠、等截面直叶片，T 形叶根，预扭安装。高、中、低三缸均为双层结构，高压内缸轴对称水平剖分，无法兰，用热环红套紧固。

经过引进、消化和吸收，目前国内主要汽轮机制造厂家都具备了设计制造超临界或超超临界汽轮机的能力。东方汽轮机厂制造的超临界 N600-24.2/538/566 型汽轮机为中间再热、冲动式、单轴、三缸四排凝汽式汽轮机，主蒸汽额定进汽量 1699.610t/h，再热蒸汽额定进汽量 1401.717t/h，额定排汽压力 4.9kPa，额定给水温度 282℃，热耗率 7515kJ/(kW·h)，给水回热级数 8 级（3 高加+1 除氧+4 低加），低压末级叶片长度 1016mm，汽轮机内效率 91.9%，通流级数为高压缸 1 个调节级和 7 压力级、中压缸 6 压力级、低压缸 2×2×7 个压力级。机组纵剖面如图 7-6 所示。

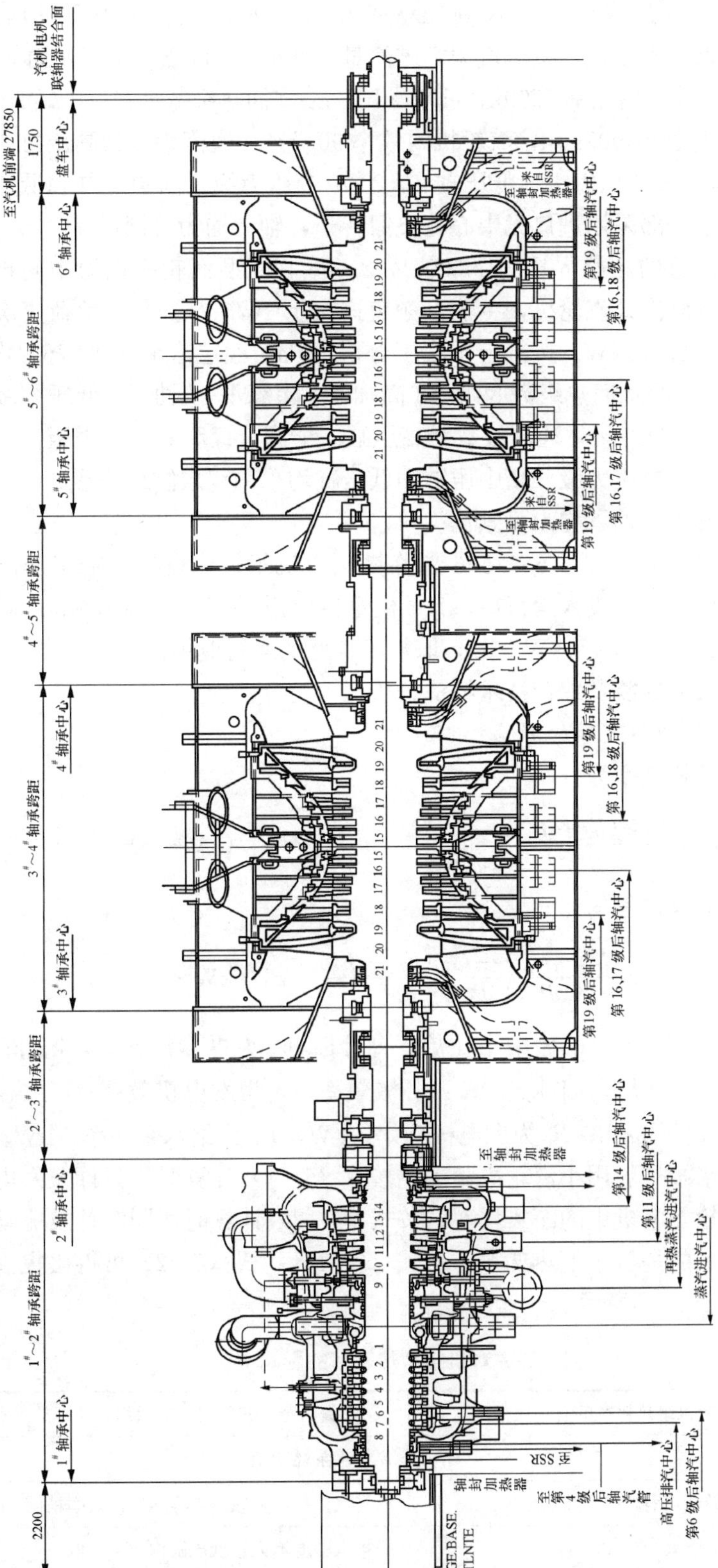

图 7 - 6　东方汽轮机厂制造的超临界 N600 - 24.2/538/566 型汽轮机

上海汽轮机厂制造的超临界压力 N600-24.2/566/566 型汽轮机为中间再热、反动式、单轴、三缸四排汽凝汽式汽轮机，主蒸汽额定进汽量 1680t/h。按额定排汽压力 5.7kPa、额定给水温度 279℃ 设计时，热耗率 7599kJ/(kW·h)。给水回热级数 8 级（3 高加＋1 除氧＋4 低加），低压末级叶片长度 905mm，汽轮机内效率 90.2%，通流级数为高压缸 1 个调节级和 11 个压力级、中压缸 8 个压力级、低压缸 2×2×7 个压力级。高中压缸和低压缸均采用双层缸结构形式，转子全部采用进口无中心孔整锻转子，轴承均为可倾瓦。

哈尔滨汽轮机厂制造的超临界压力 N600-24.2/566/566 型汽轮机也为中间再热、反动式、单轴、三缸四排汽凝汽式汽轮机，主蒸汽额定进汽量 1675t/h，最大负荷工况进汽量为 1808.66t/h，功率为 640.03MW。按额定排汽压力 5.7kPa、额定给水温度 276℃ 设计时，热耗率 7572kJ/(kW·h)。给水回热级数 8 级（3 高加＋1 除氧＋4 低加），低压末级叶片长度 1029mm，汽轮机内效率 91.2%，通流级数为高压缸 1 个调节级和 9 个压力级、中压缸 6 个压力级、低压缸 2×2×7 个压力级。高中压缸和低压缸均采用双层缸结构形式，转子全部采用进口无中心孔整锻转子，轴承均为可倾瓦。

华能沁北电厂两台 N600-24.2/566/566 超临界压力机组，汽轮机由哈尔滨汽轮机厂生产，锅炉由东方锅炉厂生产。投入运行后，1 号机组供电煤耗率达到 301.08g/(kW·h)，2 号机组供电煤耗率达到 298.55g/(kW·h)，取得了良好的运行业绩。

二、超临界汽轮机的性能及综合技术经济分析

（一）初压提高对机组热耗率的影响

汽轮发电机组的净热耗率为

$$q_N = \frac{G_0(h_0 - h_{fw}) + G_{rh}(h_{rh} - h_n)}{P_{el}\eta_m\eta_g} \quad kJ/(kW \cdot h) \tag{7-1}$$

汽轮发电机组的毛热耗率为

$$q = \frac{G_0(h_0 - h_{fw}) + G_{rh}(h_{rh} - h_n)}{(P_{el} + P_p)\eta_m\eta_g} \quad kJ/(kW \cdot h) \tag{7-2}$$

式中：h_0 为新汽比焓，kJ/kg；h_{fw} 为给水比焓，kJ/kg；h_{rh} 为再热汽比焓，kJ/kg；h_n 为再热前蒸汽（高压缸排汽）比焓，kJ/kg；η_m 为机械效率；η_g 为发电机效率；G_0 为新汽流量，kg/h；G_{rh} 为再热汽流量，kg/h；P_{el} 为发电机功率，kW；P_p 为给水泵功率，kW。

大功率机组的给水泵一般用小汽轮机驱动。按式（7-1）计算时，只计及发电机发出的功率，故得到的是汽轮发电机组的净热耗率；按式（7-2）计算时，同时计及驱动给水泵的小汽轮机功率，故得到的是机组毛热耗率。从式（7-1）和式（7-2）可得出提高初压对机组热耗率的影响，如表 7-7 所示。

表 7-7 初压提高对机组净热耗率的影响

提高蒸汽初压对降低机组热耗率的有利因素	提高蒸汽初压对降低机组热耗率的不利因素
汽轮机比焓降增大	给水泵耗功增大
新汽比焓和再热汽比焓降低，锅炉中吸热量减少	进汽体积流量减小，高压缸内效率稍低
给水温度提高，给水比焓增大	排汽湿度增大，低压缸内效率稍低
汽轮机排汽量减少，余速损失、冷源损失降低	高、中压缸两端轴封和通流部分漏汽损失增大

可见，提高初压对降低机组热耗的不利因素的影响明显较弱，有利因素则起着显著作用。

（二）超临界压力机组的热耗率

在相同的假设条件比较超临界压力机组和亚临界压力机组。蒸汽初压为 23.5MPa 与初压为 16.2MPa 相比较，300MW 机组净热耗率下降约 1.3%，600MW 机组下降约 1.6%，1000MW 机组下降约 1.8%。可见随着机组容量的增大，采用超临界压力所得的效益将更加明显。

（三）超临界压力机组的初温和再热温度

如前所述，在一定范围内，汽轮机的新汽温度或再热温度每提高 10℃，机组热耗率一般可下降 0.25%～0.3%；若新汽温度或再热温度同时提高 30℃，机组热耗率可下降 1.5%～1.8%，具体数值与新汽压力、再热压力和背压大小有关。由于温度提高，锅炉和汽轮机的高温部分要采用耐高温材料，机组造价会相应增加。初温和再热温度从 535℃ 提高到 565℃ 后，机组造价增加约 5%。

（四）超临界压力机组的两次再热

采用两次再热从理论上讲可以提高经济性，因为两次再热提高了平均吸热温度，使循环效率增加，并且减小排汽的湿汽损失和末级叶片的水蚀。一般而言，两次再热比一次再热可降低机组热耗率 1.5%～2.0%。但采用两次再热后，管道布置及控制、保护系统较复杂，机组造价增加较多，因此只有在燃料价格相对昂贵且机组带基本负荷的情况下才考虑采用两次再热。

（五）超临界压力机组的末级叶片

末级叶片长度是汽轮机小型化的最重要因素，末级出力约占汽轮机总出力的 10%，提高其性能有较大的经济价值。而且，末级也是反映汽轮机可靠性、调峰和周期运行能力的关键部件。所以世界各汽轮机制造商对研制开发低压缸末级叶片的工作都极其重视。表 7-8 为世界各主要制造商 3000r/min 机组典型长叶片汇总。

表 7-8　　　　　　　　　　　世界各公司 3000r/min 机组典型长叶片

制造厂	LMZ	XTT3	GE	WH	日立	东芝	三菱	KWU	ABB	ALSTOM
长度（mm）	1200	1050	851	869	1016	1067	1016	1080	1400	1080
环形面积（m²）	11.12	8.41	6.84	7.12	8.76	9.53	8.92	8.92	15.0	8.93

（六）综合技术经济分析

综上所述，机组容量增大，蒸汽初压提高，热耗率降低，节约了燃料，可带来很大好处。但是蒸汽初压提高了，必然引起设备投资的增加，机组的可用率也可能产生变化。因此，必须通过综合技术经济分析，寻求最佳方案。技术经济分析可以着重从机组热耗率、燃料价格和电站设备投资等方面来进行。

蒸汽初压提高对电站投资的影响主要反映在设备上。对汽轮机本体，一般来说，如果进汽温度不提高，蒸汽压力从亚临界参数（如 16.2MPa）提高到超临界参数（如 23.5MPa），设备的制造费用影响不大，汽轮机造价增加不多。

蒸汽压力的提高将使锅炉、给水泵、管道、阀门、给水系统有关辅机的投资增加。按常规计算，新汽压力从 16.2MPa 提高到 23.5MPa，设备投资约增加 2% 左右。

以投资回收年数作为技术经济比较的考核依据之一。投资回收年数 τ 为

$$\tau = \frac{1000\Delta UA}{K\Delta q_{\mathrm{N}} N_{\mathrm{g}} BC_{\mathrm{c}}} \quad 年 \tag{7-3}$$

式中：ΔU 为电站投资增加的费用，元；A 为燃料热值，kJ/kg；N_{g} 为机组容量，kW；B 为机组年运行小时数，小时/年；C_{c} 为燃料价格，元/吨；$K\Delta q_{\mathrm{N}}$ 为电站热耗降低值，以汽轮机净差热耗值 Δq_{N} 乘以系数 K 值是计及锅炉、管道效率以及汽轮机、锅炉的辅机耗功的影响，一般取 $K = 1.2$（kJ·h）。

令 $\Delta C_{\mathrm{u}} = \dfrac{\Delta U}{N_{\mathrm{g}}}$ 为单位千瓦的投资差值（元/千瓦），则式（7-3）可写成

$$\tau = \frac{1000}{K\Delta q_{\mathrm{N}}} \frac{A}{B} \frac{\Delta C_{\mathrm{u}}}{C_{\mathrm{c}}} \quad 年 \tag{7-4}$$

或

$$\tau = \frac{1000}{K\Delta q_{\mathrm{N}}} \frac{A}{B} \frac{\Delta C_{\mathrm{u}}}{C_{\mathrm{u}}} \frac{C_{\mathrm{u}}}{C_{\mathrm{c}}} \quad 年 \tag{7-5}$$

式中：$\Delta C_{\mathrm{u}}/C_{\mathrm{u}}$ 为机组投资费用增加的百分数，%；$C_{\mathrm{u}}/C_{\mathrm{c}}$ 为单位千瓦机组投资费用与每吨标准煤价格的比值。

设燃料热值 A 按标准煤热值计算，即 $A = 29.26\mathrm{MJ/kg}$，机组年运行小时数 B 按 7000 计算，代入式（7-5）可得

$$\tau = \frac{1000}{K\Delta q_{\mathrm{N}}} \frac{\Delta C_{\mathrm{u}}}{C_{\mathrm{u}}} \frac{C_{\mathrm{u}}}{C_{\mathrm{u}}} \quad 年 \tag{7-6}$$

应用式（7-6）时 Δq_{N} 的单位为 MJ/kg。

下面以 23.5MPa 超临界参数与 16.2MPa 亚临界参数在相同的初温、再热温度和背压条件下，应用式（7-6）对不同功率等级机组进行计算分析比较。

设 300、600、1000MW 容量机组的 Δq_{N} 分别为 100.5、125.6、142.4kJ/(kW·h)，即 24、30、34kcal/(kW·h)；设 K 对三种不同功率，其值均取为 1.2；$\Delta C_{\mathrm{u}}/C_{\mathrm{u}}$ 对三种不同功率，其值均取为 2%；$C_{\mathrm{u}}/C_{\mathrm{c}}$，其中标准煤的价格 C_{c} 与机组容量等级无关，而单位千瓦的机组投资费用 C_{u} 则随着容量的增大相应减少。

将上述设定的 Δq_{N}、K、$\Delta C_{\mathrm{u}}/C_{\mathrm{u}}$ 值，代入式（7-6），可求得回收年数、容量和 $C_{\mathrm{u}}/C_{\mathrm{c}}$ 比值的关系。在同一 $C_{\mathrm{u}}/C_{\mathrm{c}}$ 值下，机组容量愈小，回收年数越长；机组容量越小，实际的 C_{u} 越大，$C_{\mathrm{u}}/C_{\mathrm{c}}$ 值也越大。一般机组容量增大一倍，机组投资费用的降低为 10%～20%。

若设 $(C_{\mathrm{u}}/C_{\mathrm{c}})_{300\mathrm{MW}}$ ：$(C_{\mathrm{u}}/C_{\mathrm{c}})_{600\mathrm{MW}}$ ：$(C_{\mathrm{u}}/C_{\mathrm{c}})_{1000\mathrm{MW}} = 1.15 : 1 : 0.85$，如果设 $(C_{\mathrm{u}}/C_{\mathrm{c}})_{600\mathrm{MW}} = 10$，并将上述关系代入式（7-6），得到的回收年数是：300MW 为 8 年，600MW 为 5.5 年，1000MW 为 4.2 年。

上述分析中，未计及投资的利率。因此，实际的回收年数将根据利率大小还要相应增加。考虑利率因素后，回收年数将增至

$$\tau_{\mathrm{r}} = \lambda\tau \quad 年 \tag{7-7}$$

式中：λ 为计及利率的放大系数。

令 $i =$ 年利率（%），$n =$ 设备第一笔投资发生至机组开始投运所需的前期时间（年）。假定超临界参数机组与亚临界参数所需的前期时间 n 相同，而设备投资 C_{u} 分 n 年平均投入（即每年投 C_{u}/n），则利率放大系数的计算式为

$$\lambda \approx (1+i)^{\tau_{\mathrm{r}}+(n-1)} \quad (n \geqslant 2, \ i \leqslant 10\%) \tag{7-8}$$

则计及利率的回收年数为

$$\tau_r \approx (1000/K\Delta q_N)(\Delta C_u/C_u)(C_u/C_c)(1+i)^{\tau_r+(n-1)} \quad 年 \qquad (7-9)$$

以前述 600MW 容量机组为例，原计算的 $\tau=5.5$ 年。假定 $i=5\%$，$n=4$，可求得 $\tau_r \approx 10$ 年。

火电机组寿命一般按 30 年设计，对 600MW 机组，采用超临界参数，所增加的投资可在十年内（即三分之一的寿命期）回收，应该是合理的。

当然，作为机组是否采用超临界参数，不仅只根据回收年数来判断，还需要考虑电站配套、材料供应、制造工艺条件，以及电站运行维护等其他因素。

三、超超临界压力汽轮机

进一步提高燃煤火电厂发电效率有几种方法：如整体煤气化联合循环（IGCC）、增压流化床联合循环（PFBC）及超超临界技术（USC，ultra-supercritical）等。从技术难度和现实性来看，超超临界技术较易实现。超超临界参数火力发电机组的工质的压力、温度均超过以往其他机组，从而可以大幅度提高机组热效率，理论上可提高效率 4%～5%。

所谓超超临界只是一个相对的概念。目前有比较多共识的，是将主蒸汽压力达到 27MPa 以上或主蒸汽温度达到 600℃ 等级的机组称为超超临界压力机组。

超超临界火力发电技术应用较好的国家主要有美国、德国、俄罗斯、日本和丹麦等。

世界上第一台工业用超超临界压力汽轮发电机组，是 1959 年在美国投运的弗勒电厂 6 号机组。

丹麦 NV 电厂 3 号机组 1992 年开始建设，1998 年 10 月 1 日投入商业运行，汽轮机由 GEC ALSTOM 公司采用冲动式设计。日本川越火电厂 1 号机组于 1988 年 1 月启动，同年 12 月首次并网发电，额定出力为 700MW，汽轮机为 TC4F-33.5 型，是以单轴 700MW 超临界汽轮机为基础的二次再热超超临界滑压运行机组，蒸汽参数 31.1MPa、566/566/566℃，转速 3600r/min。

前苏联全苏热工研究所计算表明，K-800-300-650 型 800MW 超超临界压力机组的热耗率比 800MW 超临界压力机组的热耗率低 5.9%，每年可节约 9 万 t 标煤。当蒸汽参数由 23.5MPa、540℃，采用一级再热提高到 30MPa、600℃、二级再热时，机组热耗率降低 5.5%～6.5%；如果蒸汽参数进一步提高到 35MPa、650℃，热耗率可降低 10%～10.5%。

在高参数机组的发展史上，超临界与超超临界压力机组是同时开发的，但后者在设计、制造方面存在不少问题。主要是机组大量使用奥氏体钢，这种材料的性能在早期不适应火电机组的使用工况，而且价格昂贵。近 20 多年，随着超高温材料研制的突破，超超临界技术有所发展。美国电力研究院（EPRI）在 1986～1995 年间一直在研制主蒸汽压力为 32.24MPa、主蒸汽和再热蒸汽温度 593/593/593℃、输出功率 350～850MW 的燃煤试验机组。丹麦开发了参数 32.24MPa/590/580/580℃、效率达 47.5% 的 400MW 机组。锅炉、汽轮机的奥氏体材料经过了蒸汽温度 649℃ 的性能考验。目前，国外已开始进行镍基超高温合金材料的研制，并用于锅炉制造，以希望在今后 15～20 年的时间里，使蒸汽出口温度达到 700℃。

国外超超临界参数机组发展目前主要围绕 1000MW 级机组，参数为 31MPa、600/600/600℃，并正向更高水平发展。目前全世界已经投入运行的超超临界参数机组已有 70 余台。配合常规烟气脱硝技术的进一步完善，超超临界参数机组将具有更广阔的前景，会出现更高效、洁净的燃煤发电机组。

东方汽轮机厂、哈尔滨汽轮机厂、上海汽轮机厂已分别与日立、东芝、西门子合作，生产超超临界1000MW等级汽轮机。上汽采用的参数为27.00MPa/600℃/600℃，哈汽和东汽采用的参数为25MPa/600℃/600℃，机组的保证热耗率均小于7360kJ/（kW·h）。其中，东汽、哈汽的机组为冲动机型，上汽为反动机型，均为一次中间再热、单轴、四缸四排汽、单背压或双背压凝汽式、八级回热抽汽。至2006年6月，国内三个制造厂家正在生产的超超临界压力1000MW汽轮机就有18台。国内首台超超临界压力900MW汽轮机在华能玉环电厂投运，参数为26.25MPa/600℃/600℃，其锅炉由哈尔滨锅炉厂生产，汽轮机由上海汽轮机厂生产。

四、超临界和超超临界压力汽轮机主要技术特点

（一）高性能材料

当汽轮机进口蒸汽温度达到600℃及以上时，传统的马氏体不锈钢难以胜任高温下的高载荷要求。因此，超临界压力汽轮机在高温部分普遍采用了含W、Nb、V、N、Co、B等元素的材料，例如10CrMo（W）VNbN和9CrMoCoVNbNB等。这些材料的高温强度可以满足大部分汽轮机部件的需要。图7-7是几种材料的高温蠕变断裂强度曲线。可以看出，上述两种材料在工作应力为100MPa时，能在600℃的环境下使用。在同样的强度要求下，9CrMoCoVNbNB要比1CrMoV的使用温度高70℃。

尽管如此，对于高压内汽缸的高温螺栓以及叶片等部件，由于工作应力较大，在没有冷却的情况下，必须使用热强性更好的高温镍基合金或高温钴基合金。而这类材料往往导热性差、线胀系数大，对结构设计提出更高的要求。所以，对高温结构的冷却仍然是超临界和超超临界压力汽轮机的重要选择。

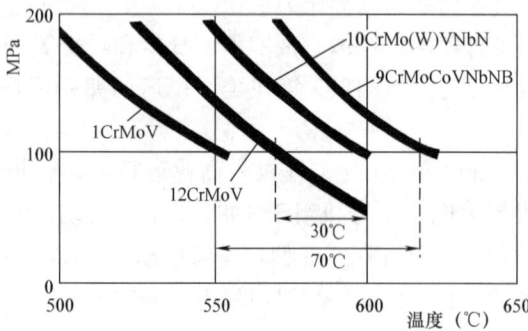

图7-7 4种材料的100000h蠕变断裂强度

（二）冷却技术

由于受到材料高温机械性能的限制，采用较低温度的蒸汽对高温部分进行冷却是解决高温部件强度不足的有效技术手段。下面以中压进汽部分的冷却为例，说明超临界和超超临界汽轮机的冷却技术特点。

对于超超临界压力机组，再热蒸汽温度往往是最高的，而中压第一级是全周进汽的压力级，设计比熔降不大，直接造成第一级后蒸汽温度过高，叶片和转子材料的机械特性下降严重。对于高、中压合缸的机组，可以将高压调节级后蒸汽通过平衡活塞漏汽冷却通道引入到中压进汽部分，冷却转子的表面，见图7-8。冷却蒸汽由叶根下的蒸汽通道冷却叶根并进入到下一级继续冷却转子表

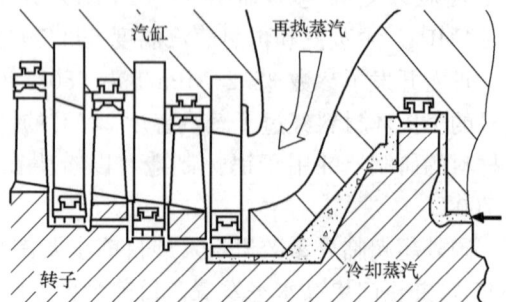

图7-8 中压进汽部分转子冷却示意图

面。对于高、中压分缸的机组可以从适当的抽汽点引入冷却蒸汽。冷却结构的设计要充分考虑冷却蒸汽流动以及温度与被冷却金属温度的匹配，尽量减少对汽轮机效率的影响，并且不能引起附加的热应力问题。

（三）高压部件设计

1. 高压汽缸

降低高压汽缸和螺栓热应力水平也是超临界和超超临界压力汽轮机面临的技术关键。由于压力的提高，汽缸法兰更厚、螺栓更粗，在高温工作条件下，很难回避大的应力集中和材料高温性能下降等问题。因此，先进的汽轮机采用了圆桶形汽缸结构。图 7-9 为高压桶形汽缸。由于没有法兰，汽缸直径较小，结构均匀，螺栓加热快，汽缸和螺栓的应力都能够控制在理想范围内。当合理设计内外汽缸夹层蒸汽压力时，桶形内缸的蠕变强度或持久强度（参见第八章）均能达到较高的水平。

提高夹层蒸汽压力，可以降低内缸的应力，但是增加了外汽缸所受的载荷。所以，以垂直中分面来代替水平中分面的桶形外缸设计得到了应用，见图 7-10。垂直中分面的面积远小于相同汽缸水平中分面的面积。在一定的内、外压差下，密封载荷大幅度减小，而且垂直中分面的位置工作温度较低，故螺栓的应力降低，有利于汽轮机的安全。

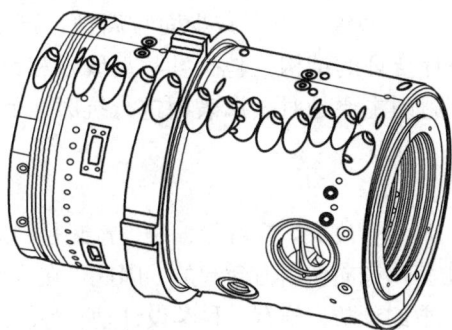

图 7-9　桶形内汽缸

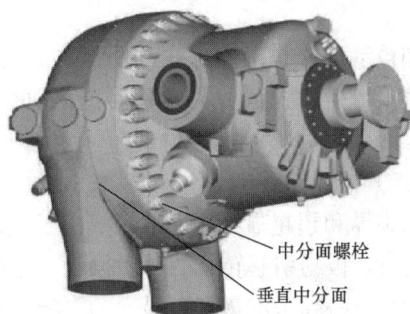

图 7-10　桶形外汽缸

2. 高压进汽阀门

高压进汽阀是汽轮机中承受温度最高、压力最大的部件。由于高温合金导热性能差，随着阀壳厚度的增加，热应力以及应力集中的问题也越来越突出。因此，在超临界和超超临界汽轮机中借鉴了双层汽缸的设计思想来设计高压进汽阀门。图 7-11 是为未来更高温度的超超临界汽轮机设计的进汽阀示意图。该设计将较低参数的蒸汽引入内、外阀壳的夹层，有效降低每层阀壳承受的压差，使得内阀壳厚度减薄，而承受主要压差的外阀壳，由于工作温度较低，可使用较低等级的材料。

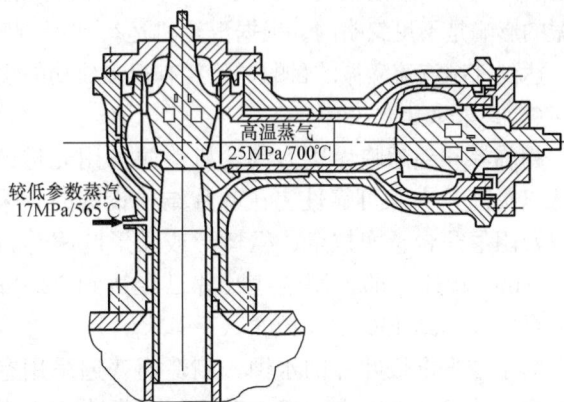

图 7-11　双层壳体进汽阀门

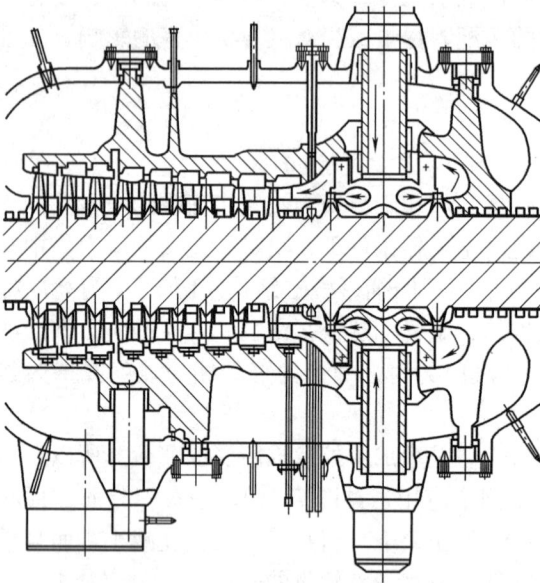

图 7 - 12 双流调节级设计

3. 双流调节级

由于高压缸一般采用单蒸汽流向设计，超临界压力汽轮机高压转子的轴向推力很大，需要设计较大的平衡活塞，存在结构布置的困难和冷却问题。因此，一些制造商采用了双流向调节级设计，可以减少轴向推力的影响。图 7-12 是一种双流调节级结构，蒸汽进入对称布置的高压喷嘴室，在两列调节级做功，右侧调节级排汽与左侧调节级排汽混合后再进入高压缸压力级继续做功。

（四）固粒腐蚀防护

超临界和超超临界压力机组均采用直流锅炉。因此，锅炉管道内锈蚀剥离物颗粒进入蒸汽，冲刷汽轮机的进汽阀门以及高压和中压第一级喷嘴、动叶，引起磨蚀。为了减少固粒腐蚀，可采用主动和被动的防护措施。主动防护措施主要是，设计合理的结构（包括叶片型线）和参数，减小蒸汽流速以及固粒与叶片碰撞的机会；被动措施则主要是对金属表面进行抗磨蚀处理，包括渗硼处理、喷涂陶瓷材料等。

（五）汽流激振预防

超临界和超超临界压力汽轮机由于蒸汽压力高、质量密度大，在叶轮偏心、汽封径向间隙不均匀时，极易引起转子的自激振动，这种振动是由蒸汽径向作用力激起的。因此，在设计汽轮机轴系时必须考虑蒸汽激振力的影响。目前主要采取的预防措施有：科学设计动、静间隙和防止汽流激振的汽封结构；优化转子设计、使转子临界转速合理分布、提高转子的稳定性；根据转子汽流激振特性设计高压调节汽阀的开启顺序；提高制造质量等。实际运行实践表明，在机组其他状态基本一致的情况下，高压调节阀门的开启顺序，对汽流激振的影响是不可忽略的。根据汽轮机运行状况调整阀门开启顺序，达到抑制汽流激振的目的，已经有很多成功的实例。

（六）末级优化设计

超临界和超超临界压力汽轮机普遍采用先进的末级长叶片设计以提高效率和可靠性。在叶片结构设计时，采用了整体围带以及阻尼凸台整圈拉金、枞树形或叉形叶根等，见图 7-13。3000r/min 转速下的钢制全速叶片已经达到 1220mm 长度，钛基合金叶片达到 1400mm 长度。

为了减少末级叶片的水蚀，制造商普遍采用空心静叶吸水和疏水槽技术，同时在末级动叶上加焊斯太立合金或对叶片表面进行硬化处理（高频淬硬或激光硬化）。

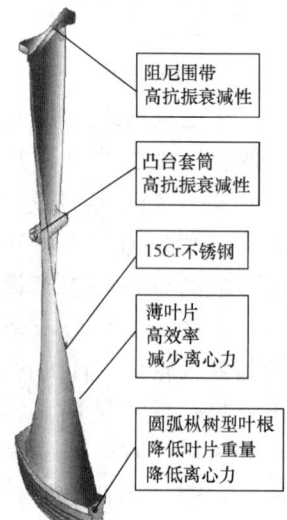

阻尼围带
高抗振衰减性

凸台套筒
高抗振衰减性

15Cr不锈钢

薄叶片
高效率
减少离心力

圆弧枞树型叶根
降低叶片重量
降低离心力

图 7 - 13 超临界汽轮机
末级叶片

第三节　核电站汽轮机

一、湿蒸汽汽轮机的特点

自 1939 年发现用中子轰击铀原子核引起核裂变并释放出大量能量起，世界开始进入核能应用时期。经过几十年，建造了各种堆型（如石墨水冷堆、石墨气冷堆、压水堆、高温气冷堆、沸水堆和重水堆等）的核电站。自 20 世纪 50 年代第一座核电站出现至今已有 50 年，核电事业已进入辉煌的高速发展阶段。国际原子能机构统计表明，已有近 50 个国家和地区拥有超过 500 座核电站在运行。

我国自行设计建造的秦山核电站，第一台 300MW 核发电机组已在 1990 年并网发电，标志我国已有设计制造核发电设备的能力。引进法国和英国核电技术建造的广东大亚湾核电站一期工程 2 台 900MW 的发电机组也建成投产，取得了良好的经济效益。继大亚湾核电站引进修建的岭澳核电站 2 台 1000MW 核电机组已建成投运。秦山第二核电站 2 台 600MW 机组、秦山第三核电站 2 台 700MW 重水堆核电站、田湾核电站 2 台 1000MW 核发电机组也已陆续投产。未来相当长的一段时间内，中国将处于核电的快速发展期。

各种堆型的核电站都采用汽轮机作原动机，核电站汽轮机可分为过热蒸汽汽轮机与饱和蒸汽汽轮机两大类，前者用于石墨气冷堆、高温气冷堆和快中子增殖堆等堆型的核电站，而后者用于压水堆和沸水堆堆型核电站。

（一）过热蒸汽核电站汽轮机

高温气冷堆和改进型石墨气冷堆的核电站汽轮机，进汽参数已完全达到常规火电厂的标准。也可采用中间再热，容量已达到甚至超过常规火电厂。

（二）饱和蒸汽核电站汽轮机

饱和蒸汽汽轮机又称湿蒸汽汽轮机（包括微过热蒸汽汽轮机）。目前饱和蒸汽汽轮机约占核电站总装机容量的 89%，其中绝大部分机组是利用轻水堆（包括压水堆和沸水堆）产生的蒸汽。由于受反应堆冷却剂温度的限制，一般压水堆平均出口温度低于 310℃，所以二回路只能产生压力较低（5～7MPa）的饱和蒸汽（或微过热蒸汽）。这种汽轮机具有以下特点。

（1）低蒸汽参数。由于饱和蒸汽汽轮机初参数低，比体积大，在一定背压的条件下，整机的理想比焓降小。在相等的功率下，饱和蒸汽汽轮机的进汽体积流量要比常规火电厂的汽轮机大 2.5～3.5 倍，排汽体积流量为常规火电厂的 1.65 倍，所以饱和蒸汽汽轮机的进、排汽尺寸要比常规电厂汽轮机大得多。高压缸采用双流道两个排汽口，低压缸采用多缸双流道多个排汽口，末级采用更长的叶片。

（2）腐蚀和侵蚀。饱和蒸汽汽轮机的大部分级都处于湿蒸汽区工作，这将引起动、静部分零部件的腐蚀和侵蚀，不仅降低机组的使用寿命，而且会增加级的湿汽损失，降低汽轮机级的相对内效率。

（3）汽水分离再热器。饱和蒸汽汽轮机在高、低压缸之间必须装设汽水分离再热器。它由汽水分离器和再热器两大部分组成，一般为大直径圆筒型，卧式布置在高、低压缸两侧。蒸汽在汽水分离器中除掉高压缸排汽中 90%～98% 的水分，然后在两级再热器中变成过热蒸汽，进入低压缸膨胀做功。这样会使高压缸排汽压力损失 2%～5%，另外汽水分离再热器体积庞大，给布置带来困难。但从安全性和经济性来看，设置汽水分离再热器是必需的。

（4）半转速。核电站汽轮机容量越大，其技术经济优越性越突出。随着机组容量的增大，汽轮机进、排汽体积流量也很大，所以进、排汽和通流部分的尺寸，特别是末级叶片高度很大。在不增加转子和叶片零件的应力水平条件下，若把汽轮机转速降低一半（即所谓"半速机"）其排汽面积可增至原来的四倍，流量或功率大致也达到四倍。美国轻水堆汽轮机几乎全部采用"半速机"，但欧洲一些国家为沿用火电厂汽轮机的末级叶片和两极发电机技术，也在发展"全速"的饱和蒸汽汽轮机。

已经投入运行的有代表性的大容量的半速核电汽轮机是 ALSTOM 公司的 1550MW 汽轮机，安装在法国的 ARABELLE 电站。该汽轮机是由一个高、中压合缸和 3 个双排汽低压缸组成的冲动式汽轮机。图 7-14 是该汽轮机的布置情况，图 7-15 是该汽轮机的高、中压转子。

图 7-14 1550MW 半速汽轮机布置

图 7-15 1550MW 半速汽轮机高中压转子

（5）甩负荷超速。饱和蒸汽汽轮机甩负荷容易引起超速。其主要原因是：①甩负荷后存留在通流部分内、蒸汽联通管和汽水分离再热器等处的大量蒸汽，继续流经各级膨胀做功；②饱和蒸汽汽轮机的大量疏水积存在静子零部件表面，形成一层水膜（据估计约 1mm），或在凹坑内有积水，当汽轮机甩负荷时，通流部分内蒸汽压力突然降低引起水膜闪蒸而产生大量蒸汽，也会在级内膨胀做功，导致汽轮机超速。为防止饱和蒸汽汽轮机甩负荷超速，要求汽轮机进汽部件结构紧凑，尽量缩短连接管道，或在低压缸进口安装截止阀，使饱和蒸汽汽轮甩负荷超速值不超过 4%～7%，即最大转速限制在 3120～3210r/min 以下，而不会引起危急遮断器动作，能维持汽轮机空转。

二、反应堆和核电站汽轮机参数

核电站的三个主要部分是：反应堆，热交换装置和汽轮发电机组。核反应堆按照所用裂变燃料、中子减速剂、冷却工质（或载热质）以及中子速度不同等情况，可以分为许多类型。

产生饱和蒸汽或低过热度蒸汽的反应堆叫轻水反应堆，它是与以重水为中子减速剂的重水反应堆相对而言的。目前已经发展成熟并大量应用的轻水反应堆有压力水反应堆和沸腾水反应堆两种。在两种轻水型系统中，压水堆系统不但效率略低，单位功率的造价也略高一些。但它的最大的优点就是由于采用了双回路循环，工作蒸汽不受放射性污染，因此在人员安全方面优于沸水堆系统。

气冷反应堆以石墨作为中子减速剂并以气态 CO_2 作为冷却工质。这种系统的最大优点是水蒸气循环的参数不受反应堆参数的限制。但是这种反应堆造价比轻水反应堆造价高，同时，在发生事故的情况下不容易控制放射性物质的扩散（因为堆中充满了气体）。所以从全面的技术经济性和安全可靠性方面来衡量，还不能与压水堆相竞争。

目前，压水堆在数量上占很大比重，尤其舰船用反应堆，无一例外采用压水堆。压水堆有运行安全可靠、调节性能良好等优点。压水堆和沸水堆这两种堆型目前约占核电站堆型的87%以上。

压水堆的基本系统如图 7 - 16 所示，整个装置分成一、二两个回路。系统中工作的工质是纯净的普通水。一回路水用来冷却反应堆的活性区，把核燃料裂变反应产生的热能带出，所以又称为冷却剂。由于技术上和材料上的原因，一回路工作压力一般达到 13.72～15.68MPa，相应的饱和温度为 335～346℃，这样一回路工质在反应堆出口温度只能为 300～315℃。经蒸汽发生器把一、二回路工质相联系进行能量交换。不论是压水堆还是沸水堆都只能产生饱和蒸汽供汽轮机进行工作。

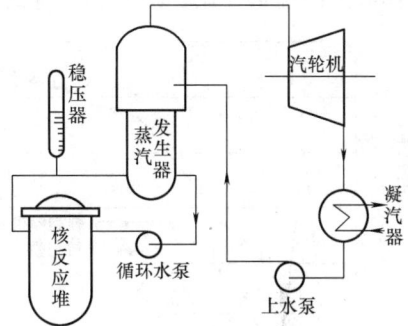

图 7 - 16　压水堆系统图

英国通用电气公司提供大亚湾核电站的两台汽轮机组，在额定功率为 900MW 时的参数为：新蒸汽初参数 6.53MPa、饱和温度，蒸汽湿度 0.44%，主蒸汽流量 1467.95kg/s，抽汽级数 7 级，排汽参数 0.007MPa、39℃，循环水入口温度 23℃，设计工况时的热耗率 10.697MJ/(kW·h)、热效率 33.65%、汽耗率 5.87kg/(kW·h)。

我国秦山核电站 300MW 汽轮机组参数为：新蒸汽初参数 5.345MPa、268.1℃，蒸汽湿度 0.5%，主蒸汽流量 2015t/h，排汽参数 0.0049MPa，循环水入口温度 18℃。

三、湿蒸汽汽轮机的水蚀

由喷嘴叶栅流出的高速两相流，因水滴流速低于蒸汽速度，水滴便以更大的负冲角进入动叶栅。水滴打击在工作叶片进口边背弧上，叶片进口边上部 1/3 的背弧受到水滴侵蚀破坏最严重。长期运行在湿蒸汽区域的低压级工作叶片，被严重侵蚀损伤而改变其自振频率和强度特性，可能造成叶片折断事故。同时，叶片型线的改变恶化了汽轮机级的效率。蒸汽的湿度和动叶片顶部的圆周速度对叶片的侵蚀起着主要作用。

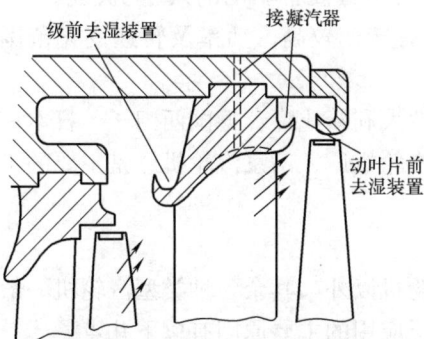

图 7 - 17　级内去湿沟槽结构

在汽轮机通流部分所采取的去湿措施称为内部去湿装置，或叫级内除湿装置，如图 7-17 所示。由于去湿装置的位置和结构形式不同，可分为喷嘴叶片上缝隙式去湿装置与汽缸和隔板外环上的沟槽式去湿装置两类。但去湿效率都不高。因此，对核动力汽轮机必须采用有效的外置式去湿装置或去湿再热装置，才能确保汽轮机必要的效率和工作可靠性。对于初参数不高的舰船用核动力汽轮机，由于结构和布置上的原因，采用外置式汽水分离装置去湿就基本能满足要求。对初参数较高的核电站汽轮机或大型舰船核动力汽轮机，同时采用内部去湿装置和外置式分离再热器才能有效除去蒸汽中的水分。高效率的外部去湿加热装置可使湿蒸汽干燥到湿度为 0.005～0.01，显著降低了低压缸的蒸汽湿度，改善了汽轮机的工作条件，这不仅提高了机组的经济性，也保证了汽轮机的工作安全性。虽然外置式分离再热装置增加了汽轮机的流动阻力，但使用的结果表明可提高装置效率 2.0%～2.5%。大型核动力汽轮机的分离再热器体积和质量很大，不仅增加了设备的投资，也增加了二回路装置的故障概率。

　　预防湿蒸汽对工作叶片的侵蚀一般有两种措施。一种是减少级的蒸汽湿度、减少水滴对工作叶片的撞击作用、降低动叶片的外缘圆周速度；另一种是采用耐侵蚀的叶片材料、或在工作叶片进口边顶部叶背易受水滴侵蚀的部位镶嵌司太立硬质合金块、或对工作叶片易受侵蚀的部位采用其他局部表面处理。

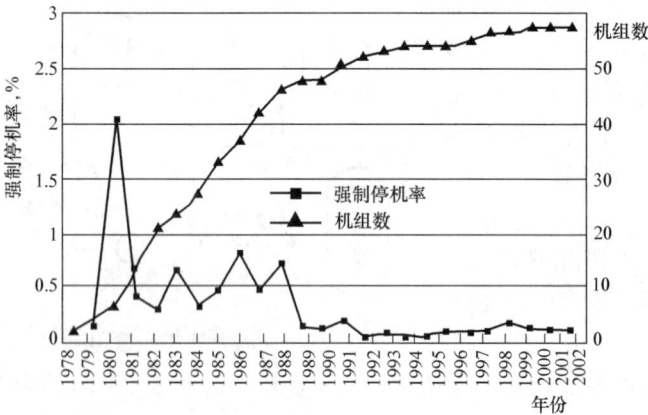

图 7-18　核电汽轮机的可靠性指标逐渐提高

四、核电站汽轮机的可靠性

　　随着汽轮机设计和制造技术、运行和维护技术的进步，大型核电站汽轮机的可靠性不断提高，事故引起的强迫停机率已经降到很低的数值。图 7-18 是 1978 年～2002 年间，安装在法国的 ALSTOM 公司制造的 58 台核电站汽轮机强迫停机率的变化情况。可以看出，1990 年以后，核电汽轮机的可靠性达到了很高的水平。

第四节　工 业 汽 轮 机

　　工业汽轮机是供工业企业用来驱动发电机或其他旋转机械（如泵、压缩机和鼓风机等）的动力机械。在工艺流程中采用工业汽轮机可以提高系统热效率和能源利用率，实现节能。工业汽轮机广泛应用于冶金、炼油、化工、纺织、制糖、制盐、制碱、造纸、食品和城市加压煤气等部门。

　　工业汽轮机既要与锅炉及其辅助设备配合工作，又要与被它驱动的发电机、水泵、风机、压缩机等从动机械相配合。因此，工业汽轮机具有转速较高、功率及转速变化范围较大、应用广泛、品种繁多等特点。

　　国外工业汽轮机制造厂家很多，如美国 Elliott、意大利新比隆、德国西门子、日本三菱重工等。我国的杭州汽轮机厂、东方汽轮机厂、青岛汽轮机厂、南京汽轮机厂是主要的工业汽轮机制造厂家。

一、工业汽轮机的分类及其特点

　　除中心发电站或热电厂用汽轮机及船舶推进用汽轮机以外，其余各种类型汽轮机一般都叫工业汽轮机。工业汽轮机在现代工业企业中得到广泛应用的主要原因有以下几点。

　　（1）可达到较高转速。工业汽轮机的转速可达 20000r/min，单级汽轮机甚至可达

30000r/min。体积小，并且单机功率可达十几万千瓦，这是内燃机、电动机等其他动力机械所不能比拟的。汽轮机可与被驱动机械直接连接，不需要采用齿轮增速机构，可以平稳、灵敏地与被驱动机械相互协调地变速运行，适应生产流程工况条件变化的需要。

（2）经济性好。从热经济性方面来说，工业汽轮机提供了热电联产及废热综合利用的条件，可达到充分节能的目的。

（3）具有与其他汽轮机相同的固有特性。启动扭矩大，启动升速平稳，磨损量小，连续运行时间长，有完善的自动调节和保护系统，都是汽轮机得到广泛应用的原因。此外，汽轮机更易达到防爆、防火的要求，在电源发生事故时，因为有一定的蒸汽储备不会像电机那样突然停车，系统运行的安全性有保障。

（一）工业汽轮机的分类

1. 按驱动对象划分

（1）机械驱动用，即驱动压缩机、风机和泵等工作机械用的工业汽轮机；

（2）自备电站用，即在企业内部驱动发电机的工业汽轮机。

2. 按驱动方式划分

（1）直接驱动，用于驱动中等以上功率的发电机、高速离心泵、离心式和轴流式鼓风机或压缩机等；

（2）间接驱动，通过变速器驱动小发电机、低速泵、鼓风机、压缩机和压榨机等。

3. 按热力过程特性分

（1）凝汽式。由于工业用凝汽式汽轮机的蒸汽参数一般较低、功率较小，机组的热经济性远不如中心电站的大型汽轮机组，所以只有在特定的情况下使用。例如，工作蒸汽利用流程中的余热，或不易从电网中获得电力，或就地可获得廉价能源时才加以利用。

（2）背压式。为满足生产流程用汽和节能需要，往往在系统设计时设置两级或三级不同压力的蒸汽管路系统。此时，通常在每两级管路之间配置背压式汽轮机，其进汽取自较高压力的管路，排汽进入较低压力的管路。

（3）抽汽式。蒸汽在汽轮机内部做功过程中，从汽轮机中抽出一股或几股蒸汽进入压力较低的管路，其余蒸汽继续在汽轮机中膨胀做功。

（4）多压式。利用生产流程中不同压力的余汽，将其送入汽轮机的相应压力级膨胀做功。

（二）工业汽轮机的特点

各类工业汽轮机在结构和设计上应满足以下要求。

（1）由于对工业汽轮机运行可靠性的要求较高，希望两次大修之间的时间间隔较长，因此工业汽轮机的结构通常设计得简单可靠，维修方便。

（2）功率为10000kW以下的工业汽轮机通常采用较高设计转速，以使汽轮机外形尺寸缩小，价格降低，同时也使通流效率适当提高。由于工作转速高，多级工业汽轮机的转子一般采用整锻或焊接结构，有的甚至在转子上直接电解加工出成型叶片。

（3）由于需要的工业汽轮机的类型及品种繁多，为了降低设计及制造成本，缩短生产周期，工业汽轮机各类部件的通用化及标准化程度很高。由一种尺寸的结构部件组成的汽轮机（称为尺寸基型），只要改变少量零件的尺寸及材料，就能适应一定范围功率、转速、进排汽参数的运行要求。所以，一种类型汽轮机只需几个尺寸基型就能满足用户的广泛需要，从而形成一个系列。目前各先进工业国家都有成熟的单级工业汽轮机系列及各种多级工业汽轮机系列。

单级工业汽轮机绝大多数是背压式汽轮机，采用的新汽压力范围大约为 1.0～4.0MPa，新汽温度在饱和温度到 450℃ 之间，排汽压力一般为 0.1～0.5MPa，也有高达 1.0～2.0MPa 的情况，功率大多在 50～3000kW 左右，尤以 200～300kW 以下的汽轮机应用最广。单级工业汽轮机的转速范围相当宽，一般为 1000～15000r/min，最高的达 30000r/min。为了适应不同的转速要求，它需要有几种不同直径的转子。单级工业汽轮机可选择叶轮直径作为特性结构尺寸来安排尺寸基型。

对于上述进排汽参数范围内的单级工业汽轮机，大部分情况下均可用一个双列速度级转换全部热降，通常采用部分进汽度以增加叶片高度，改善效率。通过改变部分进汽度及叶片高度，就可在大范围内改变叶道通流面积来适应不同功率及进排汽参数的要求。

多级工业汽轮机的品种较多，而且结构上各有特点，因此一般可以按其用途及型式为每一个系列汽轮机单独安排尺寸基型。此时仍然可以像单级工业汽轮机那样，取转子的叶轮直径（或级的平均直径）为特性结构尺寸基型。汽缸、转子、蒸汽室等仍作为基本部件，汽阀、喷嘴、隔板、动叶等作为可变零件，其尺寸及个数按工作参数计算确定。

生产工业汽轮机的制造厂，通常是将汽轮机本体划分成三个结构段，即进汽段、中间段（又分为延长段、过渡段、缩短段等）及排汽段。每个区段各有几种尺寸基型，适当选择这些区段的尺寸基型就可以组成不同系列、不同品种的汽轮机。这种结构设计方法称为"积木块法"，每种区段的不同尺寸基型就相当于一个积木块。所有"积木块"大体上可划分为三种类型：标准"积木块"可设计成标准部套系列，如调节部套，轴承部套，进、排汽缸等部套；匹配"积木块"，如汽封、导叶持环和隔板套等；可变"积木块"，如中间汽缸及其相应的通流部分等。设计人员可按用户提出的参数、用途等要求，由计算机辅助设计，完成计算、绘出图纸并给出部套构成表。采用积木块构造法设计多级汽轮机，能以少量的结构区段得出多种型号汽轮机。

与发电用汽轮机相比较，驱动用工业汽轮机的变工况有两个特点：一是汽轮机的蒸汽初、终参数、功率及流量会因用户的不同需要而有很大变动；二是工作转速会因负荷变化而改变。驱动用工业汽轮机的合理设计和选用，需要以它的变工况特性计算为前提。实际上，在进行工业汽轮机的系列化设计时，也必须确定一个尺寸基型可以适应的功率、转速及蒸汽初终参数的变化范围，这必须依靠变工况性能计算。一个尺寸基型的某些零件尺寸按公比数改变或结构有变动时（如部分进汽度、叶片高度、级数等改变），汽轮机工作性能的变化也是一种特殊的变工况问题。

二、工业汽轮机的应用

（一）流程工业动力

1. 乙烯装置驱动用工业汽轮机

驱动乙烯装置压缩机的工业汽轮机为中速汽轮机。乙烯装置中主要压缩机有：裂解气压缩机、丙烯冷冻压缩机、乙烯冷冻压缩机和原料气压缩机等，如图 7-19 所示。此外，还配有十余台小功率单级背压式工业汽轮机。丙烯冷冻压缩机用于丙烯净化过程的冷冻循环系统中，该压缩机对驱动汽轮机的启动要求很高，通常要求必须在几十分钟内完成从汽轮机冲转达到额定转速（满负荷）的全过程，否则由于长时间低速暖机，会导致压缩机内气体温度升高而产生不良后果。

2. 液化天然气系统驱动用工业汽轮机

天然气液化需要用冷冻压缩机，它所使用的工业汽轮机属于大功率、中速、凝汽式汽轮机，其进汽参数一般为 6MPa，440℃左右。一个液化天然气系统通常有几套串联机组，每套有三台大型压缩机，而且均采用转速和功率大致相同的凝汽式汽轮机。规模大的液化天然气厂要求工业汽轮机的单机功率超过 40MW。为了减小末级叶片的长度和应力，通常末级采用分流结构。

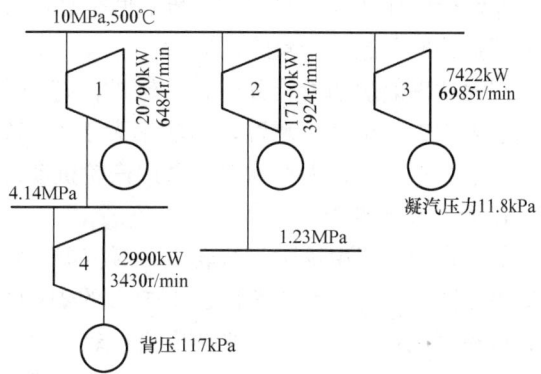

图 7-19　大型乙烯装置主要热动力系统
1—驱动裂解气压缩机用汽轮机；2—驱动丙烯压缩机用汽轮机；3—驱动原料气压缩机用汽轮机；4—驱动乙烯压缩机用汽轮机

3. 冶金工业用工业汽轮机

冶金工业中，驱动高炉鼓风机用的工业汽轮机，一般采用中参数、低转速且变转速的凝汽式机组，功率为几十至几万千瓦。

4. 中心电站用工业汽轮机

中心电站的锅炉给水泵也可由工业汽轮机驱动。驱动给水泵汽轮机主要有背压式、抽汽背压式和凝汽式三种型式。给水泵用凝汽式工业汽轮机进汽压力一般为 0.4～1.0MPa，总绝热比焓降为 750～1050kJ/kg，汽耗率为 4～5kg/(kW·h)，工作转速较高，一般为 4500～6000r/min。

5. 建筑物空调系统用工业汽轮机

现代大型工业民用建筑物均采用空调系统，驱动离心式制冷压缩机的工业汽轮机，既可向建筑物供冷又可供暖。

6. 热电联供系统用工业汽轮机

热电联供系统的工业汽轮机应用于区域发电站、工厂自备电站中，特别是在制糖、造纸、轻工、化肥等工业中应用普遍。

7. 其他驱动用工业汽轮机

工业汽轮机的使用领域极为广泛，如各种工业锅炉用的鼓风机和引风机、糖厂的切碎机和压榨机、造纸厂的造纸机以及各类泵等。

（二）船舶动力

从某种意义上来说，船舶动力汽轮机也可认为是一种特殊的工业汽轮机。现代船舶汽轮机组的单机功率多数为 8～80MW。货船一般只装一台主机，大型客轮也只装两台主机，而大型军用舰船则可装四台主机甚至更多。现代船舶汽轮机的转速一般取为 3500～6000r/min。

船舶螺旋桨是一种低转速的推进装置，其转速随船的航速大小而改变。高转速的汽轮机就必须通过一个变速比达到数十倍的减速器（二级或三级减速）来驱动螺旋桨。船用汽轮机机组的特点很突出，主要由船舶对减小机组尺寸、质量的要求以及对减速的要求所决定。

汽轮机机组在船上的布置方式很多，有一台机组驱动一个螺旋桨，即一机一桨制；还有一机二桨制，即高、低压缸各通过自己的减速器单独驱动一个螺旋桨；另外还有二机三桨制，即两台同样功率的双缸汽轮机的两个高压缸各带一个侧翼螺旋桨，而中间螺旋桨则由两个低压缸共同通过一个减速器驱动。

在大功率船舶动力装置中，汽轮机占有一定优势。统计资料表明，功率小于 20MW 的船舶多采用柴油机动力装置，而功率大于 20MW 的多采用燃气轮机或汽轮机。所以，高速客船和集装箱船以及大型油船多采用汽轮机动力装置。

1. 船舶动力装置

船舶动力装置由锅炉、汽轮机、凝汽器、轴系、管系及其他有关的机械设备组成，其工作原理如图 7-20 所示。燃料在锅炉 1 的炉膛里燃烧放热，水在锅炉中吸热汽化成饱和蒸汽；饱和蒸汽在过热器 2 中吸热成为过热蒸汽；过热蒸汽进入高压汽轮机 4 和低压汽轮机 5 膨胀做功，再通过减速齿轮 6 带动螺旋桨 7 工作。做功后的乏汽在凝汽器 8 中将热量传给冷却水，同时本身凝结成水，由凝结水泵 10 抽出，经给水泵 11 通过给水预热器 12 打入锅炉，从而形成一个工作循环。凝汽器的冷却水用循环泵 9 由舷外打入，吸热后又排至舷外。

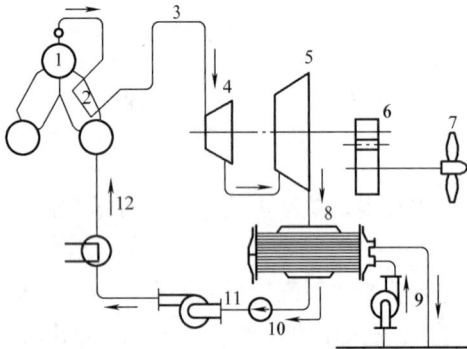

图 7-20　汽轮机动力装置原理图
1—锅炉；2—过热器；3—主蒸汽管路；4—高压汽轮机；5—低压汽轮机；6—减速齿轮；7—螺旋桨；8—凝汽器；9—冷却水循环泵；10—凝水泵；11—给水泵；12—给水预热器

核动力装置是以核裂变反应堆为热源，通过工质（蒸气或燃气）推动汽轮机或燃气轮机工作的一种装置。目前，核动力装置主要用在军用舰艇或破冰舰上。舰用汽轮机装置的特殊要求主要有两条：①必须在功率相差好几倍的两种主要工况下都能有效地工作，即在额定功率和巡航功率下，整个装置的效率都较高，这两个功率分别与军舰的额定航速和巡航速度相对应；②必须尽可能少地占用军舰的排水量和吨位，以便能装载更多的作战用品和燃料。为了达到尽量简化和减小主机及装置的结构及所占机舱位置的基本要求，舰用汽轮机装置不采用抽汽预热给水的热力系统，而按朗肯循环工作，有的装置采用一次抽汽预热给水。

2. 舰船汽轮机蒸汽参数

（1）蒸汽初参数。船舶汽轮机所用蒸汽参数较低，二战后各国舰用汽轮机蒸汽初参数有几档：8MPa/520℃、5.3MPa/430℃、5.9MPa/480℃、4MPa/450℃等。核动力装置新汽温度不可能很高，常用干饱和蒸汽或低过热度的过热蒸汽，初压大约为 2MPa。

（2）蒸汽终参数。舰用汽轮机往往采用较高的背压。重型军舰用汽轮机（大型机组）背压为 9.8～19.6kPa，轻型军舰用汽轮机（小型机组）背压为 12.7～17.6kPa，个别为 22.5kPa。对于民用船舶汽轮机，背压可取较低的值，一般为 3～6kPa。

3. 低速级组

在汽轮机的通流部分中，一部分仅在低负荷工况时工作的级组称为低速级组。

图 7-21 所示为内旁通低速级组。汽轮机负荷在 0～100％ 范围内变化时，蒸汽都经过调节级进行功率调节。低负荷工作时，蒸汽流出调节级 M 后，进入低速级组 L 工作，再进入全速级组 F 工作。设计工况时，蒸汽流出调节级 M 后，因旁通阀 B 打开，汽流绕过低速组 L 而进入全速级 F 工作。此时低速级组 L 被主汽流旁通，只有少量汽流冷却叶片避免空

转过热。因设计工况时级组 L 不工作，只在低负荷时工作，故称低速级组。汽轮机低负荷工作时工作的级数多，设计工况时工作的级数反而少，但调节级的速比和效率变化不太大，从而改善了低负荷的经济性。

图 7-22 所示为外旁通低速级组的结构。汽轮机没有调节级，在全速级组 F 之前加入 M、L_1 及 L_2 三个低速级组。设计工况时，旁通阀 1 打开，2、3 关闭。新蒸汽绕过低速级组直接进入全速级工作，此时通流面积大，进入汽轮机的蒸汽量多，因而发出最大设计功率。负荷降低时旁通阀 2 打开，1 关闭，使低速级组 L_2 投入工作。进入汽轮机的蒸汽量减少，蒸汽在低速级 L_2 膨胀后再进入全速级 F 工作。功率再降低时其他低速级组再投入工作。这样在低速级组工作后的蒸汽压力、温度都降低了，使得进入全速级的比焓降减少，低速级组起到节流阀的作用，但没有节流损失。这部分比焓降在低速级内做功而提高了低负荷经济性，在低负荷时耗汽量要减小很多，明显改善低负荷经济性。

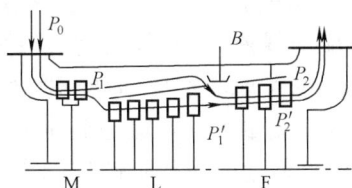

图 7-21 内旁通

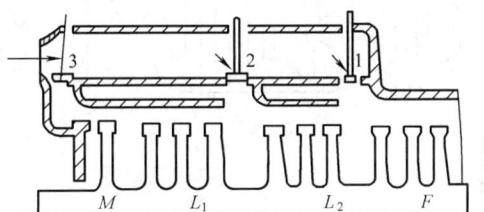

图 7-22 外旁通

为了带走空转损失所转化成的热量，不使低速级叶片过热，全工况时调节级的喷嘴阀与巡航旁通阀保持全开，使部分蒸汽流过这两个级组，全速旁通阀会产生一定程度的节流。流过全速级的蒸汽流量为三部分蒸汽流量之和，其比焓值为三部分蒸汽混合后的值。全速级前的蒸汽压力为该旁通阀节流后的压力，根据冷却空转级的需要选取。为了照顾不同工况的效率，按低速工况设计时，全速级组可取较低的速度比。全速工况下它的速度比增大，可保持较高的效率。低速级组在低速下取最佳速比，它们在全速下虽然速度比过高而效率很低，但这时它并不需发出功率。

两种旁通型机组全速工况下都有空转的级，特别是外旁通型空转级的摩擦与鼓风损失较大，其效率受到影响。低速时低速级组与全速级组一样在低转速下工作，由于级数限制，很难保证达到最佳速度比，效率也受到一些影响。

4. 低速汽轮机

把低速级组放入单独的汽缸内，称为低速汽轮机或巡航汽轮机。

低速汽轮机的示意图见图 7-23。把外旁通低速级组安装在单独的缸内，全速

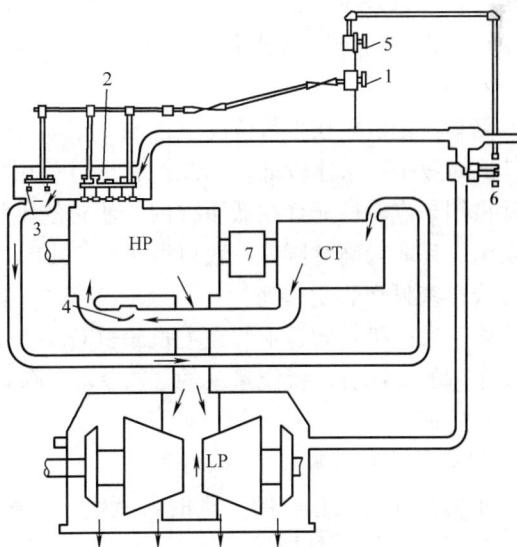

图 7-23 低速汽轮机的示意图

1—正车阀；2—全速进汽阀；3—巡航进汽；4—切换阀；5、6—倒车阀；7—离合器及减速齿轮

工况时蒸汽由高压汽轮机 HP 前端进入，低速汽轮机 CT 不接入工作；低速时蒸汽首先进入低速汽轮机工作，排出后再到高压汽轮机工作。该机组完全按全速工况设计，调节级后不存在旁通阀节流损失。高压调节级只在高于额定的低速工况范围内工作，功率调节范围较小。因此，通常可设计为单列级，以主汽阀节流或以调节汽阀进行控制。巡航汽轮机全工况下不工作，低工况时它的工作转速较高，各级可按最佳速度比设计，因此两种工况都有较高效率。

5. 串—并联汽轮机

图 7-24 为串-并联型机组的示意图。全工况时高、中压汽轮机并联工作，排汽一起进入到低压汽轮机；低速工况时两者串联工作，蒸汽从高压缸排出后自中压缸的某个级进入；全速时两缸进汽量的分配和低速时中压缸进汽点的选择，两者是互相关联的。理论推导和计算实例表明，取全速时高压缸的流量大约与额定低速工况的流

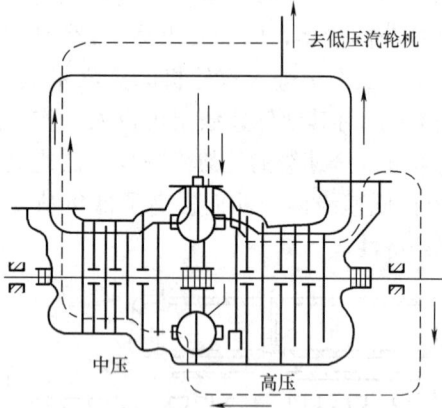

图 7-24 串—并联型机组的示意图

量相等是恰当的，低速时中压缸的进汽点可取为它的第一级前或第一级后。低速时串并联型机组与旁通型机组效率相当。

6. 倒车汽轮机

为了实现倒航和紧急情况下刹车，舰船汽轮机都配置有倒车汽轮机。倒车汽轮机的功率根据滑行距离来确定。所谓滑行距离是指舰船全速顺航时，突然接到倒航的命令，从关闭正车进汽阀开始，到全开倒车进汽阀，舰船逐渐减速以至停止前，舰船向前滑行的距离，以舰船长度的倍数来表示。倒车功率通常用倒车功率与正车功率之比 P_{ab}/P_a（称为倒车功率比）来表示。倒车功率比开始增大时，滑行距离迅速减小，超过一定功率比后减小缓慢。通常，对于军舰来说，倒车功率比大约取为 25%～30%；对于商船，一般取为 40%左右。

倒车汽轮机仅在少数情况下使用，正车工作时它空转。它的选择以减小尺寸质量为首要条件，对效率要求比较低。因此，宜选可利用大比焓降的复速级，总级数最多不超过三级。通常将倒车汽轮机配置在低压缸内，使它的排汽直接排入凝汽器。为了减小倒车汽轮机的尺寸质量，宜取较高背压，一般可取 20～50kPa，个别有用到 80kPa 的，过高的背压要考虑凝汽器管端密封和热变形等。

倒航汽轮机一般是由装在主汽轮机转子上的倒航级或级组构成。倒航级组必须能够通过全速正航的大部分蒸汽流量（约 85%），否则当船舶由高速正航突然转入倒航时多余的蒸汽量不易处理。

7. 船舶核动力装置

使用核动力汽轮机的军舰的典型代表是美国的航空母舰。这些大型舰艇 20 世纪 70 年代已经开始服役，总推进功率达到 210MW。为了作战机动性能的需要，螺旋桨多达四个。同时，舰上总是采用一机一桨制的布置，所以每一台机组的功率不超过 50MW。从电站汽轮机的标准看，都是一些中、小功率机组。图 7-25 是船舶压水堆核动力装置的系统布置示意图。对商船来说可能只需要这样一套装置；而对军舰来说，可能每只螺旋桨

需要 1 或 2 个反应堆。美国"企业号"航空母舰的动力系统共有四机四桨，8 个压水堆。与此相反，"尼米兹"号航空母舰虽然也是四机四桨，但只有 2 个压水堆，每一个反应堆有两个蒸汽发生器。

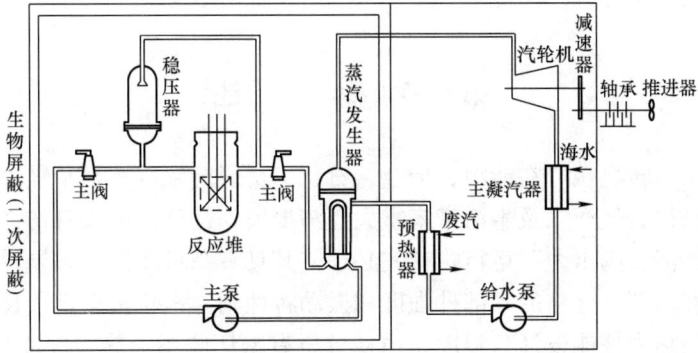

图 7-25　船舶压水堆核动力装置的系统布置示意图

第八章 汽轮机零件强度与振动

第一节 概 述

汽轮机是大型旋转机械，在能源、冶金、石化、交通等领域有举足轻重的地位。如果在运行中失效，会给社会生产以及生活带来重大经济损失，甚至造成人身伤亡事故。因此，为确保其"安全、经济、满出力"运行，首先必须使其具有高可靠性。如果说好的热力性能保证了运行的经济性，那么合格的零部件强度和振动特性则为汽轮机提供了长期安全稳定运行的条件。汽轮机的热力性能设计与强度、振动分析有密切联系，热力性能计算结果为强度、振动分析提供边界条件，强度、振动分析则决定机组的安全运行范围，为进一步的性能优化提供依据。

汽轮机的工作安全性首先来自于设备自身的可靠性，其次来自于对设备的运行管理。前者主要由设计、制造和安装保证，后者主要由运行、维护和检修保证。所以，汽轮机零部件的强度、振动分析不仅是设计和制造部门的工作，对运行管理人员同样重要。只有掌握必要的强度、振动分析的知识，才能正确使用汽轮机，拟订安全、经济的运行规程，科学从事检修工作，合理进行技术改进，使机组在全寿命周期内发挥最大的效力。

汽轮机的强度、振动问题有时也统称为强度问题。本章所论及的强度问题指基于应力分析的安全校核问题，即静强度问题，而振动问题则指基于动力学分析的振动特性和响应问题，即动强度问题。二者处理问题的出发点不同，但都归结为汽轮机零部件的工作应力及其引起的损伤能否在各种工况和外界载荷下处于安全范围内的问题。强度分析有两种方式。第一种是对汽轮机零部件建立精密的数学物理模型，分析其受外载荷的边界条件，通过实验和数值计算判断零部件的强度和振动安全性，这是一种正问题分析法，适合于设计和校核。第二种是对汽轮机及其零部件的运行情况进行检测，对检测信号进行处理和识别，判断汽轮机的安全性，这是一种反问题分析法，适合于对已有汽轮机设备的安全监测和故障诊断。

汽轮机结构复杂，处于高温、高压、高转速、振动、腐蚀等环境中，工作条件恶劣，而且运行环境随时间动态变化。其零部件的工作应力可以分为随时间快速交变的部分和随时间较缓慢变化的部分。其中，缓变应力主要由机械载荷、离心力、温度载荷、压力载荷等引起，快速交变应力主要由交变汽流力和振动引起。

从工程的角度，能对全尺寸汽轮机零部件在全工况下进行强度和振动破坏试验，是安全评价的最可靠办法。但是，完全模拟汽轮机的运行工况和对汽轮机进行全尺寸破坏性试验几乎不可能。因此，汽轮机强度分析的主要途径仍然是计算，并辅以部分模拟试验。由于技术的限制，过去只能对部分结构进行静应力分析，动应力基本不能准确计算。随着计算技术的发展，现在已经可以对复杂结构在复杂边界条件下的静应力和动应力进行分析。相关大型应用软件和高性能计算机为汽轮机零部件的强度、振动分析提供了手段。但是，仍然有很多强度和振动问题不能被很好解决。存在的主要问题是，如何将实际结构科学模化成计算模型，以及准确模化运行工况并提交正确的计算边界条件。

确定计算的边界条件有时是非常困难的，比如确定旋转转子的温度边界条件、叶片零部件振动的紧固和阻尼边界条件等，这可能导致较大的计算误差。所以，也可以采取不直接计算应力的方式判断汽轮机运行的安全性，振动分析和安全校核就是这样的方法。通过专门的研究，可以为汽轮机及其相关零部件制定振动安全的振幅和频率标准，而通过计算或试验是能准确得到这些振幅和频率参数的。由此，将工作应力的计算转化成了对振动特性和响应的分析计算，这使汽轮机的安全校核问题分成了应力分析部分和振动分析部分，也是本章将强度问题与振动问题分开论述的原因所在。

值得注意的是，额定负荷或最大负荷工况并不一定是所有零部件的最危险工况，强度分析必须针对危险工况和危险部位。故强度安全校核的步骤一般为：分析危险部位所受的外载荷，根据工况和必要的几何要素（面积、惯性矩等）计算各种应力，选择安全系数与材料许用应力，判断安全性。

事实上，无论是计算还是试验方法都在不断地发展和创新。发展方向应该是汽轮机热力计算和强度、振动计算的一体化，即全三维热力分析和全三维的强度分析一体化，最终解决结构气动优化和强度校核的耦合问题，解决安全评价的流体力学、热力学边界条件问题，解决长期运行性能和疲劳损伤综合评价问题。而随着检测和分析手段的不断进步，强度和振动试验以及在线故障诊断技术也将向高准确度和高实时性发展，为汽轮机安全运行提供更好的保障。

第二节　叶片的强度

一、叶片的强度计算

（一）叶片结构

如图 8-1 所示，叶片由三部分组成，即叶型部分、叶根部分和叶顶部分。叶型部分由内弧（凹面）和背弧（凸面）组成，叶型部分必须满足气动特性的要求。

1. 叶型及叶片分类

叶片可以从不同角度进行分类，但由于叶型的重要性，一般根据叶型的特点进行分类。按工质在叶栅槽道中流动特性的不同，分冲动式和反动式叶片。一般反动度在 10%～20% 以下的，称为冲动式叶片。按制造工艺的不同，分为模锻叶片、轧制（或辊轧）叶片、铣制叶片、铸造叶片等。按叶片断面沿叶高变化与否，分为等截面叶片和变截面叶片。等截面叶片叶型沿高度完全相同，它适用于平均直径 d_0 与叶片高度 l 之比值较大（$d_0/l > 10$）的级组。等截面叶片加工简单，但气动特性和结构强度的分布不尽合理。对于较长的叶片级（$d_0/l < 10$），为了改善气动特性，减少离心应力，一般采用叶型沿高度变化的变截面叶片，包括扭转叶片。

2. 叶根

叶片根部是将叶片固定在叶轮或转子上的连接部分。叶根的结构形式取决于叶轮结构、叶片的强度状况、制造工艺水平、叶片生产传统等因素。在满足强度条件的前提下，应

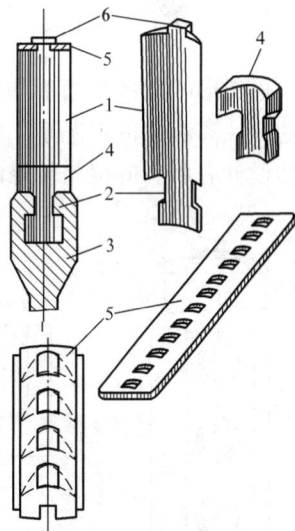

图 8-1　叶片及其组成

1—叶型；2—叶根；3—轮缘；

4—隔块；5—围带；6—叶顶

尽量使叶根结构简单、制造装配方便，并使轮缘的轴向尺寸较小以缩短通流部分的轴向长度。

常用的叶根形式有倒 T 形、菌形、叉形、枞树形等。国产机组中，较短的直叶片常用倒 T 形叶根［见图 8-2 (a)］，该叶根结构简单、工作可靠、加工装配方便。但叶片离心力对轮缘两侧产生弯矩，有使轮缘张开的趋势。故在叶片长度较大的情况下，往往在倒 T 形叶根两侧加铣两个凸肩将轮缘两侧包住，以抵消部分弯应力［见图 8-2 (b)］。为了增大叶根的受力面积，也可采用带凸肩的双倒 T 形叶根［见图 8-2 (c)］。这些结构均属叶轮圆周向装配式叶根，此类叶根的共同缺点是，当某叶片损坏时，必须通过轮缘仅有的 1 个或 2 个插入切口才能进行换装，势必牵动许多本不该卸下的叶片，增加拆装工作量。

变截面叶片较多采用叉形叶根［见图 8-2 (d)］或枞树形叶根（见图 8-3），这两种叶根都有较高的强度。叉形叶根通过铆钉固定在叶轮上，其优点是便于拆换事故叶片，不影响相邻叶片，增加叉尾数可以得到更牢固的根部结构。缺点是当叉数较多时，轴向尺寸大。

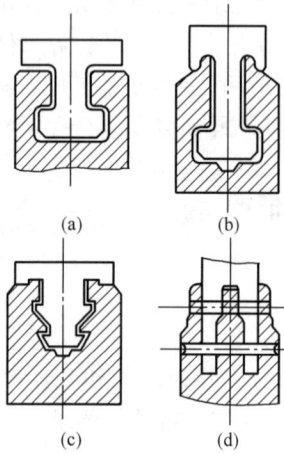

图 8-2　叶根形式

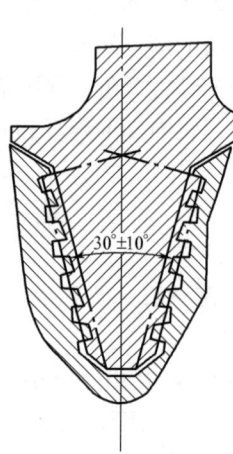

图 8-3　枞树形叶根

枞树形叶根的断面形状为尖劈形，叶根和对应的轮缘承载面均近似于等强度。在承载相同的叶片离心力的情况下，枞树形叶根尺寸较小，允许采用小的叶片节距，对汽流的合理组织和设计有利。叶根与轮缘的配合可设计为松配合，允许热膨胀，降低热应力。由于叶片可以自动定位，对减小弯应力也有利。同时，叶根在轮缘槽内可相对运动，增加内阻，有减振作用。枞树形叶根沿汽轮机轴向装配，故容易拆换叶片。

3. 围带与拉金

传统围带可以用 3～5mm 厚的扁平金属带，铆接固定在叶片顶部［见图 8-4 (a)］。但现在叶片更多地采用整体围带，即围带和叶片作为一个整体部件［见图 8-4 (b)］，也称自带冠。随着设计和制造水平的提高，长叶片甚至扭叶片都采用整体围带，既能使通流部分的流道得到优化，又可以在围带上加工出叶顶汽封，提高通流效率。整体围带通过预扭安装还可增加叶片的

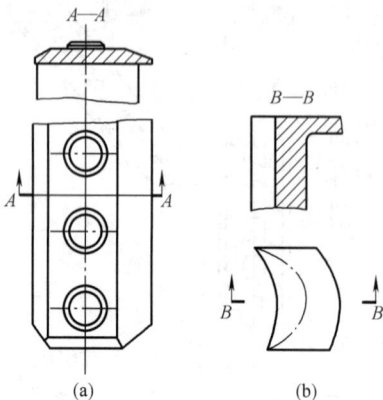

图 8-4　叶顶形式

抗振能力。目前拉金一般采用 6～12mm 直径的金属条或金属管，穿过叶片中间的拉金孔，将叶片连接成组，有些用银焊牢固连接，也有些保持与拉金孔约 0.5mm 的间隙松装连接。用围带、拉金连在一起的多个叶片称叶片组，不用围带、拉金相连的单个叶片称为自由叶片。除了充当汽流通道的一个壁面外，围带、拉金的重要功能是减小叶片弯应力和改善叶片

的振动特性。围带、拉金相当于在叶片顶部或中间增加了支点，提高了抗弯刚度，既减小了叶片的弯应力，也通过刚性的改变调整了叶片的自振频率，避开了共振区。松装拉金在叶片振动时，形成附加阻尼，减小叶片的振动应力。

　　大功率汽轮机末几级叶片可设计成带 3～4 个叉尾的叉形叶根（图 8-5），叶顶常削尖以防止偶尔与汽缸碰撞而产生严重后果。为保证叶片的必要强度，凡有拉金孔的

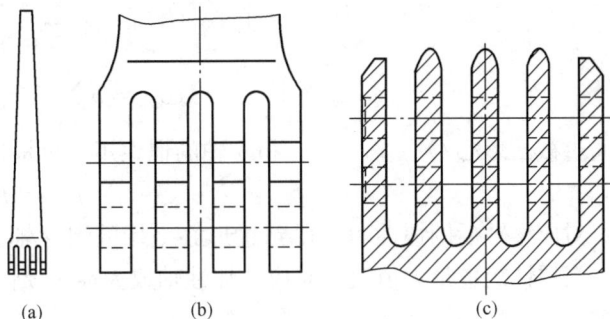

图 8-5　低压叶片级
(a) 叶片全图；(b) 叶根；(c) 轮槽

地方，叶型都相应增厚。为防止湿蒸汽水滴冲蚀，提高叶片的寿命，往往在叶片进汽边的顶部镶硬质司太立合金片或表面镀铬。

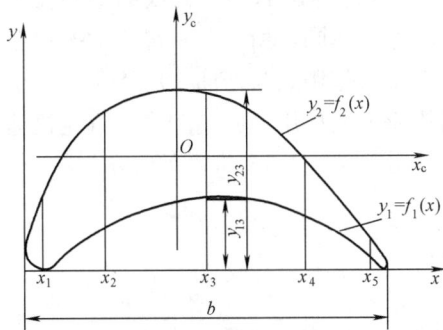

图 8-6　叶型几何截面参数计算

（二）叶片截面的几何特性参数

　　在叶片应力计算中，需要用到叶片截面积、质心或重心坐标、惯性矩和惯性轴等重要的几何特性参数。叶片截面几何形状复杂，型线难以用简单数学表达式描述，因此其几何特性参数宜用数值计算方法求得，传统的方法有矩形法、梯形法、高斯法等。

　　在进行计算时，必须已知叶片截面型线的坐标。针对叶片截面，定义坐标系如图 8-6 所示。图中 x 方向为叶宽方向，叶片宽度为 b。叶片截面上部型线定义为 $y_2(x)$，下部型线定义为 $y_1(x)$。将叶片截面划分成 n 段，第 i 段上边界 y 坐标平均值为 y_{2i}，下边界平均值为 y_{1i}，当分段数足够多时，可准确计算截面的几何特性参数。
面积为

$$A = \int_0^b (y_2 - y_1)\,\mathrm{d}x = b\sum_{i=1}^n (y_{2i} - y_{1i}) \tag{8-1}$$

对 x、y 轴的静矩为

$$\left.\begin{array}{l} S_x = \displaystyle\int_A y\,\mathrm{d}A = \int_{y_1}^{y_2}\int_0^b y\,\mathrm{d}x\mathrm{d}y = \frac{1}{2}\int_0^b (y_2^2 - y_1^2)\,\mathrm{d}x = \frac{b}{2}\sum_{i=1}^n A_i(y_{2i} - y_{1i}) \\[3mm] S_y = \displaystyle\int_A x\,\mathrm{d}A = \int_{y_1}^{y_2}\int_0^b x\,\mathrm{d}x\mathrm{d}y = \int_0^b (y_2 - y_1)x\,\mathrm{d}x = b^2\sum_{i=1}^n A_i X_i(y_{2i} - y_{1i}) \end{array}\right\} \tag{8-2}$$

形心（重心）坐标为

$$x_0 = \frac{s_y}{A}, y_0 = \frac{s_x}{A} \tag{8-3}$$

对 x、y 轴的惯性矩为

$$\left. \begin{aligned} I_x &= \int_{y_1}^{y_2}\int_0^b y^2 \mathrm{d}x\mathrm{d}y = \frac{b}{3}\sum_{i=1}^n A_i(y_{2i}{}^3 - y_{1i}{}^3) \\ I_y &= \int_{y_1}^{y_2}\int_0^b x^2 \mathrm{d}x\mathrm{d}y = b\sum_{i=1}^n A_i x_i{}^2(y_{2i} - y_{1i}) \end{aligned} \right\} \tag{8-4}$$

而通过截面形心 O 且平行于 x 和 y 轴的惯性矩，可根据移轴定理求得，即

$$I_{x_o} = I_x - Ay_o^2, \quad I_{y_o} = I_y - Ax_o^2 \tag{8-5}$$

对应移轴后的惯性矩，得到过形心坐标的惯性轴。绕形心旋转惯性轴，惯性矩随之变化。当惯性矩取最大值时，对应的惯性轴成为最大惯性轴。而垂直于最大惯性轴的是最小惯性轴，对应最小惯性矩。

（三）叶片的拉伸应力

1. 叶片的受力情况

动叶片固定安装在叶轮或转毂上，当汽流通过汽道时，汽流压力将使叶片产生弯曲应力，从喷嘴流出的不均匀性汽流形成的激振力引起叶片振动，也产生弯曲应力和扭转应力。处于旋转中的叶片还要承受自身和围带、拉金所产生的离心力。若级平均直径为 2m，叶片型线部分质量为 10kg，则旋转时引起的离心力约 100t。叶片各截面形心构成的空间曲线并不与通过转子中心的径向直线重合，各段叶片离心力的方向不同，所以叶片离心力不仅会引起拉应力，还将引起弯曲应力。除此之外，离心力和汽流力作用点与弯曲中心不重合将引起扭转应力。由于受热不均匀而存在温差，叶片还受到热应力的作用。归纳起来，汽轮机运转时，动叶片的应力有以下几种：

（1）离心力引起的拉伸应力；

（2）离心力、汽流力和叶片振动引起的弯曲应力；

（3）离心力、汽流力和叶片振动引起的扭转应力；

（4）不均匀受热引起的热应力。

在进行叶片强度校核时，应选择叶片的最危险工况。一般情况下，各级段的危险工况是不相同的。例如：调节级在第一调节阀接近全开而第二调节阀尚未开启时最危险，低压级则在最大蒸汽流量及最高真空时最危险，中间级在最大蒸汽流量时最危险。同时，高压级处于高温下，应考虑材料的热稳定及蠕变问题；低压级处于湿蒸汽区，应考虑湿汽的冲蚀问题。总之，在进行叶片强度校核时，需根据其危险工况及工作条件，选定适当的许用应力，以保证叶片安全。

在计算叶片拉伸应力、弯曲应力及自振频率时，应综合考虑不同的影响因素。如围带可以改善叶片的振动特性、减小叶片的弯曲应力，但同时增加离心拉应力。又如叶片的离心力不通过截面质心时，除引起附加弯曲应力外，还将提高叶片的自振频率等。

2. 叶片的离心拉应力计算

（1）叶片离心应力。沿叶片型线部分高度的各截面所承受的离心力不同，离心力由叶顶向叶根逐渐增大。若在任意半径处（见图 8-7）取一个叶片微段 $\mathrm{d}r$，则该微段的离心力为

$$dC = A(r)dr\rho\omega^2 r$$

式中：$A(r)$ 为叶片截面积，随叶片截面所在半径 r 变化，m^2；ρ 为叶片材料的质量密度，在材料均匀性假设下为常数，kg/m^3；ω 为转子旋转角速度，rad/s。

若取半径 R 处的计算截面 $I—I$，作用在该截面上的离心力由它以上叶片段质量引起，从 R 到叶顶半径 R_2 积分可求得离心力 C_{I-I}。当知道该截面的面积 A_{I-I} 时，可计算出离心应力 σ_c。

$$C_{I-I} = \int_R^{R_2} A(r)\rho\omega^2 rdr \qquad (8-6)$$

$$\sigma_c = \frac{C_{I-I}}{A_{I-I}} = \frac{1}{A_{I-I}}\int_R^{R_2} A(r)\rho\omega^2 rdr \qquad (8-7)$$

图 8-7　叶片离心力计算图

（2）等截面叶片离心应力。对于等截面叶片的型线部分，截面积 A 沿半径 r 没有变化。最大离心力发生在型线部分根部截面，该截面处的离心力 C_0 和离心拉应力 σ_{C0} 表达式为

$$C_0 = \int_{R_0}^{R_2} A_0\rho\omega^2 rdr = A_0\rho\omega^2 \frac{R_2^2 - R_0^2}{2} \qquad (8-8)$$

$$\sigma_{c0} = \frac{C_0}{A_0} = \rho\omega^2 \frac{R_2^2 - R_0^2}{2} \qquad (8-9)$$

式中：A_0 为叶片型线部分根部截面积，m^2；R_0 为叶片型线部分根部半径，m。

若以 l 表示叶片的高度、R_m 表示叶片的平均半径、u_m 表示平均半径处的圆周速度，则式（8-9）可以改写为

$$\sigma_{c0} = \rho u_m^2 \frac{l}{R_m} \qquad (8-10)$$

由式（8-10）可知，等截面叶片根部离心拉应力只与 ρ、u_m、l、R_m 有关，而与叶片截面积 A 无关，即增加叶片截面积并不能降低叶片的根部应力，因为截面积增大的同时也增加了离心力。R_m 由热力计算确定，u_m 由机组转速和 R_m 决定，因此，在不能改变 R_m 和 u_m 的情况下，采用质量密度较小的材料可以降低等截面叶片根部应力。如钛基合金的质量密度为 $4.5 \times 10^3 kg/m^3$，超硬铝合金材料质量密度小于 $3.0 \times 10^3 kg/m^3$。

（3）变截面叶片离心应力。对于 $d_m/l < 10$ 的汽轮机级，叶片比较长，由式（8-10）可知，若采用等截面叶片则应力会变得很大。因为叶片离心力由叶根向叶顶逐渐减小，为能充分合理利用材料强度，叶片截面积也应从根部向顶部方向逐渐减小，故采用变截面叶片。变截面叶片在任意半径截面所承受的离心力可由式（8-6）计算，离心力不仅与叶片安装的半径、转子旋转角速度、材料质量密度有关，还与截面积沿叶高的变化规律相关。

一般情况下，叶片截面积的变化规律难以用严格的解析式描述，只能用截面积与半径的关系曲线表示。所以，根据面积沿叶高的变化曲线，可以采取数值积分近似地算出各截面的拉伸应力。如图 8-7 所示，为了计算方便，可将叶片沿叶高等分为 $n-1$ 段，则从叶根到叶顶共有 n 个截面。第 j 段的离心力为

$$\Delta C_j = A_{mj}\Delta r\rho\omega^2 r_{mj} \qquad (8-11)$$

式中：A_{mj} 为第 j 段叶片的平均截面积，近似等于上下两截面面积的平均值；Δr 为第 j 段叶片径向长度；r_{mj} 为第 j 段叶片的质心半径，当 Δr 足够小时，可以近似取该段平均半径。

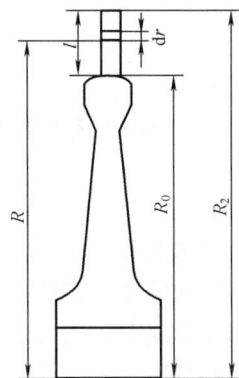

显然，第 i 截面以上部分的离心力可表示为

$$C_i = \sum_{j=i}^{n-1} \Delta C_j = \Delta r \rho \omega^2 \sum_{j=i}^{n-1} A_{mj} r_{mj} \tag{8-12}$$

第 i 截面的离心应力为

$$\sigma_i = \frac{1}{A_i} \sum_{j=i}^{n-1} \Delta C_j = \frac{\Delta r \rho \omega^2}{A_i} \sum_{j=i}^{n-1} A_{mj} r_{mj} \tag{8-13}$$

变截面叶片设计应该考虑叶型、强度以及工艺性。由于现代数控加工手段的不断提高，复杂型面的加工已经能够实现。因此，叶片设计对流道效率的考虑越来越精细，使叶片的型面越来越复杂，故离心应力的计算基本都采用式（8-13）的数值方法在计算机上实现。当沿叶高分段足够多且每一段尺寸足够小的时候，可以使计算结果很好地逼近精确解。

（4）围带和拉金的影响。以上讨论仅涉及了叶片型线部分所产生的离心力，若叶片有围带和拉金，还应计算围带、拉金的离心力。这些离心力一方面作用在叶片上，引起相应离心拉应力，另一方面也在围带和拉金与叶片连接处产生弯矩和弯应力。

围带和拉金的离心力可用类似式（8-11）的方法计算，在计算围带与拉金以下叶片截面上离心力时，应该叠加上围带和拉金的影响。

实际上，由于叶片结构的复杂性，计算围带和拉金引起的各种应力要考虑局部应力集中。这种情况下采用有限元方法计算是比较理想的。

（四）叶片的弯曲应力

1. 蒸汽作用力引起的弯曲应力

蒸汽流过叶栅槽道时，对叶片施加作用力。作用力的大小和流过叶栅的蒸汽流量和蒸汽参数有关，可以分解为圆周分力和轴向分力，见图 8-8。

可以将叶片简化为叶根固定的弹性梁，在叶片任意高度 r 上取微元 dr，单位时间内通过 dr 流进和流出叶片流道的蒸汽量为 dG_1 和 dG_2。在稳定工况下，忽略蒸汽的径向流动时，$dG_1 = dG_2 = dG$，这部分流量对叶片 dr 段上沿轮周及轴向的作用力分别为

$$dF_u = \frac{dG}{z_b e} \Delta c_u = \frac{dG}{z_b e}(c_{1u} - c_{2u}) \tag{8-14}$$

$$dF_z = \frac{dG}{z_b e} \Delta c_z + (p_1 - p_2) t_b dr = \frac{dG}{z_b e}(c_{1z} - c_{2z}) + \Delta p t_b dr \tag{8-15}$$

式中：z_b、t_b 分别为级内动叶的片数与节距，c_u、c_z 为叶片进出口汽流在圆周方向和轴向的分速度，m/s；e 为部分进汽度，p_1、p_2 为级前后的蒸汽压力，MPa。

在距离转子中心 R 的叶片截面上（见图 8-7），叶片所受到的轮周方向及轴向的弯矩分别为

$$M_{uR} = \int_R^{R_2} \frac{1}{z_b e}(c_{1u} - c_{2u})(r - R) dr \tag{8-16}$$

$$M_{zR} = \int_R^{R_2} \frac{1}{z_b e}(c_{1z} - c_{2z})(r - R) dr + \int_R^{R_2} (p_1 - p_2)(r - R) t_b dr \tag{8-17}$$

在已知汽流沿叶高的流动规律，即已知 c_u 及 c_z 与 r 的函数关系后，可由式（8-17）求出在 R 截面上的弯矩，然后根据截面系数 W，计算出该截面的弯曲应力。与计算离心力的情况相同，可以利用分段数值积分的方法计算出轮周方向和轴向的弯矩和弯应力。

对于型线复杂的叶片，比如低压级长叶片，沿叶高分布的汽流速度和压力在叶片各横截

面上形成的作用合力方向是变化的，需要将力进行分解，最后形成沿轮周方向或轴向的合力和弯矩。

（1）直叶片的汽流弯应力。以直叶片为例，说明汽流弯应力的计算方法。当级的 d_m/l 足够大时，可认为汽流及其在叶片上的作用力沿叶高是均匀分布的，作用在每一叶片上的周向力和轴向力为

$$F_u = \frac{G}{z_b e}(c_{1u} - c_{2u}) = \frac{G \Delta h_1 \eta_u}{u z_b e} = \frac{P_u}{u z_b e} \tag{8-18}$$

$$F_z = \frac{G}{z_b e}(c_{1z} - c_{2z}) + \Delta p t_b l \tag{8-19}$$

上两式中：G 为通过该级的蒸汽流量，kg/s；e 为部分进汽度；u 为平均直径处叶片的圆周线速度，m/s；l 为叶片高度，m。

由于直叶片截面积沿叶高方向相同，故在叶片型线部分根部所受的弯矩最大。将叶片看作根部固定的受均匀载荷的悬臂梁，如果不考虑拉金和围带的影响，则叶片型线部分根部的弯矩为

$$M_u = \frac{F_u}{l} \frac{1}{2} l^2 = \frac{1}{2} F_u l, \quad M_z = \frac{1}{2} F_z l \tag{8-20}$$

根部的合成弯矩为

$$M = \sqrt{M_u^2 + M_z^2} = \frac{1}{2} l \sqrt{F_u^2 + F_z^2} = \frac{1}{2} F l \tag{8-21}$$

$$F = \sqrt{F_u^2 + F_z^2}$$

当合成弯矩的方向与截面的主惯性轴（最大及最小惯性矩的轴）成 φ 角时，则作用在最大、最小主惯性轴方向上的两弯矩分别为

$$M_1 = \frac{1}{2} F_1 l = \frac{1}{2} F l \cos\varphi \tag{8-22}$$

$$M_2 = \frac{1}{2} F_2 l = \frac{1}{2} F l \sin\varphi \tag{8-23}$$

其中下标 1 和 2 分别对应最大和最小惯性轴方向。

用 I_{max}、I_{min} 分别表示叶型的最大（对 Ⅱ—Ⅱ 轴）和最小（对 Ⅰ—Ⅰ 轴）惯性矩，如图 8-8 所示，则 M_1 及 M_2 作用在进汽边 n 点、出汽边 m 点及背弧 b 点处的应力（负号表示压应力）分别为

$$\sigma_i = \frac{M_1 e_1}{I_{min}} - \frac{M_2 e_4}{I_{max}}, \quad \sigma_0 = \frac{M_1 e_1}{I_{min}} + \frac{M_2 e_2}{I_{max}},$$

$$\sigma_b = -\frac{M_1 e_3}{I_{min}} \tag{8-24}$$

在实际计算中，可采用数值计算方法，准确计算进、出汽边和背弧上的应力。有时，为了计算简便常作如下近似：

1）由于叶型的最小主惯性轴近似于与叶片进、出汽边缘联线 mn 相平行，故不仔细计算主

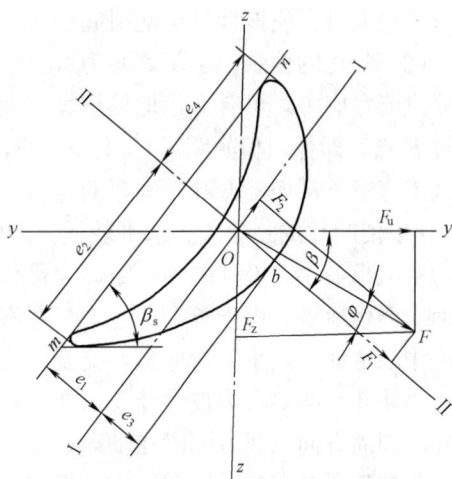

图 8-8　蒸汽弯应力计算

惯性轴的方向，即以 mn 方向作为最小惯性轴方向，这对有些叶片来讲是足够准确的；

2）由于汽流作用力合力 F 的方向与Ⅱ—Ⅱ轴的夹角 φ 一般较小，故忽略其差异，认为 φ 等于零，按此算出的应力偏大，结果偏于安全，所以只有当算出的应力值已接近或超过允许的安全应力时，才作进一步仔细计算。

经过上述简化，有

$$\sigma_0 = \frac{1}{2}\frac{Fle_1}{I_{\min}}, \quad \sigma_b = -\frac{1}{2}\frac{Fle_3}{I_{\min}} \tag{8-25}$$

一般情况下，最大拉应力发生在叶片截面两端的进出汽边缘上，最大压应力发生在叶片背弧上。如果应力超过材料的许用弯应力，可以用增加叶片的宽度，也就是使叶片的截面积和主惯性矩得到相应增大的方法，来降低弯应力。在设计时，等截面叶片的截面积更多是根据许用弯应力而不是按许用拉伸应力确定的。

（2）长叶片的汽流弯应力。对长叶片级来说，汽流参数沿叶片高度方向变化较大，不能再认为是一个常数，而且各叶片截面的惯性轴也不同。若沿叶片高度方向的汽流参数已知，则可由式（8-16）、式（8-17）计算汽流弯矩，并参照上述直叶片汽流弯应力计算的方法，计算长叶片的汽流弯应力。应该注意的是，变截面叶片各截面几何参数是不同的，不能肯定叶片根部的弯应力最大，故必须校核不同截面的汽流弯应力。

由于数值计算方法的进步和计算技术的发展，编制计算叶片弯应力的程序是不困难的。因此，完全可以按变截面长叶片应力计算的流程统一叶片汽流弯应力的计算。

2. 离心力引起的叶片弯应力

叶片除受到蒸汽作用力引起的弯矩外，当离心力不通过被核算截面的形心时，在该截面上也会引起弯矩。离心力产生弯矩的原因，一是叶片自身结构所致，即复杂型面叶片或特意设计的偏装叶片导致的离心弯矩；二是叶片受汽流作用力而产生弯曲变形后导致的离心弯矩。

（1）复杂型面叶片。目前的叶片为了减小损失，采用了复杂的三维型面。对叶片任何一个截面而言，要使其上端叶片部分的离心力正好通过截面的形心几乎是不可能的。因此，在这些截面上离心力产生弯矩也是必然的，而且这些弯矩的方向是随截面的不同而变化的。当该弯矩较大时，应该计算由此引起的弯应力。

（2）叶片的偏装。由于离心力可以产生稳定的弯矩，在进行叶片强度设计时，为了抵消部分汽流弯应力，可有意识地使核算截面以上叶身的离心力 C_x 不通过此截面的形心 O，而通过 E 点，即保留偏心距 e（见图 8-9），则离心力在此截面上所产生的弯矩为 $C_x e$，抵消部分汽流弯矩，从而降低叶片的弯曲应力。因此，在进行叶片的结构设计时，可合理选择偏心距 e，以使叶片的总弯应力水平较低。若使校核截面的背部与进出汽边缘两处的最大拉、压应力数值都最小，设计的偏心距即为最佳偏心距，此时离心弯曲应力与汽流弯曲应力大部分抵消。严格地讲，由于离心弯应力与蒸汽弯应力两者性质不同，离心弯应力只能降低蒸汽作用力中稳定部分产生的弯应力，交变应力部分不会降低。

为使叶片的离心力按设计要求在叶片中产生一弯矩，常用两种方法。一种方法是使叶片在叶轮圆周方向（或者同时在轴向）顺转动方向倾斜一角度，如图 8-9（a）所示；另一种方法是使整个叶型按上述同一方向平移一距离，如图 8-9（b）所示。目前，在我国汽轮机设计中，采用后一种方法的较多。另外考虑到汽流作用力产生的弯矩沿叶高的变化，可以让叶型沿叶高的平移各不相同,即所谓将叶片"弯折",但这对设计和加工提出了更高的要求。

在计算叶片偏装离心力时,要先求出校核截面的形心,再求出该截面以上部分的空间重心和总离心力。离心力方向在空间重心与转子旋转中心的径向连接线上,此线与该截面的交点 E 与截面型心 O 间的距离即为偏心距 e (见图 8-9)。虽然离心力并不垂直于该截面,但因夹角甚小,一般均近似地认为垂直于此截面。具体计算时,根据叶片型线数据分段计算。

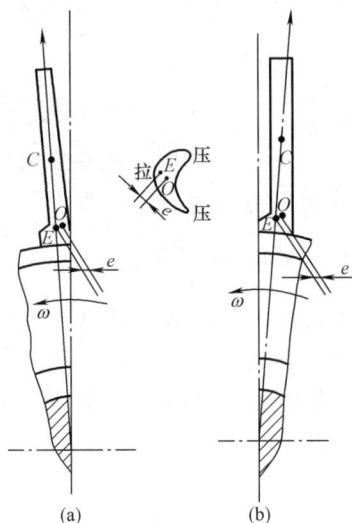

图 8-9　叶片的偏装
(a) 倾斜式;(b) 平移式

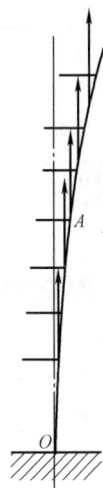

图 8-10　叶片变曲变形后
离心力产生的弯矩计算

(3) 叶片弯曲变形后离心力产生的弯矩。当叶片受汽流作用力产生弯曲变形后,使离心力作用方向不再通过校核截面上原作用点(见图 8-10)时,一般会产生一个反向弯矩,抵消一部分汽流弯曲应力。当已知叶片弯曲挠曲线,并忽略叶片弯曲后各截面半径的改变及离心力与叶片截面型心连线间夹角的影响时,可分段计算该离心弯矩。

在对叶片进行强度校核时,若叶片的强度已满足要求,则不再进行弯曲变形离心弯矩的计算。一般情况下,考虑该离心弯矩后,真实应力会较计算值小。因此,不考虑这种弯曲应力的计算是偏安全的。

3. 围带或拉金叶片组的弯曲应力

用围带或拉金连接成组的叶片,受到汽流作用力而发生弯曲变形时,围带或拉金也将随之弯折而产生弯曲变形。这时围带或者拉金对叶片作用有反弯矩,部分抵消汽流弯矩,使叶片弯曲应力减小。下面以围带为例进行说明。

(1) 围带的反弯矩。叶片受汽流作用力在最大惯性轴方向产生弯曲变形,这个变形可以分解为轴向和轮周方向的变形。如果通过围带将叶片刚性连接成组,则围带将随叶片的变形而变形。叶片在轴向的挠度,使围带随同叶顶沿轴向产生刚性位移。而叶片在轮周方向上的弯曲将引起围带变形,产生反弯矩,见图 8-11。将叶片顶部的挠度 y_0 分解成轮周方向挠度 y_1 和轴向挠度 y_2,可得

$$y_1 = y_0 \cos\beta, \quad y_2 = y_0 \sin\beta$$

式中:β 为叶型最大惯性轴与轮周方向夹角。

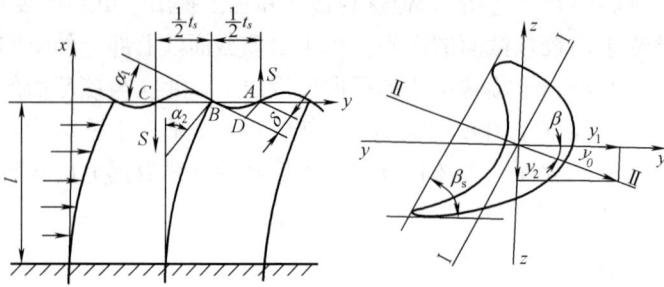

图 8-11　叶片与围带在汽流作用下的弯曲变形

对于扭叶片，β 沿叶高变化，其值可利用数值计算的方法得到。近似地，β 也可根据叶根与叶顶处的 β_r 及 β_t 值按式（8-26）计算，即

$$\beta = \frac{2}{3}\beta_r + \frac{1}{3}\beta_t$$

$$(8-26)$$

当围带与叶片连接牢固时，则在受力变形后，其与叶片连接处所转的角度 α_1 应等于叶片顶部转角 α_0 在轮周方向的分量，即

$$\alpha_1 = \alpha_0 \cos\beta = \left(\frac{\mathrm{d}y}{\mathrm{d}x}\right)_{x=1}\cos\beta = \frac{\mathrm{d}y(l)}{\mathrm{d}x}\cos\beta \qquad (8-27)$$

当叶片上的围带变形后，在两叶片间的围带上有一个变形拐点 A，拐点处的弯矩等于零，只受剪切力 S 的作用，两边的弯矩大小相等、方向相反。因此，可以将围带在拐点 A 处分为两段，各自成为一个一端固定的悬臂梁，在端部受剪切力 S 作用。此时围带上所受的弯矩 M'_s 及挠度 δ 为

$$M'_s = \frac{St_s}{2}$$

$$\delta = \frac{S\left(\frac{t_s}{2}\right)^3}{3(EI)_s} = \frac{St_s}{2}\times\frac{t_s^2}{12(EI)_s} = M'_s\frac{t_s^2}{12(EI)_s}$$

挠度亦可近似地根据叶顶在轮周方向转角 α_1 求出，即 $\delta = \frac{t_s}{2}\sin\alpha_1 \approx \frac{t_s}{2}\alpha_1$，代入上式，即可求出

$$M'_s = -\frac{6(EI)_s}{t_s}\alpha_1 = \frac{6(EI)_s}{t_s}\left(\frac{\mathrm{d}y}{\mathrm{d}x}\right)_l\cos\beta \qquad (8-28)$$

此弯矩是作用在轮周方向上的，其在叶顶弯曲方向，即最大惯性轴方向的分弯矩 M''_s 为

$$M''_s = M'_s\cos\beta = \frac{6(EI)_s}{t_s}\left(\frac{\mathrm{d}y}{\mathrm{d}x}\right)_l\cos^2\beta \qquad (8-29)$$

由于叶片两侧各受一段围带所产生的反弯矩，故叶顶所受到的总反弯矩为 $2M''_s$。

（2）反弯矩的修正系数。

1）紧固系数。围带对叶片反弯矩的大小和围带与叶顶连接的牢固程度有关，可用牢固系数 H_s 修正，其数值可根据装配条件及尺寸决定。对于与叶身做成整体、中间没有焊接相连的围带，在没有预扭安装时，它只起防止叶顶漏汽作用，不产生反弯矩，故 $H_s=0$；对铆装在叶顶的围带，$H_s=0.1\sim0.5$；对铆接并加焊的围带，$H_s=0.6\sim1.0$。

对于焊接在叶身上的拉金，其牢固系数 H_s 的大小与拉金尺寸（直径 d_w、节距 t_w）以及银焊饱满与否有关。若节距较短，焊接的影响很大，焊接后相当于拉金根部变粗，使得牢固系数可能大于 1。一般，拉金的牢固系数 $H_s=0.3\sim1.5$。

2）组内叶片数目修正系数。叶片用围带连接时，常常并不是连接成整圈，而是分成多组。叶片组中的各叶片所受到的围带反弯矩并不相等。在分组处，围带并不受剪切力 S，故

组内两端的叶片所受反弯矩较小，中间较大，差距可达 $10\%\sim12\%$。当叶片组有 Z_b 个叶片时，围带对叶片组反弯矩的平均值可近似地用 $(Z_b-1)/Z_b$ 来修正。

（3）围带反弯矩的计算。在考虑到上述修正因素后，叶片所受围带的反弯矩为

$$M_s = \frac{2(z_b-1)}{z_b}H_sM''_s = \frac{z_b-1}{z_bt_s}\times 12(EI)_sH_s\left(\frac{\mathrm{d}y}{\mathrm{d}x}\right)_l\cos^2\beta \tag{8-30}$$

此弯矩对叶顶以下各截面是一个常数，因此叶片上任一截面所受到的弯矩应为汽流力、离心力对此截面产生的弯矩与围带反弯矩之和。一般情况下，反弯矩最大只达到汽流力引起的叶片根部截面弯矩的 $20\%\sim25\%$ 左右。拉金对叶片的反弯矩，原则上可采用与围带相同的方法计算。

（4）自带围带的反弯矩。当叶片自带围带，且无预扭安装时，叶片围带基本不对叶片产生反弯矩。但现代气动设计要求较长的扭叶片也自带围带，为了减少叶片离心力在叶片型线部分引起的扭应力，常利用自带围带在安装时给叶片施加预扭应力，围带之间相互作用有挤压力。在这种情况下，围带也会在叶片弯曲变形时产生反弯矩，但是反弯矩的大小受到很多因素的影响，有较大分散性，需要特殊计算或试验来确定。从定性的角度，其反弯矩会小于焊接围带的反弯矩。

二、叶根与轮缘应力

叶根的主要应力来自叶片离心力。

当叶根在轮缘中安装牢固，彼此紧密配合时，叶根在轮周方向上类似于一个整体，汽流作用力加在叶片上的弯矩对叶根的影响很微小，其弯曲应力可不加校核。但考虑到叶轮材料的热膨胀系数常比叶片材料大、轮缘受力后产生变形、加工及装配误差等因素，轮缘尺寸在运行时会变大，叶根仍可能松动，受到汽流力作用引起弯曲应力。特别是对于一些短叶片，例如调节级叶片，其工作型线段很短，因此型线部分弯曲应力不大，但对于叶根而言，汽流弯矩却很大。在此条件下，叶根受到汽流作用力而产生的弯曲应力应当加以考虑。

（一）T 形叶根

1. 叶根

T 形叶根及其轮缘的构造如图 8-12 所示，应对叶根所受到的离心拉应力，弯曲、挤压及剪应力等进行核算。

（1）AB 截面的（截面积为 A_1）的离心拉应力为

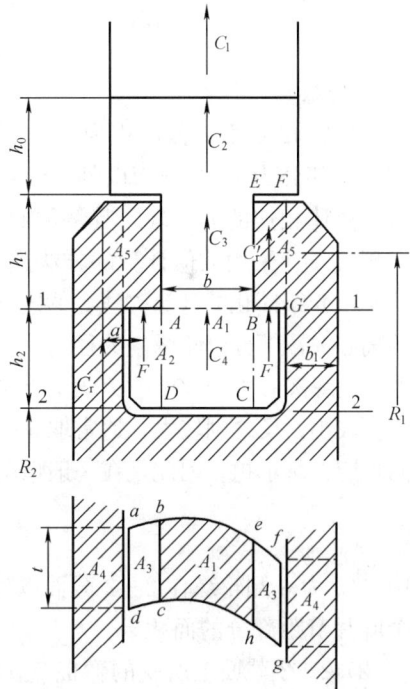

图 8-12　T 形叶根的强度核算

$$\sigma_x = \frac{1}{A_1}(C_1+C_2+C_3) \tag{8-31}$$

式中：C_1 为叶片型线部分（包括围带与拉金）的离心力；C_2、C_3 为叶根 h_0 及 h_1 部分的离心力。

（2）AD 及 BC 截面（截面积为 A_2）的剪切应力

$$\tau = \frac{1}{2A_2}(C_1 + C_2 + C_3 + C_4) = \frac{1}{2A_2}\sum C \qquad (8\text{-}32)$$

式中：C_4 为高度为 h_2、截面为 $cbeh$ 部分的叶根离心力。

（3）$abcd$ 及 $efgh$ 面（单侧面积为 A_3）上所受的挤压应力为

$$\sigma_c = \frac{1}{2A_3}(\sum C + C_5) \qquad (8\text{-}33)$$

式中：C_5 为高度为 h_2、截面为 $abcd$ 和 $efgh$ 部分的叶根离心力。

在计算受压面积 A_3 时应扣除轮缘及叶根上过渡圆角及倒角部分尺寸。

（4）AD 及 BC 截面离心弯曲应力。计算时将叶片总离心力作为一集中负载

$$\sigma_b = \frac{M}{W} = \frac{\frac{1}{2}\sum C \times \frac{1}{2}(b_2 - b)}{\frac{1}{6}th_2^2} = \frac{3}{2}\frac{\sum C(b_2 - b)}{th_2^2} \qquad (8\text{-}34)$$

（5）AB 截面的蒸汽弯曲应力

$$\sigma_b = \frac{M_{1\text{-}1}}{W_{1\text{-}1}} = \frac{F_u\left(\frac{1}{2} + h_0 + h_1\right)}{\frac{1}{6}bt^2} = F_u\left(\frac{1}{2} + h_0 + h_1\right)\frac{b}{6t^2} \qquad (8\text{-}35)$$

2. 轮缘

（1）2—2 截面（截面积为 A_4）的离心拉应力。轮缘 2—2 截面上所受到的拉力由两部分组成，一部分为 2—2 截面以外轮缘本身部分的离心力，另一部分为叶片的离心力。轮缘是与轮体整体相连的薄圆环，其每侧的离心力 C_r 应由轮缘内的切向拉应力与径向拉应力所平衡。现代设计采用数值计算的方法进行轮缘应力分析，可将整个叶轮一起计算。

本节介绍简化的计算方法。假定叶片的离心力完全由轮缘内的径向拉应力所平衡；轮缘本身的离心力，部分由轮缘内的径向拉应力平衡，部分由切向拉应力平衡。径向应力所平衡部分近似占轮缘离心力的 $50\% \sim 70\%$，当轮缘内外半径之比相对较小时（内外径相差较大），所占的比例较小；反之则较大，通常取 60%。若轮缘上有切口时，则近似地认为轮缘离心力全部由径向拉应力所承担。因此，在一般情况下轮缘 2—2 截面上的离心拉应力可表示为

$$\sigma_t = \frac{1}{A_4}\left(\frac{\sum C}{2} + \frac{2}{3}C_r\right) \qquad (8\text{-}36)$$

式中：C_r 为一侧轮缘在 2—2 截面以外一个叶片节距部分的离心力；A_4 为轮缘在 2—2 截面一个叶片节距部分的面积。

（2）2—2 截面上所受的弯曲应力。在轮缘 2—2 截面上，受到偏心载荷 F 所产生的弯矩。轮缘是圆环形，为了简化计算，忽略其曲率，近似地认为是一直梁，这种简化在轮缘直径较大时，是足够准确的。此外，轮缘本身偏出部分 $BEFG$ 亦产生一离心力，计算时亦可近似地认为这部分离心力 C_r' 的 2/3 产生弯矩。因此，由偏心离心力产生的弯曲应力按每一个叶片节距计算为

$$\sigma_b = \frac{M}{W_{2\text{-}2}} = \frac{\dfrac{\sum C}{2}a + \dfrac{2}{3} \times \dfrac{C_r'}{z_b}a'}{\dfrac{1}{3}\dfrac{\pi R_2}{z_b}b_1^2} \qquad (8\text{-}37)$$

式中：C'_r 为轮缘 BEFG 部分总的离心力；a、a' 分别为叶片总离心力及 C'_r 力对截面 2—2 的力臂；R_2 为 2—2 截面处的半径；b_1 为轮缘部分的宽度。

（3）FG 截面（面积为 A_5）的剪切应力为

$$\tau = \frac{1}{A_5}\left(\frac{\sum C}{2} + \frac{2}{3Z_b}C'_r\right) = \frac{z_b}{4\pi R_1 h_1}\left(\sum C + \frac{4}{3z_b}C'_r\right) \tag{8-38}$$

式中：R_1 为 FG 截面的平均半径。

由以上计算看出，T 形叶根在叶根处有很大的弯曲应力，叶根还受到挤压及剪切应力，故叶根颈部不能过窄，其他对应尺寸不能过小。T 形叶根轮缘亦受到很大弯矩的作用，使得轮缘厚度不能过小。叶根及轮缘尺寸增大，会增大级的轴向尺寸及汽轮机长度。因此，T 形叶根多用于较短的叶片。

对于双 T 形叶根，可假设轮缘对叶根的支撑反作用力在两个根上均匀分布，其他计算与前面相似。

关于其他类型叶根及轮缘所受应力的计算方法，相似的部分与 T 形叶根中情况一样处理，不再赘述。以下只说明计算中的特殊问题。

3. 外包 T 形叶根

当叶片加长，T 形叶根离心力增大时，轮缘上受到很大的拉弯合成应力。为此，将叶片设计成有外包小脚的形状，如图 8-13 所示。当轮缘受力外张时，受到叶根上的外包小脚的阻挡，抵消轮缘上的部分弯矩，可有效地减小轮缘的尺寸。轮缘受到的反力 H 的大小与轮缘的变形有关，即与轮缘受力 F 的大小有关。轮缘可视为一静定梁，基于小脚接触面挠度近似等于零的变形协调条件，用卡氏定理可求解反力 H。

（二）枞树形叶根

当叶片较长时，为了避免过大地增加轮缘及叶根尺寸，多采用枞树形叶根，见图 8-3。枞树形叶根有较多的齿，且齿高较小，可承担很大离心力。根据受力分析可知，靠上面的齿承受较大的离心力载荷，靠下面的齿承受的载荷逐渐减小，故叶根宽度设计为向下逐渐减小，从而使轮缘截面尺寸逐渐变大，强度增强。这种叶根加工复杂，精度要求较高。

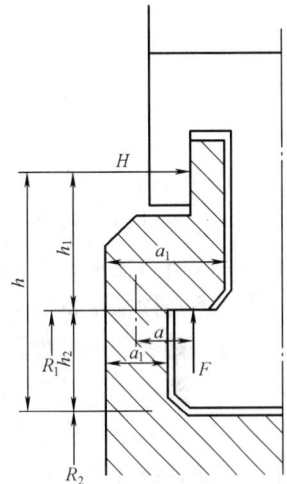

图 8-13　外包 T 形叶根计算图

若叶根及轮缘为绝对刚体，考虑到加工误差，在叶根两侧只能各有一个齿与轮缘接触。实际上，叶轮及叶片都是弹性材料，因而最初只会有两个齿接触，受力后将产生弹性变形，使其他齿亦开始接触并承担负载。若加工误差偏大，使负载在各齿间分配不匀，个别齿吃力过大，则该齿可能发生局部塑性变形，而其他齿逐渐接触并承担更大负载，各齿的受力趋于均匀。高温区工作的汽轮机级，例如调节级，其叶根更易产生局部塑性变形。因此，可认为负载最终在各齿间均匀分配。从偏安全角度出发，当齿数较多时，计算时可假设有两齿不吃力。

枞树形叶根形状复杂，采用数值方法（如有限元方法）进行应力计算，能较好地分析应力集中的情况，从而优化叶根结构，提高强度裕度。类似上述 T 形叶根的计算方法，在现代设计中只用于应力估算。

（三）叉形叶根

叉形叶根多用于长叶片级，叶片的离心力通过销钉传给轮缘。此叶根的优点是轮缘不承受过大的弯曲应力，因而在较小的尺寸下可承受较大的离心力。但叶根和轮缘被销钉孔所削弱，成为薄弱环节。在受到叶片离心力的作用时，销钉受到剪切和挤压，叶根和轮缘在销钉孔的截面上受到挤压和拉伸。为此，销钉孔一般开在叶根的骑缝面上，使销钉所在叶根截面和强度被削弱部分较少。叶根叉数少则1～2个，多则5～6个。为了提高叶根强度，可增加叶根的叉数。

叉形叶根强度的核算，可采用上述计算原理进行。需要指出的是，由于在叶根骑缝面上开有销钉孔，使得叶片离心力 C 的方向线不再通过叶根1—1截面形心 O，而有一偏心距 e，如图 8 - 14 所示。故离心力亦产生弯矩，应当加以核算。

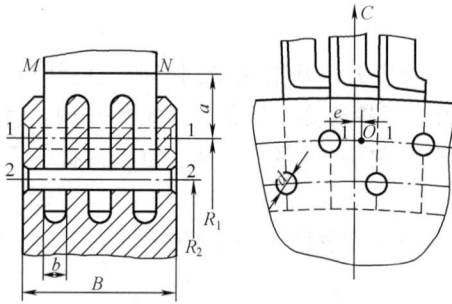

图 8 - 14　叉形叶根计算图

第三节　叶 片 振 动

振动与汽轮机安全运行的关系极大，零部件或整个机组的过大振动，均会带来严重的后果。国内外统计资料表明，许多汽轮机的重大事故均起因于振动。在汽轮机振动事故中，叶片振动事故所占比例一直比较大。比如，调节级叶片处在恶劣条件下工作，叶片除了承受静应力外，还必须承受蒸汽的冲击力及喷嘴隔板结构引起的激振力。低压部分的动叶片和叶轮往往是应力最大的零部件，在异常排汽压力、低负荷、空负荷及其他非正常运行方式下，汽流会产生强烈扰动，叶片的动应力比正常情况下要大很多。末几级长叶片是弯扭变截面叶片，振动特性复杂，由于弯曲振动与扭转振动的耦合，极易发生共振。除调节级和末级动叶片外，其他各级叶片也往往因振动强度不合格而造成叶片断裂。频率异常等不良运行方式会影响零部件的振动特性，亦容易造成叶片的断裂。因此，必须研究叶片的振动特性和激振力特性，从设计和运行的角度保障叶片的安全。

一、叶片振动及相关概念

（一）叶片的振动与共振

叶片是一个弹性体，若在外力作用下迫使其离开原平衡位置，当外力除去时，叶片将在原平衡位置的两侧做往复自由振动，其振动频率为叶片的自振频率。叶片的自振频率取决于叶片的结构、尺寸、材料性质以及固定方式等因素，它随着参与振动的质量增大而降低，随固定刚度的增大而升高。当叶片受激励而振动时，由于材料的内摩擦以及外界介质的阻尼作用，振幅会逐渐减小、衰减并消失。如果外力是周期性激振力，则叶片会一直振动下去。这种强迫振动的幅值和相位不仅取决于叶片结构和材料，也取决于激振力的性质。

根据力学分析，弹性体受到简谐激振力使其离开平衡位置发生单自由度振动时，振动位移 x 的运动规律符合如下动力学方程，即

$$\ddot{x} + \alpha \dot{x} + kx = A\sin(\omega t + \varphi)$$

$$(8 - 39)$$

式中：α 为比例常数（阻尼力与振动速度成比例）；k 为振动刚度。

式（8-39）中，方程右端是简谐激振力描述。稳定时，此弹性体的振动为简谐运动，其振幅与激振力作用下所产生的静位移之比称为放大系数 β，其表达式为

$$\beta = \frac{1}{\sqrt{(1-\gamma^2)^2 + 4\zeta^2\gamma^2}} \qquad (8-40)$$

$$\zeta = \alpha/2m$$

式中：γ 为激振频率与自振频率之比；ζ 为相对阻尼系数；m 为振动质量。

放大系数 β 与 γ 及 ζ 的关系可用图 8-15 中的幅频特性曲线表示。从图 8-15 中可以看出：

（1）当 $\gamma=0$ 时，即激振力为稳定的静负荷时，$\beta=1$，振幅即静位移；

（2）当没有阻尼，即 $\zeta=0$ 时，在激振频率等于自振频率时，β 为无限大，将发生共振破坏；

（3）有阻尼时，随着阻尼系数 ζ 的增大，β 值降低，即振幅减小，产生最大振幅时的 γ 值亦稍降低，略小于 1；

（4）当激振力频率不等于自振频率，两者相差一数值后，例如相差 15%，即当 $\gamma<0.85$ 或 $\gamma>1.15$ 时，β 迅速降低，振动应力亦随之减小，即激振力频率与自振频率避开一安全距离后，可使振动应力降低到安全范围内；

（5）当自振频率高于激振频率时，$\gamma<1$，β 值逐渐趋近于 1，即使自振频率是激振频率的整数倍数，如 $\gamma=1/3$、$1/2$ 等，都不会引起共振；

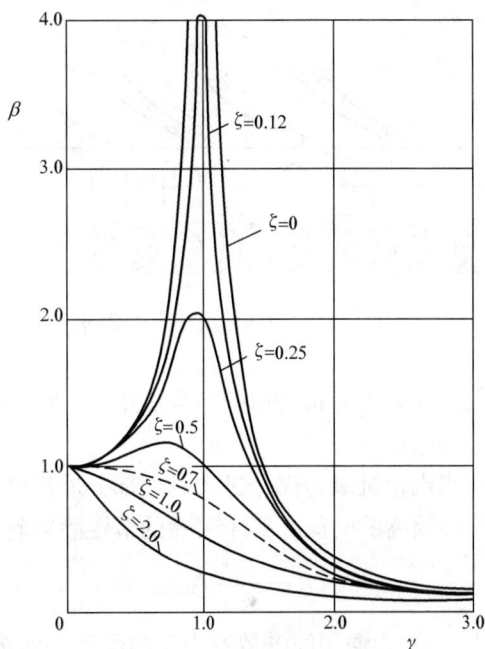

图 8-15　幅频特性曲线

（6）当自振频率比激振频率低得较多时，即 $\gamma\gg1$ 时，振幅逐渐趋近于零。

（二）激振力及其频率

1. 低频激振力——第一类激振力

低频激振力是由于汽轮机级轮周上某处汽流的方向或大小异常，叶片每经过此处所受到的干扰力。产生这种激振力的原因通常有以下几个：

（1）个别喷嘴加工尺寸偏差大或者损坏；

（2）上下两隔板接合面处汽流异常；

（3）级前或级后有抽汽口，抽汽口旁汽流异常；

（4）级前或级后有加强筋，干扰汽流；

（5）部分进汽；

（6）采用喷嘴调节，进汽弧度分段，进汽由数个调节阀分别控制。

当一个喷嘴异常时，叶片每转一周受到干扰一次，则激振频率等于 $1n$，n 为汽轮机的工作转数频率。当上下隔板接合面处异常时，叶片每转过 180° 便受到一次干扰，则激振频率为

$2n$。对于有 a 个均匀分布的加强筋情况，激振频率为 an。因此，这种激振力的频率可表示为 an，其中 a 为数目不大的正整数。

必须指出的是，汽流异常处必须是沿圆周对称的才能按上述方法计算，否则应仔细分析异常结构的分布，再计算频率。例如，当两个异常喷嘴相隔 90°时，激振力频率为

$$f = \frac{1}{T} = \frac{1}{\frac{90°}{360°n}} = 4n$$

从上式可以看出，叶片受到激励的最小间隔是 90°，相当于叶片旋转一周受到 4 次激振，故激振频率为 $4n$，不再是 $2n$。

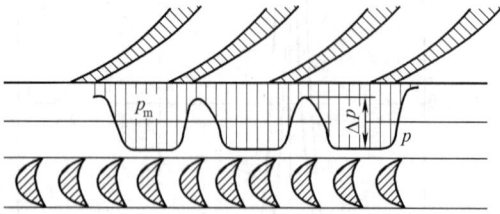

图 8 - 16 喷嘴后汽流力的分布

2. 高频激振力——第二类激振力

由于喷嘴静叶出口边缘有一定的厚度，使进入动叶片的汽流沿圆周作用力不均匀，叶片每经过一喷嘴出口边时汽流作用力要变化一次，见图 8 - 16。所以，当一级内有 z_n 个喷嘴时，动叶片受到周期性大小变化的交变激振力的频率为 nz_n。通常一级喷嘴总有 40～90 个，故此种激振力的频率为（40～90）n。如果汽轮机转速频率为 50Hz，则激振力频率为（40～90）×50 =2000～4500Hz，称为高频激振力。

当汽轮机级为部分进汽时，部分进汽度为 e、喷嘴数为 z_n，这时激振力的周期为叶片经过每一喷嘴的时间，等于喷嘴的节距除以轮周速度，即

$$T = \frac{e\pi D}{z_n}/\pi Dn = \frac{e}{z_n n}, \quad f = \frac{1}{T} = \frac{z_n n}{e} = z'_n n, \quad z'_n = \frac{z_n}{e}$$

式中：z'_n 为假想喷嘴数或当量喷嘴数，即按现有喷嘴的节距排满全圆周时的喷嘴数。

（三）单个叶片（自由叶片）的振型

1. 切向振动

叶片在叶轮平面内的振动，称为切向振动。实际上，叶片振动时，一般是绕最小惯性轴振动，但因其方向与轮周方向相近，故习惯上仍称为切向振动。当叶片做切向振动时，如图 8 - 17 和图 8 - 18 所示，在叶身中间可能没有节点（振动叶片上位移为零的点称为节点，严格地讲应是一条位移为零的线），或者有一、两个节点，或者有多个节点，每个节点上、下两部分的振动方向相反。

叶片顶部有振动位移的振型称为 A 型振动，其中没有节点（0 节点）的振型称为切向 A_0 型，有一个节点和两个节点的振型分别称为切向 A_1 型和 A_2 型，如此类推，用 A_{0t}、A_{1t} 及 A_{2t} 等来分别表示。又因为切向振型是经常讨论的主振型，故又常简称 A_0、A_1 及 A_2 振型。多节点的切向振型，其对应频率很高，

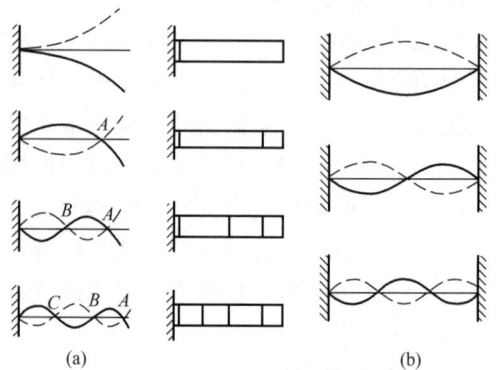

图 8 - 17 A 型和 B 型振动

（a）A 型振动；（b）B 型振动

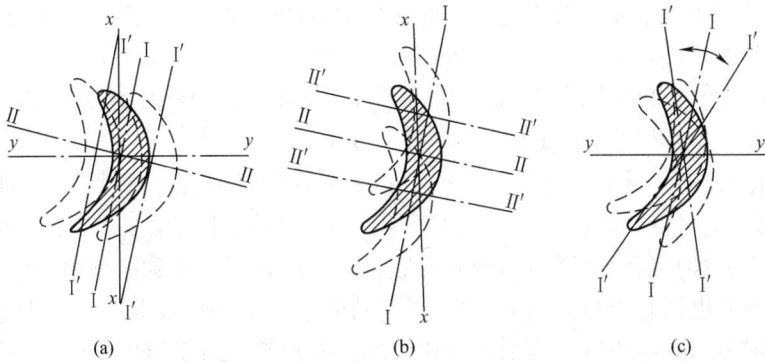

图 8 - 18　叶片的振动类型

（a）切向振动；（b）轴向振动；（c）扭转振动

一般很少发生。

叶身振动而叶顶不动的振型称为 B 型振动，自由叶片不会发生 B 型振动。

2. 轴向振动

叶片在汽轮机轴向或者在绕其最大惯性轴方向上的振动称为轴向振动。因叶片在该方向上的刚度很大，一般不会发生高阶振动，只有轴向 A_0 型振动有可能发生，用 A_{0a} 表示。

3. 扭转振动

叶片绕叶身上某一轴线往复扭转，称为扭转振动。这种振动常发生在较长的扭叶片上。在扭转振动时，叶身上可能只有一条节线，亦可能有多条，根据叶身上的节线根数，分别称为 T_1、T_2 及 T_3 等扭转振型 [见图 8 - 18（c）]。

（四）叶片组的振型

1. 切向振动

所谓叶片组即用围带或拉金将叶片连接成组，相对于自由叶片，其特点是叶片顶部或中间某一位置受到变形的约束，因此有其特殊的振动特性。

与单个自由叶片相同，若叶片组顶部有振动位移，则根据叶身上的节点数目，仍称之为 A_{0t}、A_{1t} 及 A_{2t} 型振动，或者简称 A_0、A_1、A_2 型振动，见图 8 - 19（a）、（b）、（c）。当用拉

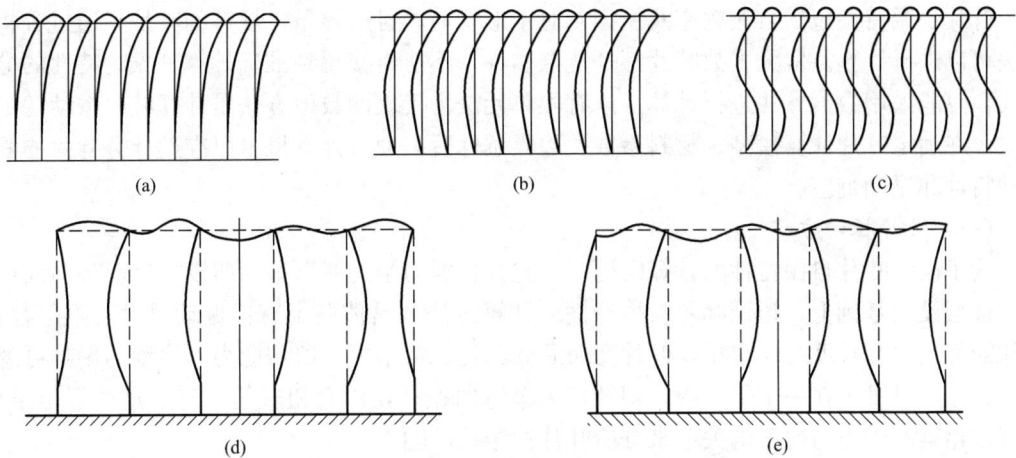

图 8 - 19　叶片组的切向 A 型及 B_0 型振动

（a）切向 A_0 型振动；（b）A_1 型振动；（c）A_2 型振动；（d）第一类对称 B_0 型振动；（e）第二类对称 B_0 型振动

金连接叶片组时，节点常在拉金附近。当叶片顶部用围带连接时，由于叶顶受到约束，可能叶身振动而叶顶不动或者近似不动，产生切向 B 型振动，叶片上无节点的，称为 B_{0t} 型振动；有节点的，按节点的数目分别称为 B_{1t}、B_{2t} 型振动，简称 B_0、B_1 及 B_2 型振动。切向 B 型振动为叶片的主要振型，但 B_1 型以上的振型较少发生。

当叶片组作 B_0 型振动时，凡与叶片组中心线两侧等距离对应的叶片振动相位双双相反的称为 B_0 型第一类对称，如图 8 - 19（d）所示；若对应叶片相位双双相同，则称为第二类对称，如图 8 - 19（e）所示。随着组内叶片数目的增加，同一对称振型中各叶片亦会有不同的相位排列，频率也稍有差异。因此，B_0 型振动的频率常为一频带，即叶片组在不太大的频率范围内有很多不同的相位组合形式与相应的自振频率。由于组内各叶片及围带的装配质量不尽相同，因而亦会出现非对称 B_0 型振动。在实际 B_0 型振动中，叶顶也不是绝对没有振动位移。故也有时因叶片组做 A 型振动时，组内各叶片振动相位相同，将其称做同相振动，而将组内各叶片振动相位不同的 B 型振动称为异相振动。

2. 轴向振动及轴向扭转振动

当叶片组作轴向振动时，可以成组地同时沿轴向前、后振动，而相邻叶片组常做相位方向相反的振动。在一组叶片做轴向振动时，围带上也可能有节点出现，在节点两侧，叶片轴向振动的方向相反。叶片做这种振动时，实际上也有扭转变形，故称为轴向扭转振动。根据围带上节点数的多少，分别称为 T_1、T_2、…型振动。

3. 扭转振动

当叶片成组后，叶片在组内仍可各自做扭转振动，在叶身上也有节线，节线可以是一根或者是多根，根据节线的多少区分扭转振型。

（五）叶片振动损坏的特征

当叶片由于发生共振而损坏时，受到的是往复交变的应力，故表现为疲劳损坏的特征，断面较光亮平整，具有贝壳纹路。由断口金相图可以看出疲劳损坏逐渐发展的过程，也可看出损坏的起始点和破裂发展的方向。当断裂面积逐渐扩大时，叶片强度显著降低，最后因应力过大而被拉断，被拉断的区域，断面呈现出高低不平状。

二、单个叶片自振特性计算

叶片自振特性包括自振频率及振型。对于形状简单且边界条件规整的叶片，通过分析的方法可以进行计算。但大多数叶片都是复杂构件，不能直接得到准确计算其振动特性的分析公式，只能采用数值方法进行计算。以有限单元法为代表的数值方法是计算叶片振动的成熟方法。在确定叶片计算模型、材料参数及边界条件后，通过计算机可以准确计算叶片的固有振动特性和振动响应。

（一）叶片振动方程

为了说明叶片自振特性的计算问题，首先在材料力学的变形平面假设、材料各向同性及均匀性假设的基础上，讨论叶片自振特性的计算方法。具体假定有：振动时没有阻尼存在；叶片断面尺寸和长度之比很小，叶片弯曲后截面仍保持平面；剪切应力对挠度的影响可忽略不计；振动只发生在一个平面内，即叶片为单弯曲振动，没有扭转等。有了这些假定条件，就可以用梁的受力与挠度的关系来分析叶片的振动问题。

叶片振动时，其上任一点相对原平衡位置的位移 y 是时间 t 和距叶根距离 x 的函数，即

$$y = f(x,t)$$

设叶片振动为简谐运动，故叶片振动时的挠度曲线可以用式（8 - 41）描述，即

$$y = y_0(x)\cos(\omega t + \alpha) \tag{8 - 41}$$

式中：y_0 为在叶片高度 x 处的最大振幅，$y_0 = y_0(x)$ 称为叶片的振型曲线；α 为振动初相位角，不失一般性，可以设为零；ω 为圆频率，即在 2π 时间内叶片振动的次数。

叶片在做自由振动时，如果没有外力作用，则在任何瞬间，叶片仅受弹性力和惯性力的作用。弹性力欲使叶片恢复到原平衡位置，惯性力却使其按原运动方向振动下去。惯性力与弹性力都是随时间改变的函数，且总是大小相等而方向相反，即

$$q(x) + ma = 0 \tag{8 - 42}$$

作用在叶高 x 处单位叶片长度上的惯性力为

$$ma = \rho A_x \frac{\partial^2 y}{\partial t^2}$$

式中：y 不仅为时间的函数，同时也是 x 的函数，故写成偏导数的形式；ρ 为叶片材料质量密度；A_x 为 x 处叶片截面积。在 x 处的弹性力可用产生同样挠度的静负载 $q(x)$ 表示。

材料力学中梁的载荷 $q(x)$ 与切力 Q_x、弯矩 M_x 及挠度 y 间的关系为

$$q(x) = \frac{\partial Q_x}{\partial x} = \frac{\partial^2 M_x}{\partial x^2}, M_x = EI_x \frac{\partial^2 y}{\partial x^2}$$

代入式（8 - 42）可得振动方程

$$\frac{\partial^2 M_x}{\partial x^2} + \rho A_x \frac{\partial^2 y}{\partial t^2} = \frac{\partial^2}{\partial x^2}\left(EI_x \frac{\partial^2 y}{\partial x^2}\right) + \rho A_x \frac{\partial^2 y}{\partial t^2} = 0 \tag{8 - 43}$$

（二）等截面自由叶片的自振特性

对于等截面自由叶片而言，I 与 A 均为常数，不是 x 的函数，则由式（8 - 43）得

$$\rho A \frac{\partial^2 y}{\partial t^2} + EI \frac{\partial^4 y}{\partial x^4} = 0 \tag{8 - 44}$$

由 $y = y_0\cos(\omega t + \alpha)$，求得

$$\frac{\partial y}{\partial t} = -y_0\omega\sin(\omega t + \alpha), \frac{\partial^2 y}{\partial t^2} = -y_0\omega^2\cos(\omega t + \alpha)$$

代入式（8 - 44）得

$$-\rho A y_0 \omega^2 \cos(\omega t + \alpha) + EI \frac{\partial^4 y_0}{\partial x^4}\cos(\omega t + \alpha) = 0$$

即

$$\frac{\partial^4 y_0}{\partial x^4} - \frac{\rho A}{EI}\omega^2 y_0 = 0 \tag{8 - 45}$$

由于 y_0 只是 x 的函数，与时间无关，故可将上式中的偏微分形式写成常微分形式，得

$$\frac{\mathrm{d}^4 y_0}{\mathrm{d}x^4} - k^4 y_0 = 0 \tag{8 - 46}$$

其中

$$k^4 = \frac{\rho A}{EI}\omega^2$$

式（8 - 46）为常系数线性微分方程式，可方便地写出其通解，即

$$y_0 = C_1 \sin(kx) + C_2 \cos(kx) + C_3 \sinh(kx) + C_4 \cosh(kx) \tag{8 - 47}$$

式（8 - 47）中的积分常数 C_1、C_2、C_3、C_4 可根据边界条件求得。

对于自由叶片，其 A 型振动时的边界条件如下：

(1) $x=0$，$y_0=0$，$\dfrac{dy_0}{dx}=0$（根部牢固固定，叶根处位移和转角为零）；

(2) $x=l$，$M=\left(\dfrac{d^2 y_0}{dx^2}\right)_l=0$，$Q=\left(\dfrac{d^3 y_0}{dx^3}\right)_l=0$（叶顶自由，没有弯矩和切力）。

将上述边界条件代入式（8-47）中，可确定积分常数 C_1、C_2、C_3、C_4，得到如下方程：

$$\left[\cos(kl)+\cosh(kl)\right]^2+\sin^2(kl)-\sinh^2(kl)=0$$

因为

$$\sin^2(kl)+\cos^2(kl)=1，\quad -\sinh^2(kl)+\cosh^2(kl)=1$$

所以最终求得

$$\cos(kl)\cosh(kl)=-1 \tag{8-48}$$

由以上讨论可以看出，根据已知的边界条件并不能求出振幅 y_0，因为 y_0 的数值取决于激振力的大小。但是，可以知道 y_0 随 x 的变化规律，即叶片的振型。求解式（8-48），能得到 kl 的数值。

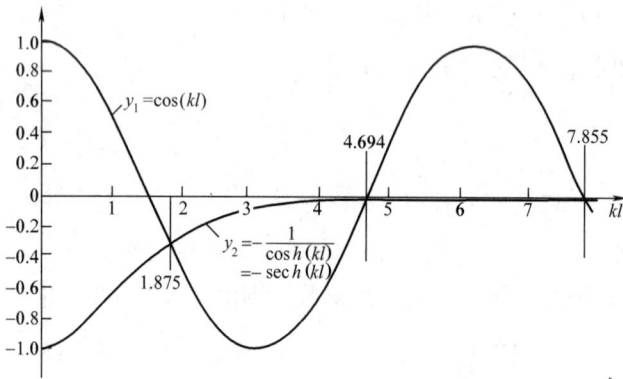

图 8-20 方程式（8-48）的解

画出 $y_1=\cos(kl)$ 及 $y_2=-1/\cosh(kl)$ 的曲线，两曲线的交点即为式（8-48）的解，如图 8-20 所示。可以看出，满足上述方程式的 kl 解有无限多。即叶片在同一边界条件下振动时，可以有无限个不同的自振频率与振型。这是由于叶片是连续弹性体，有无限个自由度。但是，除非在强迫振动条件下，叶片一般不会发生高自振频率下的振动。此外，由于 $-1/\cosh(kl)$ 很快地向零逼近，更高的 kl 值之间的差向 π 值逼近，无需再详细求解。表 8-1 给出了最低 6 个 kl 值。

表 8-1　　　　　　　　　　　单个叶片作 A 型振动时最小的 6 个 kl 值

$k_0 l$	$k_1 l$	$k_2 l$	$k_3 l$	$k_4 l$	$k_5 l$
1.875	4.694	7.855	10.996	14.137	17.279

在求得 kl 值后，可求出叶片的自振频率，即

$$f=\frac{\omega}{2\pi}=\frac{1}{2\pi}k^2\sqrt{\frac{EI}{A\rho}}=\frac{(kl)^2}{2\pi}\sqrt{\frac{EI}{Al^4\rho}}=\frac{(kl)^2}{2\pi}\sqrt{\frac{EI}{ml^3}} \tag{8-49}$$

A_0 型振动频率最低，其值为

$$f_{A_0}=\frac{(k_0 l)^2}{2\pi}\sqrt{\frac{EI}{ml^3}} \tag{8-50}$$

A_1、A_2…振型的自振频率可用与 A_0 型自振频率的比值 φ 来表示。分别为

$$\varphi_1：\varphi_2：\varphi_3\cdots=f_1/f_0：f_2/f_0：f_3/f_0\cdots$$
$$=(k_1 l)^2/(k_0 l)^2：(k_2 l)^2/(k_0 l)^2：(k_3 l)^2/(k_0 l)^2\cdots$$
$$=6.27：17.55：34.39\cdots$$

（三）　变截面自由叶片的自振频率

当叶片为变截面时，截面积 A 与惯性矩 I 均为叶高 x 的函数，其关系式很难用一个简单的公式表示。因此，对于变截面叶片不能再用前面介绍的分析方法求解。

计算变截面叶片自振频率的近似法很多，能量法是其中较常用的一种。能量法以能量守恒定律为基础。叶片在自由振动时，若没有阻尼存在，则当叶片振动到中间平衡位置时，弹性变形能或势能 U 为零，动能 T 最大；当叶片离开中间原平衡位置，达到最大振动位移处时，速度为零，动能为零，全部动能转换为势能，此时势能最大。根据能量守恒条件，最大势能应当等于最大动能。

考虑到叶片振动方程 $y = y_0(x)\cos(\omega t + \alpha)$，则振动速度为

$$v_x = \frac{\partial y}{\partial t} = - y_0(x)\omega\sin(\omega t + \alpha) \tag{8-51}$$

当 $\sin(\omega t + \alpha) = 1$ 时，速度最大，其值为 $y_0(x)\omega$，故叶片振动的最大动能为

$$T_{\max} = \int_0^l \frac{1}{2} v_{x,\max}^2 \mathrm{d}m = \int_0^l \frac{1}{2} v_{x,\max}^2 \rho A_x \mathrm{d}x = \frac{\rho}{2}\int_0^l [y_0(x)\omega]^2 A_x \mathrm{d}x \tag{8-52}$$

式中：ω 为圆频率，对一定叶片的某一定的振型 ω 为常数。则

$$T_{\max} = \frac{\rho}{2}\omega^2 \int_0^1 A_x y_0^2(x) \mathrm{d}x$$

叶片振动时的变形势能等于作用在各截面上的弯矩 M_x 将叶片弯转成一角度 $\mathrm{d}\theta$ 所做功的总和。当振动位移最大时，即 $y = y_0(x)$ 时，势能最大，其值为

$$U = \int_0^l \frac{1}{2} M_{x,\max} \mathrm{d}\theta$$

设 θ_0 为曲线 $y_0(x)$ 在 x 处的转角，由材料力学可知

$$\frac{M_{x,\max}}{EI_x} = \frac{\mathrm{d}^2 y_0}{\mathrm{d}x^2} = \frac{\mathrm{d}\theta_0}{\mathrm{d}x}$$

故

$$\mathrm{d}\theta_0 = \frac{M_{x,\max}}{EI_x}\mathrm{d}x = \frac{\mathrm{d}^2 y_0}{\mathrm{d}x^2}\mathrm{d}x$$

将以上关系代入势能公式，得

$$U_{\max} = \frac{1}{2}\int_0^l \frac{M_{x,\max}^2}{EI_x}\mathrm{d}x = \frac{E}{2}\int_0^l I_x\left[\frac{\mathrm{d}^2 y_0(x)}{\mathrm{d}x^2}\right]^2 \mathrm{d}x \tag{8-53}$$

根据最大动能与最大势能相等的原理，可求出自振频率，即

$$f = \frac{\omega}{2\pi} = \frac{1}{2\pi}\sqrt{\frac{\int_0^l EI_x\left(\frac{\mathrm{d}^2 y_0}{\mathrm{d}x^2}\right)\mathrm{d}x}{\int_0^l \rho A_x y_0^2 \mathrm{d}x}} \tag{8-54}$$

式（8-54）中，当 I_x、A_x 及 y_0 这三者与 x 的关系为已知时，可用数值方法求出自振频率。但是一般情况下，振动挠度曲线 y_0 为未知。根据瑞利的研究，y_0 用相同边界条件的静力弯曲方程代入计算，误差极小。例如对于等截面叶片，用受均匀负载的悬臂梁的挠度方程替代振动时的振型曲线，其结果与精确理论计算的误差小于 1%。在初步计算时，亦有用等截面叶片的振型曲线作为变截面叶片振型线进行计算的。有时用更简单的近似方程，例如用 $y_0 = ax^b$ 计算，引起的误差也不大。因为自振频率值对振型线很不敏感，这也正是能量法实用的理由。因此，计算自振频率问题就变成计算悬臂梁受均匀负载时的挠度曲线问题。

（四）影响叶片自振频率的因素

1. 工作温度

叶片的自振频率计算及实际测定，往往按常温下的材料弹性模量 E 考虑。当叶片在高温下工作时，E 值降低，其自振频率也将降低，因此应当对计算的自振频率进行温度修正。温度修正系数为

$$K_t = \sqrt{\frac{E_t}{E_{20}}}$$

式中：E_t 为工作温度下的弹性模量；E_{20} 为常温下的弹性模量。修正后的频率 $f_r = K_t f$。

2. 叶根牢固性

在叶片自振频率的理论计算中，假定叶根是刚性固定的，根部的挠度及转角均等于零。实际情况下绝对的刚性固定是没有的，必须进行修正。修正后的频率 $f_r = Kf$。

当叶根部分不是完全刚性固定时，有部分叶根参加振动，因而实际参加振动的叶片长度和质量增加，使叶片的自振频率降低。另外，在叶片计算时，只考虑了纯弯矩的影响，实际上同时还有剪切力作用，又由于叶型不是对称的，在受弯同时亦将发生扭转。当叶片的横截面尺寸相对于长度较小时，影响很小，可以忽视不计；反之，会引起较大的误差。因此，叶片实测自振频率与理论计算值总有一定的差异，两者之比与叶片的柔度 $\lambda = l/i$（l 为叶片工作部分长度，$i = \sqrt{I/A}$）有关。这些影响叶片自振频率的因素实际上不易区分，通常采用根部牢固修正系数 K 来一起校正，即不仅修正叶根固定刚性，也修正上述理论计算值与实测值的其他差异。对于安装正常的叶片，K 值可由图 8-21 中的曲线查出。

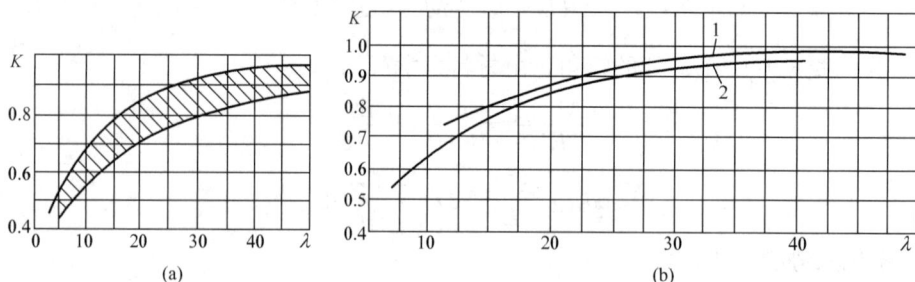

图 8-21　根部牢固修正系数

(a) 修正曲线；(b) 实测曲线

1—外包倒 T 形叶根；2—倒 T 形叶根

对于扭叶片，其 i 值按 $0.5l$ 处的 I 及 A 值计算，由图 8-21 曲线中查出 K 值后，再乘以 $\sqrt{2}\,\bar{l}$（$\bar{l}$ 为单个叶片质心的相对高度，一般均小于 $1/2$）。

由图 8-21 看出，当叶片的柔度 λ 大于 40 以后，对自振频率的影响变化不大，K 值可取 0.95。对于短叶片，K 值很小，表明叶根参加振动的部分较大，此时剪切力的影响亦不能忽略不计。有时也可以将叶根与轮缘的径向最外侧贴紧面作为叶根固定端计算。

（五）叶片动频率

1. 叶轮转动时的叶片自振频率——动频率

当叶片随同叶轮转动时，叶片的离心力除增加叶身的应力外还将把因振动而离开平衡位置的叶片拉直，从而形成一个附加弯矩，阻止叶片振动的弯曲变形，相当于增加了叶片的刚度，使叶片的自振频率高于没有离心力作用时的自振频率，称为动频率，而将在静止状态下

的叶片自振频率称为静频率。

动频率也可用能量法进行计算，但是，更多的情况下采用数值方法计算。如果将叶片作为弹性梁考虑，可以得到动频率和静频率之间的关系：

$$f_d^2 = f^2 + n^2 B_b \tag{8-55}$$

式中：B_b 为叶片的动频系数；f_d 为叶片动频；f 为叶片静频。

2. 影响动频率的其他因素

当叶片振动时，离心力的方向实际上并不是与叶片平衡位置的径向线平行，因此会产生一个轮周方向的分力，此分力增加叶片的振幅，相当于降低叶片的刚度，从而降低叶片的自振频率。此外，叶片在切向 A_0 型振动时，其振动方向并不完全是轮周方向，而是在最大惯性轴方向，这会影响动频系数的计算结果。

以上讨论离心力对频率的影响时，假定叶根处的安装为绝对牢固，不受离心力的影响。实际上由于运行的影响，叶根以及轮缘受力变形后，可能使叶根松动，叶片的动频率降低，从数值上看，相当于 B_b 值变小。若轮缘刚度较低，此影响可能大于离心力产生反弯矩的影响，使得实测叶片的动频率反而较静频率为低。因此，可用试验数据修正计算结果。

对于一般安装工艺的叉型、外包 T 型及枞树型叶根，可用修正系数 ψ_B 来修正叶根的影响。ψ_B 值可根据表 8-2 查得。

表 8-2　　　　　　　　　　　　　　修正系数 ψ_B

f/n	2	3	4	5
ψ_B	0.9~1.0 (0.95)	0.8~0.95 (0.90)	0.7~0.9 (0.85)	0.50 (0.80)

当枞树形叶根安装插销胀紧，外包 T 形叶根外包小脚在动态下与轮缘接触度较好时，ψ_B 可取上限，叉形叶根取中下限；若叶根与叶形底部截面的惯性矩之比大于 3，或者叶根部分有效相对长度较大，或者安装质量差，ψ_B 取下限或者更低；一般可取括号中数值。

3. 动频系数 B_b

在发电厂实际工作中，叶片的静频率常用实测方法得到。为了评价叶片工作时振动的安全性，在计算动频率时，B_b 值常用近似公式算出。离心力对自振频率的影响与振型有关，也与叶片尺寸等有关，因而对不同的振型与叶片尺寸，有不同的经验计算公式。

通过专门的试验台架测试实际叶片的动频是获得动频系数的最可靠方法，但成本较高。现在的计算手段已经能较好地直接计算叶片的动频，通过修正可得到准确的动频系数。

（六）叶片弯扭联合振动

在前面讨论的计算叶片弯曲振动频率的能量法，同样可用于计算叶片的扭转振动频率，即根据叶片扭转到的最大转角（最大扭振位移）时的势能等于扭转到中间位置时的转动动能来进行计算。

对于长的扭叶片，在弯曲变形时，由于叶片的不对称，即使在主惯性轴上受到弯矩，截面上的剪切应力可能不通过截面的弯曲中心，仍将对叶片产生扭矩，使叶片同时扭转变形；另外，因为叶片并非是一圆形截面，当一端固定，对另一端施加扭矩时，沿叶片长度上各截面会发生翘曲，即两截面间将产生沿叶片长度的不均匀变形，故在任意截面上沿长度方向上亦有应力（正应力）存在，构成弯矩；在考虑离心力对振动的影响时，由于叶片的扭曲，离心力有将扭曲部分拉直的趋势，形成扭矩和弯矩等。上述的种种原因，使较长的扭叶片上同时存在弯扭变形，实际振动常为弯扭联合振动。计算其振动频率时，需要复杂的数学模型和更强的计算手段。

三、叶片组的自振频率计算

在前面讨论等截面单个叶片自振频率的基本方程时，并未涉及叶片两端的边界条件，所以，基本方程式（8-46）及其解式（8-47）对于有围带或拉金的等截面叶片组也适用，可根据叶片组的具体边界条件来决定其积分常数，然后求得叶片组的自振频率。

1. 以围带连接的等截面叶片组自振频率

当等截面叶片用围带连接成组时，在振动时将受到因围带质量而产生的惯性力，并且叶顶所受的弯矩不等于零，包括受到围带反弯矩作用，转角也不会等于零。

围带对叶片组自振频率有两个相反的影响，一个是增大了振动系统的质量，使自振频率降低；另一个是增加振动系统的刚度，使自振频率升高。当围带反弯矩一定，围带质量增加使振动系统的质量增大，自振频率降低；当围带质量为常数，增大围带刚度，则反弯矩增大，自振频率增加。因此，叶片组 A_0 型振动的自振频率和没有围带单叶片的自振频率相差不大。对于单叶片，A_1 型与 A_0 型自振频率之比为 6.27，在采用围带后为 5.0~7.2。

但围带连接却使叶片组产生 B 型振动，极端情况下，叶片振动时叶顶可视为不动，位移为零。此时，可简化为以下两种情况。

第一，若围带的刚度及质量很大，且叶片与围带的连接很牢固，叶顶的位移及转角均为零，即 $(y_0)_{x=l} = 0$；$(\mathrm{d}y_0/\mathrm{d}x)_{x=l} = 0$。仍然考虑叶根牢固固定，则 $(y_0)_{x=0} = 0$；$(\mathrm{d}y_0/\mathrm{d}x)_{x=0} = 0$。由此可决定四个积分常数，求出 $\cos(kl)\cosh(kl) = 0$ 的系列解，其中前 5 项 k_0l、k_1l、k_2l、k_3l、k_4l，依次为 4.730、7.853、10.996、14.14 及 17.28。

第二，围带质量很大，由于惯性作用，叶顶的位移近似为零。但因叶片与围带连接不牢，极端情况相当于铰接，故叶顶所受的弯矩为零。此时叶顶的边界条件为：$(y_0)_{x=l} = 0$；$M_{x=l} = (\mathrm{d}^2 y_0/\mathrm{d}x^2)_{x=l} = 0$。仍然考虑叶根牢固固定，可求出四个边界条件同时成立的方程为：$\tan(kl) = \tanh(kl)$。然后求得满足该方程的前 5 项 kl 值，k_0l、k_1l、k_2l、k_3l、k_4l，依次为 3.927、7.069、10.21、13.35 及 16.49。

在求得以上两个极端情况下的 kl 值后，根据 k 的定义式，可求出叶片组 B 型振动的自振频率。真实叶片组的 B 型自振频率应在上两种极限情况范围之内，一般较接近于叶顶铰接情况。

由于 k 的定义与自由叶片频率计算时相同，所差异的只是 kl 值不同，因而不同振型的自振频率，都可用其与单叶片 A_0 型自振频率的比值 φ 来表示。φ 值等于此振型的自振频率的 (kl) 值与单叶片 A_0 型振动的 $(k_{A_0}l)$ 值的平方比，即

$$\varphi = \frac{f_b}{f_{A_0}} = \frac{(k_b l)^2}{(k_{A_0} l)^2} \tag{8-56}$$

对于 B_0 型振动　　　　$\varphi = \frac{(3.927)^2}{(1.875)^2} \sim \frac{(4.730)^2}{(1.875)^2} = 4.387 \sim 6.364$。

2. 以拉金连接的等截面叶片组自振频率

对于用拉金连接的等截面叶片组，当叶顶自由时，可以将叶片模化为在拉金处分成两段的模型。根部和顶部的四个边界条件可定义为：根部牢固（位移与转角为零），叶顶自由（弯矩与剪切力为零）。叶片在拉金处是连续的，故连接处上下两段的挠度和转角相等。根据前述方法，可计算拉金处叶片所受到的弯矩及剪切力。由此，即可求解微分方程，求出系列的 kl 值。

装拉金后叶片的自振频率与单叶片时 A_0 振型的频率比值 φ，不但与拉金的质量和刚度有关，还与拉金安装位置有关。为了在安装拉金后使叶片组的自振频率升高，还可采用空心拉金，这种拉金质量较小，但与实心拉金比刚度变化不大，从而使叶片组的自振频率提高。

四、叶片自振特性的数值计算

能量法计算变截面叶片时，需要将叶片这样的连续体沿长度方向分段，离散成有限多的子连续体，将每段视为等截面段处理。然后，对各子连续体求解微分方程，最后综合求得整个叶片的动力学特性。分段越多、分段的尺寸越小，计算的精度越高，这就是数值计算方法。对于以围带或拉金连接成的叶片组，也可以用能量法计算自振频率，最大动能与最大势能的计算应包括围带或拉金部分的影响。

采用能量法的基本前提是将叶片作为变截面直梁来考虑，显然，对于图 8-22 所示的扭叶片，这是不合适的。对复杂结构和复杂边界条件下的叶片，通常采用有限单元法计算自振频率。依赖于计算机及计算技术的发展，成熟的计算软件已经有很多，可以很好地计算叶片振动问题，包括自振特性和响应特性，甚至计算不同物理场的耦合问题，比如温度场和应力场的耦合问题等。采用分析公式计算叶片振动会逐步被数值计算所代替。

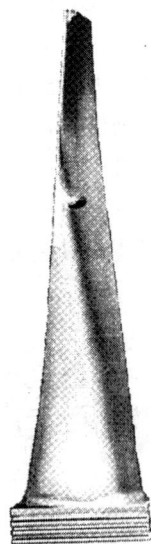

图 8-22　用于 50Hz 的长叶片

五、叶片频率的测定与调频

（一）自振静频率的测定

叶片自振频率可用实测法测定。对新投运的机组，应较全面地测定各级叶片的振型和自振频率。每次大修时，应对叶片的切向 A_0 型的自振频率进行测定、校核，以保证叶片运行的安全。

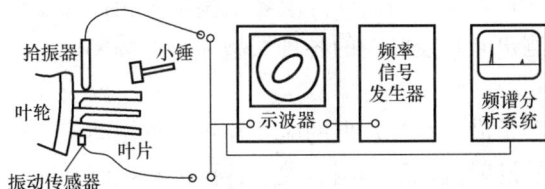

图 8-23　自振法测定叶片自振频率原理图

1. 自振法测频

自振法测频的原则性系统如图 8-23 所示。用橡皮锤或者铜锤敲击叶片，使叶片发生自由振动，然后用传感器将叶片的振动转换为电信号，送至检测仪器以确定叶片的自振频率。

传统的方法是将传感器采集的叶片振动信号放大，与标准信号发生器产生的信号分别通过 X、Y 通道送进示波器，形成合成图像。调整标准信号频率，当其与叶片振动频率成一定倍数关系时，合成图像构成李沙如图，由此判断叶片振动的频率。图 8-24 显示了标准信号频率与叶片振动频率为整数比、而相位不同时，示波器中所显示的图形。

现代叶片振动频率检测更多采用了频谱方法。最普通的频谱方法是将锤击激起的叶片振动

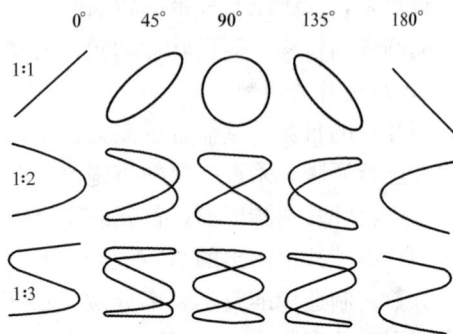

图 8-24　李沙如图

信号送入频谱分析系统，直接根据频谱分析谱峰，判断叶片自振频率。针对振动信号快速衰减的问题，应该在数据采集时给予可靠的触发，及时捕捉振动信号。有条件的情况下，可采用带有力传感器的力锤敲击叶片，将力锤敲击信号作为采集触发信号，也作为叶片振动信号的激励信号，分析所采集振动信号与激励信号的传递关系，判断自振频率。

自振法是一种简单、准确和能迅速测定自振频率的方法，适用于较长的叶片。但因叶片的高频自由振动不易激发，即使产生，也是振幅小、衰减快，故难以用自振法测定。另外，自振法难以区分振型，所以多用来测定中、长叶片的 A_0 型振动频率。

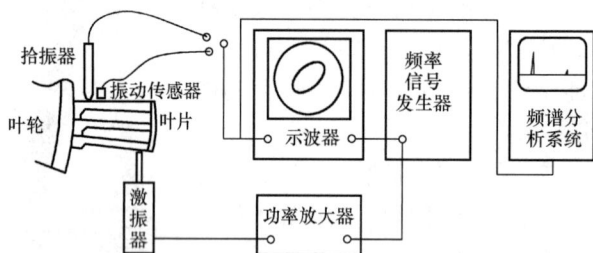

图 8-25 共振法测定叶片自振频率原理图

2. 共振法测频

共振法测量原理如图 8-25 所示。由标准信号发生器产生的频率信号，除输到示波器及频谱分析系统外，还送入功率放大器，将信号功率放大后送到激振器，在激振器内将电气信号转换成为机械振动，经拉杆拉动叶片，使叶片发生与信号发生器频率一致的强迫振动。同时可将压电晶体片贴在叶片根部作为激振叶片的换能器，将信号发生器发生的信号放大并转变为机械振动，使叶片发生强迫振动。

当信号发生器输出的信号频率与叶片自振频率相等时，叶片发生共振，在激振器输出的振动幅值不变的条件下，叶片振幅达到最大值。利用频谱分析、波形分析或示波器上的李氏图可以判别其自振频率。

当叶片被强迫共振时，将传感器触头沿叶片移动，找出叶片上各处振幅及相位的变化规律，即可判断出叶片的振型。共振法可用来测定叶片及叶轮的各种振型和自振频率。

（二）动频率的测定

对旋转叶片振动频率的测定，传统的方法是借贴在叶片上的应变片将机械振动信号转变为电信号，输入到装在转子上的微型无线信号发射机，经调制后发射，再由装在汽缸内、发射机附近的天线接收，用高频电缆从汽缸引出到接收机，经解调放大后，采集和记录振动波形，进行分析，求出振动频率。发射机的电源可由微型电池供给，也可由接收天线向转子上的天线发射电波，经接收整流后供给发射机用。

近年来，对于没有围带的较长叶片，动态检测叶片顶部相对于转子某一标志（如键相标志）的圆周向位移，测定叶片动频，有望成为叶片振动在线检测的一种新途径。

（三）叶片的调频

当叶片的自振频率靠近激振力频率，叶片强度又不能满足不调频叶片的安全要求时，应对叶片进行调频，采取必要的措施改变叶片的自振频率，避开共振的可能。

在进行叶片调频以前，首先应检查安装质量。叶片安装质量的指标是频率分散度，定义为在同一级叶片中测出的 A_0 型振动自振频率最高、最低值之差与平均值（或最低值）之比的百分数。制造标准要求频率分散度小于 8%。当分散度过大时，应检查原因，消除缺陷。拉金与围带的安装质量也应该仔细检查。只有在安装质量良好，而频率仍不合格时才考虑进行调频工作。

影响叶片自振频率的主要因素是叶片的质量与刚度。当质量减少，刚度增加时，自振频率增加；反之则自振频率降低。在进行调频工作时，原则上是设法改变叶片的刚度或质量，但在采取一些调频措施时，常常同时影响到这两个因素，即同时产生两个相反的效果。因此，应根据力学原理确定正确的方法。

常用的调频措施有以下几点。

（1）在拉金或围带与叶片的连接处加焊，增加连接牢固性和固定刚度，提高自振频率。

（2）改变成组叶片的叶片数。一般地说，增加组内的叶片数，可增加每一叶片平均所分担的拉金或围带的反弯矩，因而使自振频率增加，但是当组内叶片数已经较多时，再采用改变组内叶片数的方法，对自振频率的影响较小。

（3）当叶片较厚时，可从叶片顶部沿径向钻减荷孔，减小叶片的质量，因孔在叶片的中心，对叶片的截面系数 W 影响很小，故可以提高叶片的自振频率。

（4）加装围带和拉金，同时改变振动系统的质量与刚度。围带安装良好时，可不产生 A_0 型振动而只产生 B_0 型振动，提高了自振频率。理论分析表明，加装拉金的位置在 $0.6l$ 处使叶片 A_0 型自振频率增加得较多；对 A_1 振型，拉金在 $0.8l$ 处使自振频率增加较多。现代汽轮机普遍采用整圈松拉金，在运行时拉金借助离心力紧压在叶片上，使叶片接近成为整圈连接形式，提高刚度，同时也增大了振动时的阻尼。

当采用上述措施后仍很难调开共振频率范围时，就不得不对叶片进行改型设计。为避开高频共振，有时也重新设计隔板，调整喷嘴数，改变激振力频率 nz_n。

第四节　转子的强度

一、转子与叶轮的结构

汽轮机转子在高温、高压、高转速下工作，承受很大的热负荷及离心力。为了确保可靠工作，转子、叶轮必须具有足够的强度和刚度。强度分析的具体任务就是计算转子各处的应力及变形，保证应力及变形不超过许可值，使转子具有合理的结构形状。

汽轮机转子的种类及结构形式很多。套装转子是将叶轮加温后"红套"在转轴上形成的转子，多用于汽轮机低压部分，见图 8-26。整锻转子为轮盘与转轴整体加工而成，常用于

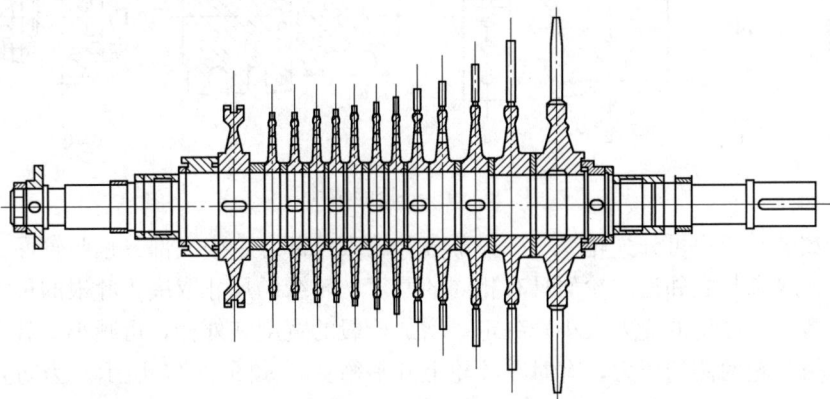

图 8-26　套装转子

汽轮机高压部分,见图 8-27。由一个个圆盘焊接而成的焊接转子也常用于汽轮机的低压部分,见图 8-28。尽管汽轮机转子的形式很多,但无非是由叶轮与转轴组合而成,只是它们的形状及组合方式不相同。因此转子的强度计算包括叶轮及转轴的计算。

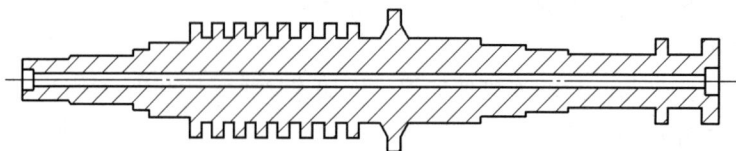

图 8-27 整锻转子

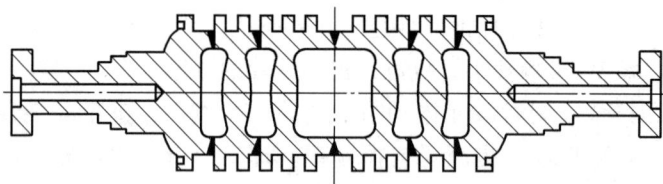

图 8-28 焊接转子

叶轮的结构见图 8-29。当叶轮直径及轮缘线速度不大(120~130m/s 以下)时,常采用等厚度叶轮 [见图 8-29(a)];当圆周速度到达 170m/s 时,轮盘可在靠近轴的地方适当增厚 [见图 8-29(b)]。图 8-29(c)、(g) 所示的锥形叶轮是圆周速度在 150~300m/s 范围的普遍采用的结构形式。双列速度级常用双曲线剖面叶轮 [见图 8-29(d)],但若叶轮直径不大时,也有用等厚度叶轮的。为了加工方便,整锻转子高压部分常采用等厚叶轮 [见图 8-29(e)]。在圆周速度超过 400m/s 的情况下,有时采用等强度叶轮 [见图 8-29(f)],这种叶轮在不同半径处的应力相等。

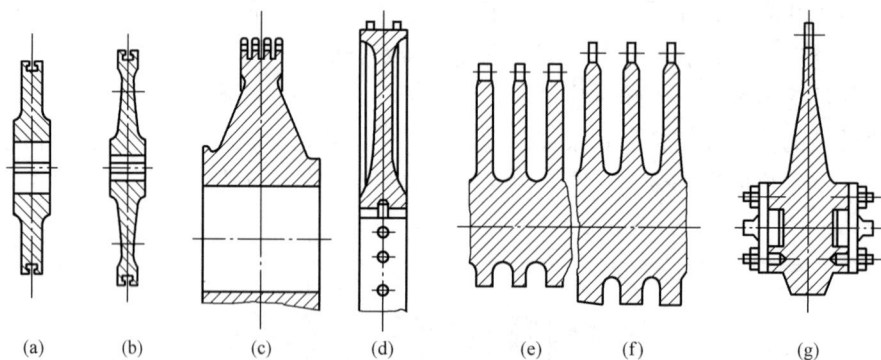

(a)　　(b)　　(c)　　(d)　　(e)　　(f)　　(g)

图 8-29 叶轮的结构

绝大多数的叶轮都可分为轮缘、中央部分和轮毂三部分,中央部分也叫轮面。当叶片宽度不大时,轮缘和与之邻近的轮面具有相同的厚度,轮缘的尺寸取决于叶根的尺寸,轮毂的尺寸则由轮毂中所产生的应力大小来决定。增加轮毂的宽度和外径,可减小轮毂中的应力。

为了平衡叶轮两侧的压力,有时在叶轮上开平衡孔,如图 8-26 所示。为防止平衡孔出现应力集中,在平衡孔边缘必须仔细地加工成半径尽可能大的圆角。

套装叶轮与轴采用过盈配合,这是装配叶轮的主要形式。装配过盈保证了在工作条件下的配合紧度。应该指出，叶轮和轴之间的过盈配合并不能替代键，叶轮与轴之间的扭矩传递主要是由键来保证的。为了不使载荷较重的叶轮强度被键槽所削弱，常采用径向键（端面键）的结构。

二、转子应力基本公式

转子在工作时，所受到的载荷主要是叶片、叶轮和转子本身质量在旋转时所产生的离心力、温度分布梯度引起的热应力，汽流力、重力、传递的扭矩等。如果是套装叶轮，转子和叶轮之间还有过盈接触应力。重力、传递力矩以及汽流力所引起的应力，相比之离心应力、热应力以及过盈应力而言很小，往往在强度计算时忽略不计。转子在运行中允许沿轴向自由膨胀，若不考虑温度应力及局部几何结构的应力分布，可认为轴向应力被完全释放掉。如果不考虑汽流的作用，叶轮中央部分两侧表面是不受载荷的自由表面。因此，无论是哪种结构形式的转子，主要考虑的应力是切向（圆周向）应力 σ_t 和径向应力 σ_r。

在计算技术不断提高的今天，可以用三维的方法计算全尺寸转子的应力分布。本章仍介绍传统计算方法。它是现代计算方法的基础，通过它可掌握强度计算的基本原理。

（一）力的平衡方程

转子以及叶轮基本上是空间轴对称的结构，适合在圆柱坐标系中进行分析。实际的转子（和叶轮）上虽然存在空间不对称的结构，比如键、平衡孔、叶片安装的不对称等，但这些结构相比转子来说是很局部和影响较小的。因此，将转子作为几何轴对称的部件，并不影响其主要力学特征的分析。在这样的模型下，转子任何一条圆周方向环线上的应力和应变被认为是相同的。

在叶轮半径为 R 及 $R+\mathrm{d}R$ 间取一辐角为 $\mathrm{d}\varphi$ 的单元体，其相应的厚度为 y 和 $y+\mathrm{d}y$，如图 8 - 30 所示。此单元体的受力情况如下。

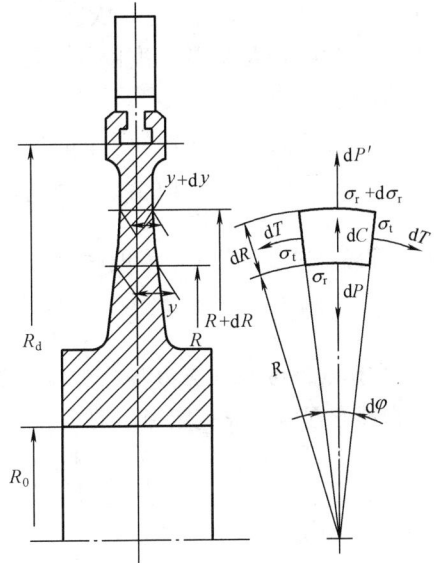

图 8 - 30　转子内微单元体受力图

单元体的离心力：$\mathrm{d}C = R\omega^2\mathrm{d}m = R\omega^2\rho R\mathrm{d}\varphi y\mathrm{d}R = \rho\omega R^2 y\mathrm{d}\varphi\mathrm{d}R$

在单元体内外侧半径为 R 和 $(R+\mathrm{d}R)$ 面上的径向力 $\mathrm{d}P$ 及 $\mathrm{d}P'$ 分别为

$$\mathrm{d}P = yR\mathrm{d}\varphi\sigma_r$$

$$\mathrm{d}P' = (y+\mathrm{d}y)(R+\mathrm{d}R)\mathrm{d}\varphi(\sigma_r+\mathrm{d}\sigma_r)$$

将上式展开，忽略高次微量后得

$$\mathrm{d}P' = \mathrm{d}\varphi(yR\sigma_r + Ry\mathrm{d}\sigma_r + R\sigma_r\mathrm{d}y + y\sigma_r\mathrm{d}R) = Ry\sigma_r\mathrm{d}\varphi + \mathrm{d}(Ry\sigma_r)\mathrm{d}\varphi$$

单元体两侧面上所受的切向力 $\mathrm{d}T$ 为

$$\mathrm{d}T = \sigma_t y\mathrm{d}R$$

根据径向力的平衡

$$\mathrm{d}C + \mathrm{d}P' - \mathrm{d}P - 2\mathrm{d}T\sin\frac{\mathrm{d}\varphi}{2} = \mathrm{d}C + \mathrm{d}P' - \mathrm{d}P - 2\mathrm{d}T\frac{\mathrm{d}\varphi}{2} = 0$$

将前面的 $\mathrm{d}C$、$\mathrm{d}P$、$\mathrm{d}P'$ 及 $\mathrm{d}T$ 值代入，并经整理后得到力的平衡方程

$$\frac{\mathrm{d}(Ry\sigma_r)}{\mathrm{d}R} + \rho\omega^2 R^2 y - y\sigma_t = 0 \tag{8-57}$$

（二）几何方程

当转子运行时，半径 R 处径向总的变形 ξ 是由两部分构成的：一是由于温度升高 Δt 所产生的变形 ξ_1（假定同一半径的微元圆环上的温度相同，其他半径处并不一定相同），$\xi_1 = \alpha R\Delta t$；另一部分变形是由于应力（包括由于各处温度不同所引起的热应力在内）所引起的变形 ξ_2。应变和变形之间的协调关系用几何方程描述。

在半径 R 处切线方向上因应力所产生的应变 ε_t 与径向总变形 ξ 的关系为

$$\varepsilon_t = \frac{2\pi(R+\xi_2) - 2\pi R}{2\pi R} = \frac{\xi_2}{R} = \frac{\xi - \xi_1}{R} = \frac{\xi}{R} - \alpha\Delta t \tag{8-58}$$

由此得
$$\xi = \varepsilon_t R + \alpha R\Delta t$$

$$\frac{\mathrm{d}\xi}{\mathrm{d}R} = \varepsilon_t + R\frac{\mathrm{d}\varepsilon_t}{\mathrm{d}R} + \alpha\Delta t + \alpha R\frac{\mathrm{d}(\Delta t)}{\mathrm{d}R}$$

式中：Δt 为半径 R 处的温度由初始温度的升高值。为书写方便，以后用 t 代表各处温度的改变值。

在半径 R 处，因应力而产生的径向应变 ε_r 为

$$\varepsilon_r = \frac{1}{\mathrm{d}R}\left[\left(\mathrm{d}R + \frac{\mathrm{d}\xi_2}{\mathrm{d}R}\mathrm{d}R\right) - \mathrm{d}R\right] = \frac{\mathrm{d}\xi_2}{\mathrm{d}R} = \frac{\mathrm{d}(\xi - \xi_1)}{\mathrm{d}R} = \frac{\mathrm{d}\xi}{\mathrm{d}R} - \alpha t \tag{8-59}$$

将已求得的 $\mathrm{d}\xi/\mathrm{d}R$ 代入，整理后得

$$\frac{\mathrm{d}\varepsilon_t}{\mathrm{d}R} = \frac{1}{R}(\varepsilon_r - \varepsilon_t) - \alpha\frac{\mathrm{d}t}{\mathrm{d}R} \tag{8-60}$$

（三）物理方程（应力与应变的关系）

物理方程就是虎克定律，对上述转子可写为

$$\varepsilon_t = \frac{1}{E}(\sigma_t - \mu\sigma_r), \quad \varepsilon_r = \frac{1}{E}(\sigma_r - \mu\sigma_t) \tag{8-61}$$

（四）应力计算

将物理方程式（8-61）的第一式微分

$$\frac{\mathrm{d}\varepsilon_t}{\mathrm{d}R} = \frac{1}{E}\left(\frac{\mathrm{d}\sigma_t}{\mathrm{d}R} - \mu\frac{\mathrm{d}\sigma_r}{\mathrm{d}R}\right)$$

代入式（8-60），整理后得到用应力表示的应变协调关系式

$$\frac{\mathrm{d}\sigma_t}{\mathrm{d}R} + (1+\mu)\frac{\sigma_t}{R} = \mu\frac{\mathrm{d}\sigma_r}{\mathrm{d}R} + (1+\mu)\frac{\sigma_r}{R} - E\alpha\frac{\mathrm{d}t}{\mathrm{d}R} \tag{8-62}$$

再根据虎克定律，将应力用应变表示，并将 ε_r 及 ε_t 与 ξ 的几何关系式代入得

$$\left.\begin{aligned}
\sigma_r &= \frac{E}{1-\mu^2}(\varepsilon_r + \mu\varepsilon_t) = \frac{E}{1-\mu^2}\left[\left(\frac{\mathrm{d}\xi}{\mathrm{d}R} - \alpha t\right) + \mu\left(\frac{\xi}{R} - \alpha t\right)\right] \\
\sigma_t &= \frac{E}{1-\mu^2}(\varepsilon_t + \mu\varepsilon_r) = \frac{E}{1-\mu^2}\left[\left(\frac{\xi}{R} - \alpha t\right) + \mu\left(\frac{\mathrm{d}\xi}{\mathrm{d}R} - \alpha t\right)\right]
\end{aligned}\right\} \tag{8-63}$$

当温度沿径向的变化规律 $t = f(R)$ 已知，并假设在相同半径 R 处，径向应力和切向应力都仅为 R 的函数，则可联立上述方程计算应力和应变。

计算叶轮应力时，需要已知叶轮厚度 y 与 R 的关系。由此可计算出应力沿径向的分布。如果要求所有半径上的应力都相等，可以反算出 y 沿半径变化的规律，即等强度叶轮的

型线。

为计算方便，先求出 $d\sigma_r/dR$、$d\sigma_t/dR$，消去 σ_r 及 σ_t，求得以下 ξ 与 R、y 的关系式，即

$$
\left.
\begin{aligned}
&\frac{d^2\xi}{dR^2}+\left[\frac{d(\ln y)}{dR}+\frac{1}{R}\right]\frac{d\xi}{dR}+\left[\frac{\mu a\, d(\ln y)}{R\, dR}-\frac{1}{R^2}\right]\xi\\
&\quad-(1+\mu)\alpha\,\frac{dt}{dR}-(1+\mu)\alpha t\,\frac{d(\ln y)}{dR}+AR=0\\
&A=\frac{1-\mu^2}{E}\rho\omega^2\\
&\frac{d(\ln y)}{dR}=\frac{1}{y}\frac{dy}{dR}
\end{aligned}
\right\}
\tag{8-64}
$$

在已知 y 与 R 的函数关系时求解 ξ，从而由式（8-63）可计算应变和应力。

三、叶轮应力计算

从式（8-63）可知，温度应力可单独求出后再叠加到总应力上去，故在计算时，可先不考虑温度应力的影响。

（一）等厚度叶轮

对于等厚度叶轮，y 为一常数，故 $\dfrac{d(\ln y)}{dR}=0$，代入式（8-64），可得

$$
\frac{d^2\xi}{dR^2}+\frac{1}{R}\frac{d\xi}{dR}-\frac{1}{R^2}\xi+AR=0
$$

求解该方程得到 ξ 及 $d\xi/dR$，并代入式（8-63），整理后得叶轮应力计算方程式

$$
\left.
\begin{aligned}
\sigma_r&=\alpha_r\sigma_{r_1}+\alpha_t\sigma_{t_1}+\alpha_c T\\
\sigma_t&=\beta_r\sigma_{r_1}+\beta_t\sigma_{t_1}+\beta_c T
\end{aligned}
\right\}
\tag{8-65}
$$

其中

$$
\left.
\begin{aligned}
&\alpha_r=\beta_t=\frac{1}{2}(1+m^2)\\
&\alpha_t=\beta_r=\frac{1}{2}(1-m^2)=1-\alpha_r\\
&\alpha_c=2.69[2(1+\mu)m^2+(1-\mu)m^4-(3+\mu)]\\
&\beta_c=2.69[2(1+\mu)m^2-(1-\mu)m^4-(1+3\mu)]\\
&T=\left(\frac{2R}{100}\frac{n}{1000}\right)^2\\
&m=\frac{R_1}{R}
\end{aligned}
\right\}
\tag{8-66}
$$

式中：n 为叶轮转速，r/min；R 为半径，m；μ 为泊松比，对于一般钢材，$\mu=0.3$；ρ 为质量密度，$\rho=7.85\text{kg/m}^2$；应力单位为 10^5 Pa。

从式（8-65）可以看出，任意半径 R 处的 σ_r 及 σ_t 分别由内孔表面处的 σ_{r_1}、σ_{t_1} 及离心力 T 所引起的应力叠加而成，且与 σ_{r_1}、σ_{t_1} 及 T 呈线性关系。

（二）实际叶轮应力计算

1. 计算模型

实际叶轮由于有轮毂及轮缘，形状比较复杂。最常用的应力计算方法是将叶轮近似地分成若干等厚度部分，每段按等厚度叶轮计算，见图 8-31（a）。在分段时，每等厚度叶轮段

的边缘线与原叶轮型线的交点，最好在此段叶轮的平均直径处。当把叶轮分成足够多段，便可得到满足工程精确要求的平均应力分析结果。在每段等厚叶轮中，假定应力沿厚度（即沿汽轮机轴向）的分布是均匀的，在不同厚度的各叶轮段相互连接处，也是如此。在分段时应当注意，相邻的叶轮段厚度不应相差太多。若厚度相差较大，计算误差也相应增加。根据分段处径向力的平衡，可求得在 R_n 处、第 n 及 $n-1$ 叶轮段的径向应力关系为

$$\sigma_{r,n}^n = \sigma_{r,n}^{n-1} \frac{y^{n-1} 2\pi R_n}{y^n 2\pi R_n} = \sigma_{r,n}^{n-1} \frac{y^{n-1}}{y^n} \tag{8-67}$$

式中符号的上角标为段号，下角标为分段面号。

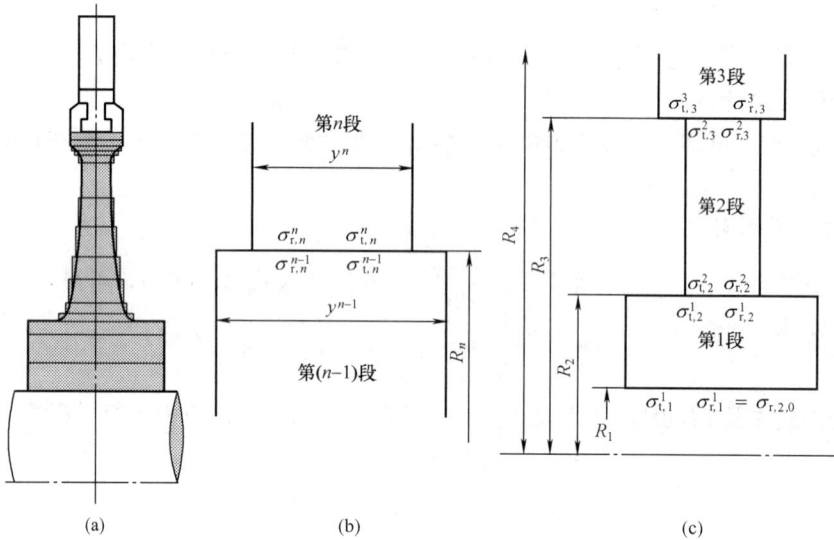

图 8-31 叶轮应力分段计算图

（a）实际叶轮分段；（b）等厚度叶轮段连接处应力符号；（c）叶轮分段编号

在 R_n 半径处，根据变形相等条件，得

$$\varepsilon_t = \frac{\sigma_{t,n}^{n-1} - \mu\sigma_{r,n}^{n-1}}{E} = \frac{\sigma_{t,n}^n - \mu\sigma_{r,n}^n}{E}$$

故

$$\sigma_{t,n}^n = \sigma_{t,n}^{n-1} - \mu(\sigma_{r,n}^{n-1} - \sigma_{r,n}^n) = \sigma_{t,n}^{n-1} - \mu\sigma_{r,n}^{n-1}\left(1 - \frac{\sigma_{r,n}^n}{\sigma_{r,n}^{n-1}}\right)$$

$$= \sigma_{t,n}^{n-1} - \mu\sigma_{r,n}^{n-1} \times \left(1 - \frac{y^{n-1}}{y^n}\right) \tag{8-68}$$

由此，可以写出每一个等厚叶轮段外缘处、内缘处和上下连接处的应力关系式，加上已知的轮缘及轮孔处的应力，构成线性方程组，可联立求解，得出各分段面处的应力值。

2. 二次计算法

因为叶轮内各种外载荷引起的应力之间的关系是线性关系，故可根据应力的叠加原理进行应力计算，通常采用所谓两次计算法。

假设已知转速 n 和内外表面径向应力 σ_{r1} 和 σ_{r2}。

第一次计算根据已知的转速 n 和内孔径向应力 $\sigma_{r,1}^{1,I} = \sigma_{r1}$，并任意假定一个内孔处的切向应力 $\sigma_{t,1}^{1,I}$，开始由内向外计算（上角标 I、II 表示第一、二次计算），逐段计算各等厚叶轮段的应力，一直到求出最外轮缘处的应力 $\sigma_{r,n+1}^{n,I}$ 为止。由于在第一次计算时 $\sigma_{t,1}^{1,I}$ 是任意假定

的，故求出的各分段截面处的应力不会是其真实值。但是 σ_{r1} 及 n 均是用的真实值，故计算结果与真实结果产生差异的原因完全是最初假定的 $\sigma_{t,1}^{I}$ 不正确所致。

在第二次试算时，令 $\sigma_{r,1}^{II}$ 和 n 均为零，另再假定一内孔处的切向应力为 $\sigma_{t,1}^{II}$。用相同的方法由内向外计算，一直计算到最外缘处的应力 $\sigma_{r,n+1}^{II}$ 及 $\sigma_{t,n+1}^{II}$ 为止。由于在计算时设 σ_{r1} 及 n 均为零，故计算出的应力是由 $\sigma_{t,1}^{II}$ 单独引起的。这时把轮缘径向应力的两次计算结果 $\sigma_{r,n+1}^{II}$ 与 $\sigma_{r,n+1}^{II}$ 相加，也不会正好等于轮缘径向真实应力 σ_{r2}。为了使计算出的轮缘径向应力与真实值相符，应对单独由 $\sigma_{t,1}^{II}$ 所引起的应力进行修正，即应使

$$\sigma_{r,n+1}^{n;I} + K\sigma_{r,n+1}^{n;II} = \sigma_{r2}, \quad K = (\sigma_{r2} - \sigma_{r,n+1}^{n;I})/\sigma_{r,n+1}^{n;II} \tag{8-69}$$

当满足式（8-69）时，$\sigma_{t,1}^{I} + K\sigma_{t,1}^{II}$ 必将等于内孔处正确的切向应力。这样，任意半径 R 处正确的径向应力和切向应力都可同样修正为

$$\sigma_{r,R} = \sigma_{r,R}^{I} + K\sigma_{r,R}^{II}, \quad \sigma_{t,R} = \sigma_{t,R}^{I} + K\sigma_{t,R}^{II} \tag{8-70}$$

也可以从轮缘向轮孔计算，只要已知转速和任意两个边界应力，都可以计算。

在叶轮上，为了减小叶轮前后压差以减小转子的轴向推力和沿圆周上叶轮两侧压差不均匀引起的叶轮振动，在反动度不大的级的叶轮上开有平衡孔。平衡孔常为奇数，以免有两个平衡孔在同一直径上，使此截面的强度和刚度降低较多。在叶轮的平衡孔处，将有应力集中现象产生，使应力增大。平衡孔边缘处的最大应力可根据没有孔时孔心处的切向及径向应力按下式求得

$$\sigma_{r,max} = 3\sigma_r - \sigma_t, \quad \sigma_{t,max} = 3\sigma_t - \sigma_r \tag{8-71}$$

应力集中过大时，会引起局部塑性变形，使叶轮内应力重新分配，应力集中现象得到缓和，因此在总体应力水平不高的前提下，一般不会导致叶轮直接破坏。

（三）叶轮的应力分布

叶轮厚度相对其直径较小。如前所述，可假设叶轮应力沿厚度方向不变化，只是沿叶轮半径方向变化，故本节研究的叶轮应力分布实际上只是应力沿叶轮高度（径向）的近似分布。叶轮厚度尺寸很大时，应考虑应力分布沿叶轮厚度的变化情况，需要采用空间轴对称或三维的计算模型。

由等厚叶轮应力公式可以看出，叶轮中的应力 σ_t 和 σ_r 可认为是由轮孔及轮缘处的径向应力 σ_{r1}、σ_{r2} 及旋转时的离心力 T 所引起的应力叠加而成。沿叶轮径向应力的变化规律如图 8-32 所示。由图 8-32 可以看出：

（1）仅由内孔压应力 σ_{r1} 所引起的 σ_r 为负值（压应力），σ_t 为正值，但两者的数值都不大，在外缘处均减小到零。

（2）仅由轮缘处的径向拉应力 σ_{r2} 引起的 σ_r 随半径的减小而减小，到轮孔处为零；σ_t 随半径减小而增大，在轮孔处大于 $2\sigma_{r2}$。

（3）对于高速旋转的叶轮，由旋转离心力所引起的应力是主要的。在叶轮半径较小的部位，外侧材料引起的离心力较大，所以 σ_r 及 σ_t 均随着半径减小而增大。但由于在内孔表面 σ_r 为零，故在半径继续变小时，σ_r 又逐渐从最大减小到零，这时的离心力主要由切向拉应力 σ_t 来平衡，到内孔表面处离心力全部由 σ_{t1} 来平衡，σ_{t1} 达到最大。

（4）对于实心叶轮，在旋转中心点处 $R=0$，切向与径向不再有区别，$\sigma_t = \sigma_r$，由于离心力有较大的径向应力平衡，故 σ_t 最大值大大减小。因此，近年来随着冶金技术的提高，大型汽轮机逐步使用无中心孔转子，有效提高了转子的强度。对于大型机组的低压转子，因叶轮外径较大，并承受较长叶片的离心力，也有采用接近等强度的实心叶轮焊接成的转子，可

大幅降低转子和叶轮的应力水平。

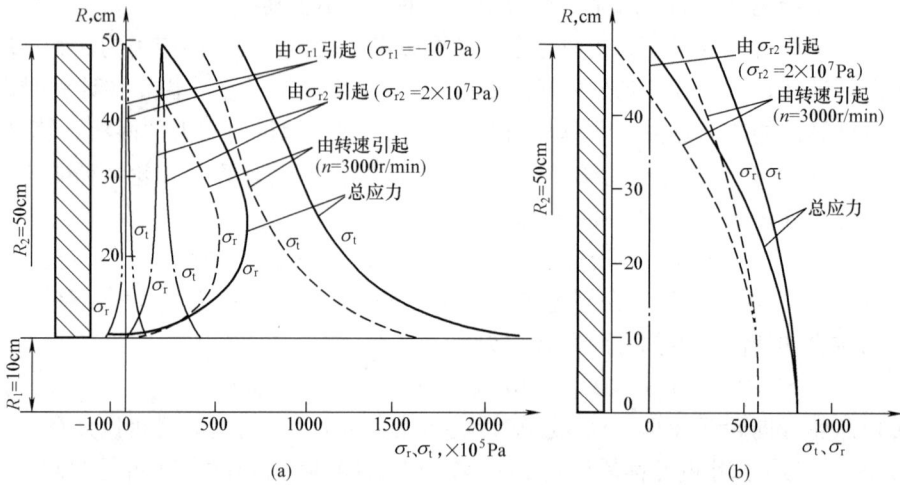

图 8 - 32 等厚度叶轮内应力分布情况

(a) 有中心孔叶轮；(b) 实心叶轮

正常运行中，叶轮除承受机械应力外，还要承受温度应力。叶轮外缘温度高，中心部分温度低，故叶轮外缘膨胀受到内圈材料限制而使切向应力为压应力，叶轮中心的切向应力则为拉应力，从外缘到中心，切向应力由最大压应力逐渐变为最大拉应力。由温度引起的叶轮径向应力，在叶轮中间某处达到最大，在轮缘自由表面上为零。在空心叶轮内孔处、由于切向机械应力和温度应力均为拉应力，两者叠加使叶轮内孔总的切向应力增加。同样地，实心叶轮中心处的温度应力比空心叶轮内孔处温度应力小得多，所以总应力也比空心叶轮的总应力小得多。因此，实心叶轮适宜用作较大温差的叶轮，但由于实心叶轮轮缘处有很大的周向温度应力，故其总的最大应力不一定在叶轮内部，可能转移到轮缘处。

四、叶轮的套装与松动转速

中、低压转子采用套装转子结构。在理想安装条件下，可将叶轮按零公差套在轴上。但在转子转动后，随着转速的增加，叶轮内孔切向应力 σ_{t1} 很快增大，引起相应的应变 ε_{t1}，使叶轮内孔径变大，叶轮在轴上松动。这时叶轮会在径向偏至一侧，使质量中心偏离旋转几何中心，产生较大的不平衡离心力，引发机组振动、碰摩等事故。

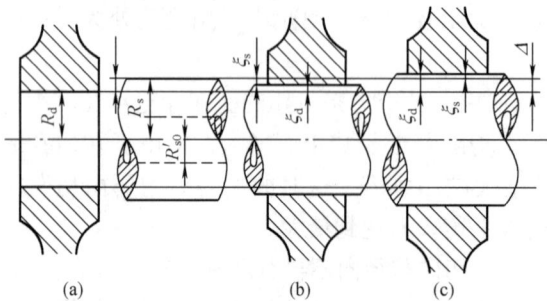

图 8 - 33 叶轮在轴上的安装紧力

(a) 套装前；(b) 套装后；(c) 松脱转速下

因此，叶轮套装在轴上，需要一定的预紧力，使叶轮在整个工作转速范围内不发生松动。为了保证足够的预紧力，需要设计安装过盈 Δ，见图 8 - 33。随着转速的增加，叶轮 σ_t 增大，轮孔直径变大，此时因离心力的影响及径向外压力的变小，使转轴外径也变大。但一般情况下，叶轮内孔尺寸变化比转轴的大，故两者间的径向压应力是减小的。

为保证叶轮在工作转速范围内不松

动，要求在额定转速下，轮孔处径向压应力 σ_{r1} 仍为 5～15MPa。在转速超过额定转速继续升高到某一转速 n^* 时，σ_{r1} 减小到零，该转速称为松动转速。在松动转速下，叶轮内孔径并不等于安装前的孔径，转轴外径也因转速升高，受离心力作用而变大。当转速由松动转速稍有升高后，轮孔径增大得比轴径增加得快，叶轮便会在轴上松动。在叶轮设计时，叶轮的松动转速 n^* 要求为 1.15～1.20n_0。

但是，考虑到安装时的静态应力，过盈也不能过大，否则，静止状态下，σ_{r1} 会在叶轮内孔引起过大切向应力，使叶轮破坏。

由图 8 - 33 可以看出，对于套装叶轮，当在松动转速或低于松动转速下工作时，轴的外径与叶轮孔内径处的径向应力总是相等的，其过盈值 Δ 的计算式为

$$\Delta = R_s - R_d = \xi_d - \xi_s = \frac{R_d}{E}(\sigma_{t,d} - \mu\sigma_{r,d}) - \frac{R_s}{E}(\sigma_{t,s} - \mu\sigma_{r,s}) \tag{8-72}$$

因为过盈值相对于转轴半径而言很小，故在计算中轴径 R_s 及孔径 R_d 均可采用公称半径 R，所以式（8 - 72）可变为

$$\Delta = \frac{R}{E}(\sigma_{t,d} - \sigma_{t,s}) = \frac{R}{E}(\sigma_{t,d}^* - \sigma_{t,s}^*) \tag{8-73}$$

当松动转速数值确定后，可按此求出安装过盈。对于有中心孔的轴，轴的计算段可以看做是一个有中心孔的等厚度叶轮。在松动转速下，轴内、外径表面的径向应力均为零，故很容易求出在松动转速下轴表面的切向应力 $\sigma_{t,s}^*$。

对于叶轮，在松动转速下，$\sigma_{r,d}^* = 0$，因 $\sigma_{r,a}$ 是由叶片及轮缘部分的离心力所引起的，应当与转速的平方成比例，故可根据已算出的在额定转速下的 $\sigma_{r,a}$ 按比例求得，即

$$\sigma_{r,a}^* = \sigma_{r,a}(n^*/n_0)^2$$

这样，根据在松动转速下已知的两个边界条件 $\sigma_{r,d}^*$ 和 $\sigma_{r,a}^*$，用二次计算法，即可求出 $\sigma_{t,d}^*$。求出 $\sigma_{t,s}^*$ 及 $\sigma_{t,d}^*$ 后，由式（8 - 73）可求出安装过盈 Δ 值。

套装叶轮在不转动（静止）条件下的切向应力，可根据叶轮孔与轴接触面上的径向应力相等、$\sigma_{r,a}=0$ 及过盈 Δ 值求得。

对于汽轮机的末几级，由于叶片长度和叶轮尺寸大，较大的离心力使得叶轮内孔处的切向应力也很大。为了降低叶轮内的最大切向应力，除适当增加轮毂长度、采用径向键代替轴向平键外，还可让叶轮先超速运转、使轮毂内半径较小处应力大于弹性极限而产生局部塑性变形。在转子静止时，未产生塑性变形的叶轮部分的应力及应变消失，使半径又欲重新变小，内孔塑性变形部分受压缩，产生切向初压缩应力，可部分抵消转动时的切向拉应力，从而降低最大切向工作应力。这样处理过的叶轮称为预应力叶轮，它不但降低了安装时的过盈应力，而且将降低最大切向工作拉应力。

根据弹性理论和有限单元法的计算分析，套装叶轮轮孔沿轮毂长度方向上压应力的分布是不均匀的。因此，可以在设计时，采用变化的叶轮内孔型线，比如轮毂两端孔径较小，轮毂中央部分孔径较大等。这样，在转速较低时，因轮孔中间有一段并不与轴接触，只有轮毂两端受径向应力，使轮毂两端内孔表面的切向应力比中间段部分的应力大，安装过盈仅对这局部应力起主要作用。当转速升高时，轮毂中部所受到的离心力较大，切向应力大于轮毂两端的应力，这时离心力便起着主要作用，即使转速达到松动转速时，仅中间部分径向变形较大，轮毂两端并没有达到同样大的变形，因此叶轮在轴上不会松动，因而过盈值可较常规计

算值取得稍小一些，以降低最大切向应力水平。

对于高温高压机组，常用整锻转子。整锻转子常规强度计算时，可近似将转子在两叶轮间的中间截面分割成各自独立的空心叶轮，然后按上述方法计算。显然，这样的计算会有一定误差，只能作为初步计算用，详细的分析还要依靠数值计算方法。

五、转子与叶轮强度的数值计算

上述转子和叶轮应力计算虽然建立在弹性力学基本方程之上，但是为了方便求解，做了多处平均应力假设，将三维问题降为二维问题，进而降低为一维问题。等厚叶轮应力分布就是按照一维分析，对应力沿叶轮半径方向变化的描述。二次计算实际上也是一种简化到一维的数值计算方法。回顾二次计算的过程可以发现，数值计算的本质是通过离散模型和数值计算求解复杂微分方程。

但是，转子的结构很复杂，有应力集中和应变翘曲发生，简化为一维模型的误差是很大的，应该按三维的模型，进行数值计算。但正如前面论述的，大多数情况下，用空间轴对称模型可以在圆柱坐标系下将将转子简化成比较精确的二维模型。图 8 - 34 是国产 125MW 汽轮机高中压转子的轴对称模型。该模型将叶片及轮缘部分的离心力作为转子各级叶轮的力学边界条件，除此之外，转子结构基本没有做简化。由于转子为上下对称结构，且力学边界条件也是对称的，实际计算时可只计算一半，大幅度减少了计算工作量。

有限单元法、边界单元法、有限差分法等方法都是当今数值计算的流行方法。一般而言，只要计算模型和边界条件正确，计算结果就能反映实际情况，甚至精确反映实际情况。但由于这些计算方法需要将计算对象离散成足够小的单元，计算量巨大，因此只能用计算机进行计算。可以说，计算机技术与这些数值方法的发展是相互促进的。以下讨论有限元强度计算的基本原理。

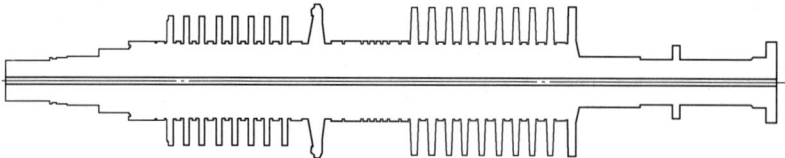

图 8 - 34　125MW 汽轮机高中压转子计算模型

针对图 8 - 34 的转子，可以将计算区域离散为足够多的子域单元。假设每一个单元中的位移满足某一种分布，比如等于常数或线性分布或二次分布等，就可以在每一个单元中求解方程式（8 - 64）而得到应力分布。综合所有单元的解，得到整个转子的应力分布。这些假

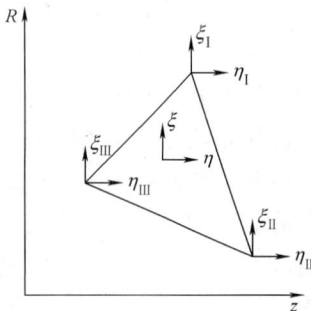

图 8 - 35　单元及其节点

设的位移分布函数在数学上称为形函数。当单元数量趋于无穷大、单元尺度趋于无穷小的时候，由离散单元计算得到的应力分布逼近精确的应力分布。有限单元法中单元的形状可以是三边形、四边形等，单元的边可以是直线也可以是曲线。

图 8 - 35 所示为最简单的三角形单元，由三个节点和三条直边构成。三个节点上有 6 个位移分量，表示为

$$\{\delta\}^e = \begin{bmatrix} \xi_\mathrm{I} & \eta_\mathrm{I} & \xi_\mathrm{II} & \eta_\mathrm{II} & \xi_\mathrm{III} & \eta_\mathrm{III} \end{bmatrix}^T \quad (8 - 74)$$

上标 e 表示单元。

假设单元内任意点的位移分量都等于三个节点位移分量的线性插值，则单元中间任一个点 (R, z) 上的位移分量可以由三个节点处的位移分量确定，即

$$\begin{Bmatrix} \xi \\ \eta \end{Bmatrix}^e = \begin{bmatrix} N_{\mathrm{I}}^e & 0 & N_{\mathrm{II}}^e & 0 & N_{\mathrm{III}}^e & 0 \\ 0 & N_{\mathrm{I}}^e & 0 & N_{\mathrm{II}}^e & 0 & N_{\mathrm{III}}^e \end{bmatrix} \{\delta\}^e = [N]^e \{\delta\}^e \tag{8-75}$$

可见，若已知三个节点的位移，单元中任何一点上的位移都可求出。N_1^e、N_2^e、N_3^e 是对应三个节点的线性插值函数，即形函数。根据上述弹性力学的几何方程式（8-58）、式（8-59）和物理方程式（8-63），可以求出单元中任一点 (R, z) 上的应变和应力，即

$$\{\varepsilon\}^e = \begin{Bmatrix} \varepsilon_r \\ \varepsilon_t \\ \varepsilon_z \end{Bmatrix}^e = [B]^e \{\delta\}^e \tag{8-76}$$

$$\{\sigma\}^e = [D] \{\varepsilon\}^e = [D][B]^e \{\delta\}^e \tag{8-77}$$

式中：$[B]$ 为几何矩阵，$[D]$ 为弹性矩阵。

由此，如果能得到全部节点的位移分量，则转子任何点的应力和应变都能求得。问题的关键是要求得各单元节点的位移。可以用最小位能原理进行计算，为此需要计算单元的总位能。首先，根据力学原理计算单元上的变形能

$$\{U\}^e = \iint_e \frac{1}{2} \{\sigma\}^{eT} \{\varepsilon\} \mathrm{d}x\mathrm{d}y = \iint_e \{\varepsilon\}^{eT} [D]\{\varepsilon\}^e \mathrm{d}x\mathrm{d}y = \frac{1}{2} \{\delta\}^{eT} \left[\iint_e [B]^{eT} [D][B]^e \mathrm{d}x\mathrm{d}y \right] \{\delta\}^e$$

$$= \frac{1}{2} \{\delta\}^{eT} [K]^e \{\delta\}^e \tag{8-78}$$

$$[K]^e = \iint_e [B]^{eT} [D][B]^e \mathrm{d}x\mathrm{d}y$$

式中：$[K]^e$ 为单元的刚度矩阵。

作用在单元上的体积力有重力和离心力，而离心力的影响远大于重力，故可仅考虑离心力影响。当转子转动时，离心力使单元产生弹性变形，离心力 $\{p\} = \{p_r \quad p_z\}^T$ 在位移方向上的做功相当于单元位能的减少，即

$$W_p = -\iint_e \{\xi \quad \eta\} \{p\} \mathrm{d}x\mathrm{d}y = -\iint_e [[N]^e \{\delta\}^e]^T \{p\} \mathrm{d}x\mathrm{d}y = -\{\delta\}^{eT} \iint_e [N]^{eT} \{p\} \mathrm{d}x\mathrm{d}y$$

$$W_p^e = -\{\delta\}^{eT} \{P\}^e \tag{8-79}$$

同理，可以得到作用在单元上表面力和集中力的位能分别为

$$W_q^e = -\{\delta\}^{eT} \{Q\}^e \tag{8-80}$$

$$W_r^e = -\{\delta\}^{eT} \{R\}^e \tag{8-81}$$

至此，得到单元的总位能

$$\prod^e = \frac{1}{2} \{\delta\}^{eT} [K]^e \{\delta\}^e - \{\delta\}^{eT} (\{P\}^e + \{Q\}^e + \{R\}^e) \tag{8-82}$$

整个转子的总位能等于所有单元位能的总和。设将转子划分为 E 个单元，共有 L 个节点。单元是不重复的区域，但是节点却可以同时是几个单元的公共节点，所有节点的位移可表示为

$$\{\delta\} = \{\delta_1 \quad \delta_2 \quad \delta_3 \quad \delta_4 \quad \cdots \quad \delta_L\}^T$$

将所有单元的位能叠加起来，得到转子总位能，即

$$\prod = \sum_1^E \prod^e = \frac{1}{2} \{\delta\}^T [K] \{\delta\} - \{\delta\}^T (\{P\} + \{Q\} + \{R\}) \tag{8-83}$$

由最小位能原理，当转子处于平衡状态时，有

$$\frac{\partial \prod}{\partial \{\delta\}} = 0$$

由式（8-83）得

$$[K]\{\delta\} - (\{P\} + \{Q\} + \{R\}) = 0 \tag{8-84}$$

式（8-84）是反映转子力平衡的方程，是一个典型的线性方程组，其中 $[K]$ 是由各单元刚度矩阵合成的总刚度矩阵。$\{\delta\}$ 是所有节点的位移向量，是未知量。$\{P\} + \{Q\} + \{R\}$ 是反映载荷边界条件的已知向量。求解方程组式（8-84），便得到所有节点的位移值，进而可由式（8-76）、式（8-77）求得任何单元中的任何点上的应力和应变，得到整个转子的应力分布，包括应力集中部位的应力分布。

值得注意的是，在整个推导和计算过程中，除了定义形函数外，并未对计算对象做任何假设。可见，有限单元法是可以广泛应用到各种强度计算中去的。

图 8-36 是 125MW 汽轮机转子的有限元单元划分图，图 8-37 是应力计算结果。从图 8-37 中可以清楚地看到应力集中的情况，为正确分析转子的强度提供依据。

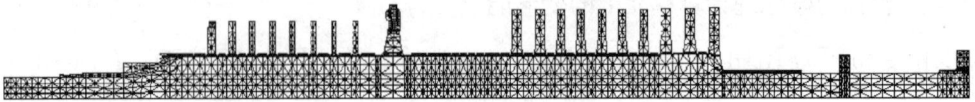

图 8-36　汽轮机转子的有限元网格剖分

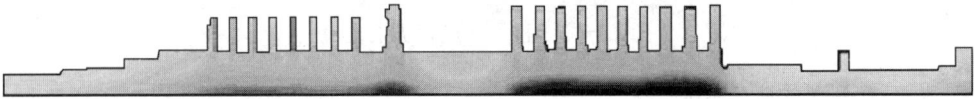

图 8-37　汽轮机转子有限元应力计算结果

第五节　机 组 的 振 动

机组振动是汽轮发电机组运行状况优劣的重要标志之一，也是机组设计、制造、安装、检修质量的综合反映。振动故障一旦发生，将造成一系列不良后果，影响机组的运行和生产。严重的振动甚至会酿成整机的毁坏。振动大的直接危害主要有：导致机组零部件承受很大动应力，使其材料疲劳或损坏；可能导致螺栓螺帽等紧固件松弛，造成汽缸中分面等处的蒸汽泄漏；可能导致汽轮机动静部分发生摩擦，轴承磨损加剧；可能导致主轴弯曲；可能导致超速保安装置误动作；可能导致发电机转子护环及线槽内的填充物松弛、发电机整流子及其碳刷磨损加剧、电气绝缘件磨损以致短路；可能导致基础台板的混凝土浇灌体松动以及基础甚至厂房出现裂缝。

一、机组振动主要原因及其特征

造成和影响机组振动的因素很多，正确找出振动的根本原因往往不容易，需要进行复杂的检测和分析。机组振动往往并不由某一单纯原因引起，振动含有多个分量，如果一种原因很突出，振动的主要成分将由对应的分量构成。表 8-3 列出了引起机组振动的几种主要原因、特征及消除振动的措施。

表 8 - 3　　　　　　　　机组振动的几种主要原因、特征及消除振动的措施

振动表现及其主要特点		引起振动的原因	消除振动的措施
转子质量不平衡（包括转子弯曲）	（1）振动随转速提高而加剧； （2）振动频率与转速一致； （3）在通过临界转速时，振幅明显增加	加工与安装误差、变形、（热）弯曲、磨损、腐蚀、结垢、零件松动等，使转子重心偏离几何旋转中心线，产生与转速的平方成正比的不平衡离心力	（1）消除变形、弯曲、结垢； （2）修复磨损、腐蚀、松动； （3）动平衡校正
轴系中心偏差过大	（1）振动在不同转速下都较大； （2）2倍转速频率的振动分量较大； （3）有时与汽轮机负荷状态相关； （4）动平衡作用不明显	（1）制造误差大； （2）转子联轴器中心调整不好； （3）滑销系统故障，热胀不良； （4）汽缸、进汽管道、轴承座热变形使中心变化	（1）修复制造缺陷和磨损； （2）调整轴系中心； （3）检查和调整汽缸、进汽管道、轴承座热膨胀情况
油膜振荡	（1）有明显失稳转速； （2）存在半频涡动现象，在转速达到2倍临界转速时振动剧烈且频率不再随转速升高而变化； （3）振动与润滑油温度相关	轴承油膜不稳定，使转子失稳，可能的主要原因： （1）设计与制造不当； （2）轴承负载分配变化，形成轻载轴承； （3）润滑油温度过低，黏性大	（1）提高轴承压比，增大轴承的单位面积的负载； （2）采用稳定性好的轴承，如可倾瓦、椭圆瓦等； （3）调整润滑油温度； （4）保证轴承负荷合理分配
转子与静子部分碰摩	（1）振动往往与凝汽器真空相关； （2）振动有较多高频分量，波形紊乱； （3）有时有金属碰擦声	（1）汽缸变形，如凝汽器影响排汽缸变形； （2）膨胀不当，动静叶摩擦； （3）轴封、油封、轻密封间隙调整不当	（1）调整各种动静部件之间的间隙； （2）运行时，充分暖机
支承部件松动或有缺陷	（1）振幅和相位不稳定； （2）轴承振动大，且与转轴振动相关性好； （3）有时伴有异常响声	（1）轴承座紧固不好； （2）基础浇灌不良或地脚松动； （3）轴瓦预紧力不够	（1）检查并拧紧固螺栓； （2）加固基础； （3）调整轴瓦预紧力
润滑不正常	（1）振动时有时无，抖动明显； （2）振动频率与转速不相关，振动波形紊乱； （3）振动随运行负荷变化，但是不规律	（1）润滑油供给故障，油膜不稳定或被破坏； （2）油选用不当，或油质不良； （3）轴瓦间隙过大，油膜不稳	（1）检查润滑油供油系统，修复缺陷； （2）检查油品质量； （3）调整轴承
蒸汽气流激振	（1）低频振动大； （2）振动与负荷变化相关； （3）喷嘴控制时，振动明显； （4）超临界汽轮机更容易产生该振动	（1）汽轮机转子与静止部分径向间隙不均匀，气流力激振动； （2）高压调节阀顺序开启引起间隙气流力不平衡	（1）调整转子中心，减少径向间隙不均匀； （2）改变调节阀控制方式，避免过大的气流激振力
电气方面的缺陷	（1）振动与励磁电流相关； （2）振动频率包含1倍和2倍转速频率； （3）与发电机转子温度相关	（1）发电机转子线圈短路； （2）发电机转子线圈膨胀不均匀，通风孔堵灰不均匀； （3）发电机转子精子间隙不均	（1）检修转子线圈； （2）清扫通风孔； （3）调整空气间隙，加强静子刚度

二、转子的临界转速

(一) 转子的临界转速及其有关概念

1. 临界转速

汽轮发电机组在启动的升速过程中，当升到某一定转速时，转子将发生较大振动；待转速升高离开此转速后，转子的振动随即明显地减小，当汽轮机的转速继续升高时，可能在某一较高的转速下，转子的振动又重新增大，转速进一步升高后振动又会重新降低。这种转子发生较大振动时对应的转速称为转子的临界转速。最低的一个临界转速称为第一阶临界转速 n_{c1}，依着转速升高的次序，其他临界转速分别称为第二、第三阶临界转速 n_{c2}、n_{c3} 等。因此，在启动升速到额定转速时，大型汽轮发电机组转子有时要通过几个临界转速。

若汽轮机在临界转速下长期运行，振动可能逐渐增大，导致故障或发生事故。因此，为了保证安全运行，机组的工作转速应当避开各阶临界转速。汽轮机不允许在临界转速下或者在临界转速附近长期运行。在启停过程中，应当使机组迅速通过临界转速。按规定，即使在通过临界转速时，机组的振动也应该在安全范围内。

2. 挠性转子与刚性转子

汽轮发电机组的工作转速若低于第一阶临界转速时，则在启动到工作转速时，均不会遇到临界转速，这种转子称为刚性转子。若汽轮发电机组的工作转速高于第一阶临界转速，则其转子称为挠性转子或柔性转子。现代汽轮机转子，有用挠性的，也有用刚性的。对于大型汽轮机，随着机组容量的增大，轴向长度相应增加，但轴径增加不多，所以基本都采用挠性转子。

(二) 临界转速的物理意义

1. 单轮盘转子的临界转速

图 8 - 38 所示为单轮盘立轴转子，圆盘的质量为 m，轴的几何中心为 O，圆盘重心 s，距几何中心的偏心矩为 e。设轴有弹性而无质量，产生单位挠度所需要的力（即刚度）为 K，轴的旋转中心为 O_1。若将转轴视为等截面受中间集中载荷的梁，则

$$K = \frac{48EI}{l^3}$$

在轴转动时，因圆盘质量偏心产生的不平衡离心力 C 使轴产生弯曲挠度 y，这将使重心距旋转中心的距离变大，使离心力变大，这时离心力为

$$C = m(y + e)\omega^2$$

这个离心力应与轴的弹性恢复力 Ky 相平衡，即

$$m(y + e)\omega^2 = Ky$$

故
$$y = \frac{me\omega^2}{K - m\omega^2} \tag{8 - 85}$$

由式 (8 - 85) 可以看出，当 ω 增大时，式中的分母变小，使轴的挠度增大；当 ω 增大到

$$\omega = \sqrt{\frac{K}{m}} = \sqrt{\frac{48EI}{ml^2}} \tag{8 - 86}$$

时，式 (8 - 85) 中的分母为零，将使 y 增大到无穷大，轴将损坏。这个转速便是该转子的临界转速 ω_c。实际上，由于转子系统包括转子本身、轴承、基础，甚至周围相关的介质，在转子运转时总有阻尼存在。一般情况下，轴的弯曲挠度不会无限增大，但轴的挠度增大将使机组的振动增大。可见，机组通过临界转速时，振动急剧增大是由转子的物理特性决定

的。转子临界转速对应的是整个参与振动的转子系统的固有频率，激振载荷是不平衡质量离心力。

　　当转速超过临界转速继续升高时，式（8-85）的分母为负值，表明动挠度与静态偏心方向相反，即 y 与 e 异号，转子圆盘重心转到轴的动挠度内侧，使离心力减小成为 $m(|y|-e)\omega^2$，如图 8-38 所示。当 ω 增大到无穷大时，$y=-e$，即重心逐步与旋转几何中心重复，不平衡离心力等于零，转子将平稳运行。

　　上述讨论虽然是对立轴而言的，但所得到的结论也适用于卧式布置的转轴，所不同的只是卧轴因自重产生静挠度，如图 8-39 所示。旋转时转子不再是绕直线 $AO'B_1$ 旋转，而是绕静挠度曲线 $AO'B$ 旋转，挠度 y 的计量不再是对 AB 线，而是由静挠度曲线算起。原有静挠度 y_0 已由静弹性力平衡，与旋转时离心力产生的动挠度 y 无关。

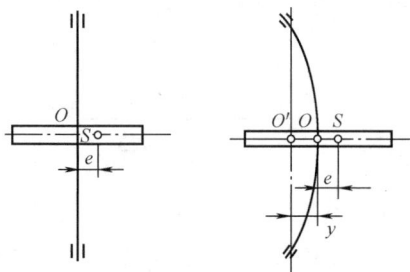

图 8-38　单轮盘立轴转子　　　　　图 8-39　有静挠度卧式轴的转动

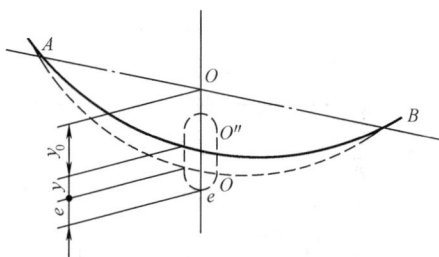

2. 转子的临界转速与横向振动

　　考虑具有均布质量的实际转轴，由材料力学可知，在轴产生弯曲变形时，作用在单位长度上的分布载负 q 为 $\dfrac{\mathrm{d}^2}{\mathrm{d}x^2}\left(EI\dfrac{\mathrm{d}^2 y_0}{\mathrm{d}x^2}\right)$。在旋转时单位长度上的质量的惯性力为 $\rho A\omega^2 y_0$（不包括原偏心产生的离心力）。根据力平衡的条件得

$$\frac{\mathrm{d}^2}{\mathrm{d}x^2}\left(EI\frac{\mathrm{d}^2 y_0}{\mathrm{d}x^2}\right)-\rho A\omega^2 y_0=0 \qquad (8-87)$$

　　对等截面转轴，可得到

$$\frac{\mathrm{d}^4 y_0}{\mathrm{d}x^4}-\frac{\rho A\omega^2}{EI}y_0=0 \qquad (8-88)$$

　　式（8-88）为等截面简支梁的横向振动方程式。将式（8-88）与叶片的振动方程式（8-45）对比，可以看出，两式有相同的形式和物理意义，即等截面转子的临界转速等于其横向振动的自振圆频率，转子理论临界转速的计算可用求轴的横向振动自振频率来代替。由此可见，均布质量或带有叶轮叶片的转子，不再是上述的理想单自由度单盘转子，而是多自由度转子。因此，有多阶临界转速和多阶振型。图 8-40 为刚性支承的等直径均布质量转子的一、二、三阶振型。

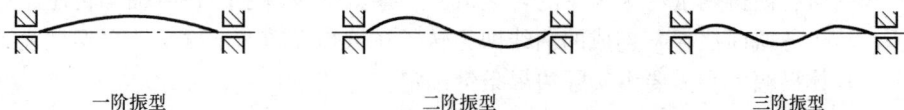

一阶振型　　　　　　二阶振型　　　　　　三阶振型

图 8-40　刚性支承的等直径均布质量转子的一、二、三阶振型

（三）临界转速的计算

由于转子的理论临界转速等于轴横向振动的自振频率，因而计算叶片自振频率所用的能量法，也可用来计算转子的横向自振圆频率，即临界转速。计算时，可近似用转子的静挠度曲线作为振型曲线，所不同的是，转子轴向上各处温度不同，弹性模量 E 值不同，应当分段进行修正。现代大型汽轮机均为多缸多轴承支撑，转子为多支点连续梁，使得用能量法计算临界转速变得很繁琐，特别是需要计算出高阶的临界转速以及高阶振型，再要考虑轴承支撑弹性、叶轮的回转效应等因素时，更为困难。

因此，多支点转轴临界转速的计算也大量采用现代数值计算方法，如有限元法、传递函数法等。在并不完全要求三维计算的场合，最常用的方法之一是基于集中质量模型的 Prohl 法，也称初参数法。在计算时，将转子分成若干段，每段由没有质量的等刚性弹性杆和杆两端的质点构成，质点的质量 m 为相邻两段转子质量和的 $1/2$，见图 8-41。

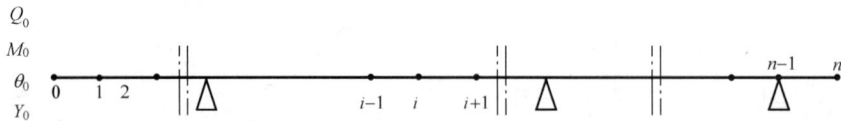

图 8-41　多支承转子集中质量模型

图 8-41 中，每段弹性杆两端都有力学参数：挠度 y、转角 θ、剪切力 Q 及弯矩 M。在假定任意转速 ω 下，对其中任何一段（第 i 段）进行力平衡分析，该段的长度为 Δx_i，前端质点质量 m_{i-1}，后端质点质量 m_i。由材料力学方程得到杆两端力学参数之间的函数关系，即递推公式

$$\left.\begin{aligned}
Q_i &= Q_{i-1} + m_{i-1} y_{i-1} \omega^2 \\
M_i &= M_{i-1} + Q_i \Delta x_i \\
\theta_i &= \theta_{i-1} + \beta_i \left(\frac{M_{i-1} + M_i}{2} \right) \\
y_i &= y_{i-1} + \theta_{i-1} \Delta x_i + \beta_i \Delta x_i \left(\frac{M_{i-1}}{3} + \frac{M_i}{6} \right) \\
\beta_i &= \Delta x_i / E_i I_i
\end{aligned}\right\} \tag{8-89}$$

式中：β_i 为该段的柔度。

由式（8-89）可以看到，取定一个转速 ω，由转子一端的力学参数 y_0、θ_0、Q_0 及 M_0，可以逐段计算每一个截面的 y、θ、Q 及 M，一直算到转子另一端的 y_n、θ_n、Q_n 及 M_n。若求出的另一端力学参数与实际边界条件不符时，则表示假定的转速不是此转轴的自振圆频率，即不是临界转速。例如，对轴端为自由端的转子，计算到最后端面的力矩应为零。若还有剩余弯矩，则表明转轴在计算频率下，受此弯矩作用强迫振动。而剩余弯矩为零时对应的转速 ω 即为临界转速。

在实际计算时，可假定一个较低的转速作为计算的初始数据，然后以适当增量逐步增加转速值，找出所有使得剩余弯矩为零的转速值。这些就是该转子的各阶临界转速。对应某阶临界转速，转子各截面挠度 y 连成的曲线即为转子在该临界转速下振型。振型代表了转子振动的形态，具体振幅大小需要由实际边界条件确定。

（四）影响临界转速的因素

转子的临界转速与许多因素有关，一般来说，临界转速随转子刚性的增加而增大，随质

量的增加而减小，以下分别加以说明。

1. 温度沿转子轴向分布的影响

在汽轮机中，尤其是高参数汽轮机中，沿转子轴向的温度变化是很大的。温度升高会使转子材料的弹性模量下降。对于普通的转子合金钢材料，在 500~600℃温度下，弹性模量比常温时下降 20% 左右。弹性模量 E 的下降必然引起转子临界转速的下降。

2. 转子结构形式的影响

叶轮结构使转子刚度增加，同时也使转子质量增加。大多数情况下，叶轮对转子刚度的影响大于对质量的影响。如果在计算转子临界转速时，采用三维有限元方法或精细的空间轴对称有限元方法，一般可以很好地考虑整锻转子的叶轮影响，在准确模化套装叶轮的接触条件时，也能很好考虑套装转子的影响。但是，如果采用其他计算方法，都需要在模型中单独进行修正。

3. 叶轮回转效应的影响

由于转子围绕其静挠度曲线旋转，两个支承中间的转子部分作弓形回转，如果叶轮直径较大且不在跨度的中央，甚至装在转子的悬臂端上，就会产生回转力矩，使转子的临界转速发生变化，见图 8-42。

一般来说，直径大而厚度薄的叶轮回转效应将增加转子的挠度，使临界转速降低。对同一个转子，回转效应对高阶临界转速的影响比低阶的影响要大。因此，若只考虑一阶或二阶临界转速时，常忽略回转效应的影响。

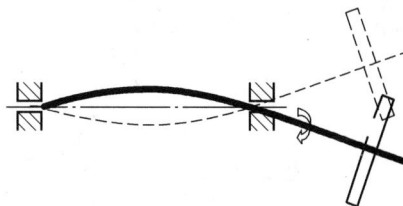

图 8-42　叶轮回转运动

4. 转子联结成轴系的影响

现代大型汽轮发电机组转子往往由汽轮机高压转子、中压转子、低压转子以及发电机转子、励磁机转子等组成，形成多个转子用联轴器联结而成的多支点转子系统，称为轴系。相邻转子用联轴器联结后，其原先的外伸端不再是自由端，相当于在转子端部增加了约束，使转子刚性提高，转子的临界转速提高。一般情况下，联轴器质量增加的影响远小于其刚度增加的影响，而且刚性联轴器比柔性联轴器的刚度影响要更大。可以在进行临界转速计算时，通过模型修正来考虑联轴器联结的影响。

5. 支承弹性的影响

在上述理论分析与计算中，均假定转子支承是绝对刚性的。但是，汽轮发电机组轴系的实际支承都是弹性的。弹性一方面来自于轴承及其基础结构的机械弹性，另一方面来自于动压滑动轴承的油膜弹性。支承弹性对轴系临界转速的影响很大，考虑支承弹性的计算值与按绝对刚性的计算值之间有时相差 10%~30%。一般来说，考虑轴承弹性后，转子支点的位移增加，等同于支承刚性降低，故转子临界转速计算值会降低。

三、转子振动故障诊断

转子振动故障诊断的基本原理是：利用合适的传感器和仪器采集汽轮机振动信号，使用信号分析方法从振动信号中提取状态信息，与已知的故障状态信息进行比较分析，从而判断设备的状态和诊断故障，避免事故发生和确定维修策略。

在对汽轮机的振动故障进行诊断时，除了要检测振动信号外，还要检测轴心位置、轴向位移、相对膨胀、转子对中度、轴瓦温度、润滑油温度和压力等。

汽轮机振动信号分析主要有波形分析、频谱分析、相关分析等，常采用时域波形图、波德图、轴心位置与轴心轨迹图、频谱图、瀑布图、趋势图等分析手段。

1. 时域波形图

时域波形图是振动参量随时间变化的关系曲线。汽轮机正常运转时的振动信号时域波形与振动故障时的时域波形不同，可利用时域波形来分析和诊断部分振动故障。

2. 波德图

波德图是指振幅与转速、相位与转速的关系曲线，如图 8-43 所示。图中横坐标为汽轮机转速、纵坐标为转子转速频率振动分量的振幅和相位，称为基频振动分量。

从波德图中可以看出：转子系统在各个转速下的振幅和相位，转子系统临界转速下的振动等。振幅、相位与旋转频率之间的关系曲线也称为幅频特性曲线和相频特性曲线。有些故障在特定转速下有明显特征，可以在这种随转速变化的振动特性曲线上得到表现。比如不平衡、不对中等故障，其幅频特性和相频特性会有相应的表现。因此，如果实测的振动波德特图与已知的故障曲线有共同特征，则可据此进行故障诊断。

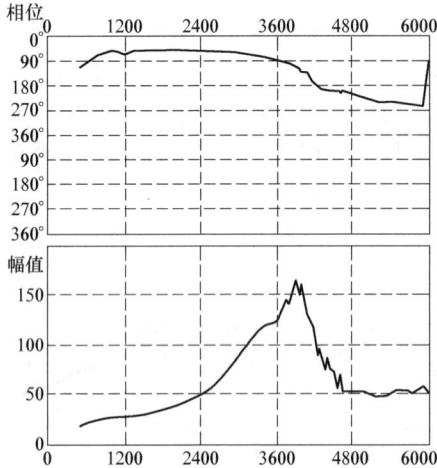

图 8-43　某机组启停机波德图

3. 轴心位置与轴心轨迹图

借助于安装在轴颈处同一径向平面内互相垂直的两个电涡流传感器，检测传感器与转子表面的间隙变化，即可以非接触的方式直接检测转子的振动。合成这两个传感器的静态信号，得到转子轴颈中心相对于轴承中心的径向平均稳态位置。通过轴心位置图可以判断轴颈是否处于正常位置、联轴器对中好坏、轴承标高是否正常、轴瓦是否变形等情况。从轴心位置的变化趋势还可观察轴承的长期磨损等。

实际上，转子在轴承中高速旋转时并不是只围绕自身几何中心旋转，还环绕某一中心涡动。产生涡动的原因可能是转子不平衡、对中不良、动静摩擦等。涡动的轨迹是转子几何中线的运动轨迹，称为轴心轨迹。合成两个涡流传感器检测的动态振动信号，可得到轴心轨迹图，见图 8-44。通过分析轴心轨迹的运动方向，可以确定转轴的进动方向（正向进动或反向进动）。轴心轨迹在故障诊断中可用来确定转子的临界转速、空间振型曲线及诊断部分故障，如不对中、摩擦、油膜涡动与油膜振荡等。

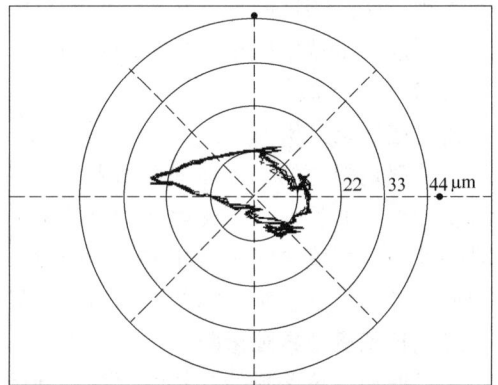

图 8-44　某汽轮机轴承处的转子轴心轨迹

4. 频谱与瀑布图

机械振动信号绝大多数是由多种成分合成的复杂信号，可以分解为一系列谐波分量，每一谐波分量又含有幅值和相位特征量。以频率轴为横坐标，按频率高低排列每个谐波分量的特征值，称为频谱图。分别表示各谐波分量幅值或相位的频谱，称为幅值频谱和相位频谱。频谱在振动分析和故障诊断中起着十分重要的作用，各谐波分量在线性系统中代表着相应激励的响应，由此可以判断故障的起因。

瀑布图（三维谱）是最常用的一种时域—频域联合分析方法，它将较长时间周期分为若干时间段，在每个时间段计算当时振动信号频谱，然后堆叠显示，从而了解振动信号中不同频率成分随时间的变化情况。将不同转速的振动频谱合成三维谱，也是一种瀑布图。图 8-45 是某汽轮机的实测振动瀑布图，图中横坐标为频率（用基频的倍数表示），纵坐标为幅值，第三向坐标为

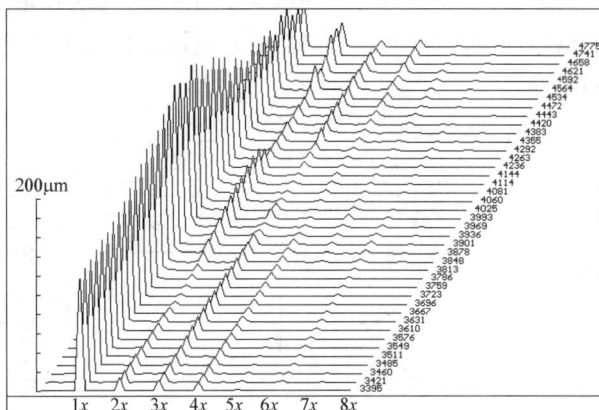

图 8-45　瀑布图

转速。利用瀑布图可以分析振动与转速的关系、振动原因和阻尼大小。

5. 趋势分析

趋势分析是把所测得的振动特征数据值和预报值按一定的时间顺序排列起来进行分析。这些特征数据可以是通频振动幅值、各谐波分量振幅或分频振幅、轴心位置等。时间顺序可以按前后各次采样、按分钟、按小时、按天、按月等编排。趋势分析用于分析和预测振动变化的趋势在故障诊断中起着重要的作用。图 8-46 为某汽轮机轴承处转子通频振动幅值趋势图。

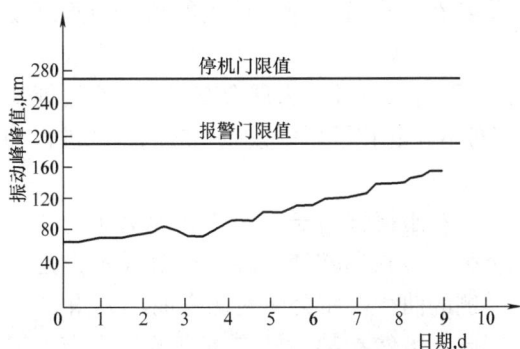

图 8-46　通频振动峰峰值趋势图

四、转子动平衡

统计表明，在转子振动故障中，质量不平衡引起的振动问题占大多数。转子的质量不平衡问题可用动平衡的方法来解决。事实上，其他振动故障模式，也都或多或少受到质量不平衡的影响。因此，动平衡校正成为处理转子振动故障最重要和最常用的手段。

静止或低转速情况下，小的质量偏心对转子的影响可以忽略不计。但是，在转速较高时，小的质量偏心引起的离心力也很大，并足以引起转子的异常振动。因此，必须通过动平衡来解决质量不平衡问题。

如果转子的不平衡质量集中在中心轴线一侧的某质心上，如图 8-47（a）所示，则旋转时离心力会在任何转子轴线子午面上产生周期性的作用力，引起转子振动。转子的振动形态如图 8-47（c）所示。这种质量不平衡称静不平衡。如果转子的不平衡质量分布在轴线两侧，假定其引起的离心力大小相等，方向相反，会产生一个动态力偶，如图 8-47（b）所

示。该力偶引起的振动形态如图 8-47（d）所示。这种质量不平衡为动不平衡。在实际转子上，往往静不平衡和动不平衡是同时存在的。动平衡就是要确定转子不平衡质量的大小和位置，然后除去该质量或在其相反对应位置上增加相同质量，以使旋转离心力平衡。考虑到制造、安装和维护的需要，一般在汽轮机转子两端叶轮处预留加平衡重块的位置（平衡螺孔或燕尾槽等）。所以，动平衡只能通过有限的位置去平衡任意的不平衡质量，这正是动平衡实施的困难之一。

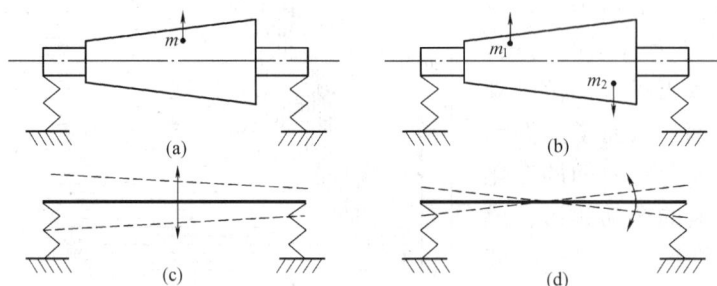

图 8-47 转子静不平衡与动不平衡

对于刚性转子，在动平衡时可在任意选定的两个径向旋转平面 I、II 上进行平衡配重，如图 8-48 所示。转子的不平衡质量实际是沿着转子轴线呈空间分布的，由此所产生的离心力也是空间分布的力系。根据力学理论，该空间力系总可以等效为一个合力 F 和一个合力偶 M。将它们分解到平面 I 和 II 上，力 F 分解为 A_s、B_s，力偶 M 分解为 A_D、B_D，然后分别在平面 I、II 上求出合力 A 和 B。可以认为，转子不平衡振动是由平面 I、II 上的力 A和 B 引起的。若在平衡面 I、II 上配置质量，使其在转子旋转时，产生的离心力正好抵消力 A 和 B，则可使转子平衡。

实际动平衡过程中，平衡面是被限制的，且求取合力以及合力偶会有误差，不可能实现转子的完全平衡。故制定了动平衡精度标准，针对不同的转子可以按照相应的标准进行动平衡，使转子的不平衡振动保持在允许的范围内。

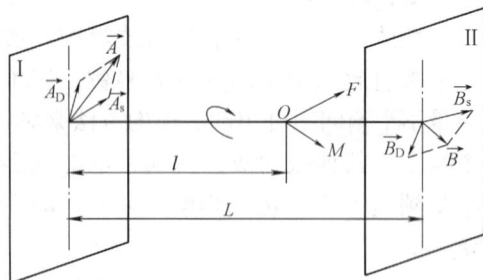

图 8-48 刚性转子动平衡

对于挠性转子，工作转速高于第一，甚至第二阶临界转速，转子中心线不再是弯向一侧的曲线，而会向两侧弯曲，见图 8-40。因此，虽然在某一转速下已校好平衡，但当转速升高越过一个临界转速后，由于转子的振动挠曲线改变，又将产生新的不平衡离心力，使转子的平衡被破坏，甚至原为校平衡加上的平衡质量因挠曲方向改变，在升高到另一个临界转速后反而会增大不平衡。因此，对挠性轴的动平衡，在选择加平衡质量的位置时，应当考虑在不同临界转速下，特别是在工作转速下轴的挠曲情况，使振动在可能的转速范围内都不超过振动标准，在工作转速下有较小的振动。

对挠性转子，采用振型平衡法可以得到很好的效果。振型平衡法基于转子动力学的振型正交理论，对每一阶临界转速下振型进行平衡，使转子在较宽的转速范围内都得到好的平衡。影响系数法也是一种应用广泛的平衡方法，对刚性转子和挠性转子都有较好的效果，也便于进行计算机辅助动平衡。

五、轮系振动

（一）轮系振动及其振型

当叶轮振动时，总是带动安装在上面的叶片同时振动，故叶轮的振动实质上是叶轮和叶片合成的弹性系统的振动，即轮系振动。由于叶轮直径一般较大，沿圆周方向和径向的刚度很大，所以一般不会产生切向或扭转振动。但叶轮的厚度相对于半径而言较小，在汽轮机轴向的刚度较小，易发生振动，故轮系振动不加说明时均指轴向振动。

1. 轮系振动的主要原因

（1）由于部分进汽，个别喷嘴或叶片通道异常，隔板水平中分面汽流扰动过大等原因，使沿叶轮圆周上蒸汽作用力不均匀；

（2）由于叶根处轴向间隙沿圆周不均匀，使主汽流沿圆周的抽汽或者漏汽不均匀，进而引起沿叶轮圆周前后压力不均匀；

（3）主轴或叶片等其他部件的振动，带动叶轮一同振动。

2. 振型

轮系振动主要有三种振型，如图 8-49 所示。

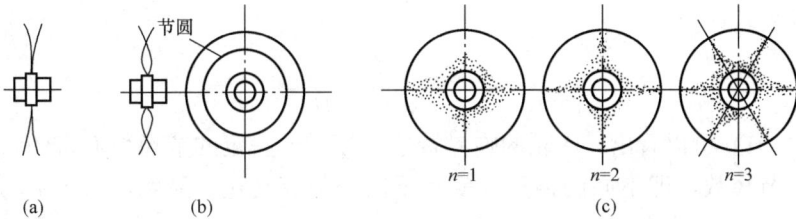

图 8-49　轮系的振型
（a）伞形振动；（b）带节圆的振动；（c）叶轮带有节径的振动

（1）伞形振动。叶轮以轴为中心，沿圆周整体地在轴向上向前、后振动，呈伞状。

（2）带节圆的振动。叶轮上有一个节圆，节圆的内、外两部分都沿圆周整体向轴向前、后振动，但振动的方向相反，节圆基本上不振动。个别长叶片级的轮系甚至有节圆位于叶片上的情况。

（3）有节径的振动。当叶轮振动时，若在轮面某一直径上振幅很小或者基本上不振动，此直径称为节径。在节径两侧的振动方向相反，两节径间中央处振幅最大，这种振动称为有节径的振动。

伞形振动和带节圆的振动，一般只在刚度不足的叶轮上发生。带一个以上节圆的高阶振型很少发生。当叶轮做有节径的振动时，节径越多，自振频越高。当节径增加到足够多时，叶轮本体振幅极小，可视为基本上不振动，而只有叶片振动。故轮系的振动在节径数增多时，一般是以叶片的某种轴向振动为极限。当叶轮在做轴向振动时，叶轮上的叶片可做轴向或者切向振动，使叶轮在同一节径条件下可能出现两个自振频率，各以一种叶片的振型为其极限。个别叶轮在振动时可能产生更复杂的振型，既有节圆又有节径，但极为少见。

3. 动频率与静频率

当叶轮转动时，离心力的作用将使轮系的自振频率升高，这时的轮系自振频率称动频率

$f_{d,dy}$。轮系的动频率也可用于测定叶片动频率相同的方法直接测定，但困难较大，现多由试验得出的静频率 $f_{d,st}$ 计算求得。

$$f_{d,dy} = \sqrt{f_{d,st}^2 + B_d n^2} \tag{8-90}$$

叶轮的动频系数 B_d 与叶轮及其上叶片的尺寸、结构及振型有关，当 D/l 值较大、叶轮较厚及节径数较多时，B_d 值较大。B_d 的经验值见表 8-4。

表 8-4　　　　　　　　　　不同节径数时的叶轮动频系数

节径数 m	2	3	4	5	6
B_d	2～3	2.5～4	3～6	3.5～6	4～8

（二）轮系临界转速

在旋转时，轮系振动以波的形式沿圆周方向传播，在不同的转速下，轮系振动形态不同。若只有一个喷嘴异常，激振力的频率为工作转速 n。如果叶轮的节径为 m，则叶轮的振动频率为激振力频率的 m 倍，即叶轮上任一点振动 m 次后，便受到一次激振，这时将发生共振。习惯上把与低频干扰力共振的转速称为叶轮临界转速 $n_{d,c}$。

考虑到上述定义，有

$$m n_{d,c} = f_{d,dy} = \sqrt{f_{d,st}^2 + B_d n_{d,c}^2}$$

所以叶轮的临界转速为

$$n_{d,c} = \frac{f_{d,st}}{\sqrt{m^2 - B_d}} \tag{8-91}$$

由式（8-91）可以看出，叶轮的临界转速是相对于一定的节径数而言的。因此，同一叶轮，对不同节径数，即不同的振型，就有不同的临界转速。显然，由于 B_d 值都大于 1，故不会有 $m=1$ 时的临界转速。

六、汽轮发电机组扭转振动

（一）汽轮发电机组轴系扭转振动

汽轮发电机组轴系在电力系统的各种扰动和汽轮机控制系统作用影响下，会由于蒸汽力矩和电磁力矩的瞬间不平衡激起轴系扭转振动，见图 8-50。蒸汽主动扭矩由汽轮机阀门开度决定，电磁阻力矩由发电机负载决定，它们共同作用在轴系上。电网的各种扰动，以及汽轮机调节系统的动作直接影响轴系的扭矩平衡，会激起轴系扭振，严重时会导致转轴、叶轮、叶片以及联轴器的损伤和破坏。作用在轴系上的外激励扭矩不仅与汽轮机和发电机结构相关，还与蒸汽参数、阀门控制规律以及发电机电磁力矩特性相关，而阀门动作规律和发电机电磁力矩等又受轴系的转速及扭转状态的影响，因此这是一个热、机、电耦合的问题。在假定蒸汽参数和结构因素不变的情况下，可视作机、电耦合问题。

为了预防扭振对轴系造成的危害，要综合考虑轴系的扭转强度和扭振特性问题。轴系应具有足够的扭转强度，在工作温度下要能抵抗扭振引起的交变扭应力以及疲劳损伤。轴系还应具有好

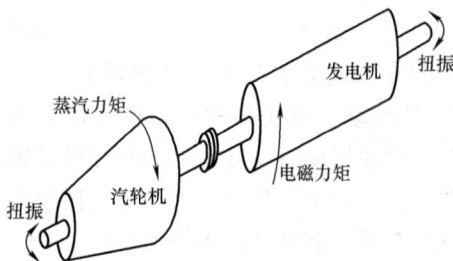

图 8-50　汽轮发电机组轴系扭振

的扭振特性，不应与扭振激励形成共振，有时还要专门进行轴系对扭振激励的不敏感设计。为了避开共振，轴系工作转速与其扭振固有频率应有 $\pm 7\mathrm{Hz}$ 以上避开范围。

从汽轮发电机组运行的角度，应该尽量避免电气操作以及电网各种谐波对机组的影响，同时，在设定汽轮机负荷控制规律时，应考虑蒸汽力矩对扭振的激励，把扭振的危害降低到最低。通过现代检测和分析技术，还可以配置轴系扭振在线监测系统，为在运行中防止扭振发生和分析扭振故障原因提供可靠手段。

（二）轴系扭振特性

根据力学和机械振动基本原理，汽轮发电机组轴系的扭振可由下述方程描述，即

$$\rho I_\rho(x)\frac{\partial^2\theta(x,t)}{\partial t^2}-\frac{\partial}{\partial x}\left[GJ_\rho(x)\frac{\partial\theta(x,t)}{\partial x}\right]=q(x,t) \qquad (8\text{-}92)$$

式中：x 为沿轴向的坐标变量；t 为时间；ρ 为材料质量密度；G 为材料扭转弹性模量；I 和 J 分别为惯性矩和极惯性矩；$\theta(x,t)$ 为扭转角位移；$\rho I_\rho(x)$ 为转动惯量；$GJ_\rho(x)$ 为扭转刚度；$q(x,t)$ 为分布在轴系上的扭力矩。

求解这个方程，可以得到轴系扭振固有特性和响应。显然，在轴系结构很复杂的情况下，这个方程只能用数值方法求解。比如采用上述 Prohl 法进行计算。在计算扭振固有特性时，令 $q(x,t)=0$。当已知外界激励 $q(x,t)$ 时，可以计算轴系的扭振响应。

（三）轴系扭振检测

汽轮发电机组正常运行时，轴系没有扭振，只有在一定的外界激励时才产生扭振。为了检测扭振，可在轴系测速齿轮或盘车齿轮处布置传感器，将轮齿异常转动变成电脉冲信号输出，见图 8-51。当没有扭振发生时，脉冲在时域是等间隔的，产生扭振以后，信号表现为疏密相间的脉冲。

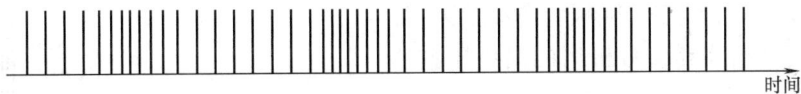

图 8-51　扭振脉冲信号

经过信号处理得到任意两脉冲之间的时间间隔 ΔT_i，则有时间序列 $\{\Delta T_i\}$，$i=0,1,\cdots,n$。若齿轮盘的齿数为 Z，可得到角频率序列 $\{\omega_i\}$，$i=0,1,\cdots,n$。其中

$$\omega_i=\frac{2\pi}{Z\Delta T_i}$$

显然，这是扭振角频率对时间的函数，对序列 $\{\omega_i\}$，$i=0,1,\cdots,n$ 积分便可得到扭角位移函数，即扭振振幅函数，可由此求出扭矩和扭应力，达到扭振检测的目的。

第六节　汽缸、隔板的结构与强度

一、汽缸与隔板结构

汽轮机的汽缸及隔板是其静止部分的主要部件。汽缸是受力和结构形状都十分复杂的壳体。它受到的载荷主要由缸内外的压差、温度分布与变化以及安装在汽缸上的部件和管道所造成。由于汽轮机工质参数的逐级变化，汽缸各段所承受的压差和温度也是变化的，这样汽缸各段的厚度也随之变化，不同蒸汽参数下的汽缸材料也有所不同。汽缸上要安装喷嘴室、

导叶环、隔板和隔板套，还要连接进、排汽和抽汽管道，因此，汽缸要承受自重及其连接的凝汽器的部分质量和其他连接部件的作用力。为了便于安装转子和隔板等，汽缸往往分为上下两半，水平中分面通过法兰和螺栓连接密封。汽缸与进、排汽和抽汽管道的连接以及与冷凝器的连接也均通过法兰和螺栓方式联结。

现代汽轮机为了解决高参数下汽缸面临的高载荷问题，也有采用圆筒汽缸的，由于没有中分面，汽缸的受力状态得到优化，汽缸的膨胀与变形、载荷承载能力等都比上下分两半的汽缸好。当然，汽缸的制造和安装也需要满足更高要求。

（一）汽缸的结构形式

1. 蒸汽室的布置特点

小容量及低参数的汽轮机，第一级前的蒸汽室多与汽缸铸成整体。大容量机组，为了加工制造的方便，蒸汽室一般另行铸造，然后再安装到汽缸上，见图 8 - 52。为了保证汽室正确的安装位置，在汽室与内缸之间均装有导向滑销，允许热膨胀，以保证其轴向位置正确，并与转子同心。

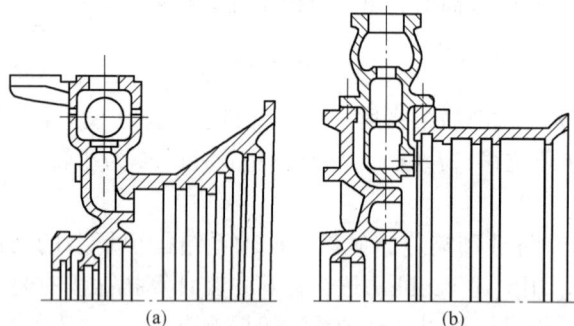

图 8 - 52　中低参数汽轮机汽室结构
（a）与汽缸铸成整体；（b）单独铸造后再组装

2. 高、中压汽缸的结构特点

汽轮机各级隔板均布置在汽缸中。对于高压汽轮机，为了使汽缸的结构简化、加工及检修方便，高、中压缸还采用隔板套结构。隔板套直接安装在汽缸中，隔板再固定在隔板套中，每个隔板套可安装多个隔板。高参数大容量机组，尤其是超临界参数机组的高中压缸，采用内外双层缸甚至三层缸结构（见图 8 - 53）。内外缸夹层可通一定温度和压力的蒸汽，对直接承受高温的内缸进行冷却，并减小内缸承受的压差。故内缸缸壁可减薄，也可节省耐高温的金属材料。外缸缸壁较厚，所受到的压差虽大，但因温度不高，可用稍次的材料。双层缸结构对于启动、停机时汽缸的加热和冷却是非常有利的。

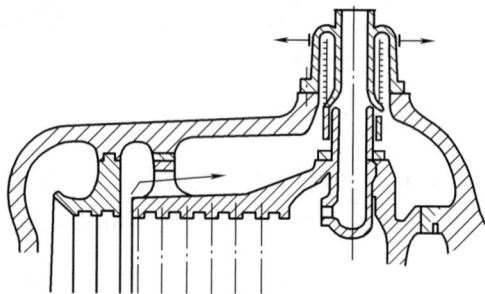

图 8 - 53　汽缸夹层示意图

双层缸夹层中的连续汽流可从第一段抽汽口引入。启动时，为了能迅速将内外汽缸加热，可对夹层送蒸汽辅助加热。

3. 调节阀的布置

中等以下容量的机组，调节阀大多直接安装在汽缸上，而大容量高压机组，因调节阀的质量过大，为减轻汽缸的负荷并使汽缸的结构简单、加工方便，调节阀不再布置在汽缸上，而安放在汽缸旁。为了减小调节阀后到调节级喷嘴组之间的蒸汽容积，使汽轮机负荷调节灵敏，并且在调节阀紧急关闭后不致因为阀后过多蒸汽继续进入汽轮机导致超速，调节阀应尽可能地靠近汽轮机旁。

4．排汽缸结构

中小容量机组的低压排汽段，多用铸铁结构，而大容量机组，为加工制造方便、节省金属消耗，较多采用焊接结构。钢板焊成的排汽段以加强筋形成其坚固的构架。为了减小排汽段的阻力损失，常在排汽段设有导流装置并按气动优化设计排汽扩压段。扩压段可使排汽余速转变为压头，在排汽真空一定时，使末级排汽压力降低，全汽轮机理想比焓降增大，从而增大机组的出力。随着机组参数的提高、容量的增大，对于单排汽口汽轮机，末级叶片的高度限制了机组的最大功率，故近代大型汽轮机多采用双排汽口、四排汽口、六排汽口等不同排汽结构。

（二）汽缸的支承

高压段汽缸温度较高，若用法兰将汽缸直接与轴承座连接，将使轴承温度过高，容易使瓦温升高，润滑油性能下降。因此，对于单缸汽轮机的高压段，或者多缸汽轮机的高中压缸，多用猫爪支承在相应的轴承座上。而汽缸排汽段因蒸汽温度较低，低压转子的轴承多与汽缸的排汽段做成一个整体，低压排汽缸多用下汽缸两侧的支脚直接支承在基础台板上。

高压缸支承在轴承座上的猫爪的温度比轴承座温度高。由于猫爪较厚，向上的膨胀量较大，使汽缸的中心线向上的位移量较支承在轴承上的转子向上的位移量大，引起转子与汽缸中心轴线的偏差，见图 8-54。因此，将高压汽轮机的猫爪做成弯曲形，使猫爪下的支承面与汽缸中心线同在一个水平面上，即与转子的中心线在同一水平面上，这样可以保证机组运行时转子与汽缸的中心线一致。

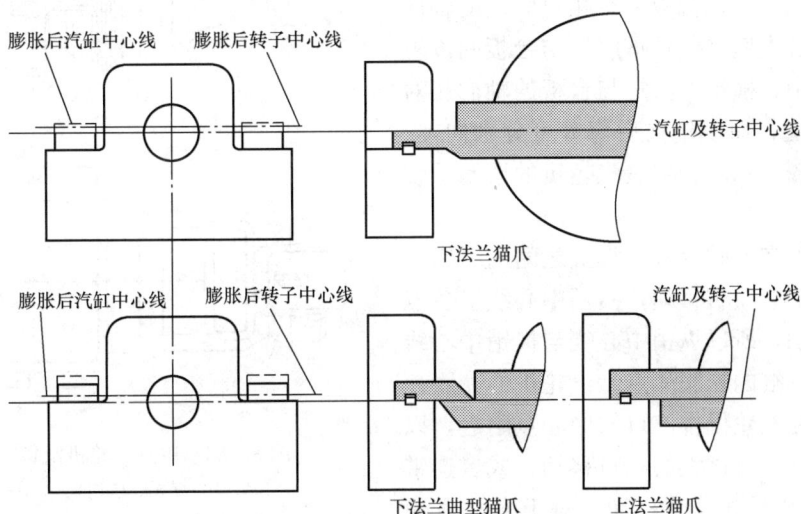

图 8-54 高压缸猫爪支承结构形式

对于一些高参数的汽轮机，也有采用上法兰猫爪形式支承的。图 8-55 所示的具有内外双层汽缸的汽轮机的高、中压内下缸 1 通过法兰螺栓 2 吊在内上缸 3 上，内上缸的法兰平面支承在外下缸 4 上，外下缸又以螺栓 5 吊在外上缸 6 的法兰上，最后外上缸通过前后猫爪支承在轴承座 7 的承力面上。这样的结构，使内、外缸法兰平面，轴承座支承面与转子中心线一致，在汽缸受热膨胀后，汽缸的中心轴线仍能与转子中心线保持一致。

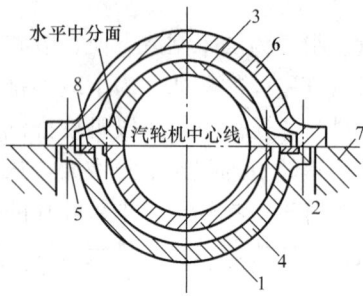

图 8-55 内缸在外缸中的支承

1—内汽缸；2—内缸连接螺栓；3—内上缸；
4—外下缸；5—外缸连接螺栓；6—外上缸；
7—轴承座；8—支承垫片

(三) 汽缸热膨胀及滑销系统

汽轮机汽缸是重型金属部件，必须支承在牢固的基础上，同时又要能自由膨胀。若膨胀受阻，汽缸就会产生很大的热应力及严重变形，甚至使设备破坏。但如果任其随意自由膨胀，不给以适当的约束，汽缸就会歪斜，导致动静部分碰摩，也会造成设备损坏。所以在考虑汽缸热膨胀时，既要允许汽缸各部件自由膨胀，又要保持汽缸与转子的中心一致。这就要依靠汽轮机滑销系统，使汽轮机可以在轴向、垂直向、水平横向三个自由度沿直线自由膨胀，而保持动静轴向中心不变。

转子是支承在轴承座上的，要保证转子与静止部分的中心线一致，只要保证汽缸与轴承座的中心线一致即可。汽缸用猫爪支承在轴承座上，为了使机组中心在膨胀时，不发生横向偏移，在各轴承座下面的轴线上布置纵销，保证汽缸在膨胀时，中心轴线上各点不发生左右移动。汽缸与轴承座之间，在轴向中心线处设计有立销，保证汽缸在垂直方向上，与轴承座中心一致。为了防止汽缸与转子间轴向位置的偏移，出现不应有的轴向窜动，有时在汽缸猫爪下设置一个横销，固定汽缸与轴承座间的轴向位置关系。为了使汽缸在轴向膨胀的同时，其水平方向的膨胀垂直于轴线，并在台板上有相对固定的轴向位置，在汽缸支座（或轴承座）与台板间设置横销。运行中，横销处汽缸与台板的轴向相对位置保持不变，而横销前后部分可分别向前、向后膨胀。图 8-56 为单缸汽轮机的滑销系统简图。

因为设置在基础台板与汽缸之间的纵销中心线上各点不能左右移动，横销中心线上各点不能前后移动，所以纵销中心线与横销中心线的交点称为汽缸的膨胀死点。汽轮机的膨胀死点一般布置在汽轮机排汽口的中心点附近，以免汽缸对凝汽器有过大的相对移动，或者连带凝汽器一起出现过大的移动。对于多缸汽轮机，也有两死点的布置方案，另一死点设置在

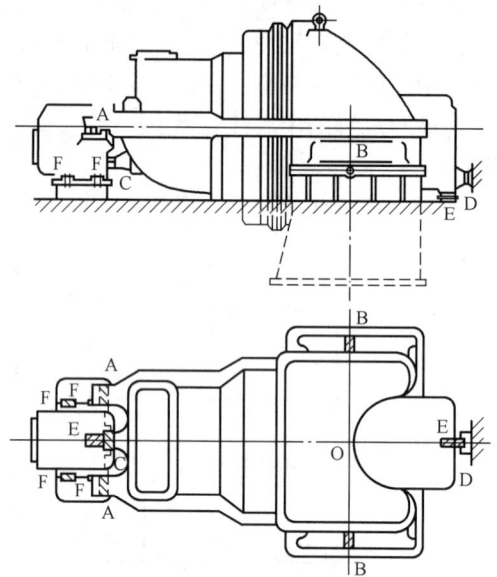

图 8-56 单缸汽轮机滑销系统

A、B—横销；C、D—立销；
F、E—纵销；O—死点

高压缸处，以使高压新汽管的移动较小。其他立销和横销，设置在轴承座和汽缸之间，可在随汽缸轴向膨胀的同时，约束汽缸的膨胀方向。

为保证转子与汽缸间的相对轴向位置，高、中压缸转子应有推力轴承定位。

在汽轮机上除设置纵销、横销和立销外，轴承座两旁的压板对轴承座也起导向作用。在尺寸较大的汽缸旁还设置斜销，其斜角大小决定于安装地点相对于死点的膨胀方向，以保证汽轮机受热膨胀时位置正确。对于具有双层缸的机组，还要考虑内外缸间的相对膨胀位置，

以保证机组的安全运行。

（四）隔板与静叶

隔板是汽轮机各级的间壁，在隔板上安置汽轮机级的静叶，起到喷嘴的作用。汽轮机的高压部分通常装设带有铣制叶片的钢隔板，而这些叶片（静叶）是铆接或焊接在隔板上的。低压部分则采用将钢质叶片铸入本体中的铸造隔板。图 8 - 57 为焊接式隔板，内外围带 2、3 和喷嘴叶片 1 焊在一起组成喷嘴弧，然后将其再焊在隔板板体 5 和隔板外缘 4 之间。

隔板由水平中分面分开的上下两半组成，在拆装汽轮机时、上半隔板可以随汽缸上盖一起起吊。在隔板与汽缸以及上、下隔板之间均留有膨胀间隙，在隔板内径处还设置级间汽封，以减少蒸汽的漏泄。隔板上下两半的结合面做成倾斜形，以不致截断中分面喷嘴叶片。

对于具有隔板套的高压汽轮机，隔板用焊在上下两半隔板上的凸肩固定在隔板套上，隔板安置在隔板套中亦留有径向间隙，以利隔板的膨胀。

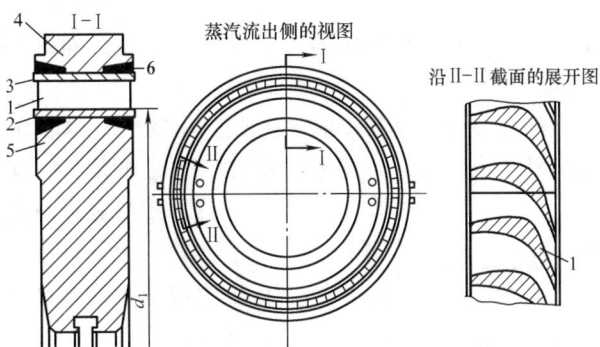

图 8 - 57　焊接隔板
1—喷嘴叶片；2—内围带；3—外围带；
4—隔板外缘；5—隔板体；6—焊缝

二、汽缸强度计算

确定汽轮机汽缸的结构需要考虑很多问题。为了满足功能要求，汽缸有法兰结合面，外联多种管道，其上还有汽室、阀门、隔板等各种部件的安装结构，是汽轮机中形状最复杂的部件。而且，汽缸厚重、支承多样，各部分位移约束、受力情况和温度分布很不相同，还需要有好的制造和安装工艺性。若用理论分析方法计算其强度是很困难的。事实上，到目前为止，还不能把汽缸在所有工况下的全部真实应力分布的细节了解清楚，汽缸结构还有进一步优化的空间。汽缸强度设计建立在现代计算、经验计算以及试验和运行数据统计基础之上。

从强度计算的角度，分析汽缸的应力分布目前普遍采用的计算方法是数值计算方法。由于汽缸在三维空间上并不对称，故采用三维计算是合理的。无论采用现有的商业分析软件，还是专门的汽缸应力分析软件，由于汽缸尺寸大、结构复杂，离散的网格数量大，计算量巨大，对计算机等计算资源要求很高。在软件和硬件条件满足的情况下，应尽量直接对全尺寸汽缸进行模化和应力分析，或采用简化的全尺寸模型复合局部精细模型进行分析。

强度计算要考虑的另一个关键问题是计算的边界条件。汽缸强度计算的边界条件是随实际运行工况而变化的，由于汽缸自身运行工况复杂，且连接的各种设备都可以处于不同的工况，故汽缸的工况组合是很多的。因此，在计算时，应本着安全的原则，对最危险工况进行计算。事实上，危险工况在不同的条件下会互相转换，并使汽缸危险部位也相应转移。因此，尽管在指定的边界条件下能很好地计算汽缸应力分布，考虑到上述原因，结构设计时还是要取合适的安全系数。

因为汽缸的厚度远小于汽缸的直径，从粗略强度评价的角度，可将汽缸视为轴对称的薄壳，利用薄壳理论进行计算。一般情况下，当汽缸内壁曲率半径与该处汽缸平均厚度之比大于 20 的时候，计算结果具有参考价值。对汽轮机高压汽缸而言，这个比值一般不能达到 20，不宜采用这种方法。

当壁厚变化只影响其中的应力分布而不影响变形的时，可以应用以下薄壁圆筒计算公式计算汽缸的壁厚。显然，当汽缸厚度一定时，也可以用式（8 - 93）计算缸壁的工作应力，即

$$\delta = \frac{\Delta p D_n}{2[\sigma]} \qquad (8 - 93)$$

式中：Δp 为汽缸内外压差，MN/m^2；$[\sigma]$ 为许用弯曲应力，MN/m^2；D_n 为汽缸的内径，m。

当汽缸内外压差较小时，上式算出的缸壁厚度往往太薄，这时需要从刚度和工艺（对铸件最小厚度的要求等）等方面考虑，适当加大汽缸厚度。

三、螺栓强度计算

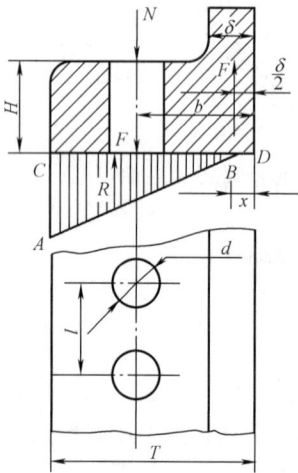

图 8 - 58　螺栓紧力计算

汽轮机上下汽缸法兰一般采用螺栓连接，见图 8 - 58。要保证汽缸法兰的严密性，螺栓安装时必须预紧，否则高压蒸汽通入汽缸后，会将上下汽缸撑开，蒸汽从法兰结合面漏出。汽轮机处于冷态时，对任一法兰而言，螺栓拧紧时产生的压力 N 以及相连法兰产生的反作用力 R 处于平衡。当蒸汽通入汽缸后，产生的蒸汽作用力 F 将打破原有的平衡状态，力 F 对法兰产生一逆时针的力矩，造成法兰外侧的反作用力增大而内侧力减小。

在设计时，要选定恰当的螺栓安装预紧力 N，以保证当 F 值最大时，在汽缸内壁 D 点处的反作用力为零。与汽缸应力计算一样，法兰和螺栓的计算也应采用三维数值计算方法，但是，若将螺栓内力简化为一维受力，也可以采用以下简便方法进行估算。在法兰螺栓的一个间距 t 之间，使上下汽缸撑开的蒸汽作用力 F 为

$$F = \frac{\Delta p D_n}{2} t \qquad (8 - 94)$$

假设一个螺栓作用的预紧力为 N，在蒸汽力 F 和预紧力 N 的作用下引起的法兰接触面反作用力为 R，R 按直线 AB 分布，在 B 处的反作用力为零，此反作用力的合力 R 作用在距离 C 点 $\frac{1}{3}(T-x)$ 处。预紧力的计算公式为

$$N = \frac{4T + 2x - 3\delta}{4T + 2x - 6b} F = \eta F \qquad (8 - 95)$$

式中：T、x、b、δ 如图 8 - 58 所示。一般取：$b = 0.5d + (30 \sim 60)$（mm），d 为螺孔直径；$T = (2 \sim 3.5)b$（mm）；$t = (1.3 \sim 1.7)d$（mm），高压缸取小值，低压缸取大值。

四、法兰强度计算

汽缸法兰在正常工作时，由于螺栓的预紧力使法兰间的反作用力较大，理想的情况是反作用力等于零的点靠近汽缸内侧。在法兰强度校核时，需考虑法兰在最不利情况下的应力。法兰最不利的情况就是由汽缸内壁到螺孔轴线的部分法兰上没有接触压力，即零

反作用力点外移至螺孔轴线处，此时 $x=b$。在蒸汽力 F 作用下的弯矩 $F(b-\delta/2)$ 为最大值（见图 8 - 50），螺孔削弱截面即法兰内的弯曲应力为

$$\sigma_{\mathrm{w}} = \frac{F\left(b-\dfrac{\delta}{2}\right)}{(t-d)H^2/6} \tag{8 - 96}$$

式中：H 为法兰高度，m。

五、隔板强度计算

隔板可以分成隔板圈、静叶和隔板体三部分，隔板圈可视为半圆形曲杆，隔板体也为半圆形曲杆或板，静叶可视为任意截面形状的杆。隔板支承在汽缸槽道内，由于它的非对称性，沿圆周支反力分布是不均匀的。上下两半隔板之间有固定键。静叶承受的汽流力方向既非轴向又非周向。隔板圈和隔板体还要承受两侧工质压差的作用。由此可见，隔板是一个形状和受力都较复杂的构件。即使采用数值方法进行应力计算，建立隔板的网格模型和确定隔板的边界条件都是困难的。

有代表性的基于经验的传统隔板强度计算方法有两种。第一种方法是 wahl 法，将隔板视为半圆形的有孔薄板，不考虑实际隔板上存在着静叶。对于高压级隔板，由于静叶高度相对较小，它对隔板强度削弱有限，用这种方法计算，工作量不大，计算值与试验结果较一致。因此，对于高压部分的焊接隔板普遍采用这种方法。第二种计算方法是分别将隔板圈和隔板体做为非弯曲平面内弯曲的曲杆，将静叶作为径向杆，连接隔板圈和隔板体，并考虑静叶的轴向变形和周向变形以及静叶与隔板体、隔板圈的连接刚度。因此，第二种方法是较为精确的隔板强度计算方法，它不但可以用于计算焊接隔板，还可以用于计算铸造隔板，但计算工作量较大。下面仅介绍 wahl 法的计算公式，见图 8 - 59。

（1）隔板的最大应力由式（8 - 97）确定，即

$$\sigma_{\max} = K_{\Delta} \frac{(0.1D)^3 h}{I} p \tag{8 - 97}$$

式中：K_{Δ} 为系数，由图 8 - 60 曲线查得，图中 d 为隔板内径，隔板最大应力在垂直于中分面的径向切面的内径处；p 为隔板前后的压差，$\mathrm{MN/m^2}$；D 为隔板的外径，m；h 为隔板的厚度，m；I 为隔板径向切面的惯性矩，$\mathrm{m^4}$。

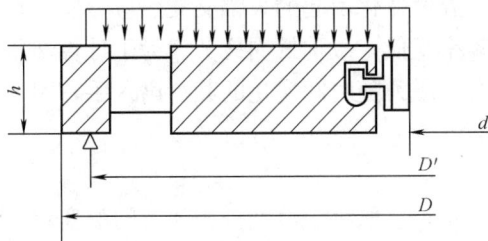

图 8 - 59 隔板计算示意图

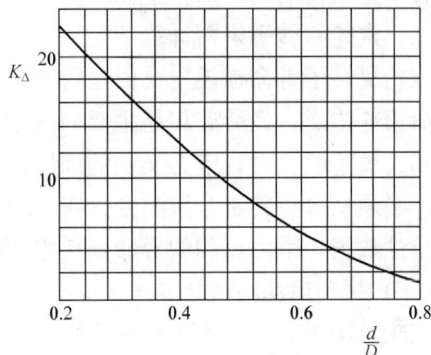

图 8 - 60 隔板应力系数 K_{Δ} 曲线

（2）隔板的最大挠度计算式为

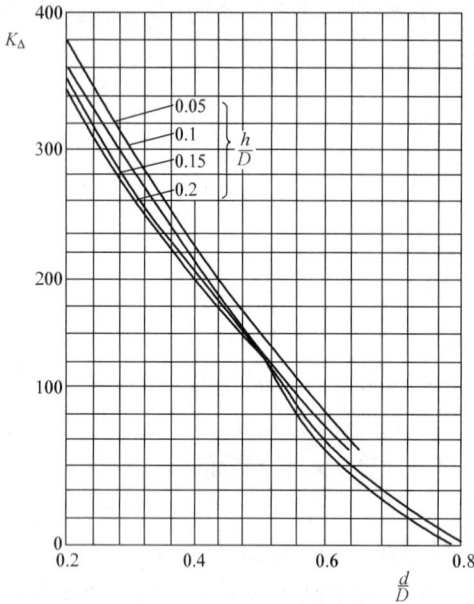

图 8-61 隔板挠度系数曲线

$$W_{max} = K_\Delta \frac{(0.1D)^5}{EI}p \qquad (8-98)$$

式中：E 为材料弹性模量，MN/m^2；K_Δ 为系数，由图 8-61 曲线查得，K_Δ 与 d/D 及 h/D 有关。

隔板最大挠度发生在中分面内径处，设计的最大挠度以不超过该处间隙的 1/3 为宜。这种计算方法忽略了一些隔板的结构特点。举例来说，隔板的支承直径 D' 略小于隔板外径 D（见图 8-59），而在公式中以外径 D 作为支承直径，计算结果表明，在某些场合下这将引起 20%～30% 的误差。另外，隔板内径处装有隔板汽封，这增加了隔板的负荷，但并不增加隔板的刚性，若不考虑这一因素，将造成 10% 的误差。在公式中，将隔板作为半圆形有孔薄板，没有考虑实际隔板上存在静叶，在计算隔板的径向切向惯性矩时，视隔板圈、静叶和隔板体三者为实心的整体，这将引起 30% 以上误差。在实践中往往对其进行上述三项修正后再进行焊接隔板的计算。

第七节 汽轮机转子寿命

一、单元机组的设备寿命

随着经济的不断发展，电网的峰谷差日趋增大。燃煤发电机组已经成为最主要的调峰电源。调峰对电网的安全、稳定运行是有利的，对整个电网的商业运营以及社会保障是必要的。但是，火电机组参与调峰，无论从经济上还是设备的安全性上，对机组自身都是不利的。从设备安全的角度，火电机组调峰首先遇到的问题是高温环境下工作设备的寿命损耗。由于汽轮机转子表面积与热容量之比最大，最容易受到热力工况变化的影响，就寿命损伤而言，转子是最薄弱的环节，应该作为主要的研究对象。

二、汽轮机转子寿命计算

汽轮机转子寿命损耗主要由运行中金属温度变化导致的低周疲劳寿命损耗和材料高温蠕变寿命损耗构成，疲劳破坏是主要的失效形式。温度变化引起的大幅交变热应力发生在机组启停和大负荷变化时，应力交变的周期很长、频率很低，故称低周疲劳。为了计算转子寿命损耗，必须从分析转子金属温度分布、应力分布、应力随时间变化的载荷谱入手，引入材料疲劳特性数据，采用正确的寿命损耗累积准则。

（一）转子温度场的计算

汽轮机转子热应力不仅取决于转子的温度分布，还取决于温度分布随时间的变化，即瞬态温度场。在计算瞬态温度场时，可以认为转子是一个均匀、各向同性且无内热源的构件。一般说来，精确求解转子温度场要采用三维模型，但在只考虑除了叶片以外的转子本身时，采用空间轴对称模型也能取得满意的计算结果。

汽轮机转子的温度场计算可根据瞬态导热方程和初始条件、边界条件进行，即

$$
\left.
\begin{aligned}
&\frac{\partial T}{\partial t} = a\left(\frac{\partial^2 T}{\partial R^2} + \frac{1}{R}\frac{\partial T}{\partial R} + \frac{\partial^2 T}{\partial Z^2}\right) \\
&\text{边界条件：} T = \overline{T} \qquad\qquad \varGamma_1 \\
&\qquad\qquad\quad \frac{\partial T}{\partial n} = \overline{q} \qquad\qquad \varGamma_2 \\
&\text{初始条件：} T = T_0(R,Z)
\end{aligned}
\right\}
\tag{8-99}
$$

式中：T 为温度；q 为热流；n 为法向矢量；t 为时间；R 和 Z 为圆柱坐标系的几何坐标；$\varGamma$ 为边界。

对于汽轮机转子这样的复杂构件，求解式（8-99）必须使用数值计算方法。目前，无论是大型的商业软件或专门的计算软件，在算法上都能很好求解式（8-99）这样的物理问题。实际计算的困难在于汽轮机转子和蒸汽换热边界条件的确定。

（二）转子应力场计算

1. 热应力计算

如果应力不超过材料的弹性强度极限，可求解以下力学方程组得到热应力场，即

力平衡方程：
$$
\rho\omega^2 R^2 y + \sigma_r\left(y + R\frac{\mathrm{d}y}{\mathrm{d}R}\right) + Ry\frac{\mathrm{d}\sigma_r}{\mathrm{d}R} - \sigma_\theta y = 0
\tag{8-100}
$$

物理方程：
$$
\left.
\begin{aligned}
\varepsilon_r &= \frac{1}{E}(\sigma_r - \mu\sigma_\theta) + \alpha\Delta T \\
\varepsilon_\theta &= \frac{1}{E}(\sigma_\theta - \mu\sigma_r) + \alpha\Delta T
\end{aligned}
\right\}
\tag{8-101}
$$

几何方程：
$$
\left.
\begin{aligned}
\varepsilon_r &= \frac{\partial v}{\partial R} \\
\varepsilon_\theta &= \frac{v}{R} \\
\varepsilon_z &= \frac{\partial u}{\partial z} \\
\gamma_{zr} &= \frac{\partial u}{\partial z} + \frac{\partial v}{\partial R}
\end{aligned}
\right\}
\tag{8-102}
$$

式（8-100）～式（8-102）的求解，一般使用数值方法。

2. 离心应力 σ_n 计算

在结构参数一定时，离心应力是可以用数值方法准确计算的。在转子稳定运行时，离心应力可以认为是静载荷，任意转速 n 下的离心应力计算式为

$$
\sigma_n = \sigma_0\left(\frac{n}{n_0}\right)^2
\tag{8-103}
$$

式中：σ_n 为任意转速 n 下的离心应力，MPa；σ_0 为额定转速 n_0 下的离心应力，MPa，σ_0 可以由数值方法预先计算好。

3. 转子合成应力 σ_{eq} 计算

根据不同的强度理论得到意义不同的合成应力。比如，用第一强度理论可以得到

$$
\sigma_{eq} = \sigma_n + \sigma
\tag{8-104}
$$

式中：σ_{eq} 为合成应力，MPa。一般情况下，更多采用 Von-Mises 等效应力。

得到转子应力场后，可以找出转子的危险点。考虑这些危险点处的应力集中系数 k_{th}，找出转子的最大应力值（MPa），即

$$\sigma_{max} = k_{th}\sigma_{eq} \tag{8-105}$$

事实上，离心应力变化是有限的，造成应力大幅变化的是热应力。

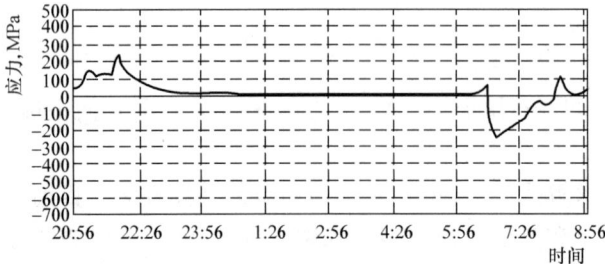

图 8-62 调峰运行时高压调节级叶轮过渡圆角应力谱

（三）寿命损耗计算

1. 载荷谱

危险点处最大应力随时间变化的历程构成交变载荷谱。显然，启动、停机以及大负荷变化形成的应力循环是最重要的交变载荷循环。图 8-62 是某汽轮机调峰运行时高压转子表面危险点的应力谱，汽轮机从晚上 9 点开始滑参数停机，11 点打闸关闭调节汽阀和主汽阀，次日 6 点半启动，至 8 点带满负荷。可以看到一个完整的交变应力循环，拉应力峰和压应力峰分别对应停机和启动时的热应力变化。

处理汽轮机低周疲劳载荷谱的传统方法之一，是把启动、停机、负荷变化分别视为一个完整的载荷循环，将载荷谱的最大峰值等效为应力循环的峰值，根据疲劳曲线计算出寿命损耗，取其二分之一作为启动、停机或负荷变动一次的寿命损耗。雨流法是另一种较好的统计方法，它能够同时考虑应力谱中主要和次要波动的影响，将实际应力谱等效为若干对称应力循环来计算寿命损耗，更符合实际情况。

2. 低周疲劳寿命损耗的计算

低周疲劳寿命损耗根据转子材料的低周疲劳特性曲线计算，准确的计算应该以材料的全应变载荷谱作为计算根据，但有时也可以采用等效应力作为计算的根据。

转子材料的疲劳寿命曲线可由试验得到，即所谓 ε-N_f 关系曲线或 S-N_f 关系曲线，其中 ε 为全应变，S 为等效应力，N_f 为发生断裂的应力或应变循环次数。在没有足够试验数据的情况下，也可采取以下近似公式[35]计算，即

$$\varepsilon_{max} = 3.5\frac{\sigma_b}{E}N_f^{-0.2\alpha} + \left(\ln\frac{1}{1-\psi}\right)^{0.6}N_f^{-\alpha} \tag{8-106}$$

式中：ψ 为材料断面收缩率，由材料拉伸断裂试验测取；σ_b 为材料强度极限；E 为材料弹性模数；α 为系数，$\alpha=0.5\sim0.6$，试验表明，α 并非常数，而是随温度、最大加载持续时间以及材料特性而变化。

3. 高温蠕变寿命损耗

高温蠕变寿命损耗通过统计转子危险点在不同温度区域运行的累积时间来评估和计算。蠕变极限和蠕变速度是蠕变寿命损耗评价中的重要参量（见第八章第 8 节）。近年来已经有人采用数值计算和试验相结合的研究方法来确定蠕变特性，但是还不能完全用到工业实践中来，大量的经验公式和近似方法仍然在蠕变分析中应用，并得到认可。根据转子工作温度和工作应力可以计算其蠕变寿命损耗。在实际计算时，用不同温度和应力条件下的运行时间来评价蠕变寿命的累积损耗。

4. 总寿命损耗

根据寿命损耗累积的 Miner 准则，寿命损耗 E 由低周疲劳寿命损耗和高温蠕变寿命损

耗两部分累加构成，计算式如下

$$E = \sum_i \frac{n_i}{N_i} + \sum_j \frac{\Delta t_j}{t_{Bj}} \tag{8-107}$$

式中：n_i 为在 i 循环应力作用下的实际循环周次；N_i 为在 i 循环应力作用下，材料失效循环周次；Δt_j 为在 j 温度条件下，实际运行时间；t_{Bj} 为在 j 温度条件下，材料蠕变失效时间。

Miner 准则认为，当寿命损耗累积达到 $E = 100\%$ 时，就有可能出现裂纹。而在实际计算过程中，为了安全起见，还需要考虑一定的安全系数。

显然，转子寿命损耗计算的准确性，受制于转子瞬态换热边界条件的确定和危险点的应力计算，材料热疲劳、低周疲劳和蠕变特性参数的获取与积累，科学的寿命损耗累积准则等。

三、汽轮机转子寿命管理

寿命管理是根据转子寿命损耗的情况，制订合理的运行方式，使机组在整个服役期内科学控制转子寿命的消耗，保证机组的运行安全。

为此，根据寿命损耗计算结果可对不同工况下转子寿命进行分配。例如，某汽轮机参与调峰运行，总服役期 30 年，考虑蠕变损伤将消耗约 20% 的总寿命，将该汽轮机转子的低周疲劳寿命消耗分配为：冷态启动占 5%，热态启动（包括温态启动、极热态启动。见本书第十章第一节）占 70%，变负荷工况占 20%，用于事故的备用消耗量占 5%。如果取 1.3 的安全系数，热态启动的寿命损耗分配为 53.85%。

有了这样的寿命分配结果，可以根据各危险点的不同寿命损耗以及相应的运行条件，制订运行规程，严格控制各种工况下的汽轮机转子寿命损耗量，使每一次启停或变负荷过程的寿命损耗都不超过所分配的损耗控制量。

第八节　汽轮机零部件的材料、许用应力及安全准则

一、汽轮机主要零部件的材料

（一）高温材料性能

现代汽轮机的主要零部件（转子、汽缸等）均于高压高温下运行，材料在这种环境下长期工作，会产生一些与常温时不同的变化，如材料的蠕变、热强度退化、应力松弛、高温腐蚀以及其他损坏等。

1. 蠕变和持久强度

在一定温度下受力构件随时间的增长而缓慢地产生塑性变形的现象叫作蠕变。由于存在蠕变现象，即使零部件所受应力小于材料的屈服极限，也可能在长时间工作后遭到破坏。材料发生蠕变的最低温度称为蠕变温度。某些低熔点金属，如铅、锡等在室温下就会产生蠕变，碳钢蠕变温度超过 300～350℃，低合金钢则在 350～400℃以上有蠕变行为。

（1）蠕变曲线。蠕变和材料所受应力的大小、作用时间和工作温度有关。图 8-63（a）表示一定温度和应力下应变 $\Delta l/l$ 和时间 t 的关系，即蠕变曲线。典型的蠕变曲线一般由四部分组成：ab 部分为加载荷引起的材料瞬时形变，如果应力超过该温度下的弹性极限，则 ab 实际由弹性形变和塑性形变组成，这一部分不包含蠕变成分；bc 段是蠕变的非稳定阶段，该阶段蠕变速度很大，并随时间的增长而逐渐降低；cd 段是蠕变的稳定阶段，该阶段材料

以恒定的蠕变速度变形，这段曲线的斜率称为稳定蠕变速度；de 段是蠕变的加速阶段，该阶段中材料已遭受很大损伤，蠕变速度增大，直至 e 点发生断裂。

　　不同材料在不同条件下的蠕变曲线不同，同一种材料的蠕变曲线的形式也随所受应力和温度的不同而不同，但各蠕变曲线都保持这些基本组成部分。图 8-63（b）表示不同应力条件下材料的蠕变曲线。在温度一定、应力很小的情况下（如曲线 1），不稳定蠕变阶段最短、达到 c 点后即结束，而稳定蠕变阶段持续很久，甚至蠕变的加速阶段不发生。相反，在温度一定、应力很大的情况下（如曲线 6），稳定蠕变阶段很短甚至完全消失，即 c 点和 d 点相重合，材料将在极短时间内发生断裂。

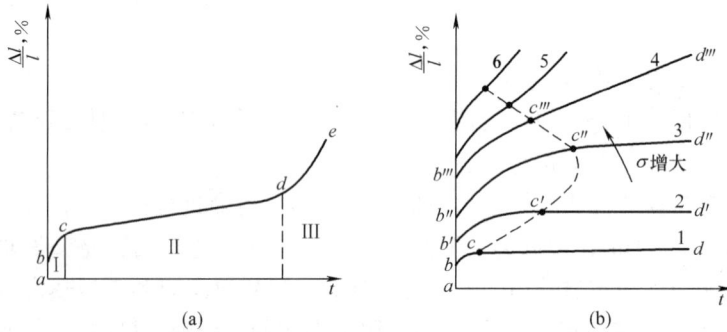

图 8-63　蠕变典型曲线
（a）蠕变典型曲线；（b）不同应力下的蠕变曲线
Ⅰ—蠕变开始阶段；Ⅱ—均匀蠕变阶段；Ⅲ—蠕变断裂阶段

　　（2）蠕变速度和蠕变极限。在高温下工作的零部件若按图 8-63（b）中曲线 1 选定许用应力，固然十分安全，但材料的浪费大，成本增加；但如果按曲线 6 选定应力，显然也是不合适的。工程上常以蠕变极限或蠕变速度作为衡量材料抗蠕变性能的依据。平均蠕变速度是指在零部件寿命中所发生的总蠕变除以时间所得的商。对于产生某一定的蠕变速度所允许施加的最大应力称为蠕变极限。根据不同的需要，蠕变极限有不同的定义，通常，有两种表示蠕变极限的方式。一种是在给定温度下，引起规定变形速度的应力值，这里所指的变形速度是稳定蠕变速度。例如，对汽轮机零部件，一般取变形速度为 1×10^{-5} ％/h，相应地，以 $\sigma_{1 \times 10^{-5}}$ 代表工作温度 t 下该蠕变速度对应的应力极限（MN/m²）。另一种是在给定温度下和规定的使用时间内，使试件发生一定量总蠕变的应力值。假设汽轮机设备工作时间规定为 10 万 h，故其蠕变极限可定义为工作 10 万 h 蠕变总变形量为 1％的应力值，用 $\sigma_{1/10^{5}}$ 表示。

　　稳定蠕变速度可以用经验公式表示，即

$$\nu_{\mathrm{c}} = A\sigma^{B} \tag{8-108}$$

或

$$\lg\nu_{\mathrm{c}} = \lg A + B\lg\sigma \tag{8-109}$$

式中：A、B 为与试验温度、材料有关的常数。

　　可以看出，蠕变速度 ν_{c} 的对数值与应力 σ 的对数值之间呈线性关系。

　　（3）持久强度。持久强度是指材料在高温、应力长期作用下抵抗断裂的能力。汽轮机高温材料的持久强度 $\sigma_{10^{5}}$（MN/m²）表示零部件在高温 t 下工作 10 万 h 断裂的应力值。

2. 应力松弛

汽轮机汽缸螺栓、螺母及汽封弹簧等零件长期处于高温和应力作用下，会出现压紧应力逐渐下降的松弛现象，当这些紧固件的应力松弛到一定程度后，就会漏汽致使汽轮机不能正常工作甚至发生重大安全事故。所以，对于紧固件的材料来说，抗松弛特性是重要的高温机械性能指标之一。材料化学成分以及热处理工艺对抗松弛性有较大影响。

3. 热疲劳

汽轮机在启动、停机和变负荷运行中，零部件将承受周期性变动的温差应力（即热应力），金属材料在经受多次周期性的热应力作用后破坏的现象叫"热疲劳"破坏。热应力反复循环作用，将使高温零部件某些薄弱处产生裂纹，进而逐渐扩展至失效。

影响热疲劳的因素很多，最主要的为零部件工作时的温差。温差越大、热应力越大，材料越易因热疲劳而破坏。

4. 热脆性

金属材料处在某一特定的温度区域会产生冲击韧性显著降低的现象，此脆化现象称为热脆性。差不多所有钢种都有热脆性倾向，运行时需要避免在这个温度区间使材料承受过大载荷。一般用材料的脆性转变温度（FATT-Fracture Appearance Transition Temperature）来描述材料的热脆性。在专门的破坏试验中，试件断口面积的 50％ 为脆性断裂时，所对应的试件温度是 FATT。现代汽轮机高中压转子的 FATT 大多小于 $100℃$，希望在机组开始带负荷时，转子温度远离 FATT。

5. 高温氧化和腐蚀

汽轮机高压级叶片受蒸汽电离而发生氧化作用，所形成的氧化膜（保护膜）受到由蒸汽管道带入的盐垢的撞击而破坏。湿蒸汽区的工作叶片受到蒸汽中各项盐类和氧化物的腐蚀或因漏入的空气而氧化，致使叶片有效截面减薄，破坏叶片表面型线，引起应力集中，降低疲劳极限。防止金属材料氧化最有效的措施就是加入 Cr、Al、Si 等合金元素。钢中加入 Cr 后，在高温时能形成致密的氧化膜，可显著提高钢的抗氧化性能。

汽轮机的零部件在腐蚀性介质中长期运行时，可能产生应力腐蚀和腐蚀疲劳，以致破坏。应力腐蚀是介质和应力同时作用下引起的一种腐蚀性破坏。腐蚀疲劳指在交变应力作用下，钢在腐蚀性介质中的腐蚀破坏，其损伤特征为机械疲劳与应力腐蚀的综合。提高材料耐腐蚀性能的途径很多，如保护层防腐，降低腐蚀介质的浓度等，但根本方法是加入合金元素。合金元素可使钢表面生成致密氧化膜，或提高钢的电极电位，或使钢的组织形成单相固溶体，以减少微电池效应。为了提高材料的抗氧化性能和不锈性能（统称化学稳定性），常加入 Cr、Ni、Mn、Si、Mo、Ti、Nb、Cu、Co 等元素。

（二）对材料的基本要求

（1）高的机械强度。材料在较高工作温度（400℃以上）下应具有高的、稳定的机械强度，并且在规定的工作期限内，有高的蠕变极限、持久强度、机械及热冲击韧性，具有好的低温和高温脆性性能。

（2）耐侵蚀性。材料在湿汽区能抗水滴的冲蚀，对经常在过热区和湿汽区间变动的叶片，要求能耐盐溶液及氧腐蚀等。

（3）高的减振性能。材料应有高的减振性能（即有高的对数衰减率），不仅在受激振后振幅会很快衰减及消失，而且能通过自身的内摩擦较好地吸收振动能量，降低振动应力的幅度，减小疲劳损伤的积累，有利于延长工作寿命。

（4）良好的工艺性。材料应具有良好的切削加工、冷变形以及铸锻等性能，便于冷、热加工及焊接，易于进行材料检验和及时发现缺陷。

（5）较纯的材质。材料中硫、磷、锡、硅、砷等有害杂质的含量少，具有较低的"白点"敏感性和回火脆性，淬透性好，锻打热处理后残余应力小。

（6）资源丰富。所用的材料应符合我国的资源特点。

（三）汽轮机叶片材料

对于汽轮机不同的级，应根据工作条件和特点具体考虑材料要求。例如对调节级，虽然叶片不长，但工作温度高，级的比焓降大，并且承受部分进汽的不均匀载荷，冲击负荷大，叶根的应力较大，同时引起叶片振动的因素很多，很难避开高频共振，因此，材料不仅要有好的热强性也要有好的减振性。对于低压级，叶片较长、级平均直径大、离心应力及弯矩都大、应力水平高以及在湿蒸汽区工作，要求材料机械性能和耐冲蚀性能好。

汽轮机叶片常用的材料为马氏体、马氏体—铁素体及奥氏体钢。马氏体及马氏体—铁素体钢使用温度最高不超过 580℃。1Cr13、2Cr13 钢均为马氏体不锈钢，已广泛用做叶片材料，这种材料具有良好的耐侵蚀性及耐热强度，特别是减振性能好，其对数衰减率可达 0.025 或更高些，为奥氏体钢的 5～10 倍，并且热膨胀系数较奥氏体钢小（小 50% 左右），因而热应力也小。按其热强度，1Cr13 钢可用到 450～475℃ 温度范围，2Cr13 钢可用于 400～500℃ 温度范围。2Cr13 钢含碳量较高，室温强度及硬度都较高，用于应力较大的级，但因碳与铬形成碳化物，使固溶体中含铬量相对减小，因此抗水滴冲蚀性能不足，用做末几级叶片时需经表面处理。

Cr11MoV 及 Cr12WMoV 为马氏体—奥氏体钢，是改型 Cr12 钢，既保持 1Cr13 的优点，又有好的高温强度。Cr11MoV 可用到 550℃，Cr12WMoV 可用到 580℃，这两种钢屈服极限较高、耐腐蚀性能好，除用在高温级外，也可用做大机组长叶片的材料。

奥氏体钢、铁镍合金与镍基合金的热稳定性、耐热强度及抗腐蚀性都较高，故用于超临界参数机组的高温级。钛基合金的质量密度只有 4500kg/m^3，为一般合金钢的一半，常温机械强度又高于一般叶片材料，并有良好的抗侵蚀性，但工艺性及抗振性能差、价格较高，可用做大机组的末级叶片材料。

现代亚临界参数汽轮机叶片普遍采用 2Cr12NiMo1W1V、2Cr11Mo1VNW 等材料，而超临界参数汽轮机的进汽温度达到 566℃ 及以上，必须使用更好的抗蠕变和粒子冲蚀的材料。国内外普遍使用了 Ni-Cr-Co 基合金 R-26，这类材料高温性能优良，但加工工艺性不理想，价格昂贵。R-26 在 566℃ 下的高温蠕变极限为 $\sigma_{1\times10^{-5}}^{566}=320\text{MPa}$，在 538℃ 下为 $\sigma_{1\times10^{-5}}^{538}=420\text{MPa}$。

为延长叶片的使用寿命，对末几级叶片常进行表面强化。例如：在叶片进口边背部堆焊硬质合金或者焊上精密铸造的成型硬质合金片、采用表面镀硬铬、局部淬硬、电火花强化、喷镀钒以及表面氮化处理等措施，以防止水滴冲蚀。

（四）转子、叶轮常用材料

在 480℃ 以下工作的汽轮机叶轮和主轴常采用 34CrMo 钢，该材料有较好的工艺性能和较高的热强性能，在 480℃ 以下的蠕变极限及持久强度均较高。35CrMoV 钢可用作 500～520℃ 以下的叶轮材料，由于钢中含有 V，故常温强度和热强性均超过 34CrMo 钢。520℃ 以下的焊接转子常采用 17CrMo1V 钢，其综合机械性能、工艺性能、热强性及低温冲击韧性均较好。工作在 500～550℃ 以下的整锻转子和叶轮用 27Cr2Mo1V 钢，该材料的工艺性和热强性良好。

34CrNi3Mo 是大截面高强度钢，具有良好的综合机械性能和工艺性，在 450℃ 以下具有高的蠕变极限和持久强度，广泛用于制造汽轮机整锻转子和叶轮。33Cr3MoWV 是替代 34CrMi3Mo 的无镍大锻件钢，可制造 450mm 厚的汽轮机叶轮。此钢优点为淬透性高，使厚叶轮各部分的机械性能均匀。无镍少铬的大锻件钢 18CrMnMoB 淬透性好，在 $\phi500$～$\phi800$ 范围内强度性能均匀，高温性能与 34CrMi3Mo 相似，并有高的疲劳强度和良好的工艺性能，可用于制造 450℃ 以下厚度大于 300mm 的叶轮，直径大于 $\phi500$mm 的主轴、转子等。20Cr3WMoV 钢可用于 550℃ 以下的汽轮机整锻转子和叶轮。在 550～600℃ 温度范围内的大锻件材料，一般使用奥氏体钢。国内常用的转子、叶轮的材料及其机械性能如表 8-5 所示。

表 8-5　　　　　　　　　　**转子与叶轮的常用材料及其机械性能**

材料牌号	工作温度（℃）	常温机械性能					高温机械性能		主要用途
		σ_s（MPa）	σ_b（MPa）	δ_s（%）	ψ（%）	σ_k（MPa）	σ_n（MPa）	σ_g（MPa）	
34CrMo	500	500	670	15	35	50			叶轮（轮毂宽度 $b<250$mm）
35CrMoVA	500	600	780	14	35	50			叶轮 $b\leqslant250$mm
35CrMoWV	500	750	870	12	35	50			叶轮、主轴
34CrNi3Mo	450	750	870	12	35	50			叶轮 $b<500$mm
17CrMo1V1（P₂）	520	500	650	15	40	60	$\sigma_{1\times10^{-5}}^{525}=100$	$\sigma_{10^5}^{525}=150$	焊接转子，叶轮
27Cr2Mo1V（P₂）	540	450	650	15	40	50	$\sigma_{1\times10^{-5}}^{550}\geqslant90$	$\sigma_{10^5}^{550}\geqslant140$	高压机组转子
20Cr3MoWV（3Ⅱ，415）	550	650	800	13	40	50	$\sigma_{1\times10^{-5}}^{550}=90$	$\sigma_{10^5}^{550}=185$	高压机组转子
30Cr2Mo V	560							$\sigma_{10^5}^{538}=144$　$\sigma_{10^5}^{566}=108$	高压机组转子
30Cr1Mo1V	570	590							高中压转子

目前，我国国产汽轮机较多使用 30Cr2MoV 低合金钢制造转子，改良后的 30Cr2MoV 也用在蒸汽温度为 566℃ 的超临界汽轮机中，但这已经达到该种材料的使用极限。对于更高蒸汽温度的超临界汽轮机，倾向使用强化的 12Cr 钢。尽管在冶炼和制造中存在一些问题，类似 12Cr 不锈钢的材料仍然在高温使用条件下被看好。

（五）汽缸、隔板等静子零部件常用材料

汽缸等静子零部件材料是根据工作温度和应力大小选定的，可分为铸铁、铸钢和合金铸钢三类。由于铸铁在温度较高时，其内部的碳化铁会分解和析出自由石墨，使铸铁的体积变大，内部组织松弛，强度及硬度显著降低，故一般铸铁 HT24-44，HT28-48 的工作温度不超过 250℃。若加入少许合金元素铬、钼的合金铸铁 HT28-48CrMo 可提高其强度及耐磨性，使用温度可达 300℃；球墨铸铁 QT45-5 可用到 320℃。普通铸钢 ZG25 的极限工作温度为 400～450℃，但由于热处理时不易淬透，故其厚度受到限制，为安全起见，只用到 300～350℃；当工作温度为 400～500℃时，普遍采用铬钼铸钢 ZG20CrMo；当工作温度为 500～540℃时，用 ZG20CrMoV；当工作温度高达 570℃时，用 ZG15Cr1MoV，这是现在珠光体耐热合金钢的极限工作温度。例如某国产中间再过热机组的高、中压内缸用 ZG15Cr1MoVA，高、中压外缸用 ZG20CrMo，中压缸的排汽段用 ZG25，低压内缸用 20G。对于参数为 560～580℃、24MPa 的超临界参数机组要求使用比 ZG15CrMo1V 热强性更好的钢，常推荐使用强化型马氏体类铬钢 ZG15Cr11MoVB。

（六）高温紧固螺栓常用材料

选择汽缸法兰螺栓材料除考虑强度外，还应考虑高温抗松弛性、抗氧化性、热脆性以及缺口敏感性等问题。螺栓材料主要根据工作温度选定。当工作温度低于 250～300℃时，一般用优质碳钢 35 号或 45 号；当工作在 300～400℃时，采用中碳铬钼钢 35CrMoA 或 25Cr2MoVA；当工作温度在 400～510℃时，采用中碳铬钒钢 25Cr2Mo1V 和不锈钢 Cr12WMoNbVB；更高温度下，可采用 12％Cr 钢或 NiCrMoWV 钢。

上述的铬钼钒钢长期在高温条件下工作时硬度会增加、韧性降低，会导致螺栓发生断裂。因此，在每次大修中，除必须进行磁性探伤检查有无裂纹外，另应测定其硬度，当硬度增大超过标准时，应进行恢复性热处理。

螺帽的材料一般选用比螺栓低一级，硬度比螺栓低（20～40）HB，以防止螺栓螺纹的磨损，并且由于线膨胀系数不同，可防止长期工作后咬死。此外，安装前注意将螺栓与螺帽清理干净，选用合格的涂料，也是防止螺帽咬死的一个有效的措施。

二、许用应力

许用应力或安全系数的选择正确与否直接影响零部件的尺寸、质量及运行的安全。安全系数的选取与许多因素有关，如计算方法的精确性、材料特性测定的精度、零部件制造、装配工艺、工作条件等，而这些因素往往难以定量估算。因此，迄今为止安全系数的选取仍然依靠经验数据。

汽轮机零部件许用应力的确定一般以材料的蠕变温度为界分为两类，一类为工作温度低于蠕变温度的许用应力的确定，另一类则是工作温度高于蠕变温度的许用应力的确定。由于转动零部件的破坏大多由振动疲劳引起，其许用应力还应以疲劳极限为基础。低于蠕变温度时，校核零部件强度以工作温度下的屈服极限 $\sigma_{0.2}$（或 σ_s）为基准，即

$$[\sigma] = \frac{\sigma_{0.2}}{n_s} \tag{8-110}$$

式中：$\sigma_{0.2}$ 为工作温度下的屈服极限，MN/m^2；n_s 为安全系数，一般情况下，叶片 $n_s=1.7$，套装叶轮 $n_s=1.8$，整锻转子 $n_s=2.2$，焊接转子 $n_s=2.3$，围带、拉金 $n_s=1.6$，拉金孔截面 $n_s=2.5$，轮缘 $n_s=2.5～3$，铸造隔板 $n_s=5～6$。

（一）叶片的许用应力

对于在 400～450℃以上工作的叶片，应以蠕变极限和持久强度为强度校核的基础，但有些材料（如奥氏体钢）在高温下的屈服极限比持久强度低，故在强度校核中往往取以下三个数值中的最小值作为材料的许用应力，即

$$[\sigma] = \text{Min}\{\sigma_{0.2}', \sigma_{10^5}', \sigma_{1\times10^{-5}}'\}/n_s$$

式中：$\sigma_{0.2}'$ 为在工作温度 t 下的材料屈服极限；σ_{10^5}' 为在工作温度 t 下工作 10^5 h 发生断裂的材料持久极限；$\sigma_{1\times10^{-5}}'$ 为在工作温度 t 下材料蠕变速度为 1×10^{-5}/h 的应力极限。

叶身、叶根的总应力以及叶根齿、拉金与围带的弯应力的安全系数，可分别采用：$n=1.7\sim1.9$，$n_{0.2}=2.0$，$n_{10^5}=1.7\sim2.0$ 及 $n_{1\times10^{-5}}=1.1\sim1.7$。一般情况下，叶根的挤压许用应力是按上述安全系数求出的许用应力 $[\sigma]$ 的 $1.6\sim1.75$ 倍，即 $1.6\sim1.75[\sigma]$；叶根及销钉允许的剪切许用应力为 $0.75[\sigma]$。铆钉头的允许应力与工艺好坏有关，当铆钉质量较好，受力变形较均匀时，因冷铆时硬度提高，可允许较大的应力，最大可用到 $50\sim80$MPa；当铆打时工艺较差，有铆打过度、局部变形过大等现象时，则应取较低允许应力，不宜超过 25MPa。

（二）转子及叶轮的许用应力

转子及叶轮的许用应力应该按照最恶劣的工况考虑，即按最高使用温度和压力、转速为松动转速（$1.20n_0$）且有振动和腐蚀的环境考虑。并且，当以材料的屈服极限为许用应力的依据时，根据最大剪切应力的强度理论，安全系数 $n_{0.2}$ 应按以下标准选取。

（1）轮毂部分：开有键槽时 $n_{0.2}\geqslant1.7$；不开键槽时 $n_{0.2}\geqslant1.5$。

（2）轮缘部分：倒 T 形叶根，考虑弯应力时 $n_{0.2}\geqslant1.8$，不考虑弯应力时 $n_{0.2}\geqslant3.0$。插入式叶根，$n_{0.2}\geqslant3.0$。轮缘的抗挤压应力 $n_{0.2}\geqslant1.0$；抗剪切应力 $n_{0.2}\geqslant2.2$。平衡孔处 $n_{0.2}\geqslant1.2$。若叶轮应力按工作转速计算，安全系数按上述值放大 1.44 倍。对焊接转子的叶轮部分，$n_{0.2}\geqslant2.3$；叶轮连接部分，$n_{0.2}\geqslant3.0$。

对于在高温下工作的转子及叶轮，也要根据在工作温度条件下的屈服极限、持久强度和蠕变极限及其安全系数决定各自的许用应力，最后取用其中最小值作为许用应力。有关安全系数常分别取为 2.2、1.65 及 1.25。关于转子的允许剪切应力，对于碳钢采用 40MPa；对于合金钢采用 $60\sim80$MPa，即 $[\tau]=\sigma_{0.2}'/n$，n 一般取 7。

针对极限情况，还要校核转子在发电机出口短路时、电磁力矩冲击下的强度，此时，允许瞬时许用应力达到弹性极限的三分之二。

对于装有推力盘的轴端部分，最不利的情况是只有一个推力瓦块受力，轴端部会发生局部弯曲。在校核弯曲应力时，碳钢的许用应力一般取 100MPa，对于合金钢的轴，许用应力还可更高些。

（三）汽缸与螺栓的许用应力

1. 汽缸许用应力

由于汽缸的形状复杂，应力计算是近似的，因而许用应力取得较低。对铸铁，许用应力不超过 20MPa；对于铸钢，许用应力小于 50MPa。

在法兰计算时，允许采用高于汽缸的许用应力，铸铁的许用应力 30MPa；铸钢的许用应力为 $0.5\sigma_{0.2}$。

对于在高温下工作的汽缸，应考虑材料的蠕变等因素，根据材料在工作温度条件下的屈服强度 $\sigma_{0.2}'$、持久强度 σ_{10^5}' 及蠕变强度 $\sigma_{1\times10^{-5}}'$，安全系数为 $n_{0.2}^*=2$、$n_{10^5}=2$ 及 $n_{1\times10^5}=1.55$，取三个许用应力中的最小值为许用应力。

2. 螺栓材料与许用应力

当螺栓的工作温度低于 $350\sim400$℃时，一般可不计蠕变的影响，许用应力为（$0.4\sim$

$0.5)\sigma'_{0.2}$；当工作温度超过上述温度时，则应当考虑蠕变等影响，此时许用应力取用$(0.5\sim$ $0.6)\sigma_{0.2}$、$(0.6\sim0.7)\sigma_{10^5}$ 及 $\sigma_{1\times10^{-5}}$ 三值中最小的一个。

（四）有限元计算结果的许用应力

近年来，由于有限单元计算方法的发展，应力计算的精度越来越高。在几何形状剧烈变化的结构处，应力变化梯度很大，最大应力值由于应力集中可能远远超过许用应力，而稍微离开最大应力点，应力值则大幅度降低。根据传统的强度校核方法，应力超过许用应力将达不到设计要求。但是，需要指出的是，传统的许用应力校核方法是针对材料力学平均应力计算方法的，如果平均应力超过许用应力，确实不能满足安全要求。但采用有限元计算的结果并不能用同样的校核方法。为此，有些制造商倾向于采用平均切向应力作为判别转子与叶轮强度的准则。

根据弹塑性理论，当局部应力超过屈服极限后，再变形时并不能多承担应力，而是由邻近部分材料承担该点的额外应力，即产生塑性补偿。大量破坏试验结果表明，当材料是组织细致的索氏体，且延性超过11%时，只有当平均切向应力达到强度极限时才发生破坏。由于转子和叶轮材料的化学成分与机械性能都有严格的保证，所以用平均切向应力来判断叶轮强度的方法越来越多地被采用。

评价构件的强度应该从实际承载能力出发，只有整个承载截面都塑性化时，构件才丧失承载能力。如果开始时的外载荷使承载截面局部屈服，屈服点周围的材料将分担额外应力载荷。如果外载荷继续增加，屈服区应力将保持不变，屈服区域随之扩大。当屈服区域没有扩大到整个承载截面时，构件一直有承载的能力，而且非屈服区域的应力分布也符合弹性规律。由此可知，对于不同的计算方法，强度校核的依据也应该是不同的。

三、强度校核的若干准则

（一）叶片振动的安全准则

叶片破坏的主要原因是振动疲劳，即由交变动应力所破坏，故安全评价应以疲劳极限为基础。叶片振动应力实际上是静应力 σ_m 和动应力 σ_d 的叠加，如图 8-64 所示。计算式为

$$\sigma_合 = \sqrt{\sigma_d^2 - \sigma_d \cdot \sigma_m} \tag{8-111}$$

$$\sigma_{max} = \sigma_m + \sigma_d, \sigma_{min} = \sigma_m - \sigma_d \tag{8-112}$$

式中：σ_m 为静应力，是离心拉应力、弯曲应力及汽流弯应力的合成应力，MN/m^2；σ_d 为动应力幅值，MN/m^2；σ_{max} 为最大应力，MN/m^2；σ_{min} 为最小应力，MN/m^2；$\sigma_合$ 为折算到相当于对称循环下的综合应力，MN/m^2。

可见，叶片承受的综合应力属于非对称应力循环，因而选取许用应力时应按耐振强度 σ_a^* 考虑。耐振强度是材料承受动静载荷（无限次应力循环）的最大应力幅值，根据 σ_m 及工作温度，可查材料复合疲劳强度曲线求得（见图 8-65）。图示曲线表明，材料承受动应力的能力（复合疲劳强度 σ_a^*）与静应力 σ_m 有关。σ_m 越高，相应的 σ_a^* 越低，即承受动应力的能力越差。当 σ_m 达到相应温度时的应力极限时，$\sigma_a^*=0$；当 $\sigma_m=0$ 时，$\sigma_a^*=\sigma_{-1}$（σ_{-1} 是对称循环的疲劳极限）。在叶片工作时，交变应力的幅值不易确定，故计算时可近似地使 σ_m 等于1.2倍总静应力，即 $\sigma_m=1.2\sigma_{st}$，总静应力 σ_{st} 包括离心拉应力，离心弯曲应力和汽流静弯曲应力。

由于动应力的实际测量和计算准确性的限制，以上校核方法还不能直接应用。因此，实际判断叶片安全性，多采用如下准则。

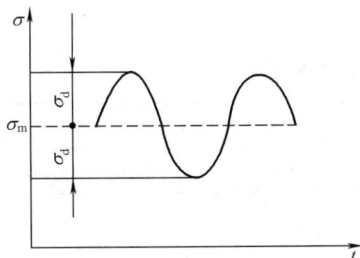

图 8 - 64　叶片承受的应力

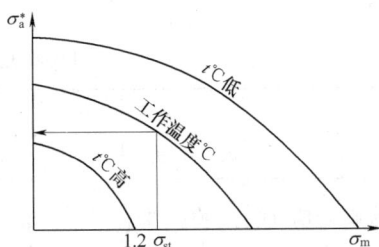

图 8 - 65　复合疲劳强度曲线

1. 不调频叶片振动强度安全准则

（1）不调频叶片的安全倍率 A_b。由于叶片振动时总是有阻尼存在，叶片即使发生共振，最大应力也不会升高到无穷大，若叶片强度足够，在共振条件下仍能正常工作。在这种情况下，无需将叶片的自振频率与激振频率调开以避免共振，这种叶片称为不调频叶片。显然，对于不调频叶片，在共振条件下工作时，其动应力 σ_d 必须小于材料的耐振强度 σ_a^*。考虑到叶片共振时所受到的动应力 σ_d 与蒸汽作用力产生的静弯曲应力 $\sigma_{s,b}$ 之间的函数关系，可以假设 σ_d 等于 $\sigma_{s,b}$ 乘一放大系数 β，即

$$\sigma_d = \beta \sigma_{s,b} \leqslant \sigma_a^* / n_s \tag{8 - 113}$$

定义安全倍率 $A_b = \sigma_a^* / \sigma_{s,b}$，即

$$A_b = \sigma_a^* / \sigma_{s,b} \geqslant \beta n_s \tag{8 - 114}$$

式中：n_s 为安全系数。

可见，当 A_b 大于某一定的数值时，就能保证叶片在共振条件下安全运行。式（8 - 114）将难以解决的动应力计算问题转化成了可解决的安全倍率计算问题。

在确定安全倍率时，应当考虑影响材料耐振强度及弯应力大小的各种因素。

（2）影响材料耐振强度 σ_a^* 的因素。

1）介质腐蚀修正系数 k_1。若叶片经常在低过热度蒸汽（叶片后过热度不超过 $30\,℃$）和湿蒸汽（$x \geqslant 96\%$）交界的过渡区内工作，则当蒸汽由过热区变到湿汽区时，原结在通流部分上的盐垢将部分被水分溶解，形成浓的盐溶液，使叶片材料腐蚀，其耐振强度约降低一半，故 $k_1 = 0.5$；当叶片在蒸汽湿度较大的区域（$x < 96\%$）内工作时，因盐溶液的浓度较低，故 $k_1 = 0.8$；经常在过热度较大区域内工作的叶片，$k_1 = 1$。

2）表面质量修正系数 k_2。对一般机加工抛光叶片，$k_2 = 1$；对镀铬叶片，由于易产生龟裂，根据试验结果，$k_2 = 0.8$。

3）尺寸系数 k_d。由于现用的材料复合疲劳强度曲线是根据标准试棒试验得到的，当叶型的最大厚度大于试棒直径时，耐振强度将有所降低，用尺寸系数 k_d 来修正。对一般叶片，其最厚尺寸与叶宽 B_b 有近似的比例关系。若试棒直径为 $6\,mm$，则尺寸修正系数参见表 8 - 6。k_d 值也可由图 8 - 66 所

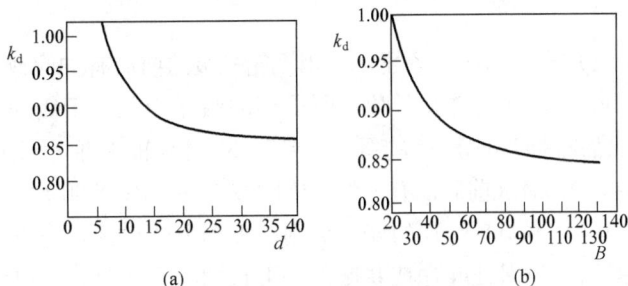

图 8 - 66　尺寸修正系数曲线

d—叶型受弯截面厚度，mm；B—叶型轴向宽度，mm

示曲线查得。

表 8 - 6   不同叶宽 B_b 时的尺寸修正系数

B_b (mm)	20	25	30	35	38	40	45	55	70	90	130
k_d	1	0.96	0.93	0.92	0.91	0.90	0.89	0.88	0.87	0.86	0.85

（3）影响弯应力 $\sigma_{s,b}$ 的因素。

1）应力集中系数 k_3。应力集中系数根据截面过渡处圆角半径、或叶型底部夹角大小取 $k_3 = 1.1 \sim 1.4$。一般情况下，$k_3 = 1.3$，拉金孔处 $k_3 = 2.0$。

2）通道修正系数 k_4。考虑汽轮机在运行时，叶片上会结有水垢，使有效蒸汽通流面积变小，蒸汽流速增加，蒸汽弯应力变大，故引入通道修正系数 k_4 来修正。在过热区及到湿汽的过渡区，$k_4 = 1.1$；对湿汽区，因一般不结垢，故 $k_4 = 1$。

3）成组影响系数 k_μ。当叶片用拉金或围带连接成组时，叶片上受到的载荷会由叶片组其他叶片分担一部分，故成组后叶片的动应力较单个叶片小。在理想情况下，两者动应力之比称为成组系数 μ，其数值可按下式计算。

对于第一类激振力，干扰频率为 kn，其成组系数 μ 为

$$\mu = \sin\left(z\frac{k\pi}{z_b}\right) \bigg/ z\sin\frac{k\pi}{z_b} \quad (k = 1,2,3,\cdots)$$

式中：z、z_b 分别为组内及级内叶片数。

由于叶片的拉金、围带等非绝对刚性连接，故实际的 μ 值较上式大，例如当整圈连接时 $z = z_b$、$\sin(zk\pi/z_b) = \sin k\pi = 0$，$\mu = 0$。实际上，即使叶片整圈连接后仍有振动及动应力，故在计算成组叶片应力时，成组影响用系数 k_μ 来修正。

对于第一类激振力

$$k_\mu = \frac{1+\mu}{2}$$

对于第二类激振力，干扰频率为 $z_n n$，则成组系数 μ 计算式为

$$\mu = \frac{\sin\left(z\dfrac{z_n \pi}{z_b}\right)}{z\sin\dfrac{z_n \pi}{z_b}}$$

式中：z_n 为组内喷嘴数或者当量喷嘴数。

当计算出 $\mu < 0.2$ 时，k_μ 取 0.2；$\mu \geqslant 0.2$ 时，$k_\mu = \mu$；对 B_0 型振型，由于振型较多，k_μ 取 1。

4）流场不均匀系数 k_5。当汽轮机级的前后有抽汽或者排汽时，增大了沿圆周汽流分布的不均匀性，从而增大了叶片所受到的激振力。对于级前、后均有进汽或抽汽的级，$k_5 = 1.1$；对级后有抽汽或排汽的级，$k_5 = 1.0$；对级前有抽汽或进汽的级，或级后有全周抽汽的级，$k_5 = 0.9$；对级前后没有抽汽的中间级 $k_5 = 0.8$；对叶片高频共振的 A_0 及 B_0 型共振，$k_5 = 1$。

（4）不调频叶片的安全准则。根据上述讨论，考虑影响材料耐振强度及弯应力大小的各因素后，为保证叶片在共振条件下长期安全运行，式（8 - 114）可改写为

$$A_b = \frac{k_1 k_2 k_d}{k_3 k_4 k_5 k_\mu} \frac{\sigma_a^*}{\sigma_{s,b}} \geqslant \beta n_s \tag{8 - 115}$$

针对具体的叶片，式（8-115）不等号左侧项可以计算得到，但右侧项仍然不能从理论上得到。因此，采取工程的方法，通过统计确定该右侧项。为此，根据长期安全运行的和已经出事故的叶片资料，算出其全部 A_b 以及叶片工作时的动频率 f_d 与激振频率 n 之比 k，可得到很多叶片运行情况的统计点。将这些统计点标示在横坐标为 k、纵坐标为 A_b 的图形上（见图 8-67）。从图 8-67 中可以看到，安全叶片和事故叶片的 A_b 有明显的分界，所有事故叶片都在该分界线的下方，分

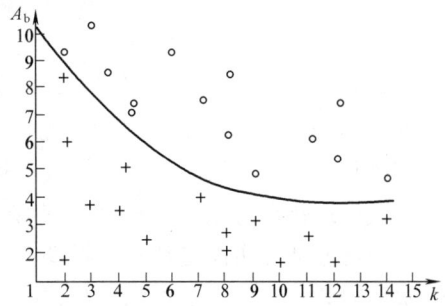

图 8-67 不调频叶片的安全倍率曲线

界线上方的叶片都是运行安全的叶片。于是，校核动强度的条件式（8-115）就转化为规定 A_b 值必须位于该图的界线之上，并把界线处的 A_b 值定义为许用安全倍率，以符号 $[A_b]$ 表示。这样，校核叶片动强度的安全准则可写为

$$A_b = \frac{k_1 k_2 kd}{k_3 k_4 k_5 k_\mu} \frac{\sigma_a^*}{\sigma_{s,b}} \geqslant [A_b] \tag{8-116}$$

式（8-116）中的耐振强度 σ_a^* 可按材料的复合疲劳强度曲线（见图 8-65）查得，图中平均应力的计算式为

$$\sigma_m = 1.2(\sigma_{ct} + \sigma_{cb} + \sigma_{sb}) = 1.2\sigma_{st} \tag{8-117}$$

式中的离心拉应力 σ_{ct}、离心弯应力 σ_{cb} 和总的蒸汽静弯应力 σ_{sb} 应取计算截面校核点的数值。

对一种叶片，根据其材料及运行条件计算出的 A_b 大于 $[A_b]$ 时，则认为在这一共振条件下叶片可以长期安全工作，不需调频。

具体确定许用安全倍率 $[A_b]$ 时，可考虑以下几种情况。

1）第一种不调频叶片的许用安全倍率 $[A_b]$。允许在切向 A_0 型与低频激振力 kn 共振下工作的叶片叫第一种不调频叶片。凡叶片或叶片组的安全倍率 A_b 不低于表 8-7 所列 $[A_b]$ 值，一般可作为第一种不调频叶片安全使用。

表 8-7　　　　　　　　　　第一种不调频叶片的许用安全倍率

k	2	3	4	5	6	7	8	9	10	11	12	13～20	>20
$[A_b]$		10.0	7.8	6.2	5.0	4.4	4.1	4.0	3.9	3.8	3.7	3.5	3

2）第二种不调频叶片的许用安全倍率 $[A_b]$。第二种不调频叶片是指允许切向 B_0 型与高频激振力 zn 共振的叶片，其界限值 $[A_b] \geqslant 10$。

3）第三种不调频叶片的许用安全倍率 $[A_b]$。允许在切向 A_0 型与高频激振力 zn 共振下工作的叶片叫第三种不调频叶片，推荐全周进汽级 $[A_b] = 45$，部分进汽级 $[A_b] = 55$。

4）由于叶片动应力与汽流弯应力紧密相关，限制弯应力的大小可以达到控制动应力的目的。资料推荐：部分进汽级 $[\sigma_{sb}] \leqslant 2.5 \sim 4 \text{MN/m}^2$；全周进汽级 $[\sigma_{sb}] \leqslant 5 \sim 8 \text{MN/m}^2$。

值得注意的是，当 $k=2$（有时当 $k=3$）时，一般不用不调频叶片，而是调开共振点，以确保安全。

2. 调频叶片振动强度安全准则

对于调频叶片，不允许其在共振条件下长期运行，因而应当调整叶片的自振频率，使其

与激振力频率及其整倍数避开一个安全距离（调频有关内容参见本章第 3 节）。同时，还必须满足许用安全倍率 $[A_b]$ 的要求。根据力学原理，当调开共振后，振动的放大倍率将显著降低，动应力也显著降低，即允许较小的许用安全倍率，具体数值与阻尼系数有关。调频叶片的许用安全倍率 $[A_b]$ 也同样需根据统计分析确定。

前已叙及，当激振力频率等于或接近叶片自振频率时将发生共振，同时当叶片的自振频率等于或接近扰动力频率的整倍数 k（$k=1，2，3，\cdots$）时，也可能发生共振。即叶片（或叶片组）每振动 k 次而受到一次扰动力冲击。当 k 值足够大时，叶片需要振动 k 次后才被激励一次。因此，在下一次激励之前，叶片振幅可能已经衰减得很小，甚至已消失。一般认为 $k>6\sim7$ 时，不必考虑共振损坏问题。k 若不为整数，即叶片自振频率不是激振力频率的整倍数或者激振力频率大于叶片的自振频率，不会发生共振。

（1）第一种调频叶片的安全准则。对切向 A_0 型振动，将自振频率与低频激振力频率（kn）调开的叶片（组）叫第一种调频叶片（其中 $k\leqslant6$）。

1）调频要求。目前动频 f_d 小于 100Hz 的叶片几乎没有，因而 $k<2$ 的情况可以不考虑。随着 k 值的增加，叶片在振动较多次数后才再受一次激振力，故动应力较小，$[A_b]$ 值较小；当 $k>6$ 时，考虑到级内各叶片的频率允许一定的分散度以及频率允许一定的波动范围，若再要求一定的避开率，一般均不大可能实现，故不采用调频叶片，即应按不调频叶片处理。

研究表明，对应于不同的 k 值，计算出的理论频率避开值非常接近，故现行的频率避开率均采用 $\delta f\geqslant7.5\text{Hz}$，并把该值作为 3000r/min 汽轮机叶片低频激振力调频的安全指标。即当叶片的频率介于 kn_2 及 $(k-1)n_1$ 之间时，叶片的动频率应满足以下要求

$$f_{d1}-(k-1)n_1\geqslant7.5\text{Hz}，\quad kn_2-f_{d2}\geqslant7.5\text{Hz} \tag{8-118}$$

式中：f_{d1} 为转速 n_1 下整级叶片中最低的实际动频率，Hz；f_{d2} 为转速 n_2 下整级叶片中最高的实际动频率，Hz；n_1 为工作转速上限，r/min；n_2 为工作转速下限，r/min；k 为转速倍率，$k\leqslant6$。

当汽轮机工作转速为 $49.0\sim50.5\text{s}^{-1}$ 时，第一种调频叶片的动频率合格范围见表 8-8。

表 8-8　　　　　　　　　　第一种调频叶片的动频率合格范围

f_{d1}/n	<2	2~3	3~4	4~5	5~6	6~7
转速 n（r/min）	49.0	50.5~49.0	50.5~49.0	50.5~49.0	50.5~49.0	50.5
动频率（Hz）	≤90.5	108.5~139.5	159.0~188.5	209.5~237.5	260.0~286.5	≥310.5

上述频率调开裕量 $\delta f\geqslant7.5\text{Hz}$ 是指实际动频率而言（工作温度下）。对计算的动频率值，避开率常取为实际频率避开率的 1.5 倍。

2）许用安全倍率 $[A_b]$。如果汽轮机叶片（组）的最小安全倍率 A_b 不低于表 8-9 所列界限值 $[A_b]$，就是安全的。

（2）第二种调频叶片的安全准则。对切向 B_0 型振动，调开频率以避开高频激振力（zn）频率的叶片组叫第二种调频叶片。与高频激振力频率靠近的叶片自振频率已很高，其静频率与动频率相差很小，有时在计算高频共振的避开值时，可直接用叶片的静频率计算。

表 8 - 9　　　　　　　　　　　　　　　　许 用 安 全 倍 率

k（或频位 f_{d1}/n）		<2	$2\sim3$	$3\sim4$	$4\sim5$	$5\sim6$
$[A_b]$	自由叶片		4.5	3.7	3.5	3.5
	成组叶片		3.0	3.0	3.0	3.0

1）调频要求。考虑到 B_0 型振动频率是一个频带，具有多个振型及自振频率，而且各叶片组之间频率有一定的分散度，故应以最大的 B_0 型自振频率 f_{s2} 和最小的 B_0 型自振频率 f_{s1} 进行校核。考虑叶片组自振频率 f_s 在机组运行时有所下降（约 3%），应适当加大频率避开范围，即

当 $f_{s1} > zn$ 时　　　　　　　　$\delta f_1 = \dfrac{f_{s1} - zn}{zn} \times 100\% \geqslant 15\%$　　　　　　（8 - 119a）

当 $f_{s2} < zn$ 时　　　　　　　　$\delta f_2 = \dfrac{zn - f_{s2}}{zn} \times 100\% \geqslant 12\%$　　　　　　（8 - 119b）

式中：f_{s1}、f_{s2} 为经温度修正的叶片组 B_0 型振动的最低和最高静频，Hz；n 为工作转速，s^{-1}；z 为整圈喷嘴数。

以上避开率是对实际动频率而言，对频率计算值的避开率约为实际值的 4/3 倍。当叶片组中叶片工作应力较小，即 A_b 值较大时，δf 值可以适当减小。

对于 B_0 型振动，当频率避开率满足上述要求时，仍应校核其 A_0 型振动的安全倍率，其数值应满足表 8 - 10 条件。

对于其他振型，如 A_1 型振动，避开率常要求大于 $\pm(5 \sim 10)\%$。

表 8 - 10　　　　　　　　　　　　　　A_0 型振动的安全条件

A_0 型的 k 值	$7\sim12$	$13\sim20$	>20
A_0 型不调频叶片的 $[A_b]$ 值	按不调频叶片准则	3.5	3
成组系数 k_μ	$(1+\mu)/2$	1	1

2）许用安全倍率 $[A_b]$。调频后叶片组的安全倍率 A_b（按第一种不调频叶片计算）若不低于第一种不调频叶片的许用安全倍率 $[A_b]$，则可作为第二种调频叶片而安全使用。

（二）轮系振动的安全准则

机组运行中并不是所有形式的轮系振动都危险，而仅在节径数不多且在轮系临界转速下的振动是危险的，因此，要求工作转速避开轮系临界转速一定距离，二者的避开率用下式表示，即

$$\Delta n = \dfrac{n_{cr} - n}{n} \times 100\%\qquad\qquad（8 - 120）$$

式中：n_{cr} 为节径数为 m 时的临界转速，r/min；n 为汽轮机的工作转速，r/min。

目前一般采用的安全避开率标准见表 8 - 11。

当节径数 m 较多时，振动频率较高，振幅较小，要求避开的安全率也小。当 $m>6$ 时，叶轮振动一般没有什么危险，可不做要求。但在个别机组上，即使 $m>6$ 也发生过叶轮—叶栅即轮

表 8 - 11　叶轮临界转速安全避开率

节径数 m	2	3.4	5.6
Δn（%）	±15	±10	±5

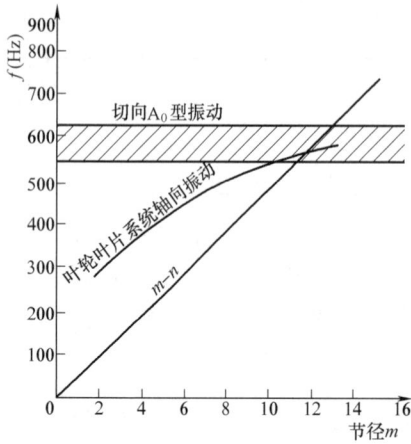

图 8 - 68　三重点共振

系振动与叶片切向振动和转速倍数 mn 的脉冲振动相重合的振动，即所谓"三重点共振"，引起叶片损坏（见图 8 - 68）。三重点共振安全避开范围一般取 $\Delta n \geqslant \pm 15\%$。

（三）**转子临界转速的安全标准**

为了保证汽轮机安全运行，设计中应尽可能让转子临界转速与工作转速避开，同时还应对转子进行精确平衡，使因不平衡质量引起的激振力减小到允许范围。一般来说，固定式汽轮发电机组轴系的临界转速应与工作转速避开 $\pm 15\%$。轴系各阶临界转速的分布应保证机组有安全的暖机转速，并能顺利进行超速试验。

对于刚性转子　　$n_{cr} = (1.25 - 1.8)n$

对于挠性转子　　$1.4n_{cr1} < n < 0.7n_{cr2}$

对于工业汽轮机　　刚性转子 $n_{cr1} > 1.2n_{max}$；挠性转子 $n_{cr1} < 0.6n_{max}$，$n_{cr2} > 1.2n_{max}$

式中：n 为汽轮机的工作转速或额定转速，r/min；n_{cr1}、n_{cr2} 为转轴的第一、第二阶临界转速，r/min；n_{max} 为汽轮机最大允许持续运转的转速，r/min。

近年来，由于采用了高速动平衡技术，提高了转子的平衡精度，同时，运行机组的现场平衡也已经达到很高水平，故转子的临界转速与工作转速要求避开的富裕量可以减小很多，国外有些制造厂甚至采用了 $5\%n_0$ 的避开裕量。

（四）**汽轮发电机组振动的安全标准**

振动的大小常以振幅来表示。最常用的振幅物理量是振动位移、振动速度和振动加速度。我国在发电汽轮机组振动评价中常用的标准是位移振幅的评判标准。而振动位移又分为转轴振动位移和轴承振动位移两种。有关国际标准也采用基于振动速度的烈度标准来评价振动。

转轴振动是指转子相对轴承的相对振动或相对惯性坐标的绝对振动，直接反映了转轴子的振动情况。转轴振动传感器安装在轴承座上，检测相对振动更方便。轴承振动是转子通过轴瓦传递到轴承上的振动和其他振动源引起振动的合成振动，间接反映了转子振动的情况。用转轴振幅评判机组的振动是目前汽轮机振动评价的主要方式。

1. 我国使用的基本标准

目前我国汽轮机振动评价标准见表 8 - 12。表中的振幅是指在轴承位置测得的双向全振幅（也称双振幅或振动峰峰值）。测量时应分别测量轴承截面的径向垂直方向、水平方向以及轴承的轴向振动，并以其中的最大振幅来进行安全评价。目前，在实际汽轮机上，检测转轴振动采用电涡流传感器，布置在轴承上半部与水平中分面呈 45°的位置上，每个轴承处的两个传感器互成 90°安装。而测量轴承振动多采用速度传感器或加速度传感器，直接安装在轴承上部的壳体上。

国内直接引进和引进技术制造的大型汽轮机均主要采用表 8 - 12 中的转轴振动标准。该标准没有区分转轴相对振动和绝对振动，也没有对转轴振动的测量方向作出规定。

表 8 - 12　　　　　　　　　　　我国汽轮机振动评价标准（峰峰值）

汽轮机转速 (r/min)	转轴振动位移振幅（mm）			轴承振动位移振幅（mm）		
	优良	合格（报警）	建议停机	优等	良好	合格
3000	0.75	0.125	0.250	<0.02	<0.03	<0.05

2. ISO-DIS7919/2 标准

ISO-DIS7919/2 标准以两个互相垂直方向上轴振最大位移峰峰值作为评价振动的标准，应用对象为陆地电站转速在 1500～3600r/min、功率大于 50MW 的汽轮发电机组。

该标准以额定转速下机组在空负荷到最大负荷范围内的实测轴振最大值（相对或绝对振动）作为评价依据。在选定的轴向位置上，两个互相垂直径向传感器测得最大绝对振幅和最大相对振幅峰峰值均可作为评价依据。标准将转轴振动幅值分为 A、B、C 三个区域，见表 8 - 13。

表 8 - 13　　　　　　　　ISO DIS7919/2 转轴振动评价标准（双振幅）　　　　　　　　（μm）

转速 / 项目 / 等级	1500		1800		3000		3600	
	相对振动	绝对振动	相对振动	绝对振动	相对振动	绝对振动	相对振动	绝对振动
A	100	120	90	110	80	100	75	90
B	200	240	185	220	165	200	150	180
C	320	385	290	350	260	320	240	290

在表 8 - 13 中，各区的含义为：

A 区：轴振小于该值时，机组振动良好；

B 区：轴振小于该值时，机组振动合格，可长时间运行，但超过此值应发出警报；

C 区：轴振小于该值时，机组可短时间运行，但应发出警报，并应尽快采取消振措施。如果超过此值，应跳闸（打闸）停机。

利用 ISO DIS7919/2 转轴振动评价标准来评价机组振动状态时，有两种评定标准。

标准一：转轴相对和绝对振动的绝对值标准，见表 8 - 13。

标准二：轴振变化相对值评价标准。某些机组轴振绝对值虽然没有超出表 8 - 13 的 B 区，但瞬态或在一段时间内，轴振变化值较大，这表明机组存在异常。为此，标准规定，如果轴振变化值超过表 8 - 13 的 B 区的 25%，不管是减少还是增大，应发出警报，并查明轴振变化原因，采取相应措施。

第九章　汽轮机控制系统

第一节　汽轮机控制系统的任务和系统组成

一、发电厂汽轮机控制系统的任务

汽轮机是发电厂的原动机，驱动发电机旋转产生电能，向电力系统输送符合数量和品质（电压与频率）要求的电力。电能目前尚不能大规模储存的特点，决定着发电机输出的电能即发即用。在用户电力负荷（即电力消耗）要求改变时，发电厂应通过控制进入汽轮机的蒸汽量或蒸汽参数调整其功率输出，使发电机的电能适应外界电力负荷要求。

由发电机的运行特性已知，发电机的端电压主要决定于无功功率，而无功功率又决定于发电机的励磁；电力系统的频率（或称周波）主要决定于有功功率，即决定于原动机的驱动

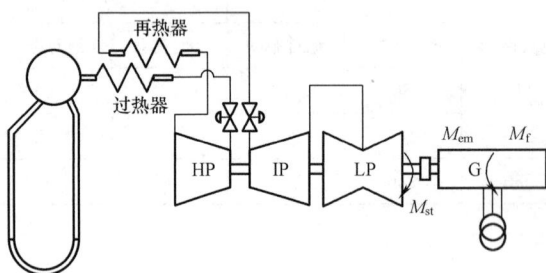

图 9-1　汽轮发电机组转子力矩平衡简图

功率。因此，发电厂的电压由发电机的励磁系统调节，频率由汽轮机的功率控制系统调节。

汽轮发电机组的转速决定着发电频率，而汽轮发电机组转子的转速又决定于作用在转子上的力矩。作用在机组转子上的力矩主要是蒸汽驱动力矩 M_{st}、电磁阻力矩 M_{em} 和机械摩擦阻力矩 M_f，如图 9-1 所示，其转子旋转运动的动态方程为

$$J \frac{d\omega}{dt} = M_{st} - M_{em} - M_f \tag{9-1}$$

式中：J 为转子的转动惯量，ω 为转子旋转角速度。

当上述三个力矩失去平衡时，即蒸汽力矩大于或小于电磁与摩擦阻力矩之和，转子在不平衡力矩作用下，转速加速上升或减速下降。

汽轮机的蒸汽驱动力矩与电磁及摩擦阻力矩表现出相反的转速、频率特性。电磁阻力矩与电力系统频率近似成正比，而摩擦阻力矩正比于机组转速的平方，即转子上所受的阻力矩具有正的频率特性系数，如图 9-2 中曲线 1 所示。汽轮机的蒸汽驱动力矩随转速上升而减小，显示出与转速成反比的特性，如图 9-2 中曲线 2 所示。当外界负载增加时，曲线 1 上升到曲线 1′，蒸汽驱动力矩必须由原平衡状态点 A 增加到 C 点以平衡负载，这时转速也由 n_A 下降到 n_C，蒸汽驱动力矩与阻力矩达到新的平衡。因此，汽轮机即使没有调节系统，在外界负荷变化时，机组也能自动地保持负荷平衡状态，

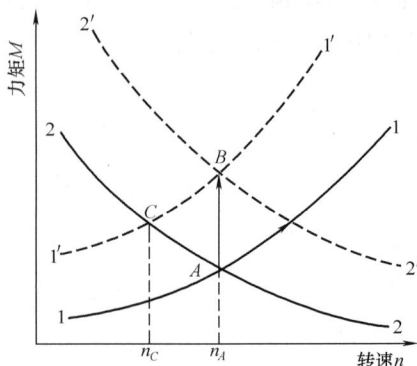

图 9-2　机组力矩力与转速关系

汽轮发电机组的这一特性称为自调节特性。然而，无论汽轮机蒸汽驱动力矩还是电磁与摩擦阻力矩，转速、频率系数均较小，这种自调特性虽然在外界负荷变化时能使机组达到新的平衡点，但使机组的转速发生很大的变化，进而引起电力系统的频率大幅度波动，不能满足优良供电品质要求。为此，在汽轮机上必须设置调节系统，这样，在电力系统的负荷增大、频率降低时，汽轮机调节系统根据转速偏差的大小改变调节汽阀的开度，调节汽轮机的进汽量及比焓降，改变发电机的有功功率输出。由于汽轮机调节系统是以机组转速为调节对象，故习惯上亦称为调速系统。

电力系统的有功负荷随人们的生产、生活节律和气候、环境等因素时刻在变化，具有随机、不可预测的特征。为实现优良供电品质，保证电力系统及发电厂的安全、经济运行，电力系统在有功功率与频率调整时，根据负荷变化的不同特征，采用不同的控制策略。通常将有功负荷随时间的变化按幅度与快慢，分为有明显差异特征的三类变动。

第一类，变化周期很短、变动幅度很小，变化周期仅为数秒或数十秒，幅度为平均值的$3\%\sim5\%$。这种负荷变动有很大的偶然性，是一种随机负荷波动。

第二类，变化周期较长，变化周期为数十秒至数十分钟，波动幅度也较第一类大些。这种负荷变化主要由工业电炉、电气机车等带有冲击性负荷所产生，有一定的可预测性。

第三类，变化缓慢且幅度很大。它是由生产、生活、气象等因素变化所引起的负荷变化，变化周期为1天或1个季节，有较强的可预测性。

上述三类负荷变化，都将引起电力系统频率发生一定偏差。因此，电力系统的有功功率和频率的调整与此对应分为一次、二次和三次调整。第一类负荷变化所引起的频率偏差，具有变化快、幅度小和随机的特征，要求电力系统中各台汽轮发电机组根据各自的调节系统特性和电力系统的频率偏差，自动地调节机组的功率输出，此调节过程称为频率的一次调整，或称一次调频；第二类负荷变化慢、幅度大且有一定可预测性，可按电力系统运行稳定性和机组运行经济性的优化准则，通过电力系统自动频率控制（AFC，Automatic Frequency Control）或自动发电控制（AGC，Automatic Generation Control）系统分配给网中各机组，此调节过程称为频率的二次调整，或称二次调频；对第三类负荷变动，一般需要根据预测的负荷曲线，按照稳定、经济最优化的原则对各发电厂、发电机组进行有功功率的经济分配。

纯粹的调速系统是难以满足优良的供电品质要求的。因为机组运行中，即使汽轮机的调节汽阀开度保持不变，锅炉燃料品质不一致也会引起燃烧工况波动，导致汽轮机的进汽参数和功率输出改变，进而使电力系统频率发生变化，供电品质下降。这种由机组内部因素造成机组有功功率及电力系统频率波动的扰动称之为"内扰"。为抵御机组"内扰"的影响，在汽轮机调节系统中还必须引入功率控制信号。在发生"内扰"时，通过功率控制使机组的功率输出维持在外界要求的水平上。这种既调节转速，又调节功率的调节系统称为功（率）频（率）调节系统。

汽轮机是高温、高压、高速旋转机械，转子的惯性相对于汽轮机的驱动力矩很小。机组运行中一旦突然从电力系统中解列甩去全部电负荷，汽轮机巨大的驱动力矩作用在转子上，使转速快速飞升，如不及时、可靠地切除汽轮机的蒸汽供给，就会使转速超过安全许可的极限转速，酿成毁机恶性事故。此外，机组运行中还存在低真空、低润滑油压、高振动、大差胀等危及机组安全的故障。因此，为保障汽轮机在各种事故工况下的安全，除要求调节系统快速响应和动作外，还需设置保护系统。在事故危急工况下，保护系统快速动作，使主汽阀

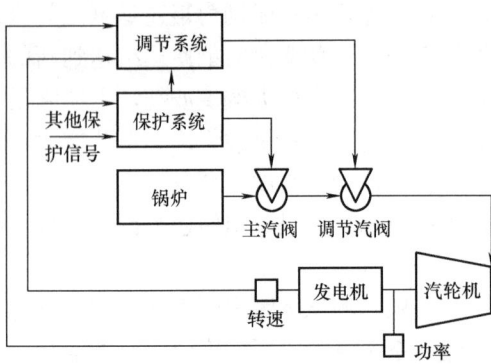

图 9-3 汽轮机调节保护系统的原理性结构图

和调节汽阀同时快速关闭，可靠地切断汽轮机的蒸汽供给，保证机组快速停机。图 9-3 所示为汽轮机调节保护系统的原理性结构。因此，汽轮机控制系统应满足下列要求：

（1）在单机运行时，能有效地控制汽轮机的转速，并使机组安全、平稳并网；

（2）在并网运行时，快速地响应外界的负荷扰动，并从一种工况安全、平稳、快速地过渡到另一种工况，不发生较大的、长周期的负荷摆动，且使调节后的转速偏差控制在允许的范围内；

（3）在机组出现甩全负荷或其他严重危及机组运行安全的事故时，调节系统快速动作，切断汽轮机的蒸汽供给，保证机组最高飞升转速小于超速保护系统的动作转速。

二、汽轮机控制系统的基本原理

由上已知，汽轮机控制系统（或称调节系统）是根据转速偏差改变进入汽轮机的进汽量，因此，应由感受转速变化的调节器和控制进入汽轮机蒸汽量的调节汽阀组成，据此构成如图 9-4 所示的原理性调节系统。当外界电负荷减小时，导致汽轮机的转速上升，离心式调速器的飞锤因离心力增大而向外扩张，带动滑环向上移动，通过杠杆关小调节汽阀，减小汽轮机的进汽量，降低机组的功率输出，与外界负荷建立起新的平衡，汽轮机在新的转速下稳定运行；反之亦然。由此可见，调速器、调节汽阀和汽轮机，构成闭环控制回路，在汽轮机转速与调节汽阀之间建立起对应关系，汽轮机转速在一定范围内变化时，维持汽轮机的功率输出与外界负荷平衡。图 9-4 所示的由调节器直接控制调节汽阀开度的系统没有实用意义，因为在调节汽阀阀体上作用有很大的蒸汽力，调速器的驱动力很难开启调节汽阀和保持其开度。因此，实际的汽轮机调节系统，不仅要对调速器滑环随转速变化的位移进行放大，而且根据滑环位移偏差产生平稳开启调节汽阀的驱动力，并在调节汽阀任意位置下能维持开度不变。这样，对调节汽阀的执行机构提出了惯性小、驱动功率大、动作速度快的要求，并且在机组稳定运行时，能有效地保持调节汽阀开

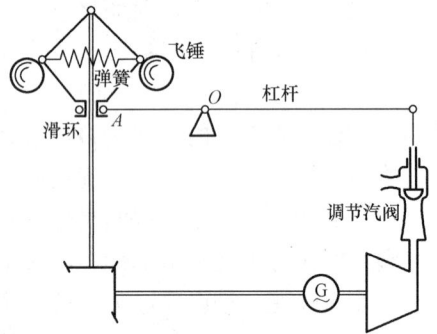

图 9-4 汽轮机直接调节系统示意图

度不变。调节阀常用的执行机构是电磁驱动或液压驱动或气动驱动机构。液压元件具有功率—质量（或力矩—惯性）比大、响应速度快和控制精度高的特点，其功率—质量比较电磁元件大近 10 倍。因此，在汽轮机调节系统要求很大驱动功率的特殊应用场合，主要采用液压执行机构。

图 9-5 是具有一级放大的汽轮机机械液压调节系统，由调速器、错油门、油动机和调节汽阀等组成。错油门由滑阀和带油口的套筒组成，通过移动滑阀的位置，改变液压油的流动方向和流量，进而改变油动机活塞的运动方向和速度；油动机或称为油缸，活塞两侧腔室的压差产生活塞运动的驱动力，克服调节汽阀阀体的运动阻力，实现调节汽阀的开启和关闭操作。

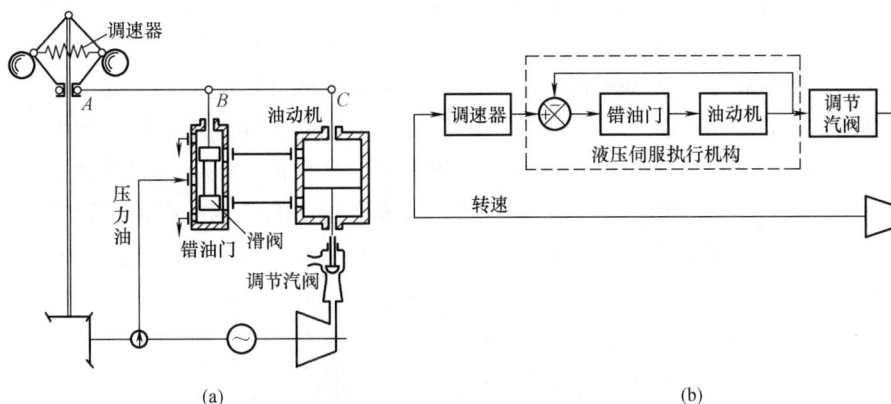

图 9-5 汽轮机机械液压调节系统示意图

(a) 系统示意图；(b) 原理框图

当外界负荷减小、引起机组转速上升时，调速器滑环 A 向上移动，因此时油动机尚未动作使杠杆绕 C 点转动，B 点带动错油门滑阀上移，滑阀凸肩偏离遮断油口的居中位置，上凸肩开启油动机活塞上腔室的进油油口，来自油泵的压力油经该油口进入油动机活塞的上腔室，使上腔室中液压油的压力升高。同时，错油门滑阀下凸肩接通油动机活塞下腔室的回油（或排油）油口，下腔室中液压油的压力下降，在活塞上、下两侧油压差的作用下，推动油动机活塞向下移动，关小调节汽阀的开度，减小汽轮机的进汽量，使汽轮机的功率输出与外界负荷要求达到新的平衡。

油动机活塞向下移动，同时带动杠杆绕 A 点旋转，又使错油门滑阀向下移动，对应油动机活塞上、下腔室油口的开度变小，因而降低了油动机活塞的运动速度。随着油动机活塞向下移动，错油门的油口进一步减小，直至回复到油口被完全遮断的居中位置，调节过程结束。液压油具有近乎不可压缩性，在错油门滑阀遮断油动机活塞腔室油口时，即使调节汽阀阀体上有很大的蒸汽作用力，不需外部提供动力油给油动机也能维持调节汽阀的开度不变。这是采用液压执行机构的显著优点。

可见，油动机活塞的运动由错油门滑阀偏离居中位置引起，而油动机活塞运动通过杠杆又反作用于错油门滑阀，减小错油门滑阀的偏移量，这种作用称为反馈，此杠杆称为反馈杠杆。由于该杠杆的反馈作用使错油门滑阀的偏移量减小，故将此反馈称为负反馈。图 9-5 (b) 为机械液压调节系统的原理框图。

错油门、油动机和杠杆构成一个以调速器滑环位移为输入量、具有负反馈的闭环调节回路，油动机活塞在任意稳定位置状态下，错油门滑阀总是处于居中遮断位置，这样，油动机活塞的位移量与调速器滑环成正比，即油动机活塞跟随调速器滑环运动。在液压控制中，将此具有负反馈的闭环调节系统称为液压伺服执行机构（Hydraulic Servo-actuator）。无论是传统的机械液压调节系统，还是先进的基于计算机的电液调节系统，液压伺服执行机构都是驱动调节汽阀的最基本工作单元，尽管油动机活塞与错油门滑阀间的反馈采用机械、液压、电气与电子等不同方式，但其工作原理是相似的。

三、汽轮机调节系统的基本组成和种类

汽轮机调节系统的原理性框图如图 9-6 所示。转速感受器将转子的转速信号转变成一

次控制信号；中间传动放大器对一次控制信号作功率放大，产生作用于液压伺服执行机构的控制信号；错油门－油动机系统按该控制信号产生带动配汽机构动作的驱动力，并达到预定的开度位置；配汽机构是将油动机的行程转变为各调节汽阀开度的装置，通过配汽机构的非线性传递特性，校正调节汽阀开度与汽轮机的进汽量间的非线性关系，使油动机行程与汽轮机进汽量间保持近似线性关系；同步器作用于中间传动放大器，产生控制油动机行程的控制信号，单机运行时改变汽轮机的转速，并网运行时改变机组的功率；启动装置在机组启动时用于控制冲转，并提升转速至同步转速。

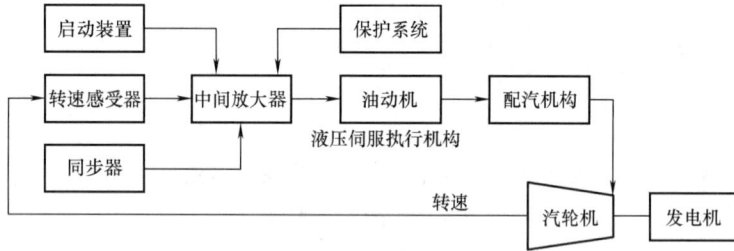

图 9-6　汽轮机调节保护系统原理性框图

根据转速感受及中间传动放大器的结构不同，汽轮机的调节系统可分为机械液压调节、电液调节两种形式。

（1）机械液压调节系统。机械液压调节系统的转速感受、一次控制信号的传递和放大，液压伺服执行机构及配汽机构等由杠杆、弹簧、曲柄等机械液压部件组成，如图 9-5 所示。随着机组容量的增大和开启调节汽阀驱动力要求的提高，特别是中间再热机组调节汽阀的数量增多，使得调节系统的机械结构和液压控制回路变得十分复杂。机械传动机构旷动间隙的存在、液压控制部件易受油液污染的影响等，又会导致调节品质和运行稳定、可靠性不理想。因机械或液压元件无法感受机组的电功率信号，故机械液压调节系统仅能起到汽轮机调速的作用。另一方面，配汽机构采用固定的机械机构，难以方便地实现喷嘴、节流调节等多种运行方式的灵活切换。因此，机械液压调节系统正逐步从汽轮机控制领域淡出，目前只使用在一些小容量汽轮机上。

（2）电液调节系统。电液调节系统是将电子技术与液压控制技术有机地结合在一起的调节系统，综合了电子元件检测灵敏、精度高、线性好、迟缓小、信号传输速度快、调整方便、可实现复杂调节规律以及液压元件驱动功率大、惯性小的优点，检测、运算采用电子元件，驱动调节汽阀为液压伺服执行机构。电子与液压控制的接口部件是电液转换器（或称电液伺服阀）。汽轮机的转速和功率由传感器或变送器转变为电信号，经电子线路放大、运算，产生液压伺服执行机构的控制信号，输到 PID（比例、积分和微分）调节回路，然后经功率放大作用于电液转换器，产生控制油动机行程的液压信号。电液调节系统原理性框图如图 9-7 所示。系统中设有转速反馈调节回路、功率反馈调节回路和调节级后压力反馈调节回路。机组单机运行时控制其转速，并网运行时实现功—频调节，克服机组"内扰"和再热器中间容积时滞效应的影响。功率设定能接受远方遥控指令，实现电力系统自动发电控制（AGC）；蒸汽压力输入可实现机、炉协调控制，在机组满足外界负荷要求时，能尽可能维持主蒸汽压力的稳定。

电液调节系统有模拟电液调节系统和数字电液调节系统两种。基于计算机的数字电液控

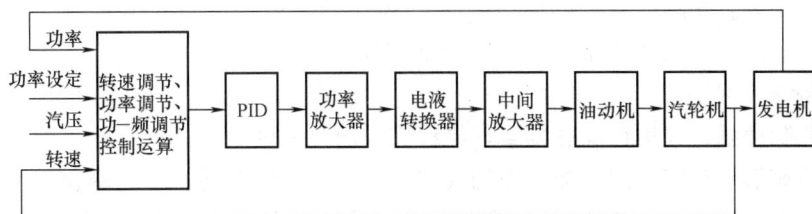

图 9-7 汽轮机电液调节系统框图

制系统（Digital Electro-Hydraulic Control System，简称 DEH-C 或 DEH），充分发挥计算机控制运算、逻辑判断与处理能力强，软件组态灵活、方便的优势，集汽轮机运行的状态监测、顺序控制、调节和保护于一身，已完全取代模拟电液调节系统，控制功能和调节品质较机械液压调节系统有了很大提高，改善了调节系统的甩负荷动态特性，增强了机组运行的安全性。随着计算机技术的快速发展，汽轮机数字电液控制技术已经成熟，并在发电厂汽轮机上得到了普及。

按液压系统的工作压力不同，电液调节系统可分为高压系统和中低压系统。液压系统工作压力的提高，使油动机的驱动功率增大，可减小液压伺服执行机构中错油门滑阀和油动机活塞的尺寸，因而可简化液压控制回路。但液压系统工作压力的提高，发生液压油泄漏事故的可能性增多。为防止液压油泄漏到主汽阀、调节汽阀等高温部件上引起火灾，故采用具有特殊阻燃性能的抗燃油，俗称高压抗燃油。采用这种液压油的系统称为高压抗燃油系统。

第二节　汽轮机机械液压调节系统

虽然现代大型汽轮机中基本不采用机械液压调节系统了，但是其控制原理仍是理解汽轮机调节的基础，故本节论述成熟的机械液压调节系统和调节原理。

一、机械液压调节系统典型元件

（一）转速感受器

转速感受器是将速度信号转变为一次控制信号的元件。在汽轮机机械液压调节系统中，转速感受器主要基于离心力原理将转速信号转变为位移或压力的机械信号。离心式转速感受器有机械式和液压式两种，其中机械式有高速弹性调速器、飞锤或飞环式超速危急保安器等；液压式有径向钻孔脉冲泵和旋转阻尼器两种。

1. 旋转阻尼器

旋转阻尼器是一种基于离心泵工作原理的转速感受器，它将转子的转速信号转变为液压油压力信号输出。旋转阻尼器主要由阻尼管、油封环（或稳流网）、壳体及针形阀等组成，其结构如图 9-8 所示。旋转阻尼器与径向泵的差别在于油流方向不同，径向泵中的油流是由内向外流，而旋转阻尼器与此相反，油流在旋转阻尼管内由外向内流。旋转阻尼管中的油流来自主油泵的高压油，经针形

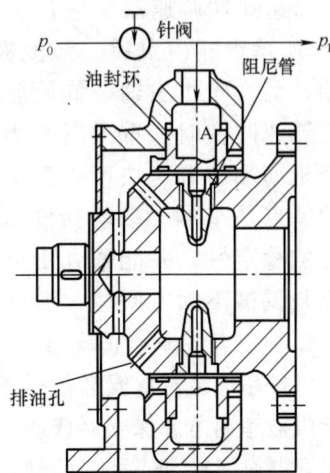

图 9-8 旋转阻尼器

阀节流降压后进入旋转阻尼器的外环 A 腔室，然后经阻尼管径向向内流动，最后排至回油系统。A 腔室的油压即为调节系统的一次控制信号。

2. 径向钻孔脉冲泵

径向钻孔脉冲泵，或称径向脉冲泵，简称为径向泵或轴向泵，它也是一种基于离心泵工作原理、将转速信号转变为液压油压力的转速感受器。它由泵轮、稳流网和壳体等组成，其结构如图 9-9 所示。泵轮上均匀分布地钻有等直径的径向油孔，油流由泵轮中心通道轴向进入，泵的出口油压为调节系统的一次控制信号。

这种转速感受器具有结构简单、制造维修方便、灵敏度高、迟缓小的优点，并且当泵的负载流量增大时，泵的增压特性基本不变。对于小型汽轮机，径向脉冲泵还可做主油泵来使用。为了防止有时会出现油压低频波动，在泵轮外设置一个稳流网，油流流经稳流网时产生阻力，抑制油泵出口的油压脉动。径向钻孔脉冲泵的惯性和油流负载很小，动态响应较好，时间常数较小，在机组额定转速附近，其灵敏度大于旋转阻尼。

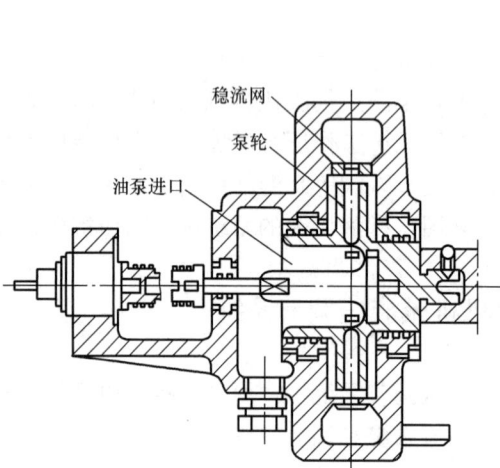

图 9-9　径向钻孔脉冲泵

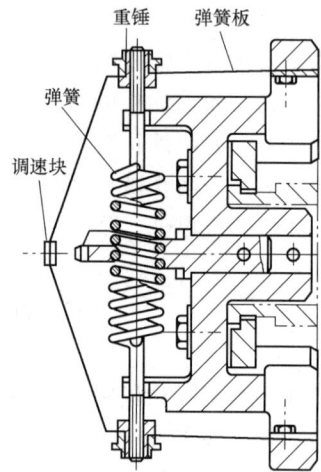

图 9-10　高速弹性调速器

3. 高速弹性调速器

高速弹性调速器是将转子的转速转变为调速块轴向机械位移的装置，其结构如图 9-10 所示。它由重锤、弹簧板、弹簧和调速块等组成。该调速器安装于汽轮机转子的前端，与汽轮机主轴一同旋转。重锤的离心力与弹簧拉力及弹簧板的张力相平衡。在机组转速改变时，重锤离心力的变化使弹簧伸长或缩短及弹簧板外张或内合，从而使弹簧板前端的调速块产生前后轴向位移。调速块的位移仅与转速有关。该型调速器显著的特点是基本无动静接触部件、迟缓小、惯性质量小、灵敏度高，弹簧板结构具有很好的稳定性，并能做到由低速到额定转速的全行程调节。该型调速器的不足是现场维修与调试不太方便。

4. 机械超速危急保安器

机械超速危急保安器是超速保护系统的转速感受器。当机组转速达到预定的保护值时，要求机械超速危急保安器快速、大行程动作，向超速保护执行器发出动作信号。机械超速危急保安器有飞锤和飞环式两种，其结构如图 9-11 所示。

在汽轮机转子的轴端内，径向安装的偏心体（飞锤或飞环）的质心与转子旋转中心偏

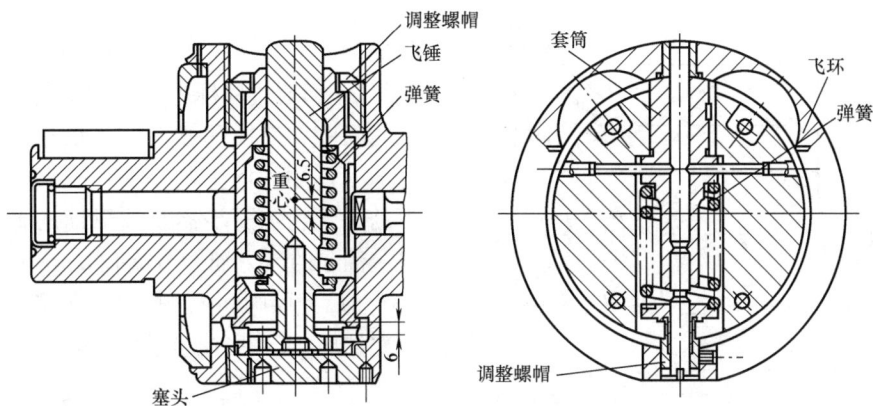

图 9-11　飞锤和飞环式机械超速危急保安器

离，被弹簧的预紧力压紧在塞头或套筒的端面上。设偏心体的质量为 m、偏心距为 e、弹簧刚度为 K，弹簧预紧压缩长度为 l_0，作用在偏心体上的弹簧预紧力为 $F_s = K l_0$；偏心体随机组主轴一同旋转产生的离心力为 $F_e = m e \omega^2$。偏心体的离心力随转速平方增加。在达到某个转速 ω_t 时，偏心体上的离心力与弹簧的预紧力相等，即

$$F_s = F_e$$

即
$$\omega_t^2 = \frac{K l_0}{m e} \tag{9-2}$$

此时，偏心体的运动处于临界状态；随后转速只要稍有增加，偏心体上的离心力就大于弹簧力，这样偏心体在离心力的作用下沿径向向外移动；偏心体沿径向向外移动后，偏心距增大，促使偏心体向外飞出的作用力进一步增大，因而使偏心体在动作转速下快速飞出，撞击在危急遮断错油门的阀杆上，向危急遮断错油门发出动作信号。ω_t 称为超速危急保安器的动作转速或遮断转速。

在保护系统动作后，机组转速下降，偏心体的离心力减小，当机组转速降至 ω_r 时，离心力与弹簧力相等。随后转速稍有减小，因离心力的下降速率大于弹簧力，偏心体快速复位。ω_r 称为复位转速。

为使机组能可靠地停机，一般要求复位转速高于机组的额定转速。这样在降速到额定转速前系统就能复位，以便机组排除故障后尽快带负荷运行。

通过调整螺帽改变偏心体上弹簧的预压缩量 l_0，即改变弹簧的预紧力，可以改变机械超速危急保安器的动作转速。机械超速危急保安器的动作转速通常设为 3300r/min，复位转速约为 3050r/min。

（二）中间放大器

对不同的转速感受器，与之配套的中间放大器的形式不同，主要有压力控制和流量控制两大类。这里仅介绍液压调节系统中常用的波形筒—碟阀、调速器滑阀和随动滑阀三种中间传动放大元件。

1. 波形筒—碟阀放大器

波形筒—碟阀放大器是与旋转阻尼转速感受器配套的调节系统第一级放大器，它是一种压力型放大器，由波形筒、碟阀、杠杆等部件组成，其原理性结构如图 9-12 所示。

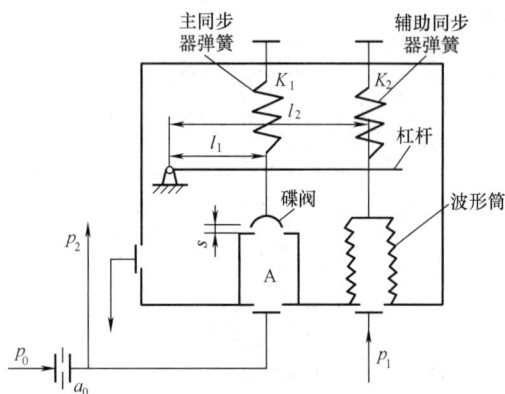

图 9-12　波形筒—碟阀放大器

波形筒—碟阀放大器的输入信号为旋转阻尼器产生的一次油压 p_1，输出信号为二次油压 p_2。通过杠杆力平衡的变化，达到改变碟阀间隙、变换和放大油压信号的作用。杠杆上的作用力向上的是一、二次油压力，向下的是主、辅同步器及波形筒的弹簧力。来自主油泵的压力油经节流孔 a_0 流到碟阀腔室 A，然后经碟阀间隙 s 排出，在腔室 A 中形成二次油压 p_2。由流量平衡方程求得

$$p_2 = \frac{1}{\left(\dfrac{a_2}{a_0}\right)^2 + 1} p_0 \qquad (9-3)$$

式中：$a_2 = \pi d_1 s$，d_1 为碟阀直径。

很明显，碟阀间隙增大时，二次油压 p_2 下降。因碟阀的直径较大，故碟阀间隙很小的变化即可引起二次油压较大的改变。当来自旋转阻尼器的一次油压 p_1 上升时，波形筒底座上的油压作用力增大，杠杆向上转动、碟阀间隙 s 增大，引起二次油压 p_2 下降；在碟阀间隙增大时，同步器及波形筒向下的弹簧力增大。当杠杆上一、二次油压作用力与弹簧力的改变量的总和为零时，碟阀的间隙达到新的平衡状态，从而建立起一、二次油压的对应关系。

同步器的弹簧力作用在杠杆上，与作用在波形筒和碟阀上液压力平衡，改变同步器的弹簧力，即可改变碟阀的间隙，因而在一次控制油压不变时，可改变二次控制油压值，起到平移传递特性曲线的作用。

波形筒—碟阀放大器具有结构较简单、动静部件接触较少、迟缓小、抗液压油污染的能力强、动态响应灵敏度高等特点。时间常数不大于 0.08s。

2. 调速器滑阀

调速器滑阀，又称压力变换器，是与径向脉冲泵转速感受器配套的调节系统第一级放大器。它是一种流量型放大器，由滑阀、主弹簧、辅弹簧、滑阀套筒等组成，其原理性结构如图 9-13 所示。通过作用在滑阀端面上油压作用力的平衡，将一次油压信号转变为滑阀的位移和控制油路的泄油口开度。同步器通过改变滑阀上的弹簧预紧力起到平移传递特性曲线的作用。

在汽轮机的转速升高时，径向脉冲泵的一次油压上升，增大滑阀底部端面的油压作用力，滑阀上移，改变油口开度。当滑阀上油压作用力的改变量与弹簧力的改变量相等时，滑阀达到新的平衡状态，从而建立起一次油压与

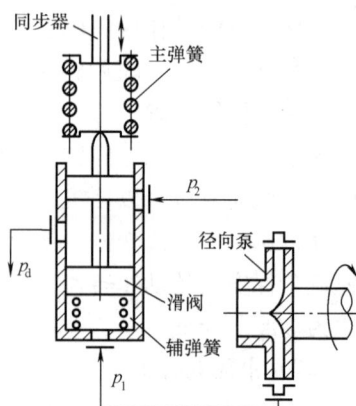

图 9-13　调速器滑阀

滑阀行程的一一对应关系。为消除径向脉冲泵进口油压波动对调节系统工作的影响，通常将压力变换器滑阀的顶部腔室与径向油泵的进口油路相接，这样使滑阀仅感受油泵的压增。时间常数约为 0.08s。

3. 随动滑阀放大器

随动滑阀放大器是与高速弹性调速器配套的调节系统第一级放大器，主要由随动滑阀、控制滑阀和分配滑阀、杠杆等组成。其作用是将旋转型调速块的位移非接触地转变、放大为分配滑阀的油口开度，并且同步器作用在控制滑阀上，使杠杆以随动滑阀为支点转动，通过改变分配滑阀油口的开度，起到平移传递特性曲线的作用。随动滑阀的关键部件是差动活塞，其工作原理如图9-14所示。压力油经节流孔 a_1 进入活塞左侧腔室，然后经活塞上的节流孔 a_2 进入活塞的右侧腔室，最后从喷嘴与调速块的间隙 s 中排出。活塞两侧腔室的油压决定于节流孔 a_1、a_2 和喷嘴与调速块的间隙 s。由流量平衡可求得作用于差动活塞上的净油压作用力（右向为正）为

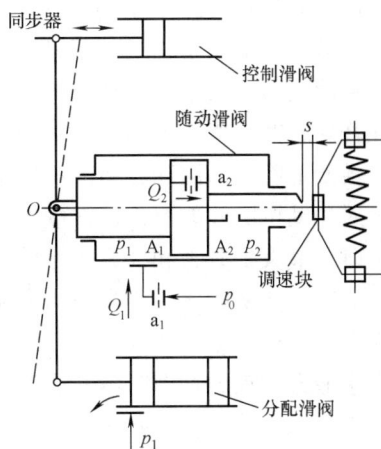

图 9-14 随动滑阀

$$F_{\mathrm{h}} = A_1 p_1 - A_2 p_2 = \frac{A_1 \left[1 + \left(\dfrac{a_3}{a_2} \right)^2 \right] - A_2}{\left(\dfrac{a_2}{a_1} \right)^2 \left(\dfrac{a_3}{a_2} \right)^2 + \left(\dfrac{a_3}{a_2} \right)^2 + 1} \qquad (9-4)$$

式中：A_1，A_2 分别为差动活塞左、右侧面积。

差动活塞在平衡状态下，作用其上的净油压作用力应等于零，即 $A_1 p_1 = A_2 p_2$，与之对应的喷嘴泄油口的面积为 a_{30}。当汽轮机的转速改变时，例如转速升高，调速块右移，使变化后的喷嘴泄油口面积 $a_3 > a_{30}$。由式（9-4）可知，差动活塞上的净油压作用力大于零，活塞在该作用力的推动下向右移动，当活塞的右移量与调速块的位移量相等时，差动活塞达到新的平衡状态。由于差动活塞跟随调速块运动，故称之为随动滑阀。时间常数一般不大于 0.1s。

（三）液压伺服执行机构

1. 工作原理

液压伺服执行机构（也称液压伺服马达，Hydraulic Servomotor）是汽轮机调节系统中驱动调节汽阀的机构。自动、连续、精确地复现来自中间放大环节输入信号的变化规律，使调节汽阀的开度达到并保持在预定工作状态。液压伺服执行机构具有惯性小、驱动力大、动作快、能耗低的突出优点，这是目前电磁式驱动机构不可替代的。

液压伺服执行机构是一个带位置反馈的随动系统。主要由错油门、油动机（或称油缸）及反馈机构等组成，其原理性框图如图9-15所示。其中，错油门起着控制进、出油动机活塞腔室的油流量或活塞运动速度的作用；静反馈用来消除静态偏差、使油动机活塞行程跟随输入信号变化并保持一致；动反馈起着消除动态超调、抑制振荡过渡过程的作用。

汽轮机调节系统中液压伺服执行机构采用断流式错油门、往复式双作

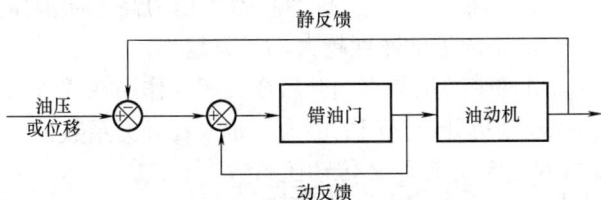

图 9-15 液压伺服执行机构原理框图

用（即双侧进油）或单作用（即单侧进油）两种形式油动机，其原理性结构如图 9 - 16 所示。断流式错油门是指油动机活塞静止不动时，错油门的滑阀凸肩遮断油动机活塞腔室的供、回油门口。双作用油动机的活塞运动，开启或关闭，都是由油压力推动，而单作用油动机在开启时需油压力推动，但关闭时依靠弹簧力。为减少单作用油动机关闭时的回油量，有时将活塞下腔室的回油经错油门排至活塞的上腔室，如图 9 - 16（b）所示。

对油动机的性能评价，在静态方面是提升力系数，在动态方面是时间常数。

（1）最大提升力和提升力系数。在图 9 - 16（a）中，当错油门滑阀偏离居中位置下移时，油动机活塞的下腔室与压力油路相通，而上腔室与回油管路相通。如果油动机的活塞静止不动，此时油动机活塞上、下腔室的油压分别为回油压力 p_d 和压力油压 p_0，油动机活塞上产生最大推动力，即产生开启调节汽阀的最大提升力

$$F_{qmax} = p_0 A_b - p_d A_u \qquad (9 - 5)$$

式中：A_u 和 A_b 分别为活塞上下端面的油压有效作用面积。

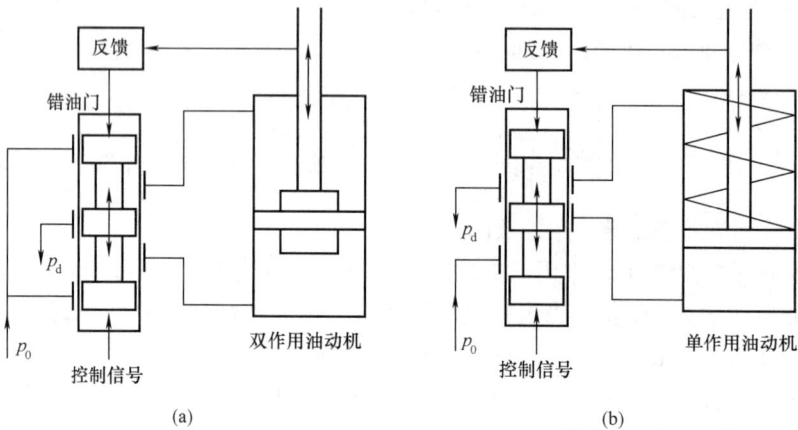

图 9 - 16　液压伺服执行机原理图
（a）双作用油动机液压伺服执行机构；（b）单作用油动机液压伺服执行机构

对于单作用油动机，回油压力为大气压力；对于双作用油动机，为避免机组甩负荷工况下油动机快速动作时用油量对主油泵和注油设备的冲击，油动机的回油排入主油泵的入口，故双作用油动机的回油压力为主油泵的入口压力。很明显，增大油动机驱动力的途径，一是提高液压伺服执行机构的供油压力，另一是增大油动机活塞的直径。但增大油动机活塞的直径，会降低液压伺服执行机构的动态性能，因此，提高供油压力是改善液压伺服执行机构动态性能和部件小型化的有效途径。

在油动机活塞运动时，活塞的上、下腔室就会吸油和排油，错油门油口和各自对应油路的流动阻力产生压降，使进油腔室的压力低于供油压力 p_0，排油腔室的压力高于回油压力 p_d，这样使油动机的提升力 F_q 小于 F_{qmax}。活塞的运动速度越大，F_q 就越小。

一般油动机活塞是通过杠杆或凸轮传动机构带动调节汽阀开启或关闭，作用在调节汽阀上的实际提升力应对传动比做修正。为描述油动机开启汽门的能力，定义提升力系数为

$$提升力系数 = \frac{油动机的最大驱动力 \times 传动比系数}{开启汽门所需的最大提升力} \qquad (9 - 6)$$

油动机活塞及传动机构运动时不可避免地存在摩擦，汽门及阀杆在热态时存在一定的卡

涩力，为保证在各种恶劣工况下能平稳开启调节汽阀，油动机的提升力必须留有足够的富裕量，通常要求油动机的提升力系数大于 2，有时甚至达到 4。

（2）油动机的时间常数。油动机的时间常数描述油动机在一定错油滑阀油口开度下的运动速度。在油动机活塞运动时，活塞移动产生的上、下腔室的容积变化，其进出油体积流量方程为

$$A_m \frac{dm}{d\tau} = \mu n s b_s \sqrt{\frac{1}{\rho}(p_0 - p_d)} \tag{9-7}$$

式中：A_m 为进出油侧活塞的有效面积；n、s、b_s 分别为错油门对应油口的个数、开度和宽度；μ 为油口的流量系数，一般 $\mu = 0.7$；m 为油动机活塞行程，τ 为时间。

当错油门油口开度为最大时，油动机活塞腔室的进、排油量达到最大，即

$$Q_{max} = \mu n s_{max} b_s \sqrt{\frac{1}{\rho}(p_0 - p_d)} \tag{9-8}$$

对方程（9-7）作适当变换，并代入式（9-8），整理得

$$\left. \begin{aligned} T_m \frac{d\left(\dfrac{m}{m_{max}}\right)}{d\tau} &= \left(\dfrac{s}{s_{max}}\right) \\ T_m &= \dfrac{m_{max} A_m}{Q_{max}} \end{aligned} \right\} \tag{9-9}$$

动态方程（9-9）中，T_m 为油动机活塞运动的时间常数，表示错油门滑阀油口开度为最大时，油动机活塞走完全行程所需的时间。油动机的时间常数越大，油动机的关闭时间就越长。为降低机组甩负荷工况下的最高飞升转速，必须要求油动机的时间常数尽可能小些。

油动机的时间常数与错油门油口的面积（宽度与开度）和油动机活塞的行程及面积等参数有关。要减小 T_m，可以减小油动机活塞的最大行程和活塞的直径，但油动机活塞的行程及直径与提升力系数紧密相关。减小活塞直径，就会减小油动机的最大推动力；减小油动机活塞的行程，在调节汽阀开度一定时，必然减小传动比系数。两者均会使提升力系数下降。因此，在确保提升力系数一定富裕量前提下，合理地选取油动机活塞的直径和工作行程，以及错油门的油口尺寸与错油门滑阀的行程，使油动机的时间常数满足调节系统甩负荷动态特性的要求。然而，过小的油动机时间常数，有可能导致油动机工作不稳或脉动。为兼顾甩负荷特性和工作稳定性，通常在机组增负荷方向，适量减小错油门油口的宽度，并且缩小增负荷方向的错油门滑阀行程。此外，错油门滑阀留有一定的盖度，即滑阀凸肩的高度略大于错油阀套筒对应的油口高度，这样可以抑制中间传动放大环节控制信号中脉动分量的影响，提高油动机系统的工作稳定性。但滑阀盖度的存在增大了调节系统的迟缓率，因此盖度不宜过大。

2. 压力型控制液压伺服执行机构

压力型控制液压伺服执行机构是由机械弹簧做反馈，与波形筒—碟阀放大器配套的调节系统执行机构。它主要由继动器活塞、继动器碟阀、错油门滑阀、油动机活塞、动静反馈弹簧等组成，其原理性结构如图 9-17 所示。继动器的作用是将来自碟阀放大器的二次油压变为继动器活塞的行程；继动器碟阀与错油滑阀的上端面构成滑阀随动系统，压力油经节流孔进入继动器碟阀油室，然后由碟阀与错油门滑阀的间隙和错油门滑阀的中心孔排出；错油门滑阀上端面上的三次油压 p_3（或称继动油压）作用力与滑阀底部的弹簧力相平衡。

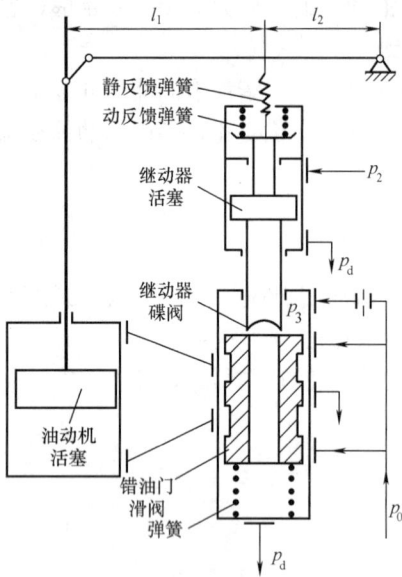

图 9-17 压力型控制液压伺服执行机构

在碟阀间隙增大时，p_3 下降，滑阀在底部弹簧力的推动下上移，滑阀的上移量与继动器碟阀的上移量大致相等时，p_3 恢复到原先的平衡值。由于碟阀控制三次油压的灵敏度很高，尽管弹簧力变化较大，碟阀间隙变化很小，可近似地认为滑阀跟随继动器运动。

在二次油压下降时，继动器活塞上移，增大继动器碟阀的排油间隙，三次油压下降，错油门滑阀上移，分别连通油动机活塞上腔室与压力油路和下腔室与回油油路的通路，油动机活塞在油压力的作用下带动调节汽阀下移。在油动机活塞下移时，静反馈拉弹簧的伸长量变小，继动器活塞在二次油压作用下下移，当继动器活塞下移至原先平衡位置时，油动机活塞行程改变量产生的静反馈弹簧力，恰与继动器活塞上二次油压改变量产生的油压作用力相等，油动机活塞达到新的平衡位置。

在二次油压下降、继动器活塞上移时，作用在继动器活塞上动反馈的压弹簧力增大，减小继动器活塞由 p_2 产生的位移量，从而起到抑制动态超调的作用。动反馈是以牺牲调节系统动态关闭性能为代价，换取调节系统稳定性的。因此，动、静反馈的大小，应由调节系统动态特性综合分析来确定。

压力控制型液压伺服执行机构的反馈是由改变弹簧力实现的，故将此称为机械弹簧液压伺服执行机构。

3. 流量型控制液压伺服执行机构

流量控制型油动机是以液压弹簧做反馈，与随动滑阀或调速器滑阀配套的调节系统全液压执行机构。它主要由错油门滑阀、静反馈滑阀、静反馈斜槽、动反馈油口、油动机活塞等组成，其原理性结构如图 9-18 所示。

错油门滑阀为大、小端结构，其状态决定于 A、B 腔室的油压，A 腔室为控制油压 p_c，B 腔室为压力油压 p_0。控制油路的供油分别来自静反馈滑阀油口 D 和动反馈油口 C。在控制油口的开度增大时，控制油路的排油量增多、控制油压下降，错油门滑阀在上端油压力作用下下移，分别开启油动机活塞上腔室与压力油路、下腔室与回油系统的通路，使油动机活塞带动调节汽阀下移。在油动机活塞下移时，静反馈滑阀顶端的滚轮压在反馈斜槽面上使静反馈滑阀右移，增大静反馈油口的开度，增加控制油路的进油量；当静反馈油口的增大量与控制油口的减小量相等时，控制油路的压力回复到原先的平衡水平。

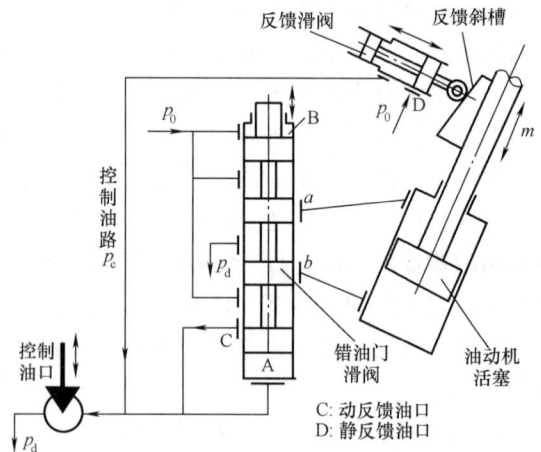

图 9-18 流量型控制液压伺服执行机构

在错油门滑阀下移时，动反馈供油口的开度增大，从而减弱了控制油口开度增大所引起的控制油压下降，起到抑制动态超调的作用。在错油门滑阀居中、油动机活塞静止时，动反馈油口的开度保持不变。

流量型控制液压伺服执行机构的动、静反馈是由改变控制油路的流量实现的，故将此称为液压弹簧伺服执行机构。

（四）配汽机构

配汽机构将液压伺服执行机构的行程转变为汽轮机的进汽量，由调节汽阀和传动机构两部分组成。配汽机构的输入信号是油动机活塞的位移 m，输出信号是汽轮机的进汽量 G。

1. 调节汽阀

（1）流量特性。调节汽阀，又称调节汽门，由其开度控制进入汽轮机的进汽量。在汽轮机中，进汽阀有主汽阀和调节汽阀两种。主汽阀主要用于保护系统，仅有开启和关闭两种工作状态；调节汽阀在其工作行程内连续可调，实现汽轮机进汽量的精确控制。因此，调节汽阀应具有优良的空气动力学特性，即流动阻力损失小，流动稳定性好，并且应有良好的关闭严密性以及优良的开度—流量调节特性。

调节汽阀主要由阀碟（或称门芯）、阀座（门座）、阀套（门套）、阀杆（门杆）、扩散管等组成，其结构如图 9 - 19 所示。目前，调节汽阀主要采用球面型阀碟，在调节汽阀开启时，阀碟与阀座间构成缩放形通道，蒸汽在通道内降压、增速，在阀后的扩散管中降速、增压。汽流在阀碟通道和扩散管中经历着十分复杂的流动过程，通过调节汽阀的流量和阀碟上所受蒸汽作用力的理论计算十分困难。因此，工程中尽管可以采用计算流体力学的现代方法进行三维计算，但还是要通过大量试验求取通过调节汽阀的流量特性。

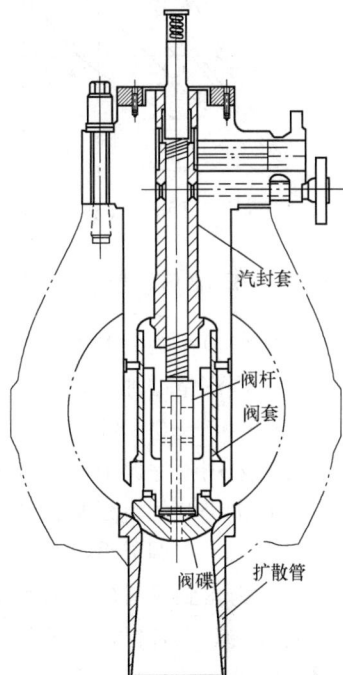

图 9 - 19　调节汽阀的结构

（图中标注：汽封套、阀杆、阀套、阀碟、扩散管）

调节汽阀的流量特性通常由相对开度和相对流量关系曲线来表示。相对开度为调节汽阀的开度（或升程）L 与公称直径 D_v 的比，一般调节汽阀的公称直径定义为阀碟与阀座接触处的直径；相对流量为通过调节汽阀的实际流量 G 与理论流量之比，其中理论流量按阀前蒸汽参数、通流直径为 D_v 时的临界流量，即

$$\chi = \frac{G}{G_c} \tag{9 - 10}$$

$$G_c = 0.648 A_v \sqrt{\frac{p'_0}{v'_0}} \tag{9 - 11}$$

式中：p'_0、v'_0 分别为调节汽阀前的蒸汽压力和比体积；A_v 为通流直径为 D_v 的通流面积。

图 9 - 20 为某调节汽阀的相对流量 χ 与相对开度 L/D_v 和阀前后相对压差 $\Delta p/p'_0$ 的流量特性曲线，其中压差为阀前压力 p'_0 与扩散管后压力 p''_0 的差，即 $\Delta p = p'_0 - p''_0$。由图 9 - 20 看出，在相同阀前后压差下，相对流量系数 χ 随调节汽阀开度的增大而增大。在小开度

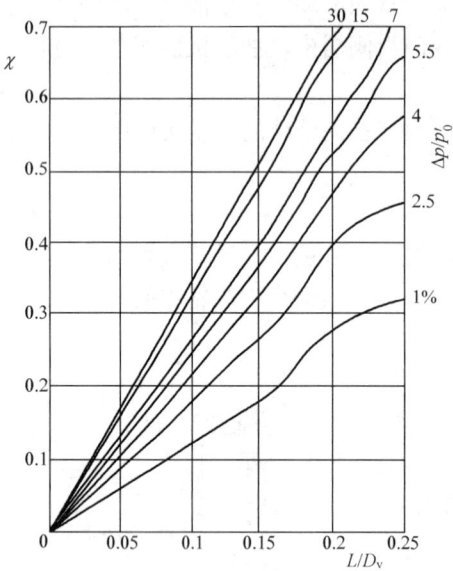

图 9-20 球面调节汽阀的相对流量系数

时，调节汽阀的通流面积随开度近似线性增大，故流量系数χ也随开度近似线性地增大；在相对开度达到 $0.25\sim0.3$ 以后，调节汽阀开度的继续增大，其通流面积基本上已不再增大，故流量系数χ增加量趋缓。在相同调节汽阀开度下，调节汽阀前后压差越大，相对流量系数也越大，并且流量系数与相对开度的线性范围也随压差增大而扩大。

汽轮机采用喷嘴配汽方式运行时，单个调节汽阀开启过程中，开度很小时，调节汽阀后的压力较低，调节汽阀内为临界流动，如果阀前压力保持不变，流量与通流面积成正比，则通过调节汽阀的流量随开度线性增大，如图 9-21（a）所示。当调节汽阀开度继续增大时，通流面积虽然增大，但阀后压力提高、阀前后的压差变小，通过调节汽阀的流量随开度增加的增大趋势变缓。

如果再增大调节汽阀的开度，而且当阀碟与阀座间的通流面积小于扩散管的喉部面积时，通过调节汽阀蒸汽量增加得很小。一般认为，当调节汽阀相对开度达到 25%、前后的压力比 $p_0''/p_0' = 0.95\sim0.98$ 时，调节汽阀就算全开。

汽轮机采用喷嘴调节时，如果后续调节汽阀在前一调节汽阀全开后再开启，那么油动机行程与汽轮机进汽的流量特性线将是一根曲折较大的曲线，如图 9-21（b）中实线所示。由图中可以看出，在调节系统静态特性线上表现为不平滑的波浪形，有可能引起调节系统不稳定。因此，为得到平滑的调节系统静态特性曲线，应在前一调节汽阀没有全开启时，后续调节汽阀就开启，以补偿前一调节汽阀随油动机行程增大而流量增大较少的欠缺，使汽轮机的进汽量与油动机的行程关系更接近线性化，如图 9-21（b）中虚线所示。

应当看到，调节汽阀开启有重叠度后，同时有两个阀门处于节流状态，增大了节流损失。因此，理想情况下，应在一个调节汽阀接近全开时，通过传动机构的非线性变换，增大调节汽阀开度相对于油动机行程的变化率，校正调节汽阀接近全开时的非线性特性，如图 9-21（a）中虚线所示，以减小调节汽阀开启不足产生的节流损失。

（2）提升力特性。由于调节汽阀前后的压差，阀碟上作用着使汽门关闭的蒸汽力。另一方面，阀杆两端存在着反向压差，且随调节汽阀开大、阀后压力升高而增大，在阀杆上产生使调节汽阀开启的作用力。当调节汽阀的开度为零时，阀碟后的压力最低，故开启调节汽阀所需的提升力最大；随着调节汽阀开度的增大，

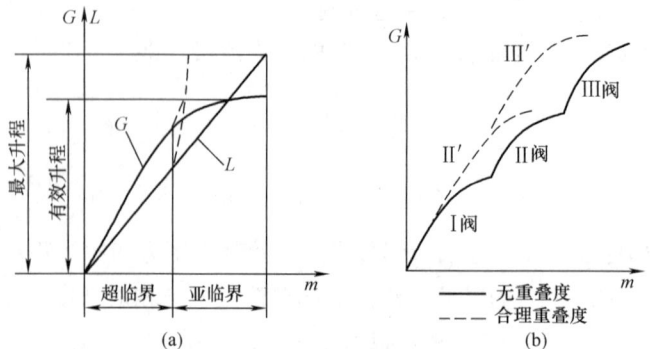

图 9-21 调节汽阀的行程——流量特性

阀碟后压力提高，使开启调节汽阀的提升力下降，与此同时，阀杆上使调节汽阀开启的作用力上升。当调节汽阀达到一定开度时，阀杆与阀碟上所受的蒸汽作用力相等，即此时开启调节汽阀的提升力降为零。如果继续增大调节汽阀开度，阀杆上的蒸汽作用力占主导地位，调节汽阀将自动开启。调节汽阀开启提升力的变化如图9-22所示。为避免调节汽阀在大开度时自动开启，应在调节汽阀上施加一个外力（如弹簧力），确保调节汽阀在最大开度范围内，始终作用着使其关闭的作用力，保证危急事故工况下调节汽阀能可靠关闭。

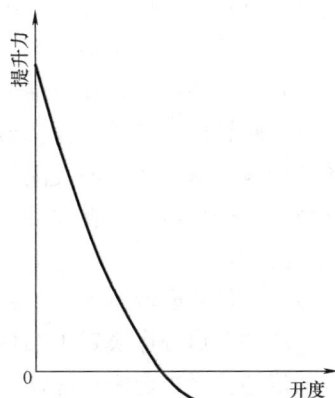

图9-22 调节汽阀开启提升力与开度示意图

阀碟上蒸汽作用力的大小取决于阀碟前后的压差。由于扩散管的扩压作用，阀碟后的压力不等于扩散管后的压力，并且调节汽阀在不同开度时，阀碟后复杂的流场形成复杂的压力分布，因此，精确计算阀碟上的蒸汽作用力是非常困难的。与调节汽阀的流量特性一样，工程中也常由试验确定开启调节汽阀的提升力特性。在调节汽阀刚开始开启时，阀碟上蒸汽力很大，要求油动机提供很大的提升力，在调节系统供油压力一定时，必然要求增大油动机活塞的直径，因此会影响油动机的动态关闭时间。为有效降低开启调节汽阀的提升力，采用如图9-23所示带预启阀的卸载型调节汽阀。在开启调节汽阀时，首先开启预启阀，释放阀碟上部的蒸汽压力，阀前的蒸汽经阀碟与阀套之间的间隙节流降压后进入阀碟的上部腔室，如果预启阀的通流面积远大于阀碟与阀套间的通流面积，则阀碟上部的蒸汽压力远低于阀前压力。因此，在预启阀完全开启后，只需不大的提升力即可开启调节汽阀。预启阀的卸载能力决定于卸载阀的最大开度、阀碟与阀套及阀杆与汽封的间隙，一般达到80%～90%，甚至更大，可以大大减小了对油动机提升力的要求。但预启阀的存在，使阀碟与阀杆处于活动连接状态，阀碟后复杂的流场分布使其在一定工况下出现摆动，甚至可能出现上浮，导致通过调节汽阀的流量产生脉动，引起导汽管和汽轮机的振动。这种情况在预启阀行程较大和机组负荷较高时容易发生。

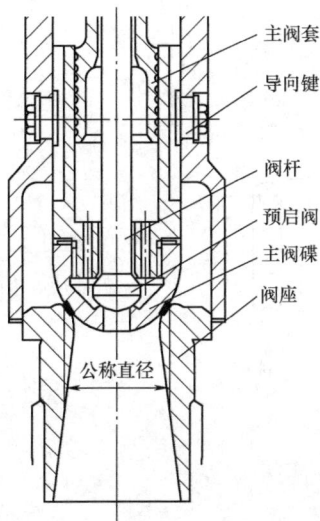

图9-23 卸载型调节汽阀结构图

2. 配汽传动机构

配汽传动机构是将油动机的行程转变为调节汽阀开度、实现调节汽阀开启重叠度合理分配的传动机构。中小汽轮机常用的配汽传动机构有提板式、凸轮式和杠杆式等三种，而高参数汽轮机的每一个调节汽阀由单独的油动机控制。

（1）提板式配汽机构。提板式配汽机构由阀碟、提板、三角架杠杆等组成，如图9-24（a）所示。各调节汽阀通过阀杆上的螺拴挂在提板上，并由各阀杆上螺帽的位置分布确定调节汽阀的开启顺序。油动机活塞通过杠杆带动提板上下移动，由螺帽带动阀碟开启；当提板下移时，阀碟依靠重力和蒸汽作用力关小。这种传动机构结构简单，一般用于调节级半周进汽且提升力要求较小的中小型汽轮机。

（2）凸轮式配汽机构。凸轮式配汽传动机构主要由齿条、齿轮、凸轮和杠杆等组成，如图 9-24（b）所示。油动机活塞的直线位移经齿条齿轮机构转变为凸轮轴的转动，凸轮和杠杆又将凸轮轴的转动转变为调节汽阀阀杆的直线移动。调节汽阀的开启顺序和传动比决定于凸轮的型线，调节汽阀的关闭依靠阀碟上弹簧力的作用来控制。这种传动机构能实现较复杂的调节汽阀开启特性，在油动机能提供足够的提升力条件下，能实现图 9-21（a）中虚线所示的非线性校正。

（3）杠杆式配汽机构。杠杆式配汽机构是由杠杆、吊环等组成，如图 9-24（c）所示。调节汽阀的开启顺序决定于阀杆上销子与杠杆上吊环之间的间隙，调节汽阀的开度与油动机行程的传动关系决定于杠杆比。这种配汽传动装置结构较简单，但不能很好地校正调节汽阀开度与流量的非线性特性。

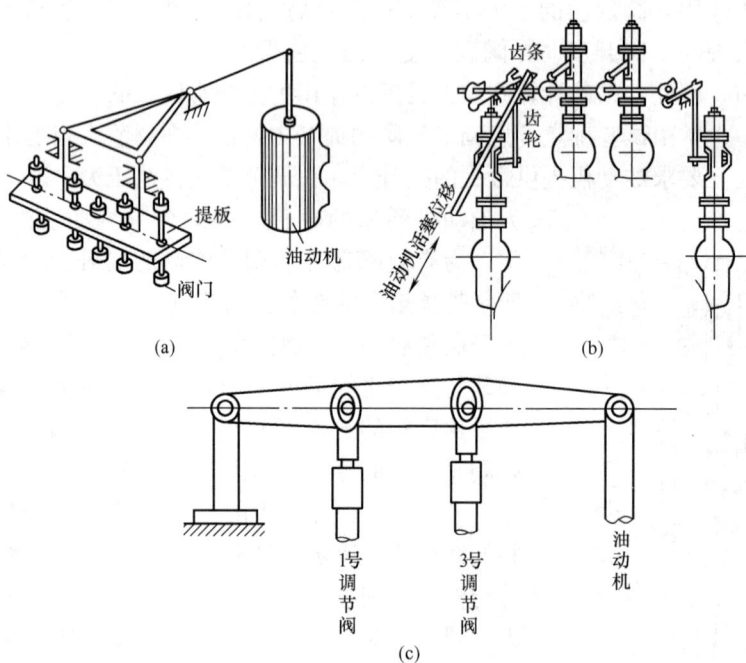

图 9-24　配汽传动机构
(a) 提板式；(b) 凸轮式；(c) 杠杆式

（4）单独油动机配汽机构。这种配汽机构为一个油动机控制一个单独的调节汽阀。如果能控制每个油动机的开启规律，则可以获得理想的开度与蒸汽流量的关系。

二、汽轮机的供油系统

汽轮机驱动调节汽阀开启和关闭采用液压伺服执行机构，因此，必须设置供油系统，向机械液压调节系统提供符合压力、流量和稳定性要求的液压油。另外，汽轮发电机组是大型、高速、连续运行的旋转机械，转子均由滑动轴承来支承，因此，也需要设置供油系统，向轴承提供润滑、冷却油。在汽轮机传统设计中，将轴承润滑和机械液压调节系统用油归并为同一个供油系统。汽轮机供油系统主要由主油泵、注油器、高压交流油泵、交流辅助润滑油泵、直流事故油泵、主油箱、冷油器、排油烟风机等设备组成，系统组成和各设备的连接关系如图 9-25 所示。汽轮机供油系统是保障机组安全运行的重要辅助系统，在各种运行工况下，都应确保调节保护系统和轴承润滑系统用油。因此，在传统的设计中主油泵采用汽轮机主轴直接驱动，国产汽轮发电机组的主油泵以离心泵为主。由于离心泵自吸能力较差，如果在离心泵进口处漏入空气，将破坏离心油泵的正常工作条件。为此，在主油泵进口管路上设置一个注油器，以主油泵出口压力油为动力，不仅将主油箱的油液提升到主油泵的入口处，并且在主油泵入口处建立起抗气蚀安全裕量要求的进口压力。由于轴承润滑所需油压较低，而调节系统用油压力较轴承润滑系统油压高得多，如果用主油泵出口高压油节流降压供至轴承润滑油系统，造成较大的能量浪费。所以，在汽轮机供油系统中另设一个注油器，以主油泵出口压力油为动力，抽吸主油箱的油液并提升压力，经冷油器后送至轴承供润滑用。

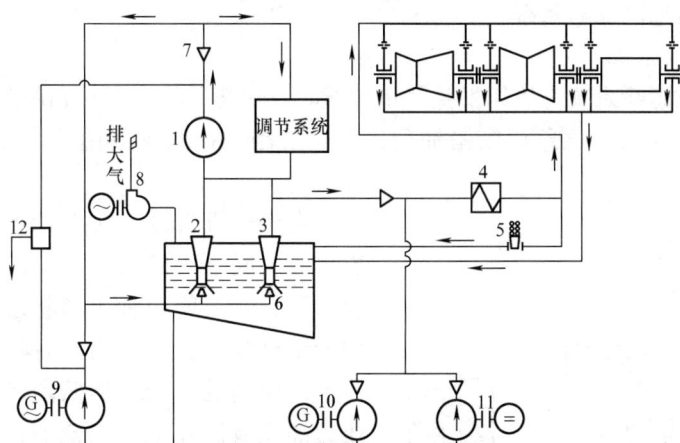

图 9-25　汽轮机供油系统简图

1—主油泵；2、3—注油器；4—冷油器；5—溢油阀；6—主油箱；7—逆止阀；8—排油烟风机；
9—高压交流油泵；10—交流润滑油泵；11—直流事故油泵；12—启动排油门

在机组稳态运行时，调节系统的耗油量不大，通常只占主油泵出口油量的 10%～15%。在机组甩负荷、油动机快速关闭的情况下，双作用油动机的用油量快速增加，导致主油泵的出口压力下降，从而引起注油器输油能力降低，使主油泵的出口压力进一步降低。为保证机组甩负荷工况下调节系统的供油安全，供油系统设计中，将双作用油动机的排油直接接至主油泵的进口。

为了在机组启动时向调节系统和轴承润滑系统供油，供油系统中设有一台高压交流（启动）油泵，产生与主油泵在机组额定转速下相同的供油压力（或压力稍低于主油泵）和供油量。在机组启动过程中，由高压交流油泵向调节系统和轴承润滑系统供油，随着机组转速的上升，轴承润滑用油量的增加，高压交流油泵的出口油压下降。与此相反，主油泵的出口油压随转速上升而增加，当主油泵的出口油压达到高压交流油泵的出口压力时，主油泵出口油路的逆止门开启而投入正常工作。

交流辅助润滑油泵是为机组低速盘车时向轴承提供润滑油而设置的，此外，在机组润滑油系统发生故障、润滑油压降低时，交流辅助润滑油泵自动启动，向润滑油系统供油。直流事故油泵的作用是在主油泵、高压交流油泵和交流辅助润滑油泵同时故障或失去厂用电时，向机组润滑油系统供油。

随着电动油泵组技术的提高，现代大型汽轮机也有全部采用电动油泵的设计出现，这时主油泵不再与主汽轮机转子直接连接。

主油箱的作用除储存调节、润滑油外，还起着分离油中水分、释放油中空气、滤除油中机械杂质的作用，油箱上的排烟风机在主油箱内建立微真空，促使油液中空气的分离，同时在回油管路及轴承箱内建立微真空，阻止轴承箱内的油烟外泄。油液中含气量的增加，使油液产生一定可压缩性，将导致调节系统供油压力波动，影响调节系统的稳定运行。因此，不仅要求回油进入主油箱时形成良好的空气释放条件，而且要求油液在主油箱中有足够的释放气泡的滞留时间，通常要求主油泵的额定流量与主油箱的储油量的循环倍率（即 1h 内油液的循环次数）在 6～8 之间，一般不大于 10。

三、机械超速危急遮断系统

（一）危急遮断系统

机械超速危急遮断系统是机组发生严重超速时，快速关闭主汽阀和调节汽阀的装置。它由机械超速危急保安器、危急遮断错油门、安全油路、挂闸阀等组成，其原理如图 9 - 26 所示。

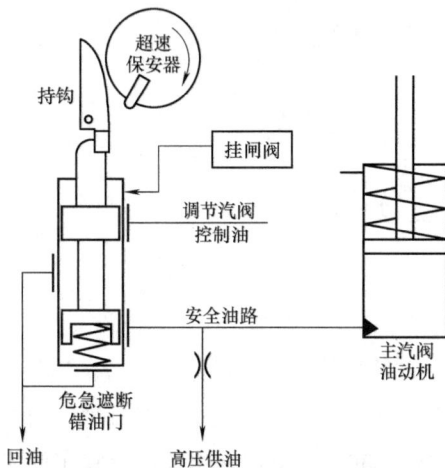

图 9 - 26　机械超速危急遮断系统原理

在汽轮机机械液压保护系统中，主汽阀起着事故工况下隔断汽轮机蒸汽供给的作用，故仅有开启和关闭两种工作状态，通常采用单作用油动机驱动。主汽阀开启状态是由危急遮断错油门控制的安全油压实现的。来自主油泵的压力油经节流孔进入安全油路，在危急遮断错油门遮断安全油路的泄油通道时，安全油路的压力基本上与高压供油压力相等，主汽阀全行程开启。当机组出现超速，达到超速危急保安器动作转速时，飞锤或飞环撞击到危急遮断错油门顶部的挂钩，使错油门滑阀脱扣，在其底部弹簧力的作用下上移，分别开启主汽阀安全油路和调节汽阀控制油路的泄油口，使安全油压和控制油压快速下降，因而使主汽阀和调节汽阀全行程快速关闭。当机组转速降到超速危急保安器的复位转速以下时，尽管飞锤或飞环已经复位，但危急遮断错油门滑阀不能自动复位。只有当操作挂闸阀，向危急遮断错油门顶部油室通入压力油时，错油门滑阀在挂闸油压的作用下下移，挂钩在弹簧力的作用下复位。随后撤销挂闸油压，错油门滑阀被挂钩自锁在正常工作位置。

危急遮断错油门的安全油路和调节汽阀控制油路的泄油口通流面积较这两条油路供油节流孔的面积大得多。因此，在危急遮断错油门动作后，能快速地降低主汽阀的安全油压和调节汽阀的控制油压。然而，由于危急遮断门错油门的泄油口面积有限，在危急遮断错油门动作后，安全油路的压力不可能降到零。为保证事故工况下主汽阀可靠关闭，危急遮断错油门动作后的安全油压对主汽阀油动机活塞的推动力应小于主汽阀关闭时的弹簧预紧力，并留足够的安全裕量。

（二）危急遮断错油门

国产汽轮机超速保护系统的危急遮断错油门主要有如图 9 - 27 所示的两种形式。图 9 - 27（a）与飞锤式超速危急保安器配套使用，图 9 - 27（b）与飞环式配套使用。

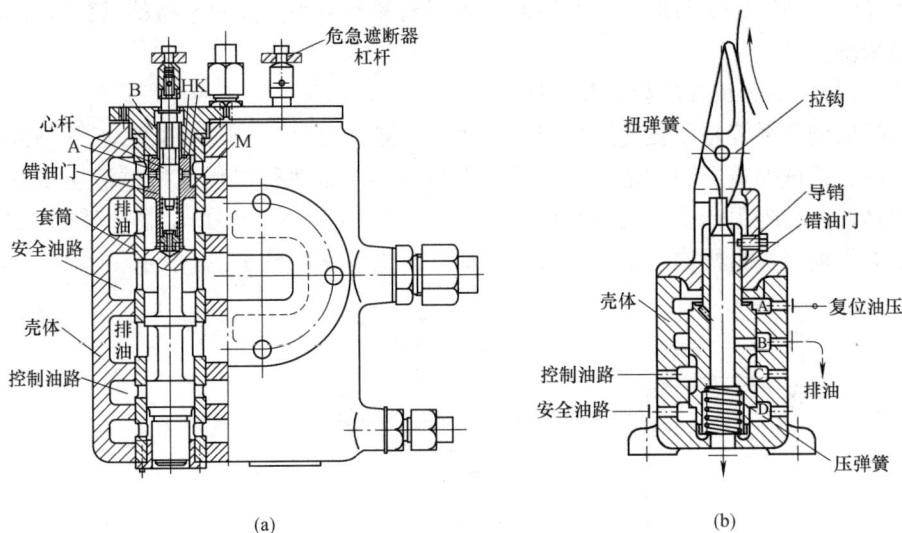

图 9 - 27　危急遮断错油门
（a）与飞锤式危急保安器配套；（b）与飞环型危急保安器配套

图 9 - 27（a）所示的危急遮断错油门，由心杆、错油门、套筒等组成。设有 6 挡油口，由上而下的第一挡油口接挂闸油路，第二、第四挡油口接排油油路，第三挡油口接主汽阀安全油路，第五挡油口接调节汽阀的控制油路，第六挡接附加保安油路。当机组转速大于危急保安器的动作转速时，危急保安器动作，通过危急遮断器杠杆使心杆下移，B 油室通入挂闸压力油，使高压挂闸油经 A 油口进入错油门顶部的环形面积 H 上。这样，挂闸油路的高压油同时作用在错油门顶部的环形面积 M、H 上，使错油门的向下作用力远大于其向上作用力，错油门在此油压差的作用下快速下移，到达下极限位置，导致安全油路和控制油与回油油路接通，安全油压和控制油压快速下降，使安全油所控制的主汽阀和控制油所控制的调节汽阀快速关闭。待机组转速降低、危急保安器复位后，因错油门顶部的挂闸油压的作用，使错油门保持在下极限位置。机组如果要启动、开启主汽阀，应降低挂闸油压，使危急遮断错油门下部向上作用油压力大于顶部向下的油压力，错油门上移，顶部 K 与上盖贴合，顶部环形面积 H 的腔室与挂闸油切断，这样，挂闸油压恢复高压后，也不会使错油门下移。

图 9 - 27（b）所示的危急遮断错油门由拉钩、错油门、壳体等组成。设有 4 挡油口，自上而下分别与复位油路、回油油路、控制油路和安全油路相接。当上部油口通入高压复位油压时，错油门在此复位油压作用下下移至下极限位置，遮断安全油路和控制油路与回油油路的通路，使安全油路和控制油路复位。在错油门下移时，拉钩在扭弹簧力的作用下顺时针偏转，在系统挂闸结束、复位油压下降后，因拉钩与错油门顶杆形成自锁，使错油门保持在下极限位置。当机组转速达到危急保安器的动作转速时，拉钩在飞环的推压作用下逆时针偏转，错油门顶杆与拉钩脱离自锁，错油门在底部弹簧力的作用下上移，将安全油路和控制油路与回油油路导通，安全油压和控制油压快速下降、主汽阀和调节汽阀快速关闭。

四、国产汽轮机典型机械液压调节系统

国内汽轮机制造厂基于各自的设计理念和传统制造工艺，采用不同的转速感受机构、中间传动放大机构和液压伺服执行机构，形成了基于旋转阻尼转速感受器的机械液压型调节系统、基于径向泵转速感受器的全液压型调节系统和基于高速弹性调速器的机械液压调节系统三种典型系统。

（一）旋转阻尼机械液压型调节系统

旋转阻尼调节系统是以旋转阻尼器为转速感受器、波形筒—碟阀和继动器—碟阀为中间传动放大器、机械弹簧反馈的错油门—油动机为液压伺服执行机构的机械液压型调节系统。工作原理是，旋转阻尼产生一次控制信号 p_1，经波形筒—碟阀和继动器—碟阀二次中间放大，控制液压伺服执行机构的错油门滑阀运动，系统组成如图 9-28 所示。

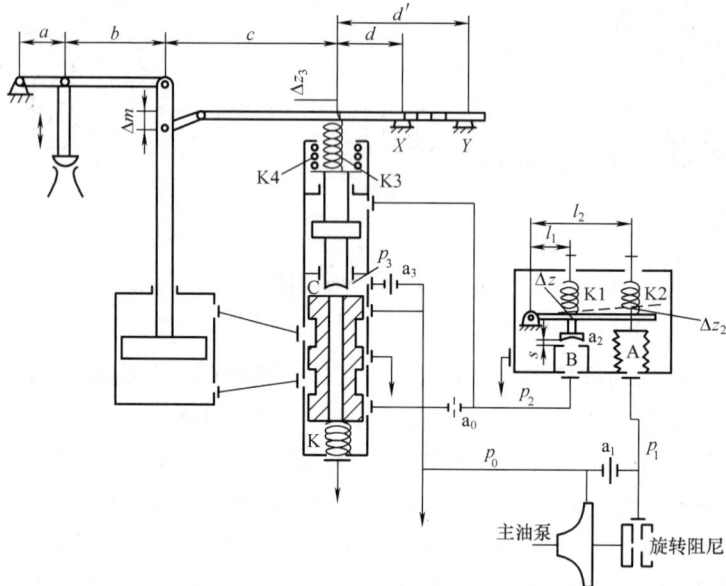

图 9-28 旋转阻尼调节系统

来自主油泵的压力油 p_0 经针形阀 a_1 节流降压后流入旋转阻尼器，旋转阻尼器旋转产生的离心力阻止该油流的流动，因而在针形阀后形成与转子转速平方成正比的一次控制油压 p_1；波形筒—碟阀放大器是一种机械液压型压力放大器，来自主油泵的压力油 p_0 经固定节流孔 a_2 进入碟阀控制油室 B，由受一次油压控制的碟阀间隙来控制该油路的泄油量，从而形成与一次油压 p_1 对应的二次控制油压 p_2；继动器—碟阀放大器也是一种机械液压型压力放大器，起着放大一次油压和油动机反馈的作用，来自主油泵的压力油 p_0 经固定节流孔 a_3，进入由继动器控制的碟阀油室 C，形成三次控制油压 p_3。

当外界电负荷增大时，机组转速下降，使旋转阻尼产生的一次控制油压 p_1 降低，引起波形筒底部作用力减小，波形筒—碟阀放大器杠杆绕支点向下偏转，碟阀间隙减小，二次油压 p_2 增大；二次油压 p_2 增大后，继动器活塞向下的作用力增大使之向下移动，继动器的碟阀间隙减小，三次油压 p_3 上升；三次油压 p_3 增大时，错油门滑阀顶部作用力增大，滑阀向下移动，滑阀的下部凸肩开启油动机活塞下腔室的进油油口，滑阀的上部凸肩开启油动机活塞上腔室的排油油口；油动机活塞在上、下腔室油压差的作用下向上移动，带动调节汽阀开

启，增大汽轮机的进汽量和机组的电功率输出。在油动机活塞向上移动时，带动杠杆上移，使弹簧 K3 的向上作用力增大，继动器活塞上移，增大继动器碟阀的间隙，引起三次油压 p_3 下降，油动机错油门油口开度减小，油动机活塞的运动速度减慢。当弹簧 K3 弹性力的增加量与作用在继动器活塞上二次油压作用力增加量相等时，继动器活塞回复到与油动机错油门滑阀居中所对应的位置，调节系统达到新的平衡状态。压弹簧 K4 仅当继动器活塞偏离居中位置移动时弹性力才发生变化，并且弹性力变化的方向与二次油压作用力变化的方向相反。如二次油压增大使继动器活塞下移时，压弹簧 K4 的向下作用力减小，对继动器活塞的运动起着负反馈的作用，故将此弹簧称为动反馈弹簧。

该型调节系统速度变动率的调整是由改变油动机杠杆支点位置实现的，在图 9-28 中，支点位置由 X 移至 Y 时，即式（9-15）中 l_2 增大，在空负荷到满负荷的油动机行程不变时，相对地增大二次油压的变化量，使速度变动率变大。

旋转阻尼调节系统的特点是动、静部件接触较少，调节系统的迟缓率较小；采用碟阀式液压放大器，受液压油污染的影响小，灵敏度较高；系统较为简单，调整、试验较为方便。不足之处在于控制油压易受供油压力波动的影响，在系统快速动作时形成交叉影响，引起系统不稳定摆动；另外，因继动器活塞直径大于二次油路的管径，这样二次油路中的油流速度远大于继动器的移动速度，油流惯性在二次油路中产生压力振荡；在多个液压伺服执行机构并联在二次油路工作时，相互间就会交叉影响。因此，为减弱供油压力波动二次油路油流惯性产生的压力振荡，实际系统中，在波形筒—碟阀放大器与继动器间增设一个流量隔离放大器。

（二）径向泵全液压型调节系统

径向泵全液压调节系统是以径向脉冲泵为转速感受器、调速器滑阀（或称压力变换器）为中间传动放大、液压型反馈的错油门—油动机为液压伺服执行机构的全液压型调节系统。径向脉冲泵产生一次控制油压 p_1，经调速器滑阀中间传动放大，产生控制油动机错油门滑阀的二次控制油压 p_2，系统组成如图 9-29 所示。

径向泵全液压调节系统设有一次控制油路和二次控制油路，一次控制油路

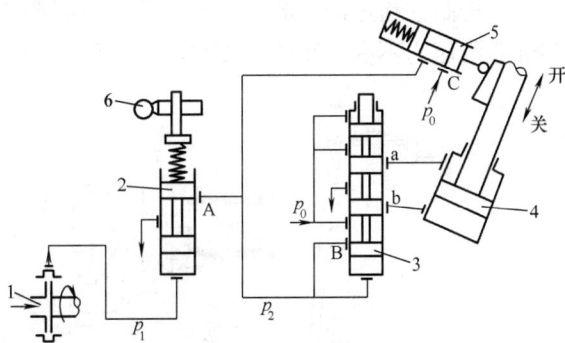

图 9-29　径向泵全液压型调节系统简图
1—径向脉冲泵；2—调速器滑阀；3—错油门滑阀；
4—油动机；5—反馈滑阀；6—同步器

的油源来自于径向泵，二次控制油路的油源来自于主油泵，其排油受调速器滑阀控制。来自径向脉冲泵的一次控制油压 p_1 作用在调速器滑阀的底部，与调速器滑阀顶部的弹簧力保持平衡，实现对二次控制油路泄油口开度的控制。反馈错油门根据油动机行程改变二次油路的进油口开度，与调速器滑阀的泄油口开度保持协调变化，在稳定工况下维持二次控制油路压力不变。

当外界负荷增大、转子转速下降时，径向脉冲泵出口油压 p_1 下降；调速器滑阀在弹簧力的作用下下移，减小二次油路的泄油口开度，使二次控制油压 p_2 上升；二次控制油压 p_2 增大时，油动机错油门滑阀底部的作用力增大，使错油门滑阀上移，开启油动机活塞下腔室

进油通道、油动机活塞上腔室的排油通道，油动机活塞在上、下腔室油压差的作用下向上移动，带动调节汽阀增大开度、机组的电功率输出增大。在油动机活塞向上移动时，带动反馈错油门滑阀移动，减小二次控制油路的进油口开度，使二次油压 p_2 下降，油动机错油门滑阀下移，减小油动机活塞腔室的进、排油通道的开度，油动机活塞运动速度减缓，直至二次油压 p_2 回复到平衡值，调节系统在新的平衡状态下工作。为避免径向泵进口压力变化对出口压力和调速器的影响，实际的调节系统中将调速滑阀顶部腔室与径向泵的进口油路相接，这样，调速器滑阀仅感受径向泵的压增信号。

该类型调节系统速度变动率的调整是由改变反馈斜槽的倾斜度实现的。很明显，减小反馈斜槽的倾角，即减小静反馈，在机组调速器滑阀油口开度变化时，油动机的行程增大，速度变动率变小。

径向泵全液压调节系统机械部件少，不受杠杆等机械部件旷动间隙的影响，径向泵输出信号大，且控制油路对供油压力波动有一定的抑制能力。调节系统主要采用滑阀式结构，易受液压油污染的影响。液压伺服执行机构采用油动机反馈斜槽，调节系统静态特性调整十分方便。

（三）高速弹性调速器机械液压型调节系统

高速弹性调速器机械液压型调节系统是以弹性调速器为转速感受器、随动滑阀和分配滑阀为中间传动放大器、液压型反馈的错油门—油动机为液压伺服执行机构的机械液压调节系统，高速弹性调速器将转速信号转变为调速块的轴向位移，经随动滑阀非接触地转变为跟随调速块的位移，通过杠杆带动分配滑阀改变控制油路的泄油器开度；反馈错油门根据油动机行程改变控制油路进油口的开度，与分配滑阀泄油口开度保持协调变化，在稳定工况下维持控制油路的压力不变。系统组成如图 9-30 所示。

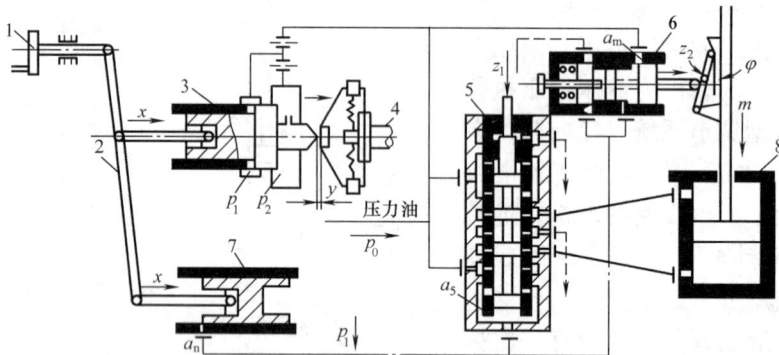

图 9-30 调速弹性调速器调节系统简图
1—同步器；2—传动杠杆；3—差动活塞；4—调速器；5—错油门滑阀；
6—反馈滑阀；7—分配滑阀；8—油动机

当外界负荷增大时，转子转速下降，高速弹性调速器的调速块因受离心力减小而左移，缩小随动滑阀喷嘴与调速块的间隙，使随动滑阀控制油室的压力上升，随动滑阀随之左移；随动滑阀左移时，通过杠杆带动分配滑阀左移，进而减小控制油路的泄油口开度，使控制油路的油压升高；控制油压的增大，使油动机错油门滑阀失去平衡而上移，开启油动机活塞下腔室进油通道、油动机活塞上腔室的排油通道，油动机活塞在上、下腔室油压差的作用下向上移动，带动调节汽阀增大开度、机组的电功率输出增大。油动机活塞上移时，带动反馈错油门滑阀左移，减小控制油路进油油口的开度，引起控制油路的压力下降，错油门控制的油口开度减小，油动机活塞的运动速度减缓；当控制油路的压力回复到平衡值时，油动机错油门滑阀回到居中位置，调节过程结束。

该型调节系统速度变动率的调整是由改变油动机反馈斜槽的斜角实现的。

高速弹性调速器调节系统的优点是调速器无动、静接触部件，输出信号大、灵敏度高及迟缓小。缺点是随动滑阀与分配滑阀间采用杠杆连接，存在着受旷动间隙影响，要求部件的加工精度较高，滑阀式结构易受液压油污染的影响。

第三节　汽轮机控制系统的工作特性

一、控制系统的静态特性

（一）四象限图

由前面的叙述可知，汽轮机调节系统是由转速感受器、中间传动放大器和配汽机构三大环节组成，这三个环节的传递特性便决定了汽轮机转速的改变量与调节汽阀开度变化量的对应关系，在额定参数工况下也就决定了机组功率的增加（或减小）量。将额定参数工况下汽轮机的功率与转速之间的对应关系称为控制系统的静态特性。

为描述汽轮机调节系统各环节的放大传递特性和静态特性，常用图 9-31 所示的特殊四象限图，简称四象限图或四方图。其中，第Ⅱ象限表示转速感受机构特性，第Ⅲ象限表示中间传动放大环节的传递特性，第Ⅳ象限表示配汽机构特性，第Ⅰ象限则为调节系统的静态特性。

这里以图 9-5 所示的原理性机械液压调节系统为例，说明调节系统静态特性曲线的绘制和分析影响静态特性的因素。

转速感受特性是调速器的一次信号与转速的传递关系，用下式表示

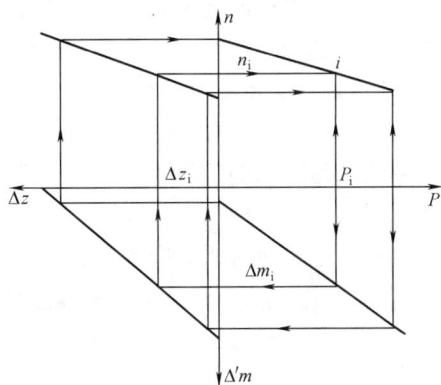

图 9-31　汽轮机调节系统的四象限图

$$\Delta z = f_n \Delta n \tag{9-12}$$

式中：f_n 为转速感受传递系数。

在图 9-5 所示的调节系统中，一次信号为调速器滑环的位移 Δz。在机组额定转速 $n_0 = 3000\text{r/min}$ 附近（如 $\pm 150\text{r/min}$），当转速 Δn 升高时，调速器滑环在飞锤离心力的作用下上移 Δz，反之亦然。尽管离心力与转速的平方成正比，但在 3000r/min 附近的小范围内，可近似地看作正比于转速，故滑环位移 Δz 与转速 n 间的对应关系可近似地用图 9-31 中第Ⅱ象限的直线表示。

中间传动放大环节传递特性是油动机活塞的行程 Δm 与一次信号 Δz 的传递关系，即

$$\Delta m = f_m \Delta z \tag{9-13}$$

式中：f_m 为中间传动放大环节传递系数。

在油动机活塞稳定工况下，错油门滑阀总处于遮断油口的居中位置。因此，对图 9-5 所示的调节系统，油动机活塞的行程 Δm 与调速器滑环位移 Δz 间的关系取决于以 B 点为支

点的杠杆的传动比。滑环的位移 Δz 越大，油动机活塞所带动的调节汽阀的开度就越小，中间传动放大环节的传递特性曲线如图 9-31 中第Ⅲ象限所示。

配汽特性是指通过调节汽阀的蒸汽量 G 与油动机活塞行程 Δm 间的传递关系。因汽轮机的进汽量决定了机组的功率输出，故配汽特性通常表示为机组的电功率输出 P 与油动机活塞行程间的传递关系，即

$$\Delta P = f_p \Delta m \tag{9-14}$$

式中：f_p 为配汽特性传递系数。

随着油动机活塞行程 Δm 的增大，调节汽阀的开度会增加，汽轮机的功率随之提高。油动机活塞行程 Δm 与机组功率 P 间的关系即为配汽机构特性，其特性曲线如图 9-31 中第Ⅳ象限所示。机组在额定转速空负荷下需消耗一定的蒸汽量，即空载流量，此时调节汽阀有一定的开度，故配汽特性线在油动机活塞行程轴上不经过零点。

有了转速感受特性、中间传动放大特性和配汽机构特性三条曲线，便可唯一地确定出第Ⅰ象限中机组电功率输出 P 与转速 n 对应关系的调节系统静态特性。对某一功率 P_i，由配汽机构特性曲线得到对应的油动机活塞的行程 Δm_i；由中间传动放大环节的传递特性曲线得到对应于 Δm_i 的调节器滑环位移 Δz_i，再由转速感受特性曲线求得对应于 Δz_i 的转速 n_i。P_i 与 n_i 在第Ⅰ象限的交点即为调节系统静态特性曲线上的状态点。对所有的汽轮机功率 P，同样地可求得对应的转速 n 和第Ⅰ象限的状态点，连接所有的状态点即为调节系统的静态特性线，可得到描述调节系统静态特性的四象限图。

（二）速度变动率

由图 9-31 所示的汽轮机调节系统静态特性曲线可知，对应汽轮机不同的转速，机组的电功率输出是不同的。汽轮机转速的改变量 Δn 所引起的机组功率输出变化 ΔP 取决于静态特性线的斜率，亦即取决于机组空负荷至满负荷的转速差。为此，可定义在额定蒸汽参数下，汽轮机空负荷时所对应的最大转速 n_{max} 和额定负荷时所对应的最小转速 n_{min} 之差，与额定转速 n_0 的比，称为调节系统的速度变动率或速度不等率，通常用 δ 表示，即

$$\delta = \frac{n_{max} - n_{min}}{n_0} \times 100\% \tag{9-15}$$

速度变动率表示了单位转速变化所引起的汽轮机功率的增（减）量，即机组有功功率的静态频率特性。在机组并网运行的稳态工况下，电力系统中各机组的转速均与电力系统频率相等，但各机组调节系统速度变动率不一致，在电力系统频率改变时，机组功率改变的相对量也不相同。如果电力系统频率与额定频率的偏离量为 Δf，亦即机组转速的偏离量为 Δn，那么，由调节系统静态特性曲线和速度变动率的定义可求得转速偏离量 Δn 下机组功率改变的相对量为

$$\frac{\Delta P}{P_0} = -\frac{1}{\delta} \frac{\Delta n}{n_0} = -\frac{1}{\delta} \varphi \tag{9-16}$$

汽轮机的功率为

$$P = \left(1 - \frac{\varphi}{\delta}\right) P_0 \tag{9-17}$$

式中：P_0 为机组的额定功率；n_0 为机组额定转速；φ 为相对于额定转速的转速改变量，负号表示转速下降机组功率增大。

式（9-17）表明，速度变动率越大，单位转速变化所引起的功率改变就越小。

例如：两台调节系统速度变动率分别为 5％和 4％的汽轮机，在电力系统频率下降 0.05Hz 时，即机组的转速下降 3r/min，由式（9-16）计算可得，速度变动率为 5％的汽轮机调节后功率增大 2％，而速度变动率为 4％的汽轮机功率增大 2.5％。由此可见，电力系统的负荷变化时，电力系统中并列运行的机组将自动地按各自速度变动率的大小进行负荷分配，速度变动率大的机组承担的份额相对较小，而速度变动率小的机组承担的份额相对较大。因此，速度变动率对机组安全、稳定运行和参与电力系统一次调频的能力有着重要的影响。

电力系统频率的一次调整（一次调频）是由机组的调节特性实现的。电力系统在系统频率 f_1 下稳定运行时，机组的有功功率 P_G 与电力系统的有功负荷 P_{LD} 保持平衡，如图 9-32 中点 1 所示。当电力系统中负荷突然增大 ΔP_{LD} 时，即负荷的频率特性由 P_{LD} 向上平移 ΔP_{LD} 到达 P'_{LD}，引起电力系统频率下降，即汽轮机转速下降，此时，汽轮机调节系统自动进行一次调整，增加功率，工作点沿频率静态特性线 P_G 向上移动，而负荷的有功功率也将由自身的调节效应沿 P'_{LD} 向下减小，经过一定的衰减振荡过程，达到新的平衡点 2，相应的频率为 f_2。在上述

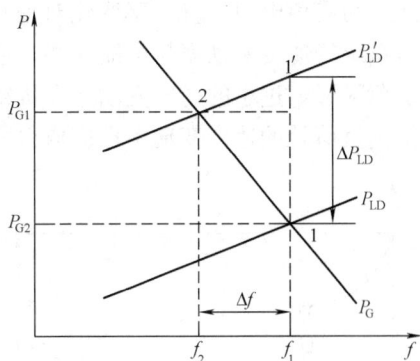

图 9-32 电力系统频率的一次调整

电力系统的频率一次调整过程中，由式（9-16）计算出每一台汽轮机组的功率增加量为 ΔP_G。很明显，汽轮机调节系统速度变动率越大，在电力系统负荷增大 ΔP_{LD} 时，频率一次调整后转速的改变量就越大，反之亦然。因此，为保证优良供电品质，调节系统的速度变动率不宜过大。

速度变动率越小，即图 9-31 所示的静态特性曲线越平坦，则不大的转速变化就会引起较大的汽轮机功率改变，汽轮机的进汽量和蒸汽参数变化较大，机组内各部件的受力、温度应力等都变化很大，将造成寿命损耗增大，甚至造成部件损坏。在 $\delta = 0$ 的极限情况下，只要电力系统频率稍有改变，机组的负荷就可由额定负荷变为空负荷，或由空负荷变为额定负荷，机组输出负荷产生严重晃动而无法运行。因此，调节系统的速度变动率一般不得小于 3.0％。但是，速度变动率也不宜太大，因为过大的速度变动率，一方面使机组参与电力系统一次调频能力下降；另一方面使调节系统甩负荷后的稳定转速过高，稍有不慎，有可能使机组甩负荷后最高飞升转速超过危急保安器的动作转速，不利于机组安全和甩负荷后重新并网带负荷。所以，调节系统的速度变动率一般不超过 6.0％。

综上所述，汽轮机调节系统的速度变动率，应根据机组在电力系统中所处的地位和安全性方面的要求来确定。对一次调频要求较高的带尖峰负荷机组，速度变动率应取小些，如 $\delta = 3.0％ \sim 4.0％$；对带基本负荷的机组，速度变动率则应取大些，如 $\delta = 4.0％ \sim 6.0％$。一般地，速度变动率通常设为 $\delta = 5.0％$。对调节系统动态特性稍差的机组，为降低机组甩负荷后的飞升转速，速度变动率应取小些。

在实际调节系统中，转速感受及中间传动放大传递特性存在着一定的非线性，特别是调节汽阀的开度与通流量间存在着严重的非线性。在多个调节汽阀顺序方式开启的情况下，流量特性更是复杂，虽然经配汽机构校正，但第Ⅳ象限的特性曲线仍有一定的非线性，因而调

节系统的静态特性线并非是直线，即静态特性线上各处的速度变动率并不相同。式（9-15）定义的速度变动率表示调节系统的总体性能，将它称为总体速率变动率。静态特性线上任意点处的速度变动率称为局部速度变动率。

　　事实上，调节系统的静态特性线也不应为直线。首先，在机组空负荷附近，为便于机组并网操作，要求速度变动率大些，这样，即使大的转速变化也不会引起油动机大的行程改变，因而可避免并网时的转速控制出现大幅度振荡；其次，在机组并网带初负荷后，转子、汽缸等部件的热状态还很不稳定，需要一定的暖机时间，以免加热太快产生过大的热应力和胀差，为避免电力系统频率变化对带初负荷机组暖机的影响，在机组 0～10% 负荷范围内，调节系统的速度变动率尽可能大些，通常对其最大局部速度变动率不做限制；再则，在机组满负荷附近，过小的速度变动率在机组参加一次调频时容易过载，危及运行安全，所以，在机组满负荷处的速度变动率也应取得大些，一般在 90%～100% 负荷范围内允许最大局部速度变动率不大于总体速度变动率的 3 倍，即在额定功率附近，最大速度变动率可达到 15%。

　　因此，调节系统速度变动率在满足整体设计要求的条件下，其分布应当是两端大、中间小且无拐点的平滑变化趋势，如图 9-33 所示。从图 9-33 可以看出，中间段的最小局部速度变动率不得小于总体速度变动率的 40%。

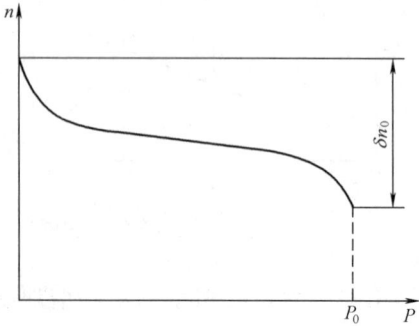

图 9-33　汽轮机调节系统速度变化率分布

　　由调节系统四象限图可知，调节系统的总体速度变动率取决于转速感受、中间传递和配汽机构三个环节的传递系数。由速度变动率的定义可得，调节系统速度变动率与传递系数间的关系为

$$\delta = -\frac{P_0}{n_0} \frac{1}{f_n f_m f_P} \times 100\% \tag{9-18}$$

　　可见，增大 3 个环节的传递系数，均可使速度变动率变小。例如，增大转速感受传递系数 f_n，如减小图 9-5 中调节器的弹簧刚度，这样，转速改变时所引起的调速器滑环位移的改变量增大，在相同中间传动和配汽机构的传递特性下，单位转速变化所引起的油动机行程改变量增大，进而增大机组功率输出的改变量，也就是说，调节系统的速度变动率变小。同样地，如果将图 9-5 中错油门支点的位置 B 向调速器滑环 A 侧移动，将使中间传动放大环节的传递系数增大，也会使单位转速变化所引起的油动机行程改变量增大，调节系统的速度变动率变小。

　　工程上，改变中间传动放大环节的特性较为方便，因此，调整调节系统的总体速度变动率以改变中间传动放大环节的传递系数为主。配汽机构特性是影响调节系统速度变动率分布的主要因素，不恰当的调节汽阀开启重叠度有可能使调节系统静态特性线出现拐点。所以，通过改变油动机行程与调节汽阀开度的对应关系，实现如图 9-33 所示的速度变动率分布的调整。

　　应当注意，式（9-15）定义的速度变动率是以额定蒸汽参数为条件，如果蒸汽参数发生变化，那么调节系统的功率—转速特性也随之而变。例如：相对于额定参数的蒸汽压力提高时，对应机组满负荷的调节汽阀开度就会减小，那么相对于额定参数工况，速度变动率就减小，反之亦然。

（三）迟缓率

在汽轮机调节系统中，错油门滑阀与套筒等具有相对运动的部件间不可避免地存在动、静摩擦，机械传动机构中存在着旷动间隙。为避免油动机在稳定点附近产生抖动，滑阀的凸肩高度应稍大于油口高度，即滑阀有一定盖度，这些非线性因素的存在，使转速感受特性和传递特性发生畸变，最终表现为静态特性曲线偏离理想状态。

对图 9-5 所示的调节系统，当外界负荷减小时，机组转速将升高。由于调速器滑环上存在静摩擦力，只有当飞锤离心力的增大量大于滑环上静摩擦力时才能使滑环移动，并带动杠杆转动；杠杆的转动量必须大于旷动间隙和错油门滑阀的盖度，才能开启油动机活塞腔室的进、排油口使活塞运动，关小调节汽阀的开度，降低机组的功率输出。相反地，在外界负荷要求增大时，虽然机组转速会降低，但这些非线性因素的作用，在转速稍有降低时并不能使调节汽阀开大，只有当转速降低量足以克服摩擦和旷动间隙后，才能使油动机活塞动作，增大调节汽阀的开度，提高机组的功率输出。

因此，考虑调节系统存在摩擦、旷动间隙等非线性因素后，机组转速变化只有高于对应值后才能使调节汽阀关小；反之，只有当机组转速低于对应值时才能使调节汽阀开大。把机组增负荷和减负荷特性曲线不重合的现象称为迟缓（或称滞缓）。由于迟缓的存在，使调节系统的静态特性不再是单一的曲线，而是由增、减负荷特性曲线所构成的带状区域，在四象限图上的表示如图 9-34 所示。

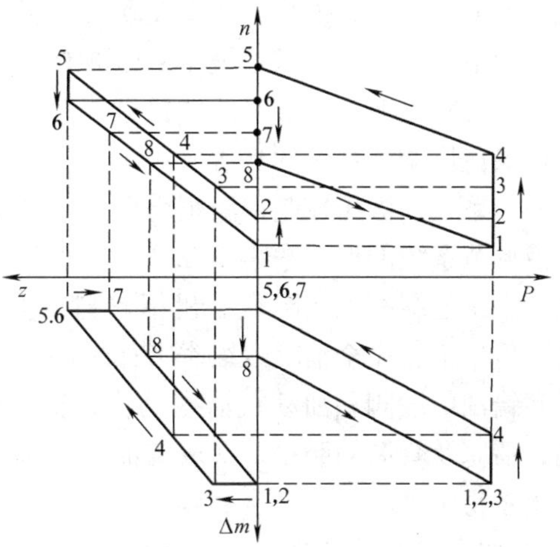

在如图 9-35（a）所示的调节系统静态特性曲线上，相同功率处转速偏差 $\Delta n = n_1 - n_2$ 与额定转速 n_0 的比定义为调节系统的迟缓率，通常用 ε 表示，即

图 9-34　调节系统迟缓在四象限图上的表示

$$\varepsilon = \frac{|n_1 - n_2|}{n_0} \times 100\% = \frac{|\Delta n|}{n_0} \times 100\% \tag{9-19}$$

迟缓率描述了机组功率基本不变时所对应转速波动的大小，也表示了机组功率输出对转速波动不灵敏区（或称死区）的大小。很明显，迟缓的存在对调节系统的控制精度和机组的稳定运行会产生不良影响。如果调节系统的迟缓率为 $\varepsilon = 0.5\%$，则由式（9-19）可计算出转速不灵敏区的宽度为 $\Delta n = \varepsilon n_0 = 0.005 \times 3000 = 15 \text{r/min}$，等同于 $\Delta f = 0.25 \text{Hz}$。

在此情况下，如果电力系统负荷变化所引起的机组转速变化小于 15r/min 时，即使调速器感受转速变化，调节汽阀的开度也可能不会改变，此时，机组的电功率输出不能满足外界的负荷要求。因此，迟缓的存在，减弱了机组参与电力系统一次调频的能力。在某一稳定负荷下，机组的转速在不灵敏区内漂移，还会引起机组转速波动。

迟缓的存在也会使油动机位移出现晃动，导致机组功率输出波动。在图 9-5 所示的调节系统中，如果调速器滑环及错油门滑阀与杠杆间存在有较大的旷动间隙，在油动机活塞运动过程中，旷动间隙使杠杆位置变得不确定，因而导致错油门滑阀位置产生漂移，促使油动

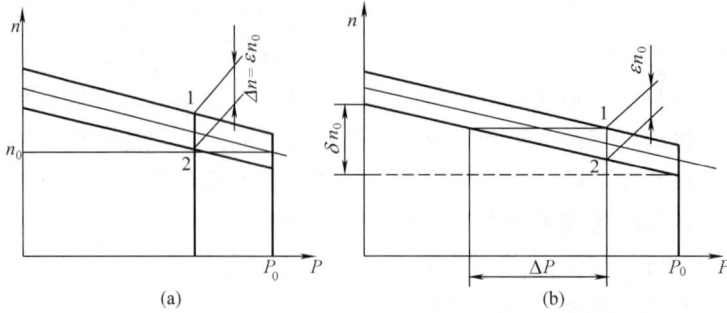

图 9-35 调节系统迟缓对汽轮机运行的影响

(a) 对转速影响；(b) 对功率影响

机产生具有随机特征的不稳定运动，进而引起机组功率输出在图 9-35（b）所示的范围内波动。由速度变动率和迟缓率的定义可知，功率输出波动的幅度为 $\Delta P = \dfrac{\varepsilon}{\delta} P_0$。迟缓率 ε 越大、速度变动率 δ 越小，功率波动的幅度就越大。由此可见，为提高调节系统的控制精度和运行稳定性，不仅要求迟缓率 ε 尽可能小，也不希望速度变动率过小。

由于机械液压调节系统的机械传动和液压放大环节较多，故迟缓率相对较大，但通常要求机械液压调节系统的迟缓率小于 0.6%。电液调节系统，特别是采用高压抗燃油的数字电液调节系统，液压控制回路很简单，减少了产生迟缓的中间环节，故迟缓率较小，一般要求电液调节系统的迟缓率小于 0.2%，对于大型机组，要求迟缓率不大于 0.06%。应当指出，调节系统迟缓率虽然降低了机组参与电力系统一次调频的能力，也会造成机组功率输出波动，但也不宜完全消除迟缓率。如果调节系统的迟缓率为零，则机组转速不大的变化都将会引起错油门滑阀和油动机活塞动作，错油门滑阀和油动机活塞频繁地小幅度运动，加速滑阀、活塞及套筒的磨损，造成错油门油口和油动机上、下腔室漏油，也使液压伺服执行机构产生不稳定晃动。

（四）同步器与静态特性线平移

1. 同步器的作用

由图 9-32 所示的电力系统频率一次调整过程已知，电力系统频率一次调整是一种有差调节，当外界电负荷要求增大 ΔP_{LD} 时，汽轮机调节系统按其频率静态特性增大机组的功率输出；调节过程结束后，电力系统的频率下降 Δf，机组的转速对应下降 Δn。电力系统频率一次调整后，虽然满足了外界电负荷增大的量的要求，但并不能维持电力系统的频率不变。因此，必须对频率作二次调整，使频率偏差控制在优良供电品质要求所允许的范围内。对图 9-36 所示的频率一次调整过程，为了在外界电负荷要求增大 ΔP_{LD} 的频率一次调整后，使电力系统的频率回复到 f_1，必须将调节系统的频率静态特性曲线沿 P'_{LD} 作平移，移至虚线位置。此时，静态特性曲线与负荷频率特性曲线 P'_{LD} 的交点对应于频率 f_1。因此，汽轮机调节系统中必须设置一个能平移静态特性线的装置，该装置称为同步器（或称调频器）。同步器的主要作用有两个。

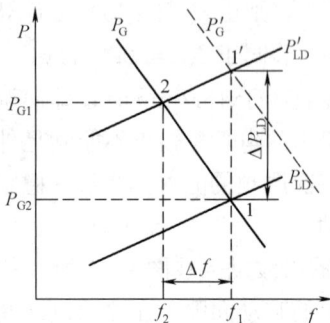

图 9-36 单机运行时同步器的作用

（1）单机运行时，改变汽轮机转速。例如启动过程中提升机组转速到达额定值，带负荷运行时可以保证机组在任何稳态负荷下转速维持在额定值。

（2）并列运行时，改变汽轮机输出功率。在各机组间进行负荷重新分配，承担电网二次调频任务，保持电网频率基本不变。

同步器平移静态特性线后，在调节系统四象限图的第Ⅰ象限形成一簇相互平行的曲线。在额定蒸汽参数下机组的电功率输出是转速和同步器位置的函数，即

$$P = (\eta - \varphi)\frac{1}{\delta}P_0 \qquad (9-20)$$

式中：η 为同步器的相对行程。

由于机组的电功率输出总为正值，机组并网运行时，同步器相对行程的变化范围为 $0 \sim \delta$。在额定蒸汽参数和额定转速下，同步器相对行程由 0 增大至 δ 时，机组的电功率输出由空负荷增大至满负荷。

平移调节系统的静态特性线，可以通过平移转速感受特性线，即将第Ⅱ象限中的转速感受特性线上、下平移，如图 9-37（a）所示；也可平移中间传动放大传递特性线来实现，即将第Ⅲ象限中的传递特性线左右平移，如图 9-37（b）所示。前者称为第一类同步器，后者称为第二类同步器。目前，工程实际中以第二类同步器为主。

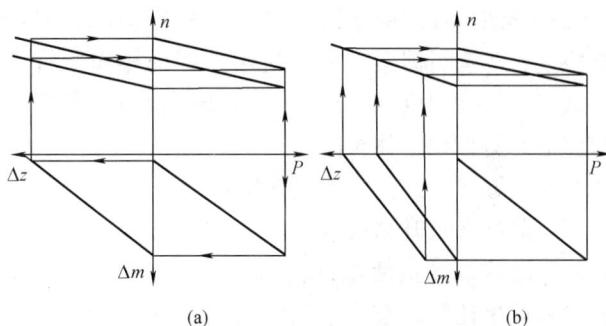

图 9-37 同步器平移静态特性线
(a) 第一类同步器；(b) 第二类同步器

图 9-38 是图 9-5 机械液压调节系统增加第二类同步器的系统。在机组转速不变时，摇动同步器操作手柄，改变小杠杆 D 点的位置，即可改变油动机的行程，进而在机组转速不变时改变机组的电功率输出。例如，当摇动手柄使 D 点上移时，错油门滑阀在小杠杆的带动下下移，错油门滑阀的下凸肩开启油动机活塞下腔室的进油油口，上凸肩接通油动机活塞上腔室的排油通路，油动机活塞下腔室的压力升高、上腔室的压力下降，油动机活塞带动调节汽阀上移，机组的功率输出增大。在油动机活塞上移时，带动大杠杆绕支点 A 向上转动，并带动小杠杆绕支点 D 向上转动，错油门滑阀上移，直至滑阀重新回到遮断油动机活塞上、下腔室油口为止。

机组单机运行启动时，同步器作为转速给定器，可以操控机组的转速。当摇动手柄使 D 点上移时，小杠杆带动错油门滑阀下移，使油动机活塞带动调节汽阀上移，增大汽轮机的进汽量、提升机组的转速。在机组转速增大时，调速器滑环上移，通过大、小杠杆带动错油门滑阀上移，直至错油门滑阀回到遮断油口为止，机组在新的转

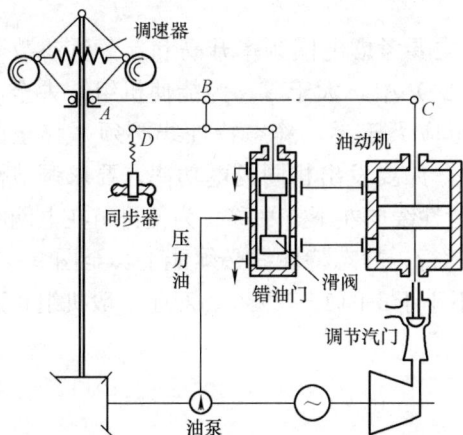

图 9-38 具有同步器的机械液压调节系统

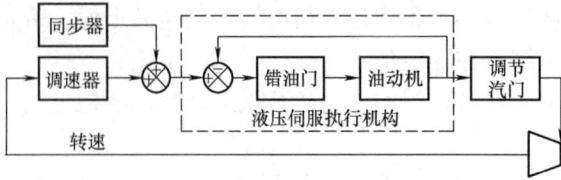

图 9-39　汽轮机机械液压调节系统方框图

速下稳定运行。图 9-39 是图 9-38 机械液压调节系统的方框图。

2. 同步器的调节范围

根据同步器提升转速和调节机组功率的作用，同步器平移静态特性线的调节范围，除满足正常蒸汽参数和额定转速工况要求外，还应充分考虑蒸汽参数、真空和电网频率等实际运行因素的影响，为这些因素变化预留足够的调节范围。

(1) 同步器最小调节范围。为使机组在额定蒸汽参数、额定转速时能带满负荷，并能通过操作同步器卸去全部负荷。由式 (9-20) 可知，同步器最小调节范围至少为 $0\sim\delta$，即图 9-40 中 AA—BB 的范围。

(2) 静态特性线的下限位置。下限工作位置的设置应考虑电网频率降低、蒸汽参数升高及真空上升等运行因素，并为机组并网前操作留有一定操作空间。当电网频率低于额定值时，式 (9-20) 中 φ 小于零。若要维持机组空负荷运行，同步器的相对行程 η 也应小于零，则应将静态特性线下移至图 9-40 中 CC 的位置，方可进行并网带初负荷操作，以及机组并列运行时用同步器卸去全部负荷维持空转运行。

当新蒸汽参数升高或真空上升时，在同一调节汽阀开度或油动机活塞行程 Δm 下，汽轮机的进汽量和理想比焓降增大，机组功率上升，相当于增大配汽机构的传递系数，即第Ⅳ象限的特性线向右上方平移，对应于此工况的空载调节汽阀开度就要减小，要求同步器向下平移特性线，维持机组空负荷运行。如果此工况与电网频率降低同时发生，则要求静态特性线由 CC 继续下移至 DD 位置。另外，还应为机组并网前的操作留有足够的空间，因此，在图 9-40 中 DD 线下还应有一定的调节空间。综合考虑这些情况后，同步器调节的下限位置通常设在额定转速下 -5.0% 处。

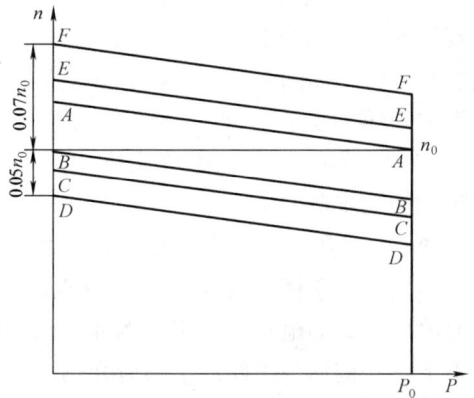

图 9-40　同步器相对行程的调节范围

(3) 静态特性线的上限位置。上限位置的设定主要考虑电网频率升高和新蒸汽参数降低、真空恶化的工况。在电网频率升高时，式 (9-20) 中 φ 大于零。为能使机组卸去全部负荷并维持空转运行，对应的同步器相对行程 η 也应大于零，静态特性线必须平移至图 9-40 中的 EE 位置。在低蒸汽参数、低真空工况下，如要发出相同的电功率，要求调节汽阀的开度增大，增大汽轮机的进汽量，即配汽机构特性线向左下方平移。为使机组在电网频率升高和低蒸汽参数、低真空条件下仍能带满负荷运行，静态特性线必须能上移至图 9-40 中的 FF 位置。因此，要求同步器调节的上限位置不小于 $\delta+(1\sim2)\%$。对于一般机组，速度变动率取 5%，则同步器调节的上限位置取 7%。

二、控制系统的动态特性

(一) 动态特性基本概念

汽轮机控制系统的静态特性描述了转速和同步器行程稳定工况下调节系统各环节及机组

电功率输出的对应关系。当转速或同步器行程改变时，调节系统各环节部件将偏离稳定状态产生运动，逐步逼近并停留到下一个稳定工况。由于部件运动有一定的惯性，液压油流经错油门油口和管道时有一定流动阻力，这样油动机活塞运动到下一个静态位置需要一定的时间；调节汽阀后蒸汽管道等有一定可储存蒸汽的空间（称为蒸汽中间容积），在机组甩负荷工况下，即使在调节汽阀关闭后，储存于中间容积内的蒸汽仍将进入汽轮机内继续膨胀做功，使机组的转速飞升。因此，调节系统受到扰动后经历着复杂的动态过渡过程。

调节系统受扰动后能否达到新的稳定状态，或达到新的稳定状态所需过渡过程的时间长短，决定于调节系统各环节的参数匹配。汽轮机调节系统动态特性描述调节系统从一个稳定状态过渡到另一个稳定状态过程中机组转速、油动机行程、调节汽阀开度和机组电功率输出等参数随时间的变化规律，由此可研究调节系统的动态稳定性和机组甩负荷后最高飞升转速对安全性的影响。

汽轮机调节系统动态特性分析属系统动力学研究范畴。通过对调节系统各主要环节建立运动方程或传递函数，由仿真或其他动力学分析方法，研究计算调节系统的稳定性和稳定性安全裕度，以及机组最大扰动工况——甩全负荷后机组的最高飞升转速和评估甩负荷的安全性。汽轮机调节系统主要环节通常用一阶微分方程表示。对图 9 - 38 所示的简单汽轮机机械液压调节系统，在主蒸汽参数保持不变且汽轮机的机械功率输出正比于调节级后压力，同时不计迟缓的影响时，可以得到如图 9 - 41 所示基于传递函数的动态模型。图中，T_1 为调速器时间常数，一般为 $0.05\sim0.15s$；T_2 为液压伺服执行机构时间常数，一般为 $0.15\sim0.50s$；T_3 为调节汽阀后蒸汽导管中间容积时间常数，一般为 $0.1\sim0.25s$；T_4 为机组转子惯性时间常数，中小型机组一般为 $11\sim14s$，大型高参数机组一般为 $7\sim10s$。

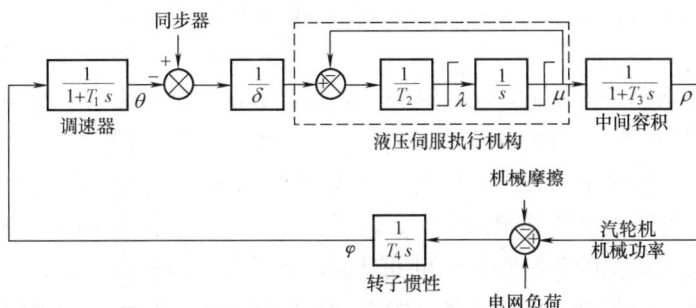

图 9 - 41　简单汽轮机机械液压调节系统动态数学模型

图 9 - 41 所示的液压伺服执行机构中两个非线性饱函数分别表示错油门滑阀行程 λ 和油动机活塞行程 μ 的最大与最小限制。在汽轮机调节系统中，当外界负荷要求增大时，调节汽阀快速开启使机组的电功率输出快速增大，此时主蒸汽流量的快速增大，必然引起主蒸汽压力快速下降，并且使调节级后的温度快速变化。为避免汽轮机的功率增大对锅炉运行产生大的影响，必须限制调节汽阀开度增大的速度。但在机组甩负荷工况下，为快速切断汽轮机的蒸汽供给，抑制转子转速的飞升，避免机组超速，要求调节汽阀尽可能快地关闭。为此，在液压伺服执行机构的调节汽阀开度增大的方向上，对错油门滑阀的行程加以限制，通常仅为调节汽阀关闭方向最大行程的 $10\%\sim15\%$。这样，保证了机组运行的稳定性和甩负荷超速工况下的机组安全性。

汽轮机调节系统的动态特性分析是项复杂的工作，首先基于一定假设对系统做简化，建立各环节的运动方程，进而求得传递函数，然后借助于计算机，做时域动态过程仿真计算和频域稳定性分析。

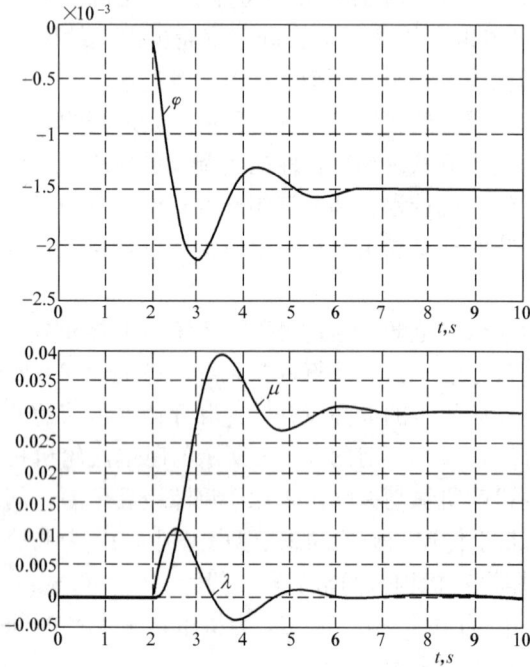

图 9-42 是图 9-41 机械液压调节系统在机组单机运行时电负荷由 100% 阶跃增大至 103% 时，转速、错油门滑阀行程、油动机活塞行程和电功率输出的动态过程。其中 $T_1 = 0.0625s, \delta = 5.0\%, T_2 = 0.215s, T_3 = 0.2s, T_4 = 9.0s$，并且不计迟缓率。由图 9-42 看到，当机组的电负荷阶跃增大 3% 时，转子上电磁阻力矩增大使转速下降，转速感受器检测到转速下降后，使错油门滑阀向增大调节汽阀开度方向移动，并使油动机行程增大。因油动机行程滞后于电负荷增大，促使转子转速加速下降，最低转速达到 $\varphi = -0.00213$（即 2994.6r/min），因而使油动机和调节汽阀过开，快速增大机组的电功率输出，抑制转速的下降；在调节汽阀过开后，汽轮机的机械功率输出大于电负荷，又会使转速上升；在转速超过扰动后应该达到的稳定转速 $\varphi = -0.0015$（即 2995.5r/min），汽

图 9-42 机组负荷增大 3% 时调节系统动态过程

轮机的机械功率输出小于电负荷，又使转速下降。经数次衰减振荡后，达到稳定转速。

调节动态过程中油动机行程和转速偏离稳定值的大小称为超调。很明显，转子的惯性越小，在电负荷增大时转速下降越快，转速的超调就越大，达到稳定的振荡次数也就越多。机组并网运行时，在外界电负荷要求增大时，转子惯性小的机组转速下降较快，故在调节的过渡过程中，这些机组承担的负荷较大。也就是说，机组并网运行时，静态负荷按调节系统的速度变动率的大小分配各机组负荷，动态时按转子的惯性大小分配各机组的负荷。

描述汽轮机调节系统动态特性的指标主要是稳定性、动态超调量、静态偏差和过渡过程调整时间等。这里简要介绍其含义，并讨论影响这些动态性能指标的主要因素。

1. 稳定性

汽轮机在运行中，当受到扰动激励偏离原来的稳定工况后，能很快地过渡到新的稳定工况，或扰动消失后能回复到原来的稳定工况，能达到这样要求的调节系统是稳定的。调节系统稳定性的判别，可由系统的传递函数按自动控制理论中稳定性的判据来分析、计算。对于实际的调节系统，除满足稳定性基本要求外，还应留有一定的稳定性裕度。

2. 动态超调量

对于汽轮机调节系统，甩负荷过程中被调量转速的动态超调量 σ 可表示为

$$\sigma = \frac{\varphi_{\max} - \delta}{\delta} \times 100\%$$

$$\varphi_{\max} = \frac{n_{\max} - n_0}{n_0} \qquad (9-21)$$

式中：$\varphi_{\max}$ 为最大飞升转速的相对量。

在机组甩负荷工况下，要求转子的最高飞升转速低于超速保安系统整定的动作转速，以便机组在排除故障后尽快地恢复带负荷运行。否则，一旦超速保护系统动作，整个机组停机，机组恢复运行需较长时间。

3. 静态偏差值

汽轮机单机运行时，负荷改变将引起机组转速变化。在机组额定功率下从电网中解列、甩去全部负荷后，转速的静态偏差值就是甩负荷后的稳定转速与额定转速的差，即 $\varphi(\infty) = \delta$。由调节系统的静态特性可知，机组甩负荷的容量不同，静态偏差值是不相等的。

4. 过渡过程调整时间 τ

扰动作用于调节系统后，从响应扰动开始到被调量达到基本稳定所经历的时间称为过渡过程调整时间。评定被调量是否达到稳定，通常用被调量与静态偏差值的误差 Δ 来评定。当 $|\varphi(\tau) - \varphi(\infty)| < \Delta$ 时，即认为被调量已达到稳定。

在汽轮机调节系统动态特性分析中，通常将允许偏差 Δ 取为静态偏差值的 5%，如 $\Delta = 5\%\delta n_0$。很明显，调节系统的过渡过程调整时间应尽可能短些，一般为数秒或数十秒，最长不应超过 1min。

（二）影响甩负荷动态特性的主要因素

由图 9-41 可知，决定汽轮机调节系统动态特性的因素是调速器的时间常数 T_1、速度变动率 δ、迟缓率 ε、液压伺服执行机构的时间常数 T_2、中间容积时间常数 T_3 和转子时间常数 T_4。前 4 项与调节系统部件的动、静态特性有关，后 2 项与汽轮机本体设备结构有关。

1. 本体设备对调节系统动态特性的影响

（1）转子时间常数 T_4。转子时间常数 T_4 描述了转子的转动惯量与额定转矩的相对大小，表示汽轮机在额定蒸汽参数、额定功率进汽量下转子由零转速上升到额定转速所需的时间，由式（9-1）可得

$$T_4 = \frac{J\omega_0}{M_{\text{st0}}} \qquad (9-22)$$

式中：ω_0 为转子额定转速下的旋转角速度；M_{st0} 为额定功率下作用在转子上的蒸汽驱动力矩。

很明显，转子的惯性越大，蒸汽的驱动力矩越小，转子的时间常数就越大，机组甩负荷后的最高飞升转速就越小。随着火电机组单机容量的增大，机组转矩的增加较转子惯性的增大来得快，故大型机组的转子时间常数小于小型机组。为防止机组甩负荷后严重超速，对大型机组调节系统提出了更高的要求。

（2）中间容积时间常数 T_3。中间容积时间常数描述了中间容积中储汽量与额定蒸汽流量的相对大小，表示了汽轮机在额定进汽流量下，以多变过程充满整个中间容积 V、并达到额定参数所需的时间，即

$$T_3 = \frac{D_0}{G_0} = \frac{V\rho_0}{G_0} \qquad (9-23)$$

式中：D_0 为额定蒸汽参数 p_0、t_0 下中间容积 V 中储汽量；G_0 额定工况下进入中间容积的蒸汽流量。

中间容积 V 越大、蒸汽参数越高，中间容积中储存蒸汽量和能量就越多，这部分蒸汽

在机组甩负荷时继续进入汽轮机膨胀做功，将使机组转速进一步飞升。汽轮机的中间容积主要有高、中压调节汽阀后导汽管及调节汽室、中低压缸间的连通管和中间再热机组的锅炉再热器。导汽管和连通管的时间常数不大，但再热器的中间容积很大，其时间常数达到 8～11s。为避免再热器中间容积对机组甩负荷特性的影响，防止超速事故发生，在机组甩负荷时，不仅快速切断主蒸汽供给，并且在中压缸的进汽口前设置中压主汽阀和中压调节汽阀，同时快速切断再热蒸汽供给。

2. 调节系统对动态特性的影响

(1) 调速器时间常数 T_1。调速器时间常数描述了调速器在转速扰动时达到稳定输出的时间大小。调速器时间常数对调节系统的甩负荷特性影响较大，过大的调速器时间常数将使甩负荷后最高飞升转速增大。

(2) 速度变动率 δ。速度变动率对调节系统的动态特性有重要影响，不仅影响甩负荷后稳定转速，并且对最高飞升转速也有影响。δ 越大，机组在甩负荷工况下调节汽阀的关闭时间延长，最高飞升转速增高。另一方面，大的速度变动率将使油动机的关闭速度迟后于转子转速飞升，从而减小动态超调量和过渡过程的振荡次数，缩短过渡过程的调整时间。相反地，小的速度变动率，使油动机的关闭速度大于转子的转速飞升，尽管最高飞升转速不大，但动态超调量较大，从而使过渡过程的振荡次数增多，调整时间延长。某机组速度变动率对调节系统甩负荷特性的影响规律如图 9-43 所示。

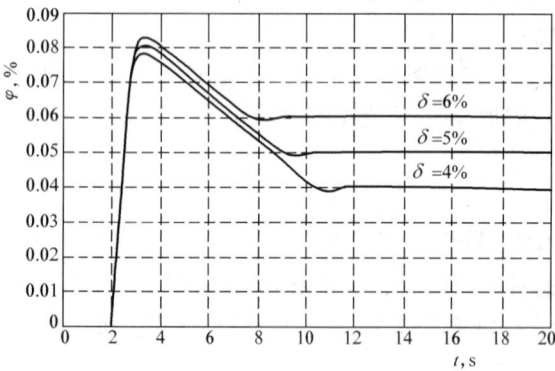

图 9-43 速度变动率对甩负荷动态特性的影响

(3) 液压伺服执行机构时间常数 T_2。液压伺服执行机构中错油门的时间常数通常很小，可将错油门当作比例环节，因此，液压伺服执行机构的时间常数描述了错油门油口最大开度时油动机活塞全行程关闭所需的时间，即

$$T_2 = \frac{\Delta m_{max} A_m}{Q_{max}} \qquad (9-24)$$

式中：Δm_{max} 为油动机的最大行程；A_m 为油动机的面积；Q_{max} 为错油门油口最大开度时通过的最大流量，与供油压力和错油门油口通流面积等有关。

油动机活塞直径和行程越大，油动机的时间常数就越大，全行程关闭所需的时间就越长。油动机活塞直径取决于开启调节汽阀的提升力和供油压力，供油压力越低，在一定提升力要求时油动机活塞直径就越大，因而油动机的时间常数就大。因此，对于大型机组，为减小油动机的时间常数，液压伺服执行机构采用较高的供油压力，减小错油门和油动机的结构尺寸。

油动机的时间常数越大，油动机的关闭速度迟后于转速飞升就越大，进而导致动态飞升增加、过渡过程的振荡次数增多。

(4) 迟缓率 ε。调节系统的迟缓率对稳定性和甩负荷动态特性均产生不利影响。迟缓率存在时，只有当转速飞升量超过迟缓值后方能使油动机动作，使油动机表现出动作滞后，不仅使动态飞升转速增加，而且使动态偏差增大，从而过渡过程的振荡次数增多和调整时间延长，严重时可能产生持续振荡。另一方面，迟缓的存在，也是调节系统不稳定晃动等动态故障的重要原因。

第四节　中间再热汽轮机控制保护的特点

一、中间再热汽轮机组的运行特点

现代高参数、大容量汽轮机采用一次或二次中间再热循环，以提高整个机组的能量转换效率。来自锅炉的主蒸汽在汽轮机高压缸内膨胀做功后，经再热冷端蒸汽管返回锅炉再热器再次加热，然后经再热器热端蒸汽管送回汽轮机的中、低压缸继续膨胀做功。锅炉再热器及其蒸汽管道的存在，将蒸汽在汽轮机内的做功过程分为两段，使汽轮机的动态特性发生很大变化，因而对中间再热汽轮机的控制与保护提出了新的要求。

（一）再热器及再热蒸汽管道容积的影响

再热器的蒸汽管、联箱等是个很大的蒸汽容积空间，在甩负荷危急工况下，即使高压缸调节汽阀能及时完全关闭，但再热器等容积空间中储存的大量蒸汽，仍会进入中、低压缸继续膨胀做功，有可能使机组转速超过额定转速的 40%，严重危及机组的运行安全。为此，中间再热汽轮机，除设置高压主汽阀和高压调节汽阀外，在再热蒸汽进入中压缸的管道上，还设置中压主汽阀和中压调节汽阀，当机组发生甩负荷时，高、中压主汽阀和调节汽阀快速关闭，有效地切断汽轮机的蒸汽供给，保证汽轮机飞升转速在安全允许的范围内。

（二）中间再热机组的功率滞后

对于中间再热机组来说，外界负荷变化时，高压缸功率会随高压调节汽阀的调节很快跟进，但由于存在庞大的中间容积，其中蒸汽压力的变化较缓慢。因此，中、低压缸的功率变化只能较缓慢地跟进，中、低压缸的功率（或进汽量）近似比例于再热器的蒸汽压力。所以，在机组功率变化的动态过程中，因再热器内蒸汽压力变化导致储汽量的改变，产生蒸汽的吸蓄或泄放，使中低压缸的功率变化滞后于高压缸。例如：如图 9-44（a）所示，在机组功率由 P_1 增大到 P_2 时，调节系统增大高压缸的进汽量，高压缸的功率输出 P_H 近似于阶跃增大，并且因再热器的压力较低，高压缸的功率还有一定的过增；同时，高压缸的排汽进入再热器时，部分增大的蒸汽量滞留在再热器中，提升了再热器的蒸汽压力，使中低压缸的功率 P_{I+L} 缓慢增大。只有当再热器的蒸汽压力达到新工况稳定状态时，才能使高压缸的排汽量与中压缸的进汽量相等。相反地，在机组功率下降时，高压缸进汽量的减少，使再热器蒸汽压力下降，再热器泄放出部分储汽，使得中压缸的进汽量大于高压缸。

因为中、低压缸的功率约占整机功率的 70%，再热器的动态时滞效应降低了机组快速响应外界负荷变化

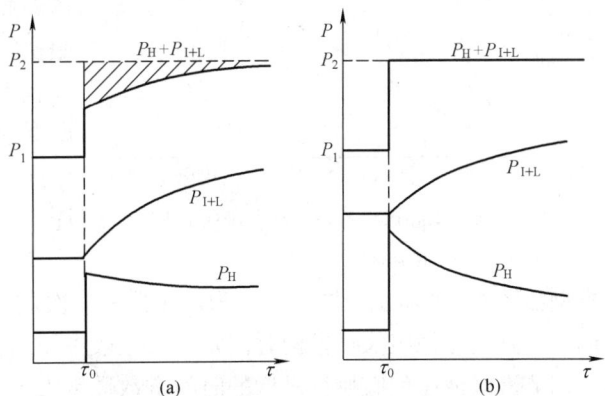

图 9-44　再热器的动态时滞效应与高压缸过调

的一次调频能力。图 9-44（a）中阴影部分表示了负荷调节过渡过程中机组功率不能满足外界要求的欠缺部分。为使中间再热机组参与电网一次调频的能力达到非中间再热机组同等水平，在机组负荷增大或减小时，要求高压调节汽阀动态过开或过关，用高压缸功率的过增或过减，弥补再热器动态滞后产生中低压缸功率的盈缺，如图 9-44（b）所示。调节系统中能使高压缸实现动态过调的装置叫动态校正器。

（三）机、炉运行的相互配合

中间再热机组只能采用机、炉配套的单元制结构和运行方式。由于汽轮机空载汽耗量远小于锅炉的最低蒸发量，为了保护锅炉再热器的运行安全，中间再热机组往往设置旁路系统，以弥补汽轮机与锅炉这一特性的差别。

二、中间再热汽轮机的调节与保护

如前所述，再热器的存在降低了中间再热机组快速响应外界负荷变化的能力，增大了机组甩负荷后的超速风险；单元制的机、炉配置，增强了机、炉运行参数的交叉影响，降低了机组运行的稳定性和安全性。这些必须通过汽轮机和锅炉的控制设计加以解决。

（一）中间再热汽轮机的调节

为有效地解决汽轮机空载流量与锅炉最低负荷不一致的矛盾，以及机组低负荷时锅炉再热器的冷却保护和再热蒸汽温度的控制问题，中间再热汽轮机在中压缸进口处设置中压调节汽阀，并普遍在高压缸和中、低压缸上设置旁路系统。中压调节汽阀在机组启动时，与高压调节汽阀和旁路系统协调，控制再热蒸汽温度与进入中、低压缸的蒸汽量，使中压缸的进汽温度与中压转子的热状态良好匹配。另一方面，当机组甩负荷和其他严重危及机组安全的事故发生时，在快速关闭高压调节汽阀的同时，还快速关闭中压调节汽阀，快速切断来自再热器的蒸汽供给，使机组快速停机。为在事故工况下有效地切断中、低压缸的蒸汽供给，在中压调节汽阀前还设有中压主汽阀，由保护系统控制中压主汽阀的开启和关闭。

一般主蒸汽压力约为再热蒸汽压力的 5 倍，而再热蒸汽的质量流量约为主蒸汽流量的 80% 左右，很明显，再热蒸汽的体积流量约为主蒸汽流量的 4 倍，所以，中压调节汽阀的尺寸大于高压调节汽阀。若让中压调节汽阀在机组全负荷范围内参与调节，将产生较大的节流损失。为减少该节流损失，通常在机组 30% 负荷以上，中压调节汽阀全开。仅当机组负荷小于 30% 工况时，中压调节汽阀才参与调节。

中间再热汽轮机的调节系统，是在中间传动放大回路上增设中压调节汽阀的液压伺服执行机构后构成的。因中压调节汽阀的尺寸较大，中压调节汽阀的液压伺服执行机构所要求的提升力和总行程大于高压调节汽阀。中间再热汽轮机高、中压调节汽阀的开启顺序与控制范围如图 9-45 所示。

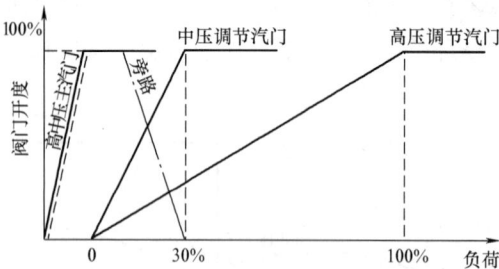

图 9-45　中间再热汽轮机高、中压调节
汽阀开启顺序示意图

中间再热汽轮机机械液压调节系统的动态模型如图 9-46 所示。图中，T_g 为调速器和一次放大环节时间常数；T_{hs}、T_{is} 分别为高、中压调节汽阀液压伺服执行机构时间常数，一般中压油动机的活塞和行程大于高压油动机，故中压调节汽阀液压伺服执行机构的时间常数通常大于高压调节汽阀；T_{hc}、T_{rec}、T_{ic} 和 T_{cc} 分别为高压缸、再热器、中压缸和连通管中间容积时间常数，其中高压缸、中压缸和连通管的

时间常数一般在 $0.15\sim0.30\mathrm{s}$ 之间，再热器的时间常数约为 $8\sim11\mathrm{s}$；α_h、α_i 和 α_l 分别是高压缸、中压缸和低压缸输出机械功率占整机输出机械功率的份额。

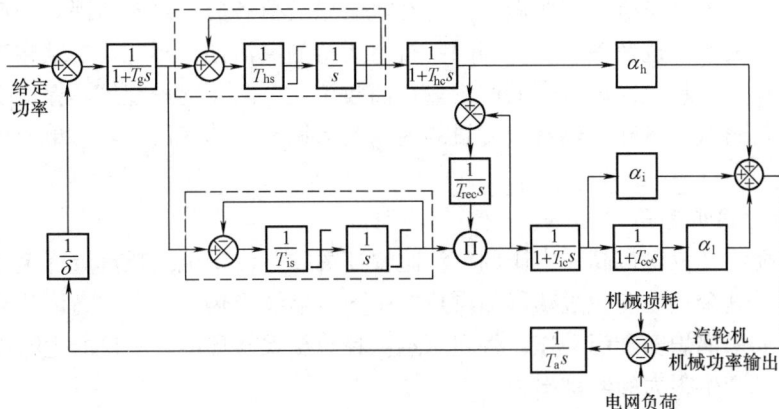

图 9-46 中间再热汽轮机机械液压调节系统动态模型

图 9-47 是中间再热汽轮机单机运行时，在负荷阶跃增 3% 额定功率后，高压油动机的行程和汽轮机转速变化的动态过程。μ、P 和 φ 表示高压油动机、汽轮机功率和转速的相对值。中间再热汽轮机在外界负荷要求增大后，尽管高压调节汽阀的快速开启，机组功率短时间内快速增加，但因再热器的动态滞后，随后机组功率的增速迟缓，导致转速进一步下降，最低转速达到 $\varphi=-0.00658$（2980.3r/min），远低于新工况应达的稳定值 $\varphi=-0.0015$（即 2995.5r/min）。转速的严重超调，促使高压调节汽阀过开，达到最大开度极限，反映为 μ 值

饱和。随着中、低压缸功率输出的增大，机组转速回升，高压调节汽阀关小开度，机组功率由最大超调开始下降。与图 9-42 的非中间再热汽轮机调节系统动态过程比较可知，中间再热汽轮机在相同大小负荷扰动下，不仅超调量大，而且过渡过程时间也远大于非中间再热机组。为改善中间再热汽轮机机械液压调节系统的调节品质，在一次传动放大部件后增设一个具有微分加速功能的动态校正器。当外界负荷要求增大时，动态校正器对调节系统一次控制信号做微分运算后，增大高压调节汽阀的开启或减小的速度和幅度，促使高压调节汽阀过开或过关。当调节系统一次控制信号的变化率为零或很小时，油动机行程与一次控制信号间按调节系统静态特性的对应关系调节。

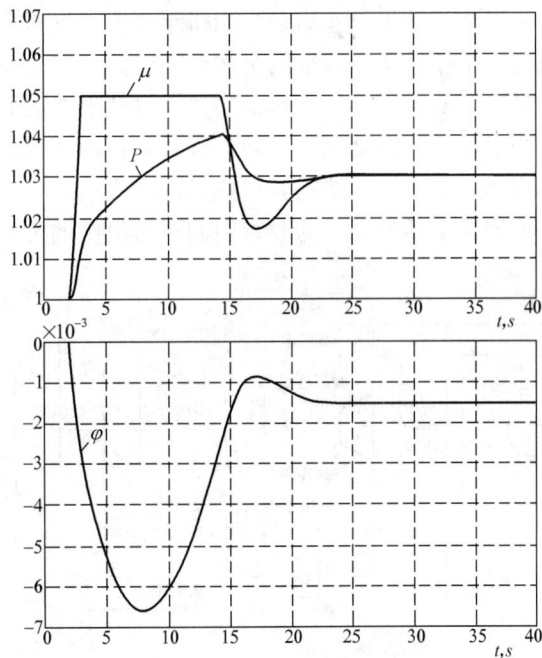

图 9-47 中间再热汽轮机负荷增大 3% 时
调节系统动态过程

（二）旁路系统

如前所述，中间再热机组采用机、炉配套的单元制系统配置，在正常运行工况下，锅炉产生的蒸汽全部进入汽轮机内膨胀做功。但在机组甩负荷和启、停时，锅炉的产汽量与汽轮机的耗汽量严重失调，危及锅炉安全和限制机组运行的灵活性。为此，要求在汽轮机上设置蒸汽的旁路通道，以释放锅炉过剩的产汽量，回收工质，防止锅炉超压，保证受热面良好冷却，并通过过热蒸汽流量和再热蒸汽流量的控制灵活调节再热蒸汽温度。单元机组的问题具体有四个。

1. 甩负荷时锅炉超压

机组甩负荷时，汽轮机高、中压调节汽阀快速关闭，汽轮机的耗汽量降至零。此时即使锅炉快速停炉，其余热也能使过热器和再热器中蒸汽继续受热、压力升高，达到甚至超过压力安全极限。如果锅炉安全门动作，将超压蒸汽释放至大气环境，不仅产生噪声污染，而且流失大量工质、产生很大的经济损失。

2. 低负荷时锅炉产汽量与汽轮机耗汽量不协调

一般地，锅炉维持煤粉稳定燃烧（无燃油助燃）的最低负荷为 $30\%\sim50\%$。在机组负荷低于煤粉稳燃所要求的最低负荷运行时，为减少燃油助燃的生产成本，将煤粉燃烧产生的过剩蒸汽排放至凝汽器回收工质，以维持锅炉的产汽量与机组负荷要求的平衡。

3. 再热器低负荷时的冷却

维持再热器正常冷却的蒸汽量，一般为额定蒸汽量的 15% 左右。在机组并网、带初负荷运行时，汽轮机的耗汽量很小，此时，再热器因没有足够的蒸汽流量冷却而产生超温。因此，在机组低负荷运行时，应保证有足够的蒸汽进入再热器进行冷却，以保证再热器的安全。

4. 极热态启动时再热蒸汽温度提升慢

机组热态和极热态启动是指机组金属温度很高（停机时间很短）时的启动。此时由于汽轮机高、中压转子和汽缸的金属温度较高，特别是高、中压合缸机组，高、中压缸金属温度基本处于同一水平。但再热器布置在过热器之后，机组启动时再热蒸汽温度低于过热蒸汽温度，当过热蒸汽温度达到冲转条件时，再热蒸汽还没有达到冲转条件。为缩短机组热态和极热态启动时间，应尽快提升再热蒸汽温度。

为解决上述问题，为改善中间再热机组的启动特性，加快机组的启动速度，回收启动过程中的工质和热量，以及在机组甩负荷工况下保护锅炉的安全，在中间再热汽轮机的蒸汽系统中一般设有如图9-48所示的高、低压旁路系统或大旁路系统。

高压旁路系统是将来自锅炉过热器的新蒸汽通过减温、减压器排至再热器冷端蒸汽管；低压旁路系统是将再热新蒸汽经减温、减压器排至凝汽器；大旁路系统则是将新蒸汽经减温、减压器直接排至凝汽器。目前，多数机组采用的是高压和低压旁路的串级系统。在机组启、停过程中，通过操作高、低压旁路

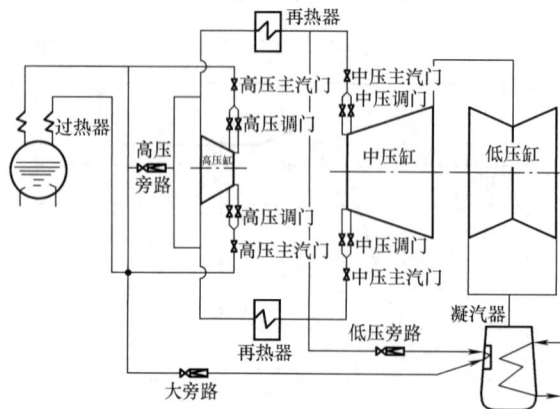

图9-48　中间再热机组的旁路系统及主汽阀、调节汽阀布置

调节阀和中压调节汽阀，控制再热蒸汽温度和再热器的冷却；在甩负荷工况下，由旁路系统控制锅炉过热器和再热器压力，避免锅炉安全门动作，使机组故障排除后尽快恢复运行。

三、中间再热机组的运行控制方式

中间再热机组的负荷适应性和参与电网一次调频的能力，取决于锅炉、汽轮机的动态特性和机组的运行控制方式。目前，中间再热机组的机、炉运行控制主要有机跟炉、炉跟机和机炉协调三种控制方式。

（一）汽轮机跟随控制方式

汽轮机跟随控制方式，即机跟炉。外界负荷要求增大的信号作用于锅炉调节系统，通过改变锅炉的燃料量和风量等改变出力，待主蒸汽压力变化后，汽轮机再根据主蒸汽压力的变化，改变调节汽阀的开度，增大机组的电功率输出，并维持主蒸汽压力稳定；或汽轮机采用调节汽阀开度保持不变的滑压运行方式，由主蒸汽压力的变化改变机组的电功率输出。

汽轮机跟随控制方式的优点在于能维持锅炉燃烧工况稳定和蒸汽压力基本不变，但因锅炉燃烧过程的时滞很大，机组不能快速地响应外界负荷变化要求。

（二）锅炉跟随控制方式

锅炉跟随控制方式，即炉跟机。在外界负荷要求改变时，机组功率要求信号先作用于汽轮机的调节系统，通过改变调节汽阀的开度改变汽轮机的进汽量，满足机组负荷改变要求；锅炉调节系统则根据主蒸汽压力和流量的变化，改变燃烧率，来维持主蒸汽压力不变。

当汽轮机的负荷增大时，锅炉的出力还未改变，致使锅炉压力降低，部分饱和水在压力降低时产生汽化；锅炉压力降低时，水的饱和温度降低，锅炉的金属温度也将随之下降，意味着金属释放出部分蓄热，加热蒸汽来增加汽轮机的出力。反之，当机组负荷减小时，锅炉压力升高，金属温度上升、蓄热增大。

锅炉跟随汽轮机的控制方式，在电网负荷小幅波动时，汽轮机利用锅炉蓄热量的改变，能快速地改变机组的功率输出，维持电网频率的稳定，机组参与一次调频性能较好。但锅炉的蓄热是有限的，在机组负荷变化较大时，锅炉释放的蓄热不能满足负荷增加所要求的能量时，因锅炉燃烧的动态滞后，必然引起锅炉压力较大幅度变化。因此，为维持锅炉压力稳定，应对汽轮机负荷变化速率和大小加以一定限制。

（三）机炉协调控制方式

上述机跟炉和炉跟机是两种比较极端的控制方式，前者可维持主蒸汽压力基本不变而不能快速满足外界负荷要求，后者可快速满足外界负荷要求而使主蒸汽压力产生较大的波动。机炉协调控制是发挥上述两种控制方式各自优点、避其所短的综合控制方式，原理如图 9 - 49 所示。在机

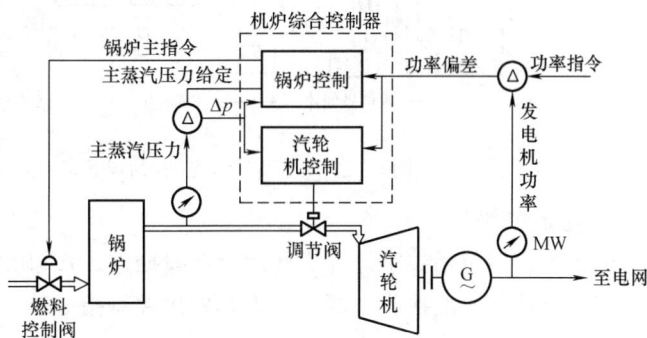

图 9 - 49　汽轮机、锅炉协调控制原理图

组负荷变化时，功率要求信号同时送到机、炉调节系统，汽轮机根据功率要求改变调节汽阀开度，利用锅炉蓄热量的改变，快速响应外界负荷要求；锅炉根据负荷要求前馈地调整燃烧率，维持主蒸汽压力基本不变。为在调节过程中不使主蒸汽压力发生大的波动，对机组功率

要求信号作适当的限制，并且适量加强锅炉燃烧率的调节。

机炉协调控制可在机组负荷调节的动态过程中，充分利用锅炉的蓄热，主蒸汽压力在小幅度范围内波动下，机组能较快地满足外界负荷要求，因而机组的运行工况较稳定。

第五节　汽轮机的数字电液控制系统

一、数字电液（DEH）控制系统的工作原理

汽轮机控制，经历了液压（或机械液压）、模拟电液（Analogue Electro-Hydraulic，AEH）和数字电液（Digital Electro-Hydraulic，DEH）控制系统的发展阶段。从 1971 年美国西屋公司推出的第一套数字电液控制系统开始，数字电液控制（数字电液调节）便迅速取代了模拟电液控制（模拟电液调节），成为汽轮机控制的主流技术。

（一）典型汽轮机的数字电液（DEH）控制系统

图 9 - 50 所示为国产 300MW 容量等级机组的数字电液控制系统，该系统由以计算机为中心的数字系统和采用高压抗燃油的液压伺服系统两大部分组成。数字系统的输出，经转换和放大后，由液压伺服系统去控制各蒸汽阀门。该系统主要由五部分组成。

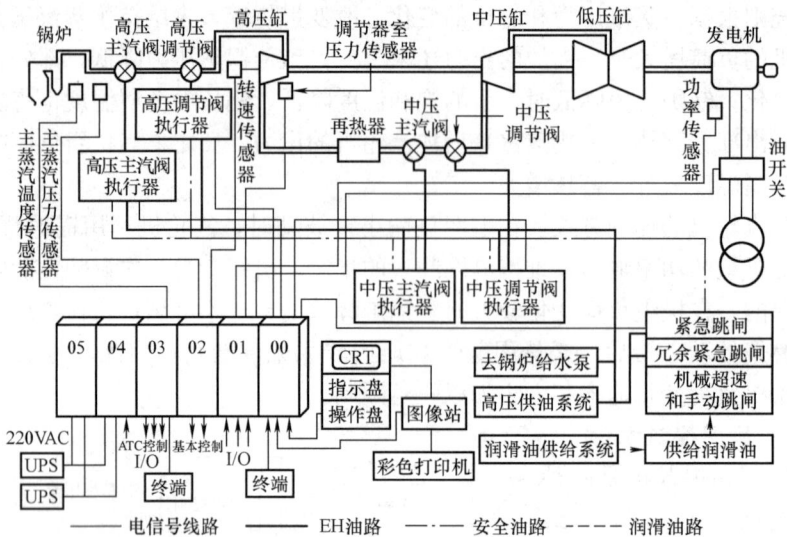

图 9 - 50　国产引进型 300MW 汽轮机的 DEH 控制系统

1. 电子控制器

电子控制器包括数字计算机、混合数模插件、接口和电源等设备。作用是用于控制参数的给定、反馈信号的接收、逻辑运算和发出控制指令等。

2. 操作和监视系统

操作和监视系统包括操作员站及操作盘、工程师站、独立图像站、显示器和打印机等。作用是为运行人员提供运行信息，进行人机对话、操作和监督等。

3. 油系统

油系统包括高压油和润滑油两个独立系统。高压油采用抗燃油，为控制和保护系统提供

控制和动力用油，高压油系统接受电子控制器和操作盘来的指令。润滑油系统采用矿物润滑油（透平油），它不仅为轴承提供润滑和冷却用油，还参与机械超速保护等功能的实现。

4. 转换、放大和执行机构

转换、放大和执行机构包括伺服系统、手动备用控制系统以及单侧油动机等执行机构。作用是负责控制高、中压缸主汽阀和调节汽阀。

5. 保护系统

保护系统包括各类传感器、继电系统和电磁阀，用于保护和遮断机组。超速保护系统（Over-speed Protection Control，OPC）用于机组超速时关闭高、中压缸调节汽阀；危急遮断控制系统（Emergency Trip System，ETS）用于参数严重超标、危及机组安全时，紧急关闭所有的主汽阀和调节汽阀，迅速停机。此外，保护系统还有机械超速保护和手动遮断系统等。

DEH 系统的特点主要有六个。

（1）采用互为备用的两台主控制计算机，其中一台工作，一台热备用，两机具有自诊断和容错功能，可实现无扰切换。

（2）系统具有多种控制模式和多种运行模式，可实现自动、手动跟踪和控制模式的无扰切换。

（3）系统具有适应运行过程变化的灵活性，可在线改变控制模式、速度变动率和阀门管理方式（喷嘴调节或节流调节方式）等。

（4）通过监控和数值计算，可实现机组的自启停、自动并网和加减负荷，以及保护和阀门快关功能。

（5）对系统主控参数具有完善的可靠性判别功能，采用"三选二"的逻辑选择方式；数据采集系统（Data Acquisition System，DAS）为汽轮机自启停和负荷控制（Automatic Turbine Control，ATC）提供必须的状态变量；操作站和图像站具有对系统自身和机组全面监控、显示、制表和打印功能。

（6）控制功能强、精度和可靠性高，在额定参数下转速的控制偏差小于 $\pm 2r/min$，功率偏差小于 $\pm 2MW$；执行元件的位移静态偏差小于 0.125mm，在紧急状态下汽阀的关闭时间不大于 0.15s。统计表明，因 DEH 控制系统故障而引起的机组强迫停机率仅为 0.04%。

（二）DEH 控制系统的工作原理

在汽轮机的运行中，高压调节汽阀自动控制是主要的控制方式。图 9-51 为典型 DEH 系统的高压调节汽阀的控制原理图。图中的输出是相对转速 φ，外扰是负荷变化 R，内扰是蒸汽压力变化 p，λ_n 和 λ_P 分别代表转速和功率的给定值。调节对象考虑了调节级压力特性、发电机功率特性和电网频率特性，设置了调节级压力 p_T、机组功率 P 和转速 n（频率）三种反馈信号。

DEH 系统为串级比例积分（PI）控制系统，控制与调节运算由计算机完成。它既可按调频方式运行，也可按基本负荷方式运行。当系统处于调频方式运行时，若电网的负荷增加，则频率下降，汽轮发电机组的转速也随之下降，转速反馈与转速给定值比较，产生正偏差信号。该偏差信号经 PI 调节器校正后，输入伺服放大器，控制油动机，开大调节汽阀，增加相组的功率输出。而当系统按基本负荷方式运行时，机组的功率输出严格等于控制系统的功率给定值，对电网频率反馈信号不敏感。

图 9-51 所示系统由三个控制回路组成。内回路为调节级压力控制回路，受扰时该回路反应最快，通过 PI2 的作用，迅速改变高压调节汽阀的开度，保证调节过程的快速性；中回路为发电机功率控制回路，需通过 PI1 和 PI2 去改变调节汽阀的开度，调节过程要慢一些，可保证输出功率与功率给定值一致；外回路是转速控制回路，参与一次调频控制，保证输出严格等于给定值。内回路的控制动作最快，其次为中回路，它们都会影响外回路的控制偏差。系统的最后稳定，都是在反馈值与给定值相等时才能达到，因此，外回路起着细调的作用。

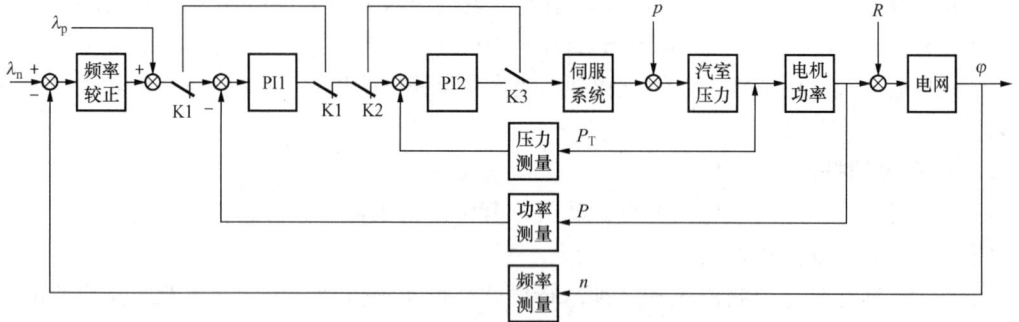

图 9-51　300MW 汽轮机 DEH 控制系统的原理图

通过图 9-51 中的开关 K1、K2，可提供不同的调节方式，使系统既可按串级 PI 调节，也可按单级 PI1 或 PI2 调节方式运行，以保证有回路发生故障时，系统仍能维持工作。

外界负荷扰动具有突发性，其中最为严重的是机组甩额定负荷，此时，控制系统会使进汽阀迅速关闭，并应同时切除功率给定值，让功率控制回路无偏差输出，系统依靠转速控制回路输出的负偏差信号，迅速关闭调节汽阀，使机组转速稳定于额定转速。

DEH 系统还具有很强的抗内扰能力。除了外界负荷扰动，单元机组也会由于蒸汽参数的自身变化产生内扰。当有内扰产生时，DEH 的内回路可以立即响应，克服和补偿内扰的影响，保证出力稳定在控制给定值。例如，若主汽参数降低，则输出功率下降，功率反馈信号与功率给定比较后输出正偏差，要求调节汽阀开大，使输出功率等于功率给定值，系统回复平衡。

与 DEH 系统共同工作的还有 OPC、ETS 以及机械超速遮断保护系统，它们对汽轮机形成多重保护，其中任一系统动作均可关闭调节汽阀或同时关闭主汽阀和调节汽阀，确保机组的安全。

二、DEH 系统的基本功能

DEH 功能可概括为汽轮机自动启停、汽轮机自动控制、汽轮机运行监控、汽轮机自动保护四方面。

（一）汽轮机的自动启停

DEH 系统配置了冷态和热态启动（见本书第十章第一节）控制方式。

一般情况下，冷态启动可用高压缸启动方式。这时，中压主汽阀和调节汽阀保持全开，由高压主汽阀的预启阀控制汽轮机从盘车状态冲转至 2900r/min 转速，此后，切换至高压调节汽阀控制，使机组继续升速、并网和带负荷。

热态启动时，也可用中压缸启动方式。高压主汽阀、中压主汽阀和高压调节汽阀全开，由中压调节汽阀进汽并控制转速；当转速升至 2600r/min 时，中压调节汽阀开度保持不变，然后切换至高压主汽阀控制转速；当转速升至 2900r/min 时，再切换至高压调节汽阀控制，切换成功后，高压主汽阀保持全开，由高压调节汽阀控制升速、并网和带初负荷至 3%～10% 额定负荷；然后再由高、中压调节汽阀共同控制升负荷，到达约 30% 额定负荷后，中压调节汽阀全开，由高压调节汽阀继续升负荷直至带满负荷。

DEH 自启停设置了汽轮机 ATC、自动同步控制（Automatic Synchronize，AS）、操作员自动（Operator Automation，OA）和手动控制等多种方式，可供选择。手动控制是自动控制方式故障时的后备控制手段。

（二）汽轮机负荷自动控制

DEH 系统具有下列负荷自动控制方式：

1. OA 控制方式

操作员通过操作盘输入目标负荷和负荷变化率，由 DEH 控制器完成调节指令的运算和处理，实现负荷自动控制。

2. 远方遥控方式（REMOTE）

由机炉协调控制（Coordinated Control System，CCS）的负荷管理中心或电网负荷调度中心（ADS）来的负荷控制指令（目标负荷和负荷变化率），通过遥控接口输入 DEH 系统，对机组的负荷进行自动控制。

3. 电厂级计算机控制（PLANT COMPuter）方式

当设置有厂级控制计算机时，由厂级计算机发出目标负荷和负荷变化率的指令，通过 DEH 的接口，对机组的负荷进行自动控制。

4. ATC

在负荷控制阶段，自动程序控制方式除了在线监控汽轮机的状态外，还可与上述三种自动控制方式组成联合控制方式。

在机组的正常运行阶段，负荷控制都由高压调节汽阀完成。上述的所有控制方式中，机组只接受其中一种方式作为当前的控制方式。

此外，DEH 系统还设有主汽压力控制和外部负荷返回控制方式，以便在机组运行异常时对主辅机进行保护。主汽压力控制实质上是一种低参数保护，在主汽压力降低时，通过关小调节汽阀减小机组的负荷，维持主汽压力的稳定。外部负荷返回控制考虑辅机故障情况，如单个给水泵或单侧风机故障时，DEH 系统将以一定的速率关小调节汽阀，将负荷迅速减小到 50% 额定负荷或相关预定值，一旦故障消除，这些控制回路将自动退出，恢复正常控制。

可见，DEH 系统的控制方式灵活多样，使用多变量多级反馈回路，在阀门管理、阀位限制、阀门开度与流量线性化，以及选择节流调节和喷嘴调节方式等方面准确、可靠，在汽轮机主机或辅机故障时自动减负荷，在机组跳闸时功率给定自动切除，具有良好的静态特性和动态特性，可保证机组运行的安全性和可靠性。

（三）汽轮机的运行监控

DEH 在启停和运行过程中对机组和 DEH 装置本身状态进行监控，内容包括运行画面监视、运行状态显示、操作状态按钮指示和报表打印等。其中运行监视画面包括机组和 DEH 系统的重要参数、运行曲线、趋势图、故障显示以及越限报警和事故追忆等。对 DEH

自身的监控包括重要信号通道、内部程序运行状态和电源状态监控等。

（四）汽轮机的自动保护

DEH 系统在实现有效控制的同时，也具有对汽轮机组进行自动保护的功能，它与 OPC、ETS 以及机械超速保护系统交换信号，实现保护功能。

1. OPC

该保护功能由中压调节汽阀的快关功能、负荷下跌预测功能和超速控制功能等三部分组成。中压调节汽阀的快关，是指在电力系统发生瞬间短路或某一相发生接地故障，引起发电机功率突降的情况下，瞬时快关中压调节汽阀，并延迟 0.5～1.0s 后再开启的控制动作，可在部分甩负荷的瞬间维持机组的稳定。负荷下跌预测功能，是指在发电机负荷切除（甩负荷），而汽轮机仍带有 30％以上负荷时，保护系统迅速关闭高、中压调节汽阀，避免因大量蒸汽流入汽轮机引起严重超速或危急遮断系统动作而导致停机。超速控制功能在汽轮机转速超过 103％额定转速时，将高、中压调节汽阀关闭并延迟一段时间，在锅炉中间再热器内积聚的蒸汽逐渐排出且汽轮机不再出现升速时，再开启调节汽阀，使机组保持空载运行，以减少启动损失，并能迅速重新并网。

OPC 功能是通过控制器使有关电磁阀动作，释放 OPC 母管的油压来实现的。

2. 危急遮断控制功能

该功能在危及机组安全的重要参数超过规定值时，通过 ETS 使保护电磁阀失电，释放自动停机跳闸母管中的压力油，使所有的进汽阀在弹簧力的作用下迅速关闭，实现紧急停机。

3. 机械超速遮断和手动脱扣功能

该功能是在机组转速超过 110％额定转速或操作员请求停机时，通过机械超速遮断或手动脱扣系统，将所有的主汽阀和调节汽阀同时关闭，实现紧急停机。

超速保护和危急遮断保护依靠预先设定的软件和硬件来实现，其中硬件保护采用完全相同的三套设备，对输出部分进行三选二处理，以避免保护系统产生误动或拒动。

此外，DEH 的保护系统还可以配合 ETS 在运行中做 103％超速试验、110％超速试验、紧急停机超速试验和各电磁阀的定期试验，以保证系统始终处于良好的备用状态。

三、高压 EH 抗燃油系统

现代汽轮机必须有快速的负荷控制能力，以满足电网的需求并保证自身运行稳定和安全。这就要求汽轮机控制系统具有好的动力响应特性和足够的阀门提升力，其主要措施是减小液压执行机构的质量和提高其工作油压。但是，油压的提高会增加漏油概率。发电厂中，高温部件比比皆是，漏油将带来火灾风险。为了解决这个问题，现代汽轮机普遍采用高压抗燃油系统，大幅度提高工作油压。抗燃油的燃点较高，可将火灾风险降至最小。

高压抗燃油系统也称 EH（Electro-Hydraulic）油系统，其任务是为主汽轮机的液压伺服系统、保护系统和驱动给水泵的小汽轮机提供控制和动力用油。由于抗燃油系统不参与润滑，可设计成封闭式系统。

某 300MW 汽轮机的 EH 供油系统如图 9-52 所示。系统由油泵、油箱、控制组件、蓄能器、冷油器、滤油器和 EH 油再生装置等部件组成。系统采用组合方式布置，结构紧凑，显著提高了供油系统的可靠性。

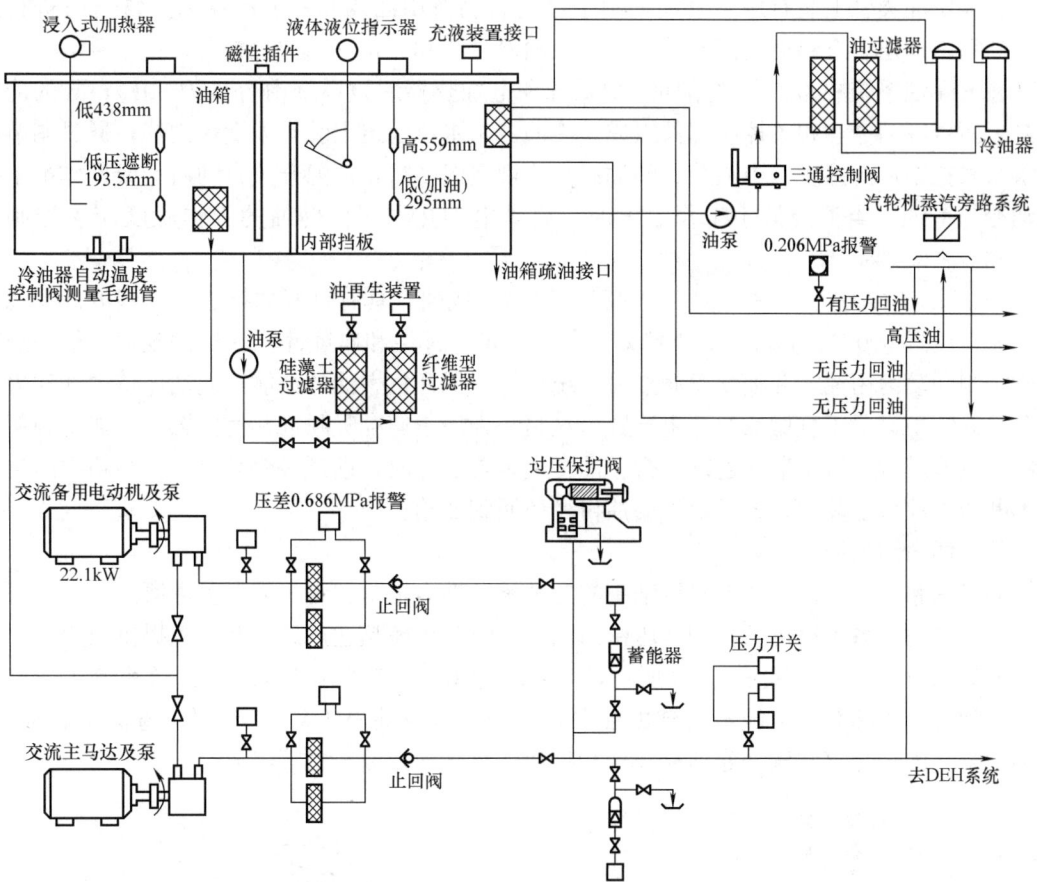

图 9-52 EH 供油系统图

高压油泵是 EH 系统的主要设备,系统采用两台具有低噪声、高稳定性的油泵,一台工作,一台备用,最高工作油压可达 17.24MPa。每台泵以及通到高压油母管的设备完全相同,供油系统自成一体,既提高了供油系统的可靠性,又便于检查和维修。

系统工作时,由交流电动机驱动恒压变量柱塞高压油泵,油泵输出的抗燃油经过 EH 控制单元中滤油器、逆止阀和过压保护阀,进入高压集管,并向蓄能器充油,建立起系统需要的油压。当油压达到 14.5MPa 时,高压油泵的控制阀和变量机构动作,使油泵的输出流量减小,达到与系统消耗油量的平衡。此时,油泵的变量机构使泵保持在一个恒压状态工作,EH 系统维持 14.5MPa 的油压。系统正常消耗的油量不大,主要为伺服机构和其他液压部件的间隙漏油。当系统瞬间需要油较大时,蓄能器参与系统压力的维持。

高压油泵后有一个过压保护阀,用以防止 EH 油系统油压过高,当压力达到 17±0.2MPa 时,过压阀动作,将油泵出口油直接送回油箱。

油箱容量为单泵出力的 9～10 倍,完全可以满足系统在快速控制动作时的动态供油量。油箱顶部装有控制单元组件、加油组件、监视仪表和维修人孔,底部设有手动泄油阀,内部设有高密滤网,对进入油泵的油先进行过滤。回同箱的抗燃油,经过一组 3μm 滤油器进行过滤。部分抗燃油的回油管是压力回油管,回油管中的压力靠低压蓄能器维持。

在高压油集管上装有压力开关，用于自动启动备用油泵和在油压偏离正常值时进行报警。油箱内部还装有温度测点和油位计，在油温过高和非正常油位时报警。

在 EH 油系统中布置了自循环冷却系统和电加热器。该系统由容量为 50L/min 的冷却油泵、两台冷油器和相关控制部件组成。冷油器出水口管道上装有温度控制器，通过调节冷却水量来控制油的温度。当油箱中的油温高于规定温度时，油温开关自动启动或操作员手操启动冷却系统。当油温低于工作温度时，启动电加热器。抗燃油的工作温度应该控制在 30~50℃ 之间。

EH 系统的抗燃油，是一种三芳基磷酸酯型合成油，具有良好的抗燃性、润滑性和稳定性，燃点接近 600℃，高温防火性能好，但有一定的毒性和腐蚀性，且价格较贵，故一般只用于控制和动力用油，并独立于润滑油系统。为了保证抗燃油的性能，使油保持中性和去除水分，系统中设置了抗燃油的再生装置，这是一种用来储存吸附剂和使抗燃油性能得到保持的精密过滤装置，可定期或连续运行。油再生装置运行时，通过一个叶片泵将油箱中的抗燃油不断送入油再生装置，经过处理的油再循环回到油箱。

四、润滑油系统

润滑油系统除为汽轮发电机组轴系的主轴承、推力轴承和盘车装置提供润滑油外，还为发电机氢密封油系统提供高压和低压密封油，同时为机械超速危急遮断系统提供压力油。

典型的润滑油系统如图 9-53 所示，其原理与图 9-25 所示系统类似。该系统主要由润滑油主油箱、主油泵、交流电动辅助油泵、注油器（或油涡轮）、冷油器、直流事故油泵、顶轴油泵、油烟分离装置（除油雾装置和排油烟机）和净油装置等组成。

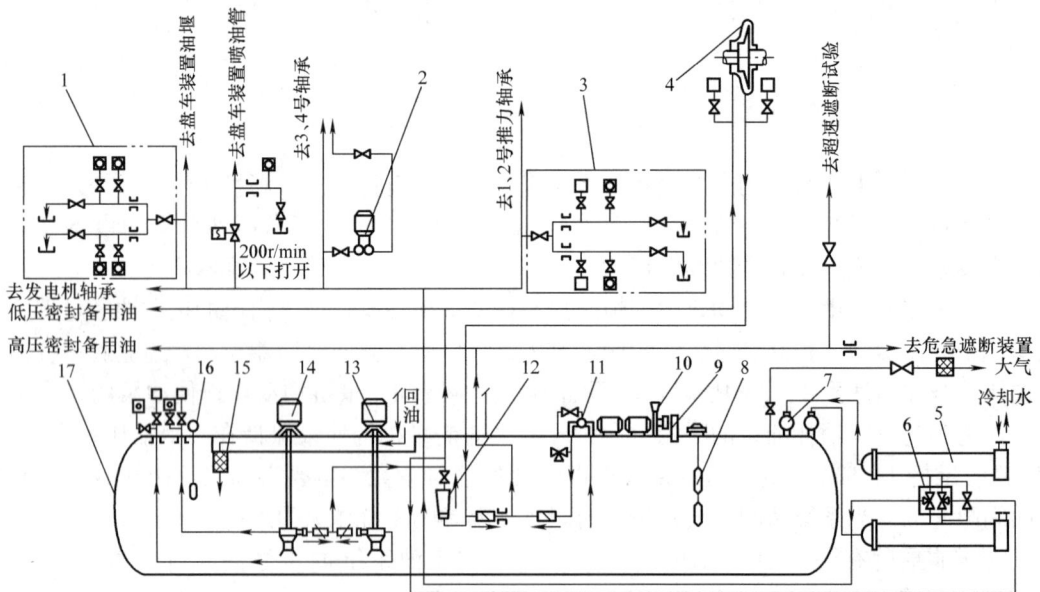

图 9-53　汽轮机润滑油系统

1、3—交流电动辅助油泵和直流事故油泵自启动试验装置；2—顶轴油泵（3 台）；4—主油泵；5—冷油器；
6—三通阀；7—窥视口；8—高低油位报警开关；9—除油雾装置；10—排油烟机；
11—密封油备用泵；12—注油器；13—交流电动辅助油泵；14—直流事故油泵；
15—回油网；16—油位计；17—油箱

正常运行时，润滑油系统的全部需油量由主油泵和注油器提供。主油泵的出口压力油先进入安装在主油箱内的压力油管道，然后分为两路，一路向机械式超速危急遮断装置供油，同时作为发电机高压备用氢密封油；另一路作为注油器的射流动力油。注油器的出油分为三路，主油泵进口油；经冷油器送至各径向轴承、推力轴承以及盘车装置的润滑油；发电机低压备用氢密封油。有些汽轮机配置有两台注油器分别完成不同的任务。注油器是一种射流泵，无运动部件，可靠性高，但噪声大且效率低。因此，一些汽轮机制造商用油涡轮代替注油器。油涡轮用压力油驱动涡轮机带动油泵工作，效率较高，噪声小，已经在很多大型汽轮机上使用。

润滑油系统有两台冷油器。正常运行时，一台工作，一台备用，在需要时，两台冷油器也可并联使用。考虑到润滑油及轴承合金的特性，一般情况下，要求所有轴承回油温度低于70～75℃。为此，要保持冷油器出口油温在43～49℃之间。

当润滑油系统运行时（包括盘车装置运行时），净油装置同时投入工作，以不断清除油中的杂质和水分。净化后，油中水分应小于0.05%。采用精密滤网的净油装置，可滤除粒径2μm以上的杂质。

多数汽轮机的主润滑油泵是主轴带动的离心油泵，在启动和停机过程中，当主轴转速低于2700～2800r/min时，主油泵的压头和输出的油量不能达到设计参数，故注油器也达不到正常出力，此时需启动交流电动辅助油泵。供油系统中还设有事故备用油泵，它是由蓄电池组供电的直流油泵，作为交流电动辅助油泵的备用泵。在交流电源或交流电动油泵发生故障时，它是汽轮发电机组轴承润滑油和氢密封油供应油源的最后保证。现代大型汽轮机也有直接采用电动油泵作为主油泵的，这对电动油泵的可靠性提出了更高的要求。

大型汽轮机和发电机轴承，设有顶轴装置，在转子开始转动前，依靠高压油顶起转子，避免轴颈和轴瓦之间的干摩擦。顶轴油泵与盘车系统连锁，以保证轴颈和轴瓦的安全。在盘车投入时，顶轴装置可使盘车阻力矩大为减小。

在油系统中设有监控轴承油压的压力继电器。一般当油压降到0.076～0.083MPa时，该继电器接通辅助油泵的电动机控制线路，使交流电动油泵投入工作，以恢复油压。如果润滑油压继续降低，压力继电器将启动直流事故备用油泵，并通过ETS使机组紧急停机，以保护机组的安全。

润滑油系统的油管是具有防护性的套管，较小直径的压力油输送管道被套在外层大直径管道中。最外层的大管道通向主油箱的回油管，同时也对里面套装的压力油管道起支撑和防护作用。内部的压力油输送管一旦有压力油泄漏，漏油将流入回油管道，不会外漏。从电厂防火角度来说，套装管道是较理想的结构。

汽轮机的机械超速遮断信号是由一路压力油传递的。机械超速遮断母管中的润滑油油压力是由主油泵输出的润滑油经一个节流孔建立的。通过这个节流孔向危急遮断装置提供的压力油控制着一个隔膜阀，当油压快速失去时，通过节流孔提供的油量不足以恢复油压，故隔膜阀迅速开启，引起调节系统的EH抗燃油失压，从而关闭汽轮机的全部进汽阀门。在不解列的情况下，为了试验危急遮断飞锤是否能按要求飞出，还在油路上布置了超速遮断试验阀。见图9-54。

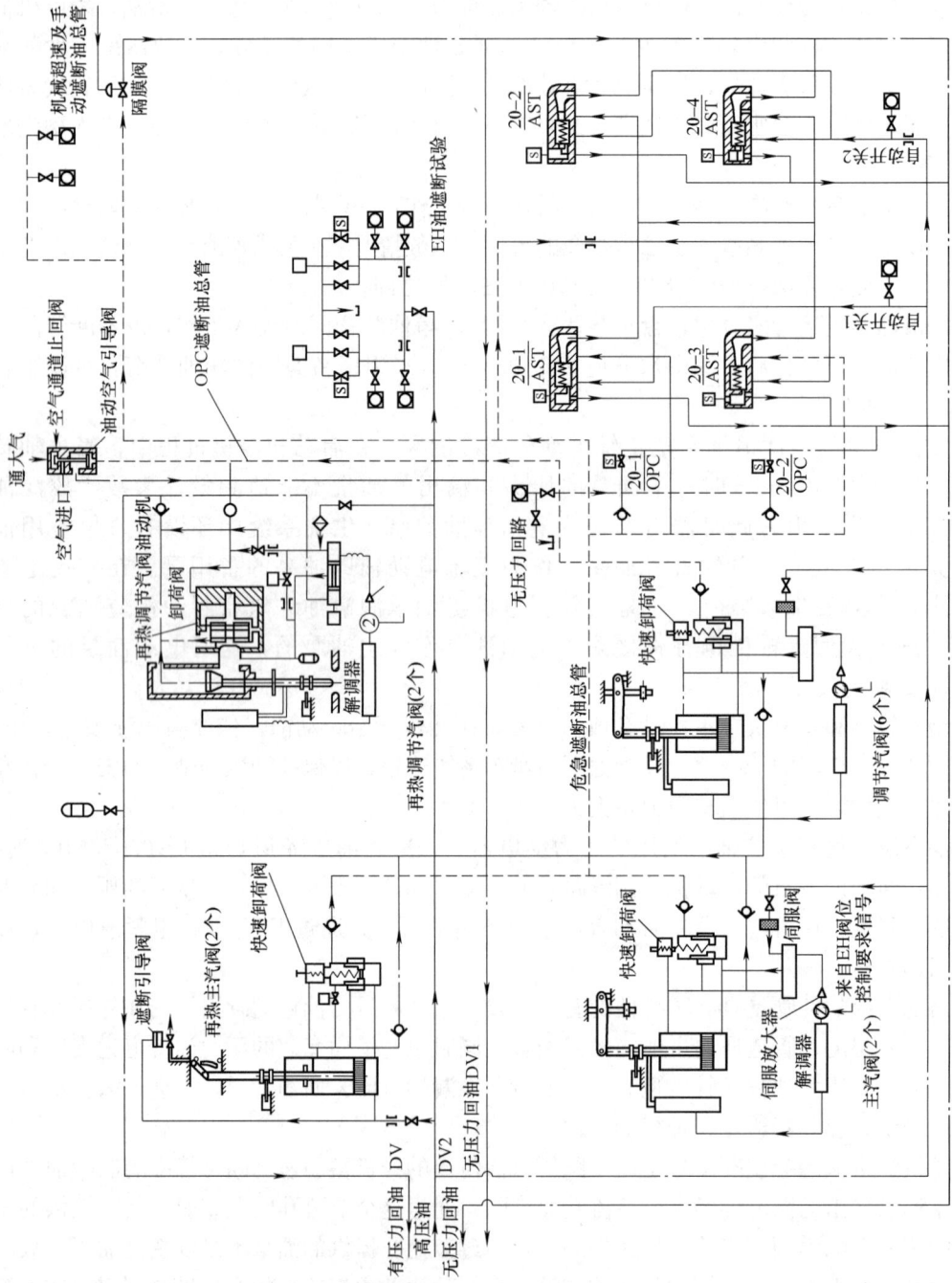

图 9 - 54　DEH 的液压控制系统图

五、DEH 液压伺服控制系统

在 DEH 控制系统中，通过计算机处理、比较、综合和运算后的数字信息，经 D/A 转换器转变成模拟电信号，驱动伺服控制机构完成阀门控制。该驱动控制信号与执行机构的位移反馈信号进行比较，其输出经伺服放大器放大后，控制电液伺服阀，将电信号转换成液压信号，再经油动机进行末级放大，控制各主汽阀和调节汽阀。

图 9-54 为典型 DEH 液压控制系统原理图。DEH 液压控制系统由四大部分组成，图中的右下方为 OPC 和 ETS，右上方为遮断试验系统，左上方为两套中压主汽阀和调节汽阀的控制系统，左下方为 2 个高压主汽阀和 6 个高压调节汽阀的控制系统。各汽阀及其相应的油动机，组成 DEH 系统的伺服执行机构，整个系统共有 12 个油动机，由于它们控制的对象及任务不同，其型式和调节规律也不相同。

对于 DEH 系统中的高压主汽阀和调节汽阀、中压主汽阀和调节汽阀，尽管它们的作用、结构和型式有所不同，但具有一些共同的特点（见图 9-55～图 9-57）。

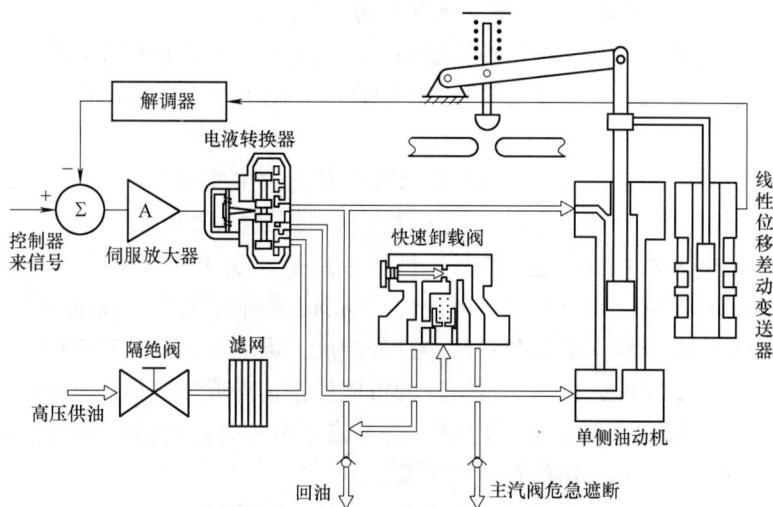

图 9-55　高压主汽阀和调节汽阀的工作原理

（1）主要的控制汽阀都有独立的油动机、快速卸载阀、隔绝阀、伺服放大器和电液伺服阀等，组成了一套液压伺服机构。

（2）所有的油动机都是单侧油动机（见本章第二节），其开启以高压抗燃油为动力油，关闭依靠机械弹簧力，当油压降低时，油动机会自动关闭。因此，无论系统漏油或其他原因使油路失压，汽阀都向关闭的方向动作，这是一种安全的系统。

（3）在油动机的油缸上有一个控制

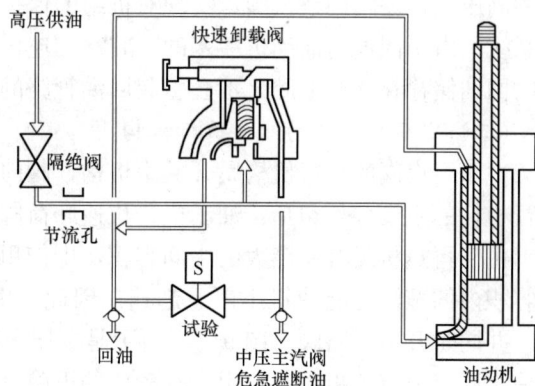

图 9-56　中压主汽阀的工作原理

块，这个控制块上装有隔绝阀、快速卸载阀、逆止阀和其他附加组件，使油动机兼具无级控制和快关的功能。

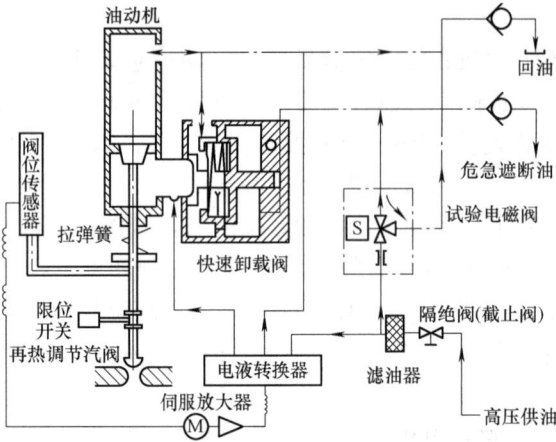

图 9-57 中压调节汽阀的工作原理

（4）在油动机快速关闭时，为了使蒸汽阀碟与阀座的冲击力保持在允许范围内，在油缸的底部设计了液压缓冲装置，它可将活塞动能的主要部分在冲击发生的瞬间转变成为流体的压力能量，既满足阀门快关的要求，又减小冲击力。

（5）把止回阀、隔绝阀、快速卸载阀、电液伺服阀和油动机等组合成一体，减少了独立设置时各功能构件的管路连接，结构紧凑，提高了系统的可靠性。

（一）高压主汽阀和调节汽阀的组合执行机构

高压主汽阀和调节汽阀是一种模拟控制型的阀门机构，可以根据需要将调节汽阀控制在任意的开度位置。图 9-55 为调节汽阀的工作原理图，图中给出了阀门控制的各种主要功能构件。

调节汽阀的工作原理是，当负荷给定值或外界负荷发生变化时，经计算机运算处理后得到开大或关小汽阀的电气信号，通过 D/A 转换，由伺服放大器将控制信号的功率放大，在电液伺服阀（电液转换器）中将电量转换成液压控制量，改变送入油动机下腔的高压油量，推动活塞对汽阀进行控制。增负荷时，电液伺服阀输出的油压升高，使油动机的活塞向上运动，通过连杆带动汽阀开启；减负荷时动作过程相反。当油动机活塞移动时，同时带动线性位移差动变送器的芯杆移动，将油动机活塞的机械位移转换成电气信号，该信号作为反馈与输入的指令信号在伺服放大器中进行比较，输入偏差为零时，电液伺服阀主阀回到中间位置，汽阀停止运动，在新的工作位置达到平衡。

在主汽阀和调节汽阀的油动机旁，各设有一个快速卸载阀，以便汽轮机发生故障需要迅速停机时，通过危急遮断系统使遮断油迅速失压，快速卸载阀中间活塞上移，泄去油动机下腔的高压油，关闭调节汽阀，实现对机组的保护。在快速卸载阀动作的同时，工作油排入回油系统，由于回油与油动机活塞的上腔室相连，一是可以消除油压波动的影响，二是能将排出的回油储存在活塞上腔，不会引起回油管路的过载。

（二）中压主汽阀的组合执行机构

中压主汽阀的执行机构属开关型机构，阀门只有全开和全关两个位置。中压主汽阀组合执行机构的主要部件包括：油动机、快速卸荷阀、电磁阀、隔绝阀等。

由于再热机组具有庞大的中间容积，即使甩负荷时高压主汽阀和调节汽阀能立即关闭，该容积内的蒸汽也能使机组严重超速。因此，甩负荷后也要立即关闭中压主汽阀及调节汽阀，并同时开启旁路阀。图 9-56 所示是中压主汽阀的工作原理。高压油自隔绝阀引进，经过一个固定节流孔板后直接引入油动机的下腔室。该节流孔板的作用，一是在中压主汽阀开启时限制油动机进油量，使开启动作缓慢执行，避免突然冲击；二是当危急遮断系统动作时，限制大量高压油进入，而使快速卸载阀能迅速地将油压泄去，油动机快速，关闭中压主汽阀。

（三）中压调节汽阀的组合执行机构

中压调节汽阀也是一种控制型的执行机构，能按需要调节进汽量。中压调节汽阀组合执行机构由油动机、滤油器、隔绝阀、伺服放大器、电液伺服阀、快速卸载阀、逆止阀和线性位移差动变送器（中压阀位传感器）等部件组成。图 9-57 所示为中压调节汽阀的工作原理。高压抗燃油通过隔绝阀和滤油器后进入电液转换器，输出的压力油进入油动机。油压升高时，克服弹簧力，使油动机活塞向上运动，开启中压调节汽阀；油压降低时，调节汽阀依靠弹簧力的作用而关小。机组甩负荷时，DEH 系统通过快速卸载阀迅速关闭该汽阀并打开旁路系统，将再热容积中剩余的蒸汽排入凝汽器，同时维持机组的空载运行。机组超速或危急遮断系统动作时，也使快速卸载阀动作，关闭中压调节汽阀。同时，DEH 亦可通过遥控电磁阀，单独关闭中压调节汽阀。

六、汽轮机超速保护和危急遮断控制

随着机组容量的增大，运行参数的提高，大型机组发生故障的波及面更大，后果更严重，故对机组的保护显得更加重要。因此，大型汽轮机组均配备了专门的超速保护和危急遮断控制系统，在遇到危及机组安全的情况时，按各自的控制策略迅速关闭各汽阀。

（一）超速保护系统

OPC 是汽轮机超速保护的第一道防线。当汽轮机转速升到 103% 额定转速时，OPC 关闭调节汽阀，使机组维持在额定转速运行，避免转速继续升高而被遮断停机。当超速到 110% 额定转速时，ETS 动作，关闭所有的主汽阀和调节汽阀，紧急停机。

图 9-58 所示为超速保护控制系统的工作原理。其中，P_0 为额定功率；OPC 压力信号取自中压缸排汽口压力；IEP 是由该压力折算的功率当量值，代表汽轮机的机械功率；MW 为发电机功率信号，由三相功率变送器测得；n 为转速信号。OPC 主要有三个功能。

1. 外界负荷部分下跌、快关中压调节汽阀功能（CIV）

该功能是由图 9-58 上部的逻辑系统实现的。当发电机负荷突然下跌时，若汽轮机功率超过发电机功率达到某一预定值，保护逻辑将使 CIV 的触发器动作，中压调节汽阀在 0.15s 内快速关闭。如果此时发电机的励磁电路是闭合的，表明机组只是甩去部分负荷，在阀门关闭一段时间（0.3~0.1s）后，CIV 触发器被复位，中压调节汽阀重新打开；若打开后汽轮机机械功率与发电机功率的偏差仍超过预定值，10s 内 CIV 触发器还可重新动作，再关闭中压调节汽阀。CIV 允许循环动作，使汽轮机机械功率与发电机功率逐渐接近平衡，保证电网的稳定。CIV 动作的延时可在规定的时间范围内调整。

一般来说，这种控制特性主要是考虑电网的短期故障，如瞬间短路等，故障若在 10s 以内能够消除，CIV 使机组不会超速或被迫与电网解列，避免不必要的停机和重新并网。

2. 负荷下跌预测功能（LDA）

该部分功能是由图 9-58 中间部分的逻辑系统实现的。它是基于负荷大幅度下跌（如甩负荷）时，励磁电路断开，而汽轮机驱动功率仍保持在 30% 额定功率以上或中压缸进汽压力超过一个最低限值时，为避免机组超速过大而引起危急遮断系统动作的一种保护措施，此时由 LDA 请求关闭调节汽阀。

3. 超速保护控制功能

该部分功能是由图 9-58 下部的逻辑系统实现的。它在 OPC 处于非超速测试期间，但

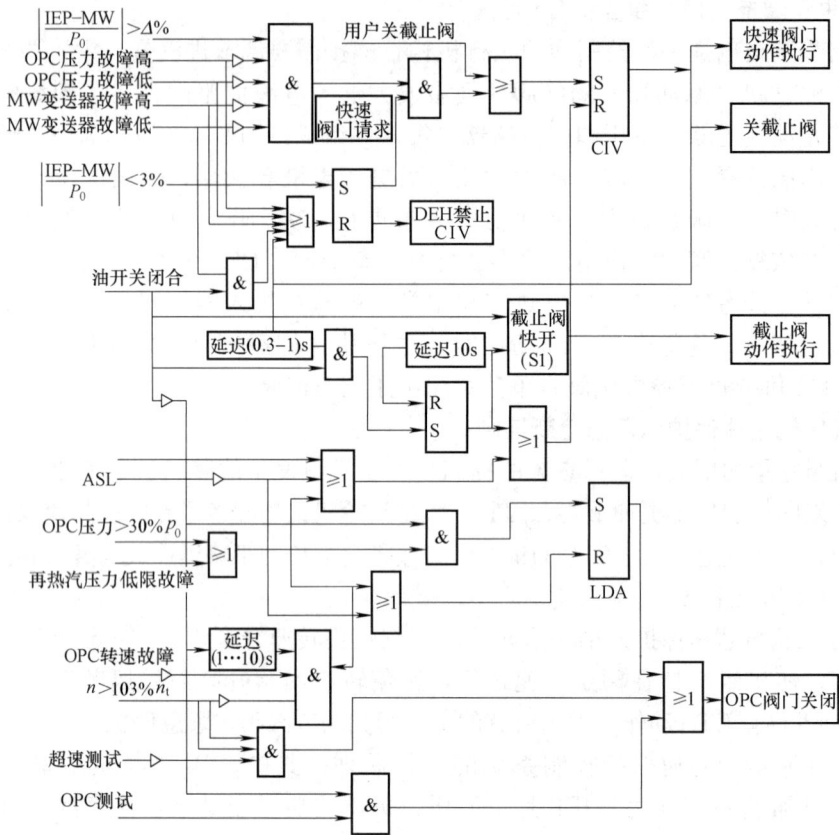

图 9-58 超速保护控制系统的原理

转速超过 103% 时，关闭高、中压调节汽阀。

（二）危急遮断控制系统

ETS 的任务是对机组的一些重要参数进行监视，并在其中之一超过规定值时，发出遮断信号，关闭汽轮机的全部进汽阀门，实现紧急停机，确保机组安全。ETS 主要包括：①超速保护；②轴向位移保护；③润滑油低油压保护；④EH（抗燃油）低油压保护；⑤凝汽器低真空保护等。

ETS 还提供一个外部遥控遮断接口，接受机组振动保护、电气故障保护以及运行人员紧急打闸等停机信号。

此外，机械超速遮断和手动遮断为独立系统，不纳入 ETS 范围，用以实现对机组超速的多重保护。

ETS 系统的硬件由电气遮断组件、电源板、继电器板、遮断和保持继电器板等组成。这些部件统一布置在遮断电气柜内，承担 ETS 遮断全部保护项目的控制任务。ETS 动作逻辑由 4 个 AST 电磁阀组成，见图 9-54 的右下角部分。电磁阀构成了两个中间交叉的逻辑通路，任意一个电磁阀失效，都不会影响 ETS 系统保护动作的准确实现。

表 9-1 给出了某 300MW 亚临界机组主要保护参数的正常、报警和遮断数值。当参数到达遮断值时，ETS 系统自动紧急停机。

表 9 - 1　　　　　　　　　　　　某 **300MW** 机组的主要保护参数表

项目名称	单位	数值		
		正常值	报警值	遮断值
机组转速（电气）	r/min	3000		3300
机组转速（机械）	r/min	3000		小于 3330±15
轴向位移（调速器方向）	mm	3.56（整定值）	2.66	2.54
轴向位移（发电机方向）	mm	3.56（整定值）	4.39	4.57
润滑油压	kPa	82.73～103.41	48.26～62.05	34.47～48.56
EH 油压	MPa	12.41～15.17	10.69～11.38	9.31
机组排汽压力	kPa（abs）	16.84	18.63	20.33
轴相对振动	μm		125	250

第六节　DEH 的计算机系统

一、计算机系统的硬件结构

图 9 - 59 为 DEH 的计算机控制系统原理。它由控制对象、测量元件、控制器和执行机构四大部分组成。DEH 数字控制部分的主体是计算机和包括 A/D 采集器、光电隔离，信号接口、智能图像站和打印机等在内的外部设备以及监视、操作盘等。数据采集部分主要由转速、发电机功率、第一级（调节级）后蒸汽压力和主蒸汽压力变送器等测量元件组成。液压伺服执行机构主要由伺服放大器、电液伺服阀（电液转换器）、油动机和位移变送器组成，分别控制高压主汽阀和调节汽阀、中压主汽阀和调节汽阀。被控对象是汽轮发电机组。

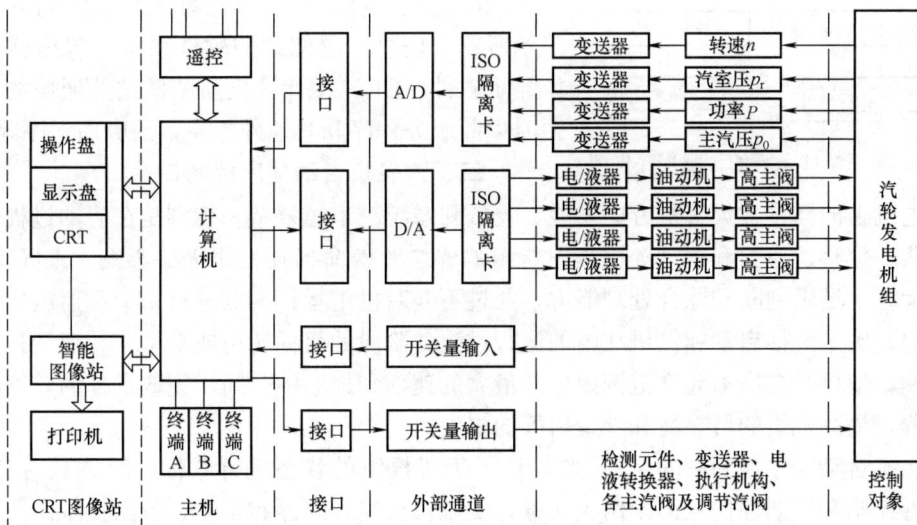

图 9 - 59　DEH 的计算机控制系统原理图

DEH 计算机系统的主要硬件，如计算机、主存贮器、信号输入/输出卡、通信和机箱电源等，均集中布置于几个控制机柜内。作为主要控制器，DEH 设有两台独立的基本控制计算机 A 和 B，两机的配置完全相同，一台工作，一台热备用。ATC 控制则由专门的计算机 C 完成。

二、计算机系统的应用软件

DEH 系统的应用软件由统一的管理软件调度运行，整个应用软件由四大部分组成。

（一）基本管理软件

管理软件的任务是，完成主计算机与操作盘、显示器、调度终端、图像站和 C 计算机（ATC 系统）的信息交换。

（二）基本控制软件

图 9-60 所示为按工艺内容划分的系统控制程序框图。基本控制软件是为机组控制任务服务的，在机组安全和经济运行的前提下，充分保证各种控制手段的有效实施。

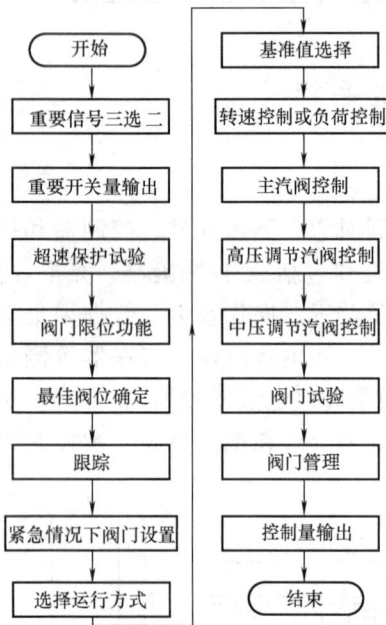

图 9-60 DEH 系统的控制程序框图

（三）汽轮机自动程序控制软件

实现汽轮机自动（启停）程序控制的全部程序，统称 ATC 软件包。它由 ATC 控制和 ATC 监视两个周期性任务程序组成，其中 ATC 控制包括调度程序、模拟量转换程序和控制子程序。当 DEH 系统采用 ATC 方式运行时，这两个任务被激活，由多任务操作系统按优先级别调度运行。ATC 向 DEH 提供转速/负荷请求值（给定值）和转速/负荷速率控制值，其周期为 1s，即 ATC 程序每隔 1s 被调用一次。

（四）图像显示软件

在 DEH 系统中，图像显示的任务很重，为减轻主计算机的工作量，提高系统的可靠性，可配备独立的图像显示计算机，主计算机只负责向其传输显示所需的信息。图像站的软件系统，包括整体图像显示软件、DEH 主计算机与图像站的通信约定、定时中断服务程序和其他外围设备的应用程序等。

三、汽轮机自动程序控制

火电机组向高参数大容量方向发展，设备和系统越来越复杂，特别是在启动过程中，温差、膨胀、位移、应力和振动等因素对机组的安全和寿命损耗有很大的影响。ATC 利用计算机的运算、逻辑判断和综合处理能力，通过不断对机组运行参数进行采集和监测，计算转子的应力，确定包括启动和停机在内的运行过程各阶段的目标转速或功率、转速变化率或负荷变化率，使机组在应力允许范围内，以最大的速率和最短的时间，完成最佳的转速和负荷调整过程，提高机组的可靠性和减少启停的损失。

汽轮机自动程序控制中的 ATC 监视仅限于对机组的状态进行监督，而 ATC 控制则担负周期性控制和周期性信息记录两大任务，实现对机组自启停和正常运行的控制。

（一）ATC 监视

ATC 监视不参与机组的转速或负荷控制，只监视汽轮发电机组的运行状态，并将运行信息、报警信号等送往图像站。

ATC 监视任务接收 C 计算机送来的信息并进行处理，同时处理 DAS 采集的开关量，供 ATC 和 DEH 调用。而 DAS 采集的模拟量，首先经过异常判断，若有超限，将该信息送到 C 计算机报警；若在正常范围内，将它们存储，供 ATC 和 DEH 调用。

（二）ATC 控制

机组按 ATC 方式运行时，其启动和带负荷运行，全部由 ATC 控制程序向 DEH 主控制计算机提供给定控制值，并由 DEH 自动完成控制动作。ATC 的信息和报警等信号同时送到图像站，供运行监视和打印记录之用。

ATC 控制程序由一个调度程序和 16 个运算子程序组成，其任务是根据 ATC 监视和 DEH 系统提供的有关数据进行分析、计算，向 DEH 提供当前机组的转速或负荷的目标请求值及其变化速率，确定要采取的控制动作。

在 DEH 系统中，OA 是最基本的运行控制方式，而 ATC 控制则是居于 OA 之上的最高一级运行方式，根据控制的内容，它又可分成两种控制方式。

1. ATC 全自动控制

该方式用于机组的自启动，自运控制机组从盘车、升速、暖机、主汽阀与调节汽阀切换、同步并网和带初负荷的全过程。在该方式下，目标转速和升速率、初负荷和升负荷率，都不是来自操作人员的指令，而是来自计算机的程序或外部指令，整个过程均由计算机自动进行控制。

2. ATC 联合负荷控制

该方式用于带负荷阶段，需选定下述一种 ATC 联合控制方式，完成负荷自动控制的任务：OA-ATC 方式；CCS-ATC 方式；电网负荷调度中心 ADS-ATC 方式和 PLANT COMP-ATC 方式等。

（三）ATC 控制模块

图 9-61 给出了 ATC 控制的程序模块及其信息交换系统。它反映了机组从启动至运行全过程中的监控内容、状态计算及其信息联系，共有 16 个子程序，各自采用不同的程序编号，如 P01～P16 等。

（1）高压缸转子应力计算（P01）。P01 根据转子热应力计算结果确定"允许"或"禁止"下一步的启动或运行，其运算周期为 $T=5\text{s}$。

（2）汽缸温度监视（P02）。P02 包括汽缸和蒸汽室的金属温度及金属部件的温差计算，其运算周期 $T=10\text{s}$。

（3）盘车运行方式监视（P03）。P03 用以确定是否要求机组投入或切除盘车状态，其运算周期 $T=60\text{s}$。

（4）转子应力控制（P04）。P04 根据第 1 和第 16 子程序计算得到的转子应力和有关数据，确定转子控制的逻辑状态，以决定是否保持原有转速或功率，是否需要减小或增加转速或功率的变化率，其运算周期为 $T=30\text{s}$。

（5）偏心和振动监视（P05）。P05 在转子的偏心率和振动值超过限定值时依次报警，严重时触发停机，其运算周期为 $T=6\text{s}$。

（6）汽缸疏水检测及控制（P06）。P06 根据汽缸上部和下部的温差来判断下汽缸是否积水，并对疏水阀进行控制，其运算周期为 $T=10\text{s}$。

（7）目标请求值（给定值）和转速/负荷率控制（P07）。P07 通过对金属温度、疏水、

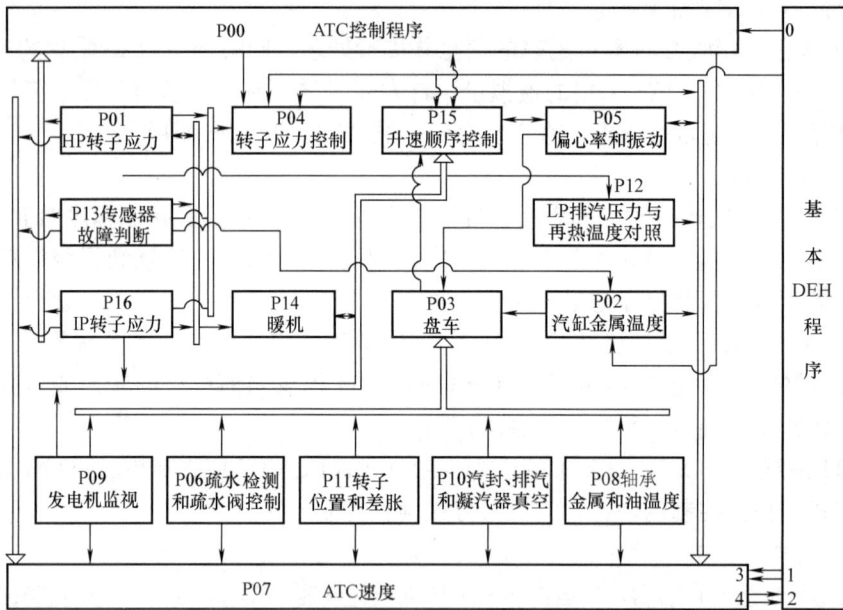

图 9-61 ATC 控制的模块结构及其信息交换系统

差胀、应力、轴向推力和振动等因素的综合比较后，给出该工况下的转速和负荷值以及改变转速和负荷的变化速率，并确定控制进程是否继续保持或需要改变等，其运算周期为 $T=1\mathrm{s}$。

（8）轴承温度和油温监控（P08）。轴承温度和油温与机组转速、轴承工作情况和冷油器运行等因素有关，P08 使升速率或升负荷率的数值在该两项温度的允许范围之内，其运算周期为 $T=60\mathrm{s}$。

（9）发电机监控（P09）。除了第 8 子程序要求外，P09 还对发电机的振动、氢冷却系统故障、励磁电路故障、功频特性范围、功率信号故障和发电机过载等因素进行监控，以确定负荷的保持或升降策略，其运算周期为 $T=60\mathrm{s}$。

（10）汽封、汽轮机排汽和凝汽器真空监视（P10）。P10 监控用以保证汽封温度不超出高限或低限，凝汽器不同区段之间压差和压力不超过高限，在汽轮机排汽温度过高时控制喷水等，同时设立故障状态标志，以供 ATC 主机判断和处理之用，其运算周期为 $T=50\mathrm{s}$。

（11）轴向位移、差胀和差胀趋势监视（P11）。P11 通过监视、比较分析和预测后决定转速或负荷是否保持或增减，有关参数超过限值时提供报警，甚至停机的状态标志，其运算周期为 $T=60\mathrm{s}$。

（12）低压缸排汽压力和再热蒸汽温度监视（P12）。若参数越过限定值，P12 向 ATC 提供状态标志，其运算周期为 $T=60\mathrm{s}$。

（13）传感器故障监视（P13）。当传感器不准确或无输出时，P13 向 ATC 提供状态标志并采取替代措施，或至少明确与故障元件有关部分的监控或计算是不可信的，该部分的监视周期为 $T=5\mathrm{s}$。

（14）暖机监控（P14）。P14 根据机组各部分的温度条件，确定暖机的速度、时间和进程，设置"暖机请求"和"暖机完成"的状态标志，其运算周期为 $T=60s$。

（15）升速顺序控制（P15）。P15 把机组从盘车到并网分成四个阶段，其标志为第一段转速、暖机转速、主汽阀至调节汽阀切换转速和同步（并网）转速。根据机组的运行条件，选取相应的设定值和速率，给出 4 个目标请求值，由 ATC 进行顺序控制。该子程序至带初负荷后即退出，其运算周期为 $T=60s$。

（16）中压缸转子应力计算（P16）。P16 的任务是计算中压缸转子实际应力和预估应力，由控制程序综合高压缸转子应力计算的情况，决定机组的升速率和升负荷率。中压转子应力对负荷率影响特别大，因此，运算周期较小，$T=5s$。

第七节　DEH 的系统特性

控制系统特性包括静态特性和动态特性两方面。DEH 系统虽然复杂，但其评价指标与传统的控制系统是一致的。一般而言，一个好的控制系统，应是在满足静态特性要求的前提下具有尽可能好的动态特性。

一、DEH 系统的静态特性

系统的静态特性用系统参数或空间位置之间的稳态关系来描述，与时间无关。静态特性按其组成来分类，可分为元（部）件的静态特性和系统的静态特性。

（一）元（部）件的静态特性

DEH 系统元（部）件的静态特性，主要指伺服系统和阀门管理系统的静态特性。

1. 伺服系统的静态特性

DEH 伺服系统的组成如图 9 - 62 所示，其范围包括从计算机的输出到油动机输出的全部功能部件。图中 A 表示凸轮特性输出、P 表示阀门位置反馈信号。主要部件特性有四个。

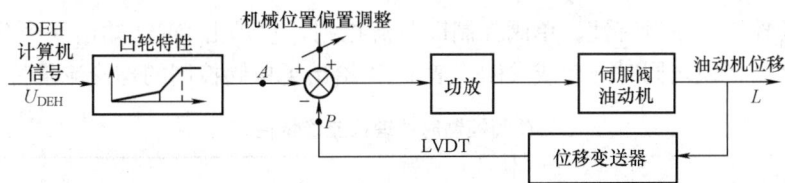

图 9 - 62　DEH 伺服系统的方框图

（1）油动机位移传感器（线性差动位移变送器 LVDT）静态特性。该特性表示 LVDT 的输出电压与油动机行程 L 的关系，是控制型汽阀的位移特性描述。

（2）凸轮静态特性。油动机凸轮效应，指控制器采用相对增长较小的输入电压，使油动机以较快的速度达到阀门控制位置特性，类似于机械凸轮效应。

（3）油动机的静态特性。表示油动机行程 L 和蒸汽控制调阀位指令 A 之间的关系，包含了电液伺服阀的特性。

（4）伺服系统的静态特性。该系统特性是 LVDT 特性、凸轮特性和油动机特性的综合特性。

伺服系统的静态特性是在伺服系统闭环工作情况下得到的，表示从 DEH 输出到油动机位移变化整个闭环系统的联合特性。表 9 - 2 提供了某调节阀伺服系统各环节的静态数据

（电压值），根据该表数据可作出伺服系统的静态特性图。

表 9 - 2　　　　　　　　　　　　调节阀伺服系统的闭环静态特性

项目　　　　序号	1	2	3	4	5	6	7	8	9	10
U_{DEH}（V）	0.000	0.138	0.200	1.000	2.000	3.000	3.800	3.840	3.880	4.000
A（V）	0.000	0.138	0.200	1.000	2.000	3.000	3.800	4.000	4.200	4.200
P（V）	0.000	0.138	0.200	1.000	2.000	3.000	3.800	4.000	4.200	4.200
LVDT（V）	1.000	1.138	1.200	2.000	3.000	4.000	4.800	5.000	5.200	5.200
L（mm）	0.000	6.350	9.200	46.00	92.00	138.0	174.8	184.0	193.2	193.2

2. 阀门的流量特性

阀门的流量特性表示阀门的升程和流量的静态关系。由于阀门控制有两种方式，因此有两种静态特性。

（1）顺序阀控制的流量特性。顺序阀控制即喷嘴控制，各阀门是顺序开启的。表 9 - 3 给出了某汽轮机顺序阀（6 阀）控制时，各单个阀门的理论流量特性。

表 9 - 3　　　　　　　　　　多阀控制时单个阀门的理论流量特性

项目　　　　序号	1	2	3	4	5	6	7
阀门升程 H（mm）	0.00	20.32	43.66	54.57	68.53	84.36	184.15
相对升程（%）	0.00	11.03	23.71	29.64	37.21	45.81	100.00
相对流量（%）	0.00	0.10	12.691	17.979	19.882	20.517	21.036

（2）单阀控制的流量特性。单阀控制即节流控制，它是由 DEH 输出一个公共的信号去控制所有的阀门，使之同时开启或关闭。表 9 - 4 给出了单阀控制的理论流量特性。

表 9 - 4　　　　　　　　　　　　单阀控制时的理论流量特性

项目　　　　序号	1	2	3	4	5	6	7
相对升程（%）	0.000	11.030	23.710	29.640	37.210	45.810	100.00
相对流量（%）	0.000	0.600	76.145	107.872	119.294	123.101	126.217

为提高运行的经济性，机组在基本负荷附近运行时，宜采用单阀控制方式；在负荷经常变动，特别是机组参与调峰时，宜采用顺序阀控制方式。

（二）DEH 系统的静态特性

无论何种汽轮机控制系统，其静态特性均可用转速和负荷的关系，即 $n = f(P)$ 来表示。

DEH 系统的静态特性，建立在元（部）件静态特性的基础上。DEH 是功率—频率控制系统，当机组负荷稳定后（控制系统各参数均处于某静态位置），DEH 的功率给定和经过频率校正的功率偏差之和等于发电机发出的功率。即

$$(\lambda_P + x) - P = 0$$

式中：λ_P 为系统功率给定，MW；x 为经频率控制环节校正后的功率偏差，MW；P 为发电机功率，MW。

设频率控制环节的功率校正系数为 $K = 1/\delta[\text{MW}/(\text{r/min})]$，则

$$x = K\Delta n = K(n_0 - n)$$

式中：n、n_0 为汽轮机的实际转速和额定转速，$n_0 = 3000\text{r/min}$；δ 为速度不等率。

由此得

$$n = -\frac{1}{K}P + \left(n_0 + \frac{\lambda_P}{K}\right) \qquad (9\text{-}25)$$

式（9-25）即 DEH 系统的功频静态特性方程。由此可得到 DEH 系统的静态特性曲线，见图 9-63。从图中可以看出：

（1）由于 DEH 系统采用了转速和功率反馈信号，系统具有线性的功率—频率的静态特性（曲线1）；

（2）改变功率给定值 λ_P，可使静态特性曲线平移（曲线2），在并网情况下改变负荷，实现二次调频；

（3）可以设定转速不灵敏区（控制死区）$|\Delta n|$，当 $|\Delta n|$ 取得足够大时，机组不参加一次调频，其出力只随功率给定变化（垂直线3）；

（4）频率控制环节功率校正系数反映了控制系

图 9-63 DEH 控制系统的静态特性

统的速度变动率，即 $\delta = 1/K$。改变 K 可以改变静态特性曲线的斜率；同时改变 K 和 $|\Delta n|$ 可以获得复杂的系统特性（曲线4），以适应不同的控制要求。

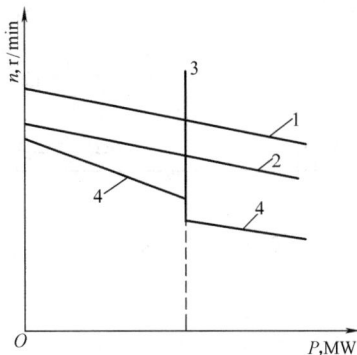

二、DEH 系统的动态特性

控制系统的动态特性，是指该系统受到扰动时，其被调参数随时间变化的整个过渡过程。系统由许多元件组成，因此，无论是系统或元件，都有各自的动态特性。一个合格的汽轮机控制系统，应在机组跳闸甩负荷时，依靠系统自身的控制能力把机组安全控制在空载或部分负荷（带厂用电）状态运行。

DEH 系统动态特性分为并网运行负荷变动时动态特性和机组启停过程或甩负荷后处于单机运行时的动态特性，其中甩额定负荷时超速的危险性最大，这种情况是对控制系统动态特性最严峻的考验。

某 DEH 系统数学模型可用传递函数描述，如图 9-64 所示。由于它可实现多种运行方式和多种控制规律，因而会有不同的动态特性。

（一）串级 PI 控制下 DEH 系统的动态特性

1. 理想情况下的动态特性

理想情况是指系统在无约束完全自由状态下的运动。这个状态下的动态特性可作为系统的理想特性，主要关注机组甩额定负荷后功率给定是否切除和中间再热环节对系统的影响。表 9-5 给出了对应图 9-64 DEH 系统的机组甩负荷后，转速过渡过程的主要动态指标，图 9-65 为其过渡过程曲线。

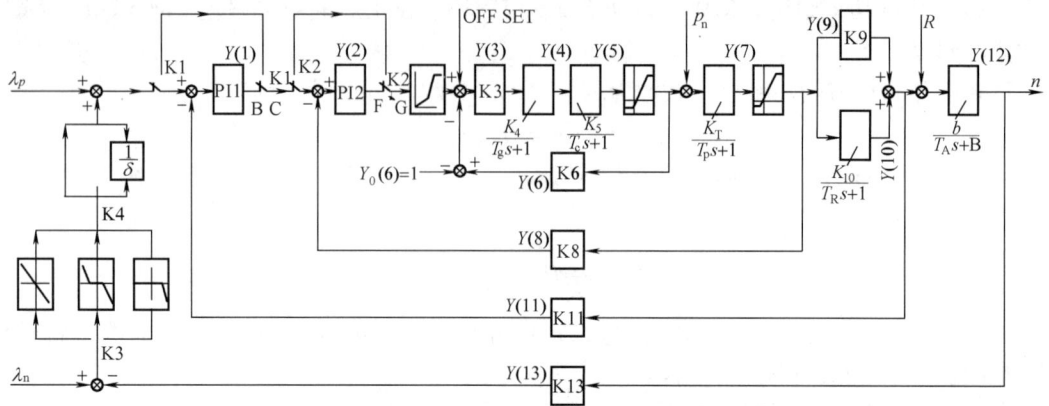

图 9-64　　DEH 控制系统的传递函数方框图

表 9-5　　　　　　　　　　　系统全自动运动下转速过渡过程的主要动态指标

工况	控制器参数	再热时间常数 $t_R(s)$	功率给定 $\lambda_P(V)$	转速过渡过程指标			
				动态升速 $n_m(r/min)$	达到最高转速时间 $t_m(s)$	稳态值 $n_s(r/min)$	稳定时间 $t_s(s)$
1	$K_{P1}=1.6, T_{11}=0.6s; K_{PZ}=0.55, T_{12}=0.6s$	0	1	3108	0.3	3000	3.5
2	$K_{P1}=1.6, T_{11}=0.6s; K_{PZ}=0.55, T_{12}=0.6s$	0	4	3200.4	0.8	3150	4.5
3	$K_{P1}=2, T_{11}=0.4s; K_{PZ}=0.8, T_{12}=1.0s$	8	1	3115.4	0.3	3000	6.5
4	$K_{P1}=2, T_{11}=0.4s; K_{PZ}=0.8, T_{12}=1.0s$	8	4	3223.6	0.8	3150	6.5

图 9-65 中曲线编号与表 9-5 的工况编号对应。图中曲线 1 和曲线 2 表示甩负荷后中压调节汽阀快关，中间再热环节对机组的超速不构成影响的情况，曲线 1 功率给定被切除，曲线 2 功率给定不切除。显然，曲线 2 代表的动态特性较差，其稳态时转速都将达到 3150r/min。曲线 3 是功率给定切除，但中压调节汽阀没有关闭的情况，其结果是动态品质下降，但稳态时并无转速偏差。工况 4 为功率给定不切除且中压调节汽阀没有快关的情况，此时转速的动态飞升量最大。

表 9-5 中的所有情况下，机组的动态升速都不超过危急遮断系统的动作转速（110% 额定转速），表明系统的理论动态特性良好。

2. 有约束情况下系统的动态特性

有约束情况下系统的动态特性代表实际系统的动态特性。实际情况下，系统将受到许多因素的制约，表 9-6 和图 9-66 表示有油动机和调节汽室饱和非线性限幅时的情况与无约束自由情况下 DEH 系统动态特性的对比。图中曲线 1 代表无约束情况，曲线 2 代表有约束情况，机组甩负荷后功率给定均被切除。图 9-66 右边的坐标反映油动机的位移，曲线 μ 代表油动机的行程。理想状态下，计算出来的行程变化动态过程要求油动机从额定负荷的位置关闭到 −96.6mm 的位置，相对变化值为 $\Delta L_{max}/\Delta L_H = -1.6$。而实际情况下，即使计及空载行程，相对变化值也不过是 −1.125。可见，约束限制了油动机应该达到的理想调整量，导致了动态品质变坏，转速振荡加剧，过渡过程延长。

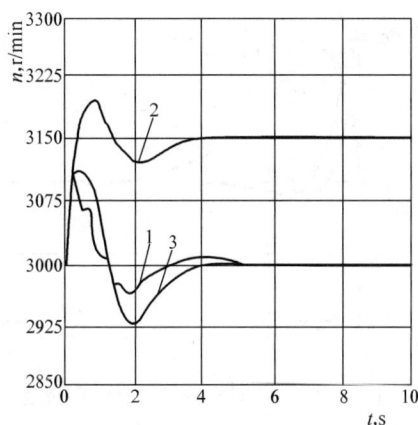

图 9 - 65　理想情况下机组甩
负荷时转速过渡过程

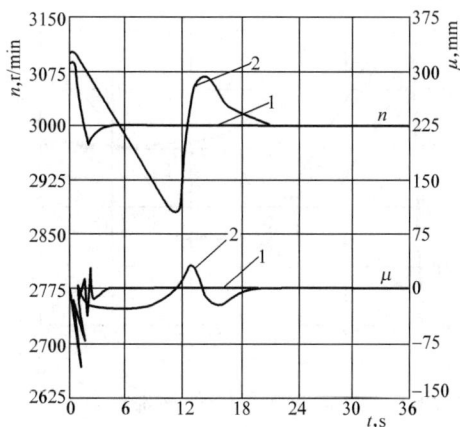

图 9 - 66　约束情况下机组甩
负荷时转速过渡过程

表 9 - 6　　　　　　　　　油动机、调节汽室限幅对转速过渡过程的影响

过渡过程时间 t（s）	0	0.1	0.3	1.5	3.5	6.5	11.5	17.0	22.5
无约束时转速 n（r/min）	3000	3040	3108	2074.9	3000	3000	3000	3000	3000
有约束时转速 n（r/min）	3000	3040	3101.5	3082.3	3038.9	2973.9	2865.6	3012.1	3000

（二）单级 PI 控制下 DEH 系统的动态特性

DEH 系统在故障情况下将自动转入单级 PI 控制方式运行。如图 9 - 51 所示，当第一级压力反馈回路发生故障时，系统只有功率 P 和转速 n 两个反馈信号，系统转入单级 PI1 方式运行；当功率反馈回路发生故障时，系统只有第一级压力 p_T 和转速 n 两个反馈信号，系统将转入单级 PI2 控制方式运行。

在机组甩额定负荷情况下，表 9 - 7 表示图 9 - 64 所示 DEH 系统在单级 PI 控制方式运行时的主要动态指标，图 9 - 67 则表示其转速变化的过渡过程。计算结果是在有约束和 PI 参数：$K_{P1} = 0.8$，$T_{11} = 1.0s$；$K_{P2} = 1.6$，$T_{12} = 1.8s$ 条件下进行的，图中曲线 1、2 和 3 分别表示单级 PI1、单级 PI2 和串级 PI 控制的情况。从图中看出，串级 PI 控制方式的动态指标明显优于单级控制方式。正常情况下，串级 PI 控制应作为 DEH 系统的基本控制方式，单级 PI 控制则作为一种冗余控制方式。

表 9 - 7　　　　　　　　　阶跃扰动下不同控制方式转速过渡过程的主要动态指标

试 验 条 件	功率回路不切除 $\lambda_P = 5V$；$T_R = 8s$			功率回路切除 $\lambda_P = 1V$；$T_R = 0$		
指 标 项 目	PI1	PI2	串级 PI	PI1	PI2	串级 PI
动态升速 n_m（r/min）	3264.6	3276.0	3212.8	3098.2	3212.0	3095.0
达到最高转速时间 t_m（s）	1.0	1.0	0.9	0.3	0.9	0.6
机组稳定时间 t_s（s）	14.0	16.0	15.5	10.5	25.5	19.5

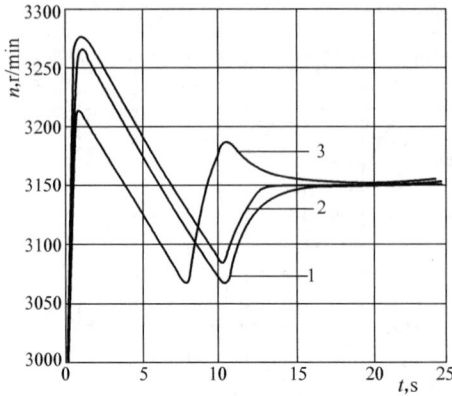

图 9-67　阶跃扰动下不同控制方式
转速的过渡过程

1—单级 PI1 控制；2—单级 PI2 控制；
3—串级 PI 控制

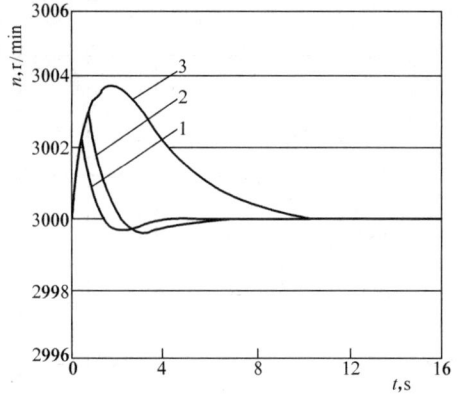

图 9-68　并网运行时三种控制方式
转速的过渡过程

1—串级 PI 控制；2—单级 PI1 控制；
3—单级 PI2 控制

（三）机组并网运行时 DEH 系统的动态特性

机组并网运行时，DEH 系统既受电网的影响，又受机组自身的影响，其动态特性有所不同。表 9-8 给出了机组并网运行、负荷阶跃扰动 2% 后释放时，DEH 系统三种控制方式下转速过渡过程的主要动态指标。图 9-68 为转速的过渡过程，曲线 1、2 和 3 分别表示串级 PI、单级 PI1 和单级 PI2 控制的情况。从图中可以看出，串级 PI 控制方式的动态特性，全面优于单级 PI 控制方式的动态特性。根据静态特性的规律，当速度变动率 $\delta = 5\%$、负荷变化为 2% 时，机组转速的变化应为 3r/min，而表 9-8 中系统的超调量，除了 PI2 控制方式超过该值外，其余两种控制方式均小于该值，其中串级 PI 控制方式仅为 1.85r/min。其原因一是 DEH 系统动作的快速性；二是由于机组处于并网运行状态，有网内其他机组和负荷的自平衡能力综合影响。与同容量机组的液压控制系统相比，在相同扰动下，DEH 系统动态指标有明显优势，表明采用 DEH 系统的机组具有较强的适应负荷变化的能力，调节质量更好。

表 9-8　　　　　　　　　　　　并网运行时三种控制方式转速的动态指标

控制方式及参数	串级 PI				单级 PI1		单级 PI2	
	K_{P1}	T_{11}	K_{P2}	T_{12}	K_{P1}	T_{11}	K_{P2}	T_{12}
	2.502	0.994s	1.538	0.874s	2.247	0.928s	3.420	0.620s
扰动前转速 n（r/min）	3000				3000		3000	
超调量 Δn_m（r/min）	1.85				2.53		3.76	
最高转速时间 t_m（s）	0.40				0.60		1.50	
稳定时间 t_s（s）	4.20				6.30		10.30	

第八节　供热式汽轮机的控制

现代大容量供热汽轮机都采用 DEH 系统来进行控制，DEH 系统采集频率、功率、供热压力等信号，分别控制各调节阀的油动机，达到控制目的。但小容量供热汽轮机不少仍然采用全机械液压控制系统。

一、背压式汽轮机的控制

（一）背压式汽轮机的运行方式

正如第六章论述的，背压式汽轮机同时发电和供热，其发电功率与进汽量有单一的关系，但不能同时满足热电两种负荷的要求。通常，背压式汽轮机有两种不同的运行方式，即按电负荷运行或按热负荷运行。

按电负荷运行，是根据电负荷的大小来调节进汽量。当电负荷变化时，排汽量也改变，这就和热用户需求有矛盾。因此背压汽轮机必须和其他汽源（低压锅炉、抽汽式汽轮机等）同时向热用户供热，保证热用户的用汽要求。这时，背压式汽轮机的调节和凝汽式汽轮机调节相同，调压器不起作用。

按热负荷运行，则汽轮机的进汽量根据热用户要求来确定。这样，背压式汽轮机的电功率随热负荷的变化而变化，发电功率需要由与之并列运行的其他机组来调节。背压汽轮机的进汽量由调压器控制。当热用户用汽量增加时，供热管道蒸汽压力降低，调压器感受压力变化信号，通过调节系统开大调节阀增加进汽量。反之，调压器使调节阀关小，减少进汽量。汽轮机在调压器控制下，其排汽压力维持在一定范围内。

（二）背压式汽轮机控制系统的工作原理

中小型背压式汽轮机的典型控制系统如图 9‐69 所示，其主要部件有钻孔泵 1（兼作主油泵）、压力变换器 4、调压器 5、滑阀 6、主油动机 7 等。控制系统的第一级放大由两部分组成：调速部分通过压力变换器把转速变化信号（一次油压 p_1）放大；调压部分则是通过调压器把背压信号放大。第二级放大是滑阀油动机机构。和凝汽式汽轮机调速系统相比，调节系统增加了调压器，多了一个控制参数，以背压信号来控制阀门开度。

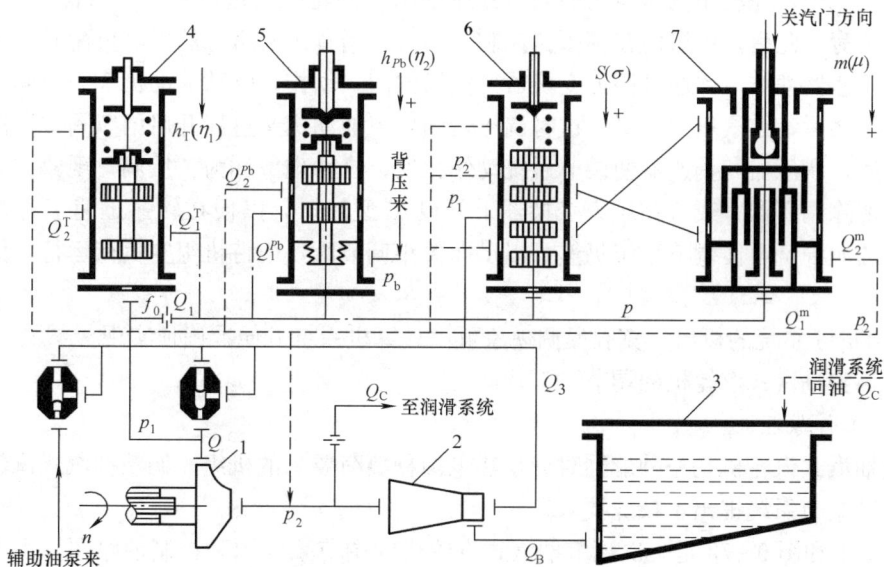

图 9‐69 背压式汽轮机控制系统原理图

1—钻孔泵；2—注油器；3—油箱；4—压力变换器；5—调压器；6—错油门滑阀；7—油动机

当机组并网运行时，其转速由电网确定。当热负荷增加而使汽轮机排汽背压 p_b 降低时，调压器活塞向下移动，脉冲油压 p 下降，错油门滑阀下移，高压油进入油动机上油室，下油室则与排油相通，在油压差作用下，油动机活塞下移，开大调节阀，增大进汽量。同时，油动机活塞下移，关小脉冲油泄油口，使脉冲油压 p 回到正常值，错油门滑阀回到中间位置，调节过程结束。调节系统可以使机组从一个稳定工况过渡到另一稳定工况，一直将汽轮机背压调整到满足外界热负荷变化的要求。当热用户用汽量减少时，调节过程相反。

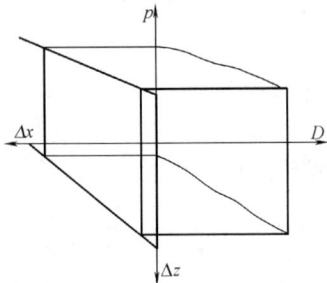

图 9-70　调压系统的静态特性

和调速系统静态特性类似，背压汽轮机不同的阀门位置对应不同的调压器位置。因此，可以根据各元件的静态特性得出调压系统的静态特性曲线（见图 9-70）。其绘制方法和调速系统静特性曲线相同，只需将调速器的静特性换成调压器的静特性即可。

和速度变动率一样，调压系统有压力变动率 δ_p，它等于机组在零负荷时最高背压 p_{max} 和满负荷时最低背压 p_{min} 之差与平均背压之比，即

$$\delta_p = \frac{p_{max} - p_{min}}{\frac{1}{2}(p_{max} + p_{min})} \times 100\% = \frac{p_{max} - p_{min}}{p_b} \times 100\% \qquad (9-26)$$

式中：p_b 为汽轮机排汽压力额定值。

一般来说，用户对排汽压力质量要求没有对供电质量要求那么严格，所以压力变动率取得比较大，通常为 $10\% \sim 20\%$。

背压式汽轮机在启动时，应先将调压器退出工作。当机组并网并带上一定负荷时，才使调压器投入工作，并利用调压器上的同步器逐渐增加汽轮机的进汽量（平移静态曲线），直到给定热负荷。此后，机组便在调压器控制下运行。当背压机组突然甩电负荷时，转速会上升，这时调速器动作，并通过压力变换器 4 使错油门 6 动作，驱动油动机 7 关闭调节阀。当调节阀关闭之后，排汽压力下降，这时调压器动作，油动机又重新开启调节阀，以保证供汽压力。显然，调压器和调速器使调节系统动作相反，这种现象称为"反调"现象。克服反调的办法是切除调压器，或者在压力变换器上开设 T 型油口，以便在转速迅速上升时急剧减小脉冲油的泄油量，使调节系统仍然可以迅速关小调节阀，维持机组空负荷运行，保证机组安全。

采用 DEH 系统的机组，克服反调现象可由计算机系统方便准确地实现。

二、调整抽汽式汽轮机的调节

（一）工作原理

调整抽汽式汽轮机是一种能同时满足热电两种负荷要求的机组。调整抽汽式汽轮机的这一特点对其调节系统提出了特殊要求。

图 9-71 和图 9-72 是一次调节抽汽式汽轮机的调节系统图和控制油路图。当电负荷减少使汽轮机转速升高时，压力变换器的滑阀上移，使控制高压及中压控制油路的泄油口 $\alpha_{\varphi 1}$ 和 $\alpha_{\varphi 2}$ 均关小，控制油压 p_{x1} 和 p_{x2} 上升，结果是高中压调节阀同时关小，减少电功率，而对热用户提供的蒸汽量不变；当热负荷减少而供汽压力升高时，调压器滑阀上移，关小控制高

压缸油动机的控制油路的泄油口 a_{p1}，p_{x1} 升高，高压调节阀关小；同时开大控制油路 p_{x2} 的泄油口 a_{p2}，p_{x2} 下降，中压调节阀开大，使热负荷减少，而总的电负荷不变。为了防止机组甩电负荷时超速，也把压力变换器上的泄油口设计成 T 形油口，以便当机组突然甩电荷而转速迅速升高时急剧减小油口 $a_{\varphi1}$ 和 $a_{\varphi2}$ 的泄油面积，使 p_{x1} 和 p_{x2} 迅速增加而快速关闭高、中压调节阀，保证机组安全。

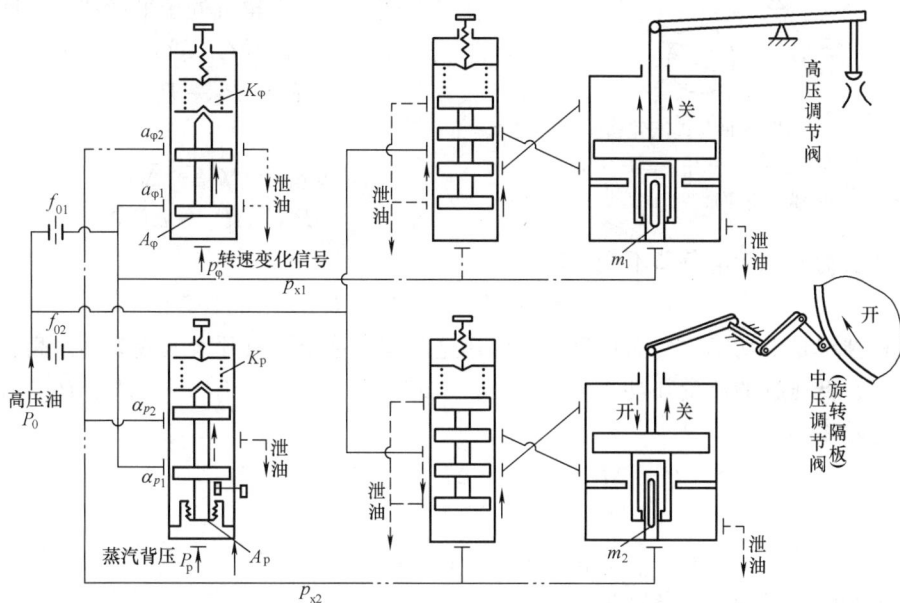

图 9-71　一次调整抽汽式汽轮机调节系统

图 9-72 表示了对应图 9-71 的控制油路，可以看出调速器和调压器控制动作之间的相互关系。

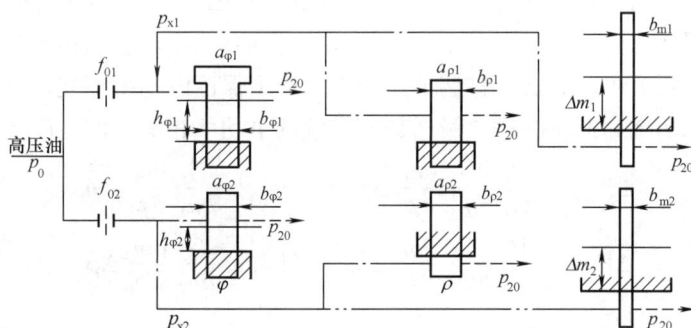

图 9-72　控制油路

（二）静态自整条件

调整抽汽式汽轮机能同时满足热电两种负荷要求，其调节系统应该在稳定状况下能单独调整电负荷或热负荷，而另一种负荷保持不变，这种特性称为调节系统的静态自整。

以图 9-73 所示的一次调整抽汽汽轮机为例来讨论调节系统的静态自整问题。设高、低压缸的流量分别为 G_1、G_2，功率为 P_1 和 P_2，调整抽汽量为 $G_H = G_1 - G_2$。第一种情况是供汽量增加而电功率不变，这时调节系统开大高压缸调节阀，其流量为 $G_1 + \Delta G_1$，同时关小低

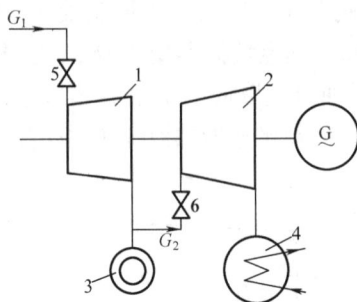

图 9-73 二次调整抽汽式汽轮机

1—高压缸；2—低压缸；3—热用户；4—冷凝
器；5、6—高、低压缸调节阀

压缸调节阀，其流量为 $G_2 - \Delta G_2$。高、低压缸的功率分别为 $P_1 + \Delta P_1$ 和 $P_2 - \Delta P_2$。供热抽汽量为

$$G_H + \Delta G_H = (G_1 + \Delta G_1) - (G_2 - \Delta G_2)$$

汽轮机总功率为

$$P + \Delta P = (P_1 + \Delta P_1) + (P_2 - \Delta P_2)$$

在工况变动前，汽轮机处于平衡状态，即

$$G_H = G_1 - G_2$$
$$P = P_1 + P_2$$

则有

$$\Delta G_H = \Delta G_1 + \Delta G_2 \tag{9-27}$$

$$\Delta P = \Delta P_1 - \Delta P_2 \tag{9-28}$$

已知热负荷变化而电负荷不变，即

$$\Delta P = \Delta P_1 - \Delta P_2 = 0$$

第二种情况是电功率改变而热负荷不变，这时调节系统同时开大（或关小）高、低压缸调节阀。高、低压缸的流量和功率分别是 $G_1 + \Delta G_1$、$G_2 + \Delta G_2$ 和 $P_1 + \Delta P_1$、$P_2 + \Delta P_2$，而汽轮机的总功率为

$$P + \Delta P = (P_1 + \Delta P_1) + (P_2 + \Delta P_2)$$

供热量为

$$G_H + \Delta G_H = (G_1 + \Delta G_1) - (G_2 + \Delta G_2)$$

汽轮机功率和供汽量的增量分别为

$$\Delta P = \Delta P_1 + \Delta P_2 \tag{9-29}$$

$$\Delta G_H = \Delta G_1 - \Delta G_2 \tag{9-30}$$

且

$$\Delta G_H = \Delta G_1 - \Delta G_2 = 0$$

调节系统要满足第一种情况的要求，即 $\Delta P = \Delta P_1 - \Delta P_2 = 0$。当热负荷减小而使抽汽压力增加时，调压器活塞向上移动，关小油口 a_{p1}，开大油口 a_{p2}，引起控制油压 p_{x1} 上升，p_{x2} 下降，高压缸调节阀关小，而低压缸调节阀开大。为了保证电功率不变，要求高压缸由于进汽减少而少发的电功率和低压缸进汽量增加而多发的电功率相等，即 $\Delta P_1 = \Delta P_2$。而

$$\Delta P_1 = \frac{\partial P_1}{\partial G_1} \frac{\partial G_1}{\partial m_1} \frac{\partial m_1}{\partial p_p} \Delta p_p = H_{01} \eta_{0i}^{I} \frac{\partial G_1}{\partial m_1} \frac{\partial m_1}{\partial p_p} \Delta p_p$$

$$\Delta P_2 = \frac{\partial P_2}{\partial G_2} \frac{\partial G_2}{\partial m_2} \frac{\partial m_2}{\partial p_p} \Delta p_p = H_{02} \eta_{0i}^{II} \frac{\partial G_2}{\partial m_2} \frac{\partial m_2}{\partial p_p} \Delta p_p$$

即有

$$\frac{H_{01} \eta_{0i}^{I}}{H_{02} \eta_{0i}^{II}} = - \frac{\dfrac{\partial G_2}{\partial m_2} \dfrac{\partial m_2}{\partial p_p}}{\dfrac{\partial G_1}{\partial m_1} \dfrac{\partial m_1}{\partial p_p}} \tag{9-31}$$

上式为热负荷改变而电负荷不变的自整条件。方程右边的负号表示调节阀动作方向相反。对图 9-71 和图 9-72 来说，有

$$\Delta p_p = \frac{\Delta h_p K_p}{A_p} = - \frac{K_p}{A_p} \frac{b_{m1}}{b_{p1}} \Delta m_1, \qquad \frac{\Delta m_1}{\Delta p_p} = - \frac{A_p}{K_p} \frac{b_{p1}}{b_{m1}}$$

和
$$\Delta p_p = \frac{\Delta h_p K_p}{A_p} = \frac{K_p}{A_p} \frac{b_{m1}}{b_{p2}} \Delta m_2, \qquad \frac{\Delta m_2}{\Delta p_p} = \frac{A_p}{K_p} \frac{b_{p2}}{b_{m2}}$$

将以上关系代入式（9-31），即有

$$\frac{H_{01} \eta_{0i}^{\mathrm{I}}}{H_{02} \eta_{0i}^{\mathrm{II}}} = -\frac{\dfrac{b_{p2}}{b_{m2}} \dfrac{\partial G_2}{\partial m_2}}{\dfrac{b_{p1}}{b_{m1}} \dfrac{\partial G_1}{\partial m_1}}$$

若油动机位移和阀门流量是线性关系，则上式可写成

$$\frac{p_{10}}{p_{20}} = \frac{H_{01}}{H_{02}} \frac{\eta_{0i}^{\mathrm{I}}}{\eta_{0i}^{\mathrm{II}}} \frac{\Delta G_{1\max}}{\Delta G_{2\max}} = \frac{b_{p2}}{b_{p1}} \frac{b_{m1}}{b_{m2}} \frac{\Delta m_{1\max}}{\Delta m_{2\max}} \qquad (9-32)$$

第二种情况是电负荷变动而热负荷不变，即 $\Delta G_H = \Delta G_1 - \Delta G_2 = 0$，抽汽量不变。例如当电负荷减小、转速上升时，压力变换器活塞上移，关小 $\alpha_{\varphi1}$、$\alpha_{\varphi2}$，使 p_{x1}、p_{x2} 上升，关小高、低压缸调节阀。为了维持电负荷变化后而抽汽量 $\Delta G_H = 0$，即 $\Delta G_1 = \Delta G_2$。

$$\Delta G_1 = -\frac{\partial G_1}{\partial m_1} \frac{\partial m_1}{\partial n} \Delta n, \qquad \Delta G_2 = -\frac{\partial G_2}{\partial m_2} \frac{\partial m_2}{\partial n} \Delta n$$

因此
$$\frac{\partial G_1}{\partial m_1} \frac{\partial m_1}{\partial n} \Delta n = \frac{\partial G_2}{\partial m_2} \frac{\partial m_2}{\partial n} \Delta n \qquad (9-33)$$

式（9-33）为第二种情况下的静态自整条件。结合图9-71和图9-72，对于第一控制油路，有

$$\frac{\partial m_1}{\partial n} \Delta n = \frac{\partial m_1}{\partial h_{\varphi1}} \frac{\partial h_{\varphi1}}{\partial p_1} \frac{\partial p_1}{\partial n} \Delta n \qquad (9-34)$$

当热负荷不变时，调压器活塞不移动，则 $\sum \Delta a = 0$，$b_{\varphi1} \Delta h_{\varphi1} = -b_{m1} \Delta m_1$；另外，压力变换器力平衡 $K_{\varphi} \Delta h_{\varphi} = A_{\varphi} \Delta p_1$；又根据调速器静态特性有 $\Delta n = K \Delta p_1$，代入式（9-34）得

$$\frac{\partial m_1}{\partial n} \Delta n = -\frac{b_{\varphi1}}{b_{m1}} \frac{A_{\varphi}}{K_{\varphi}} \frac{1}{K} \Delta n$$

对于第二控制油路，同样可以推导出

$$\frac{\partial m_2}{\partial n} \Delta n = -\frac{b_{\varphi2}}{b_{m2}} \frac{A_{\varphi}}{K_{\varphi}} \frac{1}{K} \Delta n$$

再代入式（9-33），并考虑流量与油动机的线性关系，则有

$$\frac{\Delta G_{1\max}}{\Delta G_{2\max}} = \frac{b_{m1}}{b_{m2}} \frac{b_{\varphi2}}{b_{\varphi1}} \frac{\Delta m_{1\max}}{\Delta m_{2\max}} \qquad (9-35)$$

可见，一次调整抽汽汽轮机可以采用不同型式的调节系统，比如机械液压调节系统或DEH控制系统，但都必须满足以上两种静态自整条件。同样地，针对二次调整抽汽汽轮机也可以得到相应的静态自整条件。

（三）动态自整条件

对于调整抽汽式汽轮机来说，其调节系统除了满足稳定状态的静态自整条件外，在机组从一个稳定工况过渡到另一个稳定工况的过程中，也要满足热负荷（或电负荷）改变而电负荷（或热负荷）不变的条件，即满足动态自整条件。

即使调节系统能满足静态自整条件，但在过渡过程中，若一个油动机动作快，过渡时间短，而另一个动作慢，过渡时间长，则在动态过程中，一个负荷变化时，必然要引起另一个负荷变化，因此，要求两个调节回路的动态特性相同。若在控制系统中除油动机外，其他部

件都近似为比例放大环节，则要求两个油动机时间常数相等（严格地讲，还要考虑转子飞升时间常数及抽汽容积时间常数的影响）。但由于动态过程时间很短，有时候只要求满足静态自整条件即可。

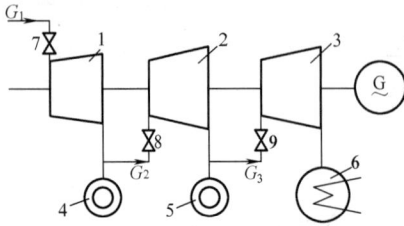

图 9-74　一次调整抽汽式汽轮机

1—高压缸；2—中压缸；3—低压缸；4—高压热用户；5—低压热用户；6—冷凝器；7、8、9—高、中、低压缸调节阀；G_1、G_2、G_3—高、中、低压缸流量

（四）调整抽汽汽轮机的 DEH 控制

当采用 DEH 系统控制调整抽汽供热机组时，上述控制原理和自整原理仍然适用，在计算机控制系统中采用解耦算法来实现。当控制参数发生改变时，计算机自动解耦。对于如图 9-74 所示二次调整抽汽汽轮机的复杂控制系统，可获得的阀门关联调节动作关系，如图 9-75 所示，它表示了当任一个调节阀给定值改变以后，相应的功率和抽汽调节趋势。例如，当高压调节汽阀开大时，中压和低压调节汽阀都向开大的方向调整；而当中压调节汽阀开大时，高压调节汽阀向关小的方向调整，低压调节汽阀向开大的方向调整等。

DEH 控制的解耦计算可给出符合机组静态和动态自整条件的阀门开度给定值，然后通过 PI 控制器及伺服执行机构对阀门进行控制。图 9-76 表示了二次调整抽汽汽轮机。图中，N 为机组的发电功率，P_{E1} 为中压抽汽压力，P_{E2} 为低压抽汽压力，K_{XY} 为机组热力系统的耦合稀疏，C_{XY} 为 DEH 系统解耦系数。解耦系数的正负号代表阀门调节的方向，与图9-75所示的关系一致。

	高压调节阀	中压调节阀	低压调节阀
高压调节阀 ↑	—	↑	↑
高压调节阀 ↓	—	↓	↓
中压调节阀 ↑	↓	—	↑
中压调节阀 ↓	↑	—	↓
低压调节阀 ↑	↑	↑	—
低压调节阀 ↓	↓	↓	—

图 9-75　蒸汽调节阀门关联调节关系

这些系数的具体数值可用上述自整条件理论推导和阀门控制静态特性要求计算得到。

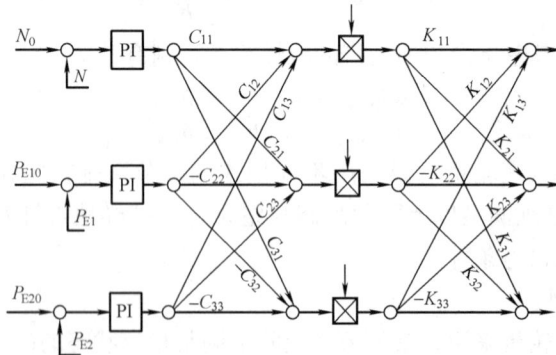

图 9-76　调整抽汽机组 DEH 控制参数的耦合和解耦关系

DEH 的数据采集、控制计算及控制指令都在分散处理单元 DPU 中完成。控制策略仍然是功率和频率控制，但是，对于抽汽机组，在抽汽控制回路投入时，调节级压力控制回路不能同时投入。对于反调问题，DEH 在控制算法中已经加以考虑。

图 9 - 77 是抽汽供热机组的控制流程。其中，h 为阀门开度（升程），Q 为蒸汽流量，N 为汽轮机功率，p_e 为抽汽压力，Φ 为相对转速。可以看出，与冷凝式机组相比，抽汽供热机组的 DEH 控制流程中多了一个解耦过程，而且反馈参数（转速、功率、抽汽压力）是耦合参数。

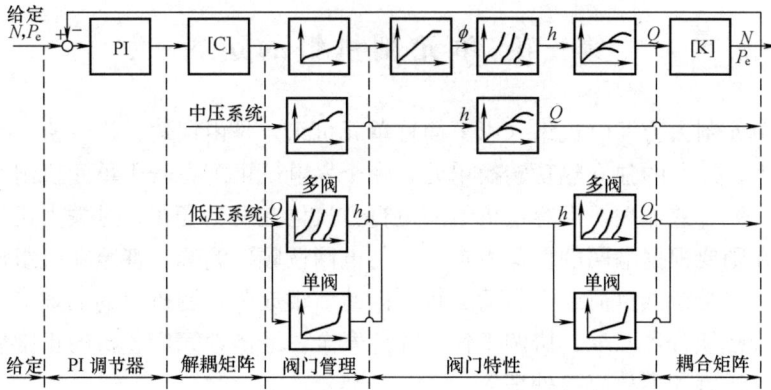

图 9 - 77　抽汽供热机组的控制流程

第十章 汽 轮 机 运 行

第一节 单元制机组的运行

现代大型单元制火力发电机组（以下简称单元机组）是由锅炉、汽轮机、发电机等主辅设备组成的庞大、复杂的独立热功转换单元，一个发电厂可配备若干单元机组。随着电网负荷结构的改变，峰谷差加大，大容量机组的运行方式也在发生变化。过去大机组常常只带基本负荷，而现在则要根据电网的负荷需求，参与电网调频、调峰，甚至在机组局部发生故障的情况下，仍然要维持低负荷或空负荷运行。因此，组成单元制机组的锅炉、汽轮机、发电机三大核心部分必须合理匹配、协调工作，才能安全、经济地完成整机的正常启停、调频及调峰运行、异常运行和事故应急处理。

现代大型火力发电机组广泛采用 DCS 分散控制技术，对运行操作人员提出了机、炉、电及燃料输运全能操作的要求。因此，全面掌握现代大型单元制火力发电机组的运行原理（运行特性、控制特点及调整操作规律），是对每个从事火力发电机组运行维护工作的技术人员的要求。

一、单元制机组的运行特性

（一）单元制机组的负荷适应性

单元机组的锅炉和汽轮机是一对一的配套设备。大型多缸汽轮机高、中压调节阀与汽缸分离布置，各缸进汽部分有较大的蒸汽体积空间，加之锅炉有很大的热惯性，从改变给定负荷信号，引起风、煤、水量的变化，直到满足所需负荷的蒸发量，整个过程的滞后时间较长。尽管在外界负荷增大使电网频率降低时，汽轮机在一次调频控制功能的作用下（见本书第九章），将会开大调节汽阀，增大进汽量，但由于锅炉惯性的影响，将引起汽轮机机前汽压迅速下降。汽轮机进汽量虽然瞬间增大，但只能快速影响高压缸功率，而中、低压缸所发功率则由于中间再热体积的影响而滞后于高压缸功率的变化。当外界负荷变化较大时，机组的功率变化大大滞后于外界负荷的变化。因此，单元机组对外界负荷的适应性相对较差，需要增加动态过开的功能提高一次调频能力。

（二）单元制机组的甩负荷特性

单元机组运行时，难免会出现因电网故障而甩去部分或全部电负荷的工况。当机组功率大、参数高时，蒸汽驱动转矩很大，而汽轮发电机转子的转动惯量相对较小，转子飞升时间常数很小（如第九章所述，中间再热机组的转子飞升时间常数只有 $5\sim8s$）。当发电机甩负荷后，机组可能会超速。

为避免大型单元机组甩负荷后超速，而使保护系统动作停机甚至转速失控飞车，大型汽轮机组均设有超速控制功能 OPC（见本书第九章）。在电气甩负荷且励磁电路断开、脱网运行时，设有暂态快关高、中压调节汽阀的功能，以抑制机组超速；当甩去部分电负荷，而励磁电路仍处于闭合状态，汽轮机机械功率超过发电机负载功率达一定值时，还设有快关中压调节汽阀功能，防止因负荷不平衡，造成转速过大导致转子飞升。除此之外，还有些汽轮机，在高中压缸结合部的轴封处连接了一根直通凝汽器的应急排放管，当发电机甩负荷时，迅速打开阀门，将高压缸和高压进汽导管内的冗余蒸汽排入凝汽器，破坏真空，大幅减小整机比焓降，从而达到抑制超速的目的。

（三）汽轮机运行方式复杂

为了完善在各种可能运行工况下的运行性能，增强机组对外界负荷需求的适应性，现代大型单元机组一般都配有30%及以上的蒸汽旁路系统，再加上汽轮机进汽调节方式的灵活多样以及调速给水泵的应用，使得单元机组具有启、停及负荷调节方式的多样性。图10-1反映了单元机组各主要组成部分的有机联系，汽轮机在其中处于中心环节。由于汽轮机电液控制系统DEH、旁路控制系统BPS（Bypass Control System）以及机组分散控制系统DCS（Distributed Control System）的良好协调，使汽轮机从启动、正常负荷调节到停机的全过程均有灵活多样的运行方式。

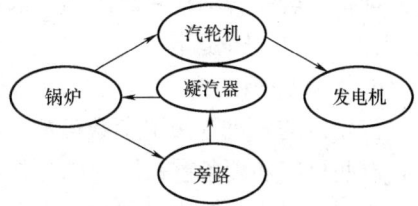

图10-1 单元制机组各组成部分的有机联系

1. 多种启动方式

按新蒸汽参数的不同状态，可采用额定参数启动和滑参数启动。前者，从冲转到汽轮机带额定负荷，汽轮机前蒸汽参数始终保持额定值。后者，汽轮机前蒸汽参数随机组的转速和负荷的增加而逐渐升高。大型机组几乎都采用滑参数启动方式。

按不同的冲转进汽方式，可采用高、中压缸联合起动或中压缸启动。高、中压缸联合起动时，蒸汽同时进入高压缸和中压缸冲动转子。中压缸启动，高压缸不进汽，而是由中压缸进汽冲转，维持空负荷或带厂用电（电厂自身设备用电）负荷运行，增强了机组的机动性。中压缸起动对高、低压旁路的可控性有较高要求，对DEH系统的控制性能也是一种考验。目前，中压缸起动技术在300MW及以上机组上的应用已经十分成熟。

根据启动前汽轮机金属温度的不同，需要分别按冷态启动（汽缸金属温度在150℃以下）、温态启动（汽缸金属温度在150～300℃之间）、热态启动（汽缸金属温度在300℃以上）的要求启动汽轮机。热态启动又可分为热态（汽缸金属温度300～400℃）和极热态（汽缸金属温度400℃以上）启动两种情况。

2. 定压、滑压综合运行

定压和滑压运行是本书第五章介绍的定参数和滑参数运行的一种情况，主要指主蒸汽压力变化的运行。单元机组由于采用小汽轮机或电动机驱动调速给水泵，使机组的负荷调节可以灵活选择定压或滑压运行方式。例如，某600MW机组的变负荷运行方式为：负荷大于90%额定负荷时，采用定压运行；负荷在90%～40%额定值之间时，采用滑压运行；负荷小于40%时，采用定压运行。

3. 无负荷空转运行

汽轮发电机组无负荷空转是不可避免的运行方式之一，如机组启动达3000r/min定速后对机组进行全面检查及试验，或发电机甩负荷，都必须维持汽轮发电机组无负荷空转。在这种情况下，锅炉要维持最低稳燃负荷，高、低压蒸汽旁路要保证灵敏可靠地对工质进行泄放回收，避免或减少锅炉安全门动作的次数和时间，汽轮机低压缸要保证不因流量小而缸温过高。

4. 带厂用电运行

单元机组应具有仅带厂用电负荷运行的功能，即汽轮发电机组在局部系统临时故障的情况下能较长时间维持最低负荷（厂用电）有效运行，避免整台机组跳闸停机，一旦电网故障消除，机组即可迅速带负荷运行。

5. 主要辅机局部故障下的运行

为了提高单元机组运行的可靠性，锅炉和汽轮机的主要辅机均按两套（如每套50％容量）配备。若一套辅机故障跳闸，锅炉、汽轮机及高低压旁路都会协同动作，自动维持机组负荷在50％下安全运行。

6. 多种停机方式

汽轮机的停机有额定参数停机、滑参数停机和定参数—滑参数综合停机等不同停机方式，有些机组还配备有汽缸强制冷却系统，运行人员可根据不同停机目的选用不同方式进行停机操作，以提高停机过程的安全性、机动性及经济性。

二、单元制机组运行的调节控制特点

由于单元机组具有上述运行方式多样、负荷调节迟延、甩负荷后转速飞升快等特点，就要求其炉、机、电及旁路系统既要有良好的独立调控性能，又要有功能齐备的协作调控功能，安全、经济和及时地满足各种工况的需求。

（一）单元机组的机炉协调控制

为改善单元机组的调节特性，增强其负荷适应性，提高一次调频能力，现代单元机组都采用机炉联合控制方式进行负荷调节，也就是将转速、功率、汽压等信号同时输入汽轮机、锅炉控制器，使两者进行协调控制。

协调控制的任务是，根据机炉具体运行状态及控制要求，选择控制策略和接受外部负荷需求的指令；对外部负荷指令进行适当处理，使之与机炉的动态特性及负荷变化能力相适应，并对机、炉发出负荷控制指令；对锅炉确定相应的风、水、煤量，对汽轮机则确定相应的高、中压调节阀门开度。

汽轮机锅炉的协调控制主要有三种方式，即锅炉跟随控制方式、汽轮机跟随控制方式和机炉协调控制方式。

（二）汽轮机进汽阀门的调节控制方式

为了满足控制要求，现代汽轮机广泛采用 DEH 数字电液控制，各高、中压自动主汽阀和高、中压调节汽阀均采用一一对应的 EH 液压控制组件驱动。各调节阀门的先后动作顺序，通过计算机软件设定。运行人员可根据对机组运行安全性和经济性的不同要求进行操作。

1. 高压自动主汽阀内旁通门控制及与高压调节阀门的切换

现代大型汽轮机高压自动主汽阀一般都设有内旁通门（启动阀），其控制方式有两种。一种是将内旁通门设定为开关控制，只有全开或全关的功能；另一种是将内旁通门设定成既接受开关保护控制，又接受模拟调节控制的方式。

对于高压自动主汽阀内旁通门具备模拟调节功能的机组，在汽轮机高中压缸启动冲转时，可以全开所有高压调节汽阀，用主汽阀内旁通门控制冲转过程，这是一种有利于高压调节汽阀及高压缸均匀受热的全周进汽冲转方式，现代大型单元机组均具备该能力。一般地，用这种方式可将汽轮机冲转到 2900r/min 左右，在主汽阀前汽压及汽温与调节级喷嘴室壁温按运行规程要求相配合时，切换到高压调节汽阀的控制模式。

日本三菱 350MW 机组高压自动主汽阀与高压调节阀门的切换是在 5%～15%的初始负荷阶段进行的，切换过程如图 10-2 所示。阀门切换开始时，先关小高压调节阀门，当其阀位达到预定点 B 时维持其开度不变，此时开始开大主汽阀，直到开度达到 100%，阀门切换结束。

2. 高压调节汽阀的"单阀调节"和"顺序阀调节"

正如本书第五章所阐述的，单阀运行时，多个调节阀同步动作，节流损失大，经济性差，但是调节级全周进汽，

图 10-2 350MW 汽轮机主汽阀与调节阀门切换关系

加热均匀；变工况前后，调节级后温度变化小，交变热应力小，寿命损耗小。顺序阀运行时各调节阀依序动作，仅有一个调节阀对部分蒸汽有节流，故经济性较高，但调节级部分进汽，圆周向加热不均；变工况前后，调节级后温度变化大，交变热应力大，寿命损耗大。

一般地，在新机组投运的初期，应以运行安全性为主，尽量多采用单阀运行方式；待机组进入运行可靠性较高的安全期后，可以经济性为主，尽量多采用顺序阀运行；在机组冷态启动过程中，应把两种方式综合起来应用。例如，从冲转到带至 1/3 额定负荷的过程中，采用单阀方式运行；负荷大于 1/3 后，可根据机组运行可靠性情况切换为顺序阀方式运行。

单阀运行和顺序阀运行在停机过程中对汽缸的冷却效果也不一样，可根据不同的停机目的，灵活选用停机时的阀门控制方式。

3. 采用中压缸启动时阀门控制方式的转换（高压缸切换）

现代大型间隔再热汽轮机，很多都有中压缸冲转启动功能。热态启动时，较多采用中压缸启动，冷态启动则用高中压缸联合启动方式。法国阿尔斯通（Alstom）公司则推荐，不论冷态还是热态启动，均采用中压缸启动。

以国产引进型亚临界 300MW 机组为例。采用中压缸启动方式进行热态启动时，高压缸先隔离不进汽，由中压调节汽阀控制冲转升速，高压自动主汽阀处于关闭状态，6 个高压调节汽阀则全开。升速达 2600r/min 时，进行第一次阀门控制方式转换，即中压调节阀门向高压自动主汽阀切换，此时中压调节汽阀逐渐关小至适当开度，同时高压自动主汽阀内旁通门则逐渐开大，高压缸开始全周进汽，将机组转速提升至 2900r/min。第二次阀门控制方式转换即高压自动主汽阀向高压调节汽阀切换，当转速上升并稳定在 2900r/min 后，6 个高压调节阀门以单阀方式从全开到逐渐关小至适当开度，高压自动主汽阀则由原先的较小开度，逐渐过渡到全开，整个过程中要始终维持汽轮机所需能量的动态平衡。

4. 高、中压缸调节阀与高、低压蒸汽旁路控制阀的协调

现代大型单元机组，一般都设有 30%以上旁通能力的蒸汽旁路系统，以解决汽轮机空转或低负荷时与锅炉最低稳燃负荷之间的矛盾。同时，还对锅炉再热器起到保护作用。对于大容量机组，要求其应有较高的运行经济性，因此，为了减少中压调节阀的节流损失，希望

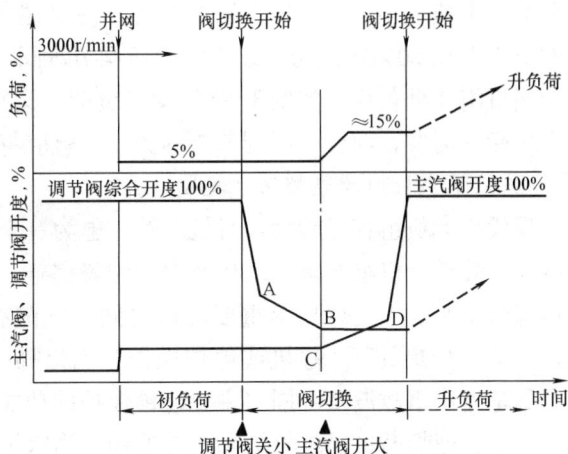

它在较大的负荷范围内保持全开状态。在甩负荷时，又要求中压调节阀与高压调节阀同时参与调节，迅速关小，以维持汽轮机空转。一般在30％额定功率以下，中压调节汽阀参与负荷调节，而在30％额定功率以上，中压调节汽阀保持全开状态。

当机组在低负荷（如低于30％额定负荷）运行时，由于保护再热器和维持机炉间蒸汽供求平衡的需要，随着中压调节阀的关小，就应将高/低压旁路协调开启。

（三）单元机组的连锁保护控制

现代单元机组容量较大，且机、炉、电为一个有机整体，关系密切，一旦出现事故，损失巨大。故单元机组要求自动化及保护装置完善、可靠。在锅炉、汽轮机、发电机之间以及主机与给水泵、引送风机等重要辅机之间必须配有连锁保护。根据电网或机组主要设备故障，自动进行减负荷、停机或停炉操作，无论哪一部分出现故障，其他部分都会有相应反应，尽量缩小事故波及范围。主要连锁保护的功能有四个。

（1）快速切断主燃料停炉和相应连锁。当锅炉故障引起锅炉连锁保护动作时，立即切断主燃料停炉，并连锁汽轮机跳闸，发电机跳闸，整个单元机组停运。

（2）汽轮机和发电机跳闸保护及相应连锁。汽轮机与发电机互为连锁，即汽轮机故障跳闸时，会引起发电机跳闸；发电机因自身故障跳闸时，也会引起汽轮机跳闸。不论哪种情况，都会引起甩负荷。

（3）甩负荷连锁。虽然汽轮机或发电机未发生故障，但因电网故障或其他原因使主断路器跳闸，也会引起甩负荷动作。若甩负荷成功，汽轮发电机组迅速与电网解列，同时机组带厂用电运行，保护装置自动投入旁路系统，将锅炉出力减至最低负荷；当汽轮发电机因保护动作紧急停机时，实现停机不停炉，锅炉低负荷运行。若甩负荷不成功，则强制停机、停炉。

（4）快速减负荷连锁。快速减负荷功能是由于运行中发生局部故障或重要辅机故障，不能继续维持原有负荷，需要自动快速减负荷，并对系统进行连锁控制，将机组稳定在某一低负荷水平上运行的一种保护措施。

第二节　汽轮机的启动与停机

汽轮机启动，是指汽轮机从静止状态加热、加速和加载到目标负荷状态的过程。汽轮机停机，是汽轮机减载、减速和降温到静止状态的过程。在这两个过程中，汽轮机各零部件的工作参数都将发生剧烈变化，因此启动与停机是汽轮机运行中的两个最复杂的运行工况。

一、影响汽轮机启停速度的因素

汽轮机是工作在高温、高压和高转速下的重型精密机械。汽轮机在启动、停机和负荷及蒸汽参数发生变化的过程中，各部分金属温度和动静间隙将发生变化。金属部件温度梯度的变化，会引起热应力和热变形的变化。当热应力和热变形超过金属材料的允许值时，将产生永久变形或损坏。受热条件的改变会影响金属部件的热膨胀或冷收缩，从而引起转动部件和静止部件之间的膨胀差。当动、静部件间胀差超过一定值时，就会产生摩擦碰撞，造成严重事故。因此，要掌握汽轮机的启停规律，首先要了解汽轮机的受热特点，热应力、热膨胀和热变形的基本变化规律。

（一）汽轮机启停过程中的传热

蒸汽在汽轮机内膨胀做功，将热能转变成机械能，同时又以对流传热的方式，将热量传给汽缸、转子等金属部件。热量在汽缸内以导热的方式从内壁传到外壁，或经过双层汽缸的夹层中的汽流继续将热量传到外汽缸，或最后经外层保温层散到大气；热量在转子内以导热方式从转子外表面传向中心或中心孔。热量在金属内传导需要一定时间，因而在汽缸内、外壁间以及转子外表面和中心或中心孔内表面间形成温差。而且，汽缸内表面和转子外表面与蒸汽接触时的热交换机理不同，在汽缸与转子之间也会形成温差，并且两者材料不同，从而导致两者间的膨胀差（简称胀差），影响机组的启停速度。因此，传热温差是汽轮机金属部件产生热变形、热应力和胀差，限制机组启动速度的根源。

1. 汽缸在冷态启动过程中的非稳态和稳态传热

汽轮机冷态启动之前，缸壁及保温层的温度都接近室温，当用比缸温高 100℃ 的蒸汽冲转汽轮机时，与蒸汽直接接触的汽缸内表面的温度会很快升高，但缸壁的其余部分几乎依然保持着原来的温度。随着导热过程的进行，汽缸壁的温度由里向外逐步升高，由于进入汽轮机的蒸汽温度和压力在不断上升，所以汽缸内壁及其他各点的温度也持续升高。这种沿壁面各点温度随时间变化的导热过程是非稳定的。显然，内外壁的最大温差会发生在启动过程的某一时刻，此时的热应力最大。加热越快，内外壁温差越大，热应力越大。

启动过程结束，达到额定参数与额定负荷时，缸壁中的温度分布就渐趋稳定，此时即进入稳定导热过程。汽缸保温层的温度分布也类似缸壁情况。

汽缸内外壁间的温差估算公式为

$$\Delta t = \delta^2 w / (2a) \quad ℃ \tag{10-1}$$

式中：δ 为缸壁厚度，m；α 为导温系数，m²/h；w 为缸壁的温升速度，℃/h。

由式（10-1）可知，在非稳定导热过程中，汽缸内外壁间温差与壁厚的平方成正比，与壁面的温升速度成正比。因此，控制汽缸在启动过程中的内外壁温差的措施，是在满足汽缸强度的条件下，减薄缸壁厚度，采用合理的升温速度。

2. 蒸汽与汽缸内表面、转子外表面间的凝结换热

汽轮机冷态启动时，汽缸和转子等部件的温度等于室温，低于冲转蒸汽的饱和温度。当蒸汽与金属壁面接触时，在壁面上就会发生凝结换热。若凝结水附着在壁面上，形成一层完整的水膜，把蒸汽隔开，蒸汽凝结时放出的汽化潜热要通过水膜才能传给壁面，这种凝结方式称为"膜状凝结"。冷态启动初始阶段蒸汽对汽缸内壁面的放热，近似于膜状凝结放热，传热系数在 4652 ～ 17 445W/(m²·℃) 的范围内。

如果蒸汽在壁面上凝结时不能形成液膜，该形式的凝结称为"珠状凝结"。冷态启动初始阶段蒸汽对转子外表面的放热，近似于珠状凝结放热（转子以一定的速度旋转，由于离心力的作用，形成不了水膜），传热系数在 46 520 ～ 139 560W/(m²·℃) 的范围内。可见，珠状凝结比膜状凝结换热更强烈，故在这种情况下蒸汽对转子的加热快于汽缸。

汽轮机冷态启动冲转的前几分钟内，传热温差很大，凝结换热非常强烈，会使汽缸内表面和转子外表面的金属温度瞬间上升到蒸汽的饱和温度，从而在金属中产生极大的温度梯度，形成冲击热应力。汽轮机可通过冲转前进行盘车预热的方法，减小冷态启动冲转时的热冲击。

3. 蒸汽与汽缸内表面、转子外表面间的对流换热

当零部件金属表面温度达到该蒸汽压力下的饱和温度时，凝结放热结束，蒸汽开始以对流换热方式向金属传递热量。蒸汽的对流传热系数比凝结传热系数小得多。蒸汽对汽缸和转子等部件的对流传热系数与蒸汽流动状态、蒸汽参数、负荷和部件在汽轮机轴向的位置等有关。冷态启动并网前传热系数一般为 $60 \sim 180\text{W}/(\text{m}^2 \cdot \text{℃})$；额定负荷时蒸汽对汽缸的传热系数可达 $2330\text{W}/(\text{m}^2 \cdot \text{℃})$，对转子的传热系数达到 $5800\text{W}/(\text{m}^2 \cdot \text{℃})$ 左右。

粗略估算蒸汽对转子金属的传热系数可采用日本三菱公司提供的经验公式，即

$$\alpha = 0.163n + 6.4p \quad \text{W}/(\text{m}^2 \cdot \text{℃}) \tag{10-2}$$

式中：n 为转速，r/min；p 为调节级后压力（与蒸汽流量成正比），MPa。

传热系数与蒸汽状态有很大的关系，高压过热蒸汽和湿蒸汽的传热系数较大，高压过热蒸汽可达 $1750 \sim 2326\text{W}/(\text{m}^2 \cdot \text{℃})$，湿蒸汽可达 $3500\text{W}/(\text{m}^2 \cdot \text{℃})$，低压微过热蒸汽的传热系数较小，一般只有 $175 \sim 233\text{W}/(\text{m}^2 \cdot \text{℃})$。压力升高，将使蒸汽质量密度增大，从而使传热系数增大。在汽轮机的主汽阀、调节汽阀和蒸汽导管内，以及高、中压轴封处，由于蒸汽流速比较大，蒸汽对上述部件的传热系数也比较大，启动时在这些部件中会发生剧烈的热交换，将产生相当大的热应力。因此，大型高参数汽轮机冷态启动冲转前应对主汽阀及蒸汽导管进行预暖，且轴封供汽参数不能过高。

（二）热应力、热膨胀和热变形

热应力、热膨胀和热变形是影响汽轮机启、停及变负荷运行的三个重要因素。它们直接关系到汽轮机运行的安全可靠性及设备使用寿命。因此，掌握其形成及控制规律是了解汽轮机运行原理的核心。热应力的影响是潜在性的，要通过一定时间的积累，最终以部件裂纹、寿命终止体现出来；热膨胀和热变形的影响则具有及时性，汽轮机每次启、停及变负荷运行能否顺利进行，首先在于能否控制好热膨胀和热变形。现代大容量汽轮机热应力引起的寿命损耗已成为运行监控的重点，控制启、停及变负荷运行时的热应力来控制使用寿命损耗是汽轮机寿命管理的基本手段。

1. 汽轮机运行时的热应力

（1）汽缸的热应力。汽轮机启动或升负荷时，蒸汽温度升高，汽缸内壁承受压缩应力；停机减负荷时，承受拉伸应力。运行实践表明，汽缸出现裂纹或损坏，大多起源于内壁面，是由拉应力引起的。因为在汽轮机停机或减负荷过程中，内壁的热拉应力与汽缸因内外压差而产生的机械拉应力同向叠加，使合成拉应力异常增大。汽缸在缸内快速冷却时，也将出现较大拉应力，汽轮机的快速冷却比快速加热更危险。所以，处于热状态的汽轮机若用低于缸温的低温蒸汽进行冲转启动，或突然甩负荷（蒸汽流量骤减导致温度突降），机组是非常危险的。而从额定状态甩半负荷比甩全负荷的危险性更大，此时，蒸气温度大幅降低，但蒸汽流量较甩全负荷大，故传热系数比甩全负荷要大得多，汽缸内壁会受到更快速的冷却。因此，大部分汽轮机对甩负荷带厂用电及甩负荷空转都有严格的时间限制，有的甚至不允许甩负荷带厂用电运行。为了安全运行和减少寿命损耗，在停机和降负荷过程中，汽温或负荷的下降速率应比启动或升负荷时更小。

汽缸的热应力与汽缸内外壁温差成正比。在汽轮机启、停及负荷变化过程中，常常通过控制汽缸关键部位的内、外壁温差来控制热应力。一般情况下，汽缸内外壁的最大允许温差为 $50 \sim 70\text{℃}$，内外壁温差每变化 1℃，会引起 $1 \sim 2\text{MPa}$ 的热应力。

当启动和负荷变化时，调节级汽室的蒸汽温度变化很大，汽缸的最大温差常常出现在调节级附近的汽缸壁与法兰过渡的地方，或相邻的法兰螺栓孔处。故当汽轮机启动及变负荷时，必须严格控制调节级汽室蒸汽温度的变化率。

（2）螺栓及法兰的热应力。在汽轮机启动过程中，法兰与螺栓之间存在着较大的温差，而且法兰的温度高于螺栓的温度。由于法兰在厚度方向上的膨胀，螺栓被拉长，此时，螺栓除承受安装时的拉伸预应力和汽缸内部蒸汽工作压力而引起的拉伸应力外，又额外地产生附加热应力。如上述三种拉应力之和超过螺栓材料的屈服极限，螺栓就发生塑性变形甚至断裂。

螺栓产生热拉应力的同时，法兰则相应的受到热压应力的作用。若这种应力过大，法兰结合面就可能因受过度的压缩而产生局部塑性变形，结合面的严密性将受到破坏。法兰与螺栓由于温度差所引起的热应力，与法兰与螺栓间的温差成正比。

（3）转子的热应力。和汽缸一样，汽轮机转子在启动和停机过程中，表面亦受到单向加热或冷却，在这些部分，其温度分布等温线几乎与轴线平行。例如，汽轮机启动时，高温蒸汽加热转子表面，越接近轴心部分的温度越低。转子截面内的这个径向温差使转子中心产生热拉应力，而转子表面产生热压应力。当汽轮机带到一定负荷处于稳定工况后，转子内部径向温差逐渐减小，转子热应力基本消失；汽轮机停机时的情况则与启动时相反，转子表面产生热拉应力，而中心处产生热压应力。

转子热应力是现代大型汽轮机安全监控的重点。最大热应力发生的部位通常是在高压缸调节级处，中压缸进汽处，高、中压轴封处。这些部位蒸汽温度高，变工况时温度变化大，引起的热应力大。此外，这些部位还存在结构突变，如叶轮根部、轴肩处的过渡圆角及转子上的弹性槽等，由于存在较大的热应力集中，使得热应力成倍增加。

（4）转子的低周疲劳和低温脆性。大容量汽轮机均采用双层汽缸结构，汽缸及法兰厚度相对减薄，内、外壁温差大大减小，这样，限制汽轮机启停及负荷变化的汽缸热应力就可能不是主要矛盾，而转子的热应力却成为主要因素。随着汽轮机容量的增大，转子的直径也越来越大，在启、停过程中，转子的热应力、热变形也就越大。在这种情况下，转子的低周疲劳和低温脆性成为关键问题。低周疲劳是指机组多次反复启、停或升、降负荷时，由交变热应力引起的损伤。这种交变热应力变化的周期比较长。

金属材料在较低温度条件下工作时，机械性能发生变化。当温度低于某一定值时，材料从韧性转变为脆性，许用应力下降，材料易发生脆性断裂，通常称这一温度为材料的脆性转变温度。对常用的转子钢材，脆性转变温度一般为 $80 \sim 140\,^{\circ}\mathrm{C}$。为保证转子不发生脆断，汽轮机的超速试验以及带大负荷运行应在定速后，经一段时间的低负荷运行，待转子被加热到脆性转变温度以上再进行。

（5）热冲击。热冲击是指蒸汽与汽缸、转子等部件之间在短时间内进行强烈热交换的过程，此时金属部件内温差迅速增大，热应力快速增加，甚至超过材料的屈服极限，严重时，一次严重的热冲击就能造成部件损坏。热冲击的主要原因有三种。

1）启动时蒸汽温度与金属温度不匹配。启动时，为了保证汽缸、转子等金属部件有一定的温升速度，要求蒸汽温度高于金属温度，且两者应当匹配，如果相差太大就会对金属部件产生热冲击。一般来说，蒸汽与金属温度的匹配是以高压缸调节级处参数来衡量的。不同类型的机组对匹配温度的要求不同。如日立公司制造的 250MW 汽轮机给出的最佳匹配温度为：调节级处蒸汽温度比金属温度高 28～55℃。对于几种进口的 600MW 汽轮机，规定热态启动时的主蒸汽及再热蒸汽的温度应比第一级金属温度高 50～100℃，且有 50℃以上的过热度等。

2) 极热态启动时造成的热冲击。由于保护误动或故障消缺，可能造成汽轮机短时间事故停机，如果在 2～4h 内汽轮机重新启动，此时高中压缸第一级处的金属温度极高，此时的启动为极热态启动。由于启动时不可能把蒸汽温度提高到额定值或因提高汽温所需要的时间太长，往往在参数相对较低时就要启动。蒸汽经调节阀节流和喷嘴降压后，到调节级后的汽温已经比该处金属温度低很多，形成负温差匹配，转子表面先产生拉应力，经过一段时间以后，蒸汽温度高于金属温度，转子表面又转为压应力。这样的应力拉—压循环，对汽轮机的安全运行和寿命极为不利。一次极热态负温差启动就会产生一个应力幅值较大的交变应力循环，造成转子或汽缸的一次疲劳损伤，故应尽量减少汽轮机极热态启动的次数。

3) 甩负荷造成的热冲击。汽轮机运行时，如果发生大幅度的甩负荷，则因汽轮机通流部分蒸汽温度的急剧变化，在转子和汽缸上产生很大的热应力。机组带负荷越多，甩负荷后引起的热应力越大，有时甩部分负荷后的热应力比甩去全负荷后的热应力更大。

2. 汽缸及转子的热膨胀

(1) 汽缸的绝对膨胀。金属在受热后，其长、宽、高各个方向都要膨胀。对于现代大型汽轮机，其轴向长度很长，当汽轮机从冷态启动到带至额定负荷时，金属的温度变化很大，故轴向的膨胀量最大，是汽轮机启、停过程中监控的重点。汽缸的绝对膨胀是指汽缸在升温或降温过程中，从基准点（死点）开始，沿规定的（轴向）方向膨胀或收缩的数值。例如，国产 300MW 汽轮机从冷态启动到达到额定负荷，高、中压缸的总绝对膨胀值可达近 40mm。为了保证机组的安全，在前轴承箱基架上装有高中压缸绝对膨胀传感器。

汽轮机启停和变工况时，汽缸各部分能否自由地膨胀和收缩，直接决定机组能否正常运行。汽轮机滑销系统的合理布置及正常导向，可以保证汽缸在各个方向能自由伸缩，同时保证汽轮发电机组各部件之间的相对位置正确。汽轮机的滑销系统设有纵销、横销、立销和角销，分别引导汽缸各部分沿轴向、横向和垂直方向自由移动。沿相互垂直的横销和纵销的延长线所构成的空间交点，称为汽缸的死点。现代大型多缸汽轮机均为双层缸，一般都有两个以上汽缸绝对死点和多个汽缸相对死点。因此，滑销系统结构及汽缸与转子间的膨胀关系比单缸汽轮机复杂，往往会成为制约汽轮机启停的关键因素。

(2) 转子的绝对膨胀。汽轮机转子轴向位置由推力轴承决定，因此，推力轴承与转子推力盘接触面是转子相对于轴承的死点。在运行时，转子以该相对死点为中心膨胀，而沿转子轴向的膨胀是最主要的膨胀，一般称转子的绝对膨胀。它是指转子在升温或降温过程中，从相对死点（推力盘处）开始，沿轴向膨胀或收缩的绝对数值。根据汽轮机的结构设计，当汽缸产生绝对膨胀时，必然带动推力轴承同向移动，从而带动转子移动，以保证汽轮机动静部件之间的轴向预留间隙不至于消失，有效防止轴向摩碰。

(3) 汽缸与转子的相对膨胀。汽轮机启、停和工况变化时，转子和汽缸分别以各自的死点为基准沿轴向膨胀或收缩。由于汽缸与转子的结构不同，材料不同，汽缸的质量大于转子，而汽缸与蒸汽的接触面积又小于转子与蒸汽的接触面积，加之汽缸内壁与蒸汽之间的传热系数远小于运动的转子与蒸汽之间的传热系数，使得蒸汽对汽缸的加热或冷却比对转子的加热或冷却来得慢。因此，在启动或停机过程中，汽缸与转子的绝对膨胀值是不等的，两者的差值称为相对膨胀，习惯上称胀差或差胀。胀差过大或胀差失控就会使汽轮机的轴向动静间隙消失，造成汽轮机动静摩碰和振动事故。

胀差是制约汽轮机启、停和变负荷的一个重要因素，运行中要密切监视和控制，当胀差超限时，汽轮机保护动作，跳闸停机。例如国产 300MW 两缸两排汽冲动式汽轮机，在高压转子前端（前轴承箱内）和低压转子后端（低压后轴承箱内）各装有一个胀差传感器，可实时监控机组的胀差。

（4）胀差的变化规律。汽轮机在冷态启动前，一般要进行预热，轴封要供汽，此时汽轮机一般出现的是正胀差（即转子膨胀值大于汽缸膨胀值）。从冲转到定速阶段，汽缸和转子的温度要发生变化，由于转子加热快，汽轮机的正胀差呈上升的趋势。但这一阶段蒸汽流量小，高压缸主要靠调节级做功，金属的加热也主要是在这一范围内，只要进汽温度无剧烈变化，胀差上升就是均匀的。对采用中压缸启动的机组，则这阶段胀差的变化主要发生在中压缸。低压缸胀差的变化还要受摩擦鼓风热量、转子旋转离心力等因素的影响。当机组并网带负荷后，由于蒸汽温度和流量的进一步提高，蒸汽与汽缸、转子的热交换加剧，正胀差增加幅度较大。当汽轮机进入准稳态区或启动过程结束时，一般正胀差值达到最大。对启动性能较差的机组，在启动过程中要进行多次暖机，使汽缸有足够的膨胀时间，以缓解胀差大的矛盾。

汽轮机稳定运行时，转子和汽缸的金属温度接近同位置的蒸汽温度，当汽轮机甩负荷或停机时，流过汽轮机通流部分的蒸汽温度会低于金属温度，同样地，转子比汽缸冷却快、收缩快，因此出现负胀差。汽轮机打闸停机后，在转子惰走阶段胀差有不同程度的增加。产生这种现象的主要原因是：打闸后调节汽阀关闭，没有蒸汽进入通流部分，转子摩擦鼓风产生的热量无法被蒸汽带走，使转子温度升高；转子高速旋转时，受离心力的作用，转子发生变形，在径向变粗和轴向变短，这种现象即力学中的泊松效应。反之，当转速降低时，离心力作用减小，大轴变细变长，使胀差向正的方向增加。对于低压转子，由于其直径大，泊松效应更明显。

热态启动时转子、汽缸的金属温度较高，若冲转时蒸汽温度偏低，则蒸汽进入汽轮机后对转子和汽缸将起到冷却作用，从而出现负胀差，尤其是极热态启动，几乎不可避免地会出现负胀差。胀差变化较大的时候是在机组并网带初始负荷阶段。

（5）影响膨胀的因素及控制措施。

1）汽轮机滑销系统。滑销系统对汽轮机正常热膨胀的影响很大，运行中应注意定期往滑动面之间注油，保证滑动面润滑及自由移动。

2）蒸汽温升（温降）和流量变化速度。蒸汽的温升或流量变化越大，热膨胀变化越大，转子与汽缸温差引起的胀差也越大。因此，在汽轮机启停过程中，控制蒸汽温度和流量变化速度是控制膨胀和胀差的有效方法。

3）轴封供汽温度。由于轴封供汽直接与汽轮机大轴接触，故其温度的变化直接影响转子的伸缩。机组热态启动时，如果高中压轴封供汽来自温度较低的辅助汽源或除氧器汽平衡母管，就会造成前轴封段大轴的急剧冷却收缩，当收缩量大时，将导致动静部分的摩擦。现代大型机组轴封供汽除了低温汽源外，还设置了高温汽源，可以有效地解决上述问题。

4）汽缸法兰、螺栓加热装置。汽轮机在启停过程中使用法兰和螺栓加热装置可以提高或降低汽缸法兰和螺栓的温度，有效地减小汽缸内外壁、法兰内外、汽缸与法兰、法兰与螺栓的温差，加快汽缸的膨胀或收缩，起到控制膨胀和胀差的目的。但现在生产的机组，由于汽缸采用窄、高型法兰，使得法兰内外壁厚大大减小，法兰内外温差减小，故已取消了汽缸法兰、螺栓加热装置。西门子公司生产的汽轮机高压缸为整体圆筒形，完全取消了汽缸法兰，使汽缸的温度变化能更好地与转子同步。

5）凝汽器真空。汽轮机启动过程中，当机组维持一定转速或负荷时，改变凝汽器真空可以在一定范围内调整胀差。当真空降低时，欲保持机组转速或负荷不变，必须增加进汽量，使高压转子受热加快，高压缸正胀差增大。由于进汽量增大，中、低压缸摩擦鼓风热容易被蒸汽带走，因而转子被加热的程度减小，正胀差减小。当凝汽器真空升高时，过程正好相反。

6）汽缸保温和疏水。若汽缸保温不好，可能会造成汽缸温度分布不均匀且偏低，从而影响汽缸的充分膨胀，也使汽轮机胀差增大。汽缸疏水不畅可能造成下缸温度偏低，影响汽缸膨胀，并容易引起汽缸变形。

3. 汽轮机的热变形

汽轮机启动、停机和负荷变化时，由于各金属部件处于不稳定传热过程中，在汽缸和转子的内外壁出现温差，除产生热应力外，还会产生热变形。如果汽缸和转子的热变形过大，可能造成通流部分动静部件的间隙完全消失而碰摩。若汽封碰摩，其径向间隙扩大，增大漏汽量，使汽轮机运行的经济性降低。而且，动静部件的碰摩，往往引起机组振动，甚至产生大轴弯曲事故。

（1）上下缸温差引起的汽缸热翘曲。汽轮机在启动、停机过程中，往往出现上缸温度高于下缸温度，造成上缸膨胀大于下缸，从而使汽缸产生向上拱起的热翘曲变形。上下缸温差产生的原因主要有四个。

1）上下缸具有不同的散热面积，下缸布置有回热抽汽管道和疏水管道，散热面积大，因而在同样的保温条件下，上缸温度比下缸高。

2）在汽缸内，温度较高的蒸汽上升，而经汽缸金属壁面冷却后的凝结水流至下缸，在下缸形成较厚的水膜，使下缸受热条件恶化。

3）停机后汽缸内形成空气对流，温度较高的空气聚集在上缸，下缸内的空气温度较低，使上下汽缸的冷却条件产生差异，从而增大了上下汽缸的温差。

4）下缸保温条件和效果不如上缸。运行中，由于振动，下缸的保温层易脱落，而且下缸是置于温度较低的运行平台以下并造成空气对流，使上下汽缸冷却条件不同，增大了温差。

上下缸温差的最大值往往出现在调节级附近区域，因此，汽缸热翘曲值最大的部位也在调节级附近。由于汽缸产生上拱变形，使汽轮机下部动静部件的径向间隙减小，同时隔板和叶轮也将偏离正常情况下所在的垂直平面，而使轴向间隙变化。几种类型汽轮机的试验表明，调节级处上下汽缸温差每增加 10℃，该处动静部件的径向间隙变化 0.1～0.15mm 左右。因此汽轮机启动时，上下汽缸温差一般要求控制在 35～50℃ 范围内。

在启动过程中，为了控制上下汽缸温差在允许范围内，必须严格控制温升速度，同时要尽可能使高压加热器随汽轮机一起启动。在启动过程中还要保证汽缸疏水畅通，不要有积水；在维修方面，下汽缸要采用较好的保温结构和选用优质保温材料，并可适当加厚保温层或者加装挡风板，以减少空气对流。

（2）汽缸内外壁和法兰内外壁温差引起的热变形。随着汽轮机容量的增大和参数的提高，汽缸和法兰的厚度相应变大，在启动、停机和负荷变化时，如果控制不当，可能会出现较大的温差，使汽缸和法兰不仅产生较大的热应力，同时会造成上下汽缸的水平结合面法兰内凹或外凸变形。汽缸横截面变形对汽缸径向间隙、法兰水平结合面和法兰螺栓的影响如下所述。

1）汽缸横截面呈椭圆变形及对汽缸内部径向间隙的影响。当法兰内壁温高于外壁温时，内壁膨胀大于外壁，沿轴向整个法兰产生凹向轴心的变形。此时在汽缸的中间横截面上，将产生立椭圆变形，引起该处垂直方向动静部件间的径向间隙增大，使漏汽增大；该处水平向动静部件间的径向间隙减小或消失，导致汽缸内部左右侧摩擦。在汽缸两端，产生横椭圆变形，引起该处垂直向动静部件间的径向间隙减小或消失，导致汽缸内部顶部和底部摩擦；该处水平向动静部件间的径向间隙增大，导致漏汽增大。

2）汽缸横截面呈椭圆变形对汽缸法兰水平结合面的影响。当汽缸横截面出现立椭圆变形时，汽缸法兰水平结合面将出现内张口，结合面从原来的面接触变成线接触，在螺栓的压紧力作用下，结合点或线的局部压应力增大。若达到法兰材料的屈服极限时，结合面金属将产生塑性变形，使结合面的密封性能下降，导致汽缸漏汽。同理，当汽缸横截面出现横椭圆变形时，汽缸法兰水平结合面将出现外张口，造成同样的危害。

3）汽缸横截面呈椭圆变形对法兰螺栓受力的影响。当汽缸横截面产生椭圆变形时，法兰的内或外张口都会使螺栓受到额外的拉应力、螺帽受到额外的压应力，导致螺栓拉断或螺帽结合面压坏等事故发生。在检修揭缸时，往往会出现某些部位的螺栓卸不下来，最后只有将其割断的情况，其原因就是因法兰张口变形使螺栓与螺帽咬死所致。

法兰及汽缸产生上述变形的根本原因，是由于内外壁温差过大所造成的。减小汽缸热变形应从完善汽缸结构及合理的运行控制两方面入手。现代大型高参数汽轮机采用双层缸、窄高形法兰，都能有效减小法兰内外温差，减小汽缸热变形。对于采用圆筒形汽缸的汽轮机，由于没有法兰，可完全克服由法兰内外壁温差引起的汽缸热变形问题。

在启动和停机过程中，一般要求将调节级处的法兰内外温差控制在 $30 \sim 100 ℃$ 左右。具体到每台汽轮机，应根据其结构特点及是否有法兰螺栓加热装置来确定。

（3）转子热弯曲。汽轮机转子位于汽缸内，当汽缸出现上下温差时，转子温度分布自然也会受到影响。若转子处于静止状态，就会出现上部温度高于下部，上部膨胀大于下部，导致转子产生上拱热变形。当汽缸上下温度趋于平稳，温差消失，转子的径向温差和弯曲变形也就消失，恢复到原来的状态。转子的这种暂态的弯曲，称为弹性弯曲或暂态弯曲。但是，当转子径向温差过大，其热应力超过材料屈服极限时，将造成转子塑性弯曲或称永久性弯曲。转子产生永久性弯曲属于汽轮机的恶性事故之一，危害极大，应尽量避免。

转子在完全没有温差的情况下支承在两轴承之间时，由于重力的作用会自然下垂弯曲，称为自然弯曲或原始弯曲。当转子出现上下温差时，其弯曲值就是原始弯曲与热弯曲值之和。汽轮机冷态启动前，转子仅有自然弯曲，而热态启动前是两种弯曲的叠加。汽轮机盘车装置的一个作用就是通过低速盘动转子，消除转子上下温差，从而减小转子的热弯曲值。

转子因上下温差而引起的热弯曲值与温差成正比，与转轴中部直径成反比。例如：一根直径为380mm，跨度为2.8m，质量为5t的整锻转子，当上下温差为 $6 \sim 7 ℃$ 时，计算热弯曲值为0.1mm。转子在3000r/min下运转时，由于该弯曲值引起转子质量中心偏移而产生的不平衡离心力约为 5t，接近转子的质量。不平衡离心力是引起转子振动的重要原因之一，如果在这种弯曲情况下进行启动，将产生强烈振动。

转子弯曲过大除了引起转子振动增大之外，还将会引起汽轮机通流部分、前后轴封、隔板汽封及叶顶汽封等径向预留间隙很小的部位产生动静摩擦，进一步助长振动。同时，大轴的局部可能与汽封体严重摩擦，致使材料屈服，产生永久变形或裂纹。转子的最大弯曲值一般在调节级附近。

由于汽轮机转子弯曲引起的危害很大，故在汽轮机冲转启动之前，应对转子的热弯曲进行严密的监视及控制。只有在转子弯曲值合格的情况下，才能冲转汽轮机，否则应继续进行盘车。例如东方汽轮机厂生产的 300MW 两缸两排汽冲动式汽轮机，在 2 号轴承箱盖上装有传统的机械接触式转子弯曲测量指示器，用来间接监视高中压转子中部（调节级附近）的最大弯曲值。指示器的读数应与大修后无温差时的原始弯曲值相比较，要求两者之差应小于 0.03mm 才能冲转。该汽轮机同时还装有高灵敏度的电涡流传感器（一种非接触式位移传感器），对转子偏心率（即弯曲值）进行非接触式连续检测。其输出信号供给 DCS 系统，作为连续在线监控和报警信号。

二、汽轮机的启动方式及冲转参数的确定

汽轮机的启动过程是将汽轮机从静止状态通过盘车、冲转升速到达额定转速、并网并将负荷逐步加到额定值的加热过程。启动操作的关键就是根据启动前汽轮机的金属温度水平和启动要求，采用科学合理的加热方式，以安全可靠及寿命损耗合理为前提，用较短的时间及较少的资源耗费，依序启动各主辅机及系统，协调配合将汽缸及转子的金属温度提高到额定负荷所对应的温度水平。

汽轮机启动应以转子寿命分配方案所确定的每次启动的寿命损耗率或寿命管理曲线作为依据（参见第八章第七节），根据启动前汽缸金属温度科学确定冲转参数和部件允许的温升率。但是根据转子寿命管理所确定的温升率（或温降率）只能满足控制热应力的要求，不一定能满足控制热变形和胀差的要求。因此，机组的启停要综合考虑各方面的因素，通过分析计算及试验确定最佳冲转参数和温升率。

（一）汽轮机的启动方式

1. 按新蒸汽参数分类

（1）额定参数启动。额定参数启动时，从冲转到汽轮机带额定负荷，汽轮机前蒸汽参数始终保持额定值。额定参数启动的汽轮机，使用的新蒸汽压力和温度都很高，蒸汽与汽轮机转子及汽缸等金属部件的温差很大，而大机组启动又不允许有过大的温升率，为了设备安全，只能将进汽量控制得很小，但即使这样，新蒸汽管道、阀门和汽轮机本体的金属部件仍产生很大的热应力和热变形，使转子与汽缸的胀差增大。因此，采用额定参数启动的汽轮机必须延长升速和暖机的时间。另外，额定参数下启动汽轮机时，锅炉需要将蒸汽参数提高到额定值后才能冲转汽轮机，使得在提高蒸汽参数的过程中，消耗大量启动燃料，降低了电厂的经济效益。由于存在上述缺点，大容量汽轮机基本上不采用额定参数启动。

（2）滑参数启动。滑参数启动时，汽轮机前蒸汽参数随机组的转速和负荷的增加而逐渐升高。滑参数启动有真空法和压力法两种方式。

真空法滑参数启动是指锅炉点火前，锅炉到汽轮机蒸汽管道上的所有阀门全部开启，抽真空设备投入运行，真空一直抽到锅炉汽包或汽水分离器。锅炉点火产生一定蒸汽后，只要蒸汽的能量能够冲转转子，转子即被自动冲转，而不需用阀门控制，此后，汽轮机升速和带负荷全部由锅炉来调整控制。真空法滑参数启动的优点是冲转参数低，汽缸和转子加热均匀；其缺点是系统排出疏水困难，汽轮机容易产生水冲击，蒸汽过热度低，依靠锅炉热负荷来控制汽轮机转速难以满足技术要求。

压力法滑参数启动是指冲转前汽轮机前具有一定的新蒸汽压力，冲转和升速由汽轮机主汽阀或调节汽阀控制实现。从冲转、升速、带初始负荷的过程中，锅炉维持一定的压力，汽温则按一定规律升高。到达一定的初始负荷以后，锅炉的汽温、汽压同时开始滑升，逐步增加机组的负荷。300MW 及以上容量的机组，其压力法冷态启动的冲转参数一般为 3.0～5.0MPa、300～350℃，有些进口机组可高达 7～8MPa、360～400℃。在此参数下汽轮机能够完成定速及超速试验、并网带初始负荷。这种启动方式，便于对汽轮机转速或负荷的控制，在冲转前能有效排除过热器和再热器中的积水和管道内的疏水，对安全有利。因此，目前大多数高参数大容量的汽轮机均采用压力法滑参数启动。

2. 按冲转时的进汽方式分类

（1）高、中压缸联合启动。高、中压缸联合启动时，蒸汽同时进入高压缸和中压缸冲动转子。由于启动过程中再热汽温滞后于主汽温，使高、中压缸产生一定的进汽温差，对于高、中压分缸布置的机组，其膨胀不易控制。对于高、中压合缸的机组，其结合部同步加热，热应力小，并能缩短启动时间。

（2）中压缸启动。启动时，高压缸不进汽，由中压缸进汽冲转，待转速升到 2000～2500r/min 或机组带上 10%～15% 负荷后，切换成高、中压缸同时进汽。这种方式对控制胀差比较有利，可以不考虑高压缸胀差的影响，以达到安全启动的目的。但冲转参数必须选好，才能确保高压缸开始进汽时不会受到大的热冲击。

3. 按启动前汽轮机金属温度分类

（1）冷态启动。汽缸金属温度在 150℃以下时的启动，称为冷态启动。

（2）温态启动。汽缸金属温度在 150～300℃之间启动时，称为温态启动。

（3）热态启动。汽缸金属温度在 300℃以上启动时，称为热态启动。热态启动又可分为热态（300～400℃）和极热态（400℃以上）启动两种。

一般情况下，停机一周后启动为冷态启动；停机 48h 后启动为温态启动；停机 8h 后启动为热态启动；停机 2h 后启动为极热态启动。

4. 按启动时控制进汽的阀门分类

（1）高、中压调节汽阀同时控制启动。高、中压调节汽阀控制启动时，高、中压自动主汽阀全开，进入汽轮机的蒸汽量由调节汽阀控制，高压缸第一级为部分进汽，易引起圆周向缸温不均。这种启动方式的优点是对转速或负荷容易控制，节流损失相对较小。

（2）高压缸自动主汽阀内旁通门控制启动。启动前，调节汽阀全开，进入汽轮机的蒸汽量由高压自动主汽阀的内旁通门控制，这种启动方式的优点是汽轮机第一级为全周进汽，汽缸及转子周向加热均匀。

（3）中压调节阀控制启动。此方式下高压缸先不进汽，由中压调节阀控制冲转启动。

（二）冲转参数的确定

大型汽轮机采用压力法滑参数启动时，应根据启动前的缸温合理确定冲转参数，使启动过程的热应力及由此引起的寿命损耗控制在允许范围，同时也保证有尽可能快的启动速度。

冲转参数与缸温的关系是：缸温高则冲转参数高，反之则低。确定冲转参数的方法是先根据缸温状态和启动方式确定蒸汽压力，如某 300MW 汽轮机高中压缸联合启动蒸汽压力为：冷态 3.45MPa、温态 6.9MPa、热态 9.81MPa、极热态 11.76MPa。再根据缸温的具体值及所采用的阀门调节方式进行热力计算，确定与之匹配的主汽温、再热汽温和相应的温升率。计算时，也可以预先将有关计算结果绘制成曲线备查。下面给出一个工程实例，某 300MW 汽轮机冷态启动参数的确定。

（1）冲转压力的确定。因为是冷态启动，采用低压微过热蒸汽，确定主蒸汽压力为 3.45MPa。

（2）冲转蒸汽温度的确定。确定原则是尽量使主蒸汽、再热蒸汽在经过高压调节级和中压第一级做功后，蒸汽温度与级后金属温度相匹配。

1）主蒸汽温度确定：根据冲转前高压调节级后金属温度与蒸汽温度差的规定（理想值 10℃、允许值 −20～90℃、极限值 −50～150℃）确定高压调节级后蒸汽温度，再根据图 10-3，由主蒸汽压力和调节级后蒸汽温度确定主蒸汽温度。计算过程见表 10-1。

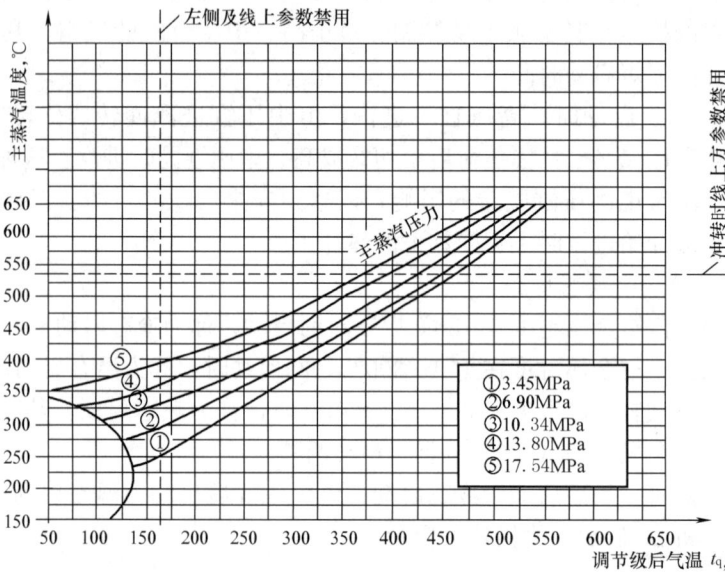

图 10-3 冲转初期主蒸汽压力下，主蒸汽温度与调节级后蒸汽温度的关系曲线

表 10-1 主 蒸 汽 温 度 计 算

计 算 步 骤	计 算 依 据	计 算 结 果
冲转前经过高压缸预暖后调节级后金属温度 t_j	测得	150℃
根据 $\Delta t = t_q - t_j$ 允许值	Δt（取定）	90℃
调节级后蒸汽温度 t_q	Δt ＋调节级后金属温度	240℃
主蒸汽温度 t_0（由新汽压力 p_0 和 t_q）	查图 10-3	320℃

2）再热蒸汽温度确定：根据冲转前中压第一级后金属与蒸汽温差的规定（理想值10℃、允许值－20～90℃、极限值－50～150℃）确定中压第一级后蒸汽温度，再根据中压第一级温降（约 37℃）来确定再热蒸汽温度。计算过程见表 10-2。

表 10-2　　　　　　　　　　　　　　再热蒸汽温度计算

计算步骤	计算依据	计算结果
冲转前中压第一级后金属温度	测得 t_j	50℃
根据 Δt 规定	Δt（取定）	150℃
中压第一级后蒸汽温度	Δt＋中压第一级后金属温度 t_0	200℃
再热蒸汽温度	中压第一级后蒸汽温度＋中压第一级温降（37℃）	237℃

（3）启动过程中蒸汽温度变化率确定。在控制系统的自启动应力控制功能没有投入的情况下，运行人员应通过转子寿命损耗计算或寿命管理曲线选择合理的金属温度变化率（相当于蒸汽温度变化率），这对保证机组安全运行是必要的。

1）主蒸汽温度变化率确定。由运行人员在启动前先设定机组应达到的某一稳定运行目标负荷，根据图 10-4、图 10-5或图 10-6计算出高压调节级后温度，并与冲转前高压调节级后金属温度比较，确定出金属温度变化量，再根据高压转子寿命损耗曲线（见图 10-7）选取高压调节级后金属温度变化率（即主蒸汽温度变化率）。计算过程见表 10-3。其中

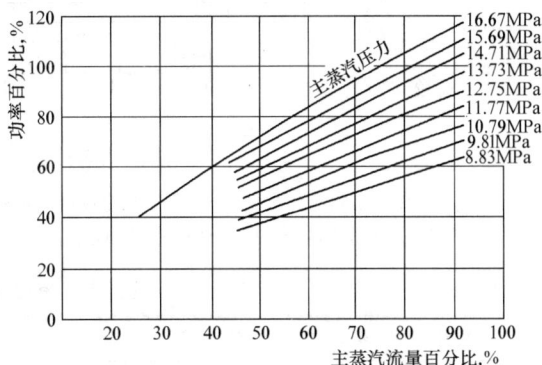

图 10-4　主蒸汽流量与功率关系曲线

$$主蒸汽流量百分比 = \frac{某主蒸汽参数及某一阀门开度下各高压调节阀总流量}{同参数下各高压调节阀全开时总流量} \times 100\%$$

$$功率百分比 = \frac{机组在某主蒸汽参数及某主蒸汽流量百分比下的电功率}{300MW（汽轮机额定功率）} \times 100\%$$

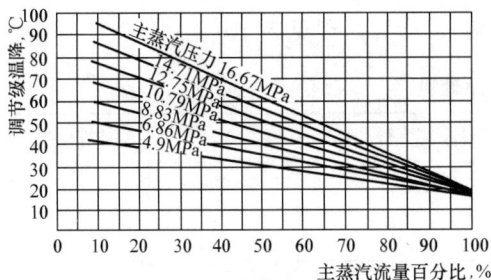

图 10-5　高调阀单阀运行时调节级温度变化

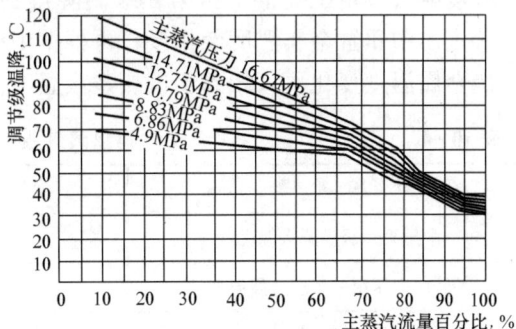

图 10-6　高压调节阀顺序阀运行时调节级温度变化

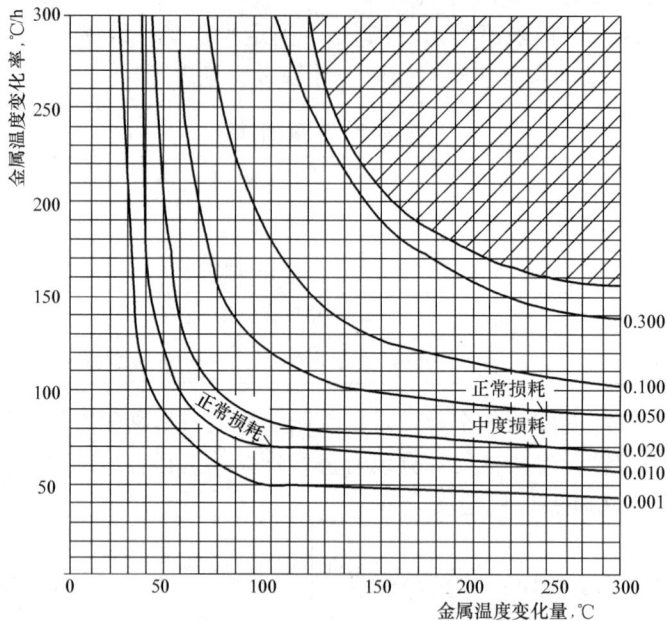

图 10-7　高压转子寿命损耗曲线

注：1. 阴影区为应力极限区，当金属温度增加时不得进入该区，在金属温度下降时允许进入；

2. 曲线上的寿命损耗值用寿命周期的百分比表示。

表 10-3　　　　　　　　　　　　主蒸汽温度变化率计算

计 算 步 骤	计 算 依 据	计算结果
在某一稳定运行目标负荷下高压调节级后蒸汽温度	设目标负荷为 50% 额定负荷，主蒸汽压力 10.79MPa，采用单阀进汽。查图 10-4 和图 10-5 得调节级后温度 ＝ 537℃—调节级温降	495℃
冲转前高压调节级后金属温度	测定	150℃
金属温度变化量 Δt	调节级后蒸汽温度—调节级后金属温度	345℃
主蒸汽温度变化率	查图 10-7，取正常损耗，根据 Δt 查取	57℃/h

2）再热蒸汽温度变化率确定。各目标负荷工况下中压第一级后蒸汽温度是由中压进汽额定温度减去额定工况下中压第一级温降得到，并与冲转前当时中压第一级金属温度相比较，确定出中压缸金属温度变化量，再根据中压转子寿命损耗曲线（见图 10-8）选取中压第一级金属温度变化率（相当于再热蒸汽温度变化率）。计算过程见表 10-4。

表 10-4　　　　　　　　　　　　再热蒸汽温度变化率计算

计 算 步 骤	计 算 依 据	计算结果
中压第一级后蒸汽温度	（537－37）℃	500℃
冲转前中压第一级后金属温度	测定	50℃
金属温度变化量	第一级后蒸汽温度—第一级后金属温度	450℃
再热蒸汽温度变化率	查图 10-8 取正常损耗	84℃/h

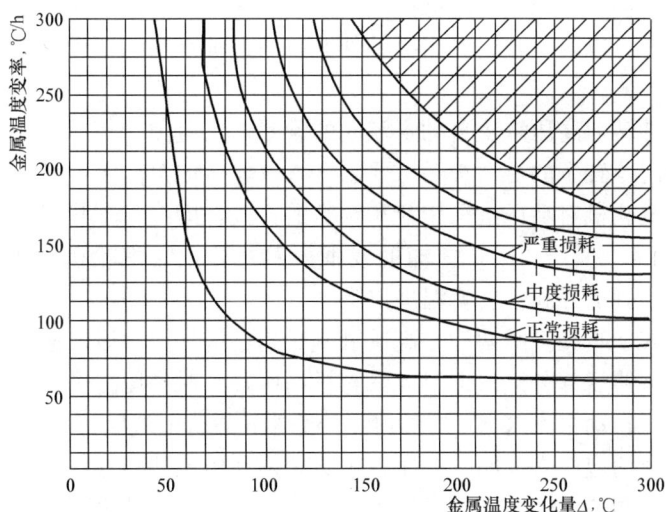

图 10 - 8 中压转子寿命损耗曲线

注：1. 阴影区是转子应力极限区，当金属温度增加时不得进入该区，在金属温度下降时允许进入；

2. 曲线上的寿命损耗值用寿命周期的百分比表示。

三、滑参数启动

滑参数启动与额定参数启动相比，其优点如下所述。

（1）额定参数启动时，锅炉点火升压至蒸汽参数到额定值，一般需要 2～5h，达到额定参数后方可进行暖管，然后进行汽轮机冲转。暖机时要分阶段暖机，以减少热冲击。而滑参数启动时，锅炉点火后，就可以用低参数蒸汽预热汽轮机和锅炉之间的管道，也可对高压缸进行预暖。当锅炉压力、温度升到一定值后，汽轮机就可冲转、升速、并网接带负荷。随着锅炉汽温、汽压的逐渐提高，机组负荷自然滑升，直至带到额定负荷。这样大大缩短了机组启动的时间，提高了机组运行的机动性。

（2）滑参数启动冲转时使用较低参数的蒸汽加热管道和汽轮机金属，加热温差小，金属内温度梯度小，热应力小。由于低参数蒸汽启动时体积流量大，流速高，传热系数大，可在较小的热冲击下得到较大的金属加热速度，从而改善机组加热的条件。

（3）滑参数启动时，蒸汽体积流量大，可较方便地控制和调节汽轮机的转速与负荷。

（4）额定参数启动时，工质和热量的损失相当可观。而滑参数启动时，锅炉基本不对空排汽，几乎所有的蒸汽及其热能都用于暖管和暖机，大大减少了工质的损失，提高了电厂运行的经济性。

（5）滑参数启动升速和接带负荷时，可做到调节汽阀全开，实现全周进汽，使汽轮机加热均匀，缓和了高温区金属部件的温差和热应力。

（6）滑参数启动时，通过汽轮机的蒸汽流量大，可有效地冷却低压段，使排汽温度不致升高，有利于排汽缸的正常工作。

（7）启动操作相对简单，各项限额指标也容易控制，从而减小了启动中发生事故的可能性，为自动化和程序启动创造了条件。

（一）冷态滑参数启动的要点

（1）轴封供汽的时机及温度。为快速建立真空以减少启动的能量消耗，一般应提前向汽轮机轴封供汽。轴封供汽应该尽量用低温辅助汽源，送汽后应注意检查轴封抽汽器和轴封加热器的工作是否正常，以防止轴封蒸汽沿轴外泄并通过轴承箱油挡进入轴承，造成润滑油质的恶化。

（2）冷态启动冲转前高压缸及自动主汽阀的预暖。为避免冷态启动冲转时产生过大热冲击，减少汽缸、阀门及转子的寿命损耗，要求进入汽轮机的蒸汽温度要与汽缸、转子金属温度相匹配。大容量汽轮机对高压缸采用盘车预暖的方式，即在盘车状态下正向或逆向对高压缸通入 0.4～0.8MPa、200～250℃ 的辅助或本机蒸汽，预暖汽轮机转子、汽缸金属部件，使金属温度尽量升高到低温脆性转变温度以上。

盘车预暖方式有倒暖和正暖两种。高压缸倒暖是在锅炉点火后，通过高、低压旁路进行暖管；适时将高压旁路后部分蒸汽倒引入汽轮机高压缸，对高压缸进行提前预暖，疏水引入凝汽器；同时将高压自动主汽阀开 10% 开度，对高压自动主汽阀进行预暖，疏水也引入凝汽器，此时高压调节门应严密关闭。高压缸正暖则是利用比冲转参数低的蒸汽，通过高压自动主汽阀内旁通门控制蒸汽以全周方式进入高压缸，对高压缸及汽阀进行预暖。这时要结合调整真空来防止转速上升脱离盘车。在国产及进口 300MW 及以上的大型汽轮机上均采用了这两种方式。如日本三菱 350MW 汽轮机冷态启动，高压缸从 30℃ 缸温经盘车正暖到 150℃ 所需时间为 1.2h。

（3）冲转和升速中应注意的问题。汽轮机冲转前要严格核查主蒸汽和再热蒸汽参数是否达到冲转要求，汽轮机各项重要热力参数及机械监控参数（如汽轮机进汽参数、凝汽器真空、润滑油压力和温度、高中压缸金属温度、绝对膨胀、胀差以及大轴弯曲度等）是否符合冲转条件。应视机组实际情况正确选用启动方式和冲转时的进汽调节方式（单阀或顺序阀），适时投入汽缸夹层加热以控制胀差。合理选定冲转初期的摩擦检查转速（一般为 500r/min）和升速率 [100(r/min)/min]。转子冲动后，应暂时关闭冲转汽门，在转子惰转过程中，用专用设备检查倾听汽缸内有无动静摩擦。确认无异常情况后，重新开启冲转汽门，维持在摩检转速下，对机组进行全面检查，确认无问题后升到中速，进行中速暖机。中速暖机时，要注意避开临界转速，防止进入共振区，引起机组强烈振动。中速暖机完毕后应检查汽缸各点金属温度、各对应点金属温升、汽缸膨胀、胀差、机组振动等值是否符合要求。继续提升转速到高速，进行高速暖机。要迅速而平稳地通过临界转速，切忌在临界转速下停留以免造成强烈振动；但也不能升速过快，以致转速失控，造成设备损坏。对于大容量汽轮机来说，轴系较长，转子较多，临界转速比较分散，往往找不到合适的高速暖机转速，此时，应以 100～150r/min 的升速率，将转速提升到额定转速暖机。中速暖机和高速或额定转速下暖机的目的主要有两个，即防止材料脆性破坏和防止产生过大的热应力。

（4）并网和带负荷中的暖机及胀差控制。机组并入电网后接带的初始负荷不能低于额定负荷的 10%，否则由于进汽量小，高中压缸加热缓慢、低压缸则因摩擦鼓风而升温过大，造成机组胀差及振动过大。初始负荷下的带负荷暖机应保持合适的时间，使机组充分加热膨胀。这一阶段对胀差和汽缸绝对膨胀要严密监控。低负荷暖机结束，逐渐开大调节汽阀增加负荷，到 1 号、2 号和 3 号调节阀门全开时，机组进入滑压段运行。锅炉开始加强燃烧，按冷态启动曲线升温升压，增加负荷。汽轮机调节汽阀开度保持不变，机组电负荷随锅炉蒸汽压力滑升而逐步增加，当主蒸汽、再热蒸汽达到额定参数后，机组又进入定压段运行，锅炉维持主蒸汽压力为额定值。汽轮机逐渐开大调节汽阀，继续增加负荷，直到达到额定负荷或电网要求的负荷为止。

（5）辅机调整操作。在整个升负荷过程中，要相应进行有关的辅机调整操作。对于300MW 和 600MW 汽轮机，当第四段抽汽（供除氧器汽源）压力超过除氧器定压运行压力时，除氧器汽源由辅助汽源切换为本机四段抽汽供汽，除氧器进入滑压运行阶段。当汽轮机端部汽封自密封系统供汽母管汽压达到规定值时，汽封系统进入自密封状态，可切断外界轴封供汽汽源。对于凝结水泵、给水泵等半容量的辅机，当负荷升至 50％左右时，应启动第二台设备投入运行，保证能连续接带负荷。滑压升负荷至 55％时，高、低压旁路阀均应关闭。根据负荷情况应适时关闭主蒸汽、再热蒸汽管道以及汽缸的疏水门。

一般情况下，低压加热器都采用随汽轮机启动方式投入，高压加热器则是在机组带至一定负荷或抽汽压力高于大气压力后投入。但在真空系统、高压加热器疏水系统允许时，高压加热器也可随机投入。这样可增强高压下汽缸的蒸汽流动，使下汽缸换热增强，有利于暖机，同时可以提高给水温度，使锅炉参数易于控制。

（6）启动过程中的安全监控。机组冷态滑参数启动过程中，应加强安全监控。在下列情况下禁止汽轮机启动或运行：①主蒸汽和再热蒸汽参数没有达到冲转要求；②危急保安器动作不正常，自动主汽阀、调节汽阀、抽汽止回阀卡涩不能关闭严密；③调节系统不能维持汽轮机空负荷运行或机组甩负荷后不能维持转速在危急保安器动作转速以内；④汽轮机转子弯曲超过原始值的 0.03mm；⑤高、中压外缸的上、下缸温差超过 50℃，内缸上、下缸温差超过 35℃；⑥盘车时，汽轮机内部有明显的金属摩擦声；⑦任何一台油泵或盘车装置失灵；⑧油质不合格，油箱油位或油温低于规定值；⑨汽轮机各系统有严重泄漏，设备保温不合格或不完整；⑩主要保护装置或主要电动门失灵，主要仪表失灵（转速表、挠度表、振动表、热膨胀表、胀差表、轴向位移表、各轴承瓦块合金及回油温度表、润滑油压表及金属温度表等）。

为了保证启动的顺利进行，防止由于加热不均使金属部件产生过大的热应力、热变形以及由此而引起动静摩擦，应按规定控制好下面几个指标：①蒸汽温升率不大于 1～1.5℃/min，金属温升率不大于 1.5～2℃/min；②上下缸温差不大于 50℃；③汽缸内外壁温差不大于35℃；④法兰内外壁温差不大于 80℃；⑤汽缸与转子的相对胀差在规定范围以内。

汽轮机冷态滑参数启动中，在冲转和并网后的加带负荷过程中金属加热比较剧烈，特别是低负荷阶段，汽缸与转子之间容易出现较大的温差，从而导致大的胀差。出现较大胀差时，应停止升温、升压，并在该负荷下进行暖机，必要时采取其他措施来减小胀差值；要注意检查机组振动情况，严禁硬闯临界转速和降速暖机；应按规定的曲线控制蒸汽温度的变化，当汽温在 10min 内下降 50℃ 及以上时，应打闸停机。

（二）热态滑参数启动要点

热态启动时，高、中压转子中心温度已超过脆性转变温度，因此在升速过程中不需要暖机，而应防止在低速和空载下汽缸被冷却，只要状态检查和操作能跟上，应尽快并网升负荷到对应缸温工况。由于热态启动时各部件的金属温度较高，且存在温差，特别是汽轮机上下缸温差和转子径向温差可能成为妨碍汽轮机热态启动的主要因素。因此要注意把握以下要点。

（1）控制上、下缸温差在允许范围。启动时，上、下缸温差超限的危害在于改变了汽轮机动静部件之间的径向间隙，可能造成轴封与转子接触并发生摩擦，严重时会造成转子局部过热，导致大轴永久性弯曲。一般规定上下缸温差不超过 50℃，双层缸内缸上下金属温差不超过 35℃。

（2）转子弯曲不超过允许值。由于汽轮机转子周向和径向温差的存在，可能引起热弯曲。弯曲转子质心与旋转中心偏离，所产生的不平衡离心力将引起机组振动，转速升高振幅随之增大，可能引起更大的故障。因此汽轮机启动时转子弯曲度不允许大于原始值的 0.03mm。

汽轮机转子的弹性热弯曲可以通过连续盘车来消除。严重弯曲造成局部发生摩擦时，应先间断盘车，直轴后再进行连续盘车。一般规定汽轮机热态启动时，连续盘车不得少于 2～4h，中间间断时，应延长间断时间的 10 倍时间连续盘车。

（3）启动参数的匹配。通常要求热态启动时主蒸汽、再热蒸汽温度高于汽缸金属温度 50～150℃。

（4）旁路系统的配合。热态启动时，汽轮机对冲转蒸汽参数的要求很高，应提前投入旁路系统，以便迅速提高主蒸汽和再热蒸汽温度。

（5）先投轴封供汽、后抽真空。启动过程中，轴封是受热冲击最严重的部件之一。特别是极热态启动时，汽封处的转子温度很高，一般只比调节级处汽缸金属温度低 30～50℃。因此，热态启动时应先投轴封供汽再抽真空。轴封供汽温度一定要与汽封金属温度相匹配，不能用低温蒸汽供给，以免轴封段转子受冷，产生热变形，并使负胀差猛增，严重时会使动静间隙消失，产生动静摩擦。

（6）主蒸汽和再热蒸汽管道疏水、暖管。蒸汽管道的暖管、疏水必须充分。主蒸汽管道和再热蒸汽管道的暖管、疏水不仅仅是冷态启动才需要，热态启动也是必须的，只不过热态启动的暖管疏水不仅仅是为了提高蒸汽管道的金属温度，防止水冲击，更主要是为了防止冲转时蒸汽温度大幅度变化，造成汽轮机的热冲击。

四、中压缸启动

中压缸启动，冲转蒸汽从中压调节汽阀进入，在一定参数下要切换到高压调节阀进汽。中压缸启动方式应考虑以下几关键问题。

（1）采用中压缸进行冷态启动时，由于冲转前高压缸采用了倒暖方式，使金属温度水平提高。因此，进汽参数及升速过程与高中压缸联合进汽时有所差别。

（2）采用中压缸启动时，应详细核算轴向推力情况，对高中压缸反向布置的机组，中压缸单独进汽时轴向推力比较恶劣的情况是在切换进汽方式之前。

（3）对汽轮机调节系统作适当改进，保证启动时中压缸进汽，而高压调节汽阀关闭，达到切换负荷时，高压调节汽阀又能迅速平缓打开。

（4）改进高压缸排汽逆止门的可控性能，加装旁路管道，以便实现高压缸倒暖。

（5）改进高压缸抽真空系统，增强高压缸温度的可控性。

（一）中压缸冷态启动要点

冷态启动时缸温较低，锅炉点火后开始提升参数，待再热器冷段汽温达到一定数值后（一般比高压内缸温度高出 50℃左右），即可打开高压缸排汽止回阀，对高压缸进行倒暖。进行倒暖的同时，主蒸汽、再热蒸汽温度、压力仍按规定方式升高，待参数达到冲转要求时，即可用中压缸进汽启动。此时，可以恰到好处地将高压缸温度暖至 190℃左右。中压缸冲转至中速暖机后，可停止倒暖，同时开大高压缸至凝汽器管道上的真空阀，使高压缸处于真空状态控制其温度水平。

暖机结束后，继续升速至额定转速。如果在额定转速下需要延长空转时间（如进行试验），那么高压缸由于摩擦鼓风，缸温会升高，这时可用真空调节阀将温度控制在适当水平。由于高压缸不做功，在同样的工况下，进入中低压缸的蒸汽流量会比高中压缸联合启动时大，低压缸尾部的冷却要充分一些。

当机组具备并网条件后，即并网接带初始负荷。然后根据规定的升负荷方式继续升负荷，升至切换负荷时，关闭高压缸排汽口抽真空门，切换进汽方式。这时，再热蒸汽压力由中压调节汽阀控制。高压缸进汽后，应关小高压旁路，切换过程结束时，高压旁路应全关。整个切换过程较短，一般持续 3～5min。切换时应注意使高压缸温度匹配，避免产生过大热冲击。高压缸调节阀门开启的同时，应逐渐关闭高、低压旁路，保持主、再热蒸汽参数稳定。此后的启动过程与常规起动方式相同。

（二）中压缸热态启动要点

中压缸热态启动是调峰机组常见的启动方式。启动时汽轮机金属温度很高，可以保持合适的再热蒸汽压力和较大的旁路流量，快速提升蒸汽参数。达到规定的启动参数后，在高压缸处于真空的状态下，用中压缸进汽方式来冲动汽轮机，并升速并网、接待负荷，这一过程以较快的速度进行，不用考虑高压缸的热应力。在中压缸加大进汽量的同时，逐步关闭低压旁路以保持再热器压力的稳定。当负荷带至切换负荷时，即可切换进汽方式，切换过程结束后，可按预定的启动程序来完成随后的启动过程。

（三）中压缸启动方式的优越性

（1）缩短启动时间。由于汽轮机冲转前对高压缸进行倒暖，启动速度不受高压缸热应力和胀差的限制；另外，由于高压缸不进汽，在同样工况下，进入中低压缸的蒸汽流量大，暖机更充分迅速，从而缩短了整个启动过程的持续时间。

（2）汽缸加热均匀。中压缸启动时，高中压缸加热均匀，温升合理，汽缸易于胀出，胀差小。与常规的高中压缸联合启动相比，虽然多一个切换操作，但从整体上可提高启动的安全性和灵活性。

（3）提前越过脆性转变温度。中压缸启动时，高压缸倒暖，启动初期中压缸进汽量大，这样可使高、中压转子尽早越过脆性转变温度，提高了机组运转的安全可靠性。

（4）对特殊工况具有良好的适应性。主要体现在空负荷和极低负荷运行方面。机组启动并网过程中，有时遇到故障等待处理，或在并网前要进行电气试验等，常常需要在额定转速下长时间空负荷运行。在采用高、中压缸联合启动方式时，高压缸有可能超温。而采用中压缸启动方式，只要打开旁路，关闭高压缸排汽止回阀，维持高压缸真空，隔离高压缸，汽轮机即可安全地长时间空负荷运行。在单机带厂用电的情况下，也可以采用该方式运行，这样，一旦事故排除后，就能迅速重新带负荷。

（5）抑制低压缸尾部超温。采用中压缸进汽，启动初期流经低压缸的蒸汽流量较大，可有效地带走低压缸尾部由于摩擦鼓风产生的热量，保持低压缸尾部温度在较低的水平。

五、汽轮机的停机

汽轮机的停机是指从带负荷状态，到减去全部负荷、锅炉灭火、发电机解列、汽轮发电机转子惰走、盘车装置投入、锅炉降压、机炉冷却等全过程。就汽轮机而言，停机过程是一个剧烈的冷却过程。停机过程中的主要问题是防止机组零部件冷却不均匀而产生过大的热应力、热变形和胀差，同时又要满足不同停机目的对停机速度和停机后缸温的要求，也就是说，根据不同的需要，应选择不同的停机方式。

汽轮机停机方式分为正常停机和故障停机两大类。正常停机是指有计划的停机，例如，按预定检修计划停机，一般停机时间大于 7 天，再次启动时为冷态启动；热备用停机，一般停机时间为 1～2 天，再次启动时为热态启动。故障停机，指汽轮发电机组发生异常，保护装置动作或人为紧急停机，以达到保护汽轮机不致损坏或使损失减小的目的。在整个停机过程中，应注意监视下列参数：主、再热蒸汽压力和温度，减温率，轴承振动，胀差，上、下缸温差，汽缸金属减温率，低压缸排汽温度，轴向位移，轴承金属温度等。

正常停机按停机过程中蒸汽参数是否变化又可分为额定参数停机和滑参数停机两种方式。现代大型机组的停机方式，将上述两种方式取长补短综合使用，称为复合变压停机方式。

（一）额定参数停机

额定参数停机一般用于短期（调峰或抢修）的正常临时停机。停机过程中，蒸汽的压力和温度保持额定值，用汽轮机调节汽阀控制，以较快的速度减负荷。采用这种方式停机时，汽轮机的冷却作用仅来自于通流部分蒸汽量的减小和蒸汽节流降温，减负荷时间短，停机后汽缸温度可以维持在较高水平。额定参数停机时，由于减负荷速度快，各项操作就显得紧张，因此，在停机前必须做好充分的准备工作，保证停机每一环节顺利进行，防止设备损坏。但是，大容量再热汽轮机组减负荷过程中，要让锅炉始终维持额定参数给运行调整带来很大困难，同时也造成燃料浪费。因此，应视机组的实际情况选用这种停机方式。

（二）滑参数停机

滑参数停机是指在调节汽阀全开状态下，借助锅炉降低蒸汽参数来减小汽轮机负荷和冷却机组的停机方式。由于蒸汽全周进入汽轮机，可以使金属部件均匀冷却，它可以使机组停机后汽缸金属温度降低到较低水平，大大缩短汽缸冷却时间。因此，滑参数停机多用于大、小修的计划停机。滑参数停机过程中，有低参数、大流量的蒸汽冷却汽轮机，主、再热蒸汽温度的下降速度是汽轮机各部件能否均匀冷却的先决条件，也是滑参数停机成败与否的关键。因此，滑参数停机时的温降率应严格限制，一般以调节级处蒸汽温度比该处金属温度低 20～50℃为宜。该过程中，转子表面所受热拉应力和机械拉应力叠加，故蒸汽降温率小于启动时蒸汽的升温率。

滑参数停机有汽温不变只滑变汽压和汽温及汽压同时滑变两种不同方式。

（1）汽温不变，只滑变汽压方式。根据停机后对汽缸金属温度水平的不同要求，可以按定温滑压方式，保持调节汽阀全开，主、再热蒸汽温度不变，逐渐降低主蒸汽压力，使负荷逐渐下降。采用该方法主要是为了在消除缺陷后或调峰要求再次启动时，汽轮机与锅炉的金属温度水平都较高，使其即使在较大的温升率时，汽缸和转子的热应力不超过允许值，从而缩短再次启动的时间，增加机组运行的灵活性。

（2）汽温和汽压同时滑变方式。该方式下的滑参数分阶段进行。每减到一定负荷稳定后，保持汽压不变，降低主蒸汽温度（一般降温率为：主蒸汽 1～1.5℃/min，再热蒸汽 2℃/min，高中压缸内缸金属温降率小于 40℃/h）。当汽缸金属温度下降缓慢，且蒸汽过热度接近 50℃时，即可降低主蒸汽压力，滑减到所需负荷，再降温，这样交替进行。

（三）复合变压停机

首先保持主蒸汽温度和调节阀开度不变，汽轮机负荷随主蒸汽压力的下降而滑降，待负荷降到某一定值后，则保持主蒸汽压力和温度不变，通过关小高压调节阀和中压调节阀使汽轮机负荷进一步减小。汽轮机负荷接近零时，解列发电机、脱扣汽轮机。这种方式称为复合变压停机。

在操作方法上，有些电厂习惯于开始时先在额定参数下用调节汽阀减去一定负荷（降至80％），然后再定温、滑压降低负荷至另一定值。如法国阿尔斯通 360MW 机组先定压降至80％负荷后，再从 17.9MPa 的额定汽压滑降至 14.0MPa，降压速率为 0.08MPa/min。此后，锅炉便维持 14.0MPa 的压力和 510℃ 的参数不变。汽轮机则通过关小调节汽阀，按 6～9MW/min 的速率定压降负荷至 30％，然后准备打闸停机。

（四）故障停机

故障停机可分为紧急故障停机和一般故障停机。紧急故障停机，是指故障对设备造成严重威胁，必须立即打闸、解列、破坏真空，尽快停机。紧急停机无须请示汇报，主值班员直接按运行规程进行处理即可。一般故障停机，根据故障的不同性质，尽可能做好联络或协调工作，按规程规定稳妥地把机组停下来。当出现故障停机情况时，运行人员应准确判明是紧急故障还是一般故障，然后快速按不同方式处理。

（1）紧急故障停机及处理。运行中出现直接威胁汽轮机及发电机本体安全、必须立即停止汽轮发电机组转动的紧急情况时，应作为紧急故障停机处理。这些情况一般包括：机组强烈振动和摩擦撞击、水冲击及汽温骤降、轴承断油冒烟、轴向位移超过跳闸值而保护未动、机组超速而保护未动等。当正确判明是紧急故障后应按如下步骤处理。

1）主控打闸或就地打闸后，检查确认机组转速下降，同时监视下述自动操作是否动作，否则手操完成：高中压自动主汽阀及调速汽门快速关闭；各段抽汽止回阀和高压缸排汽逆止门快速关闭；高压和低压加热器进汽电动门联动关闭；疏水门自动联开；旁路系统动作正常；给水泵连锁动作；轴封汽源切换正常等。

2）立即启动交流润滑油泵。

3）全开真空破坏门，停止真空泵运行。

4）按紧急停机规程对机组进行监视和操作，在自动操作不能成功的情况下，手动完成操作。

（2）一般故障停机及处理。一般故障是指不直接或即刻危及汽轮机及发电机本体安全，但必须在一定时限内停机的事故情况。如国产 300MW 机组规定，出现下述情况时属一般故障：循环水中断不能立即恢复；凝汽器压力升至 19.7kPa 以上；凝结水泵故障，凝汽器水位急剧上升，备用水泵不能投入；在额定负荷下，主、再热蒸汽温度升到 557℃ 或降到430℃，经调整无效；抗燃油压下降至 9.8MPa 以下或抗燃油箱油位低到 100mm 以下；油系统严重漏油无法维持运行；高压缸排汽温度大于或等于 420℃；调节保安系统故障无法维持正常运行；机组甩负荷后空转或带厂用电超过 15min；高中压缸、低压缸账差增大，调整无效超过极限值等。

当判明是一般故障情况时，应做不破坏真空停机处理，处理方法如下：

1）非保护动作停机，在条件允许的情况下先降负荷至零，启动交流油泵并确认运行正常后，再打闸、解列停机；

2）除不破坏真空，其他操作均按紧急停机过程处理。

第三节　汽轮机的正常运行维护

汽轮机正常运行维护是一项经常性的细致工作。机组能否长期安全、经济运行，除了要做好启动、停止、事故预防和处理工作之外，大量持久的工作则是日常的运行维护和调整。

一、汽轮机正常运行维护的工作内容

汽轮机正常运行维护工作的内容有以下几个方面：

（1）监视有关仪表，对运行参数进行分析，跟踪检查机组运行的安全及经济情况；

（2）调整有关运行参数和运行方式，贯彻负荷经济分配原则，尽可能使设备在最佳工况下运行，降低热耗率和厂用电率，提高机组运行的经济性；

（3）加强对缺陷设备、故障系统和特殊运行方式下设备的监视，预防事故的发生和扩大，提高设备利用率，保证设备长期安全运行；

（4）定期进行各种保护试验及辅助设备的正常试验和切换工作。

现代大型汽轮机装置的自动调节和自动保护功能虽已十分完善，但由于系统的复杂性和运行工况的多变性，机组的正常运行仍需采用运行值班方式。运行人员必须随时密切关注和跟踪机组的运行工况，对出现的异常情况及时进行人工干预，确保机组安全、经济、稳定运行。因此，做好正常运行中的监盘（参数监视）、分析、调整和巡回检查工作是十分重要的。

（一）监盘与运行分析

监盘主要是通过控制盘上各种仪表和计算机监视器对设备的运行情况进行监视和分析，并做必要的调整，以保持各项参数在允许范围内。

监盘时应把安全和经济运行摆在同等重要的位置。对直接涉及汽轮机运行安全的机械参数（如各轴承振动、轴向位移、转速、转子偏心度、汽缸热膨胀及胀差等）、直接涉及运行经济性的热工参数（如汽轮机的负荷、主蒸汽及再热蒸汽压力和温度、凝汽器真空等）进行连续、密切的监视。运行分析应围绕汽轮机装置的各项经济考核指标进行。

汽轮机运行中经常监视的参数还有：调节级蒸汽压力、各抽汽口的蒸汽压力和温度、主蒸汽流量、各加热器进出口水温及水位、油箱油位、控制油压、润滑油压、推力轴承和支持轴承的金属温度、调节汽阀开度等。

（二）巡回检查

为了保证机组安全、经济运行，运行人员除了要集中监视单元控制室的控制盘参数及报警信息之外，还要对现场设备进行定期巡回检查，全面了解设备的运行情况。一旦发现隐患，应及时采取对策。巡回检查有科学合理的巡检路线，以便用最短的时间和最少的巡程把不同设备层的主要设备及系统都巡查到。

二、运行中主要热工参数的监控调节

汽轮机运行中的一些重要参数，如负荷、主蒸汽和再热蒸汽参数、凝汽器真空、调节级压力及各段抽汽压力、轴向位移、胀差、轴承润滑油温、控制油压、各加热器水位等，对汽轮机安全、经济运行起着决定性的作用。因此，运行中必须对这些参数认真监视并及时调整，使其保持在规定的范围内。

（一）负荷变化的监视和调节

在正常运行中，对负荷的监视是头等重要的，因为负荷一变，牵动着所有运行参数的变

化。现代汽轮机负荷的正常增减是通过给出目标负荷指令后由 DEH 系统自动完成的。而机组负荷的自发变化，则是外界条件影响的结果，此时要做相应的检查和判断。比如当负荷减少时，应检查电网频率是否升高，主蒸汽和再热蒸汽参数是否下降，真空是否降低等。

当机组负荷变化时，应关注其对相应系统的影响。如凝汽器热井水位需要及时检查调整，水位过低会使凝结水泵跳闸，水位过高会使凝结水产生过冷，严重时还要影响真空造成机组跳闸。由于负荷变化，各段抽汽压力也要随之变化，由此影响到除氧器、加热器、轴封供汽压力的变化，要及时进行检查及调整。如果由于调峰需要而增减负荷，操作会更多一些，比如循环水泵、给水泵运行台数的增减，给水再循环门的开关或调速给水泵转速的控制，除氧器供汽汽源的切换等。

如果机组突然甩去部分或全部负荷，应按甩负荷事故的操作规程进行处理。对于故障减负荷和限负荷，不同的汽轮机装置有不同的处理方式。如阿尔斯通 360MW 机组规程规定：从两台给水泵转为一台给水泵运行，汽轮机减负荷 60%；高压加热器停运，应控制负荷小于额定值；当 3、4 号低压加热器停运时，应将负荷从额定值减至小于等于 270MW，以防除氧器过负荷，并应关闭五段抽汽，除氧器改为由锅炉再热器冷端蒸汽供汽，并设定其压力为 0.7MPa；当 1、2 号低压加热器停运时，应停运全部低压加热器，并将负荷降至 200MW，除氧器改由再热器冷端蒸汽供汽，压力设定为 0.5MPa，必要时申请停机消除缺陷。

（二）主蒸汽参数异常变化的监视及调节

在调节汽阀全开的情况下，若初温升高，通过汽轮机的蒸汽流量减少，调节级后压力下降使得调节级焓降增大，调节级动叶可能过负荷。另外，随着温度的升高，金属强度会降低，高温下的金属还会发生蠕变现象。所以过载和超温对高温区工作的部件是很危险的。汽轮机制造商均规定了温度高限，一般不超过额定汽温的 5～8℃。

在运行中若汽温降低，将使汽轮机的轴向推力增加，严重时可能会产生水冲击，引起轴向位移增大，烧坏推力瓦，甚至产生动静摩碰。主蒸汽温度下降时，为维持负荷不变，进汽量必须增大，这将容易引起末级叶片过负荷，再加上湿蒸汽对末级动叶的冲蚀加剧，可能会造成末级叶片断裂。故为了安全起见，应视汽温下降程度相应地降低负荷。如对 300MW 汽轮机，主蒸汽和再热蒸汽温度降至 510℃时开始减负荷，每降 1℃相应减负荷 5MW；主、再热蒸汽温度达 460℃时，负荷减为零；温度在 460℃以下则应停机。

在调节汽阀开度一定时，当初温和背压不变而初压升高时，汽轮机所有各级都要过负荷，其中最末级过载最严重，同时初压升高对蒸汽管道及其他承压部件的安全也造成威胁。初压降低时，不会影响机组的安全性，但机组出力要降低。因此，运行中主蒸汽压力要求按规定压力运行，特别是滑压运行机组要严格按照变压运行曲线维持机组运行。

（三）再热蒸汽参数异常变化的监视及调节

再热系统压损用蒸汽通过的压降与高压缸排汽压力之比的百分数表示，其大小对再热经济性有一定影响。再热系统压损变化 1%，机组热耗率变化约 1%。

再热蒸汽压力随蒸汽流量变化而变化。再热蒸汽压力不正常的升高，可能是某中压调节阀门非正常关小所至。当再热蒸汽压力升高导致安全门动作时，一般是因调节系统故障而引起，比如中压调节阀门和中压自动主汽阀误关，均可能使再热蒸汽超压。此时要迅速处理，使其恢复正常。

初温不变而再热汽温变化时，不仅中、低压缸的工况要受影响，高压缸的工况也要受到影响。当再热汽温升高时，汽轮机总的理想焓降增大，若保持机组出力不变，汽轮机总的进汽量将减少，因而再热蒸汽压力也必然降低，但由于再热汽温的升高和压力的降低，体积流量将趋增大。再热系统中的蒸汽流动阻力与体积流量的平方成正比，所以此时再热器压力有所增加。因而高压缸的功率将降低，而中、低压缸功率则有所增加。反过来，当再热汽温降低时，再热系统流动阻力减少，再热器中压力将降低，此时高压缸功率将增大，特别是高压缸末级可能过载，而中、低压缸各级焓降减小，这又会导致反动度及轴向推力的变化。另外再热汽温降低也将导致汽轮机末级湿度增大，若长期在低再热温度下运行，会使叶片严重侵蚀。

（四）凝汽器真空异常变化的监视及调节

凝汽器真空直接影响机组的安全经济运行。真空降低时，汽轮机总的焓降将减小，并且这个焓降的减小主要发生在最末几级。此时这些级的反动度将增大。真空急剧降低时，反动度的变化会引起较大的轴向推力变化，推力轴承可能发生危险，此外，真空严重恶化时，排汽温度将升高，还会引起机组中心的变化，从而使振动增大。因此，运行中必须控制真空在一定范围内，否则要减负荷，甚至紧急停机。例如，某 360MW 汽轮机凝汽器的额定压力为 0.00496MPa，如果压力高于 0.0085MPa 时应及时减负荷；压力大于或等于 0.021MPa 时，低真空保护应自动跳闸，否则应手动停机。

如果轴封供汽压力低影响真空时，应微调轴封风机入口阀门，维持供汽压力，如果循环水泵跳闸，应关小或关闭凝汽器循环水出口门，根据规定减负荷或停机，若凝汽器管束堵塞，应安排清洗；若真空泵故障，应切换备用泵运行；若真空系统不严密，应检查并安排堵漏。

（五）监视段压力的监视及汽轮机通流部分运行状态分析

通常将各抽汽段和调节级后汽室压力称为为监视段压力。每台机组均应参照制造商给定的数据，在安装或大修后，通流部分处于正常情况时，对监视段压力进行实测，求得负荷、主蒸汽流量和监视段压力的关系，以此作为平时运行监督的参照标准。

如果在同一负荷（流量）下监视段压力升高，则说明该监视段以后的通流面积减少。产生这种情况的原因大多是结了盐垢，有时也会由于某些金属零件碎裂和机械杂物堵塞了通流部分或叶片损坏变形等所致。如果调节级和高压缸各抽汽压力同时升高，则可能是高压、中压调节汽阀开度受到限制。当某台加热器停用时，若汽轮机的进汽流量不变，将使相应抽汽段的压力升高。

运行时，不但要看监视段压力绝对值的升高是否超过规定值。还要监视各段之间的压差是否也超过了规定值。如果某段前后压差超过了规定值，将会使该段隔板和动叶片的工作应力增大，易造成设备损坏。

汽轮机严重结垢，使监视段压力相对升高 10% 左右时，必须对通流部分的积垢进行清除。通常清除积垢的方法有四种：①汽轮机停机揭缸，用机械方法清除；②盘车状态下，热水冲洗；③低转速下，湿蒸汽冲洗；④带负荷湿蒸汽冲洗。

（六）轴向位移及轴瓦温度的监视与调节

汽轮机转子的轴向位移是运行监控的重要参数，用于监视推力轴承工作状况，保证机组动静部分之间可靠的轴向间隙。

汽轮机主蒸汽压力偏高、主蒸汽温度降低，尤其是汽缸进水会产生巨大的轴向推力。对于高压缸反向布置的再热机组来说，由于发生水冲击事故时，瞬间增大的轴向推力是发生在高压缸内，即轴向推力方向与高压缸内汽流方向一致，因此推力瓦的非工作面将承受巨大的轴向作用力，若非工作面瓦块，其承载能力比较小，这种水击事故就更加危险。为此，现代再热机组要求非工作面瓦块能承受与工作瓦块同量的推力。

当再热蒸汽压力升高、温度降低或中压缸进水时，推力的作用方向和中压缸汽流方向一致，这时推力瓦的工作面将承受巨大的轴向推力。此外，真空低或通流部分结垢时，也会使轴向推力发生较大的变化。

机组运行中，若发现轴向位移增加时，应对汽轮机进行全面检查，倾听内部声音，测量轴承振动，同时注意监视推力瓦块温度和回油温度的变化。一般规定推力瓦块合金温度不超过 95℃，回油温度不超过 75℃，当温度超过允许值时，即使轴向位移不大，也应减少负荷使之恢复正常。当轴向位移超过允许值而引起保护动作跳闸时，应立即解列发电机。若此时保护未动作，则要认真检查、判断，当确认轴向位移指示值正确时，应立即紧急停机。例如，某 360MW 汽轮机规定，当轴向位移达 +0.5mm 或 -0.7mm 时停机。

汽轮机转子在轴承支承下高速旋转，使润滑油温和轴瓦温度升高，轴瓦温度过高时，将威胁轴承的安全，所以要采取保护措施。例如，某 360MW 汽轮机轴瓦合金温度达 95℃时报警，大于 110℃时停机；润滑油温达 60℃时报警并手动跳闸。运行中通常也采用监视轴承回油温升的方法来间接监视轴瓦温度，一般润滑油的额定进油温度为 45℃，油的温升建议不超过 10~15℃，但由于油温滞后于金属温度，不能及时反应轴瓦温度变化，因而只能作为辅助监视。

（七）高压控制油系统的监视与调节

正常运行时，汽轮机 DEH 控制系统中有一台高压油泵运行，供给液压控制系统所需的压力油。主控制油回路的压力约为 12MPa，经过冷油器后的油温约为 50℃。

运行中，高压控制油压力由两个压力开关进行监视和控制，当第一个压力开关检测到油压小于 10MPa 时，向自动控制系统发出报警和控制指令；当第二个压力开关检测到油压太高（大于 13.5MPa）时，发出报警与控制指令。

控制油温度由一个油箱就地温度计和两个温度开关来监视。控制油箱的油位由三个不同位置的油位检测开关监视，当油箱油位变化时，会相应发出高、低、极低三种报警信息。

高压控制油泵出口过滤器堵塞与否，可通过压力降进行监视，当该压降超过报警值时，应在不影响系统运行的情况下更换滤芯。其他过滤器的工作情况也采用类似的方式进行监控。尽管高压控制油系统运行监控的自动化程度比较高，但因其系统压力高，作用重大，故对其日常运行维护应给予高度重视。

三、TSI 监测及保护

TSI（Turbine Supervisory Instrumentation）直译为汽轮机监测仪。从其功能看，应称为汽轮发电机组本体机械量安全监控系统。TSI 是保护汽轮发电机组本体安全运行的重要系统。目前，大型汽轮发电机组均采用 TSI 系统。

TSI 系统只对汽轮发电机组本体范围内（包括驱动给水泵小汽轮机）的重要机械参数进行连续监测和安全保护，不监测热工参数。TSI 系统监测及保护的内容一般有以下几个。

（1）转速。转速监测和保护的内容有转速显示、超速保护、特定转速带报警、加速度显示等。转速显示用于汽轮机转速的连续监测；汽轮机超速保护可直接遮断汽轮机；转速带报警可避免转子在临界转速下持续运行造成共振损坏；转子加速度监测用于防止启动过程中转子加速度超过最大值。

典型的 TSI 配置两套三通道超速监测保护系统，每套系统分别由三只电涡流传感器及其前置器、三块超速保护转速表组成。其中一套安装在前轴承箱中，通过测速齿盘检测转子前端的转速；另一套安装在发电机末端，检测发电机末端的转速。这样配置，当一套系统失效时，另一套系统会有效地保护汽轮机。当汽轮机转速 $n \geqslant 3300 \mathrm{r/min}$ 时，三块转速表共输出三组信号至 ETS（汽轮机危急遮断系统，参见第九章。），经 ETS 逻辑处理后作为停机信号。

（2）零转速。零转速监测用于触发汽轮机盘车装置，使盘车适时投入运行，避免转子热弯曲。当零转速传感器检测到转子转速小于或等于某一最小值（零转速）时，即给出相应信号并联动投入盘车。

（3）高、中压缸及低压缸胀差。连续监测胀差，为控制对汽轮机转子和汽缸的同步加热或冷却提供依据。当监测值达到设定安全极限时发出报警或停机信号，确保转子与定子部件间不发生摩擦。

（4）轴向位移及偏心。轴向位移监视推力盘与推力轴承的相对位置，当监测值达到设定安全极限时发出报警或停机信号，确保转子与定子部件间不发生摩擦，避免重大事故的发生。轴的偏心（转子弯曲值）监测的是轴的径向位置，可以在 $1 \sim 600 \mathrm{r/min}$ 的低速范围内准确推断出转子的弯曲值，为判断汽轮机能否冲转提供可靠的依据。

（5）高、中压缸热膨胀。连续监测汽缸相对于滑销系统绝对死点的膨胀量，为控制对汽缸的加热或冷却提供依据。

（6）振动。监视汽轮发电机轴系各支持轴承的绝对振动及转子相对于轴承座的相对振动。当监测值达到设定安全极限时发出报警或停机信号。典型 TSI 系统在机组各支持轴承处，设有与水平成 $45°$ 的两个轴振监测点，采用 2 只电涡流传感器检测转轴相对于轴承座的相对振动。同时，在轴承座上布置一个垂直方向的速度传感器，检测轴承座的绝对振动。振动超标的报警及保护值可针对不同的振动测点独立设置，参见本书第八章。

（7）振动相位。相位测量主要用于转子动平衡试验、确定临界转速、配合测定转子偏心以及分析振动故障。测量相位的关键是准确获得零相位标准脉冲信号，TSI 系统采用专门的电涡流传感器作为键相传感器。

第四节　汽轮机调峰运行

由于用电负荷随时都在发生不同幅度的变化，电网频率和电压处于波动状态。这就要求并网运行的发电机组按电网调度的要求，根据电网负荷变化的规律及电网中各类发电机组的负荷调节特性，调整所带的负荷，保证供与求的动态平衡。

一、电网的日负荷特性及调峰要求

某电网的日负荷特性曲线如图 10-9 所示，该图反映了网内用电负荷在一日内的变化规律。一般按负荷变化幅度的大小，把电网中的负荷分为三类，即尖峰负荷、中间负荷和基本负荷。不同的负荷应由不同性能的发电机组来承担。尖峰负荷和中间负荷是随时间变化的，由调峰机组来承担。基本负荷是不变的，由指定的基本负荷机组来承担。

1. 电网的峰谷差及峰谷差率

电网日负荷曲线中的最大尖峰负荷与最小低谷负荷之差称为峰谷差，峰谷差与基本负荷之比称为峰谷差率。

随着我国国民经济的高速发展和人民生活水平的提高，用电量不断增大，用电结构也在不断变化。变化的特征是，第三产业、城乡居民生活及市政等峰值负荷呈攀升趋势，而作为基本负荷的工业用电比重则相对下降。由此而引起电网的峰谷差日趋增大。据统计，2000年全国各主要电网平均峰谷差率超过35%的就有6个，其中水电比重较大的川渝和福建电网，日最大峰谷差率分别达52%和59.2%。由于调峰容量不足，导致部分电网在负荷高峰期不同程度地拉闸限电。随着经济的进一步发展，电网的调峰问题将会越来越突出。

图 10-9 电网日负荷特性曲线

2. 调峰发电机组的类型

调峰机组有两大类，即尖峰负荷机组和中间负荷机组。前者承担电网中的尖峰负荷部分，其年运行时数约为500～2000h，一般由库坝式水电机组、抽水蓄能机组、燃气轮机等启停及变负荷速度较快的机组组成。中间负荷机组承担电网中的中间负荷，年运行时数约为2000～4000h，通常由启停及变负荷速度相对较慢的部分较大容量的火电机组组成。

3. 火电调峰机组的性能要求及调峰方式

参与电网调峰对机组运行的安全可靠性和灵活机动性是一种严峻考验，机组运行的经济性也会受到影响。这就要求火电调峰机组应具备以下有利于调峰运行的特殊性能。

（1）良好的启停特性。机组在夜间低谷负荷期停机6～8h后，于次日晨应能在60～90min内从锅炉点火到汽轮机带满负荷，且要求启停损失小，运行可靠性高，热应力及寿命损耗小，并具备较高的自动控制水平。

（2）良好的低负荷运行特性。机组能在低谷负荷时间内带较低负荷安全运行，通常要求至少要在不大于30%～50%额定负荷且锅炉不投油助燃的情况下稳定运行。特殊情况下要求调峰机组能在20%额定负荷工况下稳定运行。

（3）快速的变负荷能力。要求调峰机组应能采用较高的负荷变化率安全、稳定地升降负荷，通常升降负荷的速率应不小于5%额定负荷/min。

（4）较好的低负荷热经济性。机组在低负荷运行时，经济性必然低于额定负荷，故要求调峰机组应有较为平缓的热力特性曲线，即低负荷运行时热效率降低较小。在这一点上，从汽轮机级的工作原理可知，反动式汽轮机优于冲动式汽轮机。

（5）具备滑压运行方式。用滑压运行方式进行调峰可以减小变工况时的热应力，降低机组的寿命损耗。在一定负荷范围内滑压运行还可提高低负荷运行时的经济性。

对大型火电调峰机组的上述性能要求，必须从机组的本体结构、系统配置及调控性能等几方面做特殊的设计或改进才能达到。现代大型火电机组的设计制造已兼顾其调峰性能的需求，如300MW机组均具有在40%～90%额定负荷范围内滑压运行变负荷的调峰能力，同时也具备夜间低谷停机8h后，次日晨在100min内将汽轮发电机带到满负荷的启停调峰能力。

单元制火电机组的调峰运行方式主要有四种，即变负荷调峰、启停调峰、少汽无负荷调峰和低速热备用调峰。四种调峰方式在调峰幅度、机动性、运行操作、安全可靠性及经济性

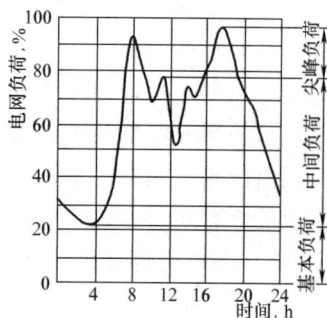

等方面各有不同的特点,应根据负荷的经济调度的原则,结合机组的具体情况灵活选用。

二、变负荷调峰

变负荷调峰就是在保持调峰机组连续并网运行的同时,根据电网的调峰指令,通过锅炉或汽轮机的调节控制系统来改变机组负荷的大小,以适应电网峰谷负荷的需要。变负荷调峰可采用由汽轮机调节的定压运行方式,也可采用由锅炉调节的滑压运行方式,还可采用定—滑—定的综合运行方式。现代大型汽轮机一般采用定—滑—定的综合运行调峰方式。

(一)采用变负荷调峰的机组应具备的技术性能

(1)在负荷高峰期能带满设计允许的最大负荷。通常情况下,汽轮发电机组可以在低初参数、高背压等工况下达到铭牌出力。因此,机组在正常参数和背压的情况下,最大出力可超过铭牌出力。有的汽轮机还可在锅炉超压5%的条件下长期超额定负荷发电。因此,通过最大限度的超发可提高机组的上限调峰能力。

(2)在低负荷工况能长期安全运行。变负荷调峰方式采用滑压运行比定压运行安全,但汽轮机长时间在低负荷下运行时,需要注意以下几个方面的问题。

1)负荷过低时会引起低压缸排汽温度升高,在投入喷水减温时要检查喷出的雾水是否会造成低压级叶片的侵蚀,必要时可对喷水的压力及角度进行调整。

2)负荷降低时低压缸长叶片根部会产生较大的负反动度,造成蒸汽回流和根部出汽边的冲刷,甚至形成不稳定的旋涡使叶片产生颤振。解决这一问题只能改变叶片的结构,如调整叶片的冲角、增加叶片宽度、减小动静叶片面积比等。

3)对高、中压合缸的机组,还应注意主蒸汽和再热蒸汽的温差不能超出规定的范围,因为锅炉在低负荷时这一温差会增大。

4)低负荷时给水加热器的疏水温差很小,容易发生疏水不畅和汽蚀。因此,要采取相应的保护措施,如从凝结水系统向加热器充水以防止疏水管道和设备的汽蚀。

(3)具有能够适应电网负荷变化需求的负荷变化率。一般情况下,电网要求变负荷调峰机组在50%~100%的负荷变化范围内有不小于5%额定负荷/min的负荷变化率,在50%负荷到零负荷的变化范围内有不小于3%额定负荷/min的负荷变化率,这对于采用滑压运行的汽轮机一般没有问题。限制机组负荷变化率的主要因素是锅炉参数的变化速率。

(二)滑压运行变负荷调峰

滑压运行是相对于定压运行而言的。定压运行时汽轮机自动主汽阀前的蒸汽压力和温度保持不变,通过改变调节汽阀开度来调节机组功率,以适应负荷变化的需要。此时汽轮机各级温度都要发生变化,尤其是调节级后温度变化最大。故定压运行时负荷的变化将引起较大的热应力和胀差,从而限制了机组负荷的适应性、增大了机组的寿命损耗。同时,由于定压运行是以调节进汽量来增减负荷的,其节流作用及蒸汽体积流量的变化将引起内效率的降低;而滑压运行是维持调速汽门全开或固定在某一适当开度,蒸汽压力随负荷变化而变化,但主蒸汽和再热蒸汽温度基本不变。滑压运行变负荷调峰克服了定压运行的上述缺点,因此被大容量单元机组广泛采用。

调峰滑压运行的特点如下所述。

(1)热应力、热变形和胀差小。滑压运行时因主蒸汽和再热蒸汽温度保持不变、汽轮机调节汽阀无节流或节流很小,故汽轮机调节级后及各压力级金属温度不变或变化很小,热应力、热变形及胀差也就很小。定压运行则相反,调节级后及中压缸第一级后的金属温度发生

较大变化。如大型汽轮机负荷在 35%～100% 范围内变化时，调节级后温度变化可达 100℃
左右。图 10 - 10 给出了滑压运行和定压运行变负荷时汽轮机调节级后的温度比较。由图可
知，滑压变负荷时引起的调节级后温变最小。

（2）提高机组热效率并减少汽轮机结垢。在
低负荷下滑压运行，高压缸的蒸汽体积流量较
大，使高压缸能保持较高的内效率；同时，由于
主蒸汽和再热蒸汽温度较高、使机组的总循环效
率得到提高。机组在低压下运行时，蒸汽溶解盐
分的能力减小，使蒸汽的总含盐量减少，锅炉内
受水冲击而被粉碎的水垢因汽压降低而减少，因
而减少了汽轮机的结垢。

（3）有利于汽轮机的变工况运行和快速负荷
响应。滑压运行变负荷调峰时，由于锅炉汽温和
汽轮机各级温度变化很小，热应力和胀差小，故
升降负荷的速率可增加，即从操作上可加快变负
荷的速度。

（4）给水泵耗功减少。单元火电机组均采用
调速给水泵，滑压运行时蒸汽压力随负荷降低而

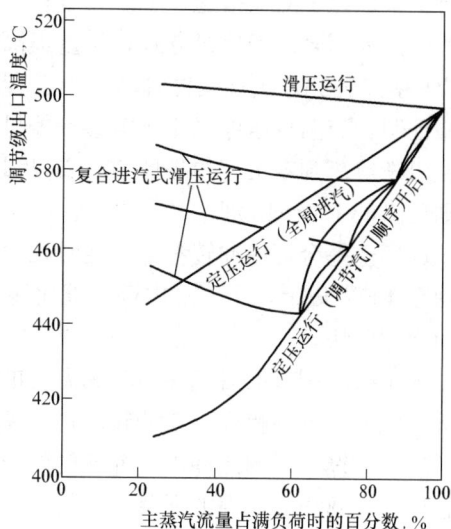

图 10 - 10 滑压和定压运行变负荷时
汽轮机调节级后的温度比较

降低，给水压力也相应降低，因此调速给水泵的
耗功可减少。这在一定程度上弥补了调峰运行时机组经济性的下降。例如，某台配有两台
50% 容量汽动调速给水泵的 600MW 机组，当其带 25% 额定负荷定压运行时的给水泵耗功为
3346kW，而滑压运行时给水泵耗功仅为 2096kW。

（5）延长了锅炉、汽轮机、主蒸汽管道等承压部件的使用寿命。低负荷时蒸汽压力低，
减轻了从给水泵一直到汽轮机高压缸之间所有部件（高压给水母管、高压加热器、锅炉、主
蒸汽管道、汽轮机高压主汽阀和调节汽阀等）的承压负载，减小了这些部件的蠕变寿命损
耗。由于滑压运行时汽轮机调速汽门经常处于全开状态而大大减小了汽门的磨蚀和维修工
作量。

（6）再热汽温稳定，中、低压缸温度变化小。因蒸汽的比热容随汽压的降低而减小，故
滑压运行时每千克蒸汽在锅炉再热器中所需的吸热量比定压运行时要小，滑压运行时高压缸
的排汽温度高于定压运行，加之流过再热器的蒸汽体积流量也比定压运行时大，所以再热汽
温易于控制。由于再热汽温的稳定使得中、低压缸的温度变化较小，对防止产生过大的热应
力和热变形都是有利的。

三、启停调峰

启停调峰是指在电网负荷的低谷期将机组停运，当负荷高峰到来时再将机组投入运行的
调峰方式。启停调峰有两种方式。一是每天夜间负荷低谷期停机 6～8h，次日晨再启动投
运，也称为两班制运行；另一种是每周双休日负荷低谷期停机两天，周一至周五再投入运
行。启停调峰汽轮机由于频繁的启停，低周疲劳引起的汽轮机转子寿命损耗较大。

（一）热应力引起的疲劳损伤

两班制调峰的机组夜间低谷停机后应维持较高的汽轮机缸温，这样在次日晨再次启动时

可按热态以较快速度完成启动过程，尽快带上电网所需负荷。但是，如果锅炉汽温不能及时跟上，使汽轮机冲转时汽温与缸温不能合理匹配或在启动过程中发生热冲击，都会产生过大的热应力，使汽轮机的疲劳寿命损耗增大。为了尽可能减小汽轮机的疲劳寿命损耗，需要在运行上采取以下对应措施。

（1）采用合理的停机方式，尽量提高停机时的主蒸汽温度。两班制调峰的机组一般是在午夜停机6~8h，次日晨再启动。为了有利于再启动，要求停机时维持金属有较高的温度。试验证明，定温滑压停机比额定参数停机和滑温滑压停机要好。定温滑压停机时，调节级后汽温由满负荷到零负荷约降低30℃或更少，额定参数停机时约降低50~60℃；滑温滑压停机则要降低130~150℃。

（2）选择合理的冲转参数。通常在停机6~8h后再热态启动时，高参数汽轮机的转子温度约在400℃以上，上汽缸内壁温度比转子温度约高10~20℃，这是因为转子受轴端放热影响而冷却较快。

为了减小调节级后汽温与金属温度的失配度，启动时应尽可能地提高进汽温度，减小调节级后汽温的下降幅度。在冲转时由于蒸汽流量小，蒸汽在调节级的温降可达100℃左右。为了减小对调节级的热冲击，冲转时的蒸汽压力不应过高，以便增大冲转的进汽量。蒸汽初压越低，调节级后汽温的下降幅度越小。

为了在启动时能尽快使锅炉的汽温和汽压满足汽轮机冲转的要求，机组应具有足够的旁路容量。对于带中间负荷的调峰机组，旁路容量一般要求能达到30%~50%额定流量，这样要获得400~500℃的冲转汽温一般比较容易达到。对于无旁路系统的机组，为适应调峰运行的需要，应适当地加大凝结疏水系统的容量，以保证热态启动时提高冲转蒸汽温度的需要。

计算表明，启动初期由于调节级后蒸汽温度低于转子表面温度，使转子表面受到冷却而产生的热拉应力与冲转蒸汽初始温度紧密相关。一般地，当调节级后蒸汽温度瞬时低于金属温度不超过40~50℃时，由热冲击带来的额外寿命损耗是很小的。也就是说，热态启动时，调节级后汽温与金属温度出现一定范围的负温差是允许的，但不能超过50℃。

（3）采用中压缸进汽启动方式。两班制调峰机组采用中压缸进汽启动方式，可以避免高、中压缸联合进汽冲转时小流量带来的热冲击，同时可以缩短启动时间且安全可靠性高。

（4）采用全周进汽方式启动。现代大型汽轮机的自动主汽阀多数都设有内旁通门或喷嘴调节与节流调节的切换系统，为全周进汽方式启动提供了方便。但应注意在全周进汽切换为喷嘴调节时，由于调节级焓降的变化使调节级处的高温部件温度瞬间降低带来的不利影响。

（5）加强监测和检查。两班制调峰的启停过程中要注意加强各部分金属温度和膨胀的监测，尤其是变化最大的调节级后，所有的测点要保证正确可靠。

（二）汽缸上下温差过大引起热变形

在运行中可以采取以下措施减小热变形：①投用内外汽缸夹层加热装置；②采用定温滑压方式停机；③打闸停机时，及时调整轴封蒸汽供汽压力，直到真空到零后方可停止轴封供汽；④尽可能缩短停机时的空负荷运行时间；⑤严格防止停机过程中和停机后汽轮机进冷水或冷汽。

（三）启停过程中出现过大胀差

在机组启停调峰过程中往往会出现胀差过大的问题，多数情况下出现过大的负胀差，制约机组调峰的机动性。减小启停过程中胀差的方法除了注意机组滑销系统的检修和维护，保证汽缸自由胀缩外，在运行上可采取如下措施：①合理选择启动冲转参数，防止热态启动时因热冲击使转子过度冷却；②合理调节轴封供汽参数，防止转子过度的加热或冷却；③缩短启动和停机时的空负荷运行时间，适当延长低负荷暖机时间；④采用定温滑压停机方式。

（四）再热蒸汽温度滞后于主蒸汽温度

两班制调峰热态启动时会遇到再热汽温上升速度滞后于主蒸汽汽温上升速度的情况。要解决这一问题，除了加大旁路容量之外，改善管道的保温状态，提高机组热态启动时蒸汽管道系统的温度水平，也是行之有效的措施。改善汽缸和蒸汽管道的保温质量可以有效地减少停运期间的散热和温降幅度，使机组保持良好的热备用状态，并可显著减小热态启动时的上下缸温差和提高进入中压缸的再热蒸汽温度。

四、少汽无负荷与低速旋转热备用运行调峰

1. 少汽无负荷运行调峰

少汽无负荷运行调峰是指在夜间电网负荷的低谷期将汽轮发电机组的有功负荷减到零，机组仍然并入电网，汽轮发电机转为无功运行热备用（也称调相运行），次日晨电网负荷升起时再转为发电机运行方式，接带有功负荷。无功运行时可发出无功负荷并对系统电压起一定的调节作用，同时发电机要从电网吸收少量有功负荷来维持汽轮发电机组与电网的同步运转（电动机运行方式）。

少汽无负荷运行方式具有与两班制运行方式一样的调峰幅度，可在 0～100% 范围内调节负荷。操作上比两班制简单，可以省去抽真空、冲转、升速、并网等操作，使启动加快。从无功运行方式转为发电运行方式只需要 30min 左右的时间。

少汽无负荷运行的关键是如何带走汽轮机维持额定转速空转所产生的摩擦鼓风热量，使汽轮机保持有利于次日晨再次快速接带负荷的缸温。解决这一问题的方法是在汽缸合适的部位引入温度与缸温相同的冷却蒸汽，等量地带走汽轮机转子空转产生的摩擦鼓风热量。

少汽无负荷运行时，在汽轮发电机运行工况的转换操作上应避免出现无汽状态。由发电工况转为调相工况前应先投冷却蒸汽；而在由调相工况转为发电工况时要先带上负荷后再切断冷却蒸汽，从而使汽轮机各级温度变化平缓，避免热冲击。

2. 低速旋转热备用运行调峰

低速旋转热备用运行方式与少汽无负荷运行方式相似。这种方式是在负荷低谷期将机组负荷减至零后同电网解列，由调节汽阀控制少量低参数蒸汽进入汽轮机，使汽轮机在低于一阶临界转速的低速状态（如 500r/min）下热备用。次日晨电网负荷升起时再进一步开大调节汽阀和提高蒸汽参数升速、并网、接带负荷。

同两班制和少汽无负荷运行方式一样，低速旋转热备用也是一种卸去机组全部负荷的调峰方式，所不同的是它既保持汽轮机处于运转状态，但又与电网解列。因此，它既没有两班制所固有的机组冷却不均的问题，又避免了少汽无负荷调相运行时鼓风损失大的缺点。但是，这种方式与调相运行方式一样，需要锅炉用油枪维持在较低负荷下运行，经济性不好。如果可借用运行着的邻机汽源作为调峰机组的汽源，则可大幅改善经济性。

以上几种调峰方式各有利弊，实际应用时应根据机组的具体情况，通过对安全性、经济性、机动性、调峰幅度和调峰时间等多方面的性能进行综合比较，择优选用。就我国目前的实际情况而言，大型单元机组的调峰方式主要是变负荷调峰和季节性停机调峰。而两班制和少汽无负荷调峰等还较少采用，有待探索总结经验。

第五节 凝汽设备运行

凝汽设备运行对汽轮机组的运行安全性和经济性有很大影响。凝汽设备运行的好坏主要表现在三个方面：①是否保证达到最有利的真空；②是否有较小的凝结水过冷度；③能否提供合格的凝结水品质。研究表明，对一般的高参数汽轮机，凝汽器压力每升高 1kPa，汽轮机组的汽耗量将会增加 1.5%～2.5%；凝结水过冷度每增加 1℃，机组的煤耗率将增加 0.13%左右；凝结水中含氧量及含盐量增加，会严重影响蒸汽品质。另外，循环水泵的耗电量是比较大的，一般会占机组总发电量的 1.2%～3.5%。因此，凝汽设备及系统的优化运行具有十分重要的意义。

一、影响凝汽设备运行的主要因素

（一）凝结水过冷度

凝结水过冷度定义为凝汽器蒸汽入口处（喉部）压力下的饱和温度 t_s 与热井中凝结水温度 t_c 之差。即

$$\Delta t = t_s - t_c \tag{10-3}$$

过冷度一般为 0.5～1℃。凝结水产生过冷的原因为：①设计时冷却水管束排列不当，在凝结水下落过程中受冷却水的多次冷却，产生过冷；②凝汽器内聚积的空气增多，空气分压提高，热井附近蒸汽分压降低，产生过冷；③凝汽器的汽阻过大，使得凝汽器内管束中、下部形成的凝结水温度偏低，产生凝结水过冷；④凝汽器运行中热井的水位过高，淹没了凝汽器下部的冷却水管，使凝结水再次被冷却，过冷度增大。

凝结水过冷是不可避免的，但过大的过冷度增大了冷却水带走的热量，降低了汽轮机组的热经济性，同时凝结水过冷度增大，使凝结水中含氧量升高，加速了低压回热设备和管道的腐蚀。

（二）凝汽器的汽阻

凝汽器的汽阻定义为从凝汽器喉部到抽气口的压力降。汽阻一般为 260～400Pa。凝汽器的汽阻主要由两个部分组成：①蒸汽进入第一排冷却管束时的局部阻力；②蒸汽流经主凝结区和空气冷却区的沿程阻力。过大的凝汽器汽阻存在，使在同样的抽气口压力下，凝汽器压力升高，降低了汽轮机组的经济性。若在同样的凝汽器压力下，汽阻越大，抽气口的压力势必要求更低，导致抽气设备的耗功增大，凝结水过冷度和含氧量也会相应增大。

（三）凝汽器的水阻

凝汽器的水阻定义为冷却水流经凝汽器时的流动阻力。水阻产生的原因：①冷却水在水室及进、出冷却水管的局部阻力；②冷却水在冷却水管中的沿程阻力。当冷却水管被杂物堵塞时，水阻将明显增大。水阻的大小对循环水泵的选择和循环水管布置均有影响。水阻是不可避免的，但水阻增大，将使循环水泵耗功增加。

（四）凝汽器内部泄漏

为了确保凝汽器的正常运行，汽侧与外界、水侧与汽侧之间都应是密封隔离的。若凝汽器内部管束等发生裂纹或间隙，则在压差推动下，会发生空气漏入汽侧或冷却水漏入汽侧。

空气漏入原因主要是汽轮机低压部分设备或管阀密封性下降。凝汽器内空气泄漏严重

时，会直接导致凝汽器真空恶化，使汽轮机排汽压力和温度升高，降低机组的经济性；低压缸还会因温度升高而变形，造成机组振动；空气分压增大，增加了空气在水中的溶解度，使凝结水中的含氧量增加；空气的聚集使凝汽器传热端差增大、过冷度增大。

冷却水漏入的原因：冷却水管受蒸汽冲蚀严重而损坏；冷却水对入口处管壁冲蚀；冷却水管材质差；冷却水管在管板上固定不良等。冷却水泄漏会恶化凝结水水质，也会使凝结水过冷度增大。

（五）凝汽器真空恶化

凝汽器压力异常升高，即真空恶化，对汽轮机及凝汽器都会产生很大的危害。

对汽轮机带来的危害：①使机组理想焓降减小，效率降低；②低压缸排汽温度升高，汽缸发生变形，造成内部动、静间隙变化，特别当低压转子的轴承坐落于低压缸上时，低压缸变形膨胀，使轴系中各轴承负荷发生变化，引起机组振动大；③机组背压变化过大，造成轴向推力异常。

对凝汽器带来的危害：①使凝汽器内温度升高，由于水管与管板的材质不同，其膨胀系数存在差异，使冷却水管与管板的连接容易松动而产生泄漏；②若真空恶化是由于空气分压力增大造成的，则使凝结水含氧量增大，容易产生低温腐蚀。

二、凝汽器变工况特性

凝汽器的变工况是相对设计工况而言的。凝汽器的设计工况是指在额定的凝汽量 D_c、设计的冷却水量 D_w、冷却水进口温度 t_{w1} 及凝汽器总体传热系数 k 为定值的条件下，得到凝汽器设计压力 p_c。但机组实际运行时，各项条件都可能会发生变化。凝汽量 D_c 是由汽轮机组负荷决定的，冷却水进口温度 t_{w1} 随季节气候变化而变化，而冷却水量 D_w 随循环水泵运行方式而变化，夏季冷却水温高则需冷却水量大，冬季冷却水温低则可减小冷却水量。当凝汽器运行时间较长，冷却水较脏时，冷却表面被污染，导致传热系数降低。凝汽器将在偏离设计工况下运行，凝汽器压力 p_c 也会随之发生变化。凝汽器压力 p_c 随凝汽量 D_c、冷却水量 D_w 和冷却水进口温度 t_{w1} 变化而变化的特性，即 $p_c = f(D_c, D_w, t_{w1})$ 称为凝汽器变工况特性。

（一）循环水温升 Δt、凝汽器端差 δt 与 D_c、D_w 变化关系

由第四章可知，汽轮机运行时，如果循环水泵运行工况保持不变，即冷却水量 D_w 不变，循环水温升 Δt 与凝汽量 D_c 成正比，也近似与汽轮机负荷成正比；当凝汽量 D_c 不变时，温升 Δt 与冷却水量 D_w 成反比。冷却水量 D_w 增大时，循环水泵的耗功会相应增大。

根据式（4-10）与式（4-12）的关系，可得到

$$\delta t = \frac{\Delta t}{e^{\frac{kA_c}{4187D_w}} - 1} = \frac{520 \times \dfrac{D_c}{D_w}}{e^{\frac{kA_c}{4187D_w}} - 1} \tag{10-4}$$

从式（10-4）可以看出，凝汽器端差 δt 与凝汽量 D_c、冷却水量 D_w 的关系比较复杂。当冷却水量 D_w 不变时，由于凝汽器冷却面积 A_c 不变，若凝汽器总体传热系数 k 保持不变，则式（10-4）分母为定值。随着进入凝汽器的凝汽量 D_c 减小，传热端差 δt 成正比降低。试验结果显示（见图10-11），在一定范围内，上述变化规律成立，而当凝汽量 D_c 已经很小时，随凝汽量 D_c 减小，传热端差 δt 不再降低，且基本保持不变（图中的实线）。究其原因，凝汽量

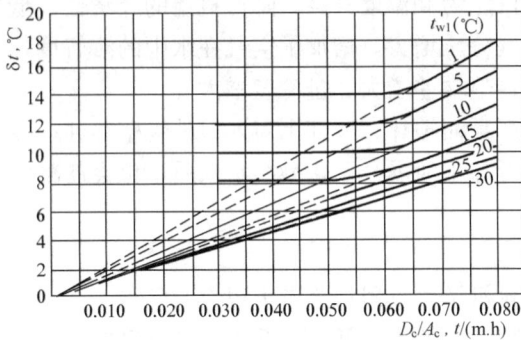

图 10 - 11　端差 δt 与凝汽量 D_c、
冷却面积 A_c 的关系曲线

D_c 小于设计值较多时，因真空提高及真空范围扩大，漏入的空气量将会增加，使总体传热系数 k 降低，也使式（10 - 4）的分母减小，刚好抵消了分子减小的影响。冷却水进口温度 t_{w1} 越低，上述转折点发生得越早。

（二）凝汽器特性曲线

当用曲线表示凝汽器压力 p_c 与凝汽量 D_c、冷却水量 D_w 和冷却水进口温度 t_{w1} 的变工况特性时，称为凝汽器特性曲线，如图 10 - 12 所示。凝汽器特性曲线是假定冷却水量 D_w 为一定值，按不同的冷却水进口温度 t_{w1}，计算出凝汽器压力 p_c 随凝汽量 D_c 的变化趋势。取不同的冷却水量 D_w，可以得到不同的特性曲线图。根据运行条件对比特性曲线，可以确定凝汽器的运行是否正常。

三、凝汽器的经济运行

（一）凝汽器的极限真空与最有利真空

凝汽器的真空是汽轮机做功的必要条件，但真空并非越高越好。

使汽轮机末级动叶斜切部分达到膨胀极限压力的真空称为极限真空。此后若再提高真空，蒸汽的膨胀将在末级动叶以外发生，从而造成能量损失，不但不会使汽轮机功率增加，反而由于排汽压力降低，凝结水温度下降，低压加热器抽汽量增大，使汽轮机功率下降。

在提高真空过程中，当汽轮机功率的增加 ΔP_T 和拖动循环水泵的电动机耗功 ΔP_P 增加之差 $\Delta P = \Delta P_T - \Delta P_P$ 为最大时的真空，称为最有利真空。凝汽式汽轮机组应保持在最有利真空下运行，才是最经济的运行工况。

（二）凝汽设备的优化运行

评价凝汽设备运行是否良好，应综合三个方面考虑，即要达到最有利真空、凝结水过冷度小、凝结水品质合格。一般而言，要实现凝汽设备的优化运行，必须采取如下有效措施。

（1）降低冷却水入口水温。运行时对闭式循环供水系统要关注冷却塔的效果，对开式循环供水系统要防止出口冷却水回流，对空冷系统要密切监视换热器传热系数的变化。

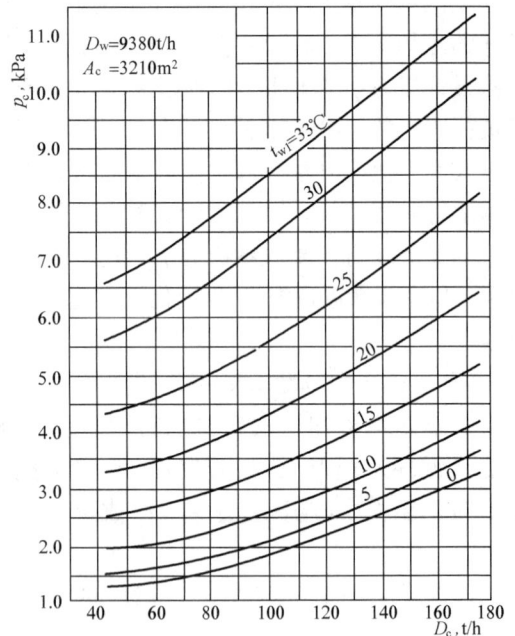

图 10 - 12　凝汽器特性曲线

（2）减小凝汽器端差。定期进行凝汽器清洗，提高传热性能。

（3）减小凝汽器内的空气分压力。确保凝汽器严密性及抽气器工作正常。

（4）合理增大冷却水量。进行循环水泵优化调度。

附录 I　常用符号对照表（按字母先后排序）

a	当地声速
A	面积
c_{1t}，c_a	喷嘴出口的汽流理想速度
C	离心力
c，c_0，c_1，c_2	汽流速度，汽轮机级的进口蒸汽速度，静叶栅后速度，级后速度
d	汽耗率
d_m，l，t，B，b	平均直径，叶片高度，叶栅节距，叶栅宽度，叶型弦长
D	流过汽轮机各调节阀门或各级组的蒸汽质量流量
D_c，D_w	进入凝汽器的凝汽量，凝汽器的冷却水流量
e	部分进汽度，偏心距
E	材料弹性模量
f	频率
f，f_d，B_b	叶片静频，叶片动频，叶片的动频系数
F	力
G	汽轮机以及汽轮机级的蒸汽质量流量
Δh_n，Δh_b	喷嘴的理想比焓降，动叶的理想比焓降
Δh_t^*，Δh_t	汽轮机级的滞止理想比焓降和理想比焓降
Δh_n^*，h_0，h_{1t}	喷嘴的滞止理想比焓降，喷嘴进口的汽流比焓，喷嘴出口的汽流比焓
δh_l，δh_θ，δh_f，δh_e，δh_w，δh_s，δh_δ，δh_x	叶高损失，扇形损失，叶轮摩擦损失，部分进汽损失，鼓风损失，斥汽损失，漏汽损失，湿汽损失
δh_n，δh_b，δh_{c2}	喷嘴叶栅中的能量损失，动叶栅中的能量损失，余速损失
ΔH_t	整台汽轮机的理想比焓降
ΔH_{t1}，ΔH_{t2}	高压缸中的理想比焓降，中、低压缸中的理想比焓降
I_{max}，I_{min}	叶型的最大及最小惯性矩
l_n，B_n，l_b	喷嘴高度，喷嘴宽度，动叶高度
M	力矩
n	转速
p_0，t_0	汽轮机的蒸汽初压和初温
p_0，p_1，p_2	汽轮机级的进口蒸汽压力，静叶栅后压力，级后压力
p_c	凝汽器压力
P_{el}，P_i	汽轮机的功率（发电功率），汽轮机的内功率
P	功率
q	热耗率
Q	热量

s，h，Δs，Δh	比熵，比焓，比熵增，比焓降
t_0，t_1，t_2	汽轮机级的进口蒸汽温度，静叶栅后温度，级后温度
δt	凝汽器传热端差
T	绝对温度，周期
u	圆周速度
w_1	动叶栅相对速度
x	蒸汽干度
x_1，x_a	列速度比，级速度比
$(x_1)_{op}$，$(x_a)_{op}$	最佳速度比
v_0，v_1，v_2	汽轮机级的进口蒸汽比体积，静叶栅后比体积，级后比体积
α	重热系数
α_1，β_1	喷嘴汽流出汽角，动叶汽流进口角
β	彭台门系数
δ	速度不等率，压力不等率
ϵ	迟缓率
ϵ，ϵ_n，ϵ_{cr}	压比，喷嘴压比，临界压比
η_u，η_{ri}，η_m，η_g，$\eta_{r,el}$	轮周效率，相对内效率，机械效率，发电机效率，汽轮发电机组的相对电效率
η_t，$\eta_{a,el}$，$\eta_{s,el}$	循环热效率，绝对电效率，电厂热效率
θ	径高比
k	等熵指数
ξ_l，ξ_θ，ξ_e，ξ_f，ξ_δ，ξ_x	叶高能量损失系数，扇形能量损失系数，部分进汽能量损失系数，叶轮摩擦能量损失系数，漏汽能量损失系数，湿汽能量损失系数
ξ_n、ξ_b、ξ_{c2}	喷嘴的能量损失系数，动叶栅的能量损失系数，余速能量损失系数
ρ	质量密度
φ，ψ	喷嘴速度系数，动叶速度系数
ω	圆频率，角速度
Ω	汽轮机级的反动度
Ma	马赫数
Re^*	雷诺数
cr（下标）	表示临界参数
*（上标）	表示滞止参数

附录Ⅱ 常用名词术语缩写表（按字母先后排序）

ADS	自动调度系统	Automatic Dispatching System
AEH	模拟电液	Analogue Electro-Hydraulic
AFC	自动频率控制	Automatic Frequency Control
AGC	自动发电控制	Automatic Generation Control
AS	自动同步控制	Automatic Synchronize
ATC	汽轮机自动控制系统	Automatic Turbine Control System
BPS	旁路控制系统	Bypass Control System
CCS	机炉协调控制	Coordinated Control System
DAS	数据采集系统	Data Acquisition System
DCS	分散控制系统	Distributed Control System
DEH 或 DEH-C	数字电液控制系统	Digital Electro-Hydraulic Control System
ETS	危急遮断控制系统	Emergency Trip System
FATT	材料的脆性转变温度	Fracture Appearance Transition Temperature
GV	高压调节汽阀	Governor Valve
HP，MP，LP	高压 High Pressure，中压 Middle Pressure，低压 Low Pressure	
HS	液压伺服执行机构 Hydraulic Servo-actuator，伺服马达 Hydraulic Servomotor	
IV	中压（间）调节汽阀	Intercept Valve
LVDT	线性差动位移变送器	Linear Voltage Differential Transformers
MW	功率单位	Mega-Watt，10^6 瓦
OA	操作员自动	Operator Automation
OPC	超速保护系统	Over-speed Protection Control
PI	比例、积分调节	Proportion，Integral
PID	比例、积分和微分（调节）	Proportion，Integral，Differential
PLANT COMPuter	电厂级计算机控制	Plant Computer Control
TSI	汽轮机安全监控系统	Turbine Supervisory Instrumentation
TV	主汽阀	Trip Valve

参 考 文 献

［1］翦天聪. 汽轮机原理. 北京：水利电力出版社，1992.

［2］沈士一，庄贺庆，康松，等. 汽轮机原理. 北京：中国电力出版社，2007.

［3］康松，杨建明，胥建群. 汽轮机原理. 北京：中国电力出版社，2000.

［4］蔡颐年. 蒸汽轮机. 西安：西安交通大学出版社，1988.

［5］蔡颐年. 蒸汽轮机装置. 北京：机械工业出版社，1987.

［6］吴季兰. 300MW 火力发电机组丛书：第二分册－汽轮机设备及系统. 2 版. 北京：中国电力出版社，2006.

［7］冯慧雯. 汽轮机课程设计参考资料. 北京：中国电力出版社，1998.

［8］曹则益. 汽轮机原理. 北京：水利电力出版社，1990.

［9］王乃宁，张志刚. 汽轮机热力设计. 北京：水利电力出版社，1987.

［10］任浩仁，盛德仁. 电厂汽轮机自学辅导. 杭州：浙江大学出版社，2002.

［11］杨善让. 汽轮机凝汽设备及运行管理. 北京：水利电力出版社，1993.

［12］顾晃. 浙江北仑发电厂 I 期 60 万千瓦锅炉汽轮发电机组丛书. 杭州：浙江大学出版社，1995.

［13］中国华东电力集团公司科学技术委员会. 600MW 火电机组运行技术丛书——汽轮机分册. 北京：中国电力出版社，2000.

［14］华东六省一市电机工程（电力）学会. 600MW 火力发电机组培训教材——汽轮机设备及系统. 北京：中国电力出版社，2000.

［15］裴烈钧. 大型汽轮机运行. 北京：水利电力出版社，1994.

［16］夏同棠. 特性汽轮机组——原子能电站用、空冷凝汽器式、工业用、驱动给水泵用汽轮机. 北京：中国电力出版社，1995.

［17］［英］M. J. Moore，［比利时］C. H. Sieverding. 低压汽轮机和凝汽器的气动热力学. 翁泽民，俞茂铮，等译. 西安：西安交通大学出版社，1992.

［18］侯曼西. 工业汽轮机. 重庆：重庆大学出版社，1995.

［19］田茂诚. 热力系统. 济南：山东大学出版社，1997.

［20］张俊迈，胡德明. 舰船汽轮机. 北京：国防工业出版社，1992.

［21］程国瑞. 船舶动力装置原理. 北京：人民交通出版社，2001.

［22］郑体宽. 热力发电厂. 2 版. 北京：中国电力出版社，2008.

［23］［波］J. Marecki，蔡颐年等译. 热电联合生产系统. 西安：西安交通大学出版社，1992.

［24］于瑞侠. 核动力汽轮机. 哈尔滨：哈尔滨工程大学出版社，2000.

［25］张保衡. 大容量火电机组寿命管理与调峰运行. 北京：水利电力出版社，1988.

［26］国家机械工业局，中国机电产品目录第 12 册. 北京：机械工业出版社，2000.

［27］杨其国. 现代大型汽轮机研制. 汽轮机技术，2003，Vol. 45（No. 1）：1 - 7.

［28］张素心，杨其国，王为民. 我国汽轮机行业的发展与展望. 热力透平，2003（1）.

［29］Zink, John C. Steam turbines power an industry. Power Engineering, Aug 1996；100（8）：24.

［30］王仲奇. 叶轮机械弯扭叶片的研究现状及发展趋势. 中国工程科学，2000，2（6）：40 - 48.

［31］吕智强. “后部加载”叶型气动性能的研究. 汽轮机技术，2001，43（4）：43 - 44.

［32］蒋洪德. 叶轮机械数值计算与设计方法进展及其在汽轮机中的应用. 工程热物理学报，1998，1.19（4）：433 - 438.

［33］董宏宇，胡亚民. 国产 300MW 与 600MW 常规火电机组的比较分析. 汽轮机技术，2002，44（6）：

327 - 328.

[34] 黄雅罗. 超超临界火力发电技术及其应用前景. 热力发电，2002（2）：2 - 7.

[35] 蒋浦宁. 超超临界汽轮机高温部件的结构设计. 中国动力工程学会透平专业委员会 2007 年学术研讨会论文集，2007.

[36] 朱宝田. 超临界超超临界燃煤发电技术的发展、现状和关键技术. 中国电机工程学会火电专业委员会学术交流会，2006.

[37] 苗逎金，危师让. 超临界火电技术及其发展. 热力发电，2002（5）：2 - 5.

[38] 黄树红，刘峻华，高伟，等. 蒸汽轴向流动对汽轮发电机组轴系扭振响应的影响. 动力工程，2000，20（4）：778 - 781.

[39] 王坤，黄树红，张燕平，等. Experimental study on the damage of a 125MW steam turbine rotor. Journal of Power and Energy，2003，217（A6）：643 - 651.

[40] 刘峻华，黄树红，陆继东. 汽轮机故障诊断技术的发展与展望. 动力工程，2001（2）：1105.